氷河地形学
Glacial Geomorphology

岩田修二 [著]

東京大学出版会

ヒマラヤ研究の途なかばでたおれた
松田隆男，井上治郎，山中英二の霊に捧げる

Glacial Geomorphology

Iwata, S. (Shuji)

University of Tokyo Press, 2011
ISBN 978-4-13-060756-8

はしがき

> 無数の瀑布が森林を通して下方の狭い海峡に水を注いでいる．諸所には壮麗な氷河が山側から水際まで拡がっており，この氷河の緑柱石のような青色は，殊に上方に拡がった雪の純白と対照をなして，これよりも美しいものを想像することはできまいと思われる（1833年1月29日）．
> チャールズ・ダーウィン『ビーグル号航海記』

氷河は美しい．私がはじめて氷河の氷を見たのは，大学3年生の1969年1月3日南米パタゴニアのチリ側エイレフィヨルドにおいてであった．どんよりと曇った空の下，暗灰色の山腹の白い雪のあいだに濃いブルーの氷河氷が見えた．チャールズ＝ダーウィンが『ビーグル号航海記』に書いているのとおなじ景色であった．まわりには，氷床によって侵食されたフィヨルドの岩壁が無表情にそびえていた．その後，パタゴニア南氷原の涵養域で1カ月以上過ごしてから，アルゼンチン側のウプサラ氷河の消耗域にくだっていった．その間の数日間は，ヒドンクレバスを踏み抜いたりクレバスの迷路に迷い込んだりしてさんざん苦労させられたが，氷河の偉大さと美しさに心を奪われた．氷河を離れるのが名残惜しかった．その後，プンタアレナスにたどり着くまで，ロッシュムトネの丘をこえ，さまざまなモレーンを見た．これらの景観の「すごさ」（壮大さと驚異）は私の脳裏に深く刻みつけられた．そして，氷河，氷河地形，氷期の環境の勉強をすることを心にきめた．それ以後，幸運に恵まれて地球上の何カ所かで氷河と氷河地形を観察し研究することができた．

すぐれた教科書や入門書は，学生や研究者にとって欠くことのできないものであり，その分野の研究者の裾野を広げるために大きく貢献する．私の場合，氷河や氷河地形について学部生時代に読んだのは，読んだ順に，小林国夫の『日本アルプスの自然』(1955)，Thornbury *"Principles of Geomorphology"* (1954) の氷河地形の章，そして，Davies *"Landforms in Cold Climates"* (1969) であった．大学院生のときには，Sugden and John の *"Glaciers and Landscapes"* (1976) が出たのでさっそく読んだ．この本は，扱っている範囲が広く，豊富な図表を含み読みやすい英語で書かれていて，たいへん役立った．

大学院生のとき，私はヒマラヤ山脈などアジアの高山で氷河と氷河地形の研究をする機会を得て，1974年から1989年まで，ほぼ1年おきにヒマラヤやチベットに調査に出かけることになった．その結果痛感したのは，これらの山岳地域の氷河・氷河地形と，これまで読んだ教科書の氷河・氷河地形とには違いがあることであった．いいかえると，アジアの山岳氷河や氷河地形の実態は，これまでの教科書にはほとんど書かれていなかった．

氷河地形の研究は北西ヨーロッパではじまった．そこでは，大規模な谷氷河の地形と氷床の地形とが研究された．これらは何回も氷期を経験している地形である．その後，氷河地形の研究は北アメリカの平原と山麓で大きく発展した．北ヨーロッパと北アメリカにおける氷河地形・地質研究における蓄積の多さは想像以上である．最近では北極周辺や南極大陸の氷床の地形も研究が進んできた．教科書に書かれていた氷河地形はこのような研究の成果であった．

これらに比べてアジアの氷河地形の研究は遅れている．そこでは氷河・氷河地形は急峻な山岳地域にあり，ヒマラヤ南面などは亜熱帯の気候帯に属する．いろいろな意味で，高緯度地方の低地の氷河地形とは異なっているのは当然である．ヒマラヤ山脈をはじめとするアジアの氷

河地形を中心に据えた教科書があってもよいと考えた．そこではわれわれのアジアの山岳地帯での調査の結果を明確に示したい．

　1989年のはじめに名古屋大学水圏科学研究所と北海道大学環境科学研究科で大学院生に氷河地形と高山環境の講義をした．そのときの講義ノートを骨格にして原稿をつくりはじめた．しかし，執筆ははかどらなかった．もたもたしているうちに，1990年半ばになると多くの優れた教科書が刊行された（Hambery, 1994; Bennett and Glasser, 1996; Ehlers, 1996; Benn and Evans, 1998）．中でもBennとEvansの教科書は，最新の情報が百科事典のように網羅的に書かれ，ヒマラヤなどアジアの高山の氷河地形についてもくわしい．日本語でも，Chorleyの教科書の翻訳の氷河の章（チョーレーほか，1995）や藤井ほかによる『基礎雪氷学講座 氷河』（1997）が出た．こんなに多くの優れた教科書が出たのだし，年寄りが書く教科書は不要であるという意見もあった（澤柿, 1998）ので，一時は執筆をあきらめた．しかし，日本語で書かれた教科書が必要だから書けというお勧めもいただいたし，上記の教科書を書いたBennなどとも話した結果，われわれのヒマラヤの氷河・氷河地形に関する蓄積が大きいことあらためて確認した．いろいろ考えた末，不勉強は承知のうえで，自分流の氷河地形学を書くことにした．ご批判，ご叱正をいただければ幸いである．

　この本では，氷河地形に関するすべてのことを網羅しようとは思わない．網羅的な氷河地形の理解のためには，やや古いがFairbridge "*Encyclopedia of Geomorphology*"（1968）や，小野有五が氷河関係の部分を編集した『地形学辞典』（町田ほか，1981）があるし，先に挙げたBennとEvansの教科書がある．本書は，これまでの私の野外調査の経験で得た，山岳氷河を中心とした基本的・重要な点に絞った内容にする．内陸アジアの氷河や氷河地形の魅力と重要性を理解していただければ幸いである．

　氷河地形の上に住んでいるヨーロッパや北アメリカの地形学者にとっては，研究対象とする地形のほとんどすべてが氷河地形である．そこでは地形の研究といえば氷河地形の研究を意味する．しかし，わが国では，氷河地形を研究したいというと，山登りをするための口実にすぎないと思われてきた．ところが，最近の地球環境研究の発展に伴って，地球の環境にあたえる氷河の重要性が広く認められるようになった．氷河と氷河地形・堆積物の研究もそれほど不審がられなくなった．実際に，最近では，世界中の高山や極地で氷河地形の研究を行う機会が増えた．氷河地形の理解なしには，地球規模の環境変遷を論じることはいまや不可能である．

　幸いなことに内陸アジアや極地にはまだ研究されていない多くの氷河や氷河地形がある．まだ知られていない広大な自然を探り，ほんとうの自然の法則を見つけることは，われわれに残された課題である．

　さあ，未知の，氷河と氷河地形の広がる大地（glaciers and glaciated terrains）へ出発しよう．

> かくして3人はよく晴れたかがやかしい日の下に，堅くクラストした雪面上を出発して行った．遠くはなれて未知の領域のただ中へ，寒い日に汗し働きつつ，3人の人と30頭の犬は彼ら自身の力，彼ら自身の機転，彼ら自身の勇気にたよって独り生きてゆくのである．新しきものの発見のために，未だかつて人目に触れたることなき領域へ，永劫の平和の充ち満ちた大地へと彼らは行く．
> 　　　　　　　　　　　　　　　　　　　　　　コーリン・ベルトラム『北極圏と南極圏』

謝辞

　私が氷河地形の研究を進めることができたのは，辺境での多くの野外調査に参加できたからである．これまで参加した野外調査のプロジェクトやミッション：六甲学院パタゴニア登山隊，GEN と CREH（ネパールヒマラヤ氷河学術調査），CMH（ヒマラヤ地殻変動調査），GEK（西崑崙氷河学術調査），GEQ（青蔵高原氷河学術調査），中国雲南省生態・古環境調査，JARE26, 32（第26次と32次南極地域観測隊），東海大学アイスランド調査，1998年から現在まで続いているブータン氷河湖調査，カラコラム・パミール調査，その他の調査隊，これらのメンバーの方がたにはたいへんお世話になった．

　これまでご指導をいただいた故岡山俊雄明治大学名誉教授，小疇 尚明治大学名誉教授，五百沢智也氏，故貝塚爽平東京都立大学名誉教授，故戸谷 洋東京都立大学名誉教授，樋口敬二名古屋大学名誉教授，木崎甲子郎琉球大学名誉教授の諸先生にお礼を申し上げる．平川一臣北海道大学教授，小泉武栄東京学芸大学教授，藤井理行国立極地研究所教授，安成哲三名古屋大学教授，森脇喜一博士をはじめとする寒冷地形談話会，比較氷河研究会，極地・高山作業グループのメンバー各位には，日ごろから研究仲間として貴重なアドバイスをいただいている．著者とおなじく東京都立大学／首都大学東京の環境変遷学研究室に属していた福沢仁之・塚本すみ子両博士，大学院・学生の諸君にもセミナーや日ごろの議論を通して多くの教えを受けた．

　日ごろのご指導に加えて，1980年代終わりに，本書のもとになった授業をする機会をもあたえてくださった上田 豊名古屋大学名誉教授，小野有五北海道大学教授の両氏にお礼を申し上げる．それ以後，ほぼ毎年，氷河地形学の講義をあちこちの大学で行い，本書の内容を組み立ててきた．授業を聴いてくれた学生諸君に感謝する．1989年，当時，三重大学の学生であった山田周二君（現大阪教育大学）には本書の核になる部分をパソコンで入力していただいた．すべての方に心からのお礼を申し上げる．さらに，本書がなんとか刊行にこぎつけたのは，執筆を強く勧めてくださり，原稿の完成を辛抱強く待ち，めんどうな編集作業を行ってくださった東京大学出版会の小松美加さんのお陰である．

　貴重な美しい写真を提供してくださった方がた，図の転載を許して下さった方がた（具体的なお名前は該当箇所に示した）に心から感謝いたします．

　そして最後ではあるが，私のこれまでの研究を支えてくれた家族と，とくに何回も野外調査の留守をまもってくれた妻の温子に感謝いたします．

2011年1月　　　　　　　　　　　　　　　　　　　　　　　　　　　　　　　　岩田修二

　本書の年代表記には，次のような省略・単位を用いている．
　　yr. BP：年前（years before present）
　　ka（単位：キロアンナム）：10^3 年（1000年）
　　Ma（単位：メガアンナム）：10^6 年（100万年）
　　Ga（単位：ギガアンナム）：10^9 年（億年）

目次

はしがき
謝辞

第 1 部　序説

1　氷河地形学と氷河 ……………………………………………………………… 2

1.1　2 種類の氷河地形学　2
1.2　氷河の定義　4
1.3　「氷河」という語　5
1.4　氷河地形学の問題点と重要性　7
　　（1）地形の四つの側面の問題　7　　（2）氷河地形学の重要性　9

コラム 1　氷河岩石学　11
コラム 2　氷食作用と侵食・削剥　11

第 2 部　氷河の性質と形態（広義の氷河地形）

2　地球上の氷河 …………………………………………………………………… 14

2.1　氷河の分布　14
　　（1）地球の氷河量　14　　（2）氷河の分布と面積　14　　（3）氷河の厚さ　16
　　（4）氷河台帳　17
2.2　氷河分布を決める条件　21
　　（1）気候条件と地形条件　21　　（2）有効氷河形成範囲　22

コラム 3　氷河の色　26
コラム 4　雪線（snow line）　26

3　氷河の気候学的性質 …………………………………………………………… 28

3.1　氷河質量収支　28
　　（1）質量収支システム　28　　（2）氷河活動度　29　　（3）形態的機能区分　31
3.2　氷河平衡線　33
　　（1）ELA（氷河平衡線高度）と AAR（涵養域比）　33　　（2）氷河平衡線での気候環境　34
3.3　涵養域での氷河氷の形成　35

（1）涵養源　35　　（2）氷河氷の形成　36　　（3）氷河氷の性質　37

　　　（4）氷河表面の分帯　38

　3.4　消耗域での氷河消耗のプロセスと微形態　39

　　　（1）氷河の消耗　39　　（2）氷河消耗と関係した微形態　42

　3.5　氷体の温度と氷河の水　44

　　　（1）氷体の温度　44　　（2）氷河表面と氷体内部の水　45

　3.6　気候特性から見た氷河の特性（氷河群）　50

　　　コラム5　焼結　52

4　氷河の運動　53

　4.1　氷河流動の重要性と表面流動　53

　　　（1）流動測定の方法　53　　（2）三次元での流動速度　55

　4.2　流動のメカニズム　58

　　　（1）氷体の変形　58　　（2）底面すべり　60　　（3）氷河の基底の変形　60

　4.3　氷河サージ　62

　4.4　氷河氷の構造（構造氷河学）　64

　4.5　氷河表面の微形態　67

　　　（1）ラントクルフト　67　　（2）クレバス　67　　（3）アイスフォールとセラック帯　69

　　　（4）オージャイブ　69

　　　コラム6　ものの変形とは　71
　　　コラム7　氷の塑性変形のメカニズム　72
　　　コラム8　氷の圧力融解　73

5　氷河の形態（広義の氷河地形）　74

　5.1　氷河の形態の重要性　74

　5.2　氷河全体の形態分類　76

　5.3　孤立氷河の分類　77

　　　（1）氷床　77　　（2）山岳氷河　81

　5.4　氷河の部分の形態　87

　　　（1）連続流域氷河の流出口のタイプ　87　　（2）氷河部分の名称　88

　　　（3）氷河類似形態　91　　（4）氷河の縦断面形　92

6　氷河岩屑システムと氷河表面岩屑　94

　6.1　氷河岩屑のシステム　94

　　　（1）氷河岩屑とは　94　　（2）岩屑の循環と収支　94　　（3）氷河への岩屑の供給　96

　　　（4）氷河での岩屑の存在と移動　96

　6.2　氷河表面岩屑　98

　　　（1）形成プロセス　98　　（2）氷河表面岩屑の消耗抑制効果　99

　　　（3）氷河表面岩屑層の層相　100　　（4）氷河表面モレーン　104

6.3 岩屑被覆氷河　106

　　(1) 岩屑被覆氷河の分布　106　　(2) 岩屑被覆氷河の表面形態と地形プロセス　107

6.4 岩石氷河　112

第3部　氷河底・氷河縁辺の地形（狭義の氷河地形）

7　氷河底でのプロセスと氷河堆積物……………………………………………………116

7.1 底部氷と氷河底でのプロセス　116

　　(1) 氷河底の構造　116　　(2) 氷河基底での侵食と岩屑の生産　120
　　(3) 底部氷の形成と運搬　126　　(4) 底部氷からの岩屑の排出　129
　　(5) 氷河底変形層　132

7.2 氷河堆積物の層相　135

　　(1) 氷河堆積物の種類　135　　(2) 堆積物の呼称と記載方法　138
　　(3) 氷成一次堆積物（ティル）の形成プロセスと層相　139
　　(4) 流水堆積物と重力成堆積物　148

　コラム 9　偽の氷河擦痕　148
　コラム 10　氷河堆積物の用語の歴史　149
　コラム 11　ロッジメントティルは氷河底変形層　150
　コラム 12　ティルの認定法　150

8　氷河侵食地形……………………………………………………………………………152

8.1 氷河侵食地形の種類とスケール　152

8.2 凸型地形　153

　　(1) 流線形凸型地形　153　　(2) 凸型氷食地形　154

8.3 凹型地形　156

　　(1) 基本になる地形　156　　(2) 凹型氷食斜面　157　　(3) 圏谷（カール）　157
　　(4) 氷食谷　163　　(5) フィヨルド　172　　(6) トンネル谷　175

8.4 氷河侵食地形系と氷食地形複合　176

　　(1) 非氷地形複合と氷床地形複合の面的剥磨地形系　177
　　(2) 氷床地形複合の選択的線状侵食地形系　178　　(3) 山岳氷河による侵食地形系　181
　　(4) 氷河侵食による地形発達　185

　コラム 13　ロッシュムトネの名称　186
　コラム 14　日本の氷河地形の分布と形態　187

9　氷河堆積物の地形………………………………………………………………………191

9.1 氷河堆積物の地形の多様性　191

9.2 氷河底堆積地形　192

　　(1) 氷河流動中に形成される堆積地形　192
　　(2) 氷河停止後に形成される堆積地形　196

9.3 氷河縁辺堆積地形　201
　　（1）氷河縁辺での岩屑排出プロセス　201　　（2）モレーン　201
9.4 氷河堆積地形系と氷河堆積地形複合　210
　　（1）モレーン構築（組み上げ）過程とその形成作用　211
　　（2）氷河縁辺堆積地形集合と氷床堆積地形系・地形複合　218
　コラム 15　ヒマラヤ山脈とチベット高原の氷河：氷河と地形の特徴　223

10　氷河下流の堆積環境と氷河湖　226

10.1 氷河下流の陸上堆積地形　226
　　（1）氷河からの流出　226　　（2）流水堆積物の地形　227
　　（3）氷河下流堆積地形系　230
10.2 氷河下流の水域環境と堆積物　231
　　（1）氷河性海成堆積物と氷河性湖成堆積物　231
　　（2）氷河前面に形成される水中堆積物　233
　　（3）氷河前面に形成される水中堆積地形　235
　　（4）フィヨルドでの氷河と水底堆積地形　238
10.3 氷河湖　240
　　（1）氷河湖の種類　240　　（2）氷河湖における堆積プロセス（氷縞の形成）　242
　　（3）氷縞によるスカンジナビア氷床の後退年代　246　　（4）氷河湖決壊洪水　247
　　（5）最終氷期末の巨大氷河決壊洪水 GLOF　251
　コラム 16　ジョン＝ティンダルが経験した氷河湖決壊洪水　253
　コラム 17　解氷後（パラグレーシャル）作用　254

第 4 部　氷河と環境

11　氷河変動論と完新世氷河変動　256

11.1 氷河変動とはなにか　256
　　（1）氷河変動に関わる問題点　256　　（2）氷河変動の調査方法　258
　　（3）氷河変動の時間的枠組み　262
11.2 完新世の氷河変動　265
　　（1）完新世の気候変動　265　　（2）温暖化の時代（1850 年以降）　266
　　（3）「小氷期」（1300 年ごろ〜1850 年ごろ）の氷河拡大　272
　　（4）ネオグラシエーション　274　　（5）完新世の気候変化の特異性　276
　コラム 18　氷期の発見に必要だった氷床の発見　278
　コラム 19　氷河時代と氷期に関係する語　279

12　更新世の氷期　280

12.1 最終氷期極相期とその後の氷河縮小　280
　　（1）最終氷期とは　280　　（2）晩氷期の氷床後退　281

（3）最終氷期極相期の氷床　285
　12.2　最終氷期全体の氷河変動　292
　　　（1）地形・地質的証拠による2亜氷期と亜間氷期　292
　　　（2）海洋底コアによって明らかにされた氷床変動　293
　　　（3）氷床コアによって明らかにされた気候変動　294
　12.3　更新世の氷期―間氷期の繰り返し　299
　　　（1）アルプスの四つの氷期　299　　（2）海洋底コアによる氷期―間氷期サイクル　301
　　　（3）MPT問題（「氷河第四紀」への移り変わり）　305
　　　（4）MPT以後の10万年周期の氷期―間氷期サイクル　306
　　　（5）更新世「平均的」氷河被覆　309
　　　コラム20　日本の氷河地形編年　309
　　　コラム21　ヒマラヤ山脈とチベット高原での氷河地形編年　311
　　　コラム22　グリーンランド氷床での最終氷期の気候変化　314
　　　コラム23　ミランコビッチサイクル　315

13　氷河時代の形成　318

　13.1　地球史の中での氷河時代と温室地球　318
　13.2　新生代氷河時代の形成　318
　　　（1）南極氷床の形成開始と南極氷床時代　318
　　　（2）地球の寒冷化―北半球氷床形成の過程　325
　13.3　古生代以前の氷河時代（地球氷床史）　327
　　　（1）全地球史における氷河時代　327　　（2）全球凍結　329
　　　（3）氷河時代の起源論　332
　　　コラム24　地球外の氷河：火星と氷衛星エウロパ　334
　　　コラム25　氷河時代と氷期の原因論のおもしろさ　337

14　氷河と人間活動　339

　14.1　人間活動への氷河の影響の二面性　339
　14.2　氷河そのものの影響　339
　　　（1）氷河からの恩恵　339
　　　（2）氷河資源壊失による氷河下流流域への影響（恩恵の減少）　341
　　　（3）氷河から受ける不利益　342　　（4）氷河への人間からの影響　350
　14.3　氷河から解放された土地での人間活動　351
　14.4　氷河―人間関係の将来　354
　　　コラム26　氷河の歩き方　358
　　　コラム27　氷河遺体　359
　　　コラム28　戦場になった氷河　360

教科書と解説書・読みもの　361
引用文献　363
エピグラフの文献　378
索引　379

第 **1** 部

序説

　第1部では氷河地形学と氷河に関する定義・用語などについて説明し，氷河地形学の問題点と重要性について解説する．

ニューヨーク，セントラルパークのロッシュムトネ上の氷河擦痕．北を望む（1994年8月岩田修二撮影）．

1 氷河地形学と氷河

> 大いなる氷河に向きて
> さびさびと雪の来る日を待つ岩のあり
> 岡山たづ子『一直心：歌集』

1.1 2種類の氷河地形学

氷河底の地形

地形学では，**氷河地形**（glacial landforms）とは，氷河による侵食と堆積の作用（氷河作用；glacial process）によって形成される地形のタイプと定義される．つまり，氷河地形とは，現在の氷河の周縁部の地形と，氷河が融解したあと大気底に露出した過去の氷底地形である（たとえば，鈴木，1997-2002：1巻：pp.39-40, 3巻：p.935）．したがって，氷河地形学（glacial geomorphology）とは，現在もしくは過去に氷河に覆われた場所，さらには氷河によって影響を受けた氷河の縁の，地形と堆積物の研究である（たとえば Martini *et al.*, 2001: p.3）．氷河地形が氷河の下の地形であることは氷河学や地形学での常識である．

広義の氷河地形

ところで，地形とは地表面の起伏の形態であり，地表面とは地球を構成する固体部分（岩石圏）と流体部分（大気圏と水圏）との境界面である（鈴木，1997：1巻：pp.39-40）．つまり，固体地形の表面の形態（起伏）が地形であり，地形学とは，固体地球表面の形態を研究する分野である．固体地球表面を構成するのは，岩石・レゴリス（風化物）・土壌・氷（および雪）などである．一般的に認められている岩石・レゴリス・土壌からなる地形のほかに，固体である氷や雪も立派な地形構成物質であり，いいかえると，大地を覆う氷（氷床・氷河）や雪（積雪）の表面形態も地形と呼んでよい．固体地球表面の形態を研究するのが地形学であるならば，固体として地球表面を構成する氷河を地形学の対象から除外する理由はない．つまり，固体地球表面を構成している氷（氷床と氷河）の形も地形であり，氷床と氷河の形態も地形学の対象である．氷河は，現在は大陸表面の10%を占め，更新世の氷期には30%を占めていたから，地球上では無視できない重要な地形であるといえる．

本書では，氷河底の地形とともに，氷河そのものの形態も氷河地形であると主張する．従来の氷河底の地形を狭義の氷河地形，**氷河の形態**そのものを広義の氷河地形とする．以上をまとめると，次のようになる．

```
氷河地形 ─┬─(広義) 氷河そのものの形態（氷河表面の形態）
          └─(狭義) 氷河がつくった地形 ─┬─ 現在氷河の底にある地形
                                      │    （氷河底・氷河基盤＝氷河床の地形）
                                      └─ 氷河が消滅したあと大気に露出した地形
                                           （過去の氷河地形）
```

The Journal of Glaciology

VOL. 1　　　JANUARY 1947　　　No. 1

CONTENTS

FOREWORD. By H. W:son Ahlmann	page 3
THE JOURNAL OF GLACIOLOGY	page 4
BRITISH GLACIOLOGICAL SOCIETY	page 5
TRANSACTIONS OF THE FORMER A.S.S.I.	page 5
MEETINGS :	
Investigations on Ice during the War. By R. Moss	page 8
"　　"　　"　By A. R. Glen	page 9
Extrusion Flow in Glaciers. By G. Seligman	page 12
F. A. Wade's Antarctic Researches. By W. L. S. Fleming	page 23
SNOW SURVEY OF THE BRITISH ISLES	page 32
AVALANCHE RESEARCH	page 32
SCOTTISH SNOW CONDITIONS	page 33
ICE AND AERIAL EROSION	page 33
GLACIER FLOW AND GRAIN GROWTH	page 34
THE RONDANE, NORWAY	page 34
"CRYOLOGY"	page 35
MEETING OF THE I.U.G.G.	page 35
CANADIAN SNOW RESEARCH	page 36
FIXING SNOWFLAKES	page 36
A NEW METHOD OF GLACIER EXAMINATION	page 37
CROSS SECTION OF GLACIATED VALLEYS. By W. V. Lewis	page 37
CORRESPONDENCE	page 39
NOTES	page 39
GLACIOLOGICAL LITERATURE	page 40

Published by
THE BRITISH GLACIOLOGICAL SOCIETY
c/o The Royal Geographical Society, Kensington Gore, London, S.W.7

図 1.1　英国雪氷学会機関誌 "*Journal of Glaciology*" 1 巻 1 号の目次．ノルウェー地誌をまとめたアールマン，圏谷や雪食地形研究で知られたルイスなどの地理学者の名前があり，王立地理学会に間借りしている．

したがって，氷河の形態の研究も氷河地形学に含まれる．しかしながら，広義氷河地形と狭義氷河地形といちいち書くのはわずらわしいので，従来通り前者を氷河，後者を氷河地形とする．

氷河と氷河学

氷河そのものの研究は，これまでは氷河学（study of glaciers）や雪氷学（glaciology）であつかわれてきた．地形学者も，氷河そのものの形態は氷河学・雪氷学の対象であると考えてきた．氷河学・雪氷学は，地球物理学の1分野で，氷河氷の物性や形成，氷河の運動，氷河の形成と気象・気候との関係などの研究を行っている．しかし，その初期には，氷河学・雪氷学と地理学・地形学とは，イギリスでも日本でも密接な関係にあった（岩田，1997b）．地理学や地質学から氷河学・雪氷学が独立したのは，1946年に英国雪氷学会が設立されてからである（図1.1）．第二次大戦後，北極・南極での研究が盛んになって氷河学は飛躍的に発展した．英国雪氷学会は国際雪氷学会へと発展した．現在でも，多くの氷河研究者は氷河の形態に大きな関心をもっている．しかし，氷河の形態も地形に含まれるという立場からは，地形学者も，氷河の

形態的取り扱いを積極的に行うべきであると考える．

多くの氷河研究者は，わが国では日本雪氷学会に属している．氷河地形の研究のためには氷河学の理解は必須であるので，氷河地形の研究を志すものは国際雪氷学会の機関誌"*Journal of Glaciology*"（1947～）や日本雪氷学会の機関誌"*Bulletin of Glaciological Research*"（1983～）に注意しておかねばならない．これらには後述する狭義の氷河地形の研究もかなり多く含まれている．

1.2 氷河の定義

氷河学（雪氷学）における氷河の定義

雪氷学における氷河の定義は，たとえば，次のようである．

1) もっとも簡単な定義は「動く氷体」（伊藤，1992：p.49）である．

2) もっとも広く使われている定義は「重力によって長期間にわたり連続して流動する雪氷体（雪と氷の大きな塊）」（日本雪氷学会，2005：p.277）である．

しかし，その実態は複雑である．氷河の氷はおもに積雪が積み重なり形成されるが，氷と雪のほかにも，空気，水，岩屑，そしてときには生物（幸島，1987，1994）も重要な構成物質である．陸に固定された浮氷である棚氷（ice shelf）は氷河に含まれるが，地下にある地中氷（ground ice）は除外する．問題になるのは，数年以上にわたって存在する氷化した雪渓を氷河に含めるかどうかである．本書では氷河には含めない（次項1.3および5章5.4（3）参照）．

3) 現実に存在する氷河と類似の現象（万年雪や雪渓）とを区別しなければならないときには定義は複雑になる．1970年代後半にネパールヒマラヤで氷河目録をつくったときの氷河の定義は，「厚さをもった氷体で，流動していることを示す形態的特徴をかなりの部分がもち，ひとつのまとまりある涵養・消耗システム*をもつもの．ただし，地形の原因で涵養域*または消耗域*を欠く場合でも，独立した氷河の大きさと形態的特徴をもつものは含める」（Higuchi *et al.*, 1978）であった．この場合「独立した氷河の大きさと形態的特徴」のなかみが問題になろう．氷河と類似の雪渓・万年雪・岩石氷河などとの差異を明示する必要がある．

氷河地形学における氷河の定義

これまでは，地形学でも氷河学における氷河の定義が使われていた．氷河も地形であるという立場からは，氷河学での氷河の定義は地形としての氷河を十分に定義しているとはいえない．氷河地形学における氷河の定義は，まず，氷河を地形のひとつのタイプと認め，それ以外の地形とどのように違うかを述べる必要がある．

新しい氷河地形学における氷河の定義は「H_2O の堆積岩・深成岩・変成岩である氷を主たる構成物質とし，固体地球表面を構成する地形のひとつのタイプ」となる．くわしく述べると「表層は未固結堆積物（雪）からなるが，深度とともに相変化と圧力によって岩石（氷）となる．上面の境界では，質量および熱を大気と交換し形を変える．また重力を駆動力として検知できる速度で変形・移動する．大陸規模では平坦な形態（大陸氷床）をとり，それ以外の場合

---

*これらの用語については3章3.1（1）参照．

表1.1 氷河を意味するさまざまな語

地 域	国・地方	氷河を意味する語
東アジア	日 本	氷河
	中 国	冰川
ヒマラヤ	ネパール	himanadi（ネパール語：雪氷＋大きな河の意味）
	パキスタン	sha-yoz（チトラール北部コワール語：黒い氷の意味），yaaz（ワヒ語）
アルプス	フランス	glacier
	イタリア	ghiacciaio
	ドイツ	Gletscher, Kees（ケース：チロル方言），Ferner（東アルプス）
西 欧	イギリス	glacier
	スペイン	glaciar, ventisquero（ventisca＝ふぶき から転じて根雪・万年雪の意味）
北 欧	ノルウェー	bre, breen（一般的な氷河の意味），jøkel, jøkelen（末端に注目した表現），fonn, fonna（雪原・高原氷河）
	アイスランド	jökull
	デンマーク	bræ, isbræ, jøkel（氷河），isdække（氷床・氷原）
ロシア		lednik（led は氷 lyod と同義）

には氷河基底（基盤岩や堆積層）の形状に影響された多様な形態（山岳氷河）をとる．下面では接する固体地球表層（基底）と熱および質量を交換し，基底の形態を変えていく」ものとなる．これは氷河氷を岩石と見る考え方（伊藤，1997）と共通している（コラム1「氷河岩石学」）．

1.3 「氷河」という語

「氷河」の語の由来

日本語の氷河という語からわれわれは氷の川を連想する．表1.1にいろいろな地域での氷河を意味する語を列挙した．フランスのアルプス地方では古くから glacière（現在は氷室の意）が使われていた．この語は，モンブランにある氷河メールドグラース（Mer de Glace）からわかるように，氷（glace）と密接に関係する語である．ヨーロッパ各国で使われている glacier*, Gletscher, ghiacciaio などの語は glacière が変化したものである．スイスの地図には Der Gletscher という文字が1538年に現れる（Brunner, 1987）．

日本では，江戸時代の箕作省吾の世界地誌『坤輿図識補編』（1846年刊）に「氷野」という語が氷河の意味で使われたのが最初である．その後「氷帯」「氷田」「滑流氷原」などが使われたが，1889年に理科大学（後の東京大学）地質学教授たちによって「氷河」の語が使われはじめた（岩田，2000a, b）（表1.2）．川の意味をもたない「氷野」「氷田」などに替えて，本来は（季節的に）凍った川という意味（諸橋，1956：II：p.138）の「氷河」を使ったのは，当時ようやく，氷河は川のように流れるという事実が定着したからであろう．アルプスの氷河は谷氷河であるから，glacier にもやがて氷の川という意味が含まれるようになった．辞書にも"A large accumulation or river of ice in a high mountain valley" と書かれている（Simpson and

---

*英語の glacial という語は，もともとは「氷の」とか「寒い」を意味する語で，氷河の意味で使われた最初は1744年である（Simpson and Weiner, 1989: VI: p.546）．氷山説の信奉者であったイギリスの地質学者ライエルは，アガシーの氷河説が受けいれられた後になっても glacial という語を「寒冷な」という意味で使っていた（ボウルズ，2006：p.249；コラム20「氷河時代と氷期に関係する語」参照）．

表1.2 江戸期末～明治期における「氷河」を意味するさまざまな語

年	日本	中国	掲載文献
1846（弘化3）	宿氷・氷野		『坤輿図識補編』（箕作，1846）
1853		氷田	ミュアヘッド『地理全志』[a]
1862（文久2）	氷山		堀達之助ほか『英和対訳袖珍辞書』[a]
1866-69		氷田	Lobsheid, W.『英華事典』[a]
1872		山雪氷田・山谷氷	Doolittle, J.『英華萃林韻府』[a]
1873（明治6）	氷原		『英和字彙付音挿図』（柴田・子安，1873）
1877（明治10）	氷帯		『地文學初歩』（日刻氏，1877）
1878（明治11）	周年雪		『北海道地質総論』（辺治文・土蔑治・来曼 著，開拓使 訳，1878）
1878（明治11）	氷野		郵便報知新聞1753号告知欄（郵便報知新聞刊行会，1989）
1879（明治12）	氷渓		『地学浅識』[b]
1883（明治16）	氷田		『東京近傍地質編』（ブラウンス，1883）
1883（明治16）	滑流氷原		「東京地学協会報告」5 (5)
1886（明治19）	hyosan・hyogen		『和英語林集成』第3版（Hepburn, 1886）
1886		氷川	Fdkins『地志啓蒙』[a]
1889（明治22）	氷田		鈴木 敏[b]
1889（明治22）	氷河		「地学雑誌」第1集1巻（菊池安の火山湖の説明）
1891（明治24）	氷河		『新編 小地質学』（神保，1891）
1893（明治26）	氷海		『欧州山水奇勝』（高島，1893）
1894（明治27）	氷田		『日本風景論』（志賀，1894）
1896（明治29）	氷河・氷田		『日本地質学』（神保，1896）
1898（明治31）	氷河		山上万次郎『新選普通地文学』[a]
1900		氷河	費達徳 著，王健祖 訳『地理初』[a]
1902（明治35）	氷河		「氷河果して本邦に存在せざりしか」（山崎，1902）
1903		氷河	汪・葉『新爾雅』[a]
現在	氷河	氷川	

氷の字には冰・氷などがあるが，ここでは氷に統一した．　a) 荒川（1997），b) 歌代ほか（1978）による．
表中の文献は岩田（2000a, b）を参照されたい．

Weiner, 1989: VI: p.546）．表1.1 からもわかるように，諸国の「氷河」には氷を意味する語と川の意味をもつ語との2系統の語がある．

「氷河」と「氷床」

　氷河は氷の川であるとはいえ，地球の氷河量（2章表2.2）から見ると，谷氷河をはじめとする山岳氷河が地球の氷河を代表するものとはいえない．地球上の氷河の量としては大部分が氷床（ice sheet）である．この氷床という語はいつごろから広く使われるようになったのだろうか．

　グリーンランド氷床の存在が知られるようになったのは1850年ころらしい．Hambrey (1994: p.3) は1852年とし，ボウルズ（2006）は1853年とする．しかし，1880年ころには，まだグリーンランド内陸部に氷のない温暖な土地が存在するという話が広がっていたが（カーワン，1971: p.216），1888年のナンセン（F. Nansen）のグリーンランド初横断で否定された．このころから，グリーンランドや南極の氷河に対してはice-cap, Inlandeis, ice-plateau などの語とともにice-sheet も使われ（Hobbs, 1911；辻村，1932-33：I: p.375；Ahlmann, 1953 など），氷期に大陸を覆った広大な氷河に対しても用いられた（Geikie, 1894 など）．

glacier という谷氷河のイメージから逃れるためであろうか，Andrews (1975) の教科書の最初の章や，Oeschger and Langway (1989) の論文集のタイトルでは，Glaciers and Ice Sheets というように氷河と氷床とが対で用いられている．この用法では，氷床以外の氷河 glacier は山岳氷河として氷床から区別される．しかし，地球規模の氷河像の正しい理解のためには，氷河と氷床を包括する新しい語が必要であろう．ただし，ふさわしい語も見つからないので，この本では「氷河」を山岳氷河と氷床とを合わせた意味で用いる．

「小氷体」（glacieret）

ごく小さな氷河と，氷河とは呼べない氷体や大規模な万年雪（雪渓・雪田）とを区別するのが，ときどき困難になる．定義からいうと，涵養域と消耗域の両方があるもの，クリープ（塑性変形）による流動が認められるものは氷河である（樋口，1982a）．しかし，人びとが氷河と呼んでいるものはもっと幅が広い．氷河と誰もが疑わない氷体が塑性流動をしていない場合も多いし，山頂氷河やトルキスタン型氷河のように，涵養域や消耗域のいずれかしかもたない場合も多い．国際雪氷学会の氷河分類基準（UNESCO/IASH, 1970）に glacieret があり，それには越年雪渓も含まれるので，glacieret を小氷河と訳して，多年性雪渓（万年雪）も氷河であるという主張（土屋，1999）もある．数年以上存在し，塑性流動していることを示す形態をもつもの，あるいは，かなりの厚さをもつ氷体は塑性流動をしていなくても氷河と呼べるかもしれない．たとえば，赤道アフリカのケニヤ山にあるノーゼイ（Northey）氷河は，2004年には長さ 60-70 m まで縮小してしまった（Hastenrath, 2008）．これなど glacieret 以外のなにものでもない．しかし，日本の雪渓のように1年のうちに季節が進むにつれて大きさと形を極端に変化させるものは氷河とはいいがたい．

1.4 氷河地形学の問題点と重要性

(1) 地形の四つの側面の問題

ほかのすべての地形とおなじく，氷河地形にも，形態，形成作用（プロセス），構成物質，時間という四つの側面がある．地形学の対象は形態そのものであるが，形態と直接関わる因子に，形成作用・構成物質・時間があり，これらの理解なしには形態もその変化も理解できない（貝塚，1998：pp. 24-25）．そこで，はじめに氷河地形におけるこれらの四つの側面の問題点にふれ，それ以外の問題も見よう．

形態

地形の形態は，直感的・総合的に認識され類型化され命名されてきた．圏谷（カール）・氷食谷（U字谷）・モレーン堤*などのような昔から名前のあった地形である．このような，経験的に類型化されて認識された地形は，相観的地形（physiognomic landform）ともいえよう．いっぽう，直感的・総合的に認識されなかった地形については，地形線で境された地形面や単位地形に細分し，それぞれの地形プロセスや構成物質を明らかにし，それらの組み合わせによ

---

*8章，9章を参照されたい．

表 1.3　地形の規模と地形系・単位地形・地形型の例

規模	地図のスケール	単位地形の大きさ	地形系・単位地形の例	地形型の例
巨大地形	～1/1000万	100 km	氷床面的剥磨地形	氷床（大陸氷床）　大陸
大地形	～1/100万	10 km	線的侵食地形	氷流・溢流氷河　氷食山地
中地形	～1/10万	1 km	U字谷壁・氷食斜面	谷氷河　氷食谷（U字谷）
小地形	～1/1万	100 m	圏谷壁・圏谷底	山腹氷河　圏谷・モレーン
微地形	～1/1000	10 m		アイスエプロン　ケトル・ドラムリン
微細地形	1/1000～	1 m～		クレバス　擦痕・擦痕礫

地形の規模は貝塚，1998：p.37 の表に基づく．

る理解によって地形が認識される．たとえば周氷河斜面のような斜面地形などの場合である．分析的地形（analytic landform）と仮に名づける．このように認識された単位地形を地形型（landform types）という（門村，1981）．地形には大小の規模がある．地形単元と地形型の認定基準も地形の規模によって異なってくる．例を表 1.3 に示した．

　氷河地形の形態でしばしば問題になるのは，**氷河地形の認定**である．1950 年代までの日本では，圏谷・氷食谷・モレーン堤のような直感的・総合的に認識された地形型だけが氷河地形とされていた．分析的地形による地形認識が広く行われはじめたのは，1970 年代以後である．日本のような小規模な氷河しか形成されなかった場所では，直感的・総合的な氷河地形の認識は難しく，分析的見方でも，その地形を氷河がつくったのか，崩壊などの別の地形形成作用によるのかがしばしば問題になる．形態だけからの氷河地形の認定はいまだに多くの問題を含んでいる．

形成作用

　地形学でいう形成作用（geomorphic process）とは，プロセスという語の一般的な訳である「過程」よりも，変化の進み方，あるいはメカニズムの意味が強く（谷津，1981；鈴木，1984），地形を変化させる働き＝作用である．あるいは，一連の過程の中の素過程（elementary process）といえよう．地形形成作用の解明のためには，現在，実際におこっている現象の観察・測定と実験的研究が必要である．しかしながら，氷河地形形成作用を解明することはほかの地形の場合と比べて容易ではない．その理由は，侵食*も堆積も，**氷の下または氷との接触面**でおこっているからである．それを理解するためには，氷河の底にもぐりこんだり，氷河底にトンネルを掘ったりして研究しなければならない．着実に成果を挙げているとはいえ，これは簡単ではなく，例も少ない．そこで，多くの場合には，氷河の性質・挙動を理解した上で，氷河から解放された後の地形を観察することによって，地形形成作用を推論することになる．そのためには多様な氷河の性質や挙動を理解しなければならない．かつては氷河地質学に含まれていた氷河の性質や挙動の研究は，現在では氷河学として独立し，おもに雪氷学者によって研究されている．氷河地形の理解のためには**氷河の雪氷学的な理解**が不可欠である．

構成物質

　氷河地形の構成物質は，侵食地形の素材としての基盤岩と，堆積地形の構成物としての未固結堆積物である．両者へのアプローチ（理解）の仕方はたいへん異なる．前者の侵食地形の素

---

*侵食に関してはコラム 2「氷食作用と侵食・削剥」を参照されたい．

材に対しては，異なる地質構造・岩質からなる基盤岩に（おなじ）作用が働いたとき，形成される氷河地形にどのような違いができるかを明らかにする必要がある．そのためには実験的研究とともに世界中の広い範囲にわたって岩質と地形との関係を探る必要がある．後者の氷河堆積物に対しては，いまだにわれわれは，山岳氷河の堆積物とマスムーブメントによる堆積物とを明確には区別する決め手をもっていない．このように氷河堆積物でも，認定が大きな問題である．

時間

地形の形成は時間とともに進行し，長い時間がかかる．いっぽう，古い地形はどんどん侵食され失われていくから，地形学では現在の情報がもっとも多く，時間を遡るにつれて急激に情報が少なくなっていく．とくに氷河地形では，圧倒的な氷の破壊力によって古い地形が破壊されてしまうと考えられている．これは氷河地形を用いて古環境復元をするときの大きな問題点である．

地形系（landsystem）

地域の地形は多種・多様な地形型の集合体である．英語では地形型の集合体を landscape と表現することが少なくない．地形集合（landform association）と呼ばれることもあるが，最近は landsystem* といわれることが多くなった．地形を小スケールのものから大スケールへと統合し，地域の地形的特徴（土壌や植生も含む総合的土地特性）を理解することが含まれる．氷河地形に関しても地形系の考え方が導入されはじめたが，現状では三次元地形ブロックダイヤグラムで地形形成作用–形態モデルを提示することが主のようである（Evans, 2005）．このような考え方は，詳細な地形学図を描き地形の成因と発達史を編む日本流の地形学からすると目新しいことではない．しかし，これまでの氷河地形学では圏谷やモレーンといったそれぞれの地形型が議論されるだけであったので，大きな進歩といえよう．

（2）氷河地形学の重要性

氷河地形研究対象地域のかたより

ニューヨークのセントラルパークには最終氷期の氷河に削られたなめらかな岩盤がいくつもある（第1部扉）．ニューヨークは，最終氷期末の2万年前には，北極から続く巨大な氷床に覆われていた．最終氷期には世界の氷河面積，すなわち氷河地形の分布地域（glaciated terrene）の面積は全陸地の30％以上に達していた．氷河地形を理解することなしには，世界の環境の理解はありえない．

これまでの氷河地形の研究は，アルプスや北極周辺，アラスカの現在の山岳氷河のまわりと，北西ヨーロッパと北アメリカの過去の氷床地域で行われてきた．過去150年間のヨーロッパと北アメリカにおける氷河地形研究の蓄積には驚くべきものがある．ヨーロッパや北アメリカの人びとは氷河地形の上に住んでいるから当然といえよう．しかし，逆に，これまで氷河地形研究者が近くに住んでいなかったアジアや南アメリカ，南極などでは，氷河地形の研究は遅れて

---

*landsystem：ここでは，貝塚（1998）が地形型の上位概念として用いた地形系とする．そして，地形系の集合体を地形複合（landscape）とする．

いる．中でもヒマラヤ山脈では，接近の難しい急峻な地形のため研究は進んでいない．いずれにせよ，全球的な氷河の理解のために，地球のすべての場所での氷河地形の研究が必要である．

氷河の理解にも必要な氷河地形

上に述べたように氷河地形の研究のためには氷河そのものの理解が不可欠である．逆に，氷河の理解のためには氷河地形の理解が不可欠である．氷河地形は氷河によってつくられるが，いっぽう氷河も地形の影響を受けて性質や形を変えるからである．たとえば，氷河の流速は直接地形（傾斜や微起伏）の影響を受け，それによって形成される地形が決まり，その結果として氷河の性質や形態が変わる．氷河と地形とは切り離せないフィードバックループをもつ．氷河は地形変化に伴ってみずからの形や性質を変えるのである．氷河の側から見れば，氷河形成のためには，地形は必要条件であり，気候は十分条件であるということができる（比較氷河研究会，1973）．つまり，氷河が形成されるためには地形という場が必要であり，そこに必要な気候条件がそなわったとき氷河が形成される．すべての氷河研究者にとって氷河地形は無視できないものなのである．

氷河研究の歴史を見ると，1800年代前半から後半にかけての初期の段階では，氷食地形やモレーンなどの狭義の氷河地形の研究が氷河研究の主流であった（Dreimanis, 1989）．1800年代末から1950年ころまでは氷河堆積物の地質学研究が盛んになったが，すでに述べたように（1.1），1940年代からはじまった氷河そのものの研究（氷河学）の初期には，地質学者よりも地形学者と地理学者が重要な貢献をした（岩田，1997b）．その後，両者の協力体制は少なくなったが，今後は氷河研究者と氷河地形研究者とは手を携えて研究を進めなければならない．われわれは氷河地形の研究を止めるわけにはいかない．

変動帯山岳氷河地形の重要性

これまでは，氷河も，氷食地形や氷河堆積物の研究も，ヨーロッパアルプスや北大西洋沿岸，アラスカなどの現成の氷河や，その周辺の大型谷氷河や氷床によってつくられた地形で行われてきた．そこでの研究者の多くは地形といえば氷河地形しか知らない．あるいは，地形変化の速い変動帯やはげしいモンスーンの気候帯での地形を知らない．したがって，急峻な地形が氷河にあたえる影響や，莫大な降水が氷河を涵養する実態，氷食地形や氷河堆積物が崩壊地形や重力性堆積物とよく似ていることを知らない．

いっぽう，著者を含む日本人氷河地形研究者は，ヒマラヤ・チベットという変動帯・モンスーン帯で氷河・氷河地形研究をはじめたので，ヨーロッパや北アメリカの研究者とはかなり違った氷河観・氷河地形観をもつにいたった．最近，ヒマラヤや中央アジアの高山域で調査するヨーロッパやアメリカの研究者も，これまでの氷河地形の研究成果は，山岳氷河の説明には不十分なことを理解しはじめた．このように，ヒマラヤなどの変動帯の山岳での氷河地形研究は重要である．

過去の氷河変動から予測する未来の気候変動

将来の気候変動の予測は，過去の気候変動から行うしかない．19世紀半ばからはじまった氷河地形と地質の研究によって，地球に氷期が存在したことが明らかになった．現在では大洋底堆積物や大陸氷床の掘削コアから過去の環境・気候変動が明らかにされているが，現在でも，地域的な気候変化の復元には氷河は有効な手段を提供する．地球環境問題，とくに地球温暖化

の将来予測には氷河地形の研究は不可欠である．

コラム 1
氷河岩石学

　地質学とのアナロジー（比較）から，氷河氷を見かけの性質・構造から地質学での岩相区分に合わせて分類すると次のようになる．
1) 未固結堆積層：積雪層＋フィルン．
2) 堆積岩：深度とともに（氷化深度以深で）相変化と圧力によって形成された氷河氷．とくに氷河氷のうち年層境界を残しているもの．
3) 深成岩：深部で温度と圧力によって変質し巨大単結晶をもつ氷河氷（地質学ではマグマがゆっくり固まり結晶化が進んだものなので）．クラスレート氷（3章3.3（3））を含む．
4) 変成岩：流動による構造の変化を経た氷河氷．
5) 火山岩（溶岩など）：氷河表面や氷河底で水が凍ってできた上積み氷層や透明氷層，棚氷の底の海水からの凍結氷など．
　伊藤（1997：pp. 265-266）におなじ考えによる説明がある．

コラム 2
氷食作用と侵食・削剥

　氷河が土地を削り低くすることを氷食作用という．氷食とは氷河侵食の略である．侵食は地質学が科学となった18世紀後半から使われている語で，侵食（erosion）はラテン語の erodere, erosus：かじる，食いちぎるの意からきている．
　地形学での侵食の定義は「可動的営力が地表物質を取り込むこと．重力による物質移動を含まない」（寿円，1981），「流体力によって地形物質が既存の地表から岩屑の形で力学的に除去（離脱・運搬）される過程」（鈴木，1997-2004：1巻），"Downwearing along approximately linear erosion paths such as streams or valley glaciers"（Ahnert, 1996），"The sum of all destructive processes by which weathering products are picked up (entrained) and carried by transporting media — ice, water, and wind surface"（Huggett, 2003）などで，地表物質が流体に取り込まれて除去される作用に限定され，線的な除去が強調される．物質自体が移動する重力移動（集団移動；mass movement）は含まれない．
　固体であっても，氷河は流れる（glacial flow）と表現されるので氷河は「侵食」する．
　ところで最近では「侵食は物質の移動を伴う現象である．この地形物質の移動には，運搬媒体（たとえば，流水，風，波，氷河など）が存在する場合と，運搬媒体が存在しない場合（すなわち，重力のみによる移動）がある．前者を mass transport，後者を mass movement あるいは mass wasting という」（松倉，2008：p. 5）という定義がなされている．重力による侵食（gravity erosion）という表現すらある（英語版ウィキペディア http://en.wikipedia.org/wiki/Erosion: 2009.09.18）．従来は，このような，運搬媒体がある場合とない場合を含めた作用は削剥とされていた．
　しかし，削剥（denudation）の定義は「外作用（風化や重力による移動も含む）による地表面の低下や消耗」（寿円，1981），「風化・重力移動・侵食をまとめて削剥（作用）という」（貝

塚, 1998), 「除去変形によって, 地表高度が低下し, 最終的には地表が平坦化する過程の総称で, 侵食のみならず, 溶食ならびに集団移動を包括した用語」(鈴木, 1997-2004：1巻), "All processes of areal downwearing" (Ahnert, 1996), "The conjoint action of weathering and erosion, which processes simultaneously wear away the land surface" (Huggett, 2003) などと多様である.

氷河の除去作用はほとんど面的であるので「氷河による削剥；glacial denudation」や「面的剥磨；areal scouring」も多用される.

第2部
氷河の性質と形態
（広義の氷河地形）

　第2部では氷河がどこにあるかを述べ，次に氷河の気象・気候的特徴，さらに氷河の運動学的特徴を述べる．氷河の気候学的・運動学的特性の現れが氷河の形態である．

　氷河そのものの性質の研究をするのが氷河学（study of glaciers）である．氷河学は，気象学・気候学，雪氷物理学，雪氷化学，水文学などと深く結びついた分野である．その基礎知識を学習するためには，東（1967, 1974），中島（1969），藤井（1974），若浜（1978），Paterson（1981, 1999），前野・福田（1986-2000），伊藤（1992），藤井ほか（1997），前野（2004），日本雪氷学会（2005）などのすぐれた解説記事や入門書を利用してほしい．以下に解説するのは，これらによっている．

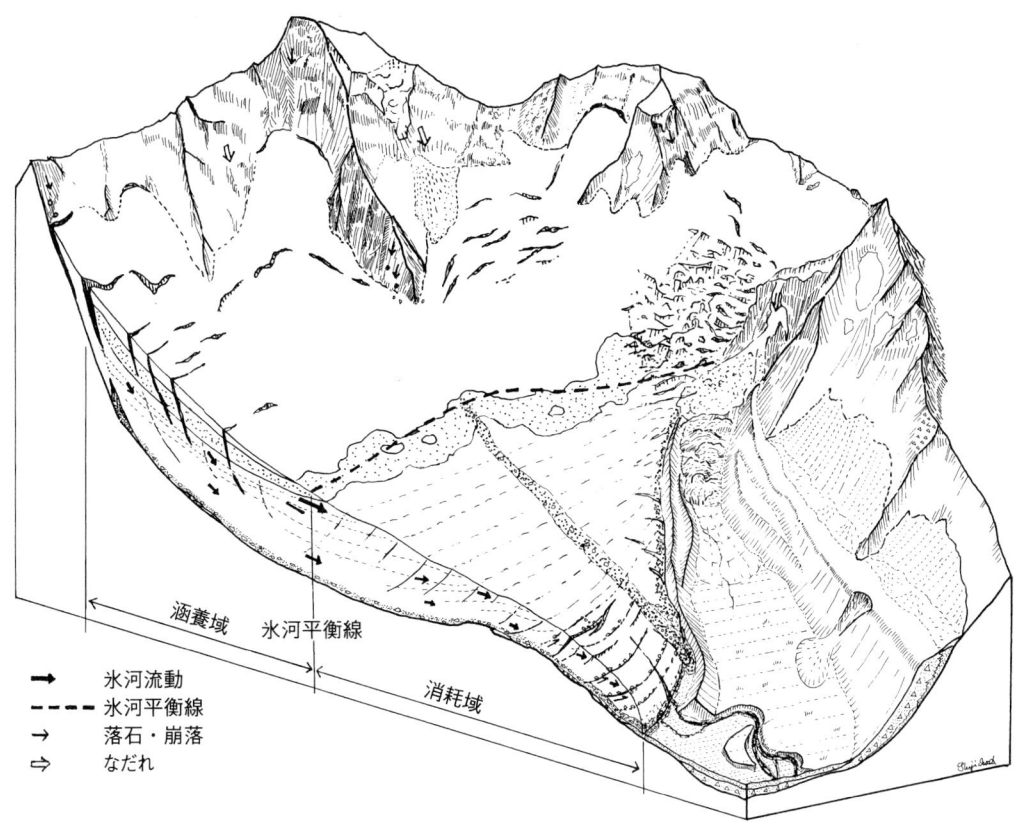

谷氷河の構造．涵養域と消耗域の境界，氷河平衡線を模式的に示した（3章参照，岩田修二原図1990年）．

2　地球上の氷河

> ただの雪と氷河—たとえ小規模なカール氷河であろうとも—とは，完全にちがう．これは移りゆきが見られぬという点では生物学における種（スペシース）のちがいに匹敵する．
> 　　　　　　　　　　　　　今西錦司『カラコルム』

2.1　氷河の分布

(1) 地球の氷河量

　地球は水（液体）の惑星である．地球の水のほとんどは液体の姿で海洋にあるが，2%ほどは固体の氷河として陸上にある（表2.1）．氷河は地球上の淡水の86%を占める．

　地球上に存在する氷河量を正確に把握することは現在でもとても難しい．したがって，表2.1～表2.3中の値がそれぞれ異なっている．氷の量の大部分を占める巨大な南極氷床の形を正確に把握することと，辺境地域の氷河の実態，とくに氷河の厚さを推定するのが難しいからである．しかし，最近の地球温暖化による氷河の融解によって海面の上昇が問題になり，氷河量を正確に推定する努力が重ねられてきた．現在，全地球表面積（510×10^6 km²）の3%弱，全陸地面積（149×10^6 km²）のほぼ10%が氷河に覆われている．体積でみると，そのうちの90%は南極に，9%はグリーンランドに存在し，そのほかの場所，つまり山岳氷河として存在するのは残りの1%未満（0.6%）にすぎない（表2.2）．このように面積や体積からみると，地球の氷河における氷床の重要性が際だっている．氷河数からみると氷床は二つ，それ以外の山岳氷河は藤田（2006）によるとおよそ16万，大村　纂*によると20万にのぼるとされる．もし，地球全体の氷河が融解すると，海面は80 m以上上昇すると見積られている（表2.2）．

　海水と氷河との量の割合は，氷期（氷河期）と現在（間氷期）とで大きく変化する．寒冷な氷期には，蒸発し降水となった水が海洋に戻らず，高緯度地方に氷河や永久凍土として集積する．更新世最終氷期の氷河最大拡大期の氷河量は現在の2.5倍から3倍になり，水全体に占める氷河の割合は現在の2%弱から，最終氷期には6-7%にまで増大していた（表2.3）．そのため，海面（海水準）がおよそ140 m低下した．氷期と間氷期との海面変化は地球環境変化としてはきわめて大きなものであり，大きな影響を与えた（第4部参照）．

(2) 氷河の分布と面積

　現在と更新世末氷期の世界の高緯度・中緯度地方（90°-20°）の氷床と，低緯度地方（20°-0°）の氷河の分布を図2.1に示す．その面積と体積は表2.4に示した．現在の氷床は寒冷な高緯度

---

*2008年7月12日日本大学文理学部での講演（のちに大村，2010bにまとめられた）．大村によると，山岳氷河の面積は0.55×10^6 km²，体積は0.10×10^6 km²，平均厚さ180 m，海水量換算0.17 m．

表 2.1 地球における現在の水の存在量

様 態（貯留場所）	体 積（×10⁶ km³）	割 合（%）
海 洋	1350	97.4
氷 河	27.5	1.98
地下水・土壌水	8.27	0.597
湖水・河川・貯水池	0.214	0.0154
水蒸気・生物体内など	0.016	0.0012
海水合計	1354	97.6
淡水合計	32	2.4
合 計	1386	100.0

Jones (1997: p. 24) による．

表 2.2 地球上の現在の氷河面積と氷河量

	面 積 (×10⁶ km²)	体 積 (×10⁶ km³)	体積割合 (%)	相当海水位 (m)
南極氷床（接地部分のみ）	12.1	29.0	90.3	73
グリーンランド氷床	1.71	2.95	9.18	7.4
氷 河（山岳氷河）	0.68	0.18	0.56	0.5
合 計	14.49	32.13	100	80.9

Houghton *et al.* (1996: p. 372) による．

表 2.3 地球における現在と最終氷期の海水と氷の量

存在様式	現 在		最終氷期*	
	質量 (×10²² g)	割合 (%)	質量 (×10²² g)	割合 (%)
海水	135	97.8	130–129	93.5–94.2
氷（氷床）	2.45	1.77	7.60–8.80	6.1–7.1

* Denton and Hughes (1981) による最小値と最大値．

地方にだけ分布するが，氷河が存在するためには陸地が必要だから北極海に氷河は存在しない．シベリアやアラスカ・カナダの北極圏に大きな氷河が分布しないのは降水量が少ないからである．高緯度にある氷河地帯では氷河が海面まで達している．そのもっとも低緯度側のものは，北半球の大西洋沿岸ではグリーンランド南端（北緯60°），太平洋ではアラスカ東南部（北緯57°），南半球ではパタゴニア西海岸（南緯47°）にある．そのうちパタゴニア北氷原のサンラファエル氷河は，海面に達する氷河（海面流入氷河；tidewater glacier）のうち地球上でもっとも低緯度に位置する．ニュージーランド南島西岸（南緯43.5°）の氷河は，海面には達していないが海面高度近くに末端がある．

　低緯度地方では氷河は高山に分布している．赤道をはさむ南北20°以内では，アンデス山脈の高山には多くの氷河が分布するが，それ以外で氷河が分布するのは，メキシコ・東アフリカ・ニューギニア島西部に限られる．これらは赤道高山の氷河として特異な性質をもっている（Kaser and Osmaston, 2002；Hastenrath, 2008；岩田，2009b）．

　更新世の氷期の氷床最大拡張期の氷河分布は，実は正確にはまだ明らかになっていない．氷河地形・地質による過去の氷河の復元の調査がまだ不十分だからである．図2.1に示した氷期の氷床分布のうち，東シベリア氷床や中央アジア氷帽・山岳氷原はやや大きく描かれすぎてい

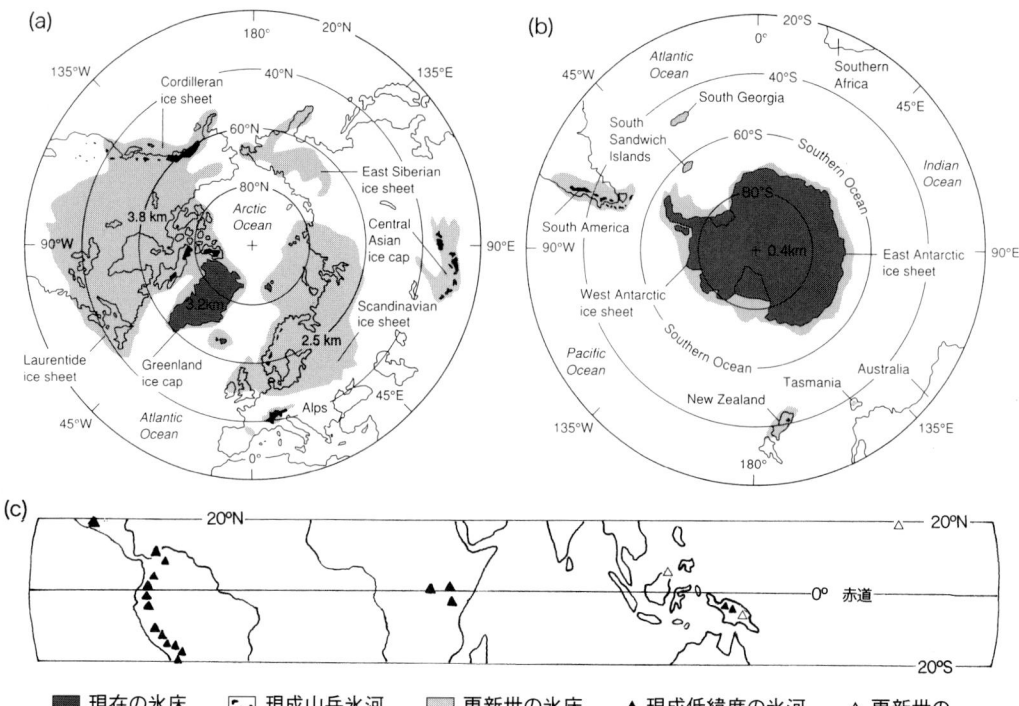

図2.1 現在と更新世末氷期の氷床と氷河の分布．(a) 北半球，(b) 南半球，(c) 熱帯低緯度（赤道をはさむ南北20°）(a, b：Anderson, 2004：p.5，c：岩田原図)．

る．それにしても，最終氷期の最大拡大期にヨーロッパ・西シベリアと北アメリカの大部分が氷床に覆われていたのは驚きである．上記のように，現在の氷河は陸地面積の10％を覆うだけであるが，最終氷期最大拡大期には全陸地の30％が氷河に覆われていた．

世界の地域別の氷河面積や特性を知るには，1989年に刊行された世界氷河台帳（World Glacier Monitoring Service, 1989）や，藤井ほか（1997），藤田（2006）の解説，アメリカ地質調査所の人工衛星画像アトラス（Williams and Ferringno, 1988-2010）とそのウェブサイト（http://pubs.usgs.gov/fs/fs133-99）がある．現在の地球上では，表2.2，表2.4に示したように，数では無数に近い山岳氷河は，体積からするとほとんど無視できるともいえよう．

(3) 氷河の厚さ

氷河の体積を知るためには氷河の厚さを知らなければならない．氷河の厚さを知ることは重要であるが，なかなか困難である．4章4.2 (1)「氷体の変形」の項で述べるように，氷河流動モデルから氷河の厚さを知ることができるが，仮定が多く信用できない．

氷河の厚さを観測するために最初に使われたのは人工地震探査であった．最初に組織的な人工地震探査が行われたのは，1950-52年の南極クイーンモードランドにおける距離640 kmにわたる測定である．それによって南極氷床の厚さが2000 mをこえることがわかった（イェーヴァー；Giaever, 1956）．その後各国の内陸旅行隊が地震探査を行って，南極氷床の厚さが明らかになってきた．これは，いいかえれば氷床下の基盤の地形が明らかになったということである．1960年代後半からは大型航空機から発射されたレーダー波の反射＊によって短期間に広い

表 2.4 現在と更新世末氷期の最大拡大期の氷河面積と体積

地域	現在		更新世末氷期最大拡大期	
	面積 (10^6 km^2)	体積 (10^6 km^3)	面積 (10^6 km^2)	体積 (10^6 km^3)
南極氷床	13.50	32.0	14.50	37.7
グリーンランド氷床	1.80	2.6	2.23	8.4
ローレンタイド氷床	—	—	13.40	34.8
コルディエラ氷床	—	—	2.60	1.9
スカンジナビア氷床	—	—	6.60	14.2
イギリス氷床	—	—	0.34	0.8
山岳氷河				
北極周辺	0.24	—	—	—
アラスカ	0.05	—	—	—
残りの北アメリカ	0.03	—	—	—
アンデス	0.03	—	0.88	—
ヨーロッパアルプス	0.004	—	0.04	—
スカンジナビア	0.004	—	—	—
アジア	0.12	—	3.90	—
アフリカ	0.0001	—	0.0003	—
オセアニア	0.001	—	0.07	—
合計	15.8	34.6	44.56	97.8

Anderson (2004) から岩田作成.

範囲の氷厚が明らかにされ，大陸全体の氷厚分布が明らかにされた（図 5.5，図 5.7）．南極氷床のもっとも厚い部分は 4776 m，平均の厚さは 1856 m とされる（日本雪氷学会，2005：pp. 331-332）．南極の小地域では陸上でのアイスレーダー踏査調査による観測も行われ（Nishio et al., 1988），くわしい基盤地形図（図 2.2）も作成されている（Wolmarans, 1982）．アイスレーダーによる調査では，氷厚だけではなく氷河内部の構造も明らかになる（前野ほか，1997）．その後アイスレーダーの小型化が進み，スノーモービル搭載も可能になり，山岳氷河でも利用可能になった．全重量 12 kg の背負い式のものも開発されており，およそ 160 m の氷厚測定に成功している（Jones et al., 1989）．世界でもっともくわしい調査が行われている氷河のひとつ，スカンジナビアのストー氷河の厚さ（基盤地形）を図 2.3 に示す．

このようにかなりの数の氷河の厚さが観測されたが，地球全体からみるとまだ少数である．IHD（国際水文 10 年）での，世界の氷河台帳（次項参照）作成のためのマニュアルでは，既知の氷厚のデータをもとにして氷河タイプと表面積ごとの氷厚を推定する方法を試みている（UNESCO/IASH, 1970）．この方法で得られた値を図 2.4 に示す．この値はただちにほかの地域にあてはめることはできないが，ある程度の参考にはなるだろう．

(4) 氷河台帳

地球上に分布する無数の氷河を把握するためには，ひとつひとつの氷河に組織的に番号をつけ登録し，基本的な情報を記録する作業が必要である．このようにしてつくられるデータベー

---

*アイスレーダー ice radar (radio detection and ranging). RES (radio-echo sounding) と同義．くわしくは Hubbard and Glasser (2005：pp. 148-178) 参照．

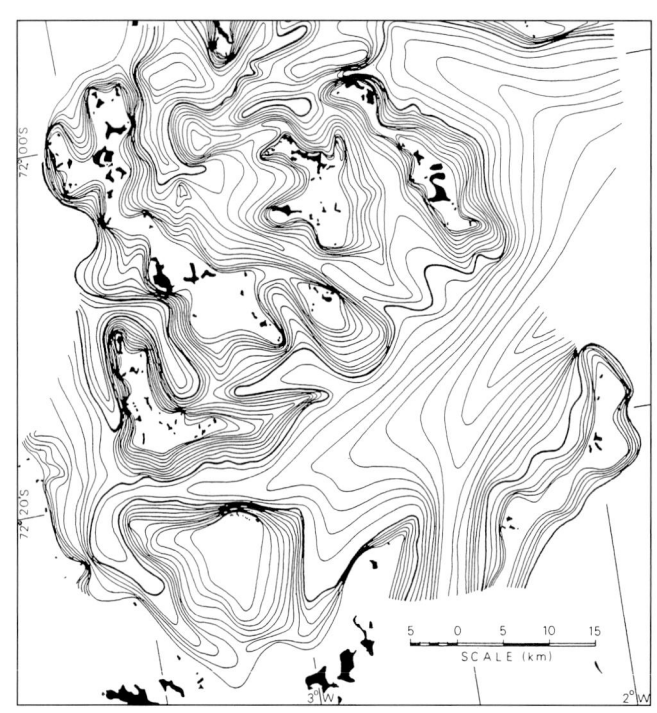

図 2.2　南極大陸，西ドロンニングモードランド（West Dronning Maud Land）のアールマン山稜（Ahlmannryggen）とボルグ山塊（Borgmassivet）の基盤地形の等高線地図．等高線間隔は 100 m．太線が海面高度（0 m）を示す．黒塗り部分が氷床表面に現れたヌナタク（露岩山地）．SANAE（南アフリカ南極観測隊）の氷床表面旅行による（Wolmarans, 1982）．

スを**氷河台帳**（glacier inventory）と呼ぶ．

　国内に多くの氷河をもつロシア連邦・ノルウェー・オーストリア・アルゼンチン・カナダなどでは，早くから氷河台帳がつくられてきた．その一番の目的は，ノルウェーの氷河台帳（たとえば Østrem and Ziegler, 1969）に代表されるように，水資源としての利用（水力発電）のためであった．地球環境評価の一環として世界全体の台帳づくりが提唱されはじめたのは，IHD がはじまった 1960 年代後半である（樋口，1971）．そのために UNESCO/IASH（1970）の作業マニュアルも刊行された．これにはカナダ北極圏，カナディアンロッキー，ヒマラヤ山脈での作成例が載っており，氷河の実態を理解するのにも便利である．

　わが国は日本雪氷学会氷河情報センターが中心となってヒマラヤを担当し作業が進められたが，成果は一部しか刊行されていない（Higuchi et al., 1978；Iida et al., 1984；Shiraiwa and Yamada, 1991；Asahi, 1999；朝日，2001）．中国ではヒマラヤ北面，チベット，天山などの氷河台帳が完成している（たとえば中国科学院蘭州冰川凍土研究所，1988a）．最近インドもヒマラヤの氷河台帳を完成させたし（Geological Survey of India, 1999），ネパールやブータンの氷河台帳もつくられた（Geological Survey of Bhutan, 1999; ICIMOD, 2001a, b）．パタゴニアでも氷河台帳はつくられている（Bertone, 1960; Aniya, 1988）．

　世界全体の氷河台帳は，空中写真や地形図が得られない地域も多いので，人工衛星画像を利用した氷河の把握も行われている（Williams and Ferrigno, 1988-2010）が，まだ全世界をカバーするところまでには達していない．最近（2010 年 8 月），待望のアジア地域版が刊行された．

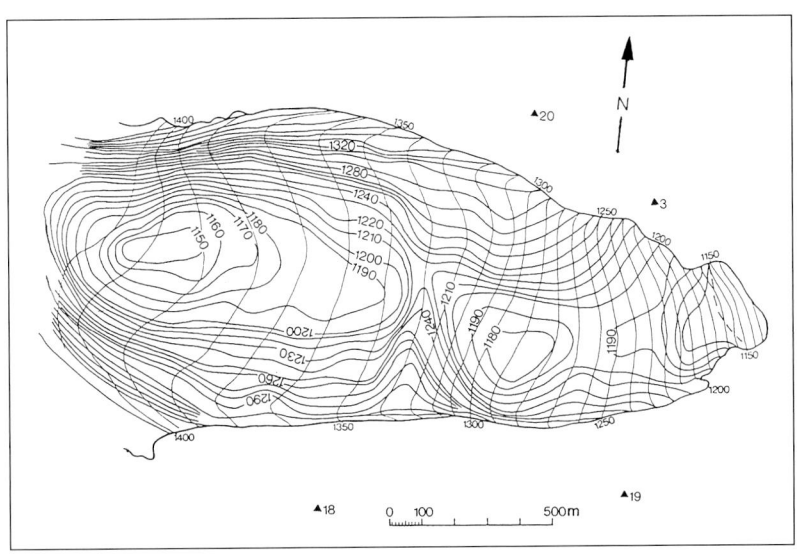

図 2.3 アイスレーダーによるスウェーデン，ストー氷河（Strorglaciären）下流部の基盤地形の等高線地図．等高線間隔は 10 m．氷河表面の等高線（細線）も描いてある．数字は海抜高度．三角は測量基準点．アイスランド大学科学研究所の測定（Björnsson, 1981）．図 4.2 に写真がある．

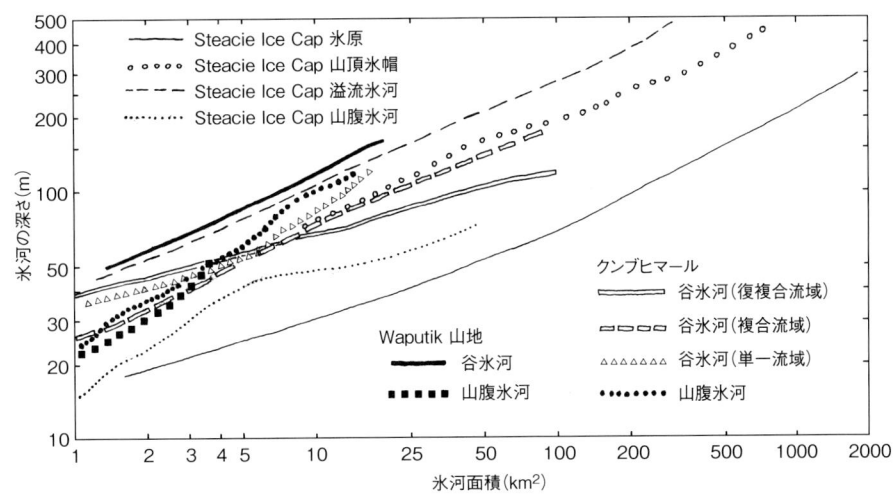

図 2.4 既知の氷厚のデータをもとにして推定された氷河タイプと表面積ごとの氷厚．カナダ Steacie Ice Cap（氷原），カナダ Waputik 山地（谷氷河・山腹氷河），ネパール，クンブヒマール（谷氷河・山腹氷河）の 3 地域での値を示した．IHD の氷河台帳作成のためのマニュアル（UNESCO/IASH, 1970）から作成．

コロラド大学にある National Snow and Ice Data Center（NSIDC）には世界氷河台帳（World Glacier Inventory：http://nsidc.org/data/glacier_inventory/）があり，登録されている氷河数は約 7 万である（藤田，2006）．最近のリモートセンシング技術の発達によって，かなりくわしい氷河情報が衛星情報によって得られるようになり（たとえば Kargel et al., 2005），GLIMS（Global Land Ice Measurements from Space）データベースが整備されつつある．

氷河地形学にとって氷河台帳はきわめて重要である．氷河の基礎データを同じ基準でとらえることができるからである．いっぽう，氷河はいろいろな側面からとらえることができ，さま

```
氷河台帳データ票
┌─────────────────────────────────────┐
│ 地域番号                    _._      │
│ 流域番号                    _._      │
│ 氷河番号                    _._      │
│ 氷河名      _____             │
│ 位置  経度          _ _._° _._'      │
│       緯度          _ _._° _._'      │
│ 方位（8方位）               _._      │
│ 長さ（km）                  _._      │
│ 氷河面積（km²）             _._      │
│ 捕捉域上限高度（m）         _._      │
│ 氷河上限高度（m）           _._      │
│ 氷河末端高度（m）           _._      │
│ 平衡線または雪線高度（m）   _._      │
│ 形態分類                    _._      │
│ 表面形態特性   F_. I_. O_. S_. D_. A_. L_. │
│       F：ヒマラヤ襞  I：アイスフォール  O：オギブ │
│       S：全域のなめらかさ  D：岩屑被覆  A：池 │
│       L：新しいラテラルモレーン      │
│ データソース                         │
│       1. 地図 _. 2. 写真 _. 3. 文献その他 _. │
│                                      │
│ 特記事項                             │
│                                      │
└─────────────────────────────────────┘
```

図 2.5　1970 年代後半にネパールヒマラヤ氷河調査隊（GEN）のためにつくられた氷河台帳データシート（簡易版）.

ざまな目的ごと，研究分野ごとに，多様な方法で記述されタイプ分けされている（表 2.5）．氷河台帳にどのような基準を取り上げるかについてはいろいろ検討されており，最近では質量収支の監視に重点を移した提案もあるが（World Glacier Monitoring Service, 1998），1970 年代につくられた基準（UNESCO/IASH, 1970）は十分有効であると思われる．ここではネパールヒマラヤで用いられた例を示す（図 2.5）．すでに紙の台帳からウェブサイトで閲覧できるデジタルデータベースに移行しつつある（たとえば李ほか，1999）．

　「台帳づくりは単なるカタログ作成であって研究者のやることではない，役所が行うべきである」という意見もあるが，先にも述べたように氷河地形学にとっては重要な情報である．著者が関わったヒマラヤの氷河台帳づくりの過程では多くのことを学ぶことができた．地球環境問題への貢献も大きい．氷河地形研究者は氷河台帳に大きな関心を常にもつべきである．国際雪氷学会の機関誌 Annals of Glaciology の 50 巻 53 号（2009 年）は氷河台帳の特集号である．世界各地の氷河台帳づくりの例が紹介され，世界規模の完璧な台帳づくりが推奨されている（Cogley, 2009; Paul et al., 2009）．

　このようにして集められ整理された氷河情報によって世界の氷河はさまざまな側面からタイプ分けされる．その基準の例を表 2.5 に示した．それぞれについては，後の各章で述べる．

表2.5 氷河のタイプ分けの基準のさまざまな例

氷河全体のタイプ分け	氷河の部分のタイプ分け
規　模	
形　態	表面の微地形による
	部分の形態による
質量収支　涵養プロセスによる	氷河の分帯（glacier zoning）
消耗プロセスによる	
年変化のタイプによる	
涵養・消耗のバランス活動度による	
流動の状態による	
氷の物理的性質　氷体の温度による	
氷河の底の状態による	
総合的基準による（氷河群など）	

2.2 氷河分布を決める条件

(1) 気候条件と地形条件

気候条件

現在の氷河の分布が極地と高山に集中することからわかるように，氷河の形成には寒冷気候が必要である．しかし，寒冷地域のすべてに氷河が分布するわけではない．氷河が形成され維持されるためには継続的な積雪があり，積雪が維持される低温が必要である．十分な低温でも乾燥し過ぎている場所（たとえば南極ドライバレーや，アンデス山脈アタカマ高地，チベットのチャンタン高原など）には大きな氷河は分布しない．

現在，大きな氷床や氷河が存在する場所でも，降水量が極端に少ない場所がある．南極氷床の中央部では現在の降水量は極端に少ないので，過去に降水量が大きかった時代（たとえば氷床が小さかった時代や気温が高かった時代など）の存在を考える必要がある．カナダ北極圏のエルズミーア島やバフィン島の氷河（氷原タイプ）のいくつかは，現在は涵養量が極端に少ない化石氷河（Davies, 1969），いいかえれば氷河全体が消耗域になってしまった氷河である（Post and Lachapelle, 1971 の Tiger Ice Cap の写真など）．このような氷河が存続できるのは，低温な環境にあること，そして，氷河の形成，消滅には液体の水の循環とは比較にならない長時間が必要であるからである．反対に，パタゴニアやアラスカ南東部，チベット南東部などでは降水量が極端に多いので上流からの流下量が大きく，比較的温暖な場所にまで氷河が流下する．

このように降水量は氷河の形成にとって重要であるので，軽視すべきではない．「地理・地質分野の研究者は，氷河分布を考えるとき温度条件を重視する反面，降水量を軽視している」という批判が雪氷研究者からしばしば加えられる．

地形条件

氷河の形成には気候条件のほかに，地形的な制限条件が存在することはいうまでもない．陸上にしか氷河は形成されない．陸上であっても，雪や氷が堆積できないような急斜面には氷河は形成されない．つまり，氷河は，陸上の緩斜面にだけ形成される．海や湖の場合には，棚氷

(ただし棚氷は浮かんでいても氷河，氷床の一部に含まれる）や浮氷の底が海底や湖底に接地（着地；grounding）できる場合にだけ氷河にまで成長できる．棚氷や浮氷が接地するときとは，涵養量の増加や氷の付加によって厚みが増す場合，あるいは海面・湖面が低下する場合である．氷の底が定着すると，氷はどんどん厚みを大きくすることが可能になるから，氷河や氷床（アイスドーム）に発達する．このようにして氷期には北極海の浅海に氷床が発達した（海洋氷床；12章12.3（4）参照）．

(2) 有効氷河形成範囲

氷河の形成にとって必要な気候条件を備えた空間，すなわち，氷河形成に関わるすべての気候要素の量的なバランスが氷河形成にプラスになるような気候的空間を**有効氷河形成範囲**（zone of glacier formation）と呼ぶ（比較氷河研究会，1973）．有効氷河形成範囲の限界は，気温，降水量，あるいはその両方で決まるはずである．詳細は次章の氷河質量収支で述べる．

しかし，陸地がないと氷河が存在できないように，有効氷河形成範囲内に氷河の形成を可能にする場所がない場合，氷河が形成されることはない．山岳地帯の有効氷河形成範囲（この場合は高度）以上に平坦な地形があれば氷河が発達できるが，その高度範囲に平坦な地形がなく急峻な地形ばかりであれば氷河は形成されない．いっぽうでは，地形は，存在する場の提供以外にも，気候に影響することによって有効氷河形成範囲を変化させる．山脈の存在は，ほとんどの場合，気候環境を氷河形成に有利な方向に変える．たとえば，上昇気流や収束風による降水量の増加や，雪の集中的な堆積（なだれや吹きだまり）をもたらす地形の存在（図5.10，図5.20）は有効氷河形成範囲を拡大させる．

氷河形成範囲の上限

有効氷河形成範囲（高度）の上限は大気中の水蒸気量で決まる（比較氷河研究会，1973）．高度が増すにつれて気温が低下するいっぽうで，大気中の水蒸気量は対流圏の上部では急激に減少する．とはいえ，現在のヒマラヤでも，すべての高山の山頂までが有効氷河形成範囲内にある（上田，1983a）．

Kuhle (1986) は，ヒマラヤ山脈の高所では山腹斜面の表面温度が低すぎるので（年平均温度-25℃以下），山腹に雪氷が付着せず，また氷化が遅く氷河の発達が悪くなると主張し，氷河形成上限が存在すると考えた．放射温度計で山腹斜面の温度を測定した結果，ネパールヒマラヤのクンブ地方では7000-7200 mに氷河形成上限が位置するという．この高度以上では確かに山腹の氷河は少なくなるが，斜面傾斜が急になることも事実である．この高度以上でも緩傾斜には氷河が形成されている．ヒマラヤ，いいかえれば，地球の有効氷河形成範囲の上限高度はまだ明らかになっていないといえよう．

氷河形成範囲の下限

有効氷河形成範囲（高度）の下限は，基本的には，降水量が十分の場所では気温で決まり，乾燥地域では降水量で決まる．しかし，すでにふれ，後でもくわしく述べるように，なだれの集積や，そのほかの氷河涵養メカニズムによって有効氷河形成範囲の下限（氷河形成下限）が局地的に低下することがある．いずれにせよ，このような氷河形成範囲の下限線は，氷河形成を考えるときのもっとも重要な限界線なので，氷河学では氷河平衡線と定義し重視している

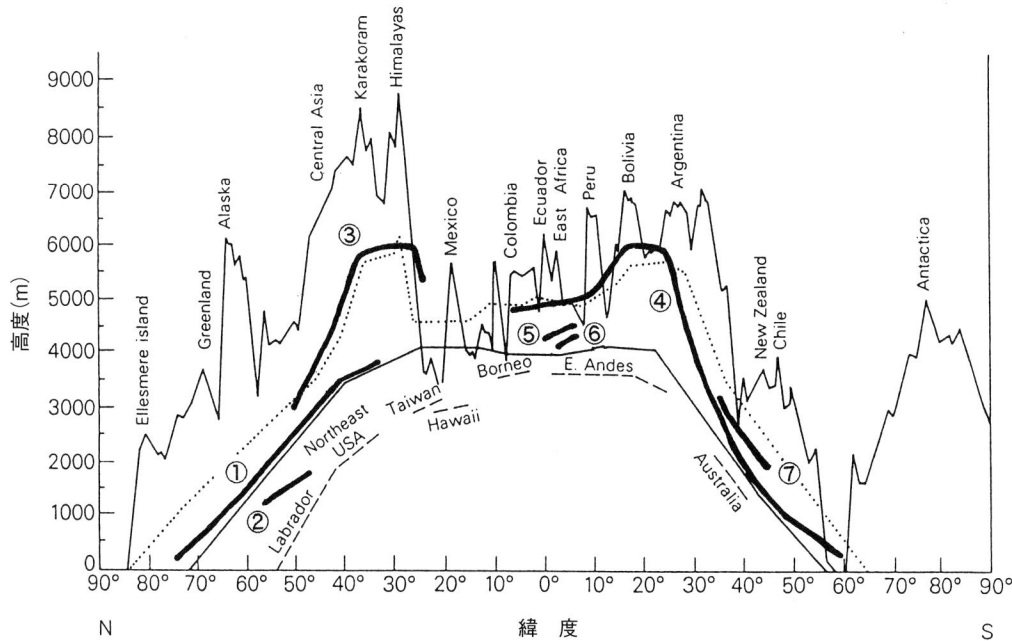

図 2.6 模式的な地球の南北断面と現在の有効氷河形成高度下限（広域氷河平衡線・広域的雪線）．太実線：有効氷河形成高度下限 ①スカンジナビア－ヨーロッパ，②カムチャツカ，③中央アジア－チベット－ヒマラヤ，④アンデス，⑤東アフリカ，⑥ニューギニア，⑦ニュージーランド（Flint, 1957：p. 47；日本雪氷学会，2005：p. 282）．一番上の実線は最高峰山頂の輪郭．下の実線は乾燥内陸側の森林限界，破線は海洋性湿潤気候の森林限界．点線は維管束植物の分布上限（Swan, 1967：p. 32 による Goudie, 1984：p. 169）．

(3 章 3.1 (1) でくわしく述べる)．いっぽう，自然地理学では，有効氷河形成範囲の下限線を古くから**雪線**と呼んでいる．定義のはっきりした氷河平衡線に対して，雪線はさまざまな使い方をされるので注意する必要がある（コラム 4「雪線」）．

有効氷河形成範囲の下限の分布は，古くから地理学における重要な課題である．その分布を規定する気候要素についての議論は，氷河平衡線の項で述べる．ここでは，その地球規模での南北断面分布を見る（図 2.6）．気温の低下に伴って低緯度から高緯度に向かって有効氷河形成範囲の下限が低下する傾向ははっきりしている．しかし，アンデス山脈とアジア中央部の有効氷河形成範囲の下限が赤道付近より高くなっていることに注意されたい．中央アジアの場合はヒマラヤ山脈やパミール山地による風陰効果によって降水量が減少するためである．アンデス山脈の南緯 20°-30° の範囲（アタカマ高地）では，中緯度高圧帯のため降水量が極端に少ないからである．アジア中央部では，ヒマラヤ山脈の南面で有効氷河形成範囲の下限高度が急降下する．これは南からのモンスーンの気流がヒマラヤ山脈に衝突して，ヒマラヤ南面に大量の降水をもたらすからである．このように有効氷河形成範囲の下限の分布は，気温と降水量の両方によって決まるものであることを肝に銘じておかねばならない．

現実の有効氷河形成範囲の下限とされる氷河平衡線は観測によって決めなければならないし，その代替とされる**フィルン限界**（Firn limit；コラム 4 を参照されたい）の確認も時期や天候に左右されるので，なかなか難しい．そのため，有効氷河形成範囲の下限としてのフィルン限界やフィルン線，雪線の決定法として，古くからさまざまなものが提案・実行されている（今村，

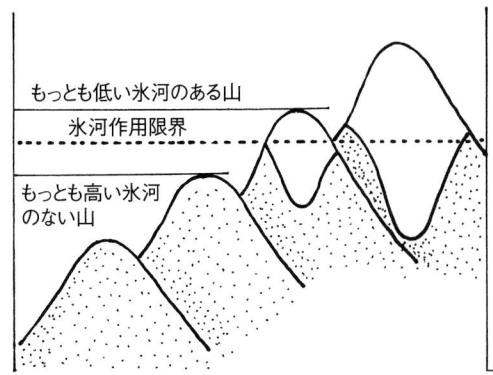
図2.7　氷河作用限界線の概念模式図（岩田原図）.

1940；野上，1970）.

　1）一時的雪線・積雪域下限線：現地に行くことができれば観察・写真などからとらえることができる．衛星画像を利用すれば広域のものも把握できる．

　2）年的な万年雪下限線・フィルン線：夏の終わり，乾季の終わりの観察や写真によって把握できる．

　3）長期平均としての地形的雪線・フィルン線：繰り返して現地観察を行うか，空中写真などの反復撮影によって描くことができる．おおまかな位置なら，氷河表面の形が凹形から凸形に変わる位置（等高線でも示される）や，氷河表面モレーンや側方モレーン（6章6.2（4）参照）が形成されはじめる地点から求めることができる．これらの地点は精度の高い地形図があれば知ることができる．氷期の平均的地形的雪線・フィルン線のように現在見ることのできないものは，i）氷河末端高度と氷河最高点高度の算術平均，ii）AAR値（3章3.2（1）参照）を仮定した氷体存在域の面積的比例分割（Meierding, 1982），iii）圏谷底の高度（8章8.3（3）「圏谷」の項参照）から求めることができる．これらのためには氷河台帳が役立つ（Müller, 1980）.

　4）広域（地域）的雪線は，地形図や空中写真から地形的雪線・フィルン線を判読して描くことができるが容易ではない．かわりに，地形図が完備しているところでは山頂高度を測定することで描くことができる．地形図上で，もっとも低い，氷河がある山頂の高度レベルと，もっとも高い，氷河が存在可能な地形（緩斜面）をもつが氷河を欠く山頂高度のレベルとの中間の高度，**氷河作用限界**（glaciation limit, glaciation level）（図2.7）を求める．広域的雪線は氷河作用限界の高度，またはすこし高いところ（氷河平衡線高度より100-400 m 高い：Østrem, 1966）に一致する．小氷河を多くもつ山地の広域的雪線を描くのに便利である（Østrem, 1966; Humlum, 1985a）（図2.8）.

　過去の広域雪線を求める方法は，過去の地形的雪線を求める方法と変わりがない．地形図から圏谷底の高度を読み取るというもっとも一般的な方法にあわせて，可能ないくつかの方法が併用される（野上，1970；小野，1988）．山頂法を用いる場合にも圏谷底高度を用いる場合にも地域傾向面分析が用いられることが多い（Peterson and Robinson, 1969）.

氷河形成範囲の下限と氷河末端位置

　注意しなければならないのは，氷河の末端（消耗域）は，有効氷河形成範囲の下限高度より低所あるいは低緯度側にあることである（図3.3, 表3.2）．有効氷河形成範囲の下限または外側

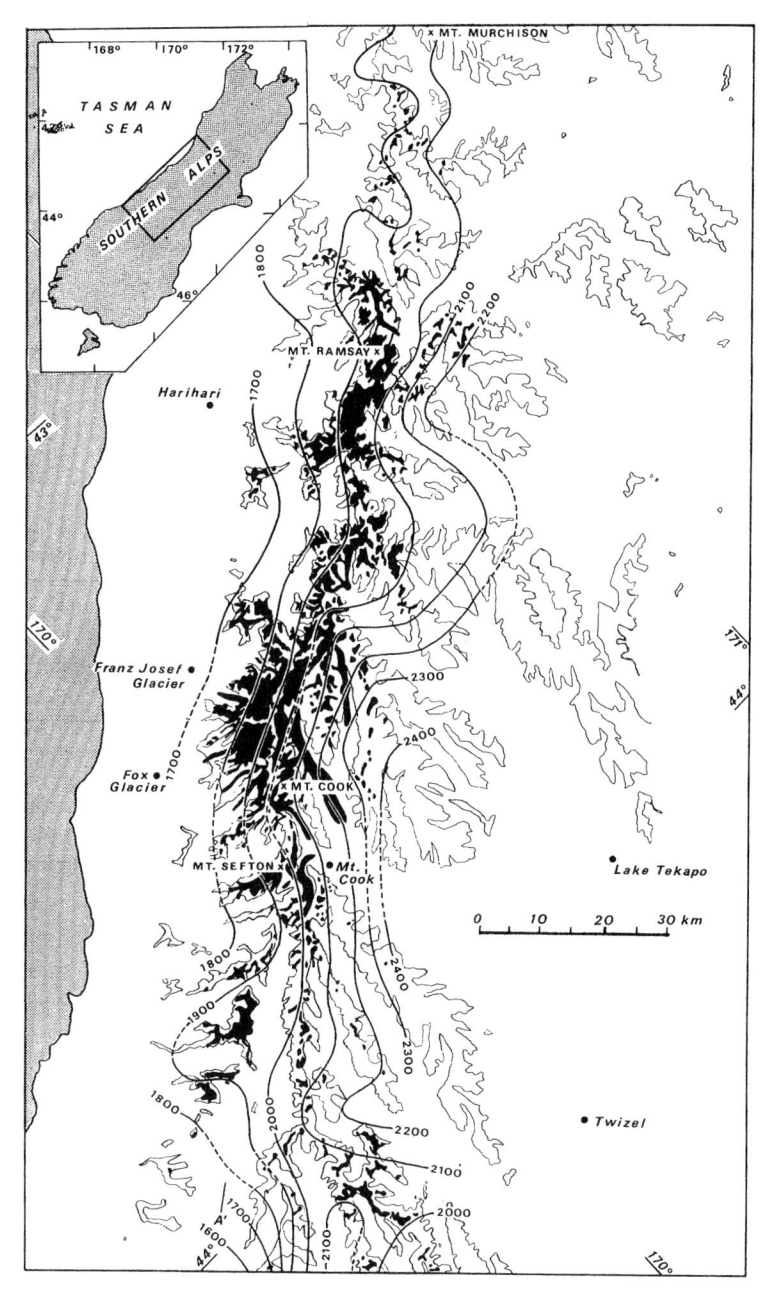

図 2.8 ニュージーランド南島サザンアルプス (Southern Alps) の氷河作用限界の高さの面的分布. 等値線間隔は 1500 m, 黒く塗りつぶしたのが氷河 (Porter, 1975 による).

に氷河の消耗域が存在し，氷河は氷河流動による上流からの氷の供給が続く限り，消耗・縮小量とバランスをとって存在し続ける．

コラム 3
氷河の色

　人工衛星の画像，たとえばグーグルアース*の画像では氷河は純白に見える．画像を拡大して氷河に近づくと氷河の上流域（涵養域）は白いままであるが，下流域（消耗域）はうすい灰色や青っぽい灰色に見える．もっと大縮尺で鮮明な空中写真や航空機からの斜め写真**で見てもおなじである．新鮮な積雪表面の雪粒は，すべての方向に乱反射する結果，白く見える．消耗域の裸氷はかなりの光線を吸収するので，黒っぽく見える．消耗域の灰色や青色は細かく見ると，氷の濡れ具合や表面を覆う塵の程度の違いを反映して，灰色の濃淡のモザイクである．アラスカやカラコルムの大きな谷氷河の消耗域は，岩屑に覆われて灰色から黒色までの，いろいろな濃淡の岩屑の筋がきれいな縞模様をつくっている場合もある．ヒマラヤの多くの氷河のように，消耗域が完全に灰色から黒色の岩屑に覆われている場合もある．

　ところで「はしがき」のエピグラフのダーウィンの観察のように，氷河はしばしば青色をしているといわれる．氷河の崖（氷河氷の断面）やクレバスの中での観察に多いようである．理由は次のように説明される．氷は可視光に対しては透明であるとされるが，完全に透明ではなく，わずかに吸収する．そのとき赤の波長部分を紫の波長部分より1桁多く吸収する．したがって光は数メートルから十数メートル氷の中を通過すると，しだいに青い波長が増してくる．氷河の側壁やクレバスの中では，氷河表面から入って氷の中をある程度の距離を通過した光がでてくるので青く見えるのである（成瀬，2005：p.287）．氷の透明度が高いほど光の透過距離が長いので，青みも増すだろう．

　氷河消耗域の表面の氷が白く不透明に見えるのは，氷が多くの気泡を含んでいる場合である．気泡によって乱反射が繰り返されてすべての波長が戻ってくるからである．氷が土砂・塵などを多く含んでいる場合には，それらが光を吸収するので，氷は黒く見える．氷河消耗域の表面には生物が棲みついている．その代表が藻類で，藻類の色によって氷河消耗域がいろいろな色に見える．竹内望（中尾，2007：pp.109-130）によると，北極・アラスカ・アルタイでは赤色，天山・チベットでは茶色，ヒマラヤでは黒色であるという***．

---
* Google Earth: http://earth.google.co.jp/
** 氷河のカラー写真は，たとえばハンブリー・アレアン（2010）に多く掲載されている．
*** http://www-es.s.chiba-u.ac.jp/~takeuchi/index_j.html

コラム 4
雪線 (snow line)

　氷河研究でいう有効氷河形成範囲（氷河平衡線）の下限を，自然地理学では古くから雪線と呼んでいた．雪線は，さまざまな形容詞がついた異なった内容をもつ（表A）．雪線を整理すると，時間的には一時的雪線（ある時点での雪線），年的雪線，長期間の平均的雪線に分かれ，空間的には局地的雪線と広域の雪線になる．雪氷学での雪線は，観測による，ある瞬間の積雪域と無積雪域の境界である（*Anonymous*, 1969; UNESCO/IASH/WMO, 1970）．それに対して地理学での雪線とは，空間的・時間的に平均化した状態の境界線である．平均的境界線としての雪線は森林限界などとともに，垂直・水平的な自然地域区分の境界として重要である（野上，

1988).広域(地域)的雪線は広域の気候要素に支配され,小規模の地形的影響に関わりなく全地球的な比較が許されるものである.これは古くから地理学の重要な関心である.

表A さまざまな雪線の内容の違いと用例

雪線の名称	現象の説明	用例・補足説明
一時的雪線 transient snow line	ある瞬間の,積雪域と無雪域との境界線	現実に見え,時々刻々変化する.境界が漸移的な場合は積雪の被覆率50%のところに引く.
一時的積雪域下限線 line of snow patches	ある瞬間の,積雪・残雪の下限の包絡線	日本の登山界ではかつてこれを雪線と呼んだことがあった.
万年雪下限線(ある年の) orographic snow line	ある年の,夏あるいは乾季の終わりの残雪(越年雪田)の下限の包絡線	Flint(1957)は氷河上のフィルン限界の氷河外への延長とし,今西(1933)は山岳地形的雪線と呼び気候的雪線より低いとした.
フィルン線・フィルン限界(ある年の) Firn line, Firn limit	ある年の,消耗期の終わりの時期の氷河上でのその年のフィルンの下限線(フィルンと裸氷の境界線)	その年の雪線(annual snowline)と見なされる.Firn edgeとも呼ばれる.氷河平衡線とほぼ同じ位置にあると理解される.
地形的雪線・フィルン線(長期の平均的) orographic snow line, mean Firn line	長年の平均的な氷河上のフィルン線・フィルン限界	長期間の平均的な氷河平衡線と見なされる.万年雪線とも呼ばれる.長期の平均とはいえ,個々の氷河上の雪線・フィルン線だから,地形的影響は取り除かれていない.
気候的雪線・広域(地域)的雪線 climatic snow line, regional snow line	長年の平均的な地形的雪線・フィルン線・氷河平衡線の広域的な代表位置	氷河台帳からの計測,地形図・衛星画像からのマッピング,気象観測資料からの計算などによって得られる.この雪線の経時変化は気候変化の指標として,空間的変化は地域差異の指標として使われる.

UNESCO/IASH/WMO(1970)(樋口明生の訳);町田ほか(1981)などを参考にした.

3 氷河の気候学的性質

山の雪が氷河のもとであることはすぐわかる．なにかの方法で，雪が氷に変るのである．しかし，この雪はどこからでてくるのであろうか．雨と同じように，雲からできる．その雲はまえにいったように，太陽の作用をうけて生じた水蒸気からできるのである．太陽の火がなければ，空気中の水蒸気はない．水蒸気がなければ，雲はできない．雲がなければ，雪もできない．雪がなければ，氷河もできない．だから，へんな話だが，アルプスの氷は太陽のあつい熱に源を発しているのである．

ジョン・ティンダル
『水のすがた―雲・河・氷・氷河―』

3.1 氷河質量収支

(1) 質量収支システム

氷河の上流部や，縁辺部を除いた氷床上には降雪，なだれ，飛雪（風で周囲から飛ばされてくる雪）などによって雪が付け加わり，氷河は質量を増す．これを**氷河の涵養**（accumulation）という．蓄積された雪と氷は重力の影響のもとに低い場所へと移動する．これを**氷河の流動**（glacier motion）という．流動の結果，氷河の下流部や氷床の縁辺部に達した氷体は，融解，蒸発，カービング（氷山分離；3.4 (1)）などによって小さくなる．これを**氷河の消耗**（ablation）という．涵養・流動・消耗の三つは，氷河の性質を考える上でもっとも重要な項目である．

家計の収入・支出とおなじように，氷河も涵養と消耗のバランスの上になりたっているので，このような氷河の涵養と消耗のバランスを，**氷河の質量収支**（mass balance, glacier budget）といい，質量収支がプラスであるとかマイナスであるとか表現する．氷河上では涵養または消耗だけがおこる場所は少なく，ある時期には涵養がおこるが別の時期には消耗がおこる場所や，涵養と消耗とが同時におこる場所もある．氷河上のある地点での涵養量と消耗量との差を，その地点での**実質収支**（net balance）という．

いま，家計や会計の年度とおなじように，氷河の質量が最小となるときを区切りとする1収支年（balance year）を単位として考えると，氷河上で年間を通じて実質収支がプラスになる区域を**涵養域**（accumulation area），マイナスになる区域を**消耗域**（ablation area）といい，その境界を**氷河平衡線**（equilibrium line）という（図 3.1，第2部扉の図）．なだれ涵養型の氷河などを除いて，多くの氷河では氷河平衡線は前章で述べた有効氷河形成範囲の下限と一致する．氷河平衡線は，氷河の機能を考えるとき非常に重要な境界であるが，少なくとも1年間の質量収支観測によって明らかになる線であり，現実に見ることはできない．氷河平衡線は谷氷河の場合には中流部に，海に流入する南極氷床の場合には縁近くに位置する．図 3.1 に示したように，海に流入する氷床（おもにカービング；氷山分離によって消耗する）と，陸上に末端がある氷床とでは平衡線の位置が異なることに注意しなければならない．

有効氷河形成範囲の外側に氷河の消耗域が存在できるのは，氷河の氷が涵養域から消耗域へと氷河平衡線をこえて流動するからである．氷河の定義でも述べたように，流動現象は氷河を氷河らしくする重要な現象である．もし氷河が流動を止めたとすれば，涵養域は大きくなり続け，逆に消耗域は小さくなるいっぽうなのでついには，消耗域は消滅する．涵養域から消耗域

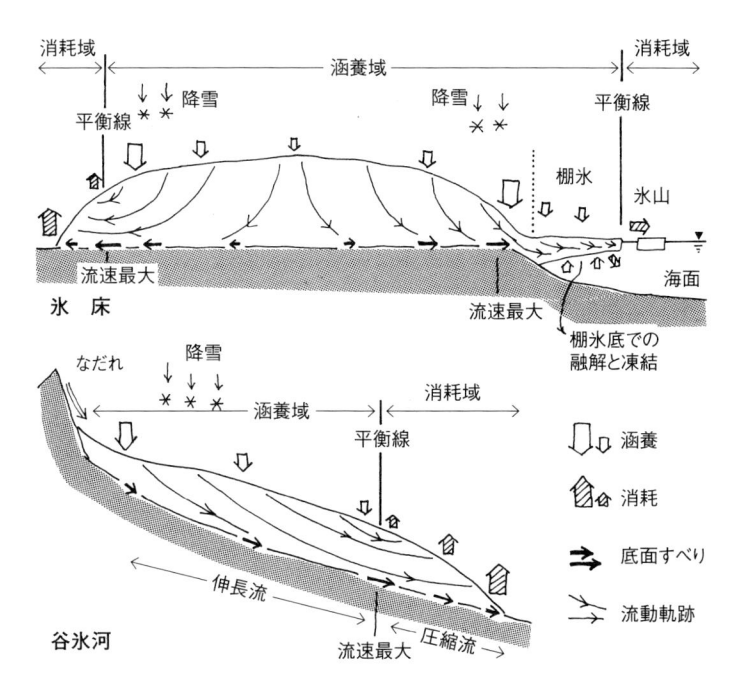

図 3.1 氷床（上）と谷氷河（下）の氷河の質量収支（mass balance）の模式図．降雪による涵養と流動特性と消耗（棚氷からの氷山分離を含む）を示す（Sugden and John, 1976：p.63 の図を修正）．

に氷が移動するから，氷河の外形は一定に保たれる．バランスのとれた氷河（形態が一定に保たれている）では，涵養域で涵養される氷の量と，流動によって涵養域から消耗域へと移動する氷の量と，消耗域で消耗する氷の量の三つの量は相等しい．

氷河の研究はアルプスや北欧のような冬に降雪がある地域でなされたから，氷河は冬に涵養され夏に消耗するというのが常識になっていた．しかし，夏のモンスーン季に降水量が多く冬は乾季で降水が少ないヒマラヤ山脈東部での研究が進むと，冬半年より夏半年に涵養量が多い**夏季涵養型氷河**（summer-accumulation type glacier；夏雪型氷河）の存在が提唱され，その逆の氷河は**冬季涵養型氷河**（winter-accumulation type glacier；冬雪型氷河）と呼ばれることになった（上田，1980, 1983b）．さらに，上田（1980, 1983b）では，涵養量・消耗量の年変化型のパターンの組み合わせから，世界の質量収支のパターンを9パターンに分け（図3.2），それを大きく4区分した（表3.1）．

(2) 氷河活動度

涵養域から消耗域へ移動する氷河氷の量によって氷河の動きは変わってくる．定性的には，移動する氷量が多ければ氷河は活動的になり，反対の場合は不活発になる．これを**氷河活動度**（dynamic classification）といい，氷河は活動氷河（active glacier；成長氷河），不活動氷河（passive glacier；衰弱氷河），死氷河（dead glacier, dead ice）に区分される（Davies, 1969）．死氷河は流動しない氷体で，**停滞氷**（stagnant ice）とも呼ばれる．最終氷期末の消滅過程にあった氷床の大部分は死氷河であったと考えられており，その名残と思われる小氷体がカナダ北極圏に存在している．それらは寒冷なため消耗量がほとんどゼロなので残存しているとされ

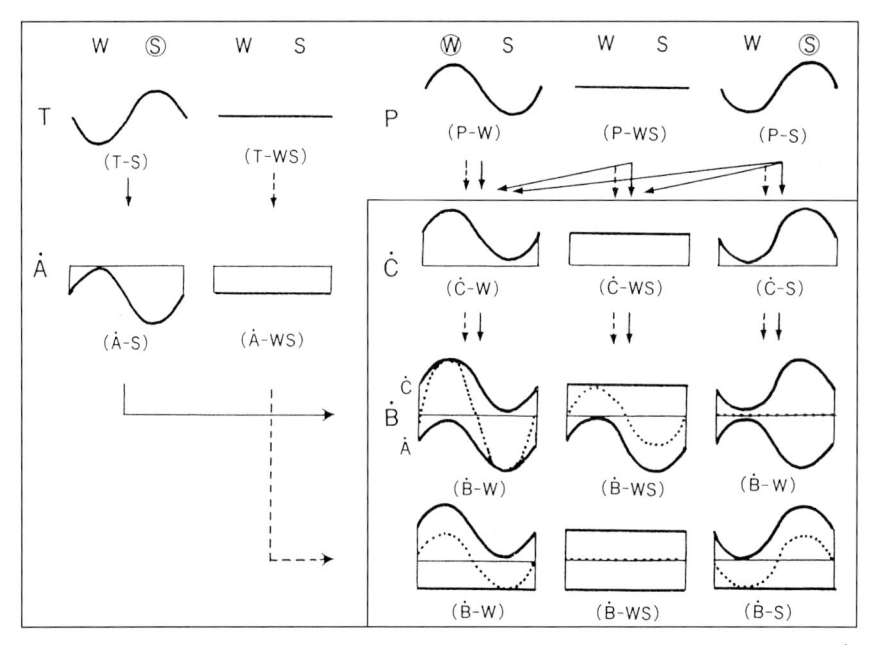

図3.2 世界の氷河の質量収支の年変化による9パターン．気温（T），降水量（P），消耗量（Ȧ），涵養量（Ċ），収支（Ḃ：点線）の年変化モデル．Ȧ，Ċ，Ḃ は単一の氷河全域での単位時間あたりの量．-S：夏季極大型，-W：冬季極大型，-WS：通年無極大型．T-S 型の条件によってできる型は実線の矢印，T-WS 型によるものは破線の矢印でつないである（上田による：藤井ほか，1997：図2.2.2）．

表3.1 質量収支の年変化のさまざまなタイプ

収支平衡型	涵養型		消耗型		交換度	代表的地域
1. 冬季極大相加型 I	冬季極大	降水中	夏季極大	融解なし	中	北米・ヨーロッパ
2. 冬季極大相加型 II	冬季極大	降雪大	夏季極大	融解大	大	北米・ヨーロッパ
3. 冬季極大型 I	冬季極大	降雪小	夏季極大	融解小	小・中	北半球高緯度地方
4. 冬季極大型 II	冬季極大	降雪大	通年	融解大	大	
5. 冬季極大型 III	通年	降雪大	夏期極大	融解大	大	北米・ヨーロッパ
6. 夏季極大型	夏季極大	降雪大	通年	融解大	大	東ヒマラヤ・中部アンデス・アルタイ
7. 通年無極大型 I	通年	降雪大	通年	融解大	大	赤道高山
8. 通年無極大型 II	夏季極大	降水大	夏季極大	融解大	大	パタゴニア
9. 通年無極大型 III	夏季極大	降水小	夏季極大	融解小	中	南極大陸

上田（1980: pp. 243-249）から岩田作成．

る（Davies, 1969）．

　氷河涵養量と消耗量の絶対値の和を氷河交換量と呼ぶ．単位面積あたりの氷河交換量の2分の1を**年間質量収支振幅**（annual mass balance amplitude）と定義する．年間質量収支振幅は，降水量の多い温暖地域の氷河で大きく，寒冷，もしくは乾燥な極地・内陸の氷河で小さくなる（Meier, 1984）．いいかえると，年間質量収支振幅の大きな氷河では，大きな消耗量を達成するために温暖な低地まで氷河消耗域をのばすと考えることができる．

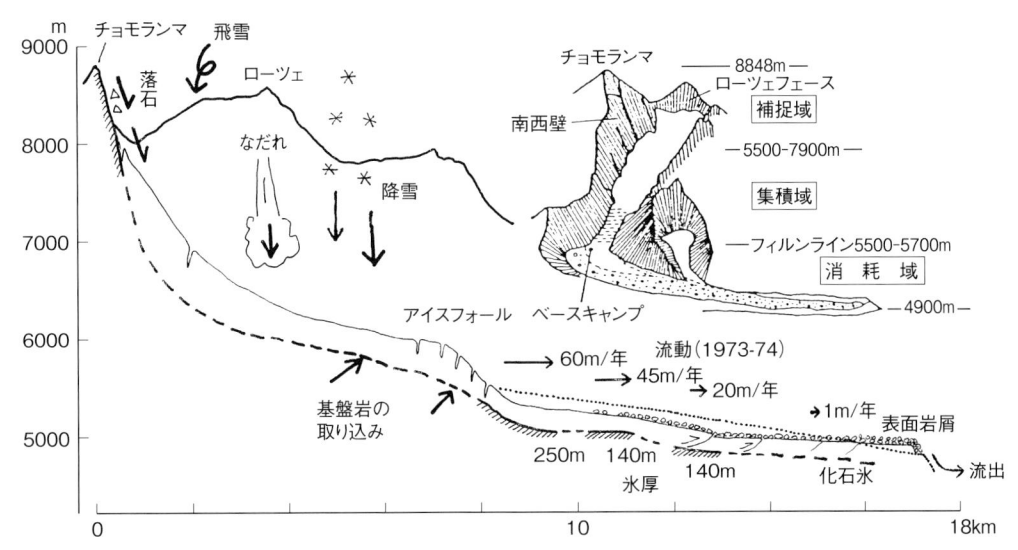

図 3.3 ネパール，チョモランマ南面のクンブ氷河の形態と捕捉域・集積域・消耗域（右上）（安成・藤井，1983：図 9.10）と，氷河の模式断面で示した涵養・消耗の機構（下）．ヒマラヤ山脈の大型氷河では，急峻な岩壁・氷壁の捕捉域からのなだれや飛雪が重要な涵養源となっている．消耗域の大部分は表面岩屑に覆われる．

(3) 形態的機能区分

　山岳氷河の代表である谷氷河の質量収支を理解するためには，氷河の形成に関わる涵養・消耗のシステムと地形との関係を調べなければならない．図 3.3 にヒマラヤの代表的な谷氷河クンブ氷河のスケッチと，涵養と消耗のメカニズムを単純化して示した．ヒマラヤなどの急峻な山地の谷氷河では，チョモランマの南西壁やローツェフェースで代表されるように，急峻な壁からのなだれや飛雪が重要である．あるいは，ベルクシュルント（4 章 4.5（2））の上にあるヒマラヤ襞（図 5.12 参照）のある壁（fluted wall）からのなだれや雪氷の落下も涵養源として重要である．

　これらのことを考慮して，山岳谷氷河の模式的平面図（図 3.4）の上で**形態的（平面的）機能区分**を考える．この図では，涵養域の背後の斜面を（雪氷）捕捉域として氷河の流域システムの中に組み込んだ．氷河最下流の停滞氷も氷河の流域システムの中に組み込んだ．このような氷河では，氷河涵養域に降雪によって直接堆積する積雪（一次堆積）のほかに，捕捉域に一次堆積した積雪がなだれや飛雪によって涵養域（場合によっては消耗域にも）に集積するメカニズムである二次堆積が重要である．氷河上で二次的な堆積がおこる場所を集積域とする（図 3.5）．これまで氷河の涵養には，氷体の上流部分である涵養域に堆積する積雪だけが重視され，その背後の斜面から供給される雪氷はほとんど無視されてきた．図 3.4 に示した機能を，地形的要素や流動との関係を単純化した枠組みの中に示した（図 3.5）．ヒマラヤの大型の谷氷河は上流から，捕捉域，涵養域（一次堆積域＋集積域），消耗域（停滞氷を含む）の組み合わせからできている．

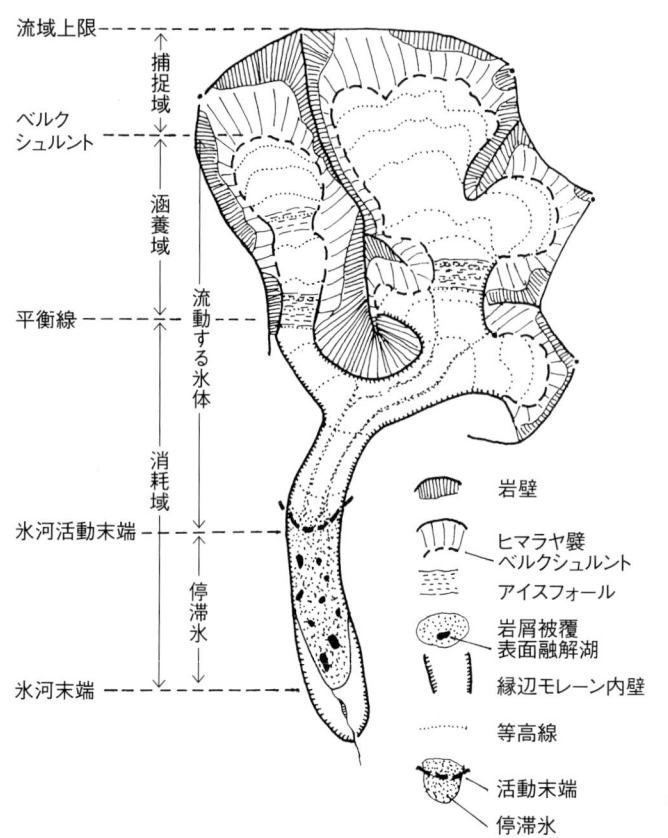

図 3.4 森林成生が描いたネパールヒマラヤの大型氷河の代表的な平面形の模式図と地形的機能区分（比較氷河研究会，1973）．

図中凡例：
- 岩壁
- ヒマラヤ襞
- ベルクシュルント
- アイスフォール
- 岩屑被覆
- 表面融解湖
- 縁辺モレーン内壁
- 等高線
- 活動末端
- 停滞氷

左側縦軸区分：
- 流域上限
- 捕捉域
- ベルクシュルント
- 涵養域
- 流動する氷体
- 平衡線
- 消耗域
- 氷河活動末端
- 停滞氷
- 氷河末端

地形		堆積のシステム			氷河流動	
流域上限						
急斜面	露岩／ヒマラヤ襞／裸氷	堆積域	捕捉域（一次堆積＝降雪）		流動しない雪層部分（雪田）	氷河化に関する部分
緩斜面	積雪					
ベルクシュルント＝氷河上限						
堆積盆 平坦地		涵養域	一次堆積域	集積域（二次堆積＝風・なだれ）	流動する氷体部分	氷河
平衡線＝有効氷河形成下限						
氷舌		消耗域	堆積なし		活動末端／停滞氷	
氷河下限						

図 3.5 大型谷氷河の形態的機能区分の平面的配置の模式的な枠組み（岩田原図）．

表 3.2 現存する氷河の涵養域比（AAR: accumulation area ratio）

地域・氷河	氷河のタイプ	AAR 値	資料・出典・補足
中緯度から高緯度に位置する山岳氷河（質量収支が観測された氷河）	小〜中規模（1-100 km^2）のさまざまなタイプ	0.6	青木（1999）
アルプス山脈	谷氷河	0.67	Müller（1980）
チベット高原ニンチェンタングラ山脈	大規模谷氷河（15 氷河）	0.67	中国科学院青蔵高原綜合科学考察隊（1986）
カナディアンロッキー Waputik 山地	谷氷河	>0.7	UNESCO/IASH（1970）の氷河台帳から（なだれ涵養氷河では 0.1 程度のものもある）
ネパールヒマラヤ，クンブ地方	谷氷河 38 の平均	0.37	
	圏谷氷河 35 の平均	0.56	
	その他の山腹氷河 81 平均	0.46	
カナダ北極圏アクセルハイベルグ島 Steacie Ice Cap	溢流氷河・谷氷河	0.3-0.8	
南極氷床	溢流氷河・氷流	≦1	氷山分離による消耗のため全域涵養域

3.2 氷河平衡線

(1) ELA（氷河平衡線高度）と AAR（涵養域比）

氷河の涵養域と消耗域の境界である氷河平衡線は，氷河の機能を考えるとき非常に重要な線である（第 2 部扉の図）．氷河の基本的性質を理解するのに重要なだけではなく，とくに山岳地帯では，有効氷河形成高度下限としてその高度が重要である．ところで，この線は，氷河上で質量収支の観測を行い，実質涵養量・消耗量を求めないと位置が決められないというやっかいなものである．しかし，観測結果から山岳氷河では，氷河平衡線はフィルン線・フィルン限界（コラム 4「雪線」参照）とほぼ一致することが知られている．フィルン限界ならば，現地観察や，空中写真・衛星画像によって把握することができる．もっとおおまかな位置なら，地形図からも知ることができる．谷氷河の場合，涵養域では等高線は下流側に凹形になり，消耗域では凸型になる傾向がある．その中間の直線的な等高線の部分が平衡線の部分である．また，氷河上に表面岩屑（表面モレーン）が現れてくる位置が平衡線である．

氷河平衡線高度は，equilibrium line altitude を略して **ELA** と表記される．平衡線で区切られる涵養域と消耗域の面積的割合も，氷河の性質のうち重要なものである．これは **AAR**（accumulation area ratio；涵養域比）と呼ばれ，次のように定義される：

$$AAR = 涵養域面積 / 氷河全面積$$

AAR の値は氷河ごとに大きく異なり，0 から 1 までの値をとる（表 3.2）．現存氷河の AAR 値は，谷氷河の場合 0.6-0.7 が多い．涵養域をほとんどもたない，なだれによって涵養される氷河やカナダ北極圏に見られる化石氷体では小さな値になる．反対に水面に氷舌が浮かぶ極地氷河では，カービングでほとんどの消耗がおこるために消耗域がない 1 の値をとる．

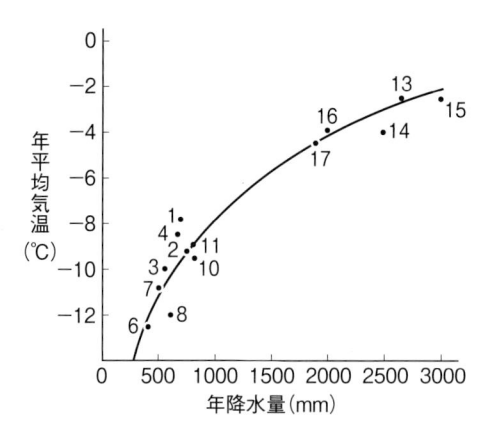

図3.6 中国西部の氷河平衡線での年平均気温と年降水量との関係.1：アルタイ山脈喀納斯氷河，2：天山山脈西チョン台蘭氷河，3：天山山脈ウルムチ河源頭1号氷河，4：天山山脈四工河5号氷河，6：祁連山脈老虎溝12号氷河，7：祁連山脈「七一」氷河，8：祁連山脈羊竜河5号氷河，10：ヒマラヤ山脈野博康加勒氷河，11：ヒマラヤ山脈絨布氷河，13：ニンチェンタングラ山脈ルグゥオ（若果）氷河，14：ニンチェンタングラ山脈古郷氷河，15：崗日嘎布山アザ（阿扎）氷河，16：横断山脈玉龍雪山6号氷河，17：横断山脈海螺溝氷河（中国科学院蘭州冰川凍土研究所，1988b：図2-8）.

氷河地形から過去の氷河範囲が復元できる場合には，AAR値を仮定すれば過去のELAを求めることができる（たとえばMeierding, 1982）．一般には0.6-0.7の値が用いられているが，現存氷河でのAAR値のバラツキの大きさから見て機械的なあてはめは危険である．氷河のタイプと規模，地形的効果とも関わる涵養・消耗のメカニズムを考慮して値を決定すべきである．

(2) 氷河平衡線での気候環境

氷河平衡線は年間の氷河涵養量と氷河消耗量で決まるから，涵養量を年降水量で近似させ，消耗量は夏の平均気温で近似させると，氷河平衡線における年降水量と夏の気温には一定の関係があることが知られている．Ohmura et al.（1992）は，世界各地の70の氷河の平衡線における気温と降水量の関係を検討し，次の経験式を得た：

$$P = -9T^2 + 296T + 645$$

ここでPは年降水量（mm），Tは6-8月の平均気温（℃）である．この関係によって，氷河平衡線をきめている気候要素が説明できるようになった．このような関係は年平均気温でもなりたつことがわかっており，中国西部の14の氷河で得られた値をプロットすると，きれいに曲線にのる（図3.6）．降水量が少ない氷河では氷河平衡線での気温は低く，逆に降水量が多い氷河は比較的高温な環境下にあり，年平均気温が高い氷河では，気温上昇分を補うために必要な降水量の増加量は莫大になることがわかる．このことから，少なくとも年平均気温が高く降水が多い場所では，気温の上昇による多少の降水量の増加では氷河の縮小は補えないことが理解できる．

図 3.7 クンブヒマラヤ，ヌプツェ西壁の懸垂氷河からクンブ氷河に落下する氷河なだれ (1995 年 10 月 26 日岩田修二撮影).

3.3 涵養域での氷河氷の形成

(1) 涵養源

　氷河を涵養するものは，i) 降雪・あられ・ひょう（雹）などの固体降水，ii) 水蒸気の昇華（昇華凝結；condensation），iii) 氷河の外側（捕捉域）からのなだれ・飛雪（地ふぶきによる供給），iv) 雨水など氷河外から氷体に流入した水の凍結，である.

　この中でもっとも重要なものは，多くの氷河では氷河上への降雪である．山岳氷河の場合，降雪量は高さと密接な関係をもつ．上昇気流による雲の形成や，低温化による降雪確率の増加によって，高さが増すにつれて降水量が増える．しかし，ある程度高くなると大気中の水蒸気量が減るので，降水量は減少する．降雪量は氷河規模とも関係する．大陸規模の氷床では，降水がおこるのは周辺部だけで，内陸部での降水量はたいへん少なくなる．温帯の山岳氷河では，水蒸気の昇華と雨水の凍結による涵養量はわずかであるが，高緯度の氷河では無視できない量になる.

　すでに述べたように（3.1 (3)），氷河上に堆積する降雪（一次堆積）に対して，捕捉域に一次堆積した積雪が，なだれ・飛雪などによって氷河上に供給される二次堆積も重要である．急峻な斜面に取り囲まれた山岳氷河では，周囲の山腹から涵養域に落下するなだれ（図 3.7）が涵養に重要な役割を担う．ネパールヒマラヤのクンブ氷河の涵養域では，降雪による涵養量の 4 倍近くが二次堆積（なだれと飛雪）によってもたらされると Inoue (1977) は見積った（図 3.3）．極端な場合には，山腹斜面や山頂部の積雪斜面や小氷河からのなだれや氷ブロックが直接谷底

図 3.8　東南極，エンダービーランドの奥にあるやまと山脈（昭和基地の南東約 300 km）の蝶が岳山群の吹きだまり型氷河（写真提供：吉田栄夫）.

に落下し，せまい集積域とその下に続く消耗域をつくる．このように，いったん形成された氷河からの雪氷によって再び形成された氷河を**再生氷河**（regenerated glacier, rejuvenated glacier）と呼ぶ．

　強い卓越風に支配される地域の氷河や，降雪量の極端に少ない大陸氷床の中央部では，周囲からもたらされる飛雪も重要な涵養源になる．南極大陸内陸部のやまと山脈のヌナタク（8.2 参照）に形成されている小氷河は，氷床上を吹き飛ばされてくる雪がおもな涵養源となっており，**吹きだまり型氷河**と呼ばれる（吉田・藤原，1963：p.15）．これらの氷河はヌナタクの風上側や低いリッジの風下側に形成されるのが一般的である（図 3.8）．

(2) 氷河氷の形成

　積もってすぐの新雪の密度は $0.1\ \mathrm{g/cm^3}$ 以下でたいへん軽いが，時間がたつにつれて新雪はしまり雪（$0.3\ \mathrm{g/cm^3}$ 以上），ざらめ雪へと変化し，最終的には氷になる（図 3.9）．これが氷河氷の形成で，そのメカニズムは，i) 焼結作用（氷点下で雪粒子が固結する：コラム5「焼結」参照），ii) 昇華蒸発・昇華凝結（氷点下で結晶の凸部が蒸発し凹部に凝固する），iii) 融解・再凍結，iv) 圧密（上に積もった積雪の重さによる圧縮）である．これらによって，粒径が増し，密度も大きくなる．これを雪の変態という．夏と冬の季節変化がはっきりしている氷河では，夏をこして融け残った雪はうす汚れた表面をもち，大粒のざらめ雪（粒径 1-3 mm）から構成される．このようなもののうち密度が $0.55\ \mathrm{g/cm^3}$ をこえたものを**フィルン**（Firn）またはネベ（neve）と呼び，夏をこした積雪，あるいは越年雪・万年雪とも呼ばれる．

　フィルンは，上に積もった雪の重量でしだいに圧縮され，密度が $0.83\ \mathrm{g/cm^3}$ 以上になると，粒の間の空気が気泡として閉じ込められる（通気性がなくなる）．これを**氷河氷**（glacier

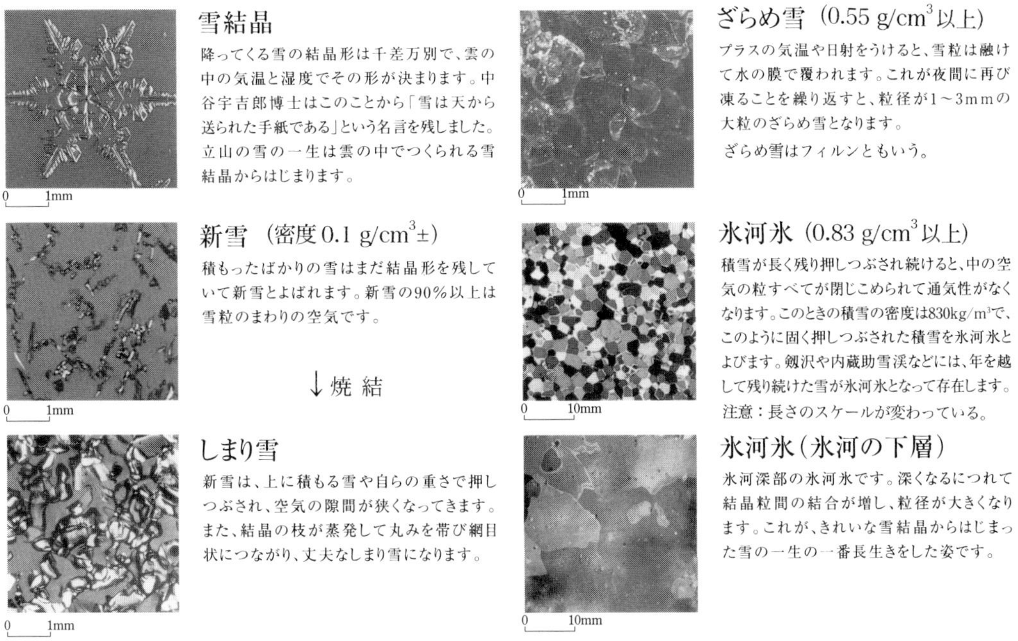

雪結晶
降ってくる雪の結晶形は千差万別で、雲の中の気温と湿度でその形が決まります。中谷宇吉郎博士はこのことから「雪は天から送られた手紙である」という名言を残しました。立山の雪の一生は雲の中でつくられる雪結晶からはじまります。

新雪（密度0.1 g/cm³±）
積もったばかりの雪はまだ結晶形を残していて新雪とよばれます。新雪の90％以上は雪粒のまわりの空気です。

↓ 焼 結

しまり雪
新雪は、上に積もる雪や自らの重さで押しつぶされ、空気の隙間が狭くなってきます。また、結晶の枝が蒸発して丸みを帯び網目状につながり、丈夫なしまり雪になります。

ざらめ雪（0.55 g/cm³以上）
プラスの気温や日射をうけると、雪粒は融けて水の膜で覆われます。これが夜間に再び凍ることを繰り返すと、粒径が1〜3mmの大粒のざらめ雪となります。
ざらめ雪はフィルンともいう。

氷河氷（0.83 g/cm³以上）
積雪が長く残り押しつぶされ続けると、中の空気のすべてが閉じこめられて通気性がなくなります。このときの積雪の密度は830kg/m³で、このように固く押しつぶされた積雪を氷河氷とよびます。剱沢や内蔵助雪渓などには、年を越して残り続けた雪が氷河氷となって存在します。
注意：長さのスケールが変わっている。

氷河氷（氷河の下層）
氷河深部の氷河氷です。深くなるにつれて結晶粒間の結合が増し、粒径が大きくなります。これが、きれいな雪結晶からはじまった雪の一生の一番長生きをした姿です。

図3.9 雪の変態：雪の結晶から氷河氷までの変化（立山カルデラ砂防博物館のパンフレットを加筆して転載した）．

ice）と呼ぶ．氷河氷の形成には，圧密による氷化のほかに，氷河表面から浸透した融雪水や雨水が下層の低温の氷と接して凍結する現象も重要な役割を担っており，このようにしてできた氷を**上積氷**（superimposed ice）と呼んでいる．上積氷の形成は，複合温度氷河の涵養メカニズムとしてたいへん重要である．

氷河氷が出現する深さは，氷河によってたいへん異なっている．北西チベット西崑崙山脈のチョンセ（Chongce）山頂氷河（6130 m）では2.5 m（Han et al., 1989），アラスカのセワード（Seward）氷河で13 m（Paterson, 1981: p.13），パタゴニア北氷原では27 m（Yamada, 1987），グリーンランド中央部で60 m（アレイ，2004：p.64），南極みずほ基地で55 m（前，1982：p.87），南極内陸のボストーク基地では100 m（Paterson, 1981: p.13）にもなる．

(3) 氷河氷の性質

氷河氷は，直径が数ミリメートルの粒状の結晶粒（単結晶）が集まったものである．1粒の結晶粒の中では結晶軸の方向が一定である．氷河が流下する過程で氷に応力が加わったり解放されたりするために再結晶が進み，結晶粒は1-3 cm程度にまで成長する．さらに成長が進むと巨大な単結晶ができる．アラスカのメンデンホール氷河では，直径10 cm以上（20-30 cm）の巨大単結晶が帯状に分布している．北海道大学の雪氷学者たちは，この巨大単結晶を冷凍船でもち帰り，低温室での氷の物性の実験的研究に用いた（東，1974）．氷河氷の結晶境界は互いに入り組んだ複雑な形をしており，気泡を含んでいる．しばしば，気泡が追い出されたものが氷河氷であるという説明があるが，誤りである．氷河氷は多数の気泡を含み，白く半透明である．融水や氷河内に流入した水が凍結した氷が氷河の一部を形成している場合には，気泡を

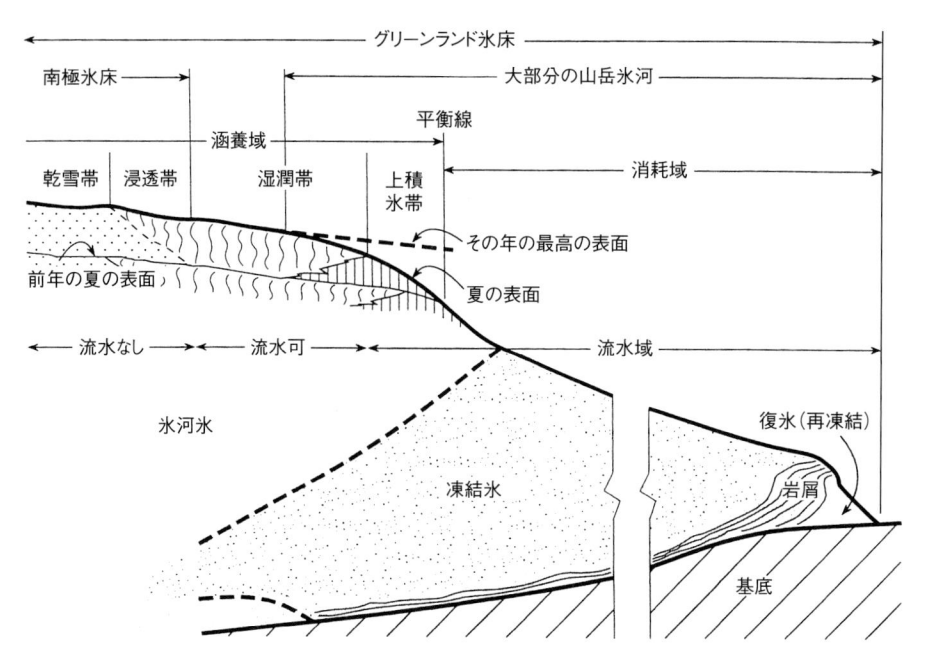

図 3.10 南極氷床・グリーンランド氷床・山岳氷河の違いを念頭においた氷河分帯（雪氷相区分帯）の模式断面図（Menzies, 1995: Fig. 4.14）．

含まない透明氷が見られる．氷河の下層部では，高圧のため気泡は圧縮され小さくなる．深さ 1000 m 前後より深い大陸氷床下部では，結晶格子の中に大気を構成する分子が閉じ込められたクラスレート＝ハイドレート（clathrate hydrate；クラスレート氷・包接氷）になるので，気泡が見られず透明になる（前野, 2004）．

(4) 氷河表面の分帯

氷河の涵養域（上流）から消耗域（下流）にかけての表面の状態は，涵養域での積雪表面から深部の氷体にいたる鉛直的な変化（新雪から氷）が水平的に現れる．このような氷河表面の雪と氷の状態の違いは 1950 年代のカール＝ベンソンによるグリーンランドでの調査やフィリッツ＝ミューラーによるアクセルハイベルグ島での調査によって，氷河を五つのゾーンに区分することが提唱された．これを雪氷相区分帯または**氷河分帯**（ice facies zonation, glacier zoning）という．模式的な断面図を図 3.10 に，グリーンランドの平面図を図 3.11 に示す．この分帯は次のように分けられる：

　i) 乾雪帯（dry-snow zone）：極地氷床内陸部や，とくに高い高山の涵養域の積雪は寒冷なために融解することがなく，いつも乾いているので乾雪帯と呼ばれる．

　ii) 浸透帯（percolation zone）：その外側・下流側では部分的には融解がおこるが，融水は下にある乾雪に浸透してしまうので，浸透帯と呼ぶ．一部には乾雪が残っている．

　iii) 湿潤帯（soaked zone）：その外側・下流側はすべての雪が濡れ雪（フィルン）になる湿潤帯である．湿潤帯の外縁・下限を**フィルン線**（Firn line）という．

　iv) 上積氷帯（superimposed zone）：浸透帯と湿潤帯では浸透した水が下の冷たい氷に接して上積氷になるが，その外側・下流側では積雪・フィルンはすべて消滅して上積氷が裸出する．

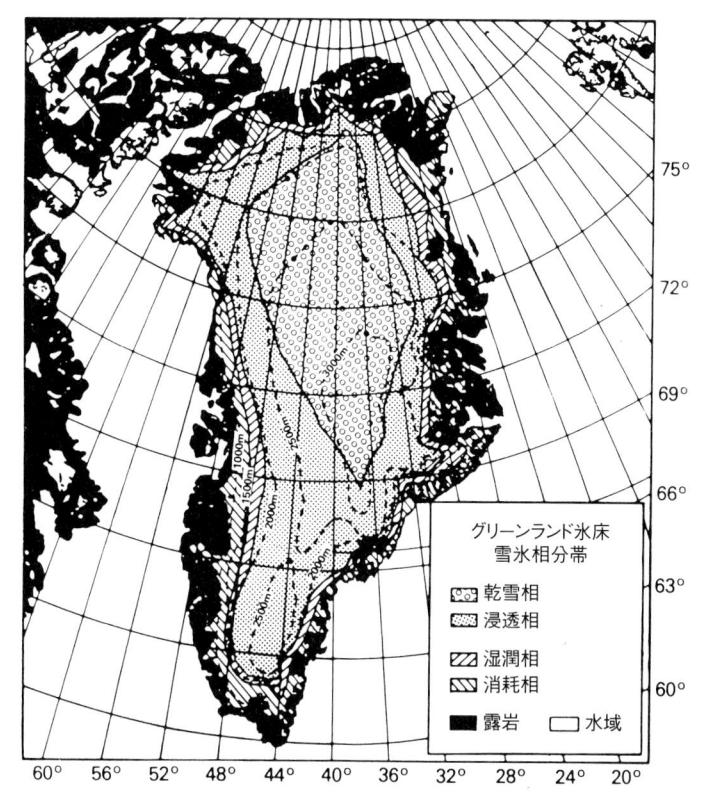

図 3.11 グリーンランド氷床の 4 氷河分帯（雪氷相区分帯）の分布（Hall and Martinec, 1985: Fig. 7.3）．

ここを上積氷帯という．上積氷帯の外縁・下限が氷河平衡線にあたるとされている（図 3.10）．

v）消耗帯（ablation zone）：それより下流では氷河表面に裸氷が露出する消耗域になる．

南極氷床やグリーンランド氷床の中央部は乾雪帯に属し，そのまわりを取り巻いてリング状に各ゾーンが分布する（図 3.11）．谷氷河の場合には上流から下流に並ぶ（図 3.12）．ヒマラヤの谷氷河では湿潤帯と上積氷帯との区別が難しい．氷河で掘削を行うときには，融解による環境シグナルの混合や移動をさけるため乾雪帯で行わなければならない．

3.4 消耗域での氷河消耗のプロセスと微形態

(1) 氷河の消耗

氷河の消耗には，熱的な原因でおこるものと機械的な原因によるものと二つのプロセスがある．

熱的な消耗

熱的な原因による消耗プロセスには，氷が融解して水になり流出・蒸発する場合と，氷から直接水蒸気になる昇華蒸発（sublimation）とがある．氷河と外界との間でどのように熱（エネルギー）のやりとりが行われるかは，氷河と気象・気候との関係を知る上で重要である．氷河の消耗をもたらす熱源は，i）放射熱，ii）顕熱，iii）潜熱に分けられる．

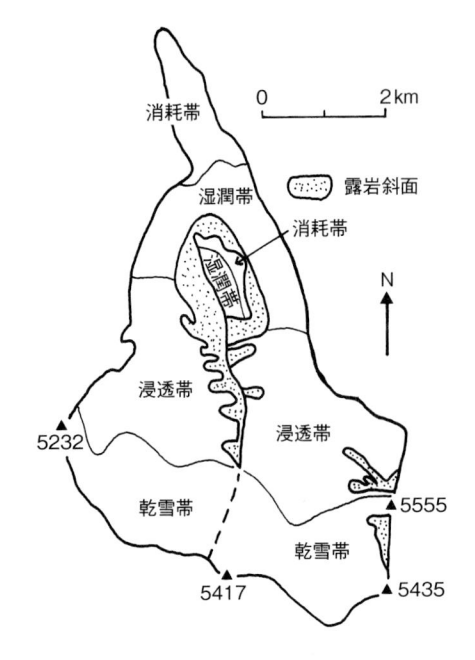

図3.12 中国，祁連山脈，老虎溝12号氷河の氷河分帯（雪氷相区分帯）の分布（1976年8月）（中国科学院蘭州冰川凍土研究所，1988b：図4.6）．

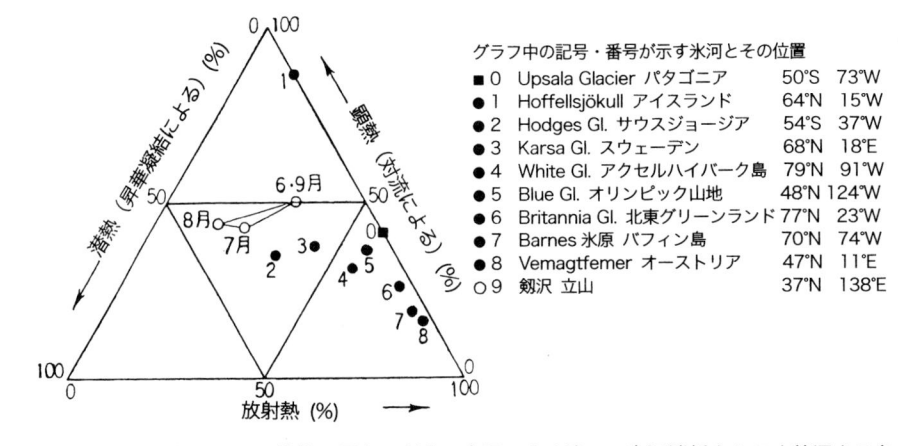

図3.13 氷河の消耗に関わる熱的3要素の割合の氷河による違い．氷河消耗をおこす熱源を三角ダイヤグラムで示した（藤井，1974）．

　i）放射熱：日射（radiation；短波放射）によって太陽エネルギーは氷に吸収され，氷の温度を上げる．
　ii）顕熱：大気（空気塊）に含まれる熱を顕熱（sensible heat）といい，対流（convection）によって氷河を暖める．
　iii）潜熱：物質が相変化をおこすとき放出・吸収される熱が潜熱（latent heat）である．水蒸気が氷河表面で昇華凝結（condensation）して氷や水になるとき熱を放出して氷温を上げ，氷を融かす．
　それぞれの強弱や割合は地域の気候によって大きく異なる．藤井（1974）によれば，湿潤なサウスジョージア島では潜熱の効果が，乾燥したアルゼンチン側パタゴニアやアイスランドでは顕熱の効果が，それぞれ比較的大きく，極地や高山の氷河では日射の効果が大きく現れる

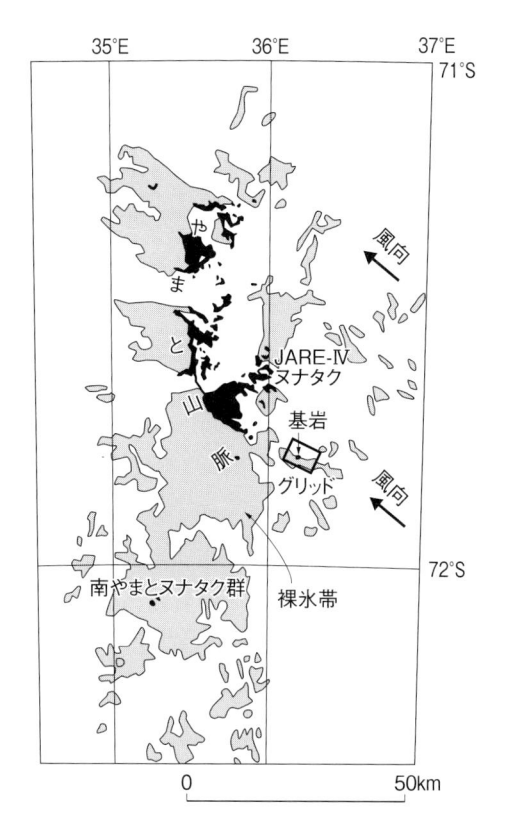

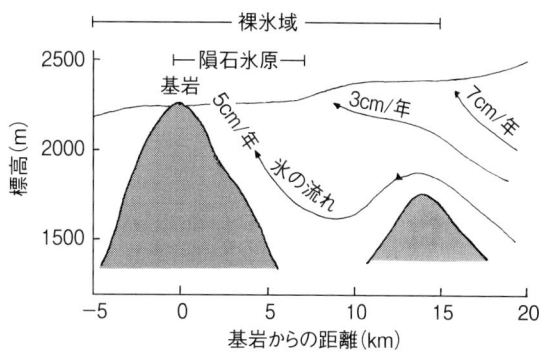

図 3.14 東南極のやまと山脈の周辺には 4000 km² の裸氷域があり，そこでは昇華蒸発によって氷床の消耗がおこっている．左：黒く塗りつぶしたのが露岩山地（ヌナタク）．うすい網かけ部分が裸氷域（矢内, 1987）．右：山脈が氷床を堰きとめた状態で，山脈の上流側の裸氷域では上向きの氷河流動がおこっており，常に氷が供給され続けている．昇華蒸発による氷河消耗量はかなりの量になる．長年にわたって集積した 3500 個以上の隕石が発見されたので隕石氷原と呼ばれている（前, 1982）．

（図 3.13）．上田（1980：p.245）によれば，地球全体で見た場合，一般的には，太陽の日射熱，大気からの顕熱，水蒸気凝結時の潜熱の順に，消耗に対する貢献度が高い．日射と顕熱は気温と相関があるので，氷河の消耗に関わる気候要素のうちで気温の重要性を無視することはできない．上田（1983b）は，ネパールヒマラヤの小氷河の融解量は夏の気温の3乗に比例することを明らかにした．気温が高いと氷が広く露出し，アルベド（反射率）が下がり，より多くの日射を吸収するからである．

南極の内陸山地のまわりには積雪に覆われない裸氷域（帯）がひろがっている．東南極のやまと山脈の周辺には 4000 km² の裸氷域があり（図 3.14），そこでは昇華蒸発によって氷河の消耗がおこっている．その中には山脈の風下側で飛雪が供給されないため，裸氷域になっている部分も含まれている．山脈の上流側の裸氷域では上向きの氷河流動がおこっており，常に氷が供給され続けているので，昇華蒸発による消耗量は少なくないと思われる．

積雪や氷の消耗速度は表面のアルベドの違いとよく対応している．氷河の消耗域表面のアルベドの違いをもたらすもっとも重要な原因は，氷河の表面の岩屑や汚れの量である．表面に岩屑などをのせた汚れた氷河では融解が促進されるが，岩屑の量が多くなり過ぎると，氷河氷は逆に日射をさえぎられるとともに熱の出入りが減り，融解が抑制される（6章参照）．

生物も氷河のアルベドをコントロールしていることが明らかになってきた．幸島（1987, 1994），竹内（2001），中尾（2007：pp.109-130）は，氷河の消耗域を覆う細粒のデブリには多量の藻類とバクテリアが含まれているので，その発生・増殖が氷河の消耗を促進する可能性を述べている．氷河消耗域表面の岩屑や汚れの多少によって，氷河表面の形態・微地形はきわめて

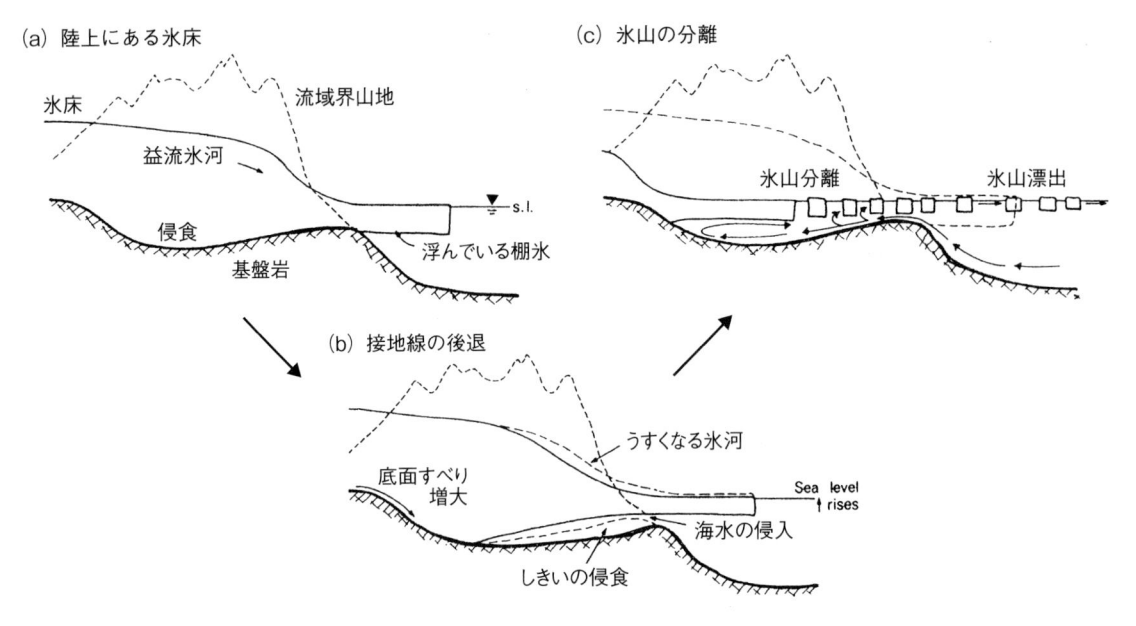

図 3.15 氷床から海面に流入する氷河や棚氷では，海面上昇，氷舌の痩せ細り，水温上昇による氷河底の融解，氷河底での敷居の侵食などによって氷舌が浮上（接地線の後退）すると急激に氷山分離がおこり，氷河末端は急速に後退する（Selby, 1985: Fig. 16.25 による）．

複雑な様相を見せる（くわしくは 6 章参照）．

機械的な原因

重要なものは，**カービング**（calving；氷山分離・崩壊）と呼ばれる氷河縁の分離や崩壊である．海に流入している南極やグリーンランドの氷流（ice stream）や溢流氷河（outlet glacier），あるいは湖に流入する谷氷河では，氷河末端が氷山として分離する場合が多い（図3.15）．ヒマラヤのような山岳地帯の急斜面にある氷河末端は，氷河なだれとなって崩れ落ちたりするものがある（図 5.19，5.20）．地形的な原因で末端の位置や形態が決まっている氷河末端を，地形的強制末端と呼んでいる．南極氷床のヌナタクの風上側では風による削剥によって消耗がおこっている．次項で述べるモートと呼ばれる微形態はその代表例である．

(2) 氷河消耗と関係した微形態

モート（風食溝と融解溝）

氷床から突き出ている露岩（ヌナタクや山塊）の基部の氷床上に，それらを取り巻くように形成された溝状のくぼみである（図 3.16）．**モート**（moat）のもとの意味は城や都市を取り巻く濠であり，海底の高まりのまわりの凹地に使われるようになった語が転用された．南極では露岩の風上側や側面で風食（＋昇華蒸発）によって形成される．岩壁の基部には日射によって暖められた岩壁の熱効果による消耗によって形成されたと考えられるものもある．山塊や大型のヌナタクの風下側では地ふぶきによる雪の供給がないので，氷河が涵養されず昇華蒸発による消耗で表面が低下して凹地をつくる場合もある（図 3.8）．モートの壁はかなり急で，てらてらした氷が露出している場合が多いから，登山や調査中に氷床から露岩にとりつくときの障害になる場合もある．

図3.16　東南極の東ドロンニングモードランド（クイーンモードランドとも呼ばれる）にあるセールロンダーネ山脈北麓の小ヌナタク群のモート．左：画面右側から東南風が吹くのでヌナタクを取り巻くようにくぼみが形成されている．右：ヌナタク側から見たモートの内壁（1985年1月岩田修二撮影）．

図3.17　チリ，中央アンデス，プロモ氷河の氷柱ペニテンテ（1969年4月岩田修二撮影）．

ペニテンテとアイスピナクル

　これらはいずれも氷河の消耗域にできる氷でできた塔状の形態である．高さは数メートルから10m以上にもなり，群生する．強い日射を受ける低緯度の高山で見られる（Auer, 1970）．ダーウィンによって初めて記載された（ダーウィン，1960中：pp. 228-230）．**ペニテンテ**（penitentes, nieve penitentes）という名称はおもにアンデスで用いられ，一群の氷塔が悔悟者・苦行者の群れに似ていることから名づけられた（図3.17）．ヒマラヤでは**アイスピナクル**（ice pinnacles）と呼ばれ，チョモランマの南面のクンブ氷河と北面のロンブク氷河のものがよく知られている．強い日射のためにペニテンテ（塔）の表面では昇華蒸発がおこるいっぽう，溝の部分には日射が集中して融解が進む．乾燥，強い日射，低温環境下で，消耗・低下する氷河表面から取り残された部分だけが，塔状に残ることによって形成される（Lliboutry, 1954）．塔の間の溝底では日中には水が流れ夜間は凍結するので，透明氷が形成される．

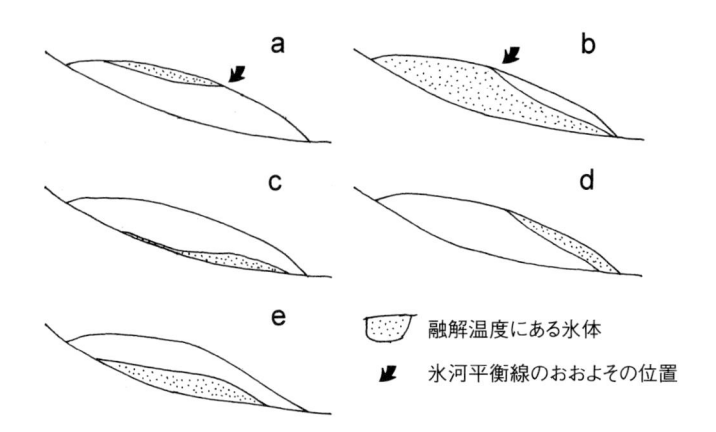

図 3.18 複合温度氷河の形成原因を示す模式図．a：涵養域表面での夏の融解水の凝結熱による．スバールバルに多い．b：冬の寒気によって熱伝導のよい消耗域を効果的に冷却する．カナダのアサバスカ氷河．c：流動に伴うひずみ熱が氷河底をあたためる．カナダ北極圏に多い．d：流下する寒冷な氷体の影響．e：氷厚の減少に伴う圧力融解の解消による（白岩孝行の図：日本雪氷学会，2005：図 8.1.2 などをもとに岩田原図）．

3.5 氷体の温度と氷河の水

(1) 氷体の温度

　氷河の流動や氷の物性に関係するので，雪氷学者は氷河の温度的性質に深い関心をもっているが，最初に氷河の温度に着目したのは氷河研究の基礎を築いた地理学者アールマンである．彼は，氷河を氷体温度によって温暖氷河と極地（polar）氷河に分類した（Ahlmann, 1948）．その後，修正があったが基本的な考え方は変わっていない．氷温によって氷河は次の 3 種類に分類される．
　i) 温暖氷河（temperate glacier）：季節変化し冬は低温になる表層部を除いて，氷河の全層が融解温度（融点）になっている氷河である．温暖氷河の氷温は多くの場合 0℃ であるが，わざわざ融解温度というのは，厚い氷の下では圧力のために融解温度が 0℃ より低くなるからである（コラム 8「氷の圧力融解」参照）．中緯度・低緯度の氷河や比較的温暖な場所にある大陸氷床の末端部は温暖氷河である．
　ii) 寒冷氷河（cold glacier）：氷河の全層が融解温度より低温になっている氷河である．気温の影響を受ける表層部と，氷河底面が融解温度に達していても，大部分が融解温度より低温の氷河は寒冷氷河に含める．極地や高山の非常に寒冷な環境にある氷河である．
　iii) 複合温度氷河（polythermal glacier）：融解温度に達している氷体と，融解温度より低温の氷体から構成されている氷河である．寒冷な高所から温暖な低所に流れる山岳氷河や，流動に伴う熱の影響や冬季の低温の影響を受ける氷河に見られる．以前は亜極地氷河（sub-polar glacier）と呼ばれていた．複合温度氷河が形成される原因はさまざまで，図 3.18 にその例を示した．
　寒冷氷河の氷温の例として南極氷床，グリーンランド氷床，北極周辺の氷原の氷体温度がど

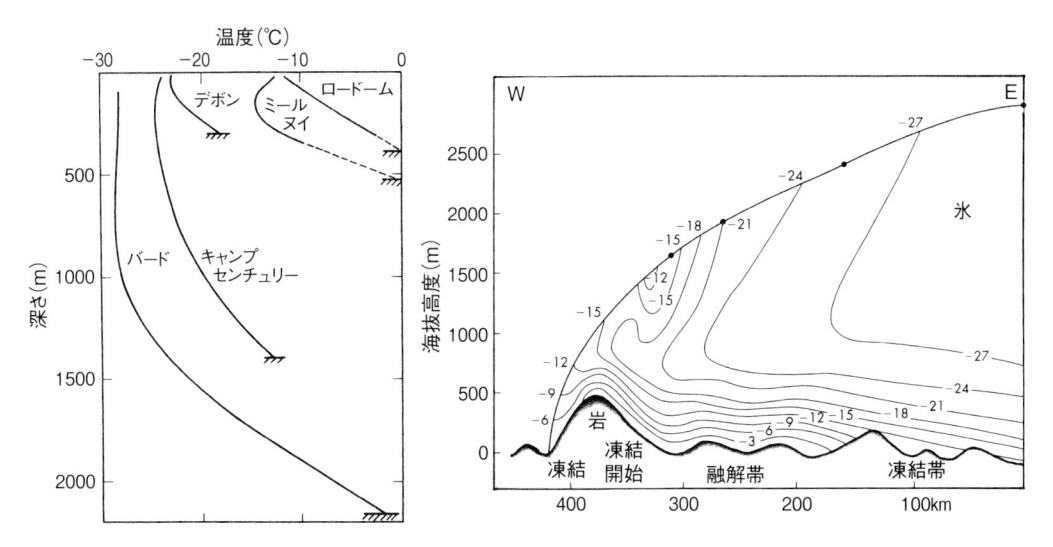

図 3.19 氷河の氷温．左：氷床と北極圏の氷原の涵養域で測定された深さ方向の氷温変化．バード（南極），キャンプセンチュリー（グリーンランド），デボン・ミールヌイ・ロードーム（北極圏）．破線は外挿された値（Peterson, 1981: Fig. 3.19）．右：北緯70°におけるグリーンランドの東西断面における氷温構造．とくに氷床底の温度（凍結・融解条件）を示す（Wilson et al., 2000: Fig. 3.9による）．

のようになっているかを，図3.19に示した．大陸氷床の中央部乾雪帯では，およそ10m以下では氷温はその場所の年平均気温とほぼ一致する（これを10m雪温という）．ところが，深くなるにつれて氷温はゆるやかに低下し，バード基地では700-800m，キャンプセンチュリーでは150-200mで最低温度を示す．氷床中心部の，より低温の氷が流動によって下流に運ばれてきているからである．それ以下の深部では，氷の重量による圧力のために氷温が上昇する．北極周辺の氷原氷河でも同じような傾向である．さらに氷が厚くなるバード基地の場合は，次に述べる底面融解氷河で，氷河底は融解点に達している．

氷河底が融解温度に達している氷河を**底面融解氷河**（warm-based glacier）といい，氷河底が融解温度より低い温度の氷河を**底面凍結氷河**（cold-based glacier）という．前者を濡れ底氷河，後者を乾き底氷河と呼ぶこともある．前者を温暖氷河，後者を寒冷氷河の語で代用する場合もあるが，氷河による侵食作用（侵食地形の形成）にとって重要な底面すべりがおこるかどうかは，氷河底に水が存在できるかによっているので，氷底が融解温度に達しているかの区別をはっきりさせるために底面融解・底面凍結の語を使うべきである．底面凍結氷河では，氷河底での侵食はほとんどおこらない．

(2) 氷河表面と氷体内部の水

氷河での水の分布

融点あるいはそれにごく近い温度にある氷河氷は，容易に融解して水に変わる．さらに氷河には雨も降り注ぎ，まわりの斜面（捕捉域）から表面流水が氷河に流れ込む．このようにして氷河，とくに温暖氷河にはかなりの量の水が含まれている．通常，温暖氷河の氷体内部には全体の1%程度の水が存在する（若浜，1978）．氷河にある水の起源とその動きをもっとも単純化して図3.20に示した．降水から氷河に貯えられた固体の水（雪氷）と液体の水は氷河表面・氷

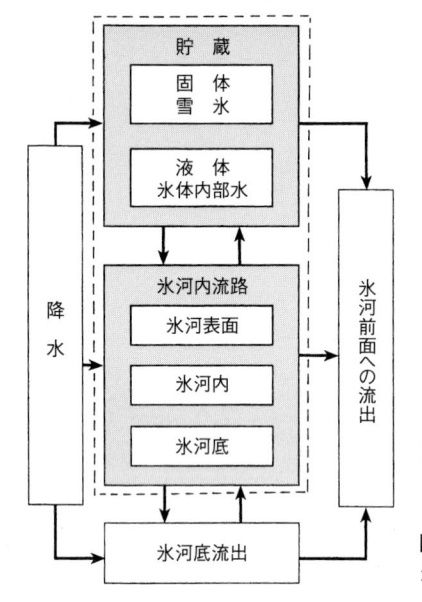

図 3.20 氷河流域システムにおける水源と水の経路．破線内が氷河（Benn and Evans, 1998: Fig. 3.1）．

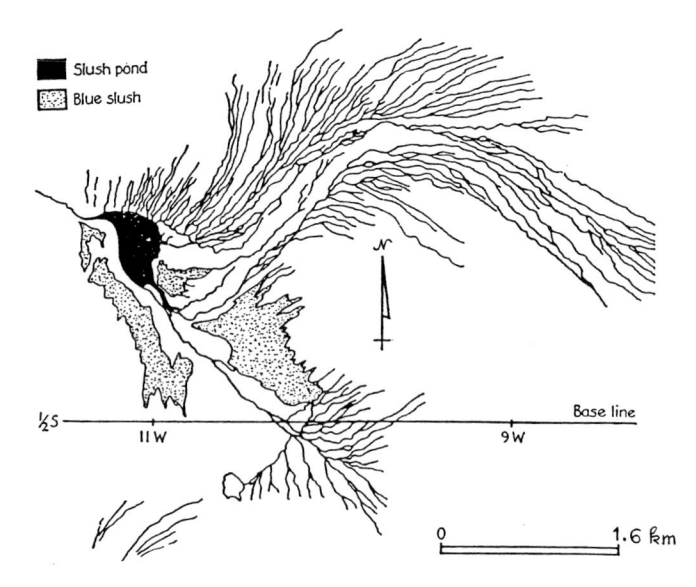

図 3.21 グリーンランド氷床ショーズ谷（Show's Valley）における氷河表面の水路網．1953 年 8 月 1 日の測量．Slush pond：雪泥の池，Blue slush：ぬかるみ状の雪面（Holmes の原図を引用した Leopold et al., 1964: Fig. 10.10 による）．

河内部・氷河底を通って氷河前面から排出されるという単純な図式である．

氷河表面の水は，クレバス（crevasse；割れ目）やクラックがない場合，氷河消耗域表面に水路をつくって流下する（図 3.21）．氷河消耗域の表面に融解水と関係した多くの氷河微地形が見られる．これらは**熱的侵食**（thermoerosion）による侵食地形で，形成に要する時間が氷河以外の地形の数百倍から数万倍速いので，地形の実験場として有用であると考えられる（中谷，1966）．水たまり（パドル）や，池，湖をつくる場合もある．浅い水たまりでは雪や氷が水浸しになって雪泥（slush）と呼ばれる状態になることもある．表面の水はクレバスや縦穴

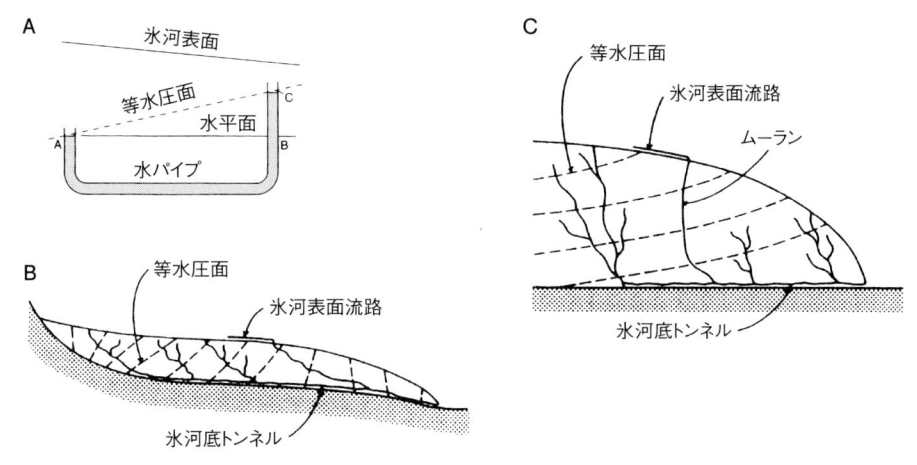

図3.22 氷河内の等水圧面と水の通路の模式図．A：氷河内での水圧の模式図．氷厚によって水圧が変わり等水圧面は傾く．B：氷河全体．C：氷河末端．水圧の高い氷河上流側から水圧が低い下流側に向かって氷河内部・底部に水が流れる（Bennett and Glasser, 1996: pp. 68-69）．

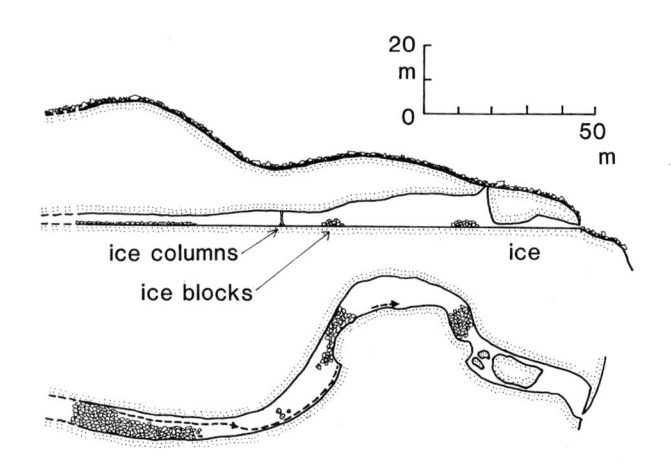

図3.23 ネパール，クンブ氷河系のチャングリ（Changri）氷河末端に形成されていた氷河内部のトンネル．トンネルの下も氷である．落下した氷のブロック（ice blocks）や氷柱（ice columns）がある（吉田 稔の原図）．

（ムーラン；moulin, glacier well）から氷体内部に入る．水は，せまい割れ目や結晶粒界に沿って地下水のように流下する．氷体に含まれる水の量は気温上昇時や降雨時に増加する．融解が激しくおこる氷河では，氷河内部・氷河底に大量の水が存在し，氷中湖・氷底湖（氷下湖）をつくる場合もある．氷河内部の水は，内部水路・氷河底トンネルなどを通って流下する．氷河の厚さの差による水圧の差によって，氷河内部の水は上流ほど大きな圧力を受けており（図3.22），末端から噴水のように噴き出すこともある．水が排出された氷河底トンネルの例を図3.23に示す．

氷河底の水はさまざまな状態・経路で流下する．氷河の底（基底）が，基盤岩や固結した堆積物の場合，未固結の物質の場合，流路をつくって流下する場合，面的にひろがって流れる場合とがある（表3.3）．これらは氷河の底面すべり（4章4.2参照）に深く関係する．

氷河底の水量は，降雨による増水や，急激な氷河融解，氷河表面の池の吸い込みなどによっ

表 3.3 氷河底での水の流れ方

流れ方	基底の状態	水路／流れ方の呼び名	特徴
水路流	基盤岩	R-水路（Röthlisberger-channel）	氷河底トンネル中の流れ
		N-水路（Nye-channel）	氷河の基盤を下刻してできた谷の流れ
		トンネル谷	氷床下の基盤にできる大規模な箱状谷系
	未固結堆積物	未固結堆積物中のパイピング	
分散流	基盤岩	空隙水系	空隙がつながってネットワークができる
	未固結堆積物	フィルム流	氷と基盤岩の間のうすいフィルム状の流れ
		網状流路系	
		未固結堆積物層中の流れ	氷河底変形層の動きと重なる

て急激に変動することがあり，そのような場合には氷河表面の上昇（浮き上がり）や流速の増加が報告されている（図3.24）．何らかの理由で，氷河底に大量の水がたまるとサージ運動がおこると考えられる（4章4.3参照）．

いっぽう，氷体温度が融解温度より低い寒冷氷河では，氷体内部に液体の水は存在しない．たとえ表面で融解がおこっても，上積氷として冷たい氷体にすぐ凍りついてしまうからである．しかし，厚い氷床の底では氷の圧力のために圧力融解がおこって水が存在する場合もある．アイスレーダーによる探査からは，南極氷床のとくに厚い部分の底から，水の存在を示すエコーが得られている．西南極バード基地でのボーリングコアの底（深さ2164 m；図3.19）に水が存在したことが掘削時に確かめられた（Gow et al., 1968；若浜，1978：p.126）．

氷底湖

南極氷床の底には多数の氷底湖が存在することが，アイスレーダー探査（radio echo sounding）によって確かめられている．その最大のものが**ボストーク湖**（Lake Vostok）である．1995年の前半，東南極のボストーク基地付近の南緯77°，東経105°地点の厚さ3800 mの氷床下に，長さ250 km，幅40 km，水深200–800 mの湖が存在することが発見された（神沼，1995）．この場所の氷床表面がきわめて平坦であることから，アイスレーダーで調べると氷床下に水の存在が確認されたのである．湖の総面積は1万5000 km^{2}に達し，総貯水量は5400 km^{3}の淡水湖であると推測されている（図3.25）．水温は−3℃と推定され，成因は厚い氷床の荷重によって氷が融点に達したためと，次に述べる地熱のためであると考えられる．氷床の底には湖水が再凍結した氷が付着しており，そこからはバクテリアや菌類などが採取された．したがって，湖水中に生命が存在するのは確実と考えられ，湖水を汚染しない掘削・採水方法が検討されている（Jouzel et al., 1999）．

氷河底の氷河を融かす要因として，地熱と，氷河流動の摩擦熱もかなり重要である．地熱は安定大陸（楯状地）では小さく，融点の氷を年間厚さ4 mm融かすだけだが，火山地帯では年間厚さ10 mmに達すると見積られている．氷河と基盤岩との摩擦熱は，底面すべりが速さ20 m/年のとき，厚さ6 mmほど融点の氷を融かし，速さ100 m/年の場合厚さ30 mmに達する（Sugden and John, 1976: pp. 19–20）．

地熱の影響が劇的に現れるのが火山噴火のときである．アイスランドのバトナ氷原では，噴火によって氷河底湖が繰り返し形成されている．氷河底の湖は決壊して大量の水が洪水となっ

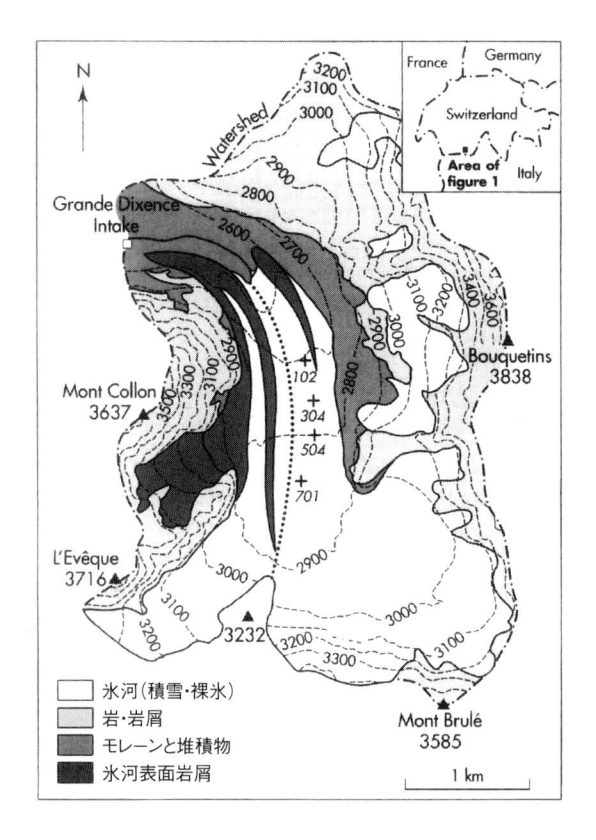

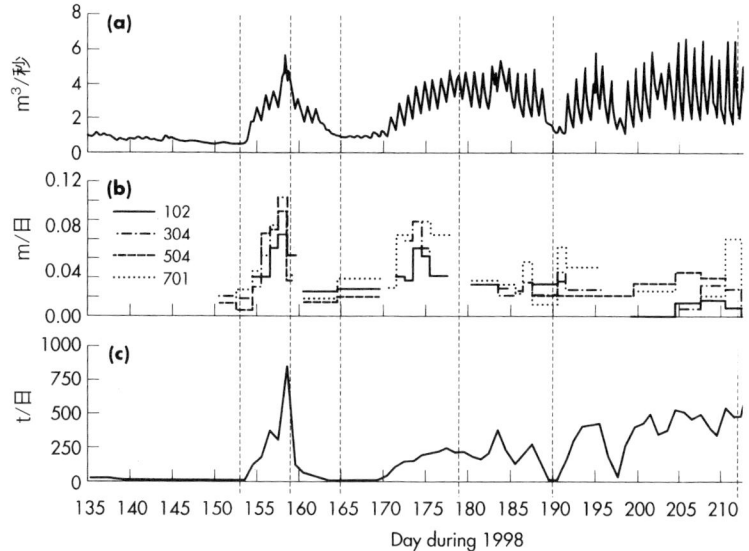

図 3.24 上図：アルプスの上アローラ氷河の流域．数値は海抜高度（メートル）．点線は東西支流域の境界．＋は流動観測地点とその番号．下図：1998 年 6 月はじめから 9 月末までの上アローラ氷河の時間平均排水流量（流出量）(a)，氷河流動量 (b)，浮流土砂量 (c)（Swift, 2006）.

て流下する現象（**ヨックルラウプ**；Jökulhlaup）がときには大規模な災害をもたらす（Björnsson, 1974）．図 3.26 には，1996 年におこった氷底噴火によって氷底湖グリム湖（Grimsvötn）に湛水するようすを示している．火山のない南極でも，氷河の底のくぼみにたまった水が流下して

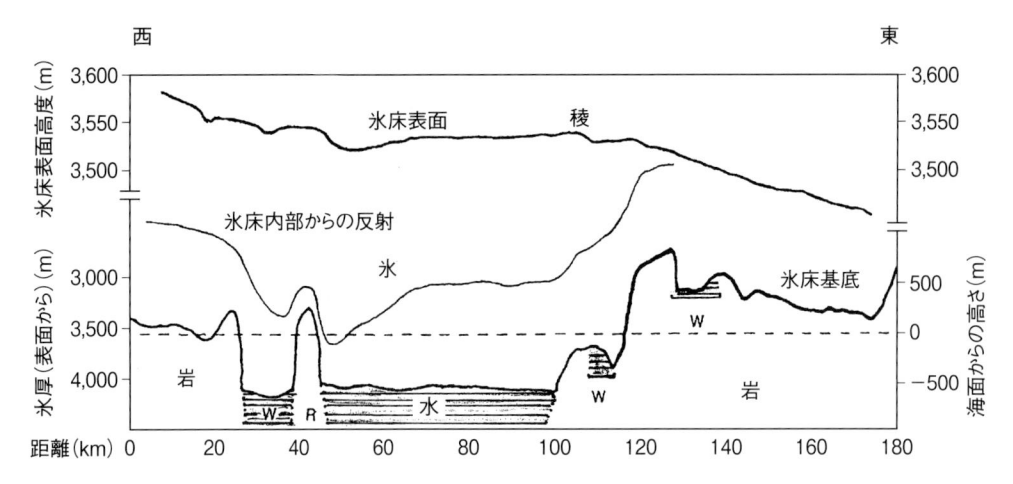

図3.25 東南極の氷底湖ボストーク湖の短軸方向の断面．二次元連続アイスレーダー探査（radio echo sounding）による．深さは水平距離の100倍に延長してある．深さ方向は途中が省略してある（Kapista et al., 1996: p.685）．

発生したヨックルラウプが報告されている（Goodwin, 1988）．

2010年3月には，アイスランド南部のエイヤフィヤトラ氷河（Eyjafjallajökull）の下の火山が噴火し，4月には氷河湖決壊洪水も発生した．

3.6 気候特性から見た氷河の特性（氷河群）

氷河涵養と消耗の部分（3.3, 3.4）で述べたように，おおまかにいえば氷河の涵養を支配するのは降雪であり，消耗をつかさどるのは気温である．このような氷河を支配する気候に着目して，氷河を分類する試みが古くからある．

Lliboutry（1956）は，世界中の氷河を赤道型・熱帯型（ヒマラヤ型）・亜熱帯型（トルキスタン型）・温帯型（アルプス型）・寒帯湿潤型（アラスカ型）・寒帯乾燥型（バフィン型）・極地型の7タイプに分けたが，実際にどのような違いがあるのかは整理されていない．

施・謝（1964）は，中国西部の氷河を，気候と関係する諸特性から海洋型氷河と内陸型氷河とに分類した．これはさらに，涵養の特性から4タイプに細分された．I地中海降水西風海洋型・IIaモンスーン海洋型・IIbモンスーン大陸型・III内陸大陸型である（図3.27）．この4タイプには，気候的性格のほかに，氷河の物性的性質，形態，運動，氷河地形，氷河上の生物などの18項目にわたるさまざまな面での違いがある（中国科学院青蔵高原綜合科学考察隊，1986）．Lai and Huang（1989）は，中国内陸部の22の氷河について，平衡線における年平均気温・夏季平均気温・年降水量・氷温・流動速度の5指標を用いてクラスター分析によって氷河の性質区分を行った．その結果，中国西部の氷河の分類は，基本的には先に述べた四つの区分が妥当とされた．このような，中国で行われている氷河区分は，氷河のさまざまな側面の性質によっており，氷河の地域的特性を整理するものとして注目に値する．地球規模の気候的氷河分類のためには，平衡線での気候要素だけではなく，涵養・消耗のメカニズムやタイプと対応させた分類が必要である．質量収支の年変化型の9パターン（表3.1）や，氷河の活動特性の地域的

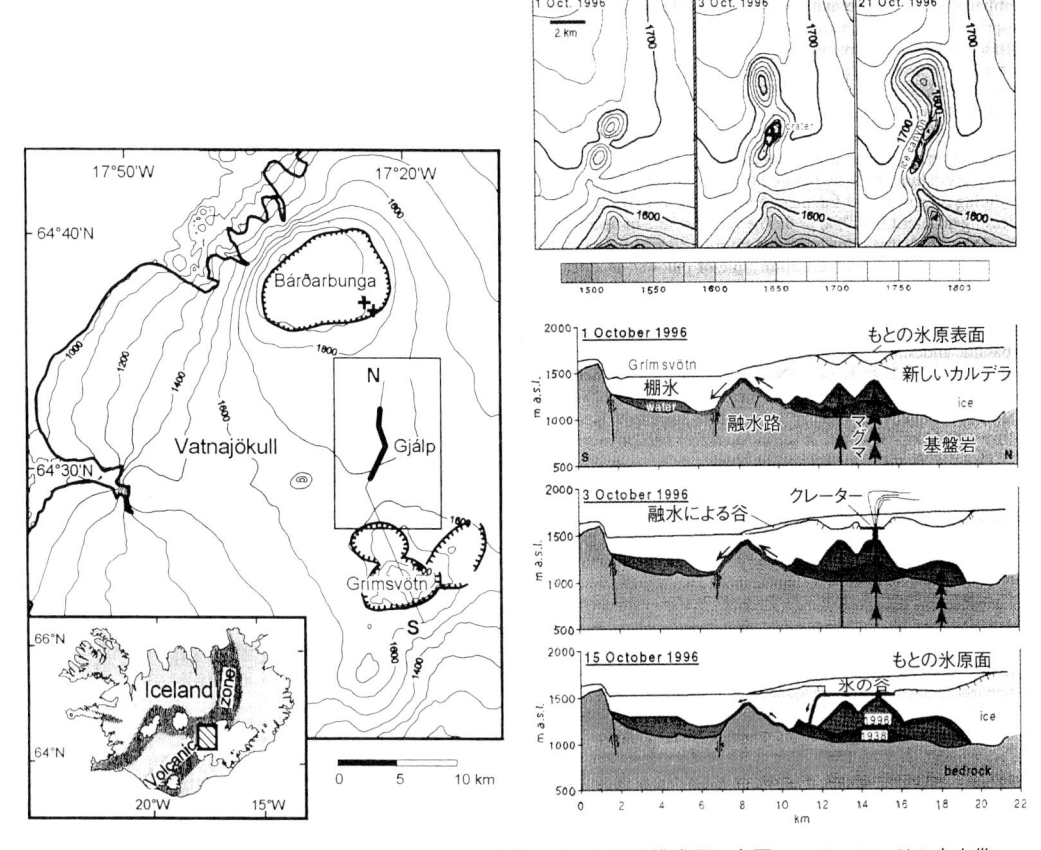

図 3.26　1996 年のバトナ氷原の氷底噴火時の融水の流れを示す模式図．左図：アイスランドの火山帯はバトナ氷原の西部の下を通っている．この氷原下での最近の噴火は 1934，1938，1983，1984 年におこっている．グリム湖（Grimsvötn）カルデラ内には氷底湖がいつも存在し，数年ごとにヨックルラウプが発生する．1996 年の噴火は，グリム湖の北側の割れ目（ギャオ Gjálp：太線）でおこった．N-S は右図下の断面の位置．右図上：噴火地点の氷河表面には深さ 100 m の鍋状陥没ができ，氷河底の噴火地点にはハイアロクラスタイト（氷冷破砕岩）リッジが形成された．10 月 3 日には氷河表面の陥没に水が溜まり，陥没は北にのび，6-7 km の谷状（ice canyon）になった．氷底の融水流は，氷河表面傾斜に支配され，南に流れグリム湖へ貯水された．噴火の後半には長さ 3.5 km の水の谷が南側に形成され，陥没内の融水を南へ排水し南端で氷河に吸い込まれた（Gudmundsson et al., 1997 の図から作成）．

整理（3.1（2））は，地球規模での気候と氷河の関係を整理する視点として重要である．

共通の地域的特性をもつ一群の氷河を，**氷河群**と呼ぶことが提唱されている（比較氷河研究会，1973）．ヒマラヤ山脈で渡辺ほか（1967）が提唱したチベット型氷河，ネパール型氷河は総合的な氷河特性に着目して区分されているから，チベット型氷河群，ネパール型氷河群として把握することができる（比較氷河研究会，1973）．これはチベット型・ネパール型という命名からもわかるように，地域を強く意識した分類であり，気候的特性だけではなく形態的特性（広義の氷河地形）もとらえようとしている（表 3.4）．ある地域の氷河全体を総合的に把握し分類する試みであり，氷河の総合的地域区分の試みといえよう．しかし，氷河のほんとうの地域特性を示す指標が何であるかについては，今後の研究に待たねばならない．

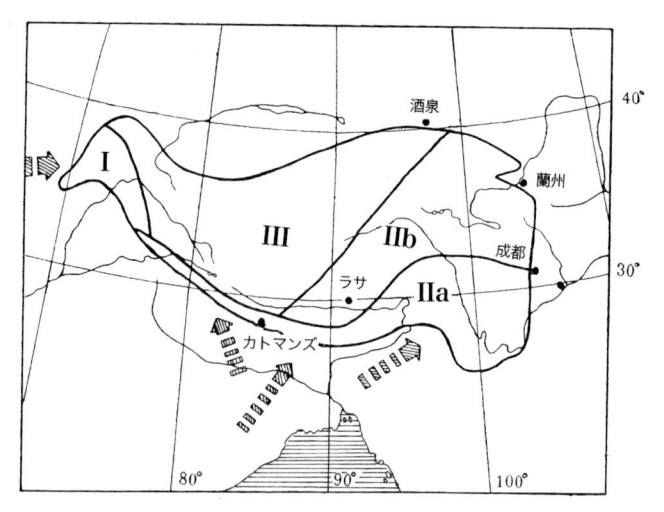

図3.27 チベット高原の氷河類型の地域区分．I：地中海降水西風海洋型氷河区，IIa：モンスーン海洋型氷河区，IIb：モンスーン大陸型氷河区（高原モンスーン氷河区），III：内陸大陸型氷河区（中国科学院青蔵高原綜合科学考察隊，1986：図2-11による）．

表3.4 ネパール型氷河群とチベット型氷河群の典型的特徴

項　目	ネパール型氷河群	チベット型氷河群
平均末端高度（m）	4000 m (3500-5500 m)	5200 m (5000-5500 m)
平均の長さ（km）	3-20 km	5-10 km
消耗域表面の状態	岩屑被覆型（D型）	裸氷型（C型）
末端	強制末端	自然末端
氷体の性質	温暖氷河	寒冷氷河
乾雪帯*	小	大
消耗帯**	大	小
流動性	大	小
現在の氷河タイプ	谷氷河～山腹氷河	谷氷河～小型氷原・山頂氷帽
氷期の氷河タイプ	横断型谷氷河系	氷原（山岳氷床）～山麓氷河群

*dry snow zone, **ablation zone.

コラム5

焼結（sintering）

　互いに接触している固体粒子が融点以下の温度で固結する現象．固体のもつ表面エネルギーによって，表面積を小さくするように分子が移動することでおこる．分子の移動はその物体の温度が融点に近いときだけ進行する．

　代表例は陶器などの焼物で，粘土粒子が融点の70%程度の温度で焼結し固結することを利用している．通常の積雪は，氷点下の温度でも融点にきわめて近い温度におかれているから，焼結はどんどん進行する．雪温が0℃以下であっても積雪が「しまる」のは焼結による．その意味で地球上の雪氷は焼物であるといえよう．融解・再凍結によるざらめ雪化や復氷とは異なる現象である．

4 氷河の運動

> 海氷のほかに別のタイプの氷がある．それは峰みねを覆い，動いている．表面の氷層は沈み，底の層があらわれてくる（大意）：1200 A. D. 頃のアイスランドの歴史記録（岩田修二訳）．
> Bardarson "*Ice and Fire*"

4.1 氷河流動の重要性と表面流動

氷河の運動（glacier motion）は，万年雪やほかの氷から氷河を区別するもっとも重要な現象のひとつである．わが国では，氷河の運動は一般的には氷河流動（glacier flow）といわれる．流動によって氷河の形態がきまり，流動によって氷河地形がつくられる．氷河の流動速度は重力に支配されているので，傾斜の急なところで流動量が大きくなるのは当然であるが，流動量は質量収支の量とも深く関わっていることに注意すべきである．氷河の流動は涵養と消耗のバランスの上になりたっているから，一般的にいえば，年間の涵養量と消耗量とがともに大きい氷河（交換度あるいは活動度が大きい氷河）では流動速度も大きい（3章3.1（2）参照）．

氷河が流動するメカニズムは，氷河が科学的に注目されるようになった19世紀中ごろ以来さかんに議論されてきた．イギリスではジョン＝チンダルや，ジェームズ＝トムソン，ウィリアム＝トムソン（ケルビン卿），ファラデーなど当時の一流の物理学者が議論に参加した（チンダル，1934：pp. 334-354；若浜，1978：pp. 35-40）．氷河学が地球物理学に属すようになったのは，このような経緯による．現在でも氷河の流動とそれに関わる氷の物性は，氷河学における中心テーマである．

（1）流動測定の方法

表面流速

19世紀にアガシーやフォーブスが行ったのとおなじように，氷河表面にポールなどの測点（多くは旗つきの竹竿）を設けて，その位置の変化を繰り返し測量するのが，流動測定の古典的な方法である（図4.1）．測点は氷河を横断するように並べられることが多いが，ストレイン＝グリッドと呼ぶ方形に設けられることもある（成瀬，1972）．両岸に固定点が得られやすい谷氷河では比較的容易に測定できるが，固定点が得られない巨大な氷床では大がかりな測量が必要になる．南極の白瀬氷河の源頭部では，長期にわたる雪上車旅行によって250 kmにわたる三角測量鎖を設けて流動が測定された．1990年以降は，セオドライト（経緯儀）を用いる三角測量のかわりに，GPS（人工衛星位置決定装置）を用いることが多くなってきた（藤・渋谷，1993）．異なる時期に撮影された空中写真や衛星画像をコンピュータ処理して流動速度を測定することも行われている（Kääb, 2005）．

深さ方向と底での運動の測定

4.2（1）「氷体の変形」の項で述べるように，氷河流動理論をあてはめれば，氷河の厚さ（表

図 4.1 氷河の流動速度の測定．経緯儀と光波測距儀による三角測量．ネパール，クンブヒマラヤ，クンブ氷河右岸ゴラクシェップ（5150 m）．背後はヌプツェ（7861 m），左奥の三角の山がチョモランマ（8848 m）（1995 年 10 月岩田修二撮影）．

図 4.2 スウェーデン北部タルファラ谷のストー氷河（Storglaciären）．近くにストックホルム大学の研究施設があり，くわしい氷河研究が行われている（写真提供：紺屋恵子）．

面から基底までの深さ）と氷河表面傾斜から，氷体の変形による氷河表面速度を計算することができる．このようにして得た値より観測された表面流速が大きい場合，その差は氷河底での運動（底面でのすべり）とされた．その後，氷河掘削孔の変形やひずみ計の設置によって深さ

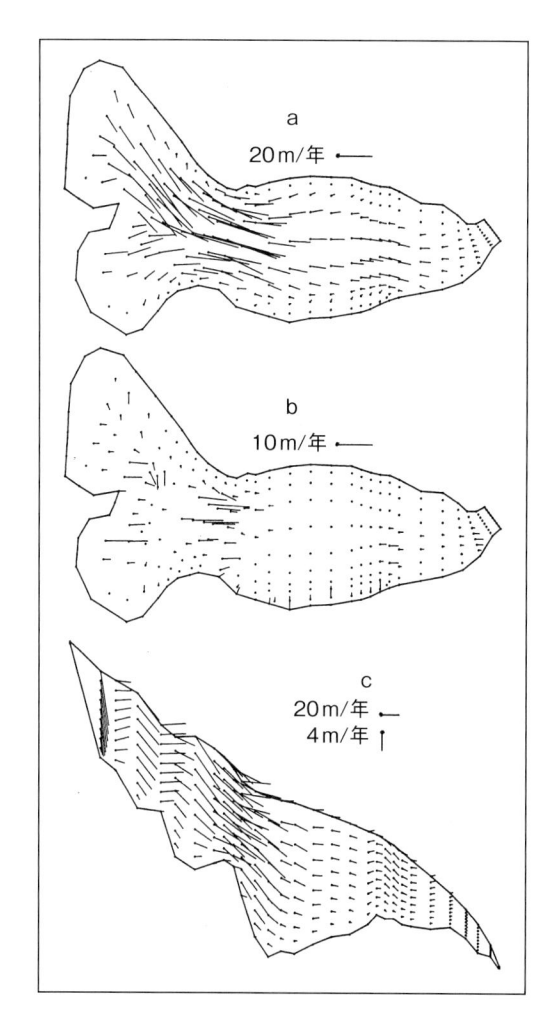

図4.3 スウェーデン，ストー氷河 (Storglaciären) の運動（流動）速度．野外での測定結果をもとに数値計算によって氷河全体の速度分布をベクトルで描いた．a：氷河表面の水平ベクトル，b：氷河底での水平ベクトル，c：氷河中央に沿う縦断面でのベクトル．鉛直方向は5倍に拡大してある (Hanson, 1995)．下流部の基底地形と氷河表面形態（等高線）は図2.3に示す．

方向の変形速度が実測され，掘削孔の底に観測装置をセットすることによって氷河底の運動を実測することも可能になった (Engelhardt *et al.*, 1978 など)．氷河底のトンネルでの観測も行われるようになった（7章7.1参照）．いくつかの手法は Hubbard and Glasser (2005: pp. 212-215) にある．このようにして氷河の流動が三次元で把握できるようになった．

(2) 三次元での流動速度

谷氷河の流動

スカンジナビア北部のストー氷河 (Storglaciären；ストール氷河ともいう) は，小規模な谷氷河であるが，世界でもっともくわしく研究されている氷河のひとつである（図4.2）．図4.3にストー氷河の運動速度を示す．この図でわかるように，谷氷河表面での流速は両岸近くで遅く，中央部で速い．表面で速く，底では遅い．源流部と末端部で遅く，氷厚が最大になり最大限の氷の運搬が必要になる氷河平衡線付近でもっとも速い．動きの方向は，両岸や底の地形の影響を受ける．一般的には，谷氷河の表面流動速度は流動量の大きい部分でも 10-20 m/年程度であるが，とくに急な部分であるアイスフォール（氷瀑）（図4.17）では 1000-2000 m/年に達することもある．

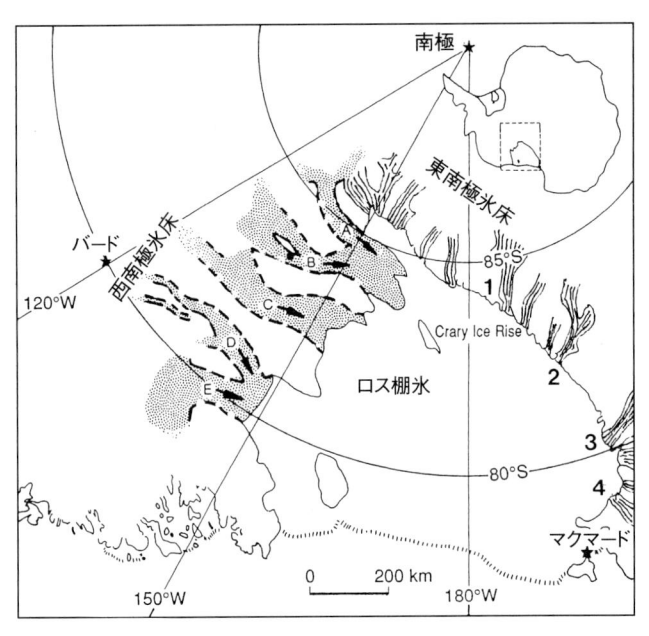

図4.4 南極ロス棚氷には多くの氷流と溢流氷河が流入している．A〜Eは西南極氷床から流入する氷流，すじがあるのは東南極氷床から南極横断山脈を横切って流れる溢流氷河．1：ビアドモア（Beardmore）氷河，2：ニムロッド（Nimrod）氷河，3：バード（Byrd）氷河，4：スケルトン（Skeleton）氷河．バード基地，マクマード基地，氷流B中流の野外キャンプ（黒丸）が示してある（国立極地研究所，1985：p.45の図とEngelhardt et al., 1990: Fig.1から作成した）．

氷流・溢流氷河の流動

　南極やグリーンランドのような大陸氷床では，平衡線が位置する氷床縁近くで流速が最大になる（図3.1）．海面に流入し，氷山分離によって消耗する氷床からの溢流氷河や氷流では，氷山が分離するいちばん下端（外側）の部分（平衡線が位置する）でもっとも流速が大きいことがある．大陸氷床のアイスドームの流速は遅いが，それから流出する溢流氷河や氷流では流速は大きい．Fujii (1982)によれば，東南極の氷流，白瀬氷河（図5.15）は，末端の平均流速2500 m/年（1962-1977年）の流動速度をもち，南極の観測された氷流の中でも最大級の値を示す．西グリーンランドの溢流氷河ヤコブスヘブンイスブレ（Jakobshavn Isbrae）では7000 m/年という驚異的な値が得られている（Drewry, 1986）．

　氷流の流速が速い理由として，流出口の幅に比べて流域の面積が広いこと，上述のように，末端位置は谷氷河の平衡線の位置にあたることなどが挙げられている．しかし，この氷河も含めて南極の多くの氷流は現在サージをおこしているという説があり（4.3参照；Hughes, 1973），白瀬氷河の流速が大きい原因をサージに求める考えもある（成瀬，1980）．ただし，南極最大の流域をもつ氷流であるランバート氷河（図5.15）は，オーストラリア隊の観測によって，サージ状態ではなく安定した状態にあることがわかっている（大前，1989）．

　南極ロス海の棚氷に流入する氷流や溢流氷河（図4.4）のいくつかでは，くわしい流動観測が行われている．それらの溢流氷河のひとつバード氷河では，最大表面流速800 m以上/年が観測されているが，氷河底の流動速度も下流部中心部では750 m/年という大きな値が得られている（図4.5）．このことから，これらの氷流や氷河の表面で観測される流速の大部分が，底

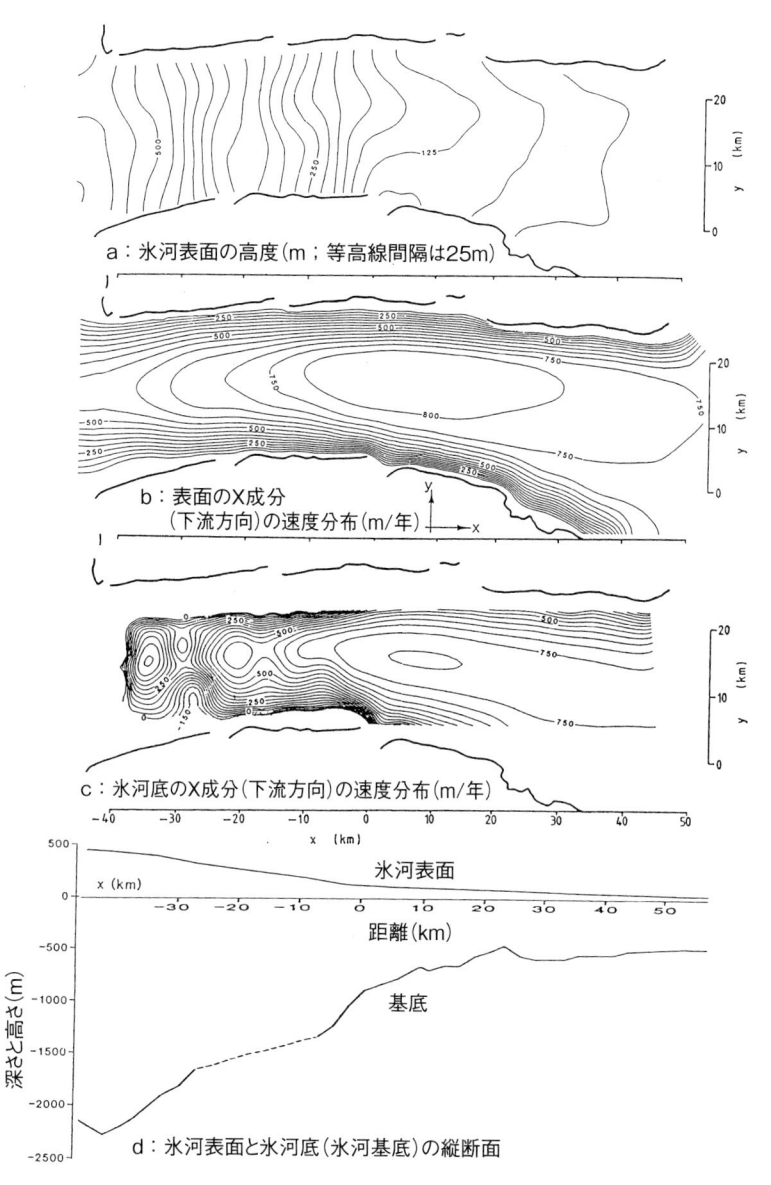

図 4.5 ロス棚氷に流入するバード(Byrd)氷河の運動(流動)速度を示す.図 4.4 とは逆に右側が下流.a:氷河表面の地形(等高線間隔は 25 m),b:氷河表面での流下方向への速度分布(m/年),c:氷河底面での速度分布(m/年),d:氷河縦断面形(Whillans et al., 1989 の図から編集した).

部での流動の結果である.この氷河底での大きな流速は,次項で述べる氷河の基底*(氷河底)の未固結堆積物の変形(変形基底層の存在)によって得られているということが明らかにされた(たとえば Engelhardt et al., 1990).

---

*英語では glacier bed. 氷河床は氷床(ice sheet)と,氷河基盤は基盤岩と紛らわしいので使わない.

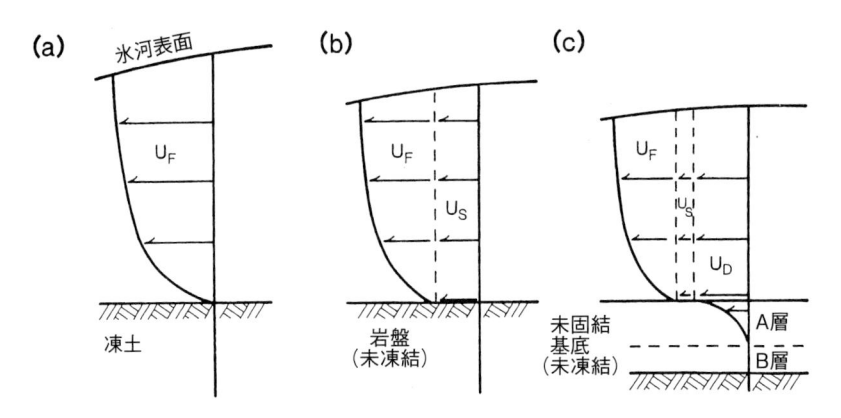

図 4.6 氷河の運動の3様式を模式的に示した断面図．氷河と基底との関係：(a) 岩盤または，凍結した未固結堆積物上の底面凍結氷河，(b) 硬い（固結した）基底上の底面融解氷河，(c) 変形する氷河基底上の底面融解氷河．3種類の速度成分が区分できる．U_F：氷体変形（内部流動），U_S：底面すべり，U_D：氷河底堆積物の変形（Boulton, 1996: p. 43）．

4.2 流動のメカニズム

　4.1 で述べたように，一般に氷河流動速度と呼ばれるのは氷河表面で観測される移動である．この移動量（流動量）は，i) **氷体（氷河内部）の変形**, ii) **氷河底面でのすべり**, iii) **氷河の底の基底物質の変形**の3成分に分けることができる．これらそれぞれは異なる三つのメカニズムである（図 4.6）．氷河内部での氷の変形（内部流動）は実験室でメカニズムを再現でき，理論化も容易だったので，これまでは，氷河流動の主役は内部流動であると思われていた．しかし，氷河底面と氷河の基底での流動量は意外に大きく（表 4.1），軽視することはできない．とくに侵食地形をつくり，堆積物に影響を与えることを考えると重要なのは，氷河底面でのすべりと氷河基底物質の変形である．

(1) 氷体の変形

　氷河内部の氷の変形の実態を直接観測することは現在でも容易ではない．しかし，氷の変形は氷の物性理論によって計算できるため，これまで氷河流動といえば氷の変形を意味することが多かった．氷の変形は破断とクリープとによっておこる（コラム6「ものの変形とは」）．

破断

　氷河表面近くの氷は，上からの荷重は小さいが，氷河の傾斜や幅が変わるとき水平方向の力を受ける．そのような力を受けると，表面近くの氷は**破断**（fracture）したり，脆性破壊（brittle failure）したりすることによって変形する．クレバス（割れ目）や断層ができることによる変形，つまり氷河氷の差別的運動である．氷河の厚さが薄くなる氷河末端部や，極端に大きな力を受ける氷河底の大きな地形の変換点では，氷河底でも，次に述べるクリープだけではなく破断もおこる．

クリープ

　氷河クリープ（creep）は，氷体内部で，いろいろなスケールでおこる氷の転位の結果である．クリープがおこるのは，氷河内部の氷にかかる上からの荷重による．上から氷に加わる荷

表 4.1 氷河底での流動（底面すべりと氷河基底変形）とその表面流速に対する割合

地 域	氷 河	底面すべり・氷河基底変形の速度 mm/日	割合 %	氷厚 m
アルプス	Aletsch	—	50	137
	Argentiere	600-1200	—	100
	Grindelwald	250-370	—	40
	Mont Collon	30	—	65
	Mer de Glace	30-80	—	100
ノルウェー	Vesl-Skautbreen	8*	90	55
	Osterdalsisen	29-97	—	40
スウェーデン	Storglaciären[1]	22	40	200
旧ソ連	Tuyuksu	—	65	52
アラスカ	Variegated	250	53	356
カナダ	Salmon	—	45	495
	Athabasca	—	75	322
		—	10	209
		—	81	31
		—	87	316
合衆国	Blue	16*	90	26
		350*	88	65
		10*	3	65
		3-30	7	120
	Casement	24	—	20
南極	Fleming	—	25**	1090
	Byrd[2]	1500-1900***	70	2000
	みずほ高原氷床[3]	33	—	—

Paterson, 1981 などから編集；—：情報なし，*：トンネル内での測定，**：アイスレーダーによる測定，***：流動式から算定．
1) Hanson, 1995，2) Whillans *et al.*, 1989，3) Toh and Shibuya, 1992: GPS による測定．

重が 1 バール*くらいになると，目に見える形でクリープがはじまる．その深さは多くの氷河では表面から 30 m くらいである．クリープの主要なメカニズムは**塑性変形**である（コラム 7「氷の塑性変形のメカニズム」）．

　クリープによる変形速度の分布を縦断垂直方向で見ると，表面でもっとも大きく，下流側に凸のプロファイルをもつ．しかし，変形の大部分は氷河の底近くでおこり，表層部では相対速度がほとんどない（図 4.6 の U_F）．氷河の底での大きなクリープをとくに**氷河底クリープ**（強められた底部クリープ；enhanced basal creep）という．氷河底にある大きな突起の上流側や側面では，氷の応力が増すため，氷はクリープによって変形しやすくなり，障害物をすり抜けるように動く．氷河底クリープを底面すべりに含める考えもあるが，これは氷体内部での変形（クリープ）であるので氷河内部変形と考えるべきである．

　実験室での氷河氷の圧縮実験と野外での氷河観測によって，クリープによる氷河表面での流速は，表面傾斜の 3 乗に，厚さの 4 乗に比例することが知られている．このことから，氷河底でのすべりがないと仮定すると，氷河の表面流速と表面傾斜から**氷河の厚さ**を推定することが

---

* 1 bar = 100,000 Pa，1 kg/cm² の荷重．

できる．また，表面傾斜がわかれば，基底の傾斜に関係なく塑性変形による氷河の流動方向を推定することも可能である．

氷の変形の性質（伸長流と圧縮流）

クリープによる流動速度は表面傾斜に比例するから，急傾斜部では加速され氷河は引きのばされ薄くなる．これを**伸長流**（extending flow）という．反対に，緩傾斜部では流速が遅くなり，氷河は後からおされるように厚さを増し，**圧縮流**（compressing flow）となる．縦断面で流線の方向を見ると，伸長流では沈み込む方向に流れ，圧縮流ではわき上がる方向の流線をもつ（図3.1，図4.3c）．谷頭部や圏谷壁の下では，氷は伸長流になり沈み込む流れを見せ，圏谷末端の基盤岩の凸部では圧縮流になり，氷がわき上がる方向の流動を見せるので，全体としては回転運動のように見え，回転（ローテーション）と呼ばれる．流速が遅くなる氷河末端でも圧縮流となり，流線は上向きになる．

(2) 底面すべり

基盤岩や，硬い（凍結などのため変形しない）堆積物からなる氷河基底の上に氷河があり，氷河底に水が存在する（融解している）とき，氷河は氷河基底をすべる（図4.6のU_S）．このような動きを**底面すべり**（basal sliding）という．しかし，底面凍結氷河では，氷河底は氷河の基底（基盤岩や永久凍土層）にしっかりと凍りついていると考えられ，底面すべりはおこらないと考えられている．底面すべりがおこるためには，氷河底に水が存在できる条件が備わっていることが必要である．底面すべりのメカニズムは次の二つである．

水を潤滑材とするすべり

氷体全体が融点にあり氷河底に水が存在する氷河では，水の薄膜（皮膜）が摩擦をへらし，氷が氷河の基盤をすべる．氷河底の水量が増加すると底面すべりは加速する．グリーンランドの南西部の溢流氷河ではGPS観測によって，夏が進むにつれて流速増大部が上流部に移ることが明らかにされ，氷河底の融水の増加による底面すべりの加速で説明されている（Bartholomew et al., 2010）．

圧力融解・復氷メカニズム

氷河底の障害物の上流側では氷体の圧力が増加し，圧力融解（コラム8「氷の圧力融解」）がおこる．融解によって水（潤滑剤）を得た氷河は障害物を乗りこえる．障害物を乗りこえた氷は，障害物の背後で圧力が減少し，再凍結（**復氷**；regelation）する．凍結するとき放出された凝固熱は，障害物の岩瘤が十分小さければ上流側に伝わり，より効果的に圧力融解をうながす．これを圧力融解・復氷メカニズムという．4.2 (1)「氷体の変形」の項で述べたように，研究者によっては，氷河底クリープを底面すべりのメカニズムに含めているが，不適当である．

(3) 氷河の基底の変形

Boulton（1979）は，アイスランドの氷河で基底の物質の変形が氷河の流動に大きく貢献していることを発見した．その後，南極氷床でも，図4.5に示したように，溢流氷河の非常に大きな速度が，氷河の下（氷河の基底）に存在する未固結な物質の変形で説明された．このように，氷河の基底に未固結物質がある場合，氷河の底面すべりに引きずられて未固結物質が変形

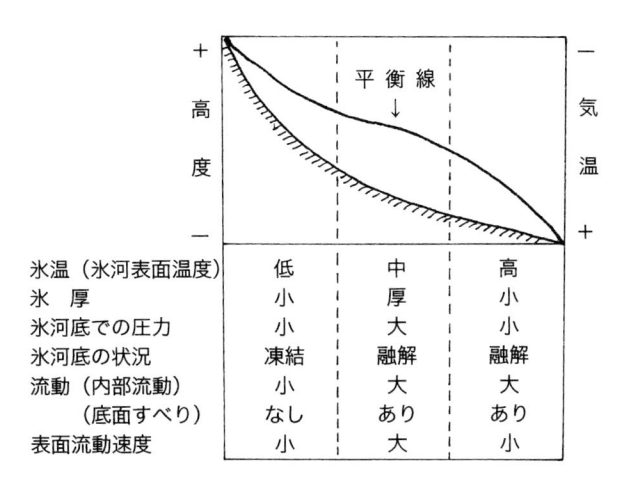

氷温（氷河表面温度）	低	中	高
氷厚	小	厚	小
氷河底での圧力	小	大	小
氷河底の状況	凍結	融解	融解
流動（内部流動）	小	大	大
（底面すべり）	なし	あり	あり
表面流動速度	小	大	小

図 4.7　氷河での気温・氷温・氷厚と流動量との関係．中緯度高山の谷氷河を想定している（Drewry, 1986：p.16 を改変した）．

するメカニズムも氷河流動の一部を構成している（図 4.6 の U_D）．氷河基底の変形する層を**氷河底変形層**（deforming bed, subglacial deforming layer）という．氷河内部のクリープの速度プロファイルが下流側に凸であるのに対して，氷河底変形層の変形では下流側に凹であるのは，塑性変形とは別のメカニズムであることを示している．くわしくは 7 章 7.1（5）「氷河底変形層」の項で述べる．

氷河底での運動速度

　氷河底面でのすべり量と氷河基底層の変形量を観測することは，普通は困難である．したがって，底面すべりや氷河基底の変形は，少数の観測例を除けば，観測された表面移動量と，計算によって得られた氷体の変形量との差から推定する方法が行われてきた．観測や計算によって明らかになった氷河底面すべりや氷河底変形層での動きの量は意外に大きく，氷河全体の流動量の 50% 以上に達する氷河も多い（表 4.1）．底面すべりや氷河底変形層の速度は，氷河底の起伏と岩屑・堆積物の状態に強い影響を受ける．底面すべりは，氷河と基盤岩との間に礫や岩片があると，氷と岩盤だけの場合よりスピードは遅くなるといわれている．また水が多いほど底面すべりの速度は大きい．いっぽう，氷河底変形層は，変形層が均質な細粒物質で構成されている場合ほど速度は大きくなる．

　氷河の流動速度は，地域の気候の反映である氷河氷体温度，氷河収支と地形できまる氷の厚さ，気候と氷厚の両方の反映である氷河底の凍結状態，これらすべての反映である流動のメカニズムによってきまる．基底の傾斜がほとんど一定である谷氷河における上記の関係を模式的に図 4.7 に示した．

　これまで述べた氷河の運動メカニズムを，固体地殻の一部としての氷河の運動として簡単にまとめると，次のようになる．氷河の運動は，氷河表面と浅層での断層運動，中部から深部での褶曲運動，氷河底付近でのすべりが合わさったものである．断層運動とはクレバスをつくるような破壊を伴う（ブリットルな）動き，褶曲運動とは塑性変形を中心にしたクリープ，すべりとは底面すべりと氷河底変形層の動きが合わさったものである．最後のものは，地殻変動における地殻深部でのいろいろなデコルマ（decollement）と呼ばれるすべり面でおこっている

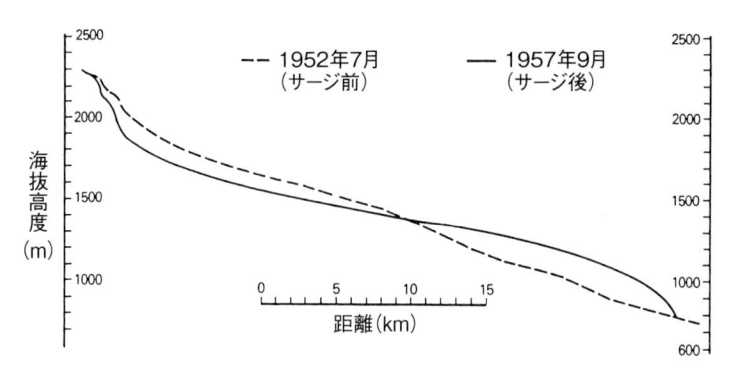

図 4.8 アラスカのマルドロー (Muldrow) 氷河のサージ前とサージ後の氷河表面の縦断形 (Post, 1960).

もののアナロジーである.

4.3 氷河サージ

谷氷河のサージ

　氷河の流動には，**氷河サージ**（glacier surge）と呼ばれる急速な流動運動がある．サージは，氷河上流部から多量の氷が通常の流速の 10-100 倍の速度で流下する現象で，突然おこり短期間で終わる（Meir and Post, 1969）．現在，世界に存在している氷河のおよそ 4% が，数十年〜数百年ごとに繰り返しサージをおこすサージ氷河と認められており，それらはアラスカのセントエライアス（St. Elias）山地，ランゲル（Wrangell）山地，アイスランド，パミールなどの特定の山地に集中している．しかしながら，サージをおこす氷河とそうでない氷河との環境要因，形態的特徴などの違いはまだ明らかではない（Sharp, 1988）．サージは気候変化を直接反映しておこるものではないが，現在サージをおこしている氷河が，気候が変わるとまったくサージをおこさない氷河に変わる可能性はある．

　サージのもっとも特徴的な運動は，氷河表面のふくらみ（bulge；その前面をサージフロントという）が急速に下流に伝播することである．大波（サージ）がくるようであるというのが名称の由来である．サージによって上流の氷が大量に下流に流下するということは，上流部が薄くなり下流の氷厚が 100 m 以上も増加して，氷河の縦断プロファイルが大きく変わるということである（図 4.8）．

　アラスカのバリゲーティド（Variegated）氷河で 1982-1983 年におこったサージは，くわしく調査された（Kamb et al., 1985）．そのときのふくらみは最大で高さ 100 m になり，その伝播速度は 80 m/日に達した．氷河表面の流動速度は，サージ前が最大 0.65 m/日であったのに対して，40-60 m/日に達し，その 95% は底面すべりによると考えられている．くわしい観測によって，氷河の底の水圧が増大したことが確かめられ，それがサージ運動のメカニズムと深い関わりがあることが明らかになった．水の潤滑作用による底面すべり速度が著しく増加したことに加えて，水で飽和された氷河基底層が変形したことも，流速の上昇に貢献した（Richards, 1988）．別の氷河の調査からは，それまで凍りついていた氷河底が圧力融解し，底面すべりがはじまることによってサージがおこるという説も出されている（Sharp, 1988）．

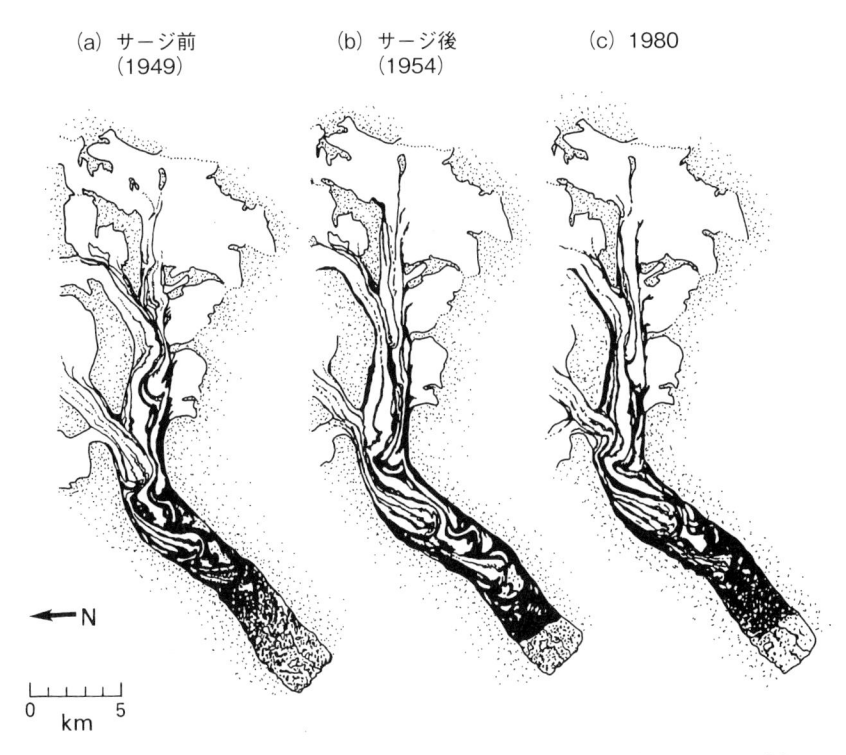

(a) サージ前 (1949)　　(b) サージ後 (1954)　　(c) 1980

図4.9　アラスカ，アラスカ山脈スシトナ (Susitna) 氷河のサージ前 (a)，サージ後 (b)，その後 (c) の表面モレーン（黒べた）の変化．サージは1951-1952年におこり，氷河表面の模様から約5 km流下したことがわかる．ただし末端位置は変化していない．サージ後，1980年までの間に氷河表面岩屑の面積が増えている（氷河消耗による）ことに注意 (Hambrey, 1994: Fig. 2.29による).

　氷河表面のふくらみが氷河末端まで達したときに，氷河前面位置が前進する場合と，氷河前面が前進しない場合がある．バリゲーティド氷河の1982-1983年のサージでも，スシトナ (Susitna) 氷河の1951-1952年のサージ（図4.9）でも，末端の前進はおこらなかった．スシトナ氷河の例でよくわかるように，サージをおこした氷河の表面モレーンは墨流し*のような折れ曲がった特異なパターンを見せる．その極端な例はマラスピナ (Malaspina) 氷舌で見ることができる（図5.18）．マラスピナ氷舌そのものにはサージの記録はないが，西隣のベーリング山麓氷舌の折れ曲がったモレーンはサージのときの圧縮によると報告されているから，マラスピナ氷河の蛇腹状（ジグザグ）パターンもサージによる圧縮と側方拡大（図4.10）によって形成されたことは明らかであろう．

　氷河地形にとっては，サージの急速な運動がどのような侵食地形をつくるのか，サージのときのモレーンが通常のモレーンとおなじかどうかが問題になるが，報告は少ない．サージ時の急激な氷河の変化が下流域に災害をもたらした例も報告されている（若浜，1978；Tufnell, 1984).

氷床のサージ

　サージのときには大量の水が氷河底に存在し，氷河が水に浮かんでいるような状態になっていると考えられることから，気候が温暖化し，氷床が融け，海面が上昇するとき，海岸線近く

---

*墨汁を水面に落としたときにできる模様.

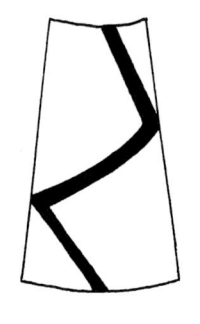

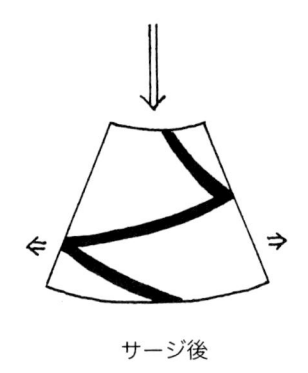

図4.10 サージのときにおこる表面（中央）モレーンの折れ曲がったパターンの形成模式図．下流方向への強い圧縮と側方への拡大による（Post, 1972）．

の低地の氷床の底に海水が入り込み不安定になりサージをおこすという仮説が提唱されている（たとえば Hughes, 1970）．

　東南極の白瀬氷河の流域では，少なくとも1970年代末から10年間にわたって年間1mに達する表面低下が実際に観測されており，氷河は不安定な状態にあると考えられている．表面の低下は急速な底面すべりによっておこり，それをサージと呼ぶことができるという考えである（成瀬，1980；前，1985）．アイスレーダー観測によって白瀬氷河の氷河表面の高度が2500m以下の場所には氷河底に水が存在することも明らかになった（大前，1989）．

　Hughes（1973）は，氷河底のほとんどの部分が海面下の高度にある西南極氷床では，氷流の多くがサージをおこしていると考えている．西南極氷床のような，氷床の底が海面下の場所に形成された氷床を海洋性氷床・海成氷床（marine-based ice sheet, marine ice dome など）と呼ぶ．氷期には北極のバレンツ海には大きな海洋性氷床が形成されていた．海洋性氷床は海面変動の影響を強く受けるので，不安定で，海面上昇時にサージをおこして急速に崩壊する可能性がある．

4.4　氷河氷の構造（構造氷河学）

　氷も岩石の一種である（伊藤，1997；1章1.2参照）．涵養域に積み重なった積雪から受け継いだ堆積構造（層理構造）が消耗域まで残っている場合もある．氷の変形も岩石の変形もクリープであることから，氷河流動の結果，氷河氷にも岩石とおなじような構造が形成される．氷河消耗域の裸氷帯における氷河氷の構造の研究は**構造氷河学**と名づけられ，顕微鏡レベルの氷の結晶構造の研究から，運動構造と呼ばれる巨視的な構造要素の研究まで，さまざまなスケールで研究される（木崎，1964）．肉眼で見えるような構造要素には，i）積雪の堆積に起因する構造と，ii）流動に起因する構造とに分けることができる．前者は層理で，後者は気泡線構造・伸張気泡，フォーリエーション，透明縞，劈開，断層である．それらをくわしくマッピングした例を図4.11に示した．もっと大きな構造としては，クレバス，オージャイブなどがあるが，これらについては4.5「氷河表面の微形態」の項で述べる．

層理（stratification, bedding）

　積雪の堆積構造を示す積み重なった氷層のこと．堆積岩の層理とおなじものである．涵養域での積雪の堆積に休止期があると，積雪表面への塵の堆積によって，汚れ層を境界とする水平

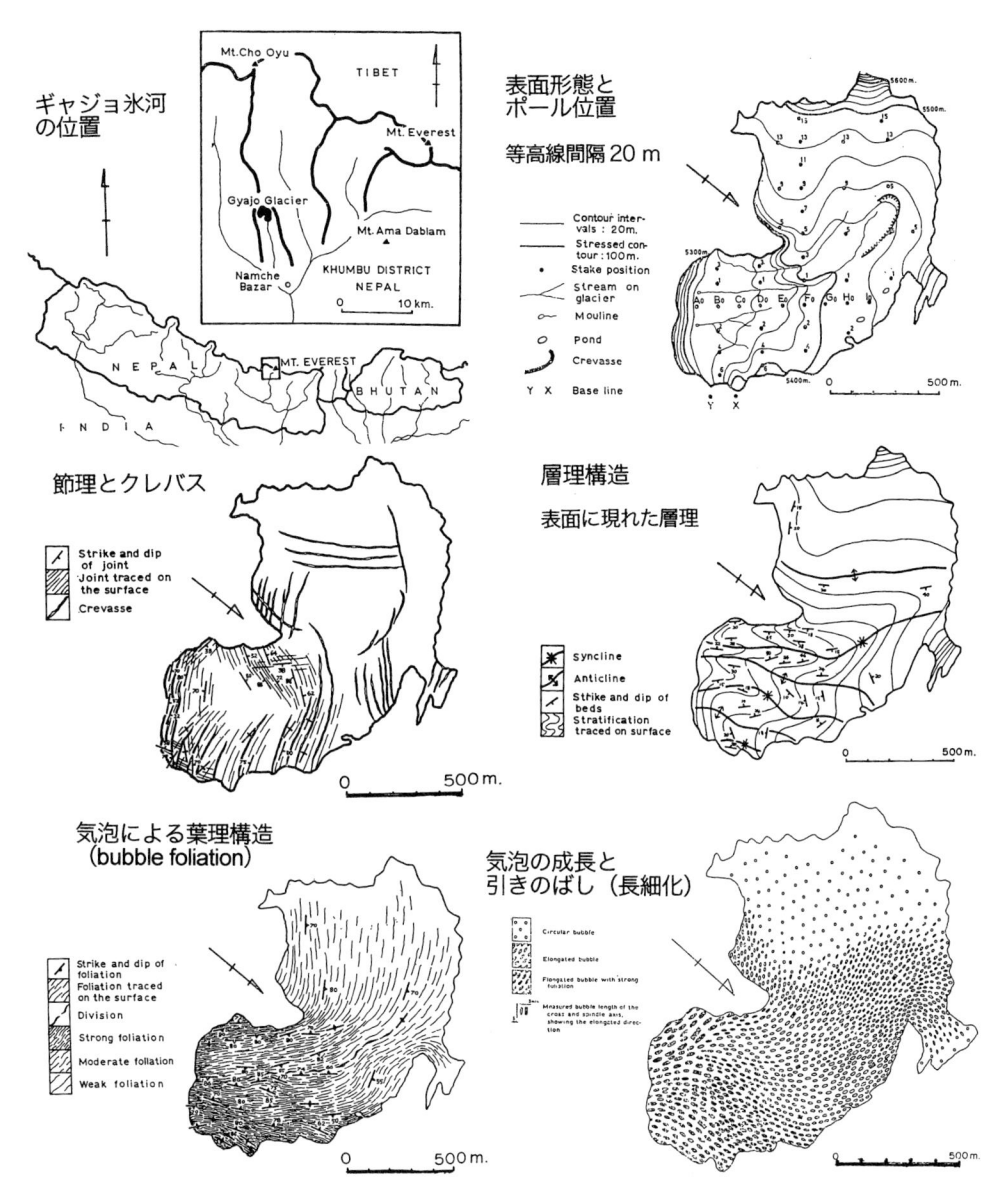

図 4.11 ネパール,クンブヒマール,ギャジョ (Gyajo) 氷河の構造氷河学的調査の結果.氷河表面形態・割れ目(クレバスと節理)・層理・気泡構造・フォーリエーション(葉理)などがマッピングされた (Tanaka, 1972 の図をほぼおなじ大きさと方位でそろえて並べた).

的な積雪層が形成され,それが氷化後も保存・維持される(図4.12).積雪期と無雪期(融解期)がはっきりした氷河で明瞭である.中緯度の氷河では冬と夏の差が層理を形成するから**年層**(annual layer),汚れ層を年層境界ともいう.火山地域では火山灰層が,乾燥地では風成砂やレスが汚れ層をつくる.ただし激しい流動の影響によって消滅してしまう.

気泡線構造(bubble lineation)と**伸張気泡**(elongated bubble)

気泡が線状に配列する場合と,気泡自体が楕円状にのびて方向性をもつ場合をいう.線状構造は氷河の流動方向を示す.

4.4 氷河氷の構造(構造氷河学) **65**

図 4.12 ネパール，クンブヒマール，コンマ（Kongma）氷河の階段状構造の崖に現れた層理構造．乾季の汚れ層が境する，それぞれの年層（50 cm～1 m）が層理をつくっている（1976年6月岩田修二撮影）．

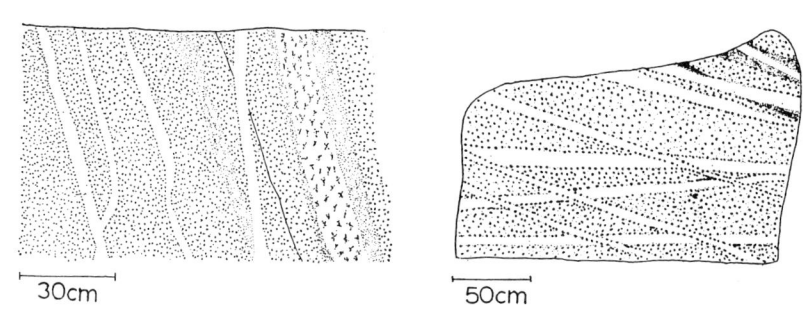

図 4.13 北西ネパール，タクプ（Takpu）氷河のクレバス内で観察されたフォーリエーションのスケッチ（北海道大学西ネパール遠征隊，1964：p.59）．

フォーリエーション（foliation）

　気泡の多少，氷の結晶の粒の大小の違いによって識別される薄い氷層．面構造で単位層の厚さは数ミリメートルから数センチメートルである．多くの氷河では気泡の多い白っぽく見える層と気泡の少ない黒っぽく見える層との互層がフォーリエーションを形成する（図4.13）．氷河氷のフォーリエーションは変成岩の片状構造（schistosity）に対応するもので，氷河の流動に伴って形成される．流動速度の差によってできるすべり面に沿っておこる氷の再結晶と気泡の再配列が原因である．おおまかには氷河の全体的な流動方向に一致する．

透明縞（clear bands, blue bands, blue veins）

　厚さ数センチメートルから十数センチメートルの，まわりの気泡に富む白っぽい氷に比べて気泡の少ない透明氷からなる氷層で，ブルーにも見える．方向は，氷河全体として見るとクレバスの配置に似ており，流動に伴う滑動面の再結晶によってできたものである．クレバスが氷河表面近くでの断裂だとすれば，透明縞は氷河深部での差別的滑動の結果である（木崎，1964）．これに対してクレバスや節理にしみこんだ融水が凍ったものが透明縞であるという考えもあり，これを infilled blue bands という．

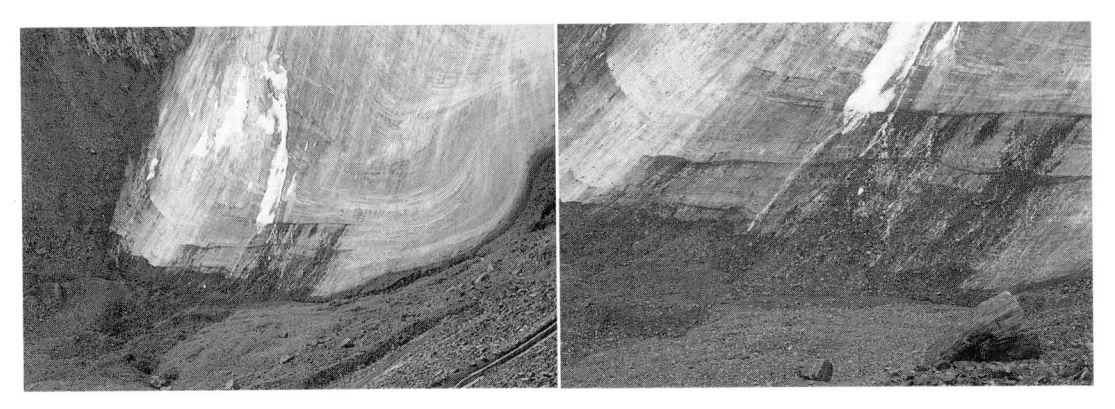

図 4.14 天山山脈ウルムチ河源流 2 号氷河前面の衝上断層沿いに排出される礫．右の写真は左の写真中央部を拡大したもの（2003 年 8 月岩田修二撮影）．

節理（joint）**と断層**（fault, thrust）

隙間のない（ほとんどない）閉じた割れ目を節理と呼ぶ．氷河学では節理のことを劈開（cleavage）ということが多い．節理のうち変位しているもの（滑動によって落差があるとき）を断層と呼ぶ．氷河流動に伴って多くの断層が氷体に形成される．伸張流の部分では正断層が，圧縮流の部分では衝上断層が形成される．氷河の末端付近には多くの衝上断層があり，断層面に沿って氷河底から氷河岩屑がもちあげられ，ティルの堆積やモレーンの形成に重要な役割を果たしている（図 4.14）．氷河が前進してくるときには，しばしば古い氷体の上に新しい氷体が覆いかぶさるようにのしあげてくると考えられている（図 6.7）．

4.5 氷河表面の微形態

氷河の消耗と関係する氷河表面の微地形は 3 章 3.4（2）で述べ，消耗と表面の岩屑との関わりで形成される微形態は 6 章で述べる．ここでは氷河の流動と関係する微地形について述べる．

(1) ラントクルフト（Randkluft）

山岳氷河（谷氷河）の，おもに消耗域の周囲で，氷河と，露岩などの雪氷に覆われない山体との間に形成される割れ目や溝状の形態である．山体が熱せられるための融解によって形成されるので ablation valley と呼ばれることもある．アメリカではモート*（mort）という（Selters, 1999: Fig. 1.4）．日本の登山者は雪渓と山腹との間のクレバス状の隙間をラントクルフトと呼んだ．

(2) クレバス

クレバスの 3 タイプ

氷河内部での流動速度の違いで生じる応力が氷の破壊強度をこえると，多くの割れ目**クレバス**（crevasses）ができる．つまりクレバスは，塑性変形がおこらない氷河表面や氷河周縁部

---

*本書では氷床のヌナタクのまわりの風食溝・融解溝をモートとしている（3 章 3.4（2）参照）．

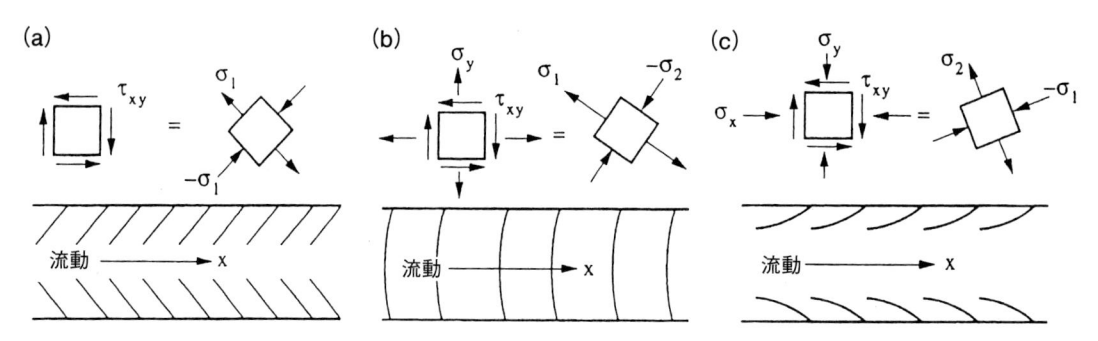

図 4.15 谷氷河のクレバスのパターン．(a) 側縁クレバスまたは V 字状並行クレバス (chevron crevasses)．氷河の左岸側を考えると上左の正方形上辺のように摩擦が働くので，結果として 45 度の引っ張りと圧縮が釣り合う．(b) 横断クレバス (transverse crevasses)．伸長流の場合，引っ張りが主応力となり，クレバスは氷河を横断する．(c) 朝顔型クレバス (splaying crevasses)．引っ張りのほかに流下方向の圧縮が加わる場合 (Nye の古典的なモデルに基づいて描かれた Benn and Evans, 1998: Fig. 6.3 による)．

でおこる脆性破壊・破断の結果である．クレバスのできる場所，長さ，方向は，応力が働く方向と強さによって決まり，谷氷河ではおもに 3 タイプに分類されている (図 4.15)．

i) 側縁クレバス (marginal crevasses, chevron crevasses；図 4.15 (a))：氷河と谷壁との摩擦によってでき，応力方向に対して右 45° 方向に割れ目が開く．

ii) 横断クレバス (transverse crevasses；図 4.15 (b))：伸張流がおこっている場所でおこる，典型的な引っ張りによる割れ目である．基盤岩が急になる場所，氷河表面が凸型の断面の場所，谷が広くなっている部分，曲がり角の外側などに形成される．氷河全面に形成される場合には，下流方向に凹型の円弧状になる．

iii) 朝顔型クレバス (splaying crevasses；図 4.15 (c))：圧縮流がおこっている場所で発生する．氷河の縁に対しては 45° 以下の鋭角になり，しかも上流側に曲がる．氷河中央部より側方でおこりやすい．ちょうど下流側に開いた朝顔型になる．

これらの実際の氷河での例を図 4.16 に示す．これらのほかに，山麓氷舌の末端で典型的に見られる放射状クレバス (radial crevasses) がある．

谷氷河のクレバスの深さは氷の性質によって変化するが，最大でも 30-50 m 程度である．それより深くなると，上からの荷重で氷が塑性変形をおこすため，クレバスはすぐ閉じてしまう．しかし，氷河基底の起伏などによって，上からの荷重を上回る大きな内部応力が生じる場合には，氷河底部や氷河底部側壁付近にもクレバスができる．これらは底部クレバスなどと呼ばれる．クレバスは氷河が流動するにつれて形を変える．応力が減少すると，クレバスは閉じて透明縞や節理に変わる．

ベルクシュルント

流動する氷河部分と流動しない山体の氷・積雪部分との境目にある引っ張りによってできるクレバスを**ベルクシュルント** (Bergschrund) という．涵養域ではクレバスは積雪に覆われ隠れているので，氷河上を歩く場合には安全対策が欠かせない (コラム 26「氷河の歩き方」)．そのような場合でも，ベルクシュルントは明瞭に開口している場合が多く，登山者が氷河から山腹や氷壁に取りつくときの障害になる．

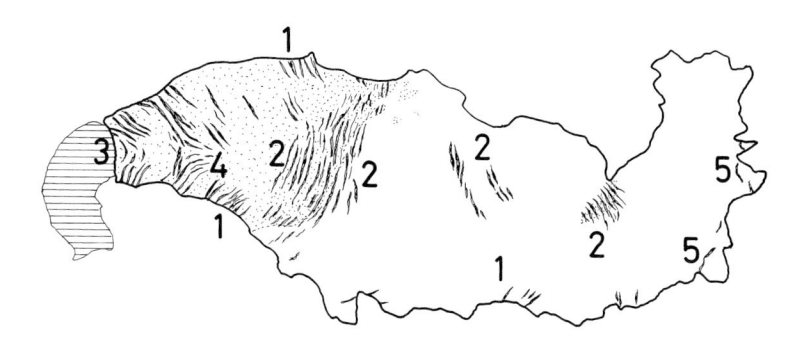

図4.16 アメリカ合衆国カスケード山脈サウスカスケード（South Cascade）氷河のクレバス．1958年撮影の空中写真（Post and Lachapelle, 1971）から著者作成．1：側縁クレバス，2：横断クレバス（急斜面上のもの），3：横断クレバス（前面のもの），4：朝顔型クレバス，5：ベルクシュルント．点を打った部分は消耗域．左側が下流．

氷床でのクレバス

大陸氷床ではクレバスが集中するクレバス帯がいろいろな場所にできる．氷河底の基底地形に盛り上がりが存在するところ，山塊やヌナタクのまわり，氷流で代表される流速の速い部分，氷体の流速に大きな違いができる部分，接地している氷河が浮かびはじめる部分（棚氷の付け根；strand cracks ともいう），氷山が分離しようとする場所（氷流の末端など）である．引っ張りによる横断クレバスで谷壁の影響を受けないものは，谷氷河とは異なり，長い直線的なクレバスになる．南極大陸には幅が10 mをこえるような大クレバスが存在し，大型雪上車が落下したこともある．氷河の流速が大きな部分では，縦横にクレバスが形成され，まったく通行不能になる．

(3) アイスフォールとセラック帯

氷河の底の傾斜が急で，しかも流動速度が大きい場合，横断クレバスは谷いっぱいに広がり，段違いになり，割れ目というよりもブロックや氷塔（セラック；seracs）が乱雑に積み重なった状態になる．このような部分を**アイスフォール**（icefall；氷瀑）という（図4.17）．氷河氷がアイスフォールを通過すると，それまであった層理のような氷の堆積構造は破壊される．アイスフォールは，常に氷が急速に移動しており，氷塔の倒壊がおこる．登山者にとってはたいへん危険な場所である．

大型の溢流氷河や氷流の下流部では，傾斜が緩くても流速が大きく，縦横にクレバスが入り，氷河表面は細かなブロックに分かれる．ブロックの上部は日射や温暖な大気によって融解して氷塔状になり，セラック帯と呼ばれ，歩行や犬ぞり，車両による通過は困難になる（図4.18）．

(4) オージャイブ（Ogive）

谷氷河の消耗域に見られる，下流に凸の円弧が規則正しく連続する同心円状のパターンで，アイスフォールの下からはじまり，下流へ数キロメートル続く．日本ではオーギブと呼ばれることもある．氷河上でははっきりしないが，高いところから見るとたいへん美しく見える（図4.19）．下流に向かって張り出した円弧パターンは，氷河表面の流動速度分布の反映である．

図 4.17　中央ネパール，アンナプルナ連峰の北側にあるグンダン（Gundan: 6584 m）山群西面の急な谷氷河の氷瀑（アイスフォール）とクレバス群（1980 年 10 月岩田修二撮影）．

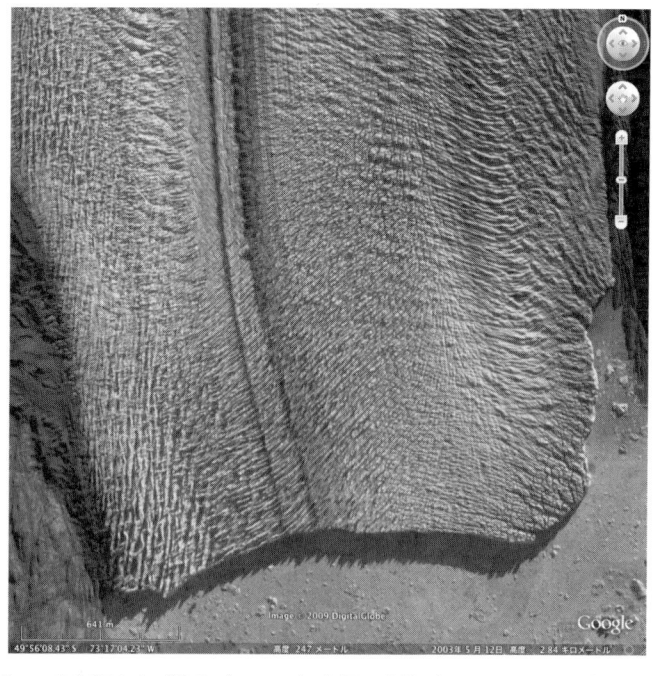

図 4.18　パタゴニア南氷原のウプサラ（Upsala）氷河の末端がアルヘンティナ湖に流入している．氷河の表面には縦横にクレバスが入り，クレバスの間はリッジ状になっていることが湖面に映った影からわかる（2003 年 5 月 12 日撮影の Google Earth の画像による）．

図 4.19　ブータンヒマラヤ，マンデチュウ（Mangde Chu）源流の氷河に見られるオージャイブ．画面下が下流，氷河の幅は約 880 m，氷河は積雪を被っている（2003 年 12 月 30 日撮影の Google Earth の画像による）．

オージャイブは丸天井のすじかい骨を意味する建築用語で，その一般的解説は Waddington (1986) の冒頭に要約されている．氷河のオージャイブには次の二つのタイプがある．

i) フォーブスバンド（Forbes bands「フォーブスの縞」）：おもに気泡の多少による色の違う円弧模様．クレバスを通過するときに形成されたフォーリエーションや透明縞であろう．

ii) 波状オージャイブ（wave ogives）：比高 3-6 m，間隔 60-150 m の凸部と凹部の連続によって円弧が形成されるものを波状オージャイブと呼ぶ．凹部には汚れや岩屑が集積していることもある．現在広く認められている波状オージャイブの成因は次のようである．アイスフォールを通過するとき氷河氷は引きのばされ，しかも構造がバラバラにされるので融解しやすくなる．夏あるいは融解期にアイスフォールを通過した氷体部分は，多く融解して低下し凹部になり（汚れ・岩屑も集積する），冬あるいは涵養期に通過した部分は融解量が少なく凸部になる．しかも，この凹凸は，アイスフォールの下の圧縮流によって氷河が厚さを増すときに強調されて，はっきりしたリッジと溝になる．したがって，1 組の縞は年輪と同じように 1 年を示すことになる．

コラム 6
ものの変形とは

もの（物体）の変形には，①力を加えると瞬間的に変形し，力を取り除くとすぐにもとに戻ってしまう**弾性変形**（elastic deformation）と，②力を加えている間中変形し続け，力を取り除いてももとに戻らず変形したままの**粘性流動**（viscous flow）とに分けられる．一般的には，弾性変形だけを示すものを固体，粘性流動だけを示すものを液体という[1]．

しかし，固体でも，条件を変えると，粘性流動的な変形がおこる．固体でおこる粘性流動的

変形を**塑性変形**[2]（plastic deformation）という．おもに塑性変形でおこる物質の変形をクリープ[3]（creep）と呼ぶ．クリープのように，塑性的に引きのばされることをダクタイルな変形（ductility；延性）と呼ぶことがある．

固体は，弾性限界[4]をこえると破壊する．弾性限界をこえたときすぐ破壊する性質をもろさ（脆性；brittleness），そのような破壊を**脆性破壊**（brittle failure），**破断**（fracture）などという．

注1) 物質の三態：
　固体：きまった外形をもつ物質．原子や分子が規則正しく並んでいる結晶と，並びかたが乱雑な無定形固体（アモルファス amorphous）とがある．
　液体：一定の形をもたないがほぼ一定の体積をもっている物質．分子間の距離は小さい．
　気体：一定の形と体積をもたず，液体のように表面を示さない物質．分子間の距離は分子の直径よりはるかに大きい．分子間力が小さいので各分子は自由に運動している．
注2) 塑性変形：外から力を受けて変形した物体の形が，その力を取り去ったとき，もとに戻らずに残るような変形．氷の場合は，結晶体に加わる力が弾性限界（降伏値）をこえると，原子どうしのつながり方のつなぎ替えがおきて，新しい安定な原子配列に変わる．そのため，力を0に戻しても変形はもとに戻らず，永続的な変形が残る（コラム7「氷の塑性変形のメカニズム」参照）．
注3) クリープ：一般的には「金属や地層などに熱・圧力などが加わったとき，ゆっくりおこる変形・ずれ・たわみ」をクリープという．地形学では，地表付近の基盤岩のゆっくりした変形（岩盤クリープ）や，地すべり，斜面上の岩屑や土壌のゆっくりした移動をクリープと呼んでいる．工学では「一定の力を材料に加えた状態で，材料の変形（ひずみ）が時間の経過とともに増加する現象」と定義される．ふつうは，加わる力が一定に保たれれば変形量は一定になるが，クリープでは変形量が増加する．力が加わったときのクリープは，時間経過にしたがって，①瞬間的な弾性変形，②速い塑性変形が遅くなる領域，③ほぼ一定速度で塑性変形がおこる領域，④変形速度が急に大きくなる領域に分かれ，ついには破壊がおこる．応力が一定であれば温度が高いほどクリープ速度は速く，温度が一定であれば応力が大きいほど速くなる．金属では，絶対温度で示した融点の1/3付近がクリープをおこす最低温度である．クリープは，褶曲構造などの地質構造形成の基本的なメカニズムでもある．
注4) 弾性限界：固体が弾性を失う力，あるいは塑性変形がおこりはじめるときの力．
注その他) 中川鶴太郎（1975）：『流れる固体』，岩波書店（岩波科学の本）はものの変形をわかりやすく解説している．術語の説明は，岩波書店編集部（1989）：『岩波科学百科』岩波書店，二宮敏行（1988）：塑性変形『世界大百科事典』平凡社，16：pp.401-402，藤田利夫（1988）：クリープ『世界大百科事典』平凡社，8：pp.260-261 などを参考にされたい．

コラム7
氷の塑性変形のメカニズム

　クリープの主要なメカニズムは塑性変形である．塑性変形は，英語では plastic deformation と呼ばれるが，氷の塑性変形がプラスチックや水飴，タールなどの粘性流動とおなじであると説明するのは誤りである．なぜならば，氷は，金属と同じように，分子や原子が規則的に配列した結晶構造をしているのに対して，プラスチックなどでは規則的な構造ではなく無定形といわれる構造になっているから，分子レベルでは変形のメカニズムが異なるのである．

　氷の塑性変形のメカニズムは簡単ではない．結晶レベルで見た場合，氷の結晶のc軸に垂直な力を加えると，結晶の基底面（a軸・b軸のある氷結晶主軸に垂直な面）に沿って簡単に原子間のズレがおこり，となりの原子と結合してしまう．結晶レベルでの塑性変形とは，結晶中の原子間のズレが1原子距離以上になる場合で，こうなると外力を取り去ってもズレの変形はもとに戻らない．しかし，このような結晶中で転位がおこるのは，原子が規則正しく並んだ結晶（単結晶）の場合である．しかし，氷河氷は，結晶主軸が異なった方向を向いた，多くの結

晶の集合体（多結晶）であるから，このような場合には，結晶粒が互いにじゃましあって，簡単には基底面に沿ったズレが生じない．多結晶に外力を加えて行った実験によって確かめられたのは，結晶粒界（結晶粒の境）が曲がったり，粒界に沿ったすべりが生じたり，微少なクラックが発生したり，結晶格子のひずみがおこったりすることである．このようなときに応力の解放がおこると，新しいひずみのない結晶（再結晶粒）が誕生し成長する．そのときに，応力（氷の流れ）の方向に平行な結晶底面をもつ結晶は，平行でない結晶を犠牲にして成長する傾向があり，その結果，氷は変形し，氷河は流動するのである（東，1974：pp.156-162）．

コラム8
氷の圧力融解

氷の融解温度（1気圧で0℃）以下の氷を加熱すると温度が上がり，0℃に達すると氷が水に変わりはじめる．このときには，氷と水が共存し，加熱しているのに温度の上昇は止まり，0℃を保つ．このように固体の氷が液体の水に変わることを氷の**融解**といい，このときの温度を**融解温度**（融点）という．氷がすべて水に変わると再び温度が上がりはじめる（図A）．融解がおこっている間，融点が一定に保たれるのは，固体を液体に変えるのに熱が使われるからであり，この熱を**融解熱**という．氷の融解熱はおよそ80 cal/gである．このような物質の状態を変えるのに使われる熱を**潜熱**という．

圧力と温度を変えると融点がどのようになるかは実験室で確かめられた（水の状態図：図B）．その結果わかったことは，氷の融解温度は圧力の増加とともに下降することである．融解温度下降の割合はおよそ$-1℃/10$ MPa（100気圧）で，いいかえると，氷に圧力が加えられると0℃以下の氷温でも融解がおこるのである．この現象を氷の**圧力融解**（pressure melting）という．氷の圧力融解温度は，たとえば氷厚300 mで$-0.19℃$，2500 mで$-1.6℃$である．

圧力をかけると融点が下がるのは，図Bで水と氷の境界線（融解曲線）が右下がりになっていることで示される．これは，氷の体積が水の体積より大きいという性質に起因する．通常の物質では，圧力増加によって融点は上昇する．氷はこの点では特異な物質なのである．

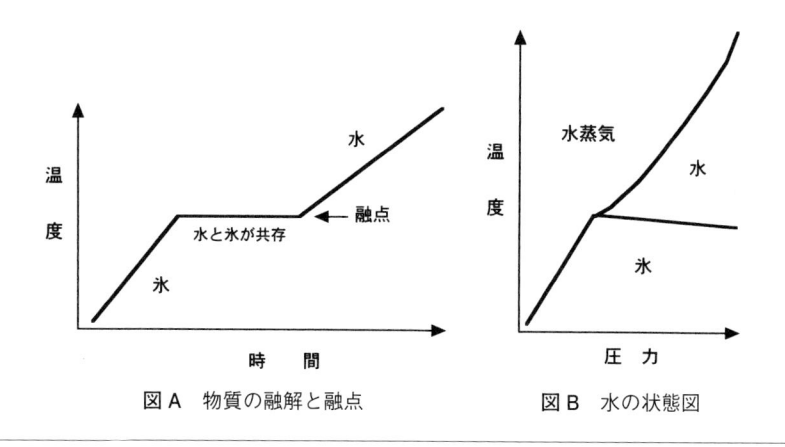

図A　物質の融解と融点

図B　水の状態図

5 氷河の形態（広義の氷河地形）

> 寺田寅彦先生がよくいわれていた「形の同じものならば，必ず現象としても，同じ法則が支配しているものだ」
>
> 中谷宇吉郎『中谷宇吉郎随筆集』

5.1 氷河の形態の重要性

氷河の形態には，氷河を取り巻くまわりの地形*，氷河の質量収支と活動度，氷体の地球物理的性質，氷河構造と流動のすべてが反映している．つまり，氷河の特性は氷河の形態に盛り込まれており，氷河形態が氷河を理解するための基本的な情報であることは，氷河学者にも受け入れられている（比較氷河研究会，1973）．氷河の形態は氷河形成前からそこに存在する地形によって支配されるが，侵食や堆積によって氷河自身も地形を変化させるので，長い目で見れば，氷河は自分で地形をつくりながら自分自身の姿を変えていくともいえる（図 11.1）．さまざまな地形があるのとおなじように，氷河の形態はじつにさまざまである．それを分類することは，多くの研究者にとって興味あることであり，いくつもの分類が行われてきた．

氷河の形態の違いがどのような条件の違いで生じるのか，これこそ氷河地形学の重要な問題のひとつである．容器である地形と，なかみの氷河の収支，さらに時間の要素が加わって氷河形態がきまってくる．時間によって変化する氷河（氷河変動）については，この本の最後（第 4 部）であつかう．

氷河の地図

氷河の形態（外形）を理解するためには，地図（地形図）が必須である．1538 年にはスイスの地図に Der Gletscher という文字が見え，1590 年のアイスランドの地図には七つの氷河が描かれている（Brunner, 1987）．複雑な形態をもち絶えず変化する氷河消耗域を正確に地図化するのは，平板測量では困難であったし，氷河の上を歩きまわる必要がある地上測量は危険でもあった．1930 年代からは地上写真測量によって，氷河上を歩きまわらなくとも氷河の形態が正確に地図に表現できるようになった．1950 年代からは空中写真測量が一般的になり，スイスの地形図に代表されるような正確で美しい氷河地図が描かれるようになった（大村，2010a）．

いっぽうで氷床については，1980 年代には，月や火星，深海底の地形が明らかになったのちにも，氷床の形態は未知のまま残るであろうといわれていた（Robin and Swithinbank, 1987）．白一色の広大な土地では空中写真測量が効果的に利用できず，地上を雪上車などで旅行（トラバース）して氷床表面高度を気圧高度計で測高するのが伝統的な測量方法であった．1960 年代からは航空機からのレーダーによる高度測量が行われていたが，1990 年代からは SEASAT 衛星のマイクロ波高度計，2003 年からは ICESat 衛星に搭載したレーザー高度計によって，精

---

*ここでいう地形とは，いわゆる基底地形と氷河縁辺の地形のことで，狭義の氷河地形である．

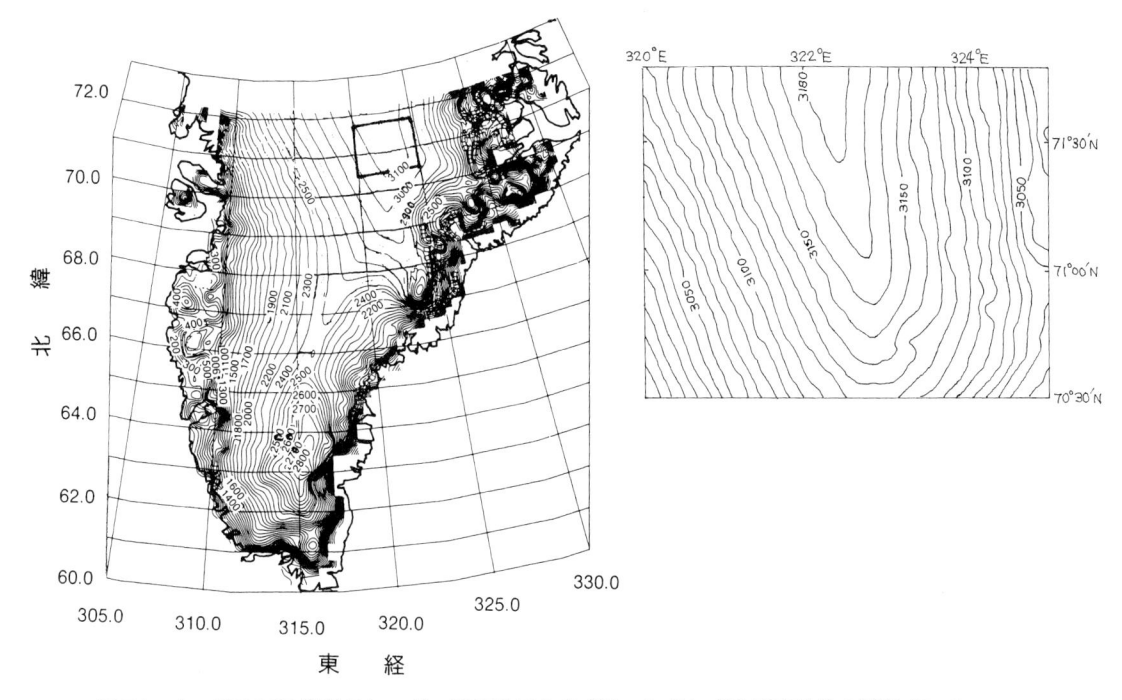

図 5.1 左：SEASAT 搭載のレーダー高度計によるグリーンランド氷床南半分の形態（Zwally *et al.*, 1983 を引用した Hall and Martinec, 1985：p.147 による）．等高線間隔 100 m．右：北緯 71°付近の氷床中央部（左図の枠内）の拡大図．等高線間隔は 10 m（Robin and Swithinbank, 1987: Fig.3）．

度の高い氷床の表面形態がわかるようになった（図 5.1）．軌道の制約から衛星は極点近くの高緯度（80°-90°）では使用できず，南極大陸の内陸部では電波高度計を搭載した多数の気球を飛ばすことによって得られた測量結果がまだ使われている（藤井，1982a）．

いくつかの氷河形態分類

地形図の整備と並行して行われた形態分類の中で，比較的広く受け入れられたのは Ahlmann (1948) によるものである．氷床・アイスキャップ，谷氷河，山麓氷河の 3 種類に大別され，それぞれはさらに細分された．世界の氷河の実態が明らかになるにつれ，氷河の分類も多様化する．2010 年夏に出版された『衛星画像アトラス 世界の氷河—アジア』（Williams and Ferrigno, 2010: PP1386-F）には旧ソ連の氷河の実態がくわしく紹介されているが，そこにはユニークな氷河形態区分が図示されている．しかし，これは地域的な特色を表すものであっても，世界的な分類基準にはなり得ない．

地域名をかぶせた氷河タイプが形態分類として使われたことがあった．たとえば，アラスカ型・アルプス型・ノルウェー型・ヒマラヤ型などのような分類である（町田ほか，1981 の項目にある）．しかし，これは気候特性による氷河群の分類（3 章 3.6 参照）とまぎらわしいので，氷河形態分類としては使わない方がよい．

2 章 2.1「氷河の分布」で述べたように，地球上のすべての氷河を登録するという作業が IHD（国際水文 10 年）によって 1965 年からはじまり，氷河台帳をつくるために氷河の国際分類基準がつくられた（UNESCO/IASH, 1970）．この基準では，各氷河は，全体の形だけではなく，涵養域，末端などの 6 項目について分類される 6 桁の数字で表現されるようになっている．

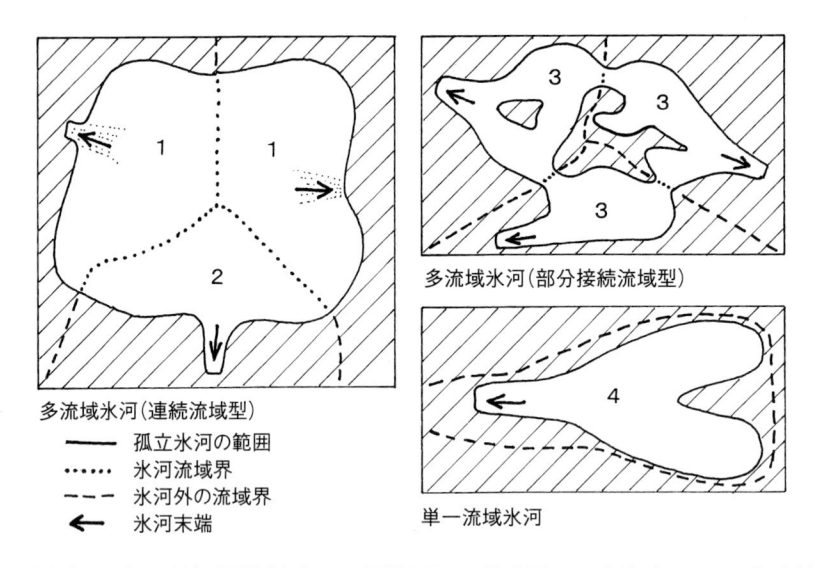

図 5.2 孤立氷河と氷河流域（流域氷河）との関係を示した模式図．1：氷流（ice stream）末端をもつ連続流域型氷河，2：溢流氷河（outlet glacier）末端をもつ連続流域型氷河，3：通常の末端をもつ部分接続流域型氷河，4：通常の末端をもつ単一流域氷河．

若浜（1978）・町田ほか（1981）・日本雪氷学会（1990：付録IX）に紹介されている．氷河台帳作成のためには便利な分類法であるが，6桁の数字では一目でわかる分類とはいえない．

5.2　氷河全体の形態分類

氷河の数え方（孤立氷河と氷河流域）

　一般的にいう氷河とは，まわりの地面（または海面）からはっきりと区別できる一続きの氷体のことである．後に示すように，南極氷床（図5.4）もアイスランドのバトナ氷原（図5.8）も，それぞれひとつの氷河である．しかし，南極氷床にはたとえばランバート氷河や白瀬氷河など，バトナ氷原にはスカフタ（Skaftar）氷河やブレイザメルクル（Breiðamerkur）氷河など，多くの固有名詞のついた氷河が含まれている．これらはそれぞれ固有の氷舌（末端）をもち，固有の流域を形成している．つまり，多くの氷河は氷河流域の集合体である．これに対して，たとえばヒマラヤのクンブ氷河のように，ひとつの氷河がひとつの末端しかもたない単一の氷河流域の氷河もある（図5.2）．このように「氷河」は入れ子構造になっており，いろいろなとらえ方ができる．

　この点の整理を試みる（表5.1）．まわりの地表（非氷河部分）から区別される一続きの氷河を**孤立氷河**（isolated glacier, isolated ice mass）と呼ぶ．これに対して流域に注目したときの氷河を**流域氷河**（basin glacier）と呼ぶ．孤立氷河は，複数の氷河流域からなる**多流域氷河**（polybasin glacier）と，ひとつの氷河流域が孤立氷河になっている**単一流域氷河**（monobasin glacier）とに分けられる．多流域氷河を構成している流域氷河は，流域界の大半が連続している**連続流域型**（continuous basin type）と，小部分が接続しているだけの**部分接続流域型**（connection basin type）とに分けられる．連続流域型の氷床や氷原を流域に分けるために，

表 5.1　氷河全体のとらえ方—孤立氷河と氷河流域，氷河タイプとの関係

氷河全体の呼び方			
氷　河	孤立氷河	まわりの非氷河部分から区別される氷河	
	流域氷河	末端と流域界によって区別される氷河	
	氷河流域	流域界	氷河形態のタイプ
孤立氷河の種類	多流域氷河	連続流域型	氷床・氷原・山頂氷河
		部分接続流域型	横断型谷氷河
	単一流域氷河	氷河外の分水界	谷氷河，大部分の山腹氷河

表 5.2　形態と規模による孤立氷河の分類

	氷河規模（面積 km^2）				
	10^7-10^6	10^4-10^3	10^3-10^2	10^2-10^1	10^1-10^{-1}
氷体自体が形態をつくる	氷　床				
下の地形に制約された形態			山　岳　氷　河		
		氷　原	横断型谷氷河	谷氷河	山腹氷河

起伏の少ない氷河表面に分水界を引くのは実際には困難が多い（図5.4）．これらと，後で述べる氷河形態のタイプとの対応を表 5.1 に示す．

地形との関係による区分

1 章 1.3 でも述べたように，現在の地球上の氷河は，氷がみずからの形をつくる**氷床**（ice sheet）と，氷河形態が下の地形に制約されるそれ以外の氷河とに 2 分できる（表 5.2）．氷床以外の，下の地形に制約される氷河はすべて**山岳氷河**（alpine glacier）に分類される．山岳氷河は規模と形態によって，氷原（ice field），横断型谷氷河（transection glacier），谷氷河（valley glacier），山腹氷河（mountain glacier）に分ける（表 5.2）．もっとも大規模な南極大陸の氷床から，小規模な谷氷河や圏谷氷河まで，孤立氷河にはおどろくべき大きさの違いと形の違いがある（表 5.3）．まず，孤立氷河から，それぞれの形態を説明する（図 5.3）．

5.3　孤立氷河の分類

(1) 氷床

下の地形に支配されずに氷河そのものが独自の平坦な形態をつくる孤立氷河を，**氷床**（ice sheet）または**大陸氷床**と呼ぶ．現在の地球には 10^6 km^2 規模より大きい南極氷床とグリーンランド氷床だけが氷床として存在するが，最終氷期にはローレンタイド氷床・コルディエラ氷床・スカンジナビア氷床・イギリス氷床（表 2.4，図 2.1）などが存在した．

南極氷床のコンター図（図 5.4 上）や鳥瞰図（図 5.5 上）・断面図（図 5.5 下，図 5.6）からは，大陸氷床が鏡餅そっくりの形をしているような印象を受ける．このような形をした氷床の主要部を**アイスドーム**（ice dome）と呼び，いくつかある頂上部をドーム C，ドーム F などと呼

表5.3 氷河のタイプとそれぞれの代表的な氷河の面積（大型の氷河のみ）

氷河タイプ		典型的な氷河	面積（km²）	備考
多流域氷河	氷床	南極氷床 グリーンランド氷床	12,653,000 1,803,000	世界最大
	氷原	北極エルズミア島の氷原合計 セントエライアス周辺氷河系 パタゴニア南氷原 バトナ氷原（アイスランド） バーンズ氷帽（バフィン島） パタゴニア北氷原 ジュノー氷原（アラスカ） ステーシー氷帽 ヨステダール氷河（ノルウェー）	80,500[8] 30,200[6] 13,500[5] 8,400[2] 5,900[1] 4,400[5] 2,500[4] 1,314[3] 1,000[2]	極地以外では最大 ヨーロッパ最大
	横断型谷氷河	ヒスパー氷河系（カラコルム）		
単一流域氷河	谷氷河	バルトロ氷河（カラコルム）	754[5]	
多流域氷河中の流域型氷河	氷流 （アイスストリーム）	ランバート氷河（東南極） 白瀬氷河（東南極）	1,150,000 200,000	流域型氷河では世界最大
	横断型谷氷河の一部	フェドチェンコ氷河（パミール）	1,150[5]	谷氷河では世界最長（71-77 km）
	溢流氷河	ウプサラ氷河（パタゴニア南氷原）	919[6]	
氷河の部分	山麓氷舌	マラスピナ氷河（アラスカ）	2,200[7]	

1) Embleton and King, 1968, 2)『世界の文化地理』第7巻, 講談社, 1965, 3) UNESCO/IASH, 1970, 4) 若浜, 1970, 5) Lliboutry, 1956, 6) 岩田測定, 7) Post, 1972, 8) 日本雪氷学会, 2005：表9.3.1.
南極氷床の面積はいまだにはっきりしていない．表2.4では 13.5×10^6 km² となっている．

んでいる（図5.4）．アイスドームからは氷流や溢流氷河（後述）が流出し，大きく湾入したロス海やウェッデル海，やや湾入した縁には棚氷が付着している．孤立氷河としての氷床はアイスドーム，氷流・溢流，棚氷の集合体である．

氷床の断面図

氷床の断面図（図5.6）からはアイスドームの形がドーム状であることがわかる．しかし，注意しなければならないのは，氷床の面積的ひろがりに比べれば，4000 mをこえる氷床の厚さはたいへんに小さいことである．厚さ4 kmに対して長さ4000 kmの氷床について，距離と高さを1：1にとった断面図をつくると，厚さ1 mm，長さ1 mの薄く平たい，まさにシートになる．

アイスドームの形は，氷の塑性変形流動モデル（クリープによる内部変形モデル）で示される（くわしくは，たとえば藤井ほか，1997：p.63）．その理論的な形と実際の南極氷床の断面とがよく一致することが強調されてきた．

氷床のアイスドームの縦断面形を塑性変形流動モデル（クリープによる内部変形モデル）で説明した例を，成瀬（藤井ほか，1997：pp.63-64）によって紹介する．使うのは，質量収支が平衡状態にある氷床の，もっとも単純な二次元氷床モデル（Nye, 1959）である．その条件は，i) 基底は水平，ii) 基底の粗度・温度は一様，iii) 氷床内部の水平流動速度は深さによらず一定，iv) 表面収支は一様，v) 氷床は定常状態，というものである．x 軸を氷床中央から水平にとり，

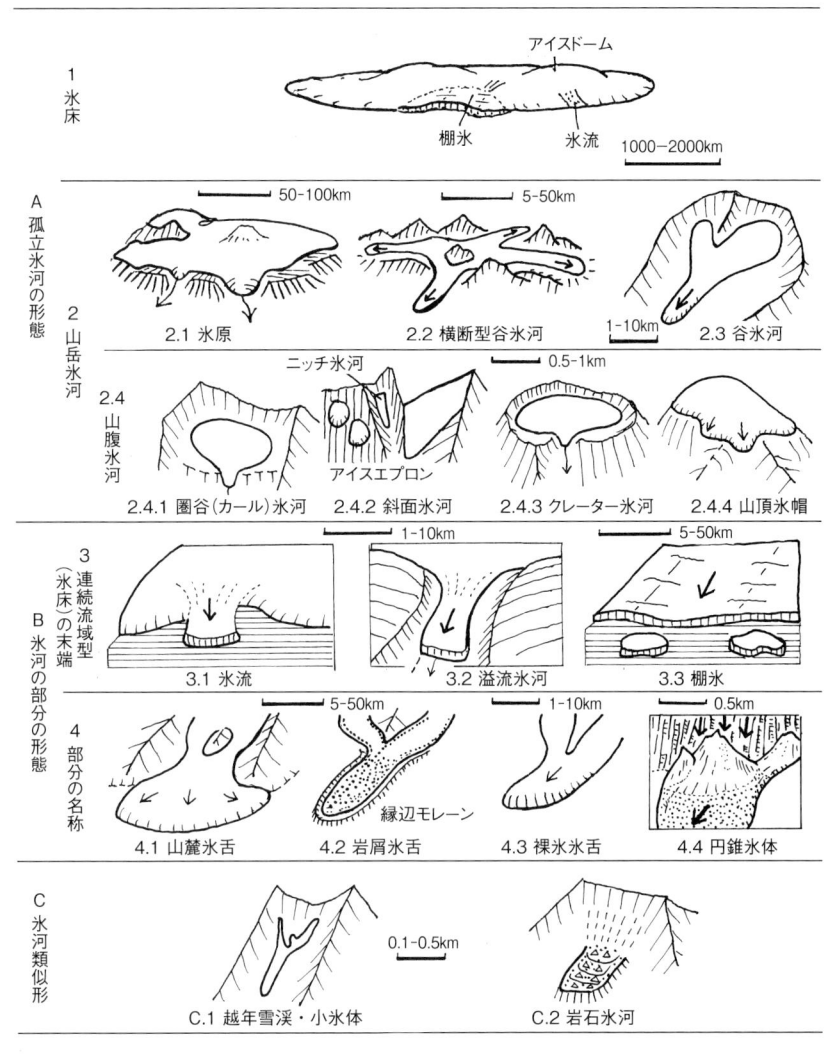

図 5.3 氷河の形態分類．大きさを無視して書かれている．スケールに注意（岩田原図）．

x 地点の氷厚（海抜高度）を h，深さ平均の流動速度を u，表面収支を b とおくと，定常状態における連続の条件から：

$$bx = uh \tag{5.1}$$

を得る．氷床の流動は底面すべりだけ，あるいは底面近くのごく薄い層内の氷のずれ変形だけによると仮定し，底面すべり速度の式を用いる．氷床中心の高度を H，氷床半径を L とおくと，底面すべり速度の式，完全塑性体の底面ずれ応力の式，式 (5.1) から：

$$(h/H)^{2+1/m} + (x/L)^{1+1/m} = 1 \tag{5.2}$$

が導かれる．ここで，$m = (n+1)/2$ で，底面が融解に達しているときは $m \simeq 2.5$ が適当である．この計算値は図 5.6 に示すように実測値とよく一致する．

これは，この氷床モデルの仮定が南極氷床の実態に近いものであることを考えると当然である．くわしく見ると，氷流や溢流氷河では氷河表面は薄くなり，東南極セールロンダーネ山脈のような大陸縁辺の山脈の背後では，表面は堰き止められたように厚くなっている（図 5.7）．

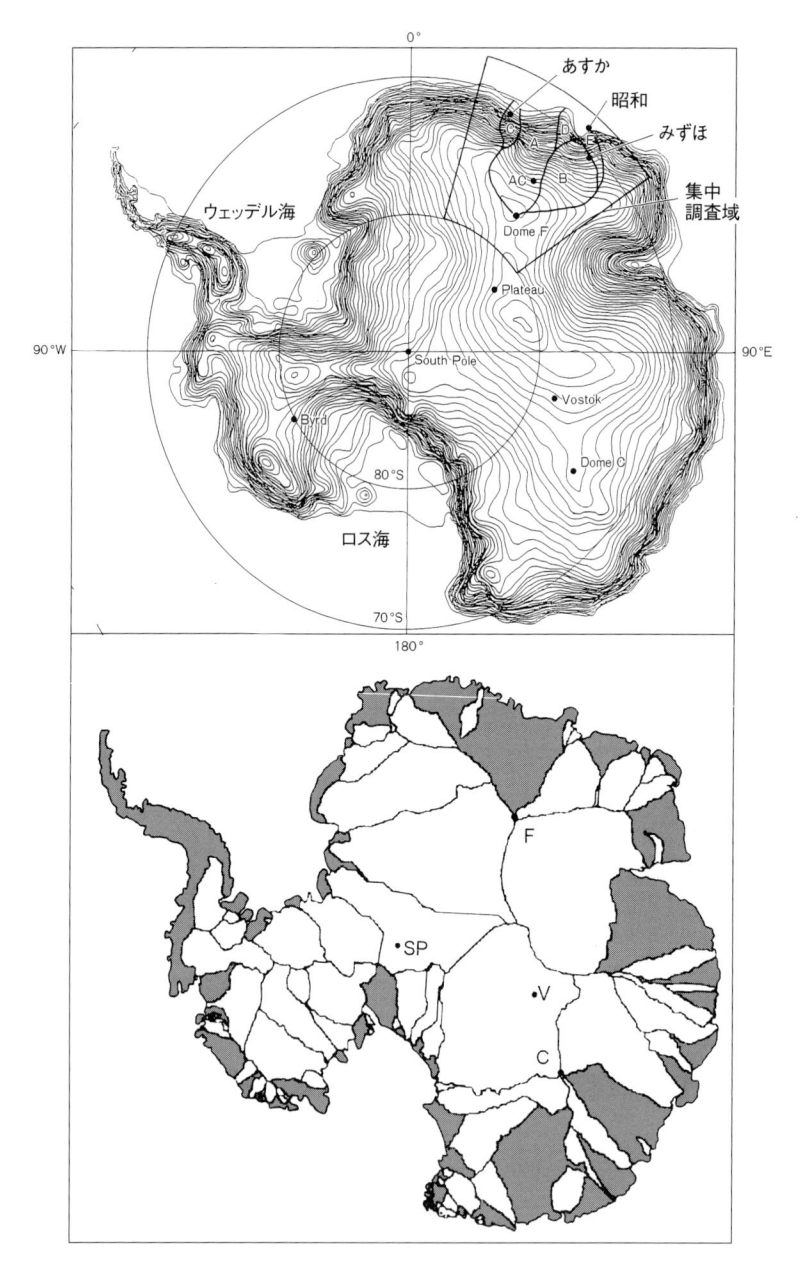

図 5.4　人工衛星データに基づいた南極氷床の形態．上：等高線図（間隔 100 m）．JARE（日本南極地域観測隊）が集中して調査している氷河流域が示してある．A：ラグンヒル（Ragnhild）流域，B：白瀬氷河，C：あすか流域．あすか，昭和，みずほの基地・観測拠点が示してある．D，E は無名の流域，AC は前進キャンプ（National Institute of Polar Research, 1997）．下：南極氷床の大規模流域氷河とその流域界．灰色はそれ以外の部分．F：ドームふじ，C：ドーム C，V：ボストーク基地，SP：南極点．F の文字のある流域が世界最大のランバート氷河流域（Bamber and Bindschadler, 1997 の図を Knight, 2006 の p.212 の図から加工した）．

南極氷床もグリーンランド氷床も山岳地帯を含んでおり，そこには山岳氷河が形成されている．このことは氷期の氷床を考えるときにも重要である．氷期に地球上のあちこちに出現した氷床は，全体がアイスドームであったと考えがちであるが，山岳氷河が分布した地域も含まれてい

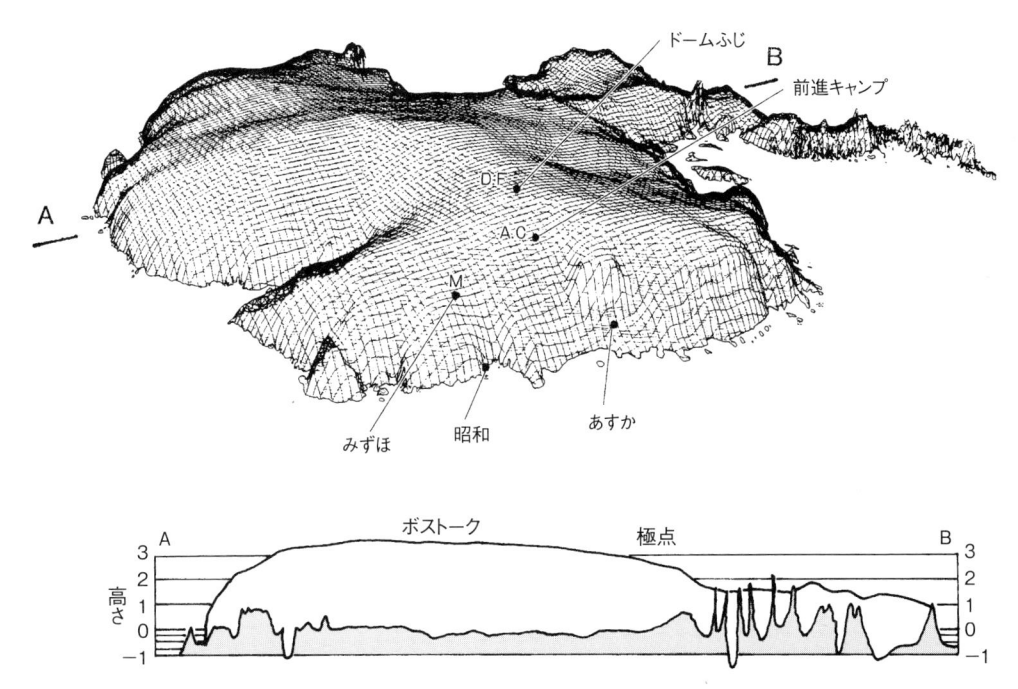

図 5.5 南極氷床の形態．上：N40°E 方向から見た三次元図（National Institute of Polar Research, 1997）．下：南極点とボストーク基地を結ぶ線（上図の A-B を結んだ線）に沿う南極氷床の断面．高さが 100 倍に強調してあるので，ドーム状あるいは鏡餅状に見えるが，1:1 で縮小すると直径 1 m では厚さ 0.6 mm になり，実際は紙のような薄いシートである（岩田原図）．

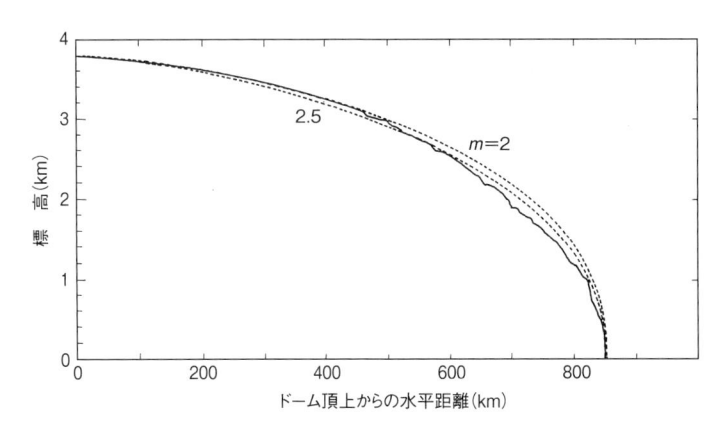

図 5.6 白瀬氷河主流線に沿う南極氷床表面の形．実測による現在の断面形（実線）と式（5.2）による計算結果（破線：ただし $m=2$ および $m=2.5$ とした場合）（成瀬，1997：p.64）．

たに違いない．

(2) 山岳氷河

孤立氷河のうち，氷床以外のもののすべてが山岳氷河である．氷河下の基底地形の影響を受けるので，さまざまな形態タイプを設定することができるが，ここでは，氷原・横断型谷氷河・谷氷河・山腹氷河に分ける．

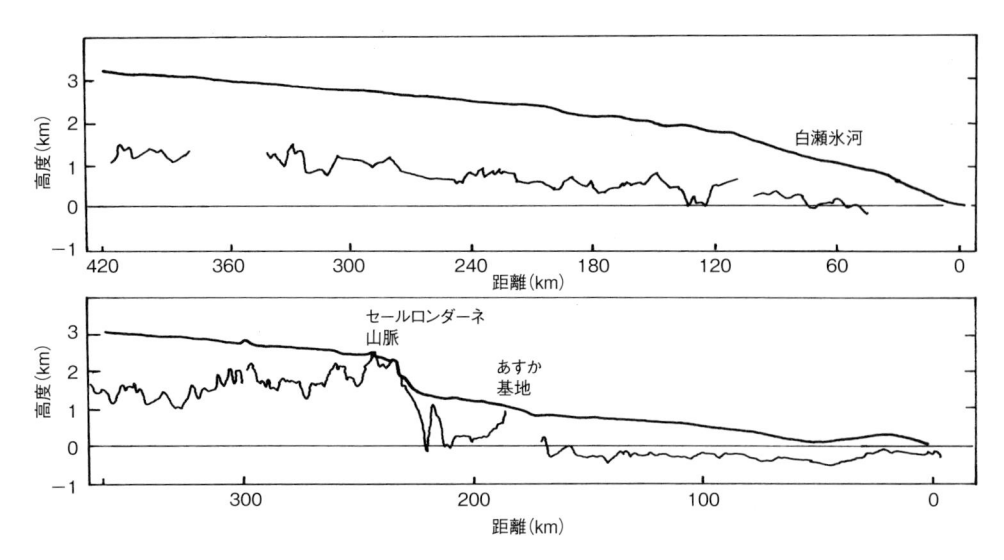

図 5.7　山脈がない場合とある場合との南極氷床の表面形態の違い．航空機搭載のアイスレーダーによって測定された．太い滑らかな線は氷床表面，細い折れ線は基盤地形（氷床基底）．上：白瀬氷河主流線に沿う断面（国立極地研究所，1985：p.57）．下：ブライド湾－あすか基地－セールロンダーネ山脈の断面．氷床はセールロンダーネ山脈でダムアップされた形状を見せる（西尾文彦ほかによる1998年の南極地学シンポジウム講演要旨の図による）．

氷原（ice field）

下の地形が推定できる程度の厚さの，シーツまたは毛布状の氷河で，北極周辺・アイスランド・アラスカ・パタゴニアなどで山岳地域の谷間，盆地を埋めつくす形で存在する．山岳氷床（Flint, 1971: p.142），高原氷河，Inlandies（ドイツ語），hielo continental（スペイン語）などとも呼ばれる．なだらかな山岳地域や高原には，小規模な氷原が点てんと分布する場合も多い（コラム15の図B）．

平面形では氷床とおなじように見えるアイスランドのバトナ氷原も，氷河は意外に薄く，下の地形が氷河表面に反映されていることが地図でもわかる（図5.8）．アイスレーダーによる氷厚観測では，基底の谷地形では1000 m近い厚さをもつが，尾根の部分では厚さ100 m程度にすぎない（Bishop *et al.*, 1984）．

横断型谷氷河（transection glacier）

谷頭部がつながった，共通の涵養域をもつ谷氷河群のこと．氷河全体の面積・長さに比べて源頭部の雪原がせまいので，氷原とは区別される．パミール・天山・カラコルムに代表的なものを見ることができる．カラコルムのヒスパー氷河とビアフォ氷河とはスノーレイクと呼ばれる雪原でつながっており，横断型谷氷河の代表的なものである．谷氷河としては最長の長さを誇るパミールのフェドチェンコ氷河は横断型谷氷河である（図5.9）．

谷氷河（valley glacier）

谷を流下する氷河のこと．これまで述べてきた上記の各氷河タイプは多流域氷河であったが，単一の流域をもつ場合を谷氷河とする（図3.4）．複数の氷河が合流すると，樹枝状の形態をもつ複合流域型（compound basins）谷氷河になる．

谷氷河の特殊な形として，トルキスタン型氷河（Turkistan type glacier）と呼ばれるもの

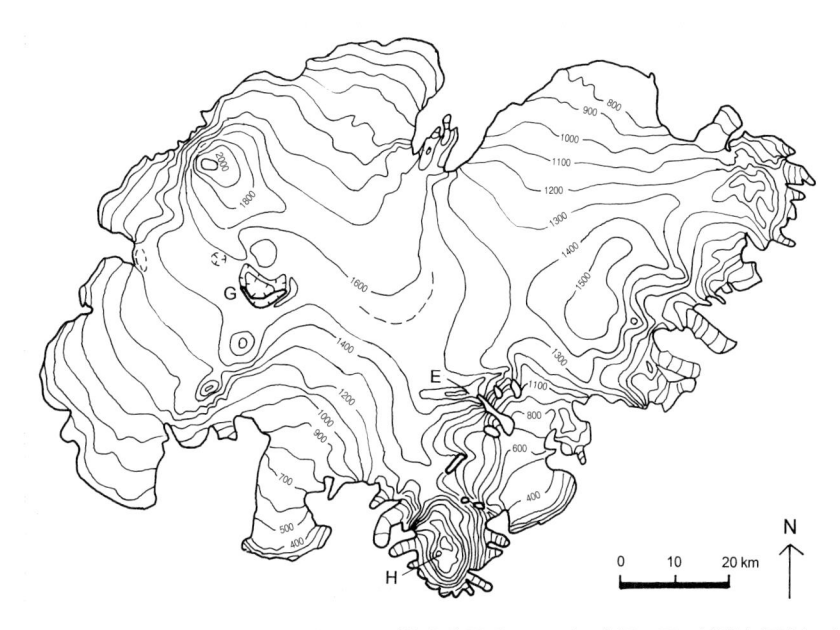

図 5.8 アイスランドのバトナ氷原の氷面形態（等高線間隔 100 m）．氷河の下の地形を反映してかなり不規則な起伏がある．G：グリム湖（Grimsvötn）の凹陥地．火山活動が盛んになると池になる．E：エシュフィヨットル（Esjufjöll）1522 m．H：クヴァンナダルスフニュクル（Hvanndalshnúkur）2119 m（アイスランドの最高峰）（アイスランド地形図 Landmælinger Íslands 1：250,000, 1981 から著者作成）．

がある．急峻な地形のパミールやカラコルム，ヒマラヤなどの山地では斜面の傾斜が急すぎて雪氷の堆積する場所がなく，涵養域がとてもせまい谷氷河が形成される（図 5.10）．このような氷河の多くは捕捉域からのなだれによって涵養され，なだれが堆積する場所がわずかな涵養域となっている．また，なだれや落石・崩壊によってもたらされる岩屑が氷河消耗域の表面に堆積して岩屑被覆氷河になる場合が多い．

山腹氷河（mountain glacier）

　山腹斜面や山頂などに存在する小氷河をまとめて山腹氷河と呼ぶ（UNESCO/IASH, 1970）．地形との関係でさまざまな形をとるので，統一的な分類は難しいが，図 5.3・表 5.4 のように細分される．山地の氷河や山岳地形を記述するときには有用である．山腹氷河の小規模のものには，涵養域あるいは消耗域だけしかもたず，不完全な氷河機能のものも含まれる．大部分は単流域氷河であるが，山頂氷帽のように複数の末端をもつ多流域氷河も含まれる．

　i）**圏谷氷河・カール氷河**（cirque glacier）：圏谷（カール）や，氷食谷の源頭を占める長さの割に幅の広い氷河（図 5.11）．典型的なものでは流動方向に伸びた楕円形の平面形をもつ．山腹氷河の代表であるように考えられることもあるが，山地によっては圏谷氷河がほとんど分布しないこともある．

　ii）**斜面氷河**（slope glacier）：山腹斜面全体を広く覆う氷河（図 5.12）．下部が緩傾斜になっていても谷氷河とはいえないものや，山腹斜面に貼りついた様相を見せるものをいう．山腹斜面のルンゼ（Runse；急峻な岩溝）内など，せまい凹部にある氷河を**ニッチ氷河**（niche glacier）という．たいてい不規則な形である．急斜面上の小規模な氷体で，斜面にぶら下がったような急なもののうち，クレバスや割れ目のあるものは**懸垂氷河**（hanging glacier）（図

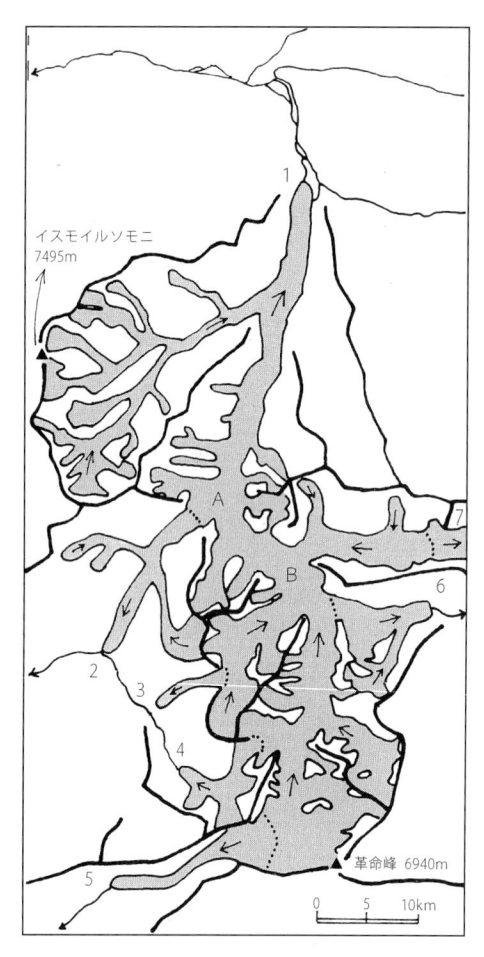

図5.9 パミールのフェドチェンコ氷河系．横断型谷氷河で1-7の氷舌が源流部でつながり（部分接続流域），ひとつの多流域氷河を形成している．点線が氷河分水界，矢印が流動方向．かつてはA, Bに氷河分水界があったと考えられる．末端1から源頭（革命峰）までの距離が70km以上あり，単一流域の谷氷河とみなすと世界最長とされる（岩田原図）．

図5.10 ネパール，クンブヒマールのキャンシャール（Kyangshar）氷河．典型的なトルキスタン型氷河．なだれ涵養による岩屑氷舌をもつ氷河である．タムセルク（左：6623 m）とカンテガ（右：6779 m）の南西面に位置する．氷河末端は4374 m，消耗域上端は4800 m（1978年空撮，GEN：名古屋大学・日本雪氷学会）．

4.1），表面が滑らかなものは**アイスエプロン**（ice apron）（図5.13）と呼ばれるが，これらは氷河に含めず小氷河（glacieret）とすることもある．

iii）**クレーター氷河**（crater glacier）：火山の火口内を埋めるように存在する氷河（図5.14）．氷河がクレーターからあふれ出して山頂全体を覆えば山頂氷帽になる．火星には隕石クレーターを埋めるクレーター氷河がある（第4部扉図）．

iv）**山頂氷帽**（summit ice-cap）：平坦な尾根や山頂を覆う小規模なドーム状の氷河（図5.11）のこと．放射状の流線をもつので複数の流域に分けることができる多流域氷河である．イギリス人（とくに登山家）は氷帽（アイスキャップ）という語が大好きで，大陸氷床から山頂の小さなものまですべてを氷帽と呼ぶ．このように氷帽という語はまぎらわしいが，山頂にあるので山頂氷帽と呼ぶことにする．山岳氷帽・山頂氷原と呼ばれることもある．

表 5.4 そのほかの氷河形態の区分

氷床の細区分	アイスドーム ice dome 氷流 ice stream・溢流氷河 outlet glacier 棚氷 ice shelf
山腹氷河のタイプ	圏谷（カール）氷河 cirque glacier 斜面氷河 slope glacier 　ニッチ氷河 niche glacier・懸垂氷河 hanging glacier・アイスエプロン ice apron・小氷体群 group of glacieret or small ice masses などを含む 山岳氷帽 summit ice-cap クレーター氷河 crater glacier
連続流域氷河の流出口のタイプ	氷流 ice stream 溢流氷河 outlet glacier
氷河の部分の名称	棚氷 ice shelf 山麓氷舌 piedmont lobe 岩屑氷舌 debris-mantled ice tongue 裸氷氷舌 clean ice tongue 円錐氷体 ice cone
氷河類似形態	小氷河 glacieret・越年雪渓 perennial snowpatch 岩石氷河 rock glacier

図 5.11 ロシア連邦サハ共和国ヴェルホヤンスク山脈の圏谷氷河．右側斜面から背後山頂には山頂台地を覆う山頂氷帽が分布する（藤井理行による空撮）．

図 5.12 前景は山腹氷河の典型的なタイプである斜面氷河，ネパール，クンブヒマールのチュクン氷河．氷河の背後の斜面（捕捉域）には典型的なヒマラヤ襞が形成されている．中景のピークはフンクー（6097 m），遠景はチャムラン（7319 m）（1978年空撮，GEN：名古屋大学・日本雪氷学会）．

図 5.13 ニュージーランド，アオラキ（Aoraki；マウントクック 3754 m）山頂斜面のアイスエプロン．斜面に貼りついた氷ブロックがアイスエプロン．その下端は地形的強制末端となっている（1995年1月 岩田修二による空撮）．

図 5.14 カムチャツカのウシュコスキー火山の火口に形成されたクレーター氷河（1995 年夏．白岩孝行による空撮）．

5.4 氷河の部分の形態

以下に述べるのは孤立氷河の一部分のタイプや名称であるが，これらの部分の名称がその氷河（おもに流域氷河）全体を呼ぶときにも用いられることがある．氷流は氷河末端の形態を示す語であるが，たとえば，南極のランバート氷河は氷流であるというように用いられる．

(1) 連続流域氷河の流出口のタイプ

多流域氷河のうち流域界が連続的な氷床や氷原に含まれる氷河の出口（流出口あるいは末端）は，その形態の違いによって，氷流と溢流氷河に分けられる．ただし，横断型谷氷河の出口は普通の谷氷河と同じにあつかわれ，溢流氷河と呼ばれることはない．

氷流（ice stream；アイスストリーム）

氷床の周辺部では，氷床の中に河のように流速の速い部分があり，流出場所になっている．これを氷流と呼ぶ（図 4.4，図 5.15）．流出口の幅に比べて涵養域がたいへん広いのが特徴である．東南極のランバート氷流は幅が 50 km であるが，流域面積は 115 万 km^2 に達し，グリーンランド氷床に匹敵する面積をもつ世界最大の流域氷河である（図 5.4 下）．氷流は氷床からの氷の流出に重要な役割をはたしている．南極氷床の縁の全延長のうち氷流の幅の合計は 8-13% にすぎないが，流出量は全氷床からの 20-50% を占める（藤井，1982）．

溢流氷河（いつりゅう）（outlet glacier；アウトレット氷河）

氷床や氷原から流れ出る連続流域型流域氷河のうち，氷河下流部・末端の両側が氷床である氷流に対して，氷舌の両岸が氷のない谷壁や岩壁であるものを溢流氷河という（図 5.16）．

図 5.15 南極氷床の主要な氷流 (ice stream) の分布．黒点は小規模な氷流を示す（国立極地研究所，1985：p.45）．図 5.4 の流域分布図と対照されたい．氷流 A–E の名称は，2000 年代はじめに，その氷河にゆかりの氷河研究者の名前を冠した名前，たとえば氷流 B は Whillans Ice Stream に改称された．

(2) 氷河の部分の名称

棚氷（たなごおり）（ice shelf）

氷床の周辺で海に浮かんでいる平らな厚い氷体を棚氷という（図 5.17）．いいかえれば，棚氷は海に張り出した氷床で，南極氷床の全面積の 10% は棚氷である．厚さは海に面した縁の部分で 300 m，付け根では 500 m 以上になる．したがって，棚氷の縁は海面からの高さ 30 m をこえる氷崖となり，初期の南極探検では ice barrier（障壁）と呼ばれた．棚氷自体も barrier ice と呼ばれ，ロス棚氷はロスバリアと呼ばれた．棚氷は陸地にある氷床（アイスドーム）に付着しており，氷流または溢流氷河によって涵養される．大陸内部からくる冷たい氷流の底には海水が凍りつき，棚氷の涵養の一部を担っている．棚氷の消耗はおもに縁辺から氷山がカービング（calving；氷山分離）することによっておこるが，棚氷表面でも消耗するので，もとの氷流からの氷が失われてしまい，底起源の氷ばかりで構成される棚氷もある．

棚氷の付け根部分は，氷流の流出を抑制する働きをしていると考えられ，棚氷の消失は氷流からの氷の流出を促進する可能性がある．地球温暖化による棚氷の消失はアイスドームの減少につながると心配されている．

山麓氷舌（piedmont lobe）

氷床や氷原から流出する溢流氷河が山麓の平坦地に達したとき，横にひろがって扇型の氷舌

図 5.16　パタゴニア南氷原の溢流氷河（outlet glacier）ウプサラ氷河．左側が下流で，この部分の氷河幅は 6-7 km ある（1969 年 3 月岩田修二撮影）．

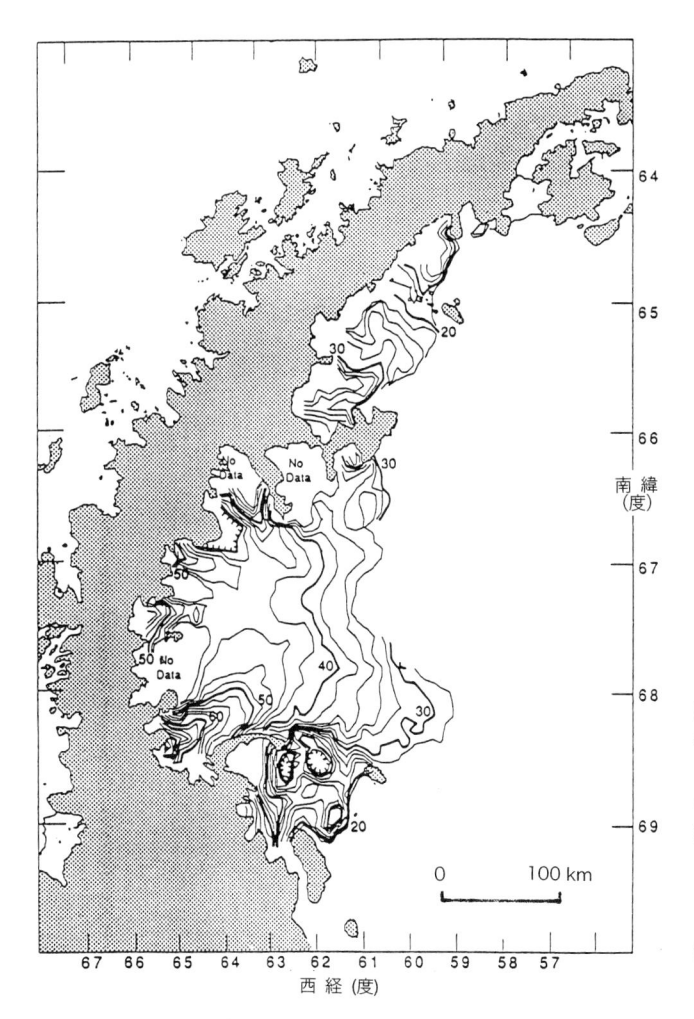

図 5.17　南極半島のラルセン（Larsen）棚氷の表面地形．SEASAT 高度データによる 1980 年代後半の状態．図中の数字は海抜高度（m）．等高線間隔 2 m（Ridley *et al.*, 1989: p.305）．ラルセン棚氷は南極で 3 番目の大きさであったが，過去 15 年間の氷山分離によって 1 万 km² 以上の面積を失った．南極半島北部の急激な温暖化の影響とされる．

5.4　氷河の部分の形態　89

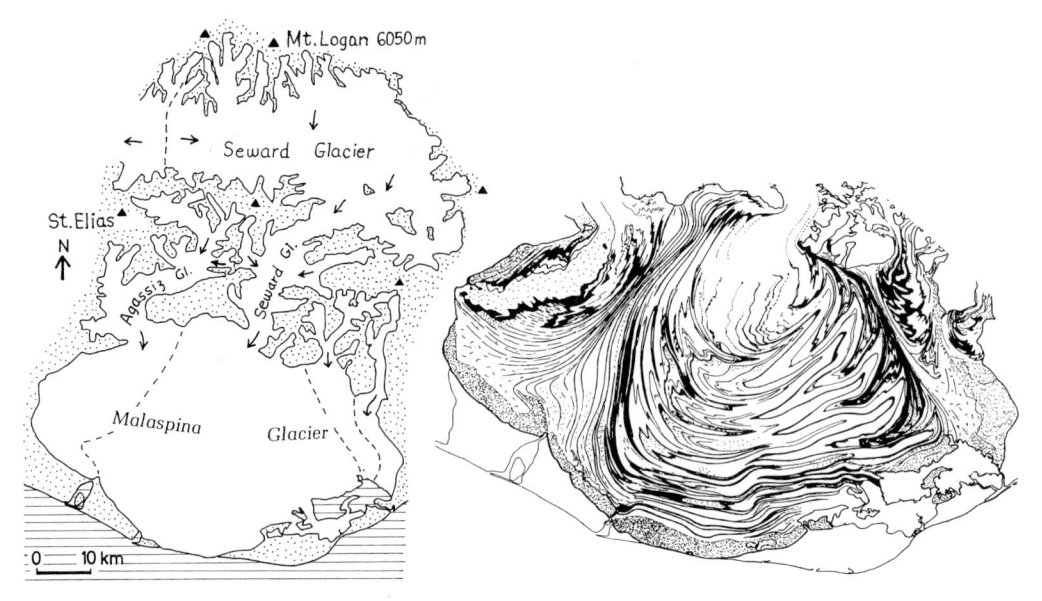

図 5.18 アラスカ東南部セントエライアス（イライアス）山脈の山麓氷舌マラスピナ氷舌とその表面岩屑（表面モレーン）のパターン．左：氷原からの溢流氷河の末端部がマラスピナ氷舌である（1：250,000 地形図（U. S. Geological Survey）による岩田原図）．右：墨流しのように折れ曲がった岩屑のパターンは，繰り返しおこった氷河サージの結果形成された．氷舌の外縁端では氷の上の表面岩屑上に針葉樹の森林が生育している（点を打った部分）（Post and Lachapelle, 1971 の図による）．

になったものを山麓氷舌という．アラスカ南西部のセントエライアス山地を覆う氷原の流域氷河であるセワード氷河（溢流氷河）といくつかの谷氷河が海岸平野に達して扇形にひろがり，大きな氷原を形づくっている．この山麓にひろがった部分が一般にはマラスピナ氷河と呼ばれる山麓氷舌である（図 5.18）．面積はセワード氷河も含めた流域全体が 4200 km^2（Embleton and King, 1968），山麓氷舌の部分だけで 2200 km^2 に達し，中央部では 600 m 以上の厚さがある．現在の地球上には，典型的で大型の山麓氷舌はマラスピナ氷舌だけであるが，最終氷期には多くの山麓氷舌が山地周辺に存在した．

岩屑氷舌（debris-mantled ice tongue；D 型氷河）

氷河表面の一部または全体が岩屑に覆われている氷舌のこと．森林（1974）がこの氷舌をもつ流域氷河全体を D 型氷河と命名した．岩屑被覆氷河（debris-mantled glacier, debris-covered glacier）とも呼ばれる．岩屑氷舌は，落石・なだれ・崩壊などによって氷河の外側から涵養域（一部は消耗域）にもたらされる岩屑が原因であるから，急峻な捕捉域（山腹斜面）に取り囲まれている谷氷河に多く形成される．乾燥地域の氷河では捕捉域に露岩の面積が広いので岩屑氷舌ができるが，パタゴニアのような湿潤な場所でも背後の斜面が急なところでは岩屑氷舌が形成されているので，岩屑氷舌形成にとってのもっとも重要な要因は，急峻な地形であるといえよう．

裸氷氷舌（clean ice tongue；C 型氷河）

岩屑氷舌に対して，氷河末端域の表面が岩屑に覆われず，裸氷が露出しているもの．森林（1974）の命名である．

円錐状の
涵養域

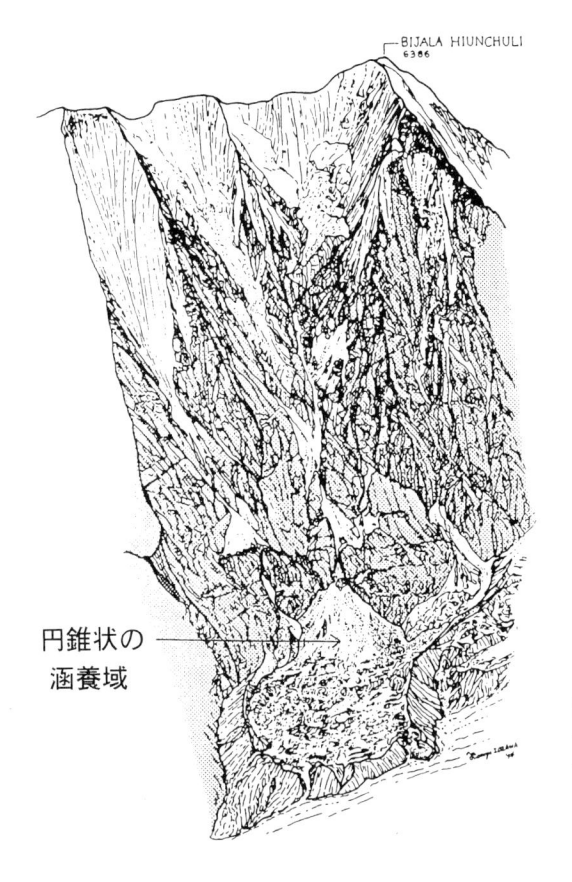

図 5.19　円錐氷体．岩壁の脚部，岩屑氷舌の最上流部に位置するなだれによって形成された崖錐状の氷体で円錐状の氷河涵養域である．円錐氷体を含む氷河全体を円錐涵養域氷河と呼ぶ（五百沢，1976：p.31 の図）．

円錐氷体（ice cone）

　なだれで涵養される氷河では，岩壁下部に堆積した円錐形の氷体，いわば氷の崖錐ができる場合が多い．五百沢（1976：p.31）は円錐氷体の下流に続く氷舌も含めて円錐涵養域氷河（cone-head glacier）としたが，ここでは氷河の部分として円錐形の部分だけを円錐氷体と呼ぶ（図 5.19）．

（3）氷河類似形態

　図 5.3 最下段には，越年雪渓・小氷体と岩石氷河とが氷河類似形と分類されている．

越年雪渓・小氷体（glacieret）

　すでに 1 章 1.3 で触れたので参照されたい．

岩石氷河（rock glacier）

　岩石氷河とは，氷舌の形をした岩塊の集積である．形が氷舌に似ているだけではなく，氷河と同じようにクリープによって斜面下方に移動している．内部に氷があり，その氷の起原が，雪解け水や永久凍土によるもの（周氷河性岩石氷河）と，氷河氷起原のもの（氷河性岩石氷河）とがある．前者は永久凍土地帯の指標とされ，後者は岩屑被覆氷河末端と連続的に移り変わる．Barsch（1988）・松岡（1998）・青山（2002）など多くの解説がある（6 章 6.4 参照）．

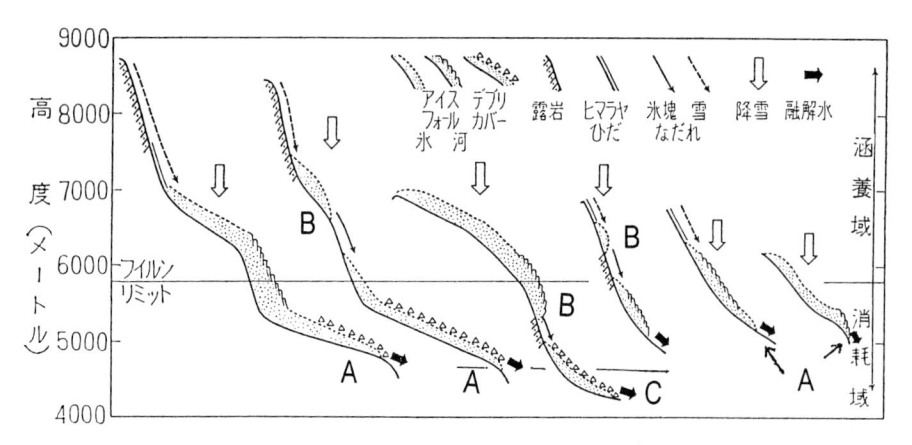

図 5.20 ネパール型氷河群の氷河の断面形態の模式図．A：自然末端（通常の末端），B：地形的強制末端（岩壁や急崖によってきまる末端），C：なだれ強制末端（なだれの蓄積効果によって低所まで達する末端）（岩田，1980）．

図 5.21 東アフリカの成層火山キリマンジャロ（5895 m）のキボ頂上中央部にある階段状の断面をもつフルトヴェングラー（Furtwangler）氷河（2006 年 12 月小森次郎撮影）．

（4）氷河の縦断面形

　IHD（国際水文 10 年）の国際分類基準（UNESCO/IASH, 1970）では，「氷河前面（末端）」，「縦断形」，「涵養のタイプ」，「氷舌の活動度」を分類する桁が設けられている．ここでは，そのうち氷河形態理解にとって重要な，そして特徴ある氷河縦断面形と末端のタイプを挙げておく．ヒマラヤ山脈のような急峻な山地では，氷河の縦断面形はさまざまな様態をとる（図 5.20）．氷河の涵養や消耗プロセスとも大きく関係する．とくに山腹氷河の末端（前面）位置には大きな影響を与える．

階段状縦断形（stepped longitudinal profile）

　階段そっくりの形態の氷河がある．キリマンジャロ山頂の氷河（図 5.21）やヒマラヤのコン

マ氷河（図4.12, 図11.11）である．斜面上の氷河が厚さを減じて氷河の塑性変形がおこらなくなったときに，表面の割れ目が階段状に形成されると考えられる．火星の氷床（極冠）は大規模な階段構造をもつ（コラム24，図A）．このような氷河の階段の壁は常に消耗域になっていると考えられる．

地形的強制末端

氷河末端が地形的要因によって，本来（気候的）の末端位置と異なる場所で終わっている場合を強制末端と呼ぶ（比較氷河研究会，1973）．これに対して氷河末端が，その氷河の質量収支に対応した形で終わっている場合を，強制末端と対比させて自然末端と呼ぶ．多くの氷河の末端は自然末端である．強制末端は，地形原因のものとなだれ原因のものとに細分される．

強制末端の地形原因とは，急崖・岩壁によって氷河が本来（気候的原因）の末端位置より高いところで終わっている場合である．図4.1には地形原因強制末端が多数見られる．岩壁の上端で終わっている地形原因強制末端からは氷河なだれが頻発する．

強制末端のなだれ原因とは，なだれ（氷河ブロックなだれを含む）によって，本来の末端より低い位置まで氷河の末端が達している場合である．再生氷河やトルキスタン型氷河の場合に多い（図5.10）．

氷食谷に特徴的な階段状地形（谷柵）の急崖部分や，懸垂谷の出口の急崖部分では，氷河末端は急崖の上の緩やかな部分にとどまるか，急崖の下まで達して止まるか，のいずれかであって，急崖部分の途中で止まることは少ない．

6 氷河岩屑システムと氷河表面岩屑

> 尾根からころがり落ちた膨大な量の岩屑は，下の氷河をほとんど覆い尽くさんばかりだった．そのため氷河は，岩屑に覆われたうえに小砂もしみこんで，何キロにもわたって，曲がりくねる水路のままとつぜん石化してしまった巨大な暗黒の急流，といった感じに見えた．
>
> オーレル・スタイン『中央アジア踏査記』

6.1 氷河岩屑のシステム

(1) 氷河岩屑とは

　氷河は雪氷ばかりでできているのではない．氷河の内部には水や空気のほかに岩塊・岩片や砂・シルト・粘土などが含まれている．Boulton and Eyles（1979）にしたがって，これらの鉱物質物質をひっくるめて**氷河岩屑**（glacial debris）と呼ぶことにする．岩屑（debris；デブリ）は岩塊や岩片だけでなく，砂・シルト・粘土などの総称である．岩屑は，雪氷とともに氷河に取り込まれ，運搬され，氷の消耗につれて氷河から排出される．その過程で，氷河消耗域では表面に現れてきた岩屑（**氷河表面岩屑**；supraglacial debris）が氷の消耗速度をコントロールし，さまざまな氷河表面の地形をつくる．氷河の外側（捕捉域）からの岩屑の供給量が多い山岳氷河にとって，氷河表面岩屑は氷河の形をつかさどる重要な構成物である．

　氷河岩屑に対して，氷河氷の中から現れて氷河の外側，すなわち氷河底（氷河床）や，氷河縁辺の非氷河地表面に堆積した岩屑は，氷河堆積物と呼ばれる．後に6.3「岩屑被覆氷河」の項でも述べるように，氷河表面岩屑と氷河の消耗プロセスや表面形態とは切っても切れない関係にある．したがって氷河研究者たちは，氷河岩屑を氷河がもつ属性の一部と考えている．いっぽう，地形研究者たちは氷河岩屑も氷河堆積物の一部と考える．なぜなら，上記のように氷から排出された岩屑は氷河堆積物であり，氷河表面にある岩屑は，明瞭な境界がないまま氷河の外側の氷河堆積物に連続的に移行していくからである．氷河表面岩屑は広義の氷河地形学（氷河学）と狭義の氷河地形学の接点に位置するといえよう．

(2) 岩屑の循環と収支

　氷河岩屑の量は氷河によって大きく異なる．急峻な山岳地域の氷河では氷河岩屑は大量であるが，露岩域や急な捕捉域が少ない極地の氷床では含まれる岩屑の量は少ない．すでに3章で示したように，氷河は雪氷収支でなりたっている．これと同じように，氷河における岩屑の循環と収支を考えることができる．谷氷河における岩屑の循環のモデルを模式的に示す（図6.1）．氷河岩屑は氷河表面岩屑（supraglacial debris），氷河内部岩屑（englacial debris），氷河底岩屑（subglacial debris）に分けることができる．氷河底岩屑については7章「氷河底でのプロセスと氷河堆積物」でくわしく述べる．

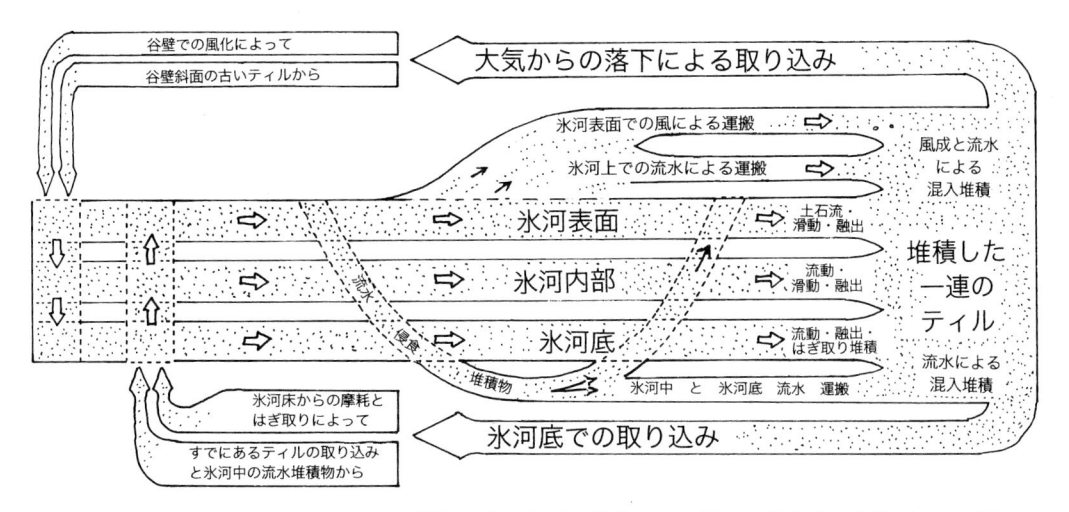

図 6.1 氷河岩屑システムにおける岩屑の循環を示す模式図．左側が氷河上流，右側が氷河下流 (Derbyshire, 1984：p.349 による)．

取り込み（インプット）

大気中からの細粒物質の落下堆積もあるが，周囲の谷壁や氷縁の氷河堆積物から氷河への岩屑の供給と，氷河底部での再凍結氷の形成に伴う岩屑の氷河へ凍結付着とが**岩屑の取り込み**の主要なものである．氷河底での取り込みによって底部氷層（底部岩屑氷）が形成される．後で述べるように，底部氷層は氷河底での侵食と堆積のプロセスとに大きく関わっている．

運搬

氷河に取り込まれた氷河岩屑は氷河の流動に伴って**運搬**される．運搬とは氷河表面・氷河内部・氷河底の3ルートでおこる岩屑の氷河通過過程である．氷河の消耗域の表面では，氷河表面に供給された岩屑と，氷河中や氷河底からも供給された岩屑からなる氷河表面岩屑として運搬される．

排出（アウトプット）

氷河消耗域で氷河表面に排出された氷河表面岩屑は氷河の上にのったままであるから氷河からの真の排出とはいえず，まだ通過過程（throughput）である．氷河底では底部に付着した岩屑の脱落によって氷河岩屑の排出がおこる．しかし，移動する氷河はそれらを再度取り込んだり，引きずったりする（subsole drag）ので，これも真の排出とはいえない．氷河の消耗や，その後の土石流・滑動などによって，氷河岩屑が氷河底や氷河の縁辺の氷河外に排出されるのが真の排出である．排出された岩屑は氷河堆積物となる．いったん氷河から排出された岩屑や堆積物の一部は，長い時間スケールの中で考えると，大気に巻き上げられたり，氷河底から取り込まれたりして再び氷河に戻る（図 6.1）．

このような氷河での岩屑の循環を，雪氷の収支と同じように量的に把握することは，氷河が長期的にどのくらいの速度で氷河の下の固体地球表面を変化させるかを理解する上で重要な課題である．そのためには，まず氷河内部や表面にどのくらいの岩屑が存在するのかを見積ることが必要である．ただし，残念ながら氷河岩屑の定量的な収支に関しては現在のところほとんど情報がない．

図 6.2 ニュージーランド，クック山（アオラキ）山頂で 1991 年 12 月に発生した大規模な崩壊．この崩壊によってタスマン氷河源頭に大量の土砂が供給され，頂上の高度が 10 m 低下した（1991 年 12 月 17 日 Lloyd Homer による撮影；渡辺悌二提供）．

(3) 氷河への岩屑の供給

　涵養域の背後に急な岩壁をもつ山地の氷河では，崩壊や落石，なだれによって多量の岩屑が氷河上にもたらされる．気温が上昇する初夏や寒冷になる晩夏に落石・崩壊が多い．降雪や降雨が増す雨期にはなだれや土石流が多くなる．ときには大規模な崩壊がおこり，大量の岩屑が氷河に供給されることがある．1991 年にはニュージーランドのクック山の山頂部が大規模に崩壊して，大量の岩屑がタスマン氷河に供給された（渡辺，1994）（図 6.2）．氷河上への大規模な崩壊は岩屑供給の重要な源である．地震に伴う崩壊も重要である（図 6.3）．極地の氷床でもヌナタクや露岩山地の岩壁からは岩屑が氷河上に供給される．

　風に運ばれてくる火山灰・黄砂（レス）など，いわゆるダストは，岩屑供給が少ない氷河では重要な鉱物物質の供給源になる．氷床や氷河の涵養域に堆積するこれらの堆積物の堆積速度は，火山やサバク（荒原）の周囲を除くと 0.01–1 mm/1000 年である（Goudie, 1978）．ときには隕石も落下する（図 3.14）．これらの岩屑や鉱物物質は涵養域では積雪の下に埋もれて，やがて氷河氷の中に取り込まれ，氷河内部岩屑となる．

　氷河の消耗域では，谷壁斜面からの崩壊物質や土石流堆積物，あるいは氷河を取り巻く縁辺モレーンの内側の斜面からの崩壊物質が氷河表面に供給される．

(4) 氷河での岩屑の存在と移動

　谷氷河では岩屑は，涵養域を取り巻く山腹斜面から涵養域の周辺部に多く落下するから，そこで積雪に埋もれ，氷河の側面全体を取り巻くように氷体内部の縁に分布し，氷河底までのびていく（図 6.4）．氷河の背後の岩壁から落下した岩屑がベルクシュルントに落ち込み，直接氷

図6.3 2002年11月3日にアラスカのデナリ (Denali) 断層地震 (M7.9) によって発生した大規模な崩壊 (岩なだれ) は, 面積13 km^2 にわたってブラックラピッズ氷河消耗域を覆い, その面積は氷河全面積の5%に達した (写真はUSGSのRod Marchが11月7日に撮影したもの：http://earthquake.usgs.gov/earthquakes/states/alaska/photos/2002denali/DCP_0639.jpg による).

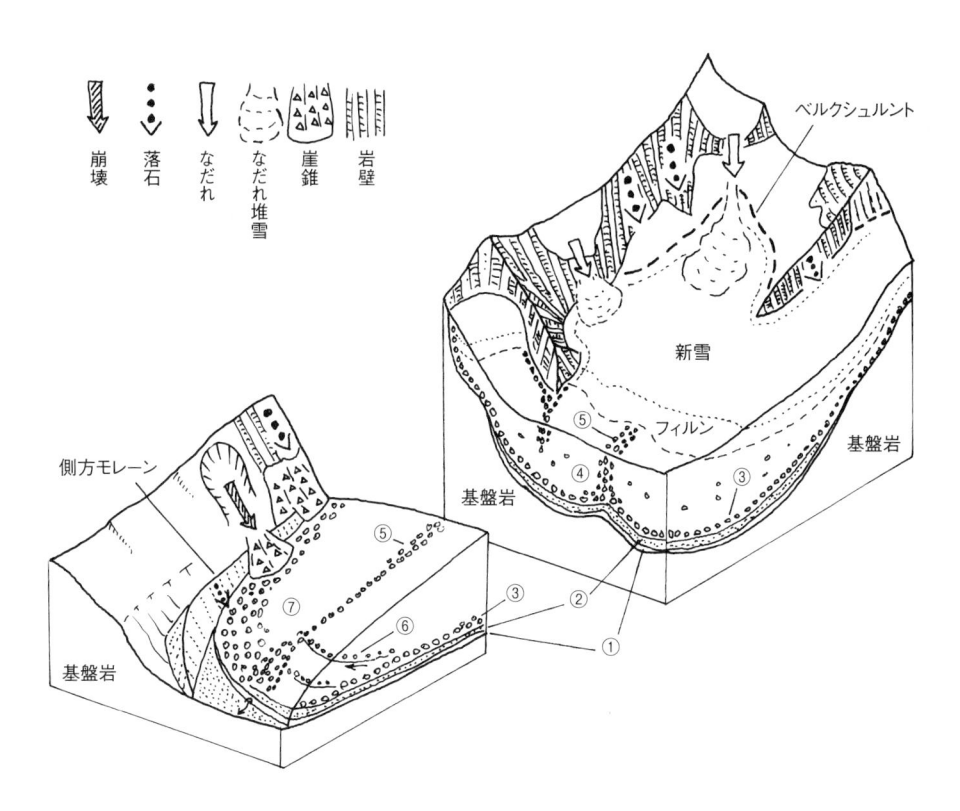

図6.4 谷氷河タイプの温暖氷河での岩屑の通り道の模式図. 氷河の周囲からなだれや落石で氷河縁辺表面に供給された岩屑は, 氷河内部に沈み込み底部岩屑隔壁層③になる. それに氷河底で侵食され付加された岩屑 (底部岩屑氷) ②も加わる. 氷河と基盤岩 (氷河床) のあいだには氷河底変形層①が存在することが多い. ①②③をあわせて氷河底運搬帯と呼ぶ. これらは, 氷河の合流によって氷河中央岩屑隔壁④となり, 消耗域では, 氷河表面に現れて氷河表面中央モレーン⑤となる. 氷河縁辺には氷河表面側方モレーンや, 衝上断層沿いにあがってくる岩屑⑥も加わって表面岩屑 (表面モレーン) ⑦が形成される (岩田原図).

6.1 氷河岩屑のシステム

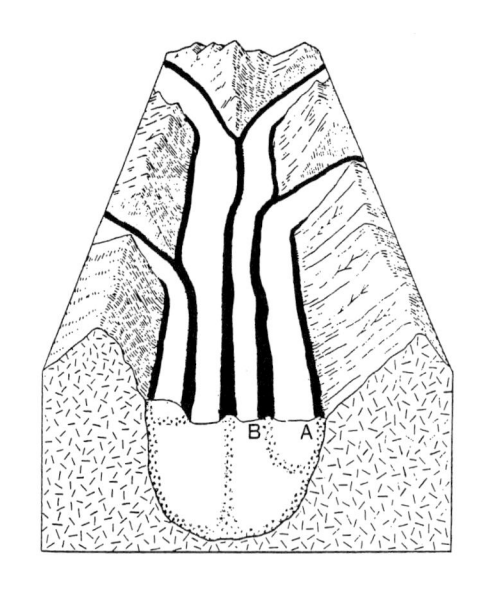

図 6.5 複合流域谷氷河の氷河表面岩屑（表面モレーン）の模式断面．氷河表面側方モレーン（A）が合流すると氷河表面中央モレーン（B）になる．岩屑を含んだ氷（隔壁）が下方にある（Sharp, 1988 の図から作成）．

河底に運ばれる場合もある．これらは岩屑を多量に含む岩屑氷（debris rich ice）であり，氷河内部での岩屑の主要な運搬帯である（7章参照）．氷河が合流すると氷体側面の岩屑氷層が合わさって氷河中央に鉛直な岩屑氷の壁状の構造ができる．これを船の隔壁にみたてて中央岩屑隔壁（medial debris septum）と呼ぶ．氷河底の岩屑は底部岩屑隔壁（bed-parallel debris septum）となる．これらは，氷河合流後は，文字通り氷河と氷河の境目になる（図 6.5）．

氷河岩屑は氷河の流動によって下流に運搬される．その過程で二次的・局部的な移動もおこる．氷河表面での起伏の形成に伴う移動，氷河内部での割れ目や融水流トンネルの形成に伴う移動，氷体の断層運動に伴う移動，氷河底での水圧による移動などがおこる．氷舌まで運ばれた氷河岩屑は，氷河側面や前面の消耗につれて氷河外に排出され氷河堆積物となる．

6.2 氷河表面岩屑

次項（1）「形成プロセス」で述べるように，氷河表面岩屑の主体は，氷河の内部から排出された岩屑であるから，ティル（氷成一次堆積物）と呼んでもよい（7章 7.2 参照）．したがって，氷河表面岩屑を氷河表面融出ティル（supraglacial melt-out till），あるいはアブレーション（消耗）ティル（ablation till）と呼ぶ地形学者が多かった．しかし，氷河表面岩屑には，消耗域に直接に落下・堆積した岩屑（ティルとは呼べない）や大気からの降下物も含まれるし，本来ティルは氷河外の堆積物に対する名称であるという考えから，本書では，氷河表面ティル（supraglacial till）とは呼ばずに氷河表面岩屑とする．

(1) 形成プロセス

氷河表面岩屑の形成プロセスは次の四つである．i) 氷河表面の消耗に伴う，氷河内部岩屑の表面への集中，ii) 氷河氷の差別的運動，iii) 氷河外からの直接の堆積，iv) 氷河前進による岩屑の搬入残置．それぞれについて説明する．これらの中でもっとも一般的なものは，氷河表面の消耗によるものである．

i）氷河表面の消耗による表面への集中：氷河表面の消耗（glacier-surface ablation）を**氷河表面低下作用**と呼ぶことにする．氷河内部の氷河岩屑は，消耗域での氷河表面低下作用に伴って氷河表面に現れてくる．南極のやまと山脈の内陸側には昇華蒸発による氷河消耗がおこり，広い範囲に裸氷帯が広がっている（図3.14）．そこには，氷体内部から現れてきた岩屑が散らばっている．そのような場所ではしばしば隕石が発見されている．氷河の消耗が融解によっている場合には，岩屑が現れるプロセスを**氷河表面融出**（supraglacial melt-out）という．氷河表面融出は氷河表面岩屑形成のもっともふつうのプロセスである．最近の10-20年の観察だけでも消耗域の表面岩屑が増加した例がいくつか知られている（深谷ほか，1998；Iwata *et al.*, 2005）．図4.9からは，アラスカのスシトナ氷河消耗域の1954-1980年間の表面岩屑の面積増加が読みとれる．

ii）氷河氷の差別的運動：氷河内部の深いところや底部に含まれる岩屑も，氷体内の衝上断層の動き（スラストアップ）など，氷体内部の差別的運動に伴って氷河の表面に押し上げられ現れてくる（図6.4の⑥）．図6.6は，南極セールロンダーネ山脈の氷床中の衝上断層によってもたらされた岩屑のリッジで，岩屑によって氷の昇華蒸発が抑制された結果形成された．南極氷床の山地やヌナタク群の氷床表面岩屑原の大半はこのようにして形成されたものである．

iii）氷河外からの直接の堆積：風成作用（飛砂・火山灰降下など）やマスムーブメント（落石・崩壊など）による氷河外から氷河表面への直接の堆積である．大型の谷氷河で周囲を大きな側方・縁辺モレーンに取り囲まれているものは，氷河表面低下に伴うモレーン内側の壁の崩壊によって大量の岩屑が氷河上にもたらされる．

iv）氷河前進による岩屑の搬入残置：氷河の氷舌部に上流からあらたに氷舌が前進してきて旧氷舌を覆い，その後，新しい氷舌が停止し，縮小・後退（消耗）した場合，新氷舌に含まれていた氷河底や氷河表面の岩屑が，氷体消滅後に旧氷舌上に残され，表面岩屑となる（図6.7）．これは天山山脈の岩屑被覆氷河の研究から明らかにされた（Iwata *et al.*, 2005）．

（2）氷河表面岩屑の消耗抑制効果

氷河表面低下作用（氷河表面の消耗）は，氷河表面岩屑によって促進されたり抑制されたりする．つまり，表面岩屑が選択的融解作用をひきおこす．氷河表面岩屑は氷河表面の色を黒っぽくするから（アルベドの減少），日射を吸収する効率がよくなり，氷河の消耗（融解・昇華蒸発）を促進する．Mattsonたちによる氷河での実験によると，岩屑の厚さが1.0-1.5 cmのとき融解速度が最大になる．いっぽう，岩屑の厚さが増して3-5 cmのときに裸氷での速度とおなじくらいになり，それ以上の厚さでは日射や顕熱輸送をさえぎるので消耗を抑制することになる（図6.8）．

氷河表面に大きさ数センチメートルの礫や，砂・泥の薄く小さなパッチがあると，それらは日射を吸収し暖まり，氷を溶かし沈み込んで融水がたまった円筒形の穴をつくる（図6.9左）．穴の直径・深さは10 cm程度で，穴の底には黒い泥（クリオコナイト；氷の汚れの意）が堆積していることが多いので，**クリオコナイトホール**（cryoconite hole）と呼ばれる．ネパールヒマラヤなどではクリオコナイトには多量の藍藻類やバクテリアが含まれており，氷河上に生息する昆虫などの雪氷生物の生活を支えている（竹内，2001）．氷河表面直下の氷体内部にある

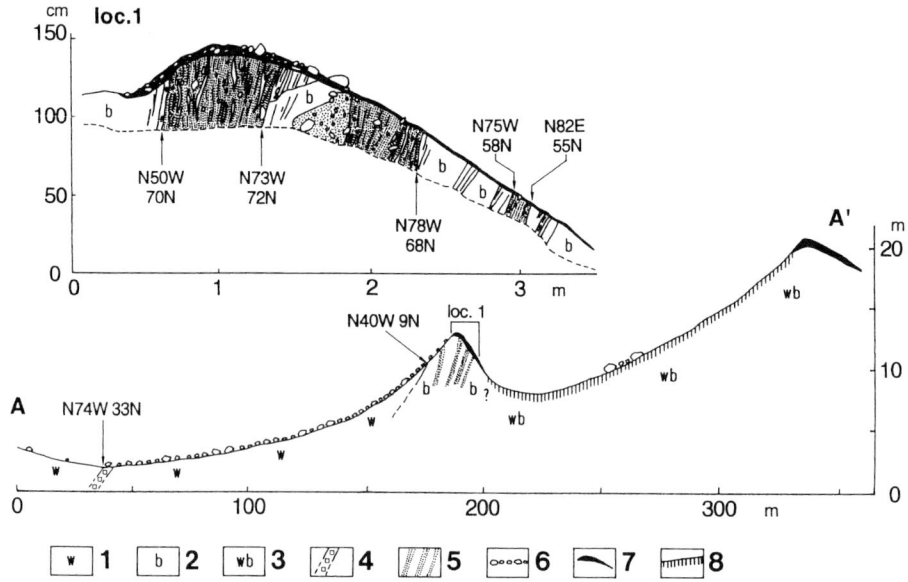

図 6.6 南極セールロンダーネ山脈の氷床中のモレーンリッジとその断面（写真は 1991 年 1 月岩田修二撮影）．縦すじが入った黒色部分が粘土・シルトを多く含んだ汚れた氷層．粘土分が多いことから岩屑層は氷河底から衝上断層に沿ってもたらされたと考えられる．岩屑層の消耗抑制効果によってリッジが形成された（断面スケッチは Hasegawa et al., 1992 による）．1：気泡に富む氷河氷，2：透明氷，3：気泡氷と透明氷とのミックス，4：汚れ氷層，5：土砂含み氷層，6：角礫，7：粘土に富むティル，8：積雪．

小礫が日射で暖められて，氷の中に水のポケットが形成されることもある（図 6.9 右）．

氷河の融解を抑制するだけの厚さがある砂や細礫がパッチ状に氷河表面を覆った場合，きれいな円錐形の**ダートコーン**（dirt cone）ができ（図 6.10），巨礫の場合には**氷河卓**（glacier table）ができることがある（図 6.11）．

（3）氷河表面岩屑層の層相

氷河表面岩屑層の層相には表面岩屑の形成プロセスが強く反映する．岩屑が氷河外からもた

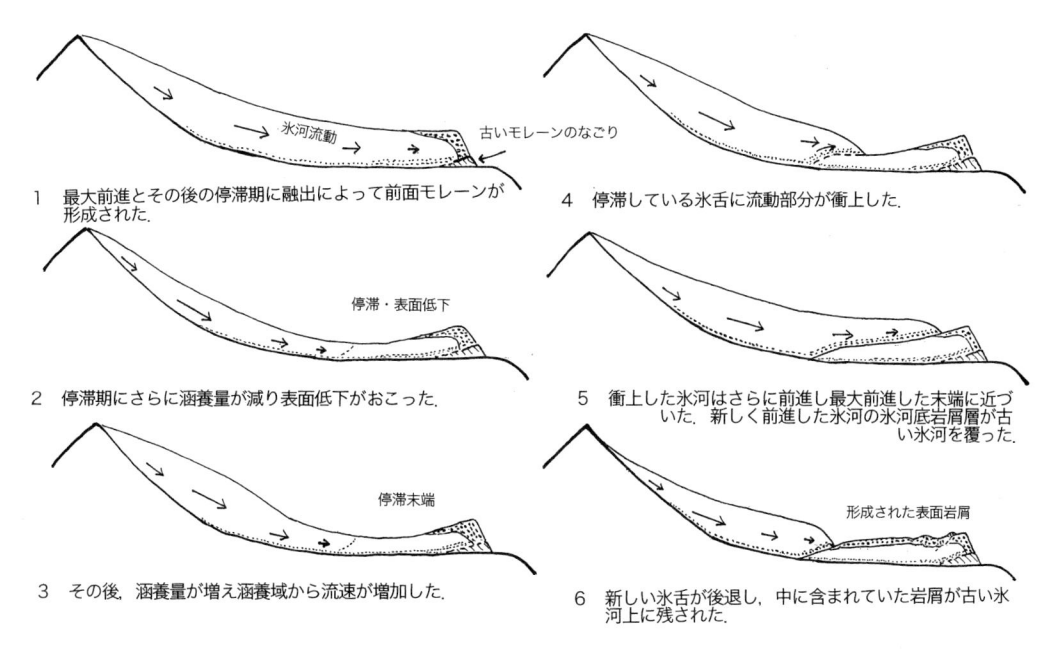

1 最大前進とその後の停滞期に融出によって前面モレーンが形成された．

2 停滞期にさらに涵養量が減り表面低下がおこった．

3 その後，涵養量が増え涵養域から流速が増加した．

4 停滞している氷舌に流動部分が衝上した．

5 衝上した氷河はさらに前進し最大前進した末端に近づいた．新しく前進した氷河の氷河底岩屑層が古い氷河を覆った．

6 新しい氷舌が後退し，中に含まれていた岩屑が古い氷河上に残された．

図6.7 前進してきた氷河の氷河底岩屑が，氷河消滅後，すでにあった氷河表面に残置され，表面岩屑層が形成されるシナリオ．天山山脈のウルムチ河源頭ウルプト氷河（6号氷河）での研究による（Iwata et al., 2005）．

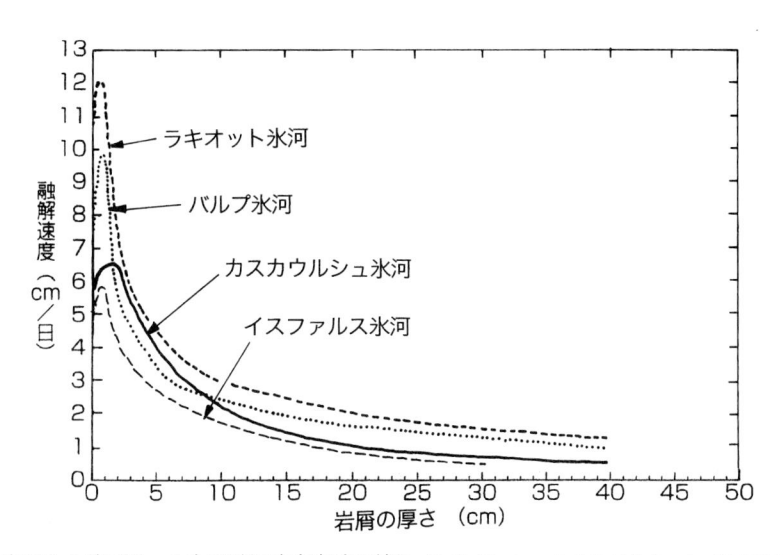

図6.8 表面を土砂で覆った氷の融解速度実験の結果（L. E. Mattsonたちのラキオット（Rakhiot）氷河での研究に基づいて描かれた図．中尾，2007の図3-8）．

らされ直接氷河に堆積した場合には，その堆積作用（原因）や堆積物質を反映したものになる．細粒の火山灰やレス，あるいは風成砂が表面岩屑層を形成している場合と，大きな岩塊を含む崩壊や岩屑なだれ堆積物の場合では対照的な層相になる．氷河氷の差別的運動による氷河底からの衝上（スラストアップ）の場合には，礫のほかに岩粉（粘土・シルト）を主とする細粒物質が氷河を覆う．あらたに前進してきた氷舌の氷河岩屑が残されて表面岩屑が形成される場合，残される岩屑の主体が氷河底岩屑ならば，氷河底岩屑層とおなじ層相になる（Iwata et al.,

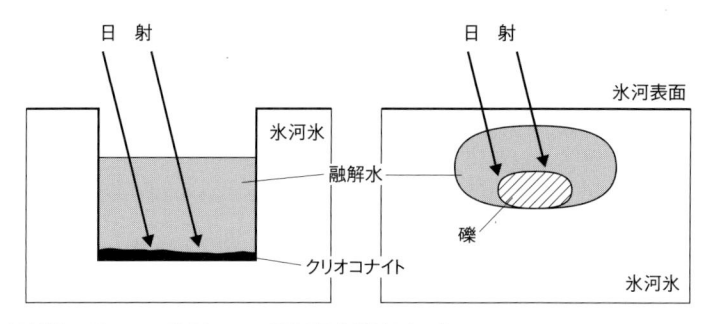

図 6.9　氷河消耗域に見られる岩屑による融解促進微地形．左：クリオコナイトホールの断面の模式図．底部の黒い沈殿物（クリオコナイト）が日射を吸収し，底部の氷の融解を促進し，円柱状の穴ができる（竹内，2001）．右：氷河表面近くの礫が暖められて融解水のポケットが氷中にできる．著者は 1984/85 年の夏に南極セールロンダーネ山脈で多数観察した．

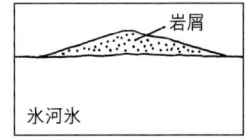

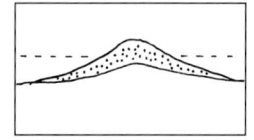

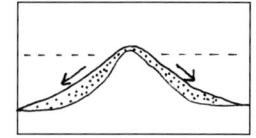

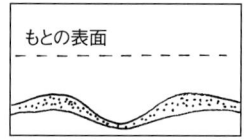

図 6.10　氷河消耗域に見られるダートコーン．上：アイスランド，ラング氷河（Langjökull）の氷河上に，火山灰によって形成されたダートコーン群（1985 年 8 月岩田修二撮影）．下：その形成過程模式図．岩屑による抑制効果によってコーン（円錐）ができると，岩屑は移動・滑落する．その結果，岩屑層が薄くなったコーンの頂上部で融解が進み，地形の逆転が生じる（岩田原図）．

2005）．もっとも一般的な表面岩屑の成因である．表面からの氷河消耗による岩屑層（表面融出による表面岩屑層）の場合，大きな岩塊からシルト・粘土までが雑多にまじりあった層相になる．しかし，氷河底から供給される岩粉も加わるから細粒物質の量は少なくない．厚い表面岩屑層でも，ゆっくりとした，しかし，着実な氷河表面低下の影響を受けているから，全体が沈下過程にある．その過程で細粒物質が先に沈下し表面に大きな岩屑が取り残される傾向が生じる（図 6.12）．表面に大きさがそろった角礫が取り残されて周氷河地形でいう舗石（pavement stones）が形成される場合もあるし，細粒物質に富む場合，多角形の割れ目状パターンや階段状のパターンが形成されることもある（図 6.13）．

GNEISS-BLOCK WITH GRANITE BANDS, ON THE KINCHINJHOW GLACIER.

図 6.11　東ヒマラヤ，カンチェンジャウ氷河上の氷河卓．花崗岩（石英岩脈）の縞が入った片麻岩の岩塊が氷河の融解を抑制している（Hooker, 1891: p. 384）.

図 6.12　東ネパール，クンブ氷河消耗域ロブジェ付近の表面岩屑層の断面．1：氷河氷，2：表面岩屑層の断面．厚さ 2 m 以上あり，巨礫が多く含まれている（1995 年 10 月岩田修二撮影）.

　氷河表面に堆積した氷河岩屑は，岩屑被覆氷河の場合のように，氷河表面の起伏が大きくなれば，さまざまなプロセスで再移動・再堆積を繰り返す．その結果生じる岩屑層は，マスムーブメント堆積物，流水堆積物，湖成堆積物などとおなじ層相になる．これらの再堆積岩屑を二次的ティルとして，層相からフローティル（flow till；泥流ティル），滑動ティル（sliding till），落下ティルなどに細分することも行われている．露頭における堆積物の記載ではそのような区分が必要と感じられるのであろうが，起伏の大きな山岳氷河の表面岩屑では，さまざまなプロ

6.2　氷河表面岩屑　**103**

図 6.13　中国，天山山脈ウルプト氷河の末端の氷河表面岩屑表面に見られる階段状のパターンと割れ目起源の溝．氷河が融解してスランプ状の沈下がおこっていると見られる（2003年8月岩田修二撮影）．

セスが入り交じり時時刻刻変化するので，そのような細かな区分は不可能でありほとんど意味をもたない．

（4）氷河表面モレーン

　山腹斜面から供給された岩屑がつくった，谷氷河の両岸近くの氷河岩屑隔壁が，消耗域で氷河表面に現れると，氷河の縁に沿った岩屑の列（氷河表面側方モレーン）になり（図6.4），それらが合流すると氷河中央に岩屑のベルト（氷河表面中央モレーン）ができる（図6.5）．これらは岩屑の消耗抑制作用によってリッジ状や堤防状の起伏をもつから，**氷河表面モレーン**（supraglacial moraine）と呼ばれてきた．合流した表面モレーンは，カラコルムやアラスカの長大な谷氷河では図6.14に示したような美しいパターンをつくる．リッジ状の氷河表面モレーンは，谷氷河だけではなく氷床にも存在する．山塊やヌナタクの周辺部には氷床表面からの高さが数メートルから10 mをこえる表面モレーンができる（図6.15）．大きな起伏をつくっている表面モレーンでも表面岩屑の厚さは10 cmをこえる程度で，地形（起伏）そのものは氷でできている．氷床の表面モレーンの岩屑は，とくにヌナタクの上流側の場合，氷床内の衝上断層に沿って上がってきた岩屑によってできている（図6.6）．

　これらの明瞭な形態をもつ氷河表面モレーンは，氷河消耗域では目立つ現象であり，登山者にもなじみ深く，氷河地形研究においても重視されてきた．ただし，これらは後述のアイスコアモレーン，氷河外側の縁辺モレーンへと連続的に移行するので，単に側方モレーンや縁辺モレーンと呼ばれることも多い．氷河表面モレーンがどのように氷河堆積地形としての縁辺モレーンに移行していくかは，まだ明確にはなっていない（9章9.3「モレーンの形成作用」参照）．

　ヒマラヤ南面に多い，急峻な捕捉域をもつ大型谷氷河の場合には，融出する岩屑の量が多すぎて氷河消耗域の全面を覆ってしまうので，美しい縞模様にならない．これらの氷河全面を覆

図 6.14 アラスカ州（アメリカ合衆国）とユーコン準州（カナダ）にまたがるセントエライアス氷原（山岳氷原氷河系）は，南極圏・北極圏以外では面積最大級の孤立氷河である．その中にあるカスカウルシュ氷河消耗域の，合流した中央モレーンの縞模様（白岩孝行撮影）．

図 6.15 南極セールロンダーネ山脈の氷河表面のモレーン原，高さ 10 m をこえるリッジが形成されているが，表面岩屑の厚さは 5-10 cm 程度で，起伏は差別的表面低下の結果生じた氷河氷がつくっている（1991 年 1 月岩田修二撮影）．

った岩屑層も表面モレーン・表面モレーン原と呼ばれることもあるが，明瞭な堤防状地形をつくらない場合，単に表面岩屑と呼ばれることの方が多い．消耗域全体が厚い岩屑に覆われた場合，氷河氷の消耗（融解・昇華蒸発）が抑制されるので，氷舌は長く存続することになる．

6.2 氷河表面岩屑

アイスコアモレーン

　表面モレーンのうち岩屑被覆が厚いものは，**アイスコアモレーン**（ice-cored moraine）と呼ばれる．漢字の表記「氷核堆石」はめったに使われない．表面モレーンとアイスコアモレーンとを区別する定義はない．一般的にいって，氷河氷と連続して存在する縁辺モレーン（marginal moraine）は，大きな起伏をもつものでもアイスコアモレーンのことが多い．そして，その外側に，氷を含まない，堆積物からなる縁辺モレーンがある．いいかえれば，表面モレーン，アイスコアモレーン，氷河の外側の縁辺モレーンは連続的に移り変わり，それぞれの識別はしばしば困難である（図 9.13 (1)，図 9.28）．

　アイスコアモレーンをつくっている氷河氷や表面岩屑の下の氷河氷の融解が進むにつれて，表面に融出する岩屑が増加し，ますます岩屑の遮蔽効果は増す．上流からの氷の供給がない停滞氷はこのような状態で長期間保存される．そのような氷体を**化石氷体**（fossil ice mass）と呼ぶ．化石氷体は永久凍土地域では非常に長く保存される．乾燥地域では化石氷体は重要な水資源になっている．西域南道沿いのオアシスの滅亡に関して，クンルン山脈の岩屑に覆われた氷河の重要性について，遺跡の発掘で有名な地理学者オーレル＝スタイン（Aurel Stein）が言及しているし（スタイン，1966：p.58），実際，推定される氷河変動との関係が推定されている（Iwata and Zheng, 1995）．化石氷体がついに消耗し灌漑水が途絶えたため滅びつつある村の存在が，川喜田（1960：p.177）によってネパール北西部から報告されている．

6.3　岩屑被覆氷河

(1) 岩屑被覆氷河の分布

　ヒマラヤ山脈のような急峻な山地の谷氷河では，なだれや落石・崩壊によって大量の岩屑が氷体内部に供給される．このような氷河では消耗域の大部分が氷河表面岩屑に覆われる（図 6.16）．この岩屑に覆われた氷舌は，氷河の部分として岩屑氷舌と分類されるが，**岩屑被覆氷河**（debris-mantled glacier, debris-covered glacier）と呼ばれることが多い．黒い氷河，汚れた氷河，D 型氷河（dirty-type glacier）とも呼ばれる．岩屑被覆氷河が形成されるためには，落石・底なだれ・崩壊などが発生するような急な岩壁が捕捉域に広く露出していることが必要である（伏見，1980；藤井・渡辺，1983）．そのような場所は大起伏の山地である．つまり，岩屑被覆氷河の世界的な分布は急峻な山地の分布と一致している．乾燥地域の氷河では捕捉域の裸岩域面積が広いので岩屑被覆氷河が多いのは当然と考えられるが，チリ側パタゴニアのような湿潤で降雪量が多く，補足域のほとんどが雪氷に覆われた場所でも，氷河背後の斜面が急なところでは岩屑被覆氷河が形成されているので，もっとも重要な要因は地形の急峻さであるといえよう．松岡（1984）は，それに加えて，ヒマラヤ山脈では，水分が豊富で凍結破砕のおこりやすい温度条件にある高度 5000-5500 m に岩壁が多く分布することを強調している．中央アジアの高山には多くの岩屑被覆氷河があることが探検家や地理学者によって古くから知られており（たとえばスタイン，1966），そのうちの，涵養域が小さい，なだれ涵養型の岩屑被覆氷河は，トルキスタン型氷河と呼ばれる（5 章参照）．

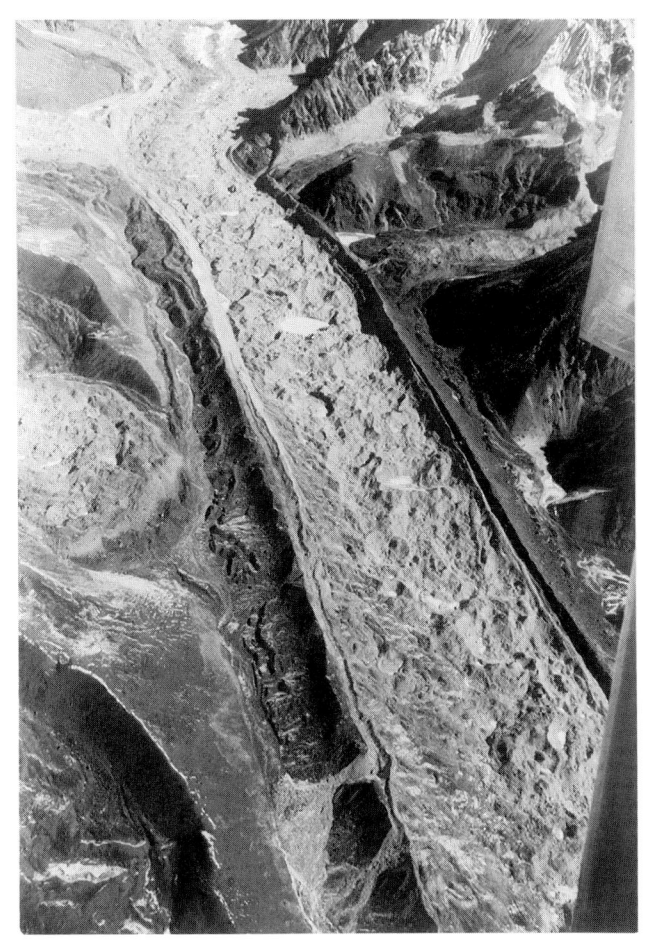

図 6.16 ネパールヒマラヤ，チョモランマ（エベレスト）南面のクンブ氷河の消耗域（写真上方が上流）．岩屑に覆われた消耗域の両側に小氷期の縁辺モレーンがある（1978 年 12 月撮影；GEN・名古屋大学・日本雪氷学会）．

(2) 岩屑被覆氷河の表面形態と地形プロセス

　岩屑被覆氷河に近寄って観察すると，不規則な凹凸をもった複雑な表面地形を見ることができる．とくに，どんどん消耗している部分では，**氷河カルスト**と呼ばれる複雑な地形になる．岩屑被覆氷河の表面の微地形の研究は，かつては Sharp（1949）・Clayton（1964）・Healy（1975）などわずかしかなかった．1978 年に著者を含む研究グループが，ネパールヒマラヤ，チョモランマ（エベレスト）南面のクンブ氷河で総合的な岩屑被覆の現地野外調査を行った．クンブ氷河はヒマラヤ南面の大型氷河として典型的な岩屑被覆氷河である．消耗域の大部分は岩屑に覆われ，しばしば混沌（chaotic）と形容される様相を見せる（図 6.16）．

　このような複雑な形態をとらえるために，まず消耗域全体の地図をつくり（図 6.17 右），消耗域の四つの詳細調査区では測量によって大縮尺の地形図もつくった（図 6.18）．これらに基づき形態区分を行った（図 6.17 右）．さらに，消耗域の代表的な地点で氷河流動量・氷河消耗量と，岩屑の様相すなわち，厚さ（図 6.17 左上）・粒径・岩種構成などを測定した（Fushimi *et*

起伏のある部分の地形単位

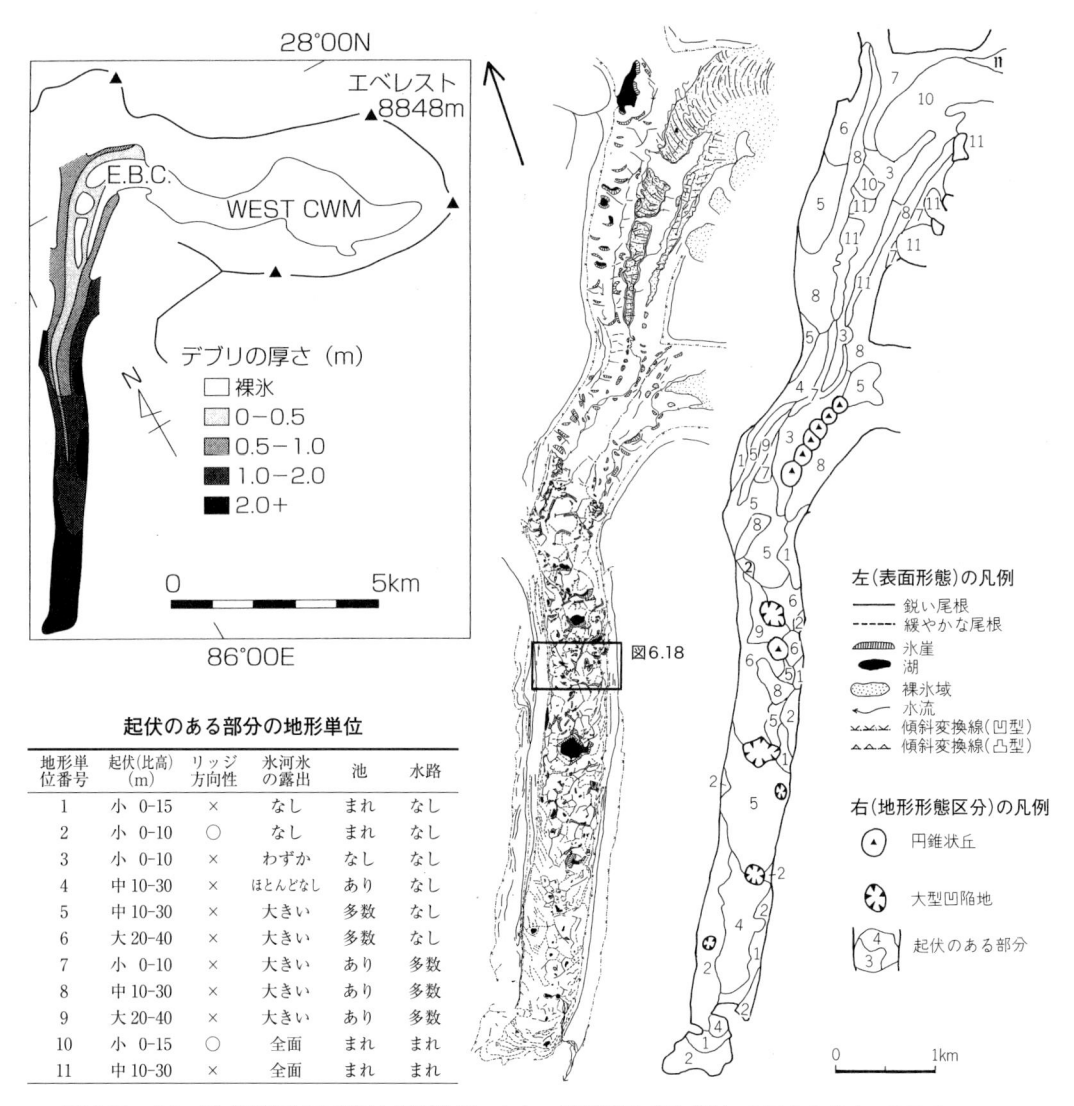

地形単位番号	起伏(比高)(m)	リッジ方向性	氷河氷の露出	池	水路
1	小 0-15	×	なし	まれ	なし
2	小 0-10	○	なし	まれ	なし
3	小 0-10	×	わずか	なし	なし
4	中 10-30	×	ほとんどなし	あり	なし
5	中 10-30	×	大きい	多数	なし
6	大 20-40	×	大きい	多数	なし
7	小 0-10	×	大きい	あり	多数
8	中 10-30	×	大きい	あり	多数
9	大 20-40	×	大きい	あり	多数
10	小 0-15	○	全面	まれ	まれ
11	中 10-30	×	全面	まれ	まれ

図6.17 クンブ氷河消耗域の岩屑と表面地形.左上：表面岩屑（デブリ）の厚さの分布.E.B.C.：エベレストベースキャンプ,WEST CWM：ウエストクーム (Inoue and Yoshida, 1980).右：表面形態の地図（1978年7-8月にトラバース測量と簡易地上写真測量によって作成した）と地形形態区分図.左下：右の地形形態区分図の起伏のある部分の数字と対応した地形形態の性質（Iwata et al., 1980; Watanabe et al., 1986による）.

al., 1980; Inoue and Yoshida, 1980; Nakawo et al., 1986).この氷河の再調査が17年後の1995年,26年後の2004年に行われ,変化の様子（Seko et al., 1998; Iwata et al., 2000; Kadota et al., 2000),くわしい消耗過程（Nakawo et al., 1999; Sakai et al., 1998; 坂井,2001）も明らかになった.

図6.19にはクンブ氷河の岩屑に覆われた消耗域（上流には裸氷帯も含む）でおこっている,いくつかの形態形成作用の氷河縦断面に沿った強さや量を模式的に示した.氷河表面岩屑に覆われた消耗域の形態形成に関わる主要因は,i) 氷河表面低下量の場所による違い：消耗域を覆った岩屑層の厚さの違いによる融解量の場所の差（とくに厚い岩屑層が氷の融解を抑制する）と,池と流水の水路での侵食の場所による差,ii) 表面の隆起：氷河の流動による氷の供

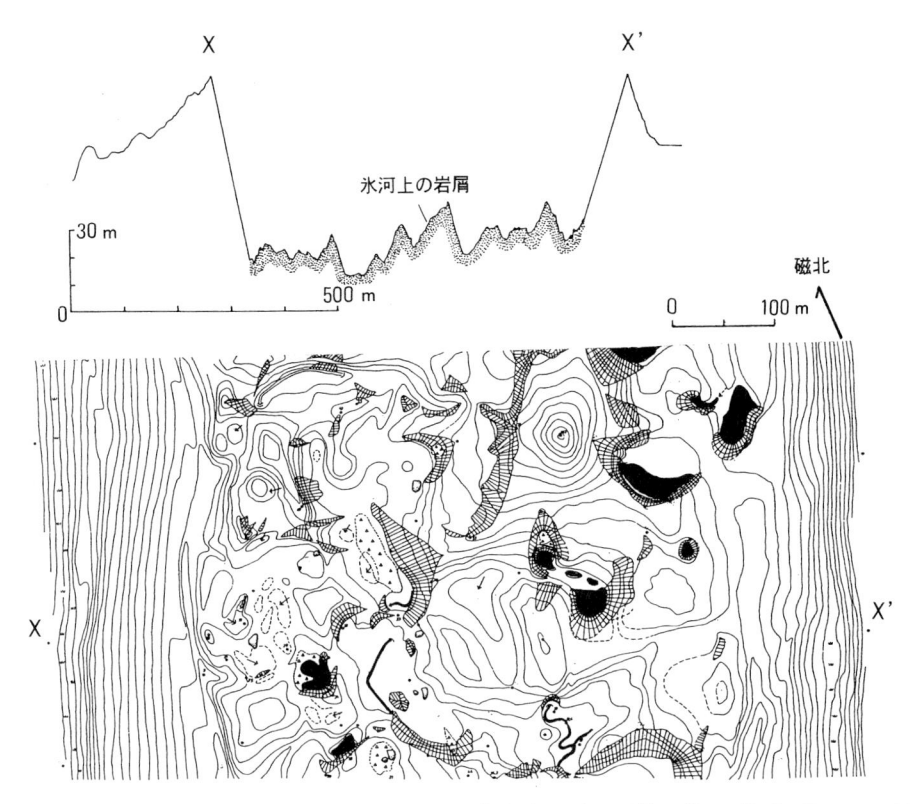

図 6.18 クンブ氷河消耗域中流部（図 6.19 の詳細調査域 II）の表面形態と断面．場所は図 6.17 に示した．1978 年 7-8 月に，ネパールヒマラヤ氷河学術調査隊による平板測量（地形図：Iwata *et al.*, 1980）と水準測量（断面図：Inoue and Yoshida, 1980）によって作成した．等高線間隔 5 m，黒く塗りつぶしたのは池と水流，細かい傾斜方向の線は氷が露出した崖，小三角は巨礫の集積．断面の位置を示す X, X' は小氷期の側方モレーンの頂上に位置する．氷河表面はモレーンリッジの高さから 60 m 以上低下した．

給のバランス，で決まっている．表面での流水や停滞水（池）での侵食は，水路や池の分布から中流部で大きいことがわかる．下流部では氷河内・氷河底での侵食がおこっている（図 6.19 ①）．これは，末端から吹き出す大量の水の存在からもわかる．氷河表面での面的消耗（大気下での融解）量は，融解を促進・抑制する岩屑の厚さの反映である．すでに 6.2 (3)「氷河表面岩屑層の層相」の項で述べたように，起伏の大きな氷河表面の岩屑層では，さまざまな再移動・再堆積プロセスがおこり，岩屑の再移動が岩屑の厚さの分布を複雑にしている．いっぽう，岩屑が厚くなる下流部では氷の消耗量は小さい（図 6.19 ②③）．上記 ii) の表面隆起の量は氷河上流からの氷河流量（図 6.19 ④）で決まる．これらの形成作用が組み合わさった結果として，クンブ氷河の消耗域の地形がつくられる（図 6.19 ⑤）．その地形は，おおまかには，それぞれ I・II・III・IV の詳細調査域で代表される四つの部分に分かれる．上流部では，いろいろな現象が氷河の流動方向に並んでおり，起伏は小さい．氷河流動によって氷は隆起傾向にある．いっぽう，中流部では氷の消耗が激しい上に岩屑の厚さの変化も大きく，池や水流も多く，起伏が最大になり，非常に複雑な様相を見せる（図 6.18）．小氷期に形成された側方モレーンリッジと氷河表面との比高（氷河表面低下量）も，中流部 II 域とその上流において最大になる．下流部では岩屑が厚すぎるため融解速度が遅く，比高も小さく，起伏も小さいままである．

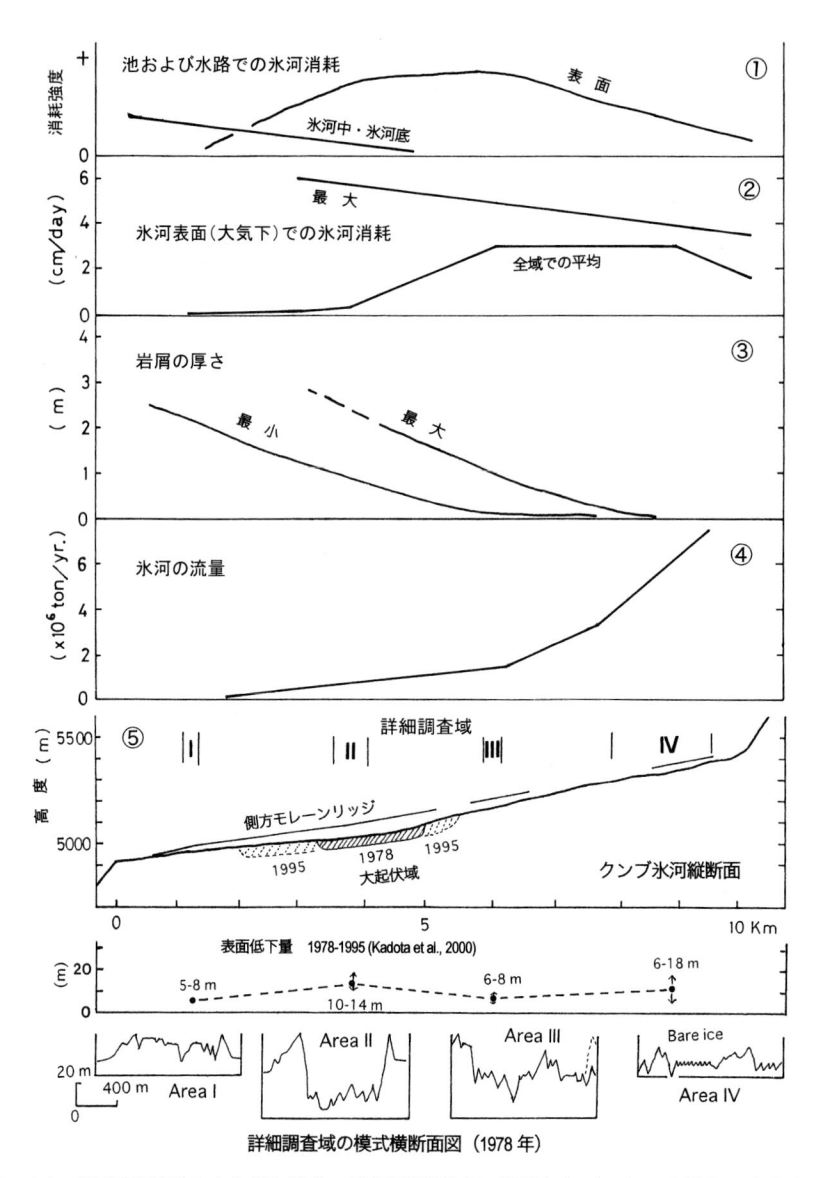

図 6.19 クンブ氷河消耗域の中心線に沿う，表面形態形成に関係したプロセスの強度のめやす，岩屑の厚さ，および断面プロファイル．右が上流，左が下流．氷河表面での氷河消耗（subaerial ablation）の量は Inoue and Yoshida（1980），氷河流動は Kodama and Mae（1976）および池上宏一の資料による．氷河の消耗は上流部・中流部で大きく，下流部では厚い岩屑によって抑制される．上流部では氷河流動によって表面の上昇がある．したがって氷河中流部で消耗（表面低下）がもっとも速く進み，側方モレーンリッジからの比高が大きくなる．一番下の図は，氷河の縦断面図と四つの詳細調査地域の位置とその横断面図（1978年の状態）を示す．1978年から1995年にかけての氷河表面低下は，詳細調査域 II の大起伏地域が上流部と下流部に拡大することによっておこった．

　このような岩屑被覆氷河の消耗域でおこっている形態形成作用は，地球の表面でおこっている地形形成過程（堆積過程は欠くが）のほとんどミニチュアであるといえよう．しかも，変化速度が大きいので地形の実験場としての意味がある（中谷，1966：再録版 2002 では pp. 316–321）．

　1978年と1995年との比較から，II 域の表面が低下した大きな起伏の部分が上流方向と下流方向に拡大することによって，中流部全体の起伏が大きくなったことが明らかになった（図

図 6.20 クンブ氷河消耗域の岩屑被覆部分に形成された池．氷壁が露出している．右奥にはあらたに陥没した部分が見える（1995年10月岩田修二撮影）．

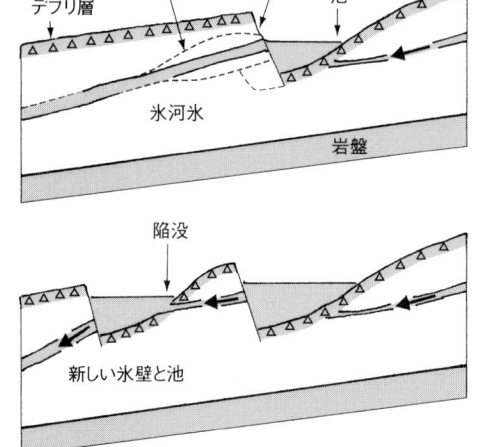

図 6.21 氷河消耗域における池が池をつくる過程の模式図．太陽熱によって暖められた池水は，流出する水路（トンネル）を拡大させ，氷河を陥没させ，あらたな氷壁・池・表面流路をつくり，さらに太陽熱を貯える．このようにして地形はさらに複雑になり，氷河の消耗はいっそう進む（坂井亜規子による中尾，2007の図6-6）．

6.19⑤）．この過程を坂井（2001）は，氷河表面に形成された池（図6.20）が太陽熱を吸収し，その熱が水路を通して下流に運ばれる過程で氷河を融かし，水路を広げ，氷河を陥没させ，あらたな池・氷壁・流路をつくり（図6.21），結果として氷河表面地形を低下させ，表面形態が複雑化すると説明した．

岩屑被覆氷河の消耗域には池が点てんと存在する場合が少なくない．そのような池は拡大し大きな湖となり，氷河の消耗域の中の広い面積を占めるようになる場合がある．これらについては10章10.3「氷河湖」で述べる．

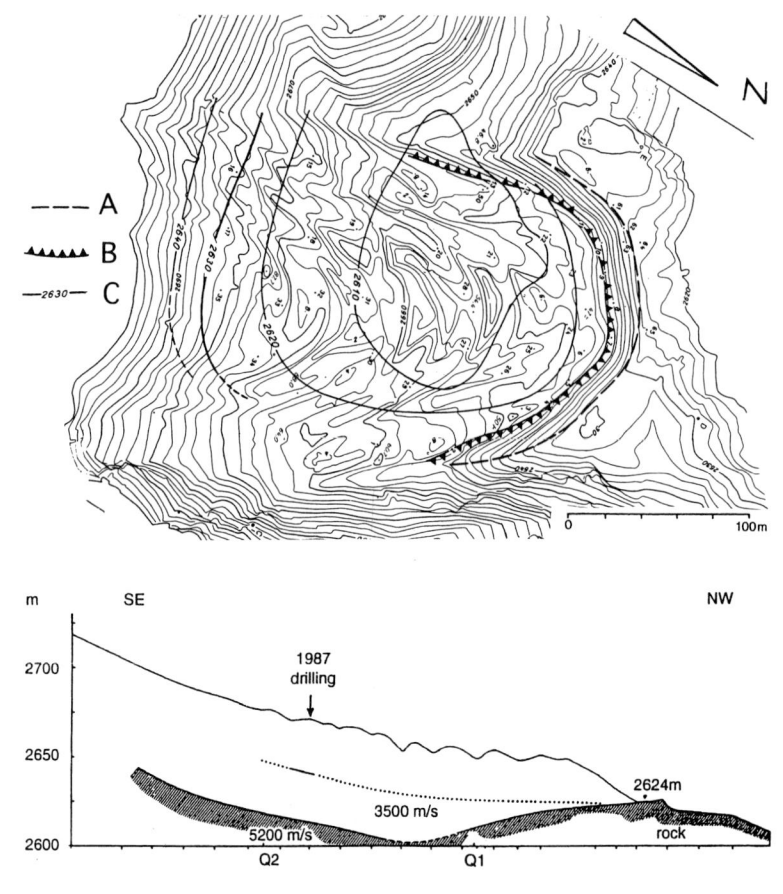

図 6.22 スイスアルプスのムルテル（Murtél）岩石氷河．この岩石氷河（周氷河性）では掘削（ボーリング）や弾性波探査などによって内部構造が明らかにされている．上：平面図．細線は表面地形の等高線．太線 C は基盤岩の高さを示す．岩石氷河前面の上端 B と下端 A が示してある．下：岩石氷河中央部の断面図．掘削地点と弾性波速度の境界線が示してある．弾性波速度 3500 m/s の部分は永久凍土，5200 m/s は基盤岩である．表面上面の複雑な畝溝地形が表現されている（Barsch, 1996: pp. 88-89 による）．

6.4 岩石氷河

氷河性岩石氷河と周氷河性岩石氷河

　岩石氷河（rock glacier）とは，岩塊・角礫から構成された舌状・耳たぶ状・ローブ（lobate）状の岩屑地形で，形態が小さな氷河の消耗域にそっくりであることから注目され，岩石氷河と命名された（図 6.22）．氷河と名づけられているにもかかわらず，ふつうは，永久凍土の指標である周氷河地形とみなされる（Barsch, 1988）．しかし，IHD の氷河台帳作成指針で岩石氷河が氷河分類の中にも含まれているように，氷河地形研究者の間では氷河に関係した現象であると信じられてきた（Johnson and Lacasse, 1988; Humlum, 1996）．事実，圏谷氷河の下方に位置し（図 6.23），内部に氷河氷をもつ岩石氷河が存在する（Humlum, 1982）．これは，後述するように岩屑被覆氷河との区別が難しい．図 6.23 に示したように，形成場所や平面形の違いによって岩石氷河はいくつかのタイプに分けられている．氷河氷に関係したものを**氷河性岩石氷河**（glacial rock glaciers），永久凍土に関係したものを**周氷河性岩石氷河**（periglacial

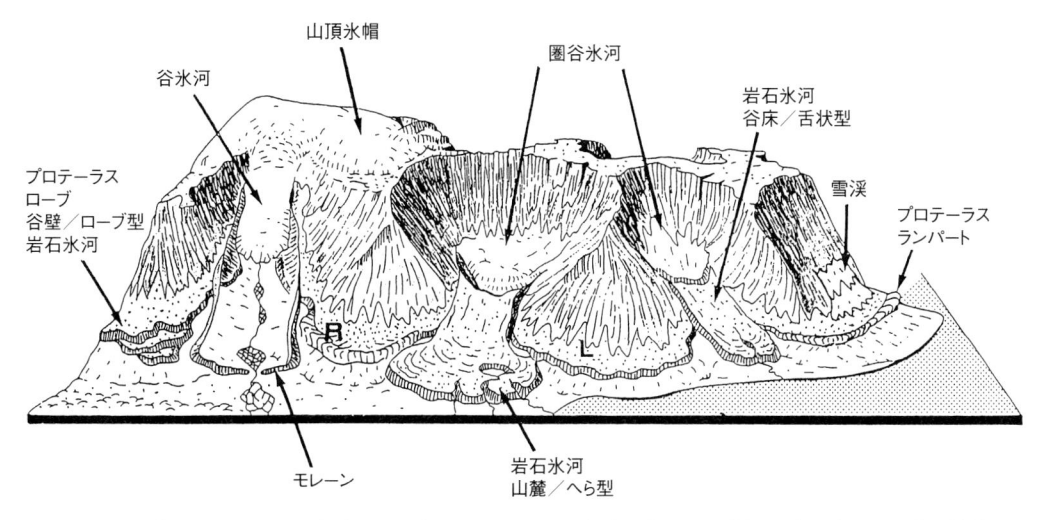

図 6.23 グリーンランド西岸ディスコ島のフィヨルドの谷壁に見られる氷河と岩石氷河,周氷河性岩屑地形の諸タイプ模式図.プロテーラスローブ(L)やプロテーラスランパート(R)は周氷河性岩石氷河と密接な関係にある(Humlum, 1982の原図を再録したHamilton and Whalley, 1995: Fig.2による).

rock glaciers)と呼ぶことも提唱されている(Benn and Evans, 1998).

岩石氷河の形態や分布,流動は古くから認識されていたが(たとえばWahrhaftig and Cox, 1959),くわしい実態や成因が明らかになったのは最近で,松岡(1998)のすぐれた解説がある.活動中の岩石氷河の上面(たいらな表面)には,流下方向に凸の円弧状の畝と溝があり,上面と周囲の急斜面との境界は鋭角である(図 6.22).岩石氷河は内部の氷や凍土層の塑性変形によって斜面下方にゆっくり移動する.その流動速度は一般的にいって氷河の流動より1桁小さく,氷河流動と区別するために岩石氷河クリープとも呼ばれる.永久凍土と岩石氷河の運動に関する広範な研究展望(Haeberli et al., 2006)を参照されたい.

氷河性岩石氷河と岩屑被覆氷河

氷河氷をもつ岩石氷河と岩屑被覆氷河との区別が難しく,一連のものであるという考えは,岩屑被覆氷河と岩石氷河が多いヒマラヤを見ると,当然のことのように思える.ヒマラヤには大型の岩石氷河も多く,氷河末端とそっくりの形状のものも少なくない(図 6.24).ヒマラヤの岩屑被覆氷河の末端部の形状は,多くの場合,岩石氷河にそっくりである.クンブ氷河の末端では,岩屑の厚さは5m以上あると推定されており,活動的な岩石氷河の必須の条件である,急で新鮮な前縁斜面と,畝溝(ridge-furrow)構造をもつ上面との境界の鋭角さ,など岩石氷河とおなじ性状を備えている(第3部扉の写真参照).これらは,表面岩屑がどんどん集積して表面岩屑層の厚さが増した岩屑被覆氷河の氷体が流動(氷河内部変形など)をおこせば容易に形成されると考えられる.しかし,岩石氷河と同じ形態をもつ岩屑被覆氷河の前面が,活動的岩石氷河のように前進しているのが観測された例はない.クンブ氷河の例も写真の比較では前進しているようには見えない.

南極半島のジェームスロス島では,岩石氷河と信じられていた地形がボーリング調査や,地質レーダー(ground-penetrating radar)探査,流動観測,断面観察によって完璧な岩屑被覆氷河(図 6.25)であることが確かめられた(Fukui et al., 2008).

図 6.24 ネパールヒマラヤ東部，ホンヒマラヤの氷河性岩石氷河．上の写真の岩石氷河の背後には影になって見えないが，圏谷氷河がある．岩石氷河の背後の山稜はフンクー (6097 m) からピーク 41 (6654 m)．中央遠景のピークはアマダブラム (6812 m)．下の拡大写真では表面の畝溝（リッジと溝）構造，前面斜面が明瞭に見える（1978 年 12 月撮影：GEN・名古屋大学・日本雪氷学会）．

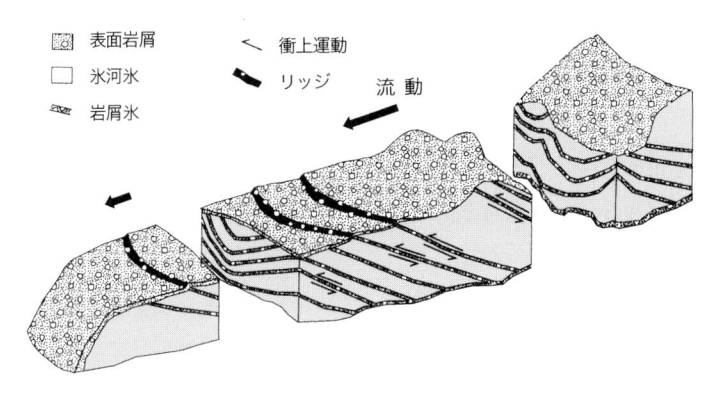

図 6.25 南極半島，ジェームスロス (James Ross) 島の岩屑被覆氷河．岩石氷河とされていたが，内部構造と運動から岩屑被覆氷河であることが判明した．表面岩屑はすべて氷河底から供給された (Fukui et al., 2008: Fig. 8 による)．

第3部
氷河底・氷河縁辺の地形
（狭義の氷河地形）

　第3部では，まず氷河底でおこっている岩屑生産・排出プロセス，次にその結果形成される侵食地形と堆積物の地形を説明し，最後に氷河下流の地形と氷河湖について述べる．ここであつかう核心は，氷河底や氷河縁辺での岩屑の動きである．中でも氷河底岩屑層の重要性を強調する．狭義の氷河地形は，氷河と氷河基底（氷河の下の基盤岩や堆積層）との岩屑のやりとり（出入り）の結果生じる．ただし，そのメカニズムの細部には不明の点が少なくない．氷河底でおこっていることは観察が難しいからである．

クンブ氷河の末端．植生をかぶった完新世末のモレーンを小氷期の新鮮なモレーンが覆っている．この新しいモレーンの前面部分は，岩石氷河の末端とおなじ形態をしているが，その後の写真と比べると形態の変化は見られない（6.4参照：1974年12月岩田修二撮影）．

7 氷河底でのプロセスと氷河堆積物

> 1979年の雪氷学会の氷河基底シンポジウムのサブタイトルは「氷と岩の境界」で，氷河基底と基盤岩が同義にあつかわれた．これは地質屋にはとうてい受け入れがたいものである．つまり，氷河屋たちが，いまだに地質屋の考えを無視していることを示すものである．というのは，欧州や北米の，かつて氷床に覆われた地域の80％を覆う，軟らかい変形しうる堆積物の研究によって，別のプロセスがあることを（地質屋が）明らかにしてきたのだから（岩田修二訳）．
> G. S. Boulton "A paradigm shift in glaciology?"

7.1 底部氷と氷河底でのプロセス

氷河岩屑は氷河表面だけではなく氷河の内部にも底部にも存在する．それらは，氷河を支えている土台，**氷河基底**（glacier bed；氷河床）を剥磨し，氷河から排出された後には氷成・氷河堆積物となる．狭義の氷河地形にとってもっとも重要な氷河構成物は氷河底の岩屑である．氷河による侵食と堆積とは氷河と氷河基底（氷河の下の基盤岩あるいは堆積物層）との間での岩屑のやりとりにほかならない．その意味で氷河の底（氷河底面）とその下の氷河基底でおこっていることの理解が狭義の氷河地形学の最重要課題である．

(1) 氷河底の構造

底部氷と氷河底変形層

多くの氷河では，氷河のもっとも底の部分に，岩屑を多量に含む厚さ数十センチメートルから数メートルの氷層が存在する（図7.1）．一見すると堆積物のように見えるが，岩屑の体積より氷の体積の方が多い．この氷河底にある岩屑を含む氷層（debris-rich basal ice layer）・岩屑氷（debris-laden ice）を**底部氷**（basal ice, glacier sole）と呼ぶ．しばしば氷河底岩屑氷（basal-debris ice），氷河底の汚れた氷層（basal dirty ice-layer），氷河底汚れ層とも呼ばれる．汚れといわれるが，接近して表面の汚れを除くと，透明氷が礫や砂，シルト，粘土を含んだきれいな層である．底部氷の存在は，氷河の氷が i) 氷河の主体を構成する氷河氷（氷体主部）と，ii) 底部氷に二分されることを意味する．

氷河の下の氷河基底も2種類に分けられる場合がある．iii) 未固結物質からなる氷河底変形層（subglacial deforming layer）・変形基底層（deformed glacial bed）と，iv) 基盤岩または凍結した未固結物質である硬い氷河基底（rigid bed），である．氷河底変形層は，未固結物質などからなる変形しうる氷河基底が，氷河によって引きずられて変形することによってできるので，氷河基底が基盤岩や凍結層からなる場合には存在しない．このような氷河底部の構造を図7.2に示す．

このように，氷河の底部は層状の構造をしており，氷河の流動に伴ってすべりがおこる．おもなすべりがおこるのは，ii) 底部氷と iii) 氷河底変形層・変形基底層との境界（氷河底変形層がある場合），あるいは ii) 底部氷と iv) 硬い基底の境界（氷河底変形層がない場合），である．そのときに，底部氷は，4章4.2 (2)「底面すべり」の項でもふれたように，圧力融解・復氷現象やそのほかの原因によって，凍結したり，融解したりして，その結果，多くの岩屑を取り込

図7.1 チベット高原タングラ山脈のドンケマディ氷河の底部氷（底部岩屑氷・氷河底汚れ層）．ストック（長さ1.5m）を置いた部分（1999年9月岩田修二撮影）．

```
────────────── 氷河表面 ──────────────
              i) 氷体主部・きれいな氷
                 main glacier ice, clear ice
氷 河 氷
glacier ice   ii) 底部氷・底部岩屑氷・氷河底汚れ層
                 debris-rich basal ice, glacier sole ←①
                                        ③
────────────── 氷河底面 ───── ↑↓ ── 氷河底運搬帯
              iii) 氷河底変形層・変形基底  ②         BTZ
                 subglacial deforming layer, ←①
                 deformable bed, soft bed        ⑤
氷河基底                                ↑↓
glacier bed   iv) 硬い氷河基底・基盤岩  ④
                 ・凍結未固結堆積物 rigid bed, bedrock, permafrost
```

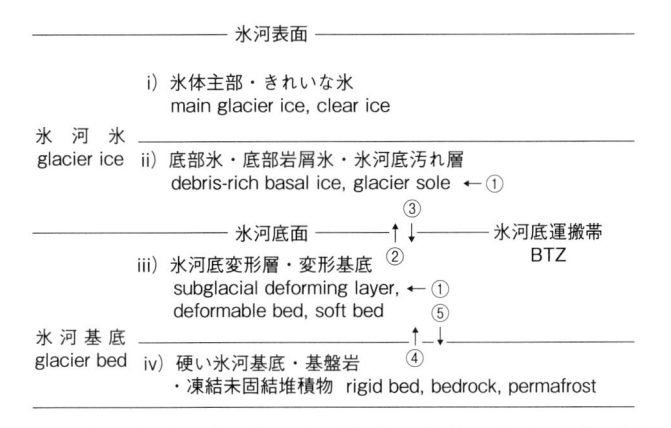

図7.2 模式的に示した氷河底部氷＝氷河底変形層連続体の呼び名と岩屑の移動・出入り．氷河底変形層が存在する場合．矢印は岩屑の移動を示す．①下流への運搬，②わずかな侵食，③摩擦による堆積（ロッジメント）と重力による融出（メルトアウト），④侵食（磨耗・もぎ取り），⑤堆積（変形の停止）．

んだり排出したりする．底部氷に取り込まれた岩屑を**氷河底岩屑**（basal debris）という．氷河の流動と底面すべりに伴ってii) 底部氷とiii) 氷河底変形層は移動し，結果として岩屑を運搬するので，この部分は**氷河底運搬帯**（BTZ: basal transportation zone, sub glacial transportation）と呼ばれる．この氷河底運搬帯への岩屑の出入りが氷河底での地形形成作用である（図7.2）．岩屑が底部氷に取り込まれることが侵食であり，底部氷からの岩屑の排出が堆積である．

このように，底部氷と底部岩屑が氷河基底にあたえる作用や，そこでの岩屑の出入りが氷河底プロセスの主要な部分であり，狭義の氷河地形学にとってのもっとも重要なものである．中でも，底部氷と氷河底変形層とは，氷が含まれるか，含まれないかの違いがあるだけで層相や性質がよく似ており，底部氷＝氷河底変形層連続体（basal ice, deforming bed continuum）

図 7.3　ネパール，クンブ地域のチャングリ氷河の氷河底トンネル内（図 3.23）（幸島司郎撮影，吉田 稔提供）．

と呼ばれ，氷河底岩屑の挙動にとって重要であると考えられている（Hart, 1998）．

　氷河地形形成に関係する底部氷の重要性をまとめると，次のようになる．

　i）底部氷に含まれる岩屑が，底部氷の変形と氷河底での摩擦を支配し，氷河流動に影響する．
　ii）底部氷の形成速度や量が，氷河基底からの岩屑の取り込みを支配する．
　iii）底部氷の動きが侵食力を決める．
　iv）底部氷は氷河底での岩屑の効果的な運搬手段であり，その結果として氷河基底堆積物の給源となる．

氷河底プロセスの観測

　氷河流動の項でもふれたように，氷河底プロセスは厚い氷の下でおこっているから，直接，観察や測定をするのが難しい．しかし，すでに 1940 年代はじめにはスイスのグリンデルヴァルト氷河のクレバス底での観察によって復氷現象が観察されている（Carol, 1947）．底面すべりの量やメカニズムを確かめるためには，氷河底にできた自然のトンネル（図 3.23，図 7.3）や，人工的に掘られたトンネルの内部で観測しなければならない．1952 年にはノルウェーの圏谷氷河にトンネルを掘ってくわしい観察と測定が行われた（McCall, 1960）．その後も，氷河底での観察や測定は，少ないが行われ（たとえば Vivian and Bocquet, 1973; Echelmeyer and Wang, 1987; Rae and Whalley, 1994 など），実験室での研究（Iverson, 1990）もあり，氷河底のプロセスが明らかになってきた．ボーリング孔の底にカメラを設置して観察することも行われている（Engelhardt et al., 1978）．氷河基底の変形も，氷河底のトンネル（図 7.4）や，氷河のボーリング孔から氷河の下の堆積物中にセンサーを埋め込んだりして測定されている（たとえば Boulton and Hindmarsh, 1987；図 7.5）．氷河底での侵食メカニズムをどのようにして研究するかについては，Collins（1981），Hubbard and Glasser（2005）などを参考にされたい．

底面すべりと氷河底岩屑

　氷河が氷河基底上をすべるのが底面すべりである．そのメカニズムは 4 章 4.2 (2) で説明し

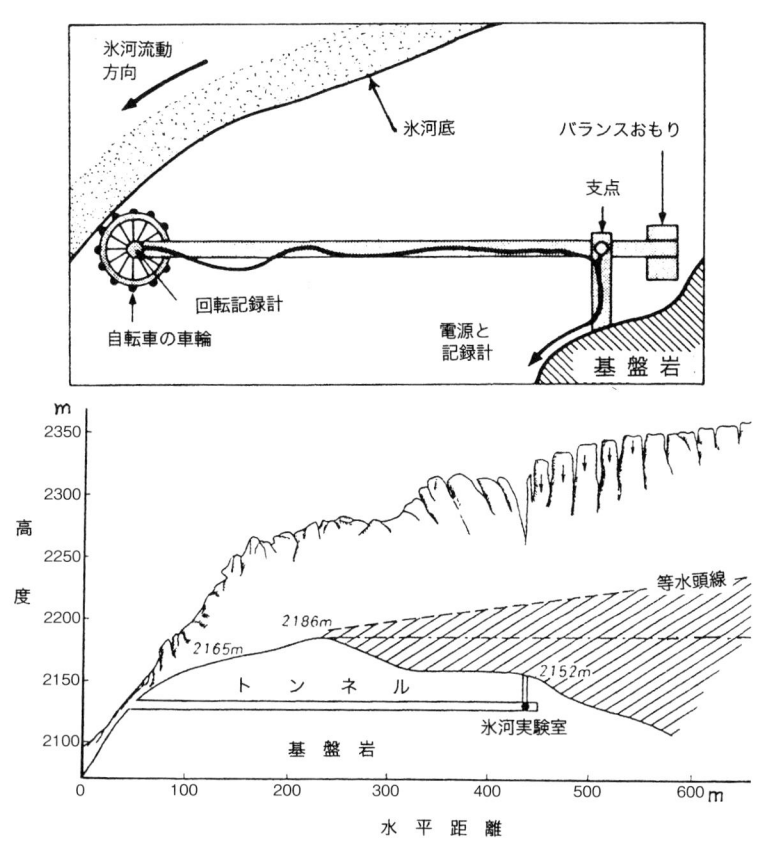

図7.4 上:氷河底での氷河運動を測定する装置 (Collins, 1981: p. 217). 下:アルプスのアルジェンティエール氷河末端の縦断面と氷河底の基盤のトンネルの氷河実験室の位置 (小野, 1982).

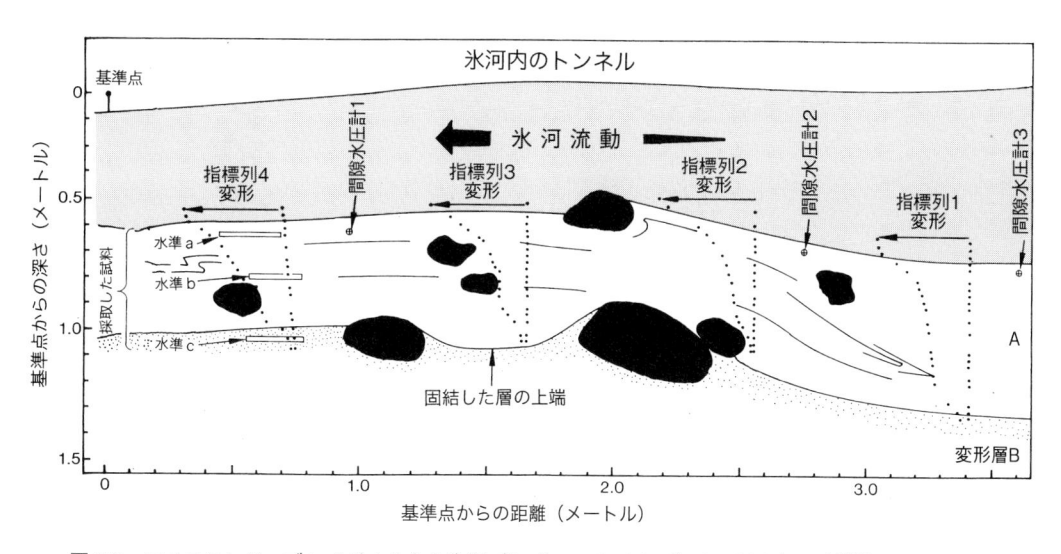

図7.5 アイスランド, ブレイザメルクル氷河 (Breiðamerkurjökull) の1980年の実験地でのセッティング. 氷河底トンネルの床部分の氷部分に影がつけてある. その下が氷河変形層A, 相対的に固結した氷河変形層Bの上部には点が打ってある. 黒塗りは礫. 鉛直にセットした変形量を示す指標列の136時間後の変形が示してある. 実験開始時の間隙水圧計 (pore pressure gauge) の位置 (3カ所) を示した (Boulton and Hindmarsh, 1987: Fig. 2).

7.1 底部氷と氷河底でのプロセス **119**

表 7.1 氷河底での岩屑生産のメカニズム

	メカニズム	備考	生産物・微地形
基盤岩の破壊・分離	圧砕・破砕	新鮮な割れ目のない岩で効果的	三日月型のへこみ・衝撃跡・圧擦割れ目・細礫
	反復荷重・疲労・凍結破砕		節理・岩片・岩塊
	分離除去・水圧ジャッキ		岩屑
磨耗	研磨・すりへらし	新鮮な割れ目のない岩で効果的	擦痕・岩粉
水流の侵食	機械的侵食	摩耗・キャビテーションによる	ポットホール・水路・堆積物・S (P)-フォーム
	化学的侵食	溶解・炭酸化・陽イオン交換による	

Sugden and John, 1976; Drewry, 1986 などによる.

た. 底面すべりの速度は, i) 氷河の凍結による氷河基底への接着力, ii) 氷河底での水の量, iii) 氷河底の起伏の大小, iv) 底部氷に含まれる岩屑の量, に強い影響を受ける (Benn and Evans, 1998: p.156). しかし, これらの定量的な一般化はまだできていない. この中でも, 底部氷に含まれる岩屑が底面すべりにあたえる影響は重要である. Boulton (1974), Hallet (1981) などのモデルが提示されている. ここでは, Schweizer and Iken (1992) に基づいて定性的なまとめを述べる. 一般的にいえば, 摩擦力が大きくなればなるほどすべり速度は小さくなる. 底部氷中の岩屑についての, 摩擦の大きさを決める条件を列挙した.

i) 粒子が大きくなると摩擦が大きくなる.
ii) 底部氷の融解が進むと摩擦は大きくなる.
iii) 逆傾斜した場所 (上流に向いた斜面) で摩擦は最大になる.
iv) 岩屑粒子のまわりに空隙があるとき摩擦は大きくなる.
v) 岩屑の量が増えると摩擦は大きくなる.
vi) 岩屑粒子が回転する場合, 摩擦は少なくなる.

このように氷河底面すべりにあたえる岩屑の影響は重要である. それでは底部氷中の岩屑はどこからもたらされるのであろうか.

(2) 氷河基底での侵食と岩屑の生産

氷河底での侵食

氷河が氷河基底をすべるとき, 底部氷の中に含まれる岩屑と, 氷河基底の岩盤や未固結物質との間でさまざまな動きがおこる. 基盤岩が壊れてできた岩屑や未固結堆積物は, 底部氷が形成されるのに伴って底部氷層に取り込まれる. 底部氷の岩屑の中にはベルクシュルントやラントクルフトに落ち込んだ岩屑も含まれているが, 大半は, 氷河の下で生産されたものである. 氷河底で岩屑が生産され, それが氷河 (底部氷) に取り込まれるのが氷河底での侵食作用である. 岩屑生産の主要なメカニズムは, i) 基盤岩の破壊・分離と, ii) 磨耗 (wear), iii) 水流の侵食, である (表 7.1).

以前は, 氷河による侵食作用といえば, 出っ張りの上流側でおこる磨耗と, その下流側での岩片の剥ぎ取り (プラッキング; plucking) がおもなメカニズムであると考えられてきた (た

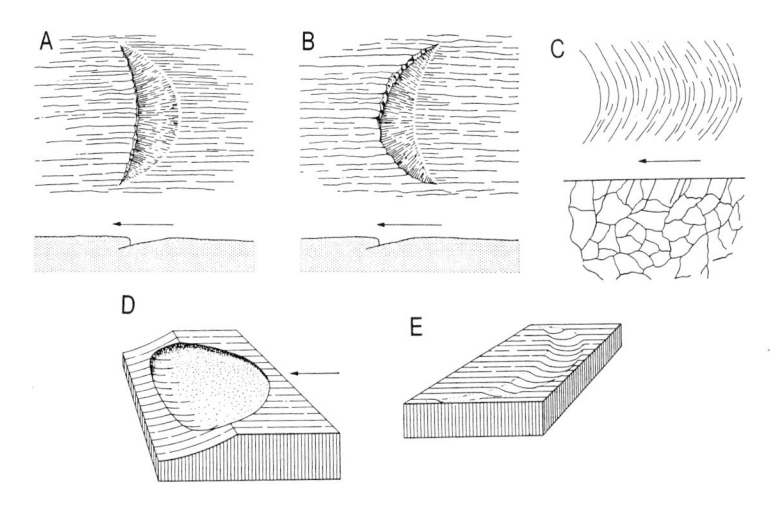

図7.6 氷河の流動(礫の衝撃)によって刻まれた基盤岩表面の微形態(へこみときず).矢印は氷河の流動方向.A:三日月型のへこみ1,B:逆三日月型のへこみ2,C:三日月状の割れ目群(下は断面),D:貝殻状のへこみ,E:三日月状の浅いへこみ(滑らかでエッジがない)(Embleton and King, 1968: p.143による).

とえばEmbleton and King, 1968).このプロセスは,基盤岩の形態から推論されたものであり,実際に観察された結果に基づいたものではない.とくにプラッキングのメカニズムに対しては,疑問が出されていた(たとえばDavies, 1969: p.104).その後,氷河底での観察が増えるにつれ,実証的な氷河侵食プロセスが明らかになってきた.

基盤岩の破壊・分離(氷河基底での岩屑の生産)

氷河は,その圧倒的な重量によって氷河基底に常に大きな影響をあたえながらすべっている.そのすべりは,いつも等速ではなく間欠的な動きもする.氷河底の底部氷に含まれている大きな岩片は,氷河が間欠的に動くとき巨大なハンマーで打撃するような衝撃を氷河基底の基盤岩や未固結物質にあたえる.それによって,氷河の下の基盤岩には,丸のみで彫り取ったような三日月型のへこみ(crescentic gouges)や,衝撃跡(chatter marks),圧擦による割れ目(friction cracks)ができる(図7.6).これらの圧砕・破砕によるへこみは氷河の流動方向に対して直交する方向に形成されることが多く,新鮮で割れ目のない岩で顕著である.氷河基底にある礫層などの未固結物質では,礫やブロックが引き剥がされたり,バラバラに分解されたりする.

氷河底すべりの衝撃と,繰り返し加わる荷重による疲労によって,基盤岩に節理(割れ目)ができ,それがつながると岩のブロックが基盤岩から剥がれる準備ができる(図7.7).基盤に形成された節理は,氷河底でおこる凍結破砕作用によって広げられるという考えが古くから根強く存在する(松岡,1982).しかし,凍結破砕がどの程度氷河底でおこっているか,その頻度も発生範囲・場所も明らかではない.

節理の形成によってブロック化した岩塊や岩片が基盤岩から**引き剥がされるメカニズム**(evacuation)は,力学的に十分説明されてはいない.これまでの教科書では,このプロセスをプラッキングと呼ぶことが多かったが,最近はあまり使われない.**流動する氷河による引きずり力**は岩片を基盤から引き剥がすに違いない.しかし,氷河の厚さが増すにつれて氷の塑性

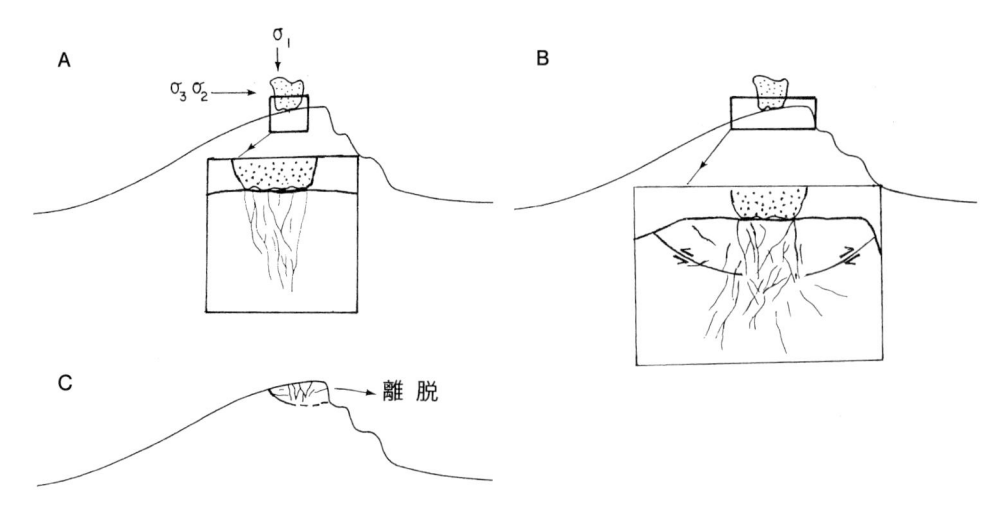

図7.7 氷河が左から右に動くとき，氷河底に含まれた岩塊が起伏を通過するとき基盤岩におよぼす破壊を示す．こまかな割れ目がつながり大きな弱線となり破壊をおこす．A：たて割れ目の形成，B：割れ目がつながり破断面が形成される，C：基底の出っ張りが岩塊となって剥がれる（Drewry, 1986: p. 44）．

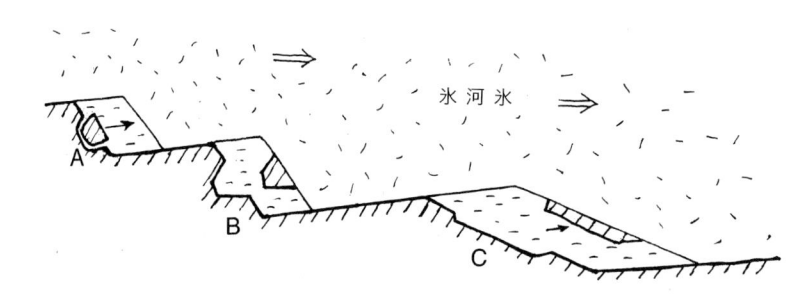

図7.8 水で満たされた空洞での，水圧と負圧の効果による基盤岩の引き剥がし．A：高い水圧下での水圧ジャッキ効果の場合，B：水圧が高くない空洞での凍結による引き剥がしの場合，C：中程度の水圧力と，凍結＋引っ張り力による場合（Benn and Evans, 1998: Fig. 5.15 を改変した）．

変形がおこりやすくなるから，引きずり力は基盤から岩片を引き剥がすほど大きくはならないという考えもある（Sugden and John, 1976: pp. 160-162）．

底面凍結氷河（cold-based glacier）では，氷河底が氷河基底に凍りついているので，底面すべりがおこらず侵食はおこらないと考えられる．氷床から解放された南極内陸部の山地や最終氷期の氷床中央部の平原では，氷床に覆われる前に形成された地形がそのまま現れ（図8.26，図8.27），氷食作用をまったく受けていない場所があることが知られている（Dyke, 1993; Kleman and Stroeven, 1997）．しかし，そのような氷河であっても，氷河氷内部の塑性変形が氷河底のすぐ上までおこっている場合には，氷河底クリープが，i）凍りついている岩盤の下の未凍結岩盤に弱線があると，凍りついている岩盤ごと引き剥がす（Boulton, 1972），ii）塑性変形する部分に大きな礫がつき出している場合には，氷河はその礫だけ引きずり出す，と信じられている．

1970年代以後，氷河内部・底部の水の研究が進んだ．氷河底の隙間にたまった水の圧力が急激に変化するときに，水圧がジャッキのように作用し（**水圧ジャッキ効果**；hydraulic jacking），岩の隙間をひろげ，岩片が分離除去される（図7.8）．氷床ではこのようにして巨大な岩塊が基盤岩から引き剥がされると考えられている（たとえば Price, 1973: p. 61）．

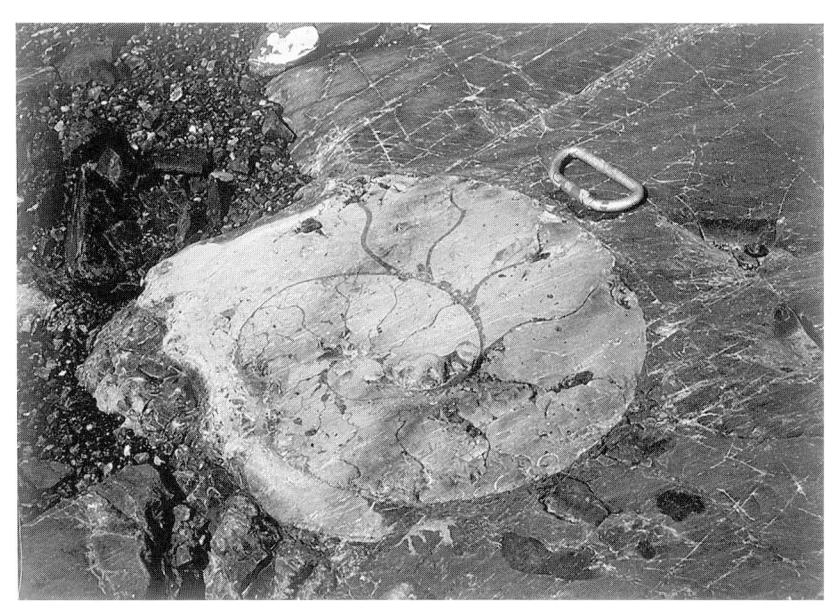

図 7.9 パタゴニア，南氷原ウプサラ氷河の下流左岸で発見された新鮮な氷河の研磨面．自然がつくったアンモナイトの化石の研磨標本である．右上のカラビナの長さは約 8 cm（門田 勤撮影）．

このような岩屑の生産は基盤岩の場所で行われるだけではない．氷河が発達する前からあった未固結堆積物や，氷河がすでに運んできた堆積物からも生産される．ただし，生産された岩屑のすべてが底部氷に取り込まれるわけではない．残された岩屑は氷河底変形層として氷河基底を下流へ運搬され，やがて堆積する．

磨耗

底面すべりがおこるとき，底部氷にすでに含まれる細粒物質は基盤岩を磨き（研磨作用；polish），岩片や砂粒は岩盤をひっかき，擦りへらす（abrasion）．これらを合わせて**磨耗**（wear）という．これは氷河底でおこる作用の中でもっとも特徴的・印象的なものである．研磨作用では，底部氷に含まれる岩屑が粘土の場合には，研磨材で磨いたようなピカピカの研磨面（glacial polished surface）が基盤岩の表面にできる（図 7.9）．このような磨耗によって細粒物質（粘土）が多量に生産され，**岩粉**（rock flour）と呼ばれる．底部氷に含まれる細粒物質（おもに粘土）は磨耗の結果の生産物であるし，氷河の底で形成された堆積物に粘土分が多いのもこのためである．磨耗に関わった氷河底の砂粒や，肉眼的には擦り傷の認められない研磨面にも，顕微鏡レベルでは擦り傷が認められる．湖底や海底の堆積物中の砂粒（とくに石英砂）の表面の擦り傷を顕微鏡（電子顕微鏡）で調べることによって，過去の氷河作用を知ることができ，南極氷床形成史の解明などに利用されたことがあった（コラム 12「ティルの認定法」参照）．

氷河底面に岩片や砂粒が含まれているときには，磨耗によって基盤岩の表面と，氷層中の岩片・砂粒の両方に擦り傷がつき，**擦痕**（さっこん）・**条痕**（striation, Strie）と呼ばれる直線状の微形態ができる．幅・深さとも 1 mm ～数ミリメートル程度，長さ数センチメートルから数メートルの平行で直線的な傷である．ちょうど刃の欠けたかんなで板を削ったときのような傷跡である（図 7.10）．きめが細かい堅硬な岩石からなる基盤岩には，ほれぼれするような美しい擦痕が形

図 7.10　氷河下流の谷壁の岩盤に刻まれた氷河擦痕．氷河は左側から右側に流動した．ニュージーランド，フランツジョセフ氷河下流．左側のスケールは 15 cm（1994 年 12 月岩田修二撮影）．

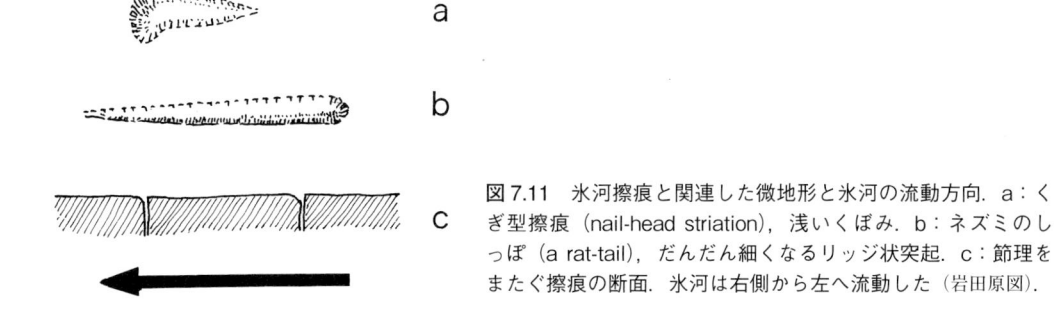

図 7.11　氷河擦痕と関連した微地形と氷河の流動方向．a：くぎ型擦痕（nail-head striation），浅いくぼみ．b：ネズミのしっぽ（a rat-tail），だんだん細くなるリッジ状突起．c：節理をまたぐ擦痕の断面．氷河は右側から左へ流動した（岩田原図）．

成される．しかし，タスマニアのあまりに硬すぎる石英質変成岩や，逆に風化を受けすぎた輝緑岩には擦痕がつかないことを Davies（1969: p. 103）が述べている．

　基盤岩に刻まれた擦痕は，過去の消失してしまった氷河の流動方向を知るのに有効である．スカンジナビアや北アメリカでは氷期の氷床の中心を知るのに用いられている（たとえば Kleman, 1990）．擦痕を明瞭に見るためには岩盤表面に水を掛けることが行われる．あるいは，朝夕の光線がななめから射すときに観察すればよい．擦痕から氷河の流動方向を確実に知るためには，図 7.11 に示した特徴的な形態を見つける必要があるとされる．しかし，くぎ型擦痕は逆傾斜の斜面（登り斜面方向に氷河が流動するとき）では逆向きになる（Hambrey, 1994）．擦痕が開口節理（割れ目）を横切っているような場合にくわしく観察すると，後で述べるロッシュムトネの場合と同じように，上流側に向いた角は丸くなっているのに対して，下流側に向いている角は角張っていることから流動方向を知ることができる（図 7.11c）．

　おなじ場所の擦痕がさまざまな方向を向いている場合には，方向を決めるためには総合的な判断（場合によっては統計的処理による）が必要になる（Hambrey, 1994）．異なる方向の擦痕が重複して形成されている場合もあり，時期によって氷河の流動方向が異なっていた証拠であるとされる場合がある．

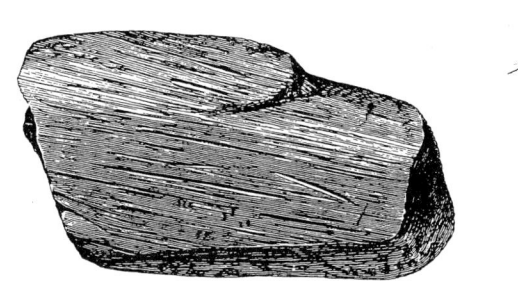

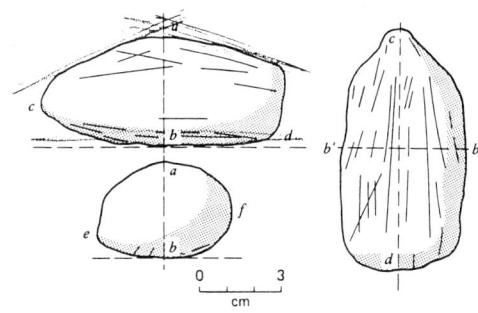

図 7.12 氷食礫．左：氷河底部氷にはさまれて磨かれ，擦痕がついた面をもつ礫（Geikie, 1875），右：三次元で見た典型的な氷食礫．磨かれた緩やかな凸型の底面と 2 方向のファセットをもつ上面．細い線がスクラッチ．下面（右端）は氷河にはさまれていたときの基盤との磨耗，上面は堆積後の磨耗によって形成されたと考えられる（Flint, 1971: Fig.7-13）．

　底部氷に取り込まれた岩片が基盤岩と接していた場合には，基盤岩と接していた岩片の面は平らに削られ，そこには釘で引っかいたような短い傷跡（スクラッチ；scratches）がつく．このような岩片を**氷食礫**（glaciated clast）と呼ぶ（図 7.12）．このような形はストスリー（stoss-and-lee）形状と呼ばれる．1930 年代から 1960 年代にかけて，わが国では，堆積物の中の氷食礫が氷河作用の証拠として重視されたことがあったが，礫の表面の擦痕や傷跡はいろいろな原因で発生するので（コラム 9「偽の氷河擦痕」参照），多くの地形学者を納得させるにはいたらなかった．

水流による侵食

　氷河底を流れる水流による侵食も，岩屑の生産に大きく貢献している．温暖氷河の下流部の底を流れる水流は，しばしば流量が大きく氷河の荷重で加圧されており，細粒物質を多く含む場合，効果的に侵食を行う．滑らかで，内側に擦痕状の筋がついた**氷食溝**（glacial grooves）（図 7.13）や，通常の水流の侵食でも見られないような深い**ポットホール**や，8 章 8.3 で述べる S-フォーム（P-フォーム）などをつくる．氷食溝やポットホールは垂直の氷食谷側壁に形成されることも珍しくない．また，その運搬過程で円磨された砂礫からなる円礫砂礫層が，氷河底や氷河中の水路（トンネル）に大量に堆積する場合がある．氷河内のトンネルのどのような場所に砂礫が堆積するかを図 7.14 に示した．最近は氷床底での水流の作用の重要性が強調されている（澤柿・平川，1998）．図 7.13 に示した氷食溝は，従来は氷河の底面すべりによる剥磨溝と信じられていたが，分岐する形態から明らかなように水流によって形成されたものである．このように，これまで氷河氷の動きによって形成されたと考えられていた多くの地形が，氷床下での大量の流水の侵食であると考えられはじめた．

　氷河底での水流の侵食が効果的なのは，i) 氷河底での磨耗によって，流水が多量の細粒物質（浮流物質）を含んでいること，ii) 氷河の厚さや流動の圧力で高圧の激しい水流が作用すること（とくにトンネル状の部分でキャビテーション*が作用すること），iii) 氷河運動や急激な融解などによる著しいピーク流量が生じること，iv) 流水中での摩耗によって化学成分が流

---

* cavitation：空洞現象．はげしく流れる閉ざされた水路中で，流路径の拡大などによる低圧状態が生じると気泡ができる．気泡が消滅するとき大きな圧力が生じ岩石の破壊が進む．

図 7.13 アメリカ合衆国エリー湖の Kelly 島の氷食溝（glacial grooves）．氷床底での水流の侵食でつくられた．水流は，上は手前からむこうへ，下は右側から左へ流れた．上の写真には擦痕が刻まれていることが，下の写真では水流が分流したことがわかる（2002 年 5 月岩田修二撮影）．

水中に溶け込みやすいため化学的侵食も進みやすいこと，などによる．

氷河底の化学的侵食作用（溶解侵食・溶食）は，水温が低いにもかかわらず効果的に進行する．その理由は，i）流速が速く化学的飽和がおこらない，ii）大量の岩粉の存在は広い表面積を提供する，iii）二酸化炭素は冷たい水によく溶け込むので，酸性度を増した水が効果的に作用する，などである．

（3）底部氷の形成と運搬

底部氷の形成

底部氷は，磨耗によって生産された粘土・シルトを大量に含み，礫は氷河の流動方向に平行なオリエンテーション構造を見せる（図 7.15）．この写真では，底部氷層は，全体が岩屑から形成されているように見えるが，実際には体積の半分以上は氷で，岩屑氷（debris-laden ice, debris-rich ice）とも呼ばれる．岩屑の間の氷は，気泡を含まない，あるいは，気泡が少ない

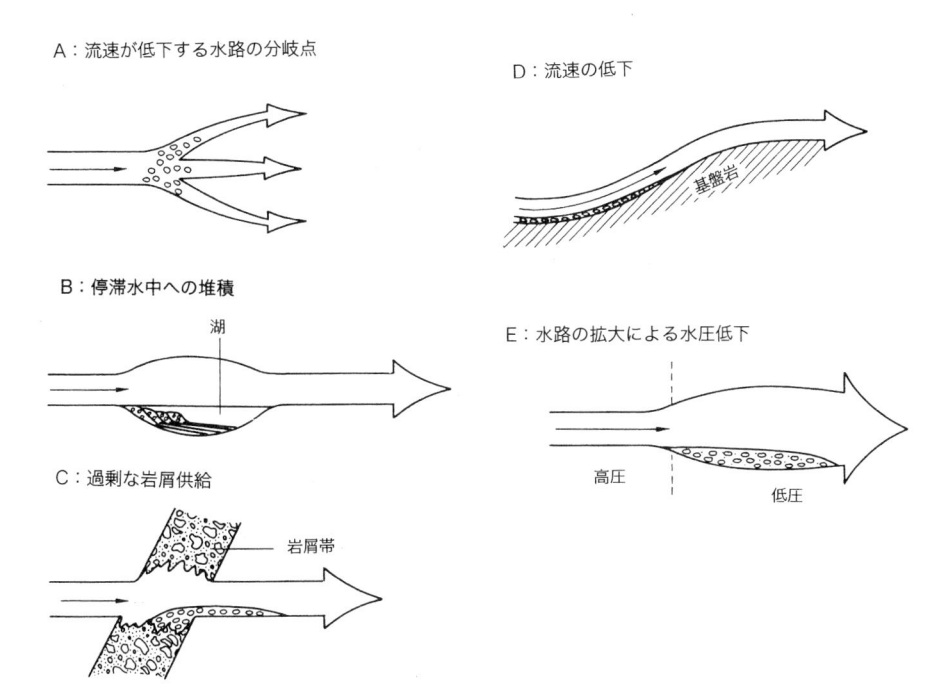

図7.14 氷河内や氷河底のトンネル内での砂礫が堆積する場所を示す模式図．いずれも氷に接触した堆積（ice-contact環境）なので，氷の融解につれて堆積物は変形する（Sugden and John, 1976: Fig. 16.1 による）．

図7.15 天山山脈ウルムチ河源流ウルプト氷河末端の底部氷（氷河底岩屑氷）．▲マークが氷河氷と底部氷との境界の位置を示す．左：氷河表面から氷河底までの全体像．右：底部氷の部分を拡大した．氷河底面に平行に並ぶ礫と層状構造が認められる．1mのスケールに注意（2003年8月岩田修二撮影）．

透明氷からなり，気泡を含み不透明に見える氷河本体の氷とははっきり区別できる．これは，底部氷層の氷は，水が凍った透明氷であるからである．

その形成には，図7.16に示した①〜⑤の場合があり，圧力の減少に伴う復氷（regelation；融解・再凍結）と，熱的条件の変化（寒気の侵入，水圧低下など）に伴う凍結（congelation；凝固）とに分けられる．中でも古くから知られているのは，氷河底が基盤岩の小突起をこえるときにおこる復氷である（図7.16②）．温暖氷河（底面融解氷河）では，突起の下流側で付け加わった復氷層は，次の突起では再び融解するので，底部氷層の厚さが大きくなることはない．

いっぽう，寒冷氷河では厚い底部氷層が形成される場合がある．上流部・中央部が圧力融解

7.1 底部氷と氷河底でのプロセス

① 衝上による圧力
　低下による復氷

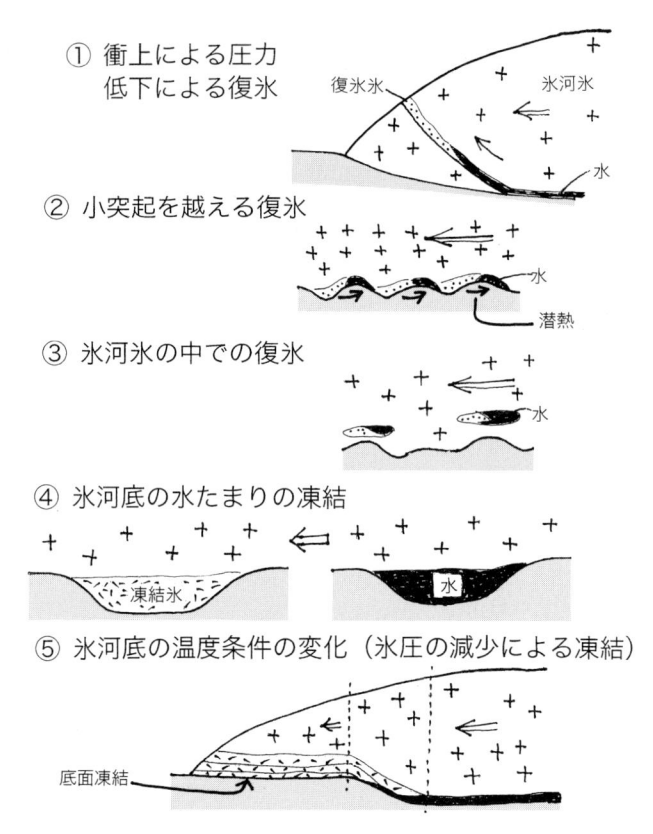

② 小突起を越える復氷

③ 氷河氷の中での復氷

④ 氷河底の水たまりの凍結

⑤ 氷河底の温度条件の変化（氷圧の減少による凍結）

図7.16 基底氷が形成されるさまざまなケース．①～③復氷（regelation）のケース．さまざまな要因で氷圧が下がるときにおこる．④～⑤凍結（congelation）のケース．気候変化や氷厚の変化などによって氷河氷の温度が低下しておこる（岩田原図）．

をおこしている寒冷氷河が，下流部・周辺部で氷厚減少による圧力低下のため底面凍結氷河に変わる場所では，再凍結する氷と岩屑が次つぎに氷河底に付け加わり，厚い底部氷層が形成される（図7.16⑤；Boulton, 1972）．このようにしてできた底部氷は，極地の氷床から報告されている（図7.17）．グリーンランドのチューレでは厚さ70m以上の底部氷が観察されている（Knight, 1999: p.78）．氷河の底に存在する大量の水が，氷圧変化・氷温変化などによって大量に凍結する場合も考えられている（図7.16④）．

底部氷への岩屑の取り込み

　生産された岩屑が氷河に取り込まれるメカニズム（**取り込み**；entrainment）とは，底部氷の形成に伴って岩屑が底部氷に凍りつくこと（**凍結付加**）である．氷河底が基底の小突起をこえるときにおこる復氷に伴うものがよく知られている．しかし，氷河流動のところですでに述べたように，圧力融解・復氷が効率よくおこっているのは数センチメートルオーダーの小さな凹凸であるので，大きなブロックの引き剥がし・取り込みには効果的ではない．底面融解氷河では突起の下流側で付け加わる復氷層は，次の突起では再び融解することを繰り返すので，氷河に取り込まれる岩屑の量も一定量をこえることはない．しかし，先に述べた図7.16⑤の場合，圧力融解をおこしている寒冷氷河が底面凍結氷河に変化するところでは，再凍結する氷と岩屑が次つぎに氷河底に付け加わり，取り込まれる岩屑の量も多くなる．取り込まれた岩屑は透明氷

図 7.17 南極の昭和基地近くのハムナ（Hamna）氷瀑付近で見られる大陸氷床の底部氷．写真の上半分は通常の氷河氷であるが，下半分の 7 m は，基盤岩から取り込まれた岩屑を多く含む透明氷なので黒く見える（飯塚芳徳撮影）．

の中に列状に礫が並び，褶曲構造を見せ，氷がダクタイルな変形をしたことがわかる（図 7.18）．

このように，取り込まれた岩屑は，氷河の流動に伴う断層のずれや，氷が引きのばされることによって，ちぎれて変形し，レンズ状構造やソーセージ状構造（ブダン；boudins）ができる．このような構造は，底部氷にも，後で述べる変形する氷河基底の変形層でもおなじものが形成される（図 7.23）．水圧ジャッキが引きおこされるような圧力環境下で復氷がおこる場合，あるいは大量の水が凍結する環境（図 7.16 ④）であれば，大きな岩塊でも底部氷に凍りつくことが可能であろう．巨大な迷子石はそのようにして生じるといわれている（Sugden and John, 1976: p.161）．氷河底クレバスには，しばしば氷河の底の岩屑が，氷体の圧力によってチューブから搾り出されるようにして押し込まれることがあり，結果的に氷河内部に岩屑が取り込まれることになる（7.2 (3)「氷河底ティル」の v)「氷河内部と氷河底での再移動ティル」の項参照）．

底部氷の移動による岩屑の移動

底部氷は氷河の底に張りついたまま氷河の流動（運動）につれて動く．それに伴って，その中に含まれた岩屑は運搬される．後で述べる氷河底変形層とともに，氷河底での重要な岩屑運搬プロセスである．

(4) 底部氷からの岩屑の排出

氷河底での堆積プロセス

底部氷の一部や，そこに取り込まれた岩屑は，氷河の底面すべりに伴う氷河基底との摩擦によって，あるいは底部氷の融解などに伴って，氷河から排出・解放され，氷河基底に堆積する．その基本プロセスは，次の四つである．i) 摩擦による引き剥がし，ii) 重力による堆積，iii) 融出，iv) 昇華蒸発に伴うもの．

i) 摩擦による引き剥がし：底面すべりがおこるときに，底部氷と凹凸のある氷河基底との

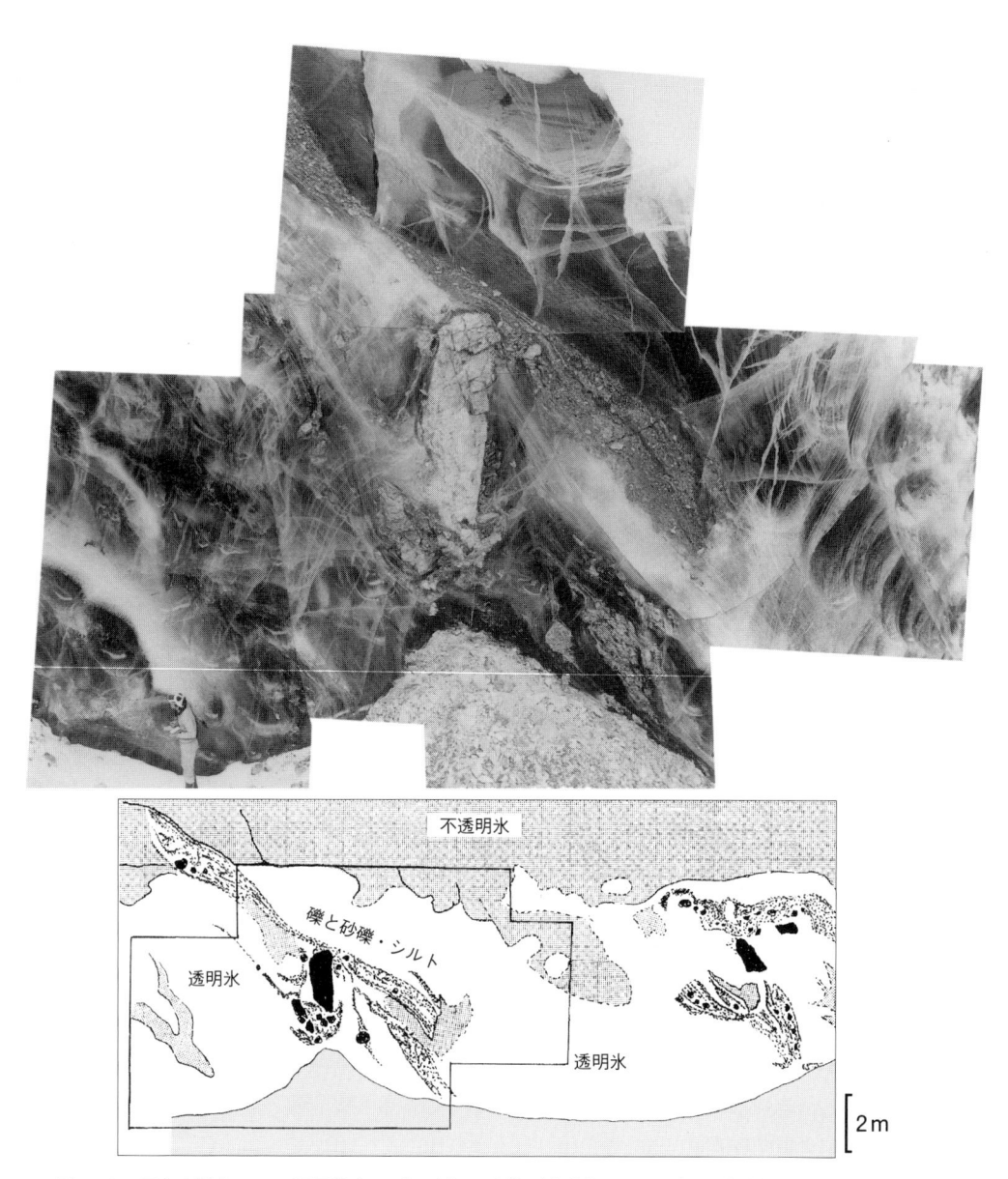

図 7.18 天山山脈ウルムチ河源流ウルプト氷河の末端（高度約 3600 m）の小氷期のアイスコアモレーン内部の透明氷．氷河末端近くの消耗域に形成された洞窟の奥壁に露出していた．中央部，右下から左上に連なる礫の並びは，氷がダクタイルな動きをしたことを示す．左側下部に写っている人物に注意．下図の枠内が写真の範囲（1983年岩田修二撮影；岩田，2000c）．

摩擦によって，底部氷の一部がブロック状に引き剥がされたり，あるいは，底部氷から突き出た礫が氷河基底に引っかかって動きを停止したりして，結果として氷河基底に堆積するプロセスである（図7.19）．図に示したように，硬い氷河基底の出っ張りや，氷河底変形層から突き出た大きな礫の上流側に付け加わるように排出される．いずれにせよ，底部氷と氷河基底との摩擦力による氷河基底の引っ張り力が，流動する氷の剪断応力より大きくなるときにおこる．このプロセスは氷河底の各部分で断続的におこり，いったん堆積したものも，継続する氷河の流動によって，変形したり，再び底部氷に取り込まれたりする．

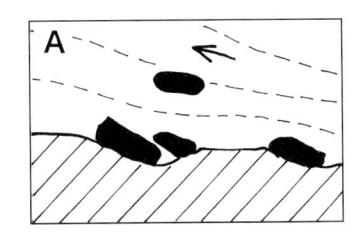

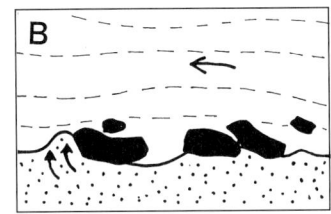

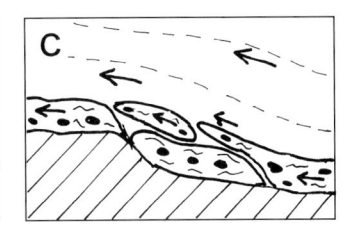

図7.19 摩擦による引き剥がし（frictional lodgment）がおこる状況．A：基盤岩などの固結した氷河基底の凹凸に礫がかみ合った状態．B：変形する氷河基底に礫が引っかかる場合．C：移動中の岩屑氷（debris-rich ice）のブロックが引っかかって停止する（堆積する）場合（Benn and Evans, 1998: Fig. 5.24をもとに描いた）．

従来は，流動中の氷河の氷河底からの堆積作用をロッジメント（lodgment）プロセスとすることが多かった．Dreimanis（1989）や，その引用による教科書のロッジメントプロセスには，摩擦による引き剥がしプロセスのほかに，底面すべりに伴う圧力融解による融出や，次に述べる氷河底の空洞でおこる重力プロセスも含まれている．さらに氷河底変形層との混同の問題もある（コラム11「ロッジメントティルは氷河底変形層」参照）．このような記述は混乱を招くので，本書ではロッジメントプロセスを**摩擦による引き剥がし**（frictional lodgment）に限定して用いる．なお，ロッジメントティルとは関係なく，ロッジメントという語は，運搬されている物質からの定着・堆積を示す一般的な語として現在でも広く用いられている．

ii）**重力による堆積**（deposition by gravity）：氷河底の突起やコブの下流側に大小さまざまの空洞ができることがある．そこでは，流動中の底部氷の一部，あるいは底部氷中の礫や細粒物質が，重力によって空洞中に落下し，氷河から離脱し，融解・堆積する（図7.20）．自由落下による堆積，融水で飽和された泥流のような流動，ウォッシュ（wash）などもおこる．

iii）**融出**（melt-out）：停止した底部氷，あるいはゆっくり動きが継続している底部氷が融解することによって，底部氷に含まれていた岩屑は底部氷から解放されて氷河外に排出され堆積する．氷河表面での融出プロセスと区別するときには**氷河底融出プロセス**（basal melt-out）という．氷河底融出プロセスは，これまで露頭での堆積物の研究によって解明されてきた．現在進行中の融出プロセスのくわしい研究はごく少ない．したがって融出プロセスの全貌が明らかになっているとはいい難い．

氷河底で融出がおこるための熱源は，i）地熱，ii）流入する流水（融解水を含む）からの顕熱（単位質量の水塊に含まれる熱），iii）大気からの熱（氷河末端部や周辺部で氷河が薄くなったときに限られる），がおもなものである．氷河底融出プロセスの標準的な融解速度は5–12 mm/年であるとされる（Benn and Evans, 1998: p. 199）．底部氷の氷が融けることによる体積減少の影響を受けて，岩屑層の構造は変化する（詳細は7.2 (3)）．

iv）**昇華蒸発**（sublimation）：きわめて寒冷な南極の内陸部などでは融出（融解による）がおこらないかわりに，昇華蒸発によって底部氷から岩屑が解放されることが知られている．氷河岩屑をほとんど含まない南極の氷河で，昇華による氷河氷の消耗が氷河表面からおこった場合，ついには底部氷が露出した状態で昇華・消耗する（Benn and Evans, 1998: Fig. 10.18）．融け水による影響を受けないので，岩屑は底部氷内での構造をそっくり保持したまま氷河から解放され堆積する．

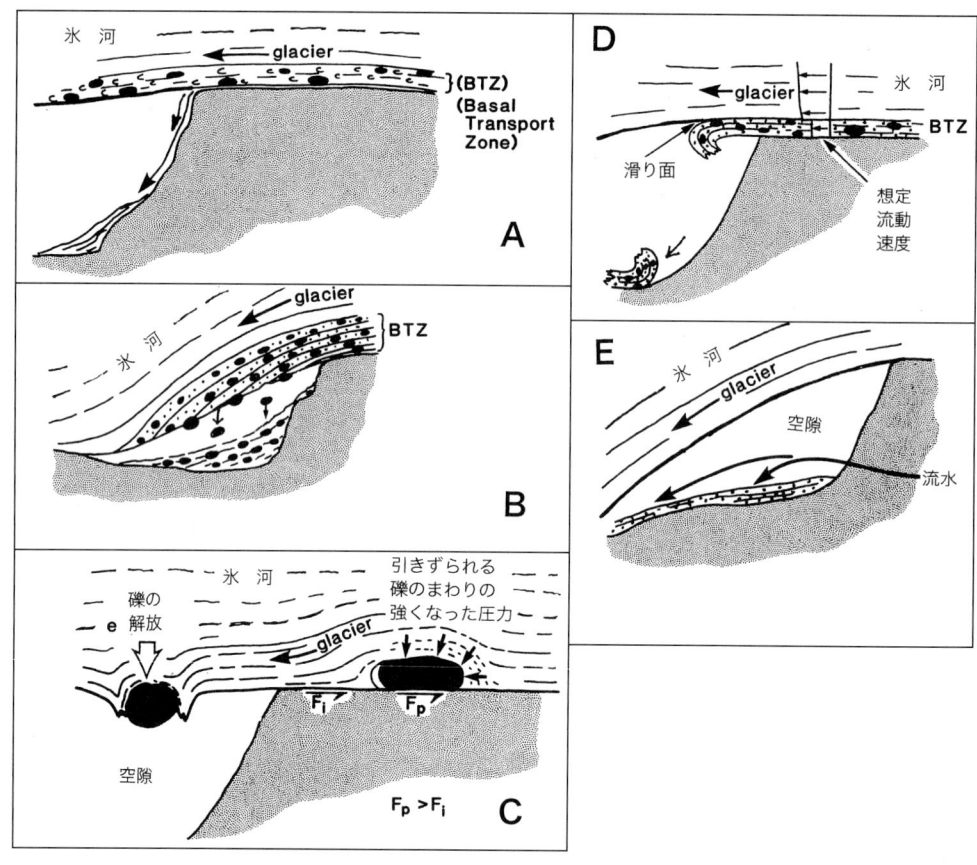

図 7.20 氷河底の空隙（空間）への堆積メカニズム．A：氷河底岩屑氷が融けて泥流となり空隙に流入する．B：空隙の天井から岩屑が落下する．C：基盤との摩擦で大きくなった圧力が空隙の上で減少し礫が解放される．D：空隙で氷河底岩屑氷が氷河氷主部から剥離する．E：空隙に流入する流水による堆積（Boulton, 1982）．

(5) 氷河底変形層

引きずられる氷河基底未固結物質

　氷河底の氷河底変形層あるいは変形基底層（図7.2）は，氷河の底の未固結物質が氷河の底面すべりによって引きずられている部分である．未固結物質の起源は，氷河底で氷河から排出され堆積した岩屑と，それに加えて氷河が拡大する前のさまざまな堆積物（河成・湖成堆積物など）である．氷河基底が未固結物質であっても，凍結している場合（永久凍土層など）には変形はおこらない．しかし，凍結層が薄い場合には，凍結層が氷河とともに動くのに伴って，さらに下にある融解層が変形する．

　Boulton（1974）は，アイスランドのブレイザメルクル氷河（Breiðamerkurjökull）の前面にひろがる微地形をつくっている氷成堆積物が2層に分かれ（図7.21），上部の層は氷河に引きずられて変形しているのを発見した．その後，Boulton（1979）は，おなじ場所で，氷河基底堆積物の，氷河底と接している厚さ0.5 mの部分が，10日間で0.5 m変形したのを氷河底に掘ったトンネル内で観察・観測した（図7.5）．その後も観測・実験を続け，変形の形や速度，メ

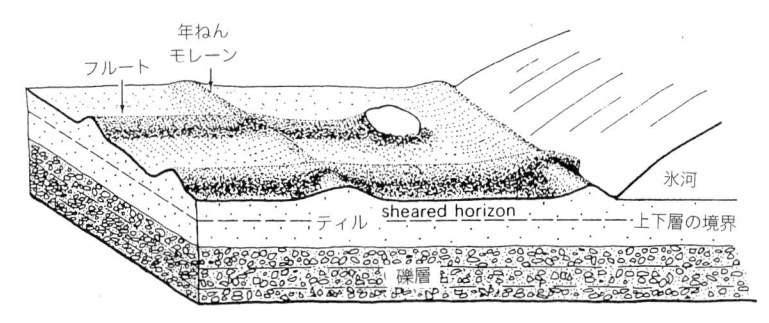

図 7.21 アイスランド，ブレイザメルクル氷河（Breiðamerkurjökull）の前面に堆積したティルの模式図．ティルは 2 層に分かれる．表面には年ねん（年周）モレーンとフルート構造が形成されている（Boulton et al., 1974）．

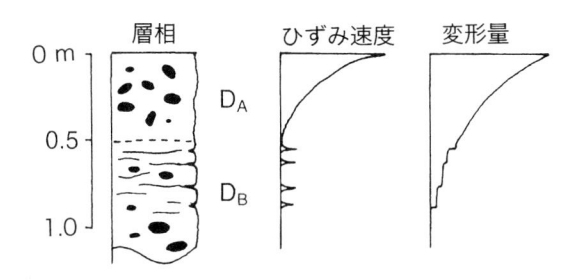

図 7.22 アイスランド，ブレイザメルクル氷河の氷河底変形層（変形ティル）．均質で柔軟な D_A 層と，割れ目が入っているもろい D_B 層とに分かれ，D_A 層が変形する（Benn and Evans, 1996）．

カニズムなどを解明した（Boulton and Hindmarsh, 1987）．

　南極のロス棚氷に流入するアイスストリーム（ice stream）B（図 4.4）では，表面流動速度の測定値と，アイスレーダーによる氷厚値に基づいた内部流動速度との差から求められた底面すべり速度が異常に大きいことが示され，その速い流動が，弾性波探査で示された氷河基底の厚さ 6 m のティル（till）の変形によることが示唆された（Alley et al., 1986, 1989）．その後，ボーリングによって変形層の存在が確認され，ボーリング孔から変形速度が実測された（Engelhardt et al., 1990; Engelhardt and Kamb, 1998）．氷河底変形層の実証的研究は，その後もスカンジナビア（Iverson et al., 1994, 1995）やアラスカ（Truffer et al., 2000）で続けられている．

ダクタイル変形とブリットル変形

　氷河底変形層の変形の様式と速度は，構成物質の組成と氷河底からの位置によって大きく異なる．連続的に，よく変形する上部層（D_A 層；ductile deformation layer）と，硬くて割れ目ができることで変形をする下部層（D_B 層；brittle deformation layer）とに分かれる（図 7.22）．上部層の構成物質が細粒の場合，変形は非常に大きくなり，図 7.23 の a2 層のように，引きのばされるように（ダクタイルに）変形する．海に流入した氷河の流動によって海成堆積物が変形を受ける場合には，貝殻が数十キロメートルも壊されずに運ばれる場合もある．いっぽう，礫や岩屑が多い下部層は，割れ目ができ，ブリットルに変形する（Hart, 1998）．氷河底との位置関係では，変形の原動力である氷河底に近いほど変形層の変形量が大きく，硬い氷河基底に近いほど変形量は少なくなる．変形を受ければ受けるほど，変形層構成物質は細粒になり混じり合っていっそう変形を受けやすくなる．

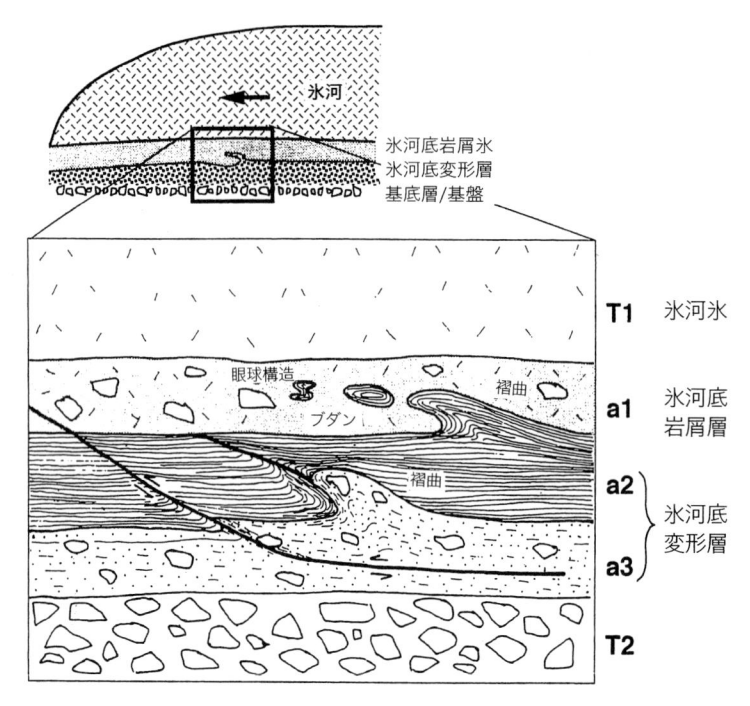

図 7.23　東南極，アムンゼン湾の氷河底変形層の模式図．この粘土層はリチャードソン粘土層と呼ばれている（平川・澤柿, 2000）．

氷河底変形層の重要性

　移動中の氷河底変形層は，底部氷層（底部岩屑氷・氷河底汚れ層）と岩屑のやりとりをするのとおなじように，下の硬い基盤との間でも岩屑のやりとりをする．つまり，侵食・削剥作用と堆積作用がおこる．侵食・削剥とは，硬い基盤を磨耗し，岩屑を取り込むことであり，堆積とは，氷河底変形層の変形・移動（運搬）が停止することである．停止すれば氷河底変形層はただちに堆積物となる．移動が止まる条件は，氷河の流速の減少であり，その原因は，末端への接近，季節変化による流速低下，氷河縮小，間隙水圧の低下（季節変化・地形変化などによる），氷河底部の融解（底部氷と氷河底変形層との凍結状態の解消），氷河底変形層の凍結などである．

　Boulton（1986, 1996）は，氷河流動における氷河底変形層の重要性を強調した．氷期の氷床拡大域における氷成堆積物の厚さとひろがりが莫大であることから考えて，氷期の氷床の流動における氷河底堆積物の変形の重要性が指摘されている（Boulton, 1986; Alley, 1991）．氷河内部での流動だけを考えていた従来の氷床モデルが変更を余儀なくされ，氷床の厚さが従来考えられていたよりも薄かったという考えが支配的になり，これは海面変化の復元に反映している（Nakada and Lambeck, 1988, 1989; Lambeck et al., 2000）．

氷河底変形層の層相

　氷河底変形層を構成する物質の起源は，氷河底で生産された岩屑，底部氷から解放された岩屑，氷河が拡大する前のさまざまな堆積物など多様である．したがって，i）氷河底変形層の層相はまず母材を反映する．次に，ii）流動による変形の程度によって大きく変化する．

　氷河底変形層の中には，下にある硬い基盤から取り込まれ，変形による割れ目・線状構造や

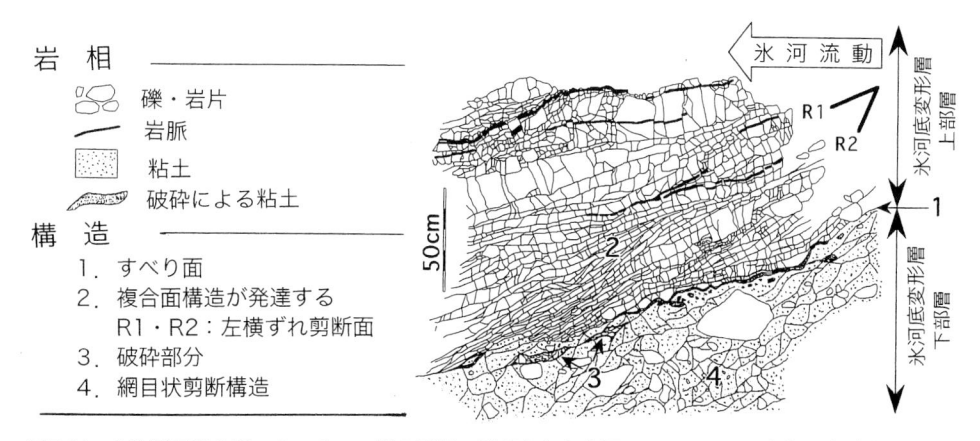

岩相
- 礫・岩片
- 岩脈
- 粘土
- 破砕による粘土

構造
1. すべり面
2. 複合面構造が発達する
   R1・R2：左横ずれ剪断面
3. 破砕部分
4. 網目状剪断構造

図 7.24 北海道日高山脈，トッタベツ川の露頭で観察された氷河テクトナイト．上部は角礫岩であり，基盤から取り込まれた状態を残す．下部は細粒物質に充填された泥質堆積物（岩崎ほか，2000）．

伸長変形をもちながら，もとの構造を残しているものがある．これを**氷河テクトナイト**（glacitectonite）と呼ぶ（Banham, 1977）．基盤岩や河成堆積物・湖成堆積物などのブロックが粉砕・破壊されずに運搬される場合である．氷河テクトナイトの大きな塊は，しばしば，氷河基底そのものの基盤岩や堆積物と間違えられる（図 7.24）．あたりまえであるが，硬い基盤岩石から取り込まれた氷河テクトナイトと，軟弱な湖成層が変形した氷河テクトナイトでは，層相はまったく異なる．

氷河底変形層は上部層（D_A 層）と下部層（D_B 層）という上下 2 層に分かれ（図 7.22），それぞれの粒径分布や礫の構造（fabric），微細構造は大きく異なる．変形の影響を大きく受ける上部層は，空隙に富み，混合が進んだ均質（homogenized）で変化のない（massive）層相を示し，含まれる礫はいろいろな方向性をもつ．粒度分布もかなり一様である．上部層下端に礫の集積（boulder pavement）が見られることがある．これは，細粒物質は変形速度が大きく下流に速やかに運搬され層厚がどんどん薄くなるが，取り残された礫が集積したものと考えられている（Hart, 1998）．下部層は，固くしまっており，割れ目に富み，板状に割れ，砂や軟岩がさや状・線状に変形したり，引きずられたり（図 7.23，図 7.25），ちぎれたりして取り込まれた包有物（inclusions）を含む．下部層の下部には強く研磨を受けた礫を含む．このような下部層の層相と，これまでの教科書に書いてあるロッジメントティルの層相とは非常によく似ている（表 7.2）．しかしながら，引きずりによる変形が観察・観測された氷河底変形層はわずかで，上記の図 7.23～7.25 に示した層相とは異なるさまざまな層相の氷河底変形層が存在することが予想される．

7.2 氷河堆積物の層相

(1) 氷河堆積物の種類

氷河の底や外側，あるいは氷河の消失後に堆積した岩屑（砕屑；clasts・砂礫・細粒物質など）を**氷河堆積物**（glacial sediments, glacial drift）と呼ぶ．つまり，氷河の中から排出された

表 7.2　氷河底変形層の層相といわゆるロッジメントティルの層相

	氷河底変形層		ロッジメントティル
全　体	層の中の上下の位置や構成物質の起源によって粒径分布や構成，微細構造は大きく異なる．剪断による粉砕，混合によって一様な分布が広い範囲にわたって存在する．	全体	不ぞろいなダイアミクトン．
D_A 層（上部層）	空隙に富む，均質・塊状，礫はいろいろな方向性をもつ．	礫	流動方向に長軸を向け列状に並ぶ，強く剥磨を受けた礫を含む，a-b 面がゆるく上流側に傾くインブリケーションがある．
D_B 層（下部層）	固くしまっている，割れ目に富む（板状に割れる），変形した包有物が存在する（砂や軟岩のさや状・線状の），強く剥磨を受けた礫を含む，下端に boulder pavement が見られることがある．	充填物	固くしまっている，水平に近い節理や割れ目構造が発達する，変形の方向に平行な強い方向性をもつ．

Flint, 1957: p. 120; Benn and Evans, 1998: p. 197 による．

図 7.25　日高山脈トッタベツ川の露頭で観察された引きずり構造が見られる氷河底ティル．破線の上部の泥質マトリックスのダイアミクトンに，下部の粘土分に富むティルが波状に取り込まれている（1998 年 7 月岩田修二撮影）．

表 7.3 氷河堆積物の種類，堆積場所・環境，層相

種類	堆積場所・環境	層相
氷成一次堆積物（ティル）	氷河縁辺，氷河底	ダイアミクトン
流水（氷河水流）堆積物	氷河表面・内部・底部の水路，氷河縁辺・前面	砂礫層・細粒層
氷河性重力成堆積物（マスムーブメント堆積物）	氷河表面，氷河縁辺	ダイアミクトン
氷河性湖成・海成堆積物	氷河前面・縁辺の湖，氷河表面の池など	細粒成層堆積物・タービダイト
氷山からの堆積物（IRD）	氷河と接した湖・海	落下礫・タービダイト

り，氷河の融解によって取り残されたりした氷河岩屑が，現存または過去の氷河の底・周囲・前面下流に堆積したものである．氷河の中から岩屑を排出する作用（プロセス）には，流水の作用を含むさまざまな作用があり，それらによる堆積物をひっくるめて氷河堆積物とする．氷河と関連したすべての堆積物，または氷河の表面や縁辺，底に存在するすべての岩屑を氷河堆積物とする使い方もあるが，この定義では，氷河表面岩屑のように氷河上に堆積しただけの岩屑も含まれるし，氷河底変形層の氷河テクトナイトのような氷河拡大以前の堆積物も含まれてしまうので，本書では用いない．氷河堆積物の大まかな種類分け，堆積場所・環境，層相を表7.3に示した．氷河堆積物の中で，氷河から直接排出され接地・堆積したダイアミクトン（diamicton）相（7.2 (2) 参照）のものは，**氷成一次堆積物**（glacigenic primary sediments）として，ティル（till）と呼ばれ，氷河堆積物の典型と考えられてきた（7.2 (3) 参照）．

これまで氷河堆積物というと，氷成一次堆積物としてのティルばかりが注目されてきたが，それ以外の堆積物も重要である．氷河が融けた氷河融解水によって大量の氷河岩屑が運ばれ，氷河表面や氷体内部のトンネル内（図7.14），氷河底の水路，氷河の周囲に堆積する．これらの堆積物の層相は，流水で淘汰（sorting）された川の堆積物とおなじである．これらの**水流堆積物**（fluvial sediments）は，これまで**氷河水流堆積物**（glacifluvial sediments）と呼ばれることが多かったが，川の堆積物との違いはないから，堆積物としては本書では単に水流堆積物と呼ぶ．ただし，氷河表面や，氷河内部，氷河底の氷河氷と接触した（ice contactの）水流堆積物は，氷河の強い圧力を受けたり，氷河融解時に変形を受けたりするので，通常の水流堆積物と区別して氷河水流堆積物と呼ぶことを否定しない（9章9.1）．

氷河表面や氷河縁の氷河岩屑は，土石流（debris flow）や滑動（sliding）などのマスムーブメントによっても移動・堆積する．これを**氷河性重力成堆積物**と呼ぶ．これらはフローティル（flow till）と呼ばれることもあるが，氷河流動のフローとまぎらわしいし，土石流や滑動という適切な語があるので，本書では使わない．もし「フローティル」を使うなら，氷河底で氷河底の圧力によって絞り出されたり，割れ目に押し込まれたりする氷河岩屑に対して使うべきであろう．

氷河表面岩屑についてはすでに述べた（6章）．また，氷河縁辺（前面と側面）の堆積物と地形，湖や海の堆積物（氷河性湖成・海成堆積物）や氷山からの堆積物（IRD; ice rafted debris）は，9章以下で述べるので，本章では，それ以外の，氷河底に堆積する氷成一次堆積物（ティル）・流水堆積物・重力成堆積物について述べる．

(2) 堆積物の呼称と記載方法

氷河堆積物の研究史

　氷河堆積物の研究は，19世紀のはじめから中ごろにかけて大論争となった氷河論争（インブリー・インブリー，1982；小林・阪口，1982）から本格的にはじまった．氷河論争とは，ヨーロッパの平野を覆う礫まじり堆積層が，ノアの洪水によるものであるかどうか，さらに氷山が運んだものであるのか，氷河が運んだものであるのかの論争である．最終的には氷河説が認められるが，その過程で地質学者によって堆積物の層相から起源や堆積プロセスが推定され，さまざまな呼び方が使われた（コラム10「氷河堆積物の用語の歴史」参照）．
　1950年代以後，氷河底での観測や実験によって氷河底での岩屑排出のプロセス（起源）が明らかになるにつれて，従来の用語が，プロセスと対応したものに替えられることが多くなってきた．今後も新しい用語が生まれるであろう．したがって，堆積物の記載のためには，まず，形態や粒径による，プロセスを含まない記述法を用いることが必要である．このような目的のために，イギリス系の研究者の間では，符号（コード）を用いた記述が行われている．

岩相符号

　野外で堆積物の調査を行うときに，速やかに堆積物の特徴（岩相・層相）を記載するために**岩相符号**（lithofacies code）が用いられる．岩相符号は河川・三角州堆積物の記載のために考案され（Miall, 1977），後に氷河堆積物や崩壊堆積物にも応用できるように増補された（Eyles *et al.*, 1983）．いくつかの氷河地形・地質の教科書（Drewry, 1986; Benn and Evans, 1998）で紹介されて，わが国でも用いられるようになった．しかし，符号の用法が規則的でないので使いにくい．たとえば，boulder（巨礫）の充填物支持均質，礫支持均質がBmm, Bcmであるのに，gravel（礫）では充填物支持均質はGms，礫支持均質はGsであるのは系統的とはいえない．一つひとつ覚えることが必要であるが，さまざまな堆積物に適用するために符号が増加し，覚えきれない量になってきたため（たとえば，Benn and Evans, 1998: Fig. 10.3），少し改良がなされた．この岩相符号の特徴は5桁の桁ごとに異なる特徴を示すので，それを徹底したのである（表7.4）．
　1桁目には粒径区分，ダイアミクト（D），巨礫（B），礫（G），細礫（R），砂（S），シルト・粘土（F）を割りあてた．2桁目は礫と充填物の関係を，3桁目には均質か層理・葉理をもつかなどの堆積構造を，4桁目・5桁目には環境的・成因的解釈を割りあてた．3桁目までは常に記載し，4桁目・5桁目については，補足的に用いるが併記も可能である．該当する符号がない場合には空欄（＿：下線）にしておく．
　露頭の柱状図（断面記録）のスケッチのための記号も考案され，それらの岩相符号やスケッチ記号を用いて描いた露頭柱状図を図7.26に示す．地質学の慣例にしたがって，柱状図の層ごとの横幅は，粒径の大きなものほど広く描かれる．

ダイアミクトと礫

　岩相符号で使われる語の中で，ダイアミクトと礫については説明が必要である．**ダイアミクトン**（diamicton；乱雑堆積物）は，巨礫から粘土まで含む分級（淘汰）の悪い未固結陸上堆積物を成因にかかわらず示す語として用いられ，固結したものはダイアミクタイト（diamictite）

表7.4 岩相符号の一覧とその説明（lithofacies coding scheme）

1桁目　粒径区分 digit 1 size division
D　diamicts, diamictons　ダイアミクト
B　boulder, gravels > 256 mm（b-axis 中径）　巨礫
G　cobbles and pebbles, gravels 8-256 mm　礫
R　granules 2-8 mm　細礫
S　sands 0.063-2 mm　砂
F　silts and clay < 0.063 mm　シルト・粘土

2桁目　礫と充填物の関係 digit 2 clast-matrix combination
m　matrix-supported　充填物支持
c　clast-supported with matrix　細粒物質含み礫支持
o　open-work structure without matrix（clast-supported）　透かし構造

3桁目　堆積構造 digit 3 internal structure
m　massive　均質
h　horizontary bedded or laminated　水平層理・葉理構造
c　cross-bedded or laminated　斜交層理・葉理構造
d　deformed bedded　変形層理
r　rippled　リップル（偽層）
g　upward-fining grading（normal）　上方細粒化（正常級化）
v　upward-coasening grading（reverse）　上方粗粒化（逆級化）

4桁目・5桁目　環境的・成因的解釈 digit 4 and 5 environmental or genetic interpretation
(c)　evidence of current reworking　流れによる再移動・再堆積
(r)　evidence of resedimentation　再堆積
(s)　horisontally sheared　水平の割れ目がある
(j)　vertically jointed　縦の割れ目がある
(p)　with clast pavements　ストーンペーブメントがある
(d)　with dropstone　ドロップストーンがある
(w)　with dewatering structure　水付きの構造がある
(o)　with insolated outstanding size clasts　とくに大きな礫がある
(i)　imbricated　インブリケーションがある

3桁目までは常に記載する．4桁目・5桁目は必要のあるときに用いる．
併記も可能．該当しない場合には空欄 __ にする．

と呼ばれ，両方をあわせて**ダイアミクト**（diamict）という．ギリシャ語の「完全に混ぜる」という意味の語に由来する．堆積物そのものの形状的性格を強調するとき（成因が不明なとき）によく用いられる．glacial diamicton といえば次項で述べるティルと同じ意味になる．

礫（gravels）の本来の意味は，円磨された砕屑粒子で川や海の礫であるので，氷河堆積物に多い角礫に gravel にはふさわしくない．gravel に対する角礫は rubble であるが，氷河堆積物には clast が多用される．クラスツ（clasts）は「角張った岩片」のことで砕屑と訳されることが多い．本書では clasts には角礫をあてる．ただし，日本語の礫は広義には角礫も含んだすべての砕屑粒子を意味するので，あまりこだわらないことにする．

(3) 氷成一次堆積物（ティル）の形成プロセスと層相

氷成一次堆積物（ティル）の名称

氷河から排出され直接（一次的に）堆積した岩屑の層相は典型的なダイアミクトンである．

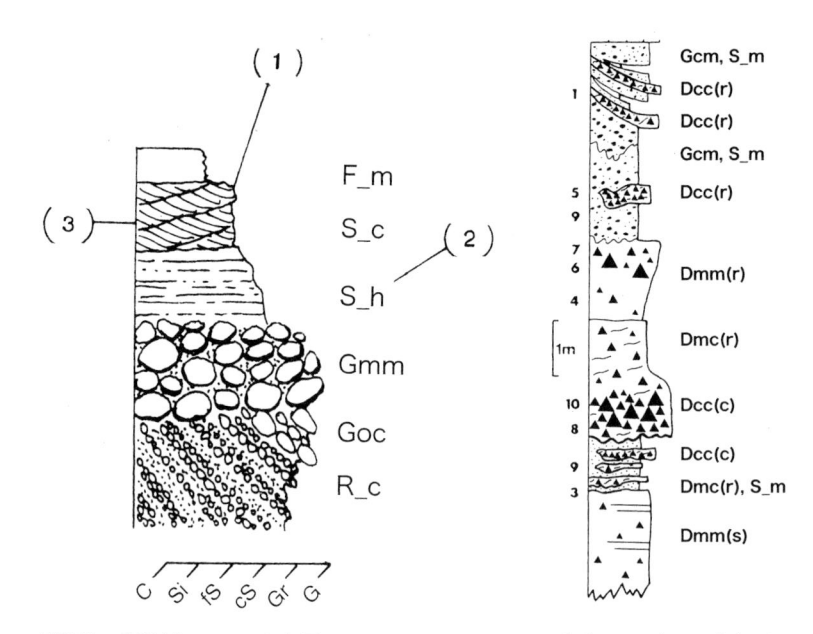

図 7.26 堆積物の記載例. このような図は vertical profile logs と呼ばれる. 左図：(1) 断面の横幅は粒径を示す. 粒径のスケールは下端. C：粘土, Si：シルト, fS：細砂, cS：粗砂, Gr：細礫, G：礫. (2) 本書で用いる岩相符号 (lithofacies codes), 表7.4を参照のこと. (3) 堆積構造を示す図的記号 (Benn and Evans, 1998: Fig. 10.5 に基づいて作図). 右図：露頭の記載例. 図の記号は黒三角がダイアミクトン, 黒楕円が礫（グラベル）を示す (Eyles et al., 1983 による).

これを**氷成一次堆積物**（glacigenic primary sediments), 別名**ティル**（till）と呼ぶ. ティルは, もとはスコットランドで, 荒れた土地の石まじりの粘土層に対して用いられたことばで (Flint, 1971: p.148), 歴史的に見るとさまざまな使われ方を経てきた（表7.5）. 氷成のダイアミクトンには, **氷礫粘土**（boulder-clay), **漂礫土・漂石**（glacial drift), モレーン（堆石）などの語があてられた. ティルの訳語として氷礫粘土があてられる場合があるが, 現在では英語 till のかな読みティルがもっとも広く用いられている. モレーンという語は, 元来は地形を示す語であるので堆積物に対しては使うべきではない.

Dreimanis (1989) をもとにした広く受け入れられたティルの定義は「氷河によって運搬された後, 氷河氷から排出された堆積物, あるいは氷河の直接の作用によって堆積し, 水による淘汰をまったく, あるいはほとんど受けていない堆積物」であるが, 簡単にいうと「氷河特有の作用によって直接堆積した堆積物」(Benn and Evans, 1998: p.380) となり, 氷河接触堆積物 (ice-contact sediments) といわれる. 一般的に, ティルは陸上の氷河成堆積物に限って用いられ, 水中堆積の氷河成堆積物はティルとせず, 氷河海成堆積物（glacimarine sediments, glacio-marine sediments), あるいは氷河湖成堆積物（glacilacustrine sediments, glacio-lacustrine sediments) と呼ばれる.

ティルはさまざまな側面から区分・呼称されるが（表7.6), 層相や堆積構造の観点からは, i) 氷河底に堆積する氷河底ティル（basal till）と, ii) 氷河表面岩屑が氷河融解後に氷河のあった場所に接地・堆積する表面融出ティル（supraglacial melt-out till), iii) 氷河縁に堆積する氷縁ティル（marginal till), の3区分が意味のある区分である. 氷縁ティルについては9章9.3「モレーンの形成作用」で述べる.

表 7.5 ティル（till；氷成一次堆積物）の定義・用語法の移り変わり

使用者・時期など	定義・用語法	出　典
スコットランドの農民	荒あらしくやせた土地にある広く土地を覆う石まじり粘土層	Flint, 1971: p. 148
氷河説以後 Agassis, 1842: p. 228	研磨された著しく大きさが異なる礫や岩塊が，泥灰・粘土状の泥と混じり合ったもの	Dreimanis, 1989
Geikie, 1863: p. 185	氷床の動きによる磨耗によってつくられるコチコチの粘土と，巨礫までのいろいろな大きさの礫を含む	Dreimanis, 1989
山岳氷河研究の進展	氷河から出てきた物質（氷河岩屑との区別）	Boulton and Eyles, 1979
1980 年代までの使い方	氷河によって運搬された後，氷河氷から排出された堆積物，あるいは氷河の直接の作用によって堆積し，水による淘汰をまったく，あるいはほとんど受けていない堆積物	Dreimanis, 1989
最近の教科書	氷河特有のプロセスによる一次的な堆積物	Benn and Evans, 1998: p. 380
雪氷研究者の使い方	氷河の底面にあって氷河の流動に寄与しそうな未固結物質	白岩孝行からの私信（2001.3.1）

表 7.6 さまざまな側面からのティルの成因的分類（ティルの形容）

堆積環境による		陸上堆積ティル glacioterrestrial till 水中堆積ティル glacioaquatic till
運搬（通過場所）による		氷河表面ティル supraglacial till（氷河表面岩屑） 氷河内岩屑 englacial till 氷河底岩屑層 debris-rich basal-ice till 氷河底変形層 subglacial deforming layer till
出現場所（derivation）による		氷河表面岩屑（外来ティル）supraglacial-exogenous till 氷河底ティル subglacial till
堆積位置による		氷縁ティル ice marginal till 氷河表面ティル supraglacial till 氷河底ティル subglacial till
堆積プロセスによる	一次プロセス	摩擦引き剥がしティル lodgement till 融出ティル melt-out till 昇華蒸発ティル sublimation till
	二次プロセス	氷河底変形層 subsole drag and shear till 氷河底フローティル squeeze flow till 氷河上土石流 gravity flow till 滑動ティル sliding till 落下ティル falling till

Dreimanis, 1989: Table 14 を改変．

氷河底ティル

　底部氷から岩屑が排出されるプロセスはすでに述べた．そのようにして排出された岩屑が氷河底ティルである．これまでは，氷河底ティルの代表格はロッジメントティルと呼ばれるティルとされていたが，ロッジメントティルの大部分は氷河底変形ティル（deformation till）であり（コラム 11「ロッジメントティルは氷河底変形層」参照），昇華蒸発によるティルを除いた 3 種類の岩屑排出プロセスは，層相からでは，山岳氷河の場合にはほとんど区別が不可能である．したがって，まとめて**氷河底ティル**（basal till）と呼ぶ方がよいと Dreimanis（1989）も述べ

7.2　氷河堆積物の層相　　141

図 7.27 摩擦による引き剥がしによって堆積したと見られるティル（礫）．擦痕がついた大きな礫の上流端（右側）に人頭大・こぶし大の礫が引っかかっている．天山山脈ウルムチ河源流ウルプト氷河の前面（2003年8月岩田修二撮影）．

ている．氷河底ティルは，いずれも磨耗によって生じた粘土分を多く含んだダイアミクトンである．昇華蒸発によるティルを除くが，氷河底ティルは細粒物質に富むので，乾燥後はカチカチに固結する．

氷河底ティルの堆積プロセスと層相は次のように区分できる．

i) 摩擦による引き剥がしティルの層相：摩擦による氷からの引き剥がしは氷河流動中におこるから，いったん堆積したティルはただちに氷河底変形層となるので，堆積層としてのティルとは呼べない．ただし，底部氷と氷河基底との摩擦によって，底部氷から引き剥がされた礫は，細粒物質とは違って，その場に定着・堆積し底部ティルとなる．これらの礫は，氷河の流動方向と平行に長軸を向けて列状に並ぶ．平らな面（a-b 面）を緩く上流側に傾けたインブリケーションを見せることが多い（図 7.19）．堆積後の礫はいくぶんか引きずられ，氷河基底の未固結物質が礫の下流側に盛り上がる（plough up）（図 7.5，図 7.19）．堆積した礫には擦痕が刻まれ，上を通過する小さい礫をトラップし，上流側に小さい礫の堆積をおこす場合がある（図 7.27）．

「固くしまり，含まれる礫が強い方向性を示す」という伝統的なロッジメントティルの層相は，氷河底変形層そのものである（Whiteman, 1995）．ロッジメントティルの層相と氷河底変形層 D_B 層の層相とはよく似ている（表 7.2）．両者は区別できないという意見は少なくない（コラム 11「ロッジメントティルは氷河底変形層」参照）．

ii) 重力で落下したティル（basal gravitational till）の層相：底部氷の一部がブロック状に引き剥がされ，氷河流動の影響を受けない凹部などに堆積するプロセス（図 7.20）には，自由落下，融水で飽和された泥流，ウォッシュなど，さまざまな堆積プロセスを含んでいるから，さまざまな層相を示すはずである．堆積した岩屑氷が，その場で融解する場合には次に述べる

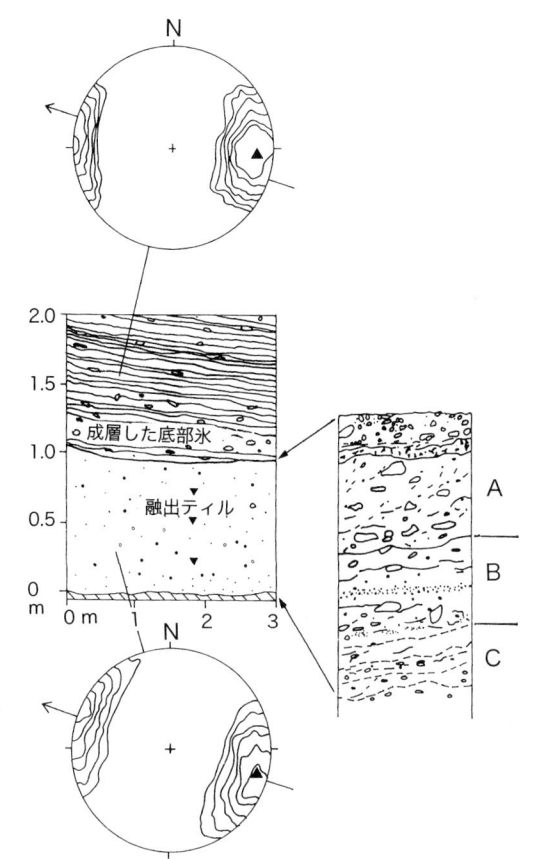

図 7.28 アラスカ,マタヌスカ(Matanuska)氷河の氷河底融出ティルの層相.左側柱状図:上半分が成層構造をもつ底部岩屑氷層,下半分が融出ティル.二つのファブリック図は礫の長軸が氷河の流動方向(矢印)と一致していることを示す.右側の柱状図は融出ティルの層相.A:均質な小礫混じり砂質シルト,B:不連続な葉理構造とレンズを含む均質な小礫混じり砂層,C:層状の堆積層.ドレープ構造が見られる(Lawson, 1979 などに基づく Drewry, 1986: Fig. 9.6).

氷河底融出堆積物の層相とおなじになる.重力落下のプロセスは,移動中の氷河でおこるだけではなく,停滞氷の底でもおこる.

iii) 氷河底融出ティル(basal melt-out till)の層相:流動していない,あるいはほとんど流動していない氷河の底部氷が融解することによってもたらされた堆積物である.氷河底ティルの大部分を占めると思われるが,融出のメカニズムを研究した例は少ない.

もっともよく引用されるのは Lawson (1979) のアラスカのマタヌスカ氷河での研究である.この堆積物は,堆積後に氷河流動の影響を受けていないから,底部氷の物質構成と構造がかなり反映された層状に角礫が並んだ層相をもつ(図 7.28).氷河の圧縮力を受けて流下方向に直交するオリエンテーションをもつ場合もある.また,底部氷が融けるとき,氷に含まれる細粒物質は氷が融けた後の空隙に移動する.礫の表面がそれらのシルトや粘土の皮膜(skin)で覆われることが特徴である.細粒物質の層やラミナは礫の上を覆って両側に垂れ下がる**ドレープ構造**(draped over clasts)をつくる(図 7.29).底部氷に含まれる氷の量が多い場合や斜面に堆積した場合には,底部氷の構造は残りにくく,相変化のない均質な(massive)層相になる.氷河底変形層と比較すると,融出ティルに含まれる礫には角礫が多く研磨・磨耗を受けたものは少ない.

iv) 昇華蒸発によるティル(sublimation till):南極内陸のような,極端な寒冷・乾燥気候下にある極地の氷河では,融解がおこらないかわりに昇華蒸発によって氷河氷が消耗し底部氷が

7.2 氷河堆積物の層相

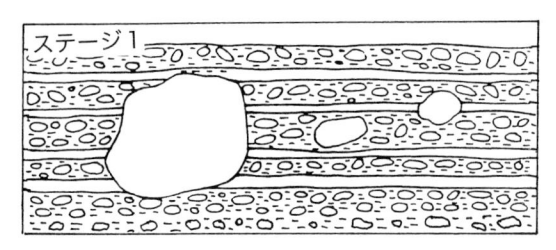

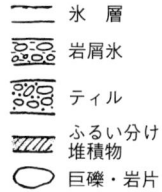

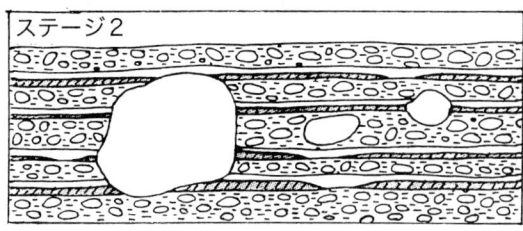

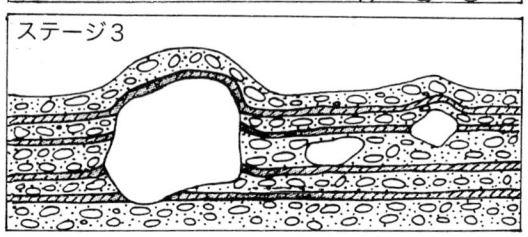

図 7.29 成層した氷河底融出ティルの形成過程模式図. ステージ 1：氷層と岩屑氷の互層. ステージ 2：氷層と岩屑氷がゆっくりと融解し，水で洗われた細粒物質が堆積する. ステージ 3：氷層は消滅し岩屑氷はティルとして沈下・堆積し，水平層は礫を覆いドレープ構造が形成される. スウェーデンの Overberg のティル（Whiteman, 1955: Fig. 9.6 を改変）.

露出する. 昇華蒸発によって底部氷の氷だけが消失すると, 融出によるティルとは違って, 岩屑は水による洗浄を受けず, 細粒物質も沈下しないので, ほとんど変形されず底部氷中に存在したときの構造を残す. つまり, 氷があった部分が空隙として残された岩片や細粒物質の堆積層になる. 構成物のファブリックは流動方向と強く一致する. 細粒物質の移動もおこらないので礫を包む皮膜も形成されない. しかし, 緩くもろい堆積物で壊れやすい.

　v）氷河内部と氷河底での再移動ティル：いったん堆積したティルは氷河内部の圧力の違いや, 氷体内の差別的な運動, 流水の作用によってしばしば再移動する. 氷河底絞り出しプロセスによる再移動ティルとは, 氷河底に堆積したティルが, 氷河の荷重や氷河底に存在する水の圧力によって氷河底部クレバスなどの氷河内の空隙に詰め込まれる場合である. これを氷河底絞り出し（squeeze flow）プロセスという. このティルはフローティル（flow till）と呼ばれることが多い. 氷河表面のフローティル（6 章 6.2（3）「氷河表面岩屑層の層相」の項参照）とまぎらわしいので注意すること.

底部ティルの粒径

　底部ティルを構成する岩屑粒子の粒度がバイモーダルな分布をするというのは昔からよく知られている. たとえば, 粗い方は, $-6 \sim -1\phi$ (64-2 mm) の小礫・細礫で, 細かい方は $3 \sim 8\phi$ (0.125 mm-4 μm) の極細砂・シルトで構成される. 粗い方の粒径の礫は, 岩片と岩片がぶつかって基盤や礫が割れて生じたものである. 細かい方は磨耗で生じたものである. 氷河によって運搬される距離が長くなると, 粗粒部分の割合が減り, 細粒部分の割合が増加するがピークの位置は変化しない（図 7.30）. 底部ティルの粒径は母岩・母材の影響を強く受ける. 花崗岩や片麻岩では粗粒になり粘土含有量は少なく, 湖成層・頁岩・粘板岩などでは粘土分が高

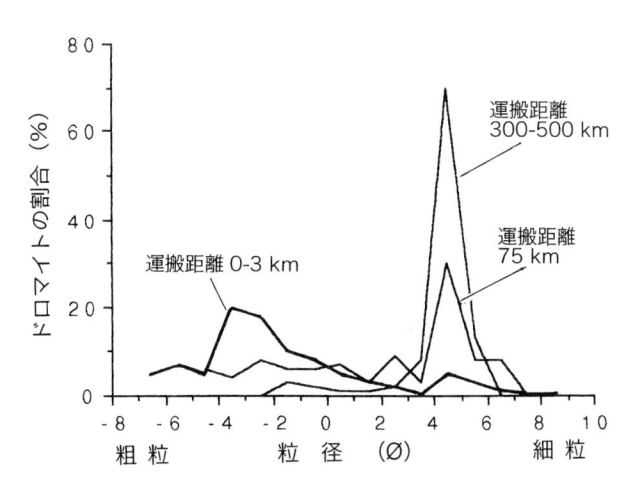

図7.30 カナダのオンタリオ湖周辺の氷床の，運搬距離によるティル中のドロマイト粒子の粒径分布．運搬距離が変わっても細粒部分のピークは変わらない（Benn and Evans, 1998: Fig.5.31）．

くなる．砂岩ではそれらの中間になる．伊藤（1987）は，多くの地点で測定した日本の氷河堆積物の粒度組成を外国でのティルの粒度分析の結果と比較し，固くしまったティル（おそらく底部ティル）では，マトリックス（礫を除いた細粒部分）の粘土の割合が10％以上か，シルトと粘土をあわせた割合が40％以上になるとした．

このような底部ティルの層相や粒径の研究は，氷床の堆積物や，大規模で緩やかな谷氷河で研究されてきた．しかし，氷河底ティルの露頭が少ない山岳氷河では，氷河ティルと各種のマスムーブメント堆積物との識別・判別が問題になるが，明確な判別基準はまだない（コラム12「ティルの認定法」参照）．

表面融出ティル

氷河表面融出ティル（supraglacial melt-out till）は，氷河表面岩屑と氷河内岩屑が氷河消失後に着地・堆積したものである．以前はアブレーション（消耗）ティル（ablation till）と呼ばれることが多かった．その層相は，氷河表面岩屑層の層相（6章6.2（3））と大きな違いはない．巨大な角礫から細かな角礫・亜角礫までの礫と砂，シルト・粘土が雑然と混じり合い，乱雑に積み重なったダイアミクトン（Dmm）である（図7.31）．礫の並び方に方向性が認められることは少ない．マトリックスにはシルト・粘土の比率が多いが，氷河底ティルに比べると砂・シルトの割合が多いので固結度は低い．表面融出ティルの粒径も母岩の影響を受けるが，それよりも，どのようなプロセスで岩屑が氷河に供給されたかの方に影響されるようである．

迷子石

氷河から解放された岩片という意味ではティルであるが，普通ティルとは呼ばれないものに，解氷後の基盤岩や堆積物の上に転石のようにのっかっている岩塊・角礫・亜角礫の浮き石（free boulder）がある（図7.32）．氷河表面・内部の氷河岩屑が氷河消滅後に基盤岩上などに取り残されたものである．氷河底で取り込まれ底部氷に含まれていた巨岩の場合もある．このような礫の中には，遠くから運ばれてきた，基盤岩とは異質な，特異な（erratic）外来礫が多い．わが国では**迷子石・漂石**（erratic boulders）と呼ばれる．かつては，旧約聖書のノアの洪水の堆積物，次には氷山の運搬物と考えられたが（ボウルズ，2006），現在では氷河が運んだ

図7.31 チベット高原東南部，ヤルツァンポ河沿いの林芝付近でのティルの露頭．細粒部分が多い下部層と巨大礫が多い上半部との2層に区分される．いずれも氷河表面融出ティルのように見える（1993年8月岩田修二撮影）．

図7.32 東南極エンダービーランド，昭和基地近くのラングホブデ（長頭山）山麓平坦地形（図8.3）での迷子石（2003/4年の夏に前杢英明撮影）．

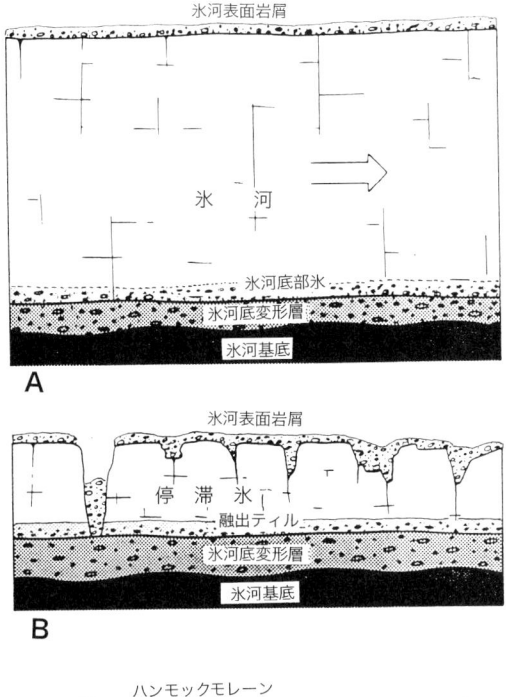

図7.33 大陸氷床融解後のティルのできかたの模式図．A：氷河底部氷の岩屑が排出され氷河底変形層となり，B：氷河が停止して停滞氷となると氷河底融出ティルが堆積し，C：氷河融解後には，表面融出ティルが最上部にのりハンモックモレーンをつくる（Flint, 1971: Fig. 7-16 を改変した）．

ことに疑いをもつ人はいない．過去の氷河の存在や，氷河流動経路を知るよい手がかりになっている．とくに基盤岩に凍りついていた寒冷氷河で，氷河侵食の証拠を基盤岩に残していない場合，迷子石だけが唯一の氷河存在の証拠になる場合がある．カナダのラブラドルにはエラティックフィールドと呼ばれる場所もある．

迷子石の中には巨大なものがある．カナダ，アルバータ州のカルガリー近くにはオコトクス（Okotoks）迷子石（図14.10）という 50×16.5×7.5 m の大きさの珪岩（quartzite）の迷子石があり，スウェーデン南部，マルメ（Malmö）近くには，長さ 5 km，幅 300 m，厚さ 30-60 m という信じられない大きさのものがある（Flint, 1957: p.130）．後者は，堆積物というよりは明らかに地形である．このような巨大な岩塊が基盤岩から剥がれて氷河に取り込まれるメカニズムはすでに述べた（7.1 (2)）．

底部ティルと表面融出ティルとの関係

氷河岩屑を多量に含む氷河が融解すると，理想的な場合には，下位から上位へ，氷河底変形層，底部融出ティル，表面融出ティルが積み重なった堆積層が形成される（図7.33）．氷河表面の凹凸を反映した岩屑の不均一な分布によって表面融出ティルにも凹凸ができ，ハンモックモレーンと呼ばれる．しかしながら，このような堆積物の様相が観察できるのは，平原に堆積した大陸氷床のティルにおいてであり，山岳氷河では例を見ない．

(4) 流水堆積物と重力成堆積物

氷河堆積物はティルだけではない．氷河の融水が運搬・堆積した砂礫や，氷河表面から氷河の外に土石流や崩落によって堆積した岩屑層など，流水堆積物や重力成堆積物がある．これらも，氷河堆積物に含まれ，氷河地形の理解には欠かせない．これらについては9章9.3「氷河縁辺堆積地形」の項で述べる．

コラム9
偽の氷河擦痕

基盤岩や礫に刻まれる擦痕は，氷河氷の移動作用以外のさまざまなプロセスによっても形成される．氷河底での流水による礫の引きずり（McCarrol *et al.*, 1989），岩屑を含んだ海氷の動き（Dionne, 1985），積雪のグライド（滑動；ゆっくりとした移動）や底なだれ，崩壊や地すべりのようなマスムーブメント，断層変位による磨かれた面（図A），岩塩ドームや溶岩の上昇のような地下での岩石中の動きなどでも，氷河擦痕とおなじような形態の擦痕が形成される．

氷河擦痕と，ほかの地形形成作用による擦痕とを区別することは，多くの場合困難なので，擦痕だけで氷河作用を証拠づけることは危険である．中でも，地下深部で岩石の変位によって岩石中に形成される擦痕は，氷河擦痕とよく似ている．しかし，氷河擦痕が岩石の表面だけにできるのに対して，それは岩石内部の節理にも刻まれるという違いがある．

低位置氷河説（たとえば李，1975）が根強く残っている中国では，北京市西郊山麓の海抜700mの地点にある氷河博物館の構内の基盤岩の擦痕が，氷河擦痕と説明されている．しかし，よく観察するとその擦痕は表面にあるだけではなく，節理の中まで続いていた．したがって，これは岩石変位による擦痕で，偽の氷河擦痕である．おなじタイプの偽氷河擦痕は，わが国の山地でもしばしば見かける（図B）．図Cはペルーのクスコ郊外のサクサイワマンの遺跡にある偽の氷河擦痕である．

1930年代，わが国では，残雪による擦痕と氷河擦痕とが混同されていたことがあり，今村学郎は，1934-35年に白馬大雪渓において，野外実験によって積雪のグライドによってでも擦痕ができることを確かめた（今村，1940）．これは，地形学の野外実験としては世界的に見てももっとも初期のものであろう．

図ABC 偽の氷河擦痕．A：岐阜市金華山の断層鏡肌（鏡岩）についた擦痕（岐阜地学会による http://www.crdc.gifu-u.ac.jp/mmdb/tigaku/index.html）．B：丹沢山地大倉尾根の海抜1100mにおける岩石変位の擦痕（1998年岩田修二撮影）．C：ペルーのクスコ郊外のサクサイワマンの遺跡にある偽の擦痕（2000年3月岩田修二撮影）．

コラム10
氷河堆積物の用語の歴史

使用の開始と用法の変化：地形・地質学における1770年代から1970年代まで
―――――――――――――――――――

- 1770年代から西部アルプスで氷河縁辺堆積地形に対して「モレーン」が用いられていた．
- 1779年，de Saussureによる"moraine"の綴りの初使用．
- 1838年，Agassizによって氷河岩屑に対して"moraine"が使用された．
- 1840年ごろ，イギリスの地質文献では氷山による堆積物に対して"drift"が使われはじめたが，「氷河説」確立後"drift"は氷河堆積物全般を示す語に変化した．
- 1841年，de Charpantierによる"moraines superficielles"の使用．
- 1842年，Agassizによる"till"の使用．
- 1863年，Geikieによる"till"の使用．
- 1875年，Goodchildは停止した氷河からの融出（passive melting out of stagnant ice）を認識した．
- 1875-77年，Goodchild（1875），Krapotkin（1876），Torrell（1877）は氷河底の固結ティル（basal compact till）を認識した．
- 1875-1900年ごろ，イギリス・ドイツでも"moraine""Möräne"が定着した．モレーンは，イギリスでは地形に対して，大陸では地形と堆積物の両方に対して用いられるのが普通であった．
- 1882年から1901年にかけて，Penck（1882），Chamberlin（1882），Heim（1885），von Böhm（1901）などによって，氷河基底での引きずりと底部氷層での岩屑の運搬が認識された．
- 1892年，Uphamが"lodged"を現在とおなじような意味で初めて使用した．
- 1894年，Chamberlinは，氷河堆積物の包括的な分類を行い，superglacial（upper）till，englacial till，subglacial（true）tillを区別した．
- 1899年，Woodworthによる"till"の分類．
- 19世紀末までには"boulder clay"などの記述的な語も氷河起源という意味をもち定着した．
- 1906年，Penckによって"tillite"が用いられた．
- 1909年，Tarrによって氷河表面モレーンに対して"ablation till"が用いられた．

- 1947年，Flintによって"superglacial till" "basal till"が用いられた．
- 1957年，Flintは1947年の語の替わりに"ablation till" "lodgement till"を用いた．
- 1958年，Hartshornによって"flow till"が用いられた．
- 1960年，Flint, Sanders and Rogersによって"diamicton" "diamictite"が用いられた．
- 1960年，Elsonによって，氷河底で引きずられた堆積物と再移動した堆積物に対して"deformation till"が用いられた．
- 1961年，Krinsleyによって"diamict"が用いられた．
- 1970年以降，成因を示さない語として"diamict" "diamicton" "diamictite"が一般化した．

Dreimanis (1989: pp.19-25) に基づく．表中の文献はそれを参照されたい．

コラム11

ロッジメントティルは氷河底変形層

　現在の氷河地形学の教科書にはロッジメントティル（lodgment till）についての説明が必ずある．現在使われているロッジメントティルを定義したのはFlint (1957: p.120)で，「氷河の底での，移動中の氷河からの堆積物．圧力融解による岩屑の解放や基盤への細粒物質の塗りつけによる」．その層相は「全体に篩い分けがない．礫は，氷河流動方向に長軸が一致し，壊れ磨耗している．充填物（細粒物質）は固くしまっており，割れ目構造がある」というものである．この定義は堆積物の層相から堆積プロセスを推定したもので，堆積プロセスが理解された上で定義されたものではない．

　その後，氷河底での観測によって氷河底変形層の存在が明らかにされると，ロッジメントティルの層相は氷河底変形層の層相とぴったり一致することがわかった．ロッジメントプロセス（引き剥がし）によって堆積した礫は，その場にとどまる．しかし，剥がれ落ちた底部氷が融解してできた細粒物質は，氷河に引きずられるので，ただちに氷河底変形層に移行するはずである．したがって，細粒のティルを，ロッジメントティルと氷河底変形層とに区別するのは無意味である．

　ロッジメントティルの層相と氷河底変形層の層相とは区別できないという意見は，Virkkala (1952: pp.107-109)，Whiteman (1995: p.298) など少なくない．Hart and Boulton (1991: p.34) は変形を受けていないロッジメントティルはないといい切っている．いいかえれば，細粒のロッジメントティルは氷河底変形層なのである．

コラム12

ティルの認定法

　平原にある氷床や山麓氷河とは違って，山岳氷河では，ティルと各種のマスムーブメント堆積物とを区別することがしばしば困難である．ティルも，崩壊堆積物，土石流堆積物もダイアミクトだからである．いくつかの判定基準があるが，いずれも問題がある．

1. マトリックスのシルト・粘土含有率

　底部ティルの場合には，マトリックスのシルト・粘土分の割合が大きいから判別することが

できる（本文参照）．ただし，これにも例外があって，1997年5月に発生した八幡平澄川地すべりに伴って発生した土石流堆積物は，強く温泉風化を受けた第三紀層が母材であったため，異常に粘土分が多いマトリックスをもち，底部ティルと区別がつかないものであった．神澤・平川（2000）が報告している藪沢礫層（土石流堆積物）の粘土含有率は25-50％，シルト＋粘土含有率は50-58％で，伊藤（1987）のティルの基準より粘土分が多い．これは母材が粘板岩のためであるという．

2. 氷河表面融出ティルと土石流堆積物の層相の違い

本書の著者は，経験から表面融出ティルと土石流堆積物との層相の違いを表Aのように認識している．しかしながら，このような違いが認められず，ティルの堆積物と考えられた堆積物が後に土石流堆積物であることが判明したという例は少なくない．飛騨山脈南部蒲田川の左股では，最終氷期前半と考えられた氷成堆積物の年代が晩氷期や完新世であったため，土石流堆積物となった（長谷川裕彦の個人情報）．日高山脈トッタベツ川でも最終氷期前半の底部ティルと判断されたものの年代値が1.2万年前となったため，氷成堆積物という考えは棄却された（平川一臣の個人情報）．

表A　露頭での氷河表面融出ティルと土石流堆積物の層相の違い

層相構成要素	ティル	土石流堆積物
礫の形態	亜円礫	角礫
礫の割合	礫は少ない	礫が多い
礫の岩種	多様	単調
マトリックスの粒径	シルト・粘土	砂・シルト
構造	緻密・コンパクト	礫の下などに空隙がある 砂質の部分がパッチ状に存在する
見かけの印象	全体に粉をふいたように見える	乱雑で汚い

3. 石英の表面微組織・微形態

1970年代に氷成堆積物の判定の決め手として，石英粒の表面についた電子顕微鏡レベルでの傷（mechanical fracture, microblock texture）がもてはやされた（Krinsley and Doorkamp, 1973）．しかし，その後多くの異論が出され，「現在のところ，石英の表面微組織・微形態は，礫の形状より不確かなものといわざるを得ない」と教科書（Benn and Evans, 1998: p. 210）に書かれるほど信用のないものになってしまった．

8 氷河侵食地形

> 岩面に条痕を見出してそっと手を触れてみる時，冷たく，
> しかし冷酷でなく，快く血の通ふやうな肌ざはり，其處に
> 私は氷蝕独特の香を嗅ぐ． 　　　　田中 薫『氷河の山旅』

> ♪いざ行こう我が友よ　日高の山に夏の旅に
> 北の山の　カールの中に眠ろうよ♪
> 　　　　　　　　　　　北海道大学山岳部「山の四季」

8.1 氷河侵食地形の種類とスケール

　氷河侵食地形とは，7章で述べた，氷河基盤から氷河への岩屑の取り込みと，磨耗，氷河から融出した水の侵食によって，氷河の下と縁辺に形成される地形である．氷河侵食地形には，7章7.1（2）で述べた擦痕のような小規模な形態から，大陸氷床によって形成されるような大規模な地形まで，いろいろなスケールのものがある．表8.1には，おもな地形形成作用（形成プロセス）とスケール別にいろいろな氷河地形形態と侵食地形を並べた．

　以下では，凸型地形と凹型地形に分けて，規模の小さな地形から大きな地形へと地形型（地形タイプ）ごとに取り上げる．これまで氷河侵食地形の形成といえば，氷河氷の運動による直接的な氷への岩屑の取り込みが強調されていたが，本書では氷河融解水などの，氷河底とまわりでの水による侵食も重要であることを強調する．

　大陸氷床と，谷氷河などの山岳氷河とは，氷河としては大きな違いがあるが，そこでおこっている個別の侵食メカニズムに大きな差はない．しかし，侵食メカニズムの組み合わせと，それらが長年作用した結果できた地形を見ると，大陸氷床の下の地形と山岳氷河の地形とはまったく違うものになる．最大の違いは，氷床の地形が氷床の下でつくられるのに対して，山岳氷河の地形は，氷河の下での侵食と，地上（subaerial）での斜面変化プロセス（たとえば周氷河作用あるいは風化と重力作用による削剥）との両方で形成されることである．このことは地形型の集合体である氷河侵食地形系・地形複合（8.4）で述べる．

　これらの氷食地形は解氷後の時間の経過とともに変化する．氷食磨耗による滑らかな斜面は，時間が経つにつれて，流水の侵食を受けて細かな凹凸が刻まれて氷食地形の特徴を失っていく．それに加えて，滑らかな地形形態は，周氷河性の砂礫斜面にも見られるし，植生（とくにハイマツ）に覆われた斜面にもある．このような理由で，氷食斜面とそれ以外の斜面とを区別するのは，最終氷期以前の古い地形では認識するのが意外に難しい．ヒマラヤやアンデスでの空中写真判読による著者の経験では，氷河侵食を受けた基盤岩地域（氷食斜面の集合体）は，全体としては滑らかな中に，角のとれた岩壁や急斜面が存在するのが特徴である．これらは，滑らかな地形と急でゴツゴツした地形のセットであるロッシュムトネ（次項）や氷食谷の谷柵（8.3（4））などと共通の特徴をもつ．

表 8.1 氷河侵食形態・地形の形・形成作用・スケールによる整理

形 態	地形形成作用	大　　　　　　　　　スケール　　　　　　　　　小								
		m^{-2} (1 cm)	m^{-1}	m^0 (1 m)	m^1	m^2 (100 m)	m^3	m^4 (10 km)	m^5	m^6 (1000 km)
流線形	面的氷河削剥					——鯨の背—— ——流線形の山—— ——岩石ドラムリン—— ——ロッシュムトネ—— flyggberg ——面的削剥地形系——				
部分流線的										
流線形	線状氷河削剥		——擦痕——			——条溝 (groove) ——				
	流水侵食 + (氷河削剥)					——S-フォーム (P-フォーム)—— ——トンネル谷—— ——岩石盆地——				
谷地形	線状氷河削剥					——氷床氷食谷 (trough)—— ——フィヨルド—— ——線状侵食地形複合——				
多様地形	面的氷河削剥					——氷食斜面——				
谷地形	氷河と周氷河の相互作用					——山岳氷食谷—— ——圏谷——				
凸地形						——尖峰 (ホルン)—— ——痩せ尾根——				
多様な地形						——山岳氷河地形複合—— ——氷床山地地形複合——				

Sugden and John, 1976: Table 9.2 をもとに岩田作成.

8.2 凸型地形

(1) 流線形凸型地形

ロッシュムトネ

　上流に向いた面に磨かれた滑らかな凸型の曲面をもち，下流側にゴツゴツした急な面をもつ基盤岩の丘状の突起や凸型地形が，**ロッシュムトネまたはロッシュムトン**（roches moutonnees）である．この形態は英語ではストスリー*形状と呼ばれる．この特徴的な形態の小丘はもっとも広く分布する氷食地形型である（図 8.1）．さまざまな呼び名があるが（コラム 13「ロッシュムトネの名称」参照），ロッシュムトネと呼ばれることがもっとも多い．突起の上流側で磨耗がおこり，下流側で節理から岩片やブロックの分離がおこれば，このような形の小丘ができる．丘の側面も滑らかに磨かれ，急で直立している場合が多い．滑らかな表面には擦痕が見られる．圏谷の出口の高まり（図 8.7）や，氷食谷の谷底（とくにステップの頂部；8.3 (4) 参照）に多い．日本では飛騨山脈槍ヶ岳近くの天狗原，笠ヶ岳北東双六谷源流の日独岩などのものがよく知られている．

---

* stoss-and-lee：氷の衝突と氷河の陰の意味．

図 8.1　ネパール，クンブヒマールのロッシュムトネ．氷河は左から右に流れた．背後の丘も大型のロッシュムトネ地形である（1976 年岩田修二撮影）．

そのほかの流線形の凸地形

　突起や丘の下流側がゴツゴツせず，全体が滑らかな流線形な氷食地形もあり，**岩石ドラムリン**（rock drumlin）と呼ばれる．大型で流線方向に引きのばされたものは**鯨の背**（whaleback）（図8.2），上流側の岩山から長く尻尾をひいた地形は**岩山としっぽ**（crag-and-tail）と呼ばれる．厚い氷床の下で高さ数百メートルの山が氷食を受けると，この種の巨大な地形ができる．ドイツ語ではルントリンゲ（Rundlinge）と呼ばれる．頂上まで氷床の氷食を受けた岩山や**ヌナタク***にはこのような地形が多い．図8.3に示した南極昭和基地近くのラングホブデ山はそのような例である．比較的平坦な広い場所に，ロッシュムトネや，そのほかの流線形の氷食地形が一面に形成されている場所を，ロッシュムトネ平原ということもある（8.4 (1) 参照）．

　流線形の凸型侵食地形が，氷河の磨耗だけではなく，氷河底での流水の侵食でつくられることが知られるようになった．それらは，とくに大型のものは氷床底に蓄えられた大量の水（氷床底湖）の流出時の侵食によると考えられている．これらは巨大洪水（megaflood）と呼ばれ，その重要性が強調されるようになってきた（澤柿・平川，1998；Shaw, 2002）．南極の沿岸にある大小の流線形地形の成因もこのような流水の作用で説明されはじめた（Sawagaki and Hirakawa, 1997, 2002）．

(2) 凸型氷食斜面

　氷河によって侵食された斜面が**氷食斜面**（glaciated slopes）である．山岳氷河のうち，山頂部・尾根部などの凸地形を覆った氷河が斜面を侵食した場合，**凸型氷食斜面**（convex glaciated slopes）が形成される．山頂氷河などで侵食された尾根型斜面は鈍頂山稜と呼ばれ

---

* nunatak：大きさや形にかかわりなく氷床・氷原から突き出た孤立した岩山・露岩をいう（図 3.16 参照）．氷床上に突き出た岩山に対してグリーンランドのイヌイトが使った名称．

図 8.2 チリ側パタゴニアのフィヨルド地帯プエルトエデン背後の氷食谷にあった鯨の背．氷河は右から左に流れた（1968年12月岩田修二撮影）．

図 8.3 東南極エンダービーランド，昭和基地近くのラングホブデ（長頭山）542 m は氷床の氷食を受けた流線形の山で，超大規模な氷食凸型地形（2003/4 年の夏に前杢英明撮影）．

るまるみを帯びた斜面になり，そこには流線形凸型地形が散在する（コラム 14「日本の氷河地形の分布と形態」の図 C の 11, 12）．山岳氷河であれば，凸型氷食斜面は小規模であるが，氷床や氷原で侵食された場合，連続した氷食斜面が広い面積を占める面的剥磨地形（8.4（1））になる．

8.2 凸型地形　155

8.3 凹型地形

(1) 基本になる地形

氷食溝

　氷河の流動方向に平行に直線的にのびる，基盤岩に刻まれた滑らかな表面をもつ深い溝は，**氷食溝**（glacial groove）または氷河条溝と呼ばれている．深さと幅は数十センチメートルから数メートルの溝で，長さは数十メートルのものが多い．浅く開いた谷状の横断面形をもつものも，垂直に近い壁をもつ箱型の断面形をしているものもある（図7.13）．多くは溝の内壁表面に擦痕をもつ．繰り返して同じ場所が氷河による磨耗を受け，氷河底の岩屑が同じ線に沿って動くことによって形成されると考えられる．いっぽう，すでに7章でも述べたように，次に述べるS-フォームの一部としての氷食溝とされるものもある．つまり砂粒を含む強い流水の侵食によるという考えである．

S-フォーム（P-フォーム）

　氷河が退いた後の基盤岩に，滑らかな表面の複雑な曲面の集合からなる穴状形態（ポットホール）や屈曲した溝ができる（図7.13）．Dahl（1965）によって plastically sculptured form と命名され，plastically molded form とも呼ばれる地形である．氷河底クリープによって氷河氷に磨かれた地形であると考えられて，plastically という形容詞がつけられ，**P-フォーム**（P-form）と呼ばれるようになった．河床で見られる河川水流の侵食による同種の地形より滑らかで，溝の壁や底にきれいな擦痕を残すP-フォームも珍しくない．しかし，氷の動きではできそうもない複雑な形態をしていることも多い．このような点から，氷河に覆われる前の河川地形が残ったのだという考えもあったが（たとえばJohnsson, 1988），やがて氷河底での水流の作用でできたという考えが強くなってきた．そこで，成因を意味しない彫られた形（sculpted form；**S-フォーム**）が使われはじめた．しかし，擦痕の存在から氷河の磨耗が関与しているという考えも根強く残っている．

　形成に関係する作用は，i）高圧の水流の作用，ii）氷河底・側面での水で飽和されたティルの動きによる磨耗，iii）変形した氷による磨耗，の三つであり（Hambrey, 1994），それらの関与の割合にはさまざまなケースがあると考えられる．つまり，水流による侵食と氷河による磨耗の両方が働いてできた場合もあるということである．まず水流によって溝が形成され，次に高い圧力による底部クリープ（塑性変形する氷）によって氷・岩屑に磨耗され，擦痕ができる場合である．

氷河底流路

　温暖氷河の底には大量の水が流れている．その侵食作用によって深い峡谷が形成されることが報告されている（たとえば小野, 1982）．このような氷河底の基盤岩上の谷は**N-水路**（Nye-channel）（表3.3）が大きくなったものである．固定された水路が連続して侵食されると深い水路ができる．とくに石灰岩地域では低温の水が溶食を効果的に進める．氷食谷の底にゴルジュ（峡谷）状の谷が形成されていることは古くから知られており，かつては解氷後（完新世もしくは間氷期）の侵食によると考えられていたが，現在では氷河の底で形成されたものが多いと

表 8.2 さまざまな圏谷の語

circo（シルコ）	スペイン語
cirque（スィルク）	フランス語
cirque（サーク）	英語
cwm（クム）	ウェールズ語
corrie（コリー）	スコットランド語
Kar（カール）	ドイツ語
botn（バトン）	ノルウェー語
nisch（ニシュ）	スウェーデン語
まや，圏谷	日本語
冰斗（bingdou；ピンドゥ）	中国語

Thornbury, 1954；町田ほか，1981：pp. 106-107 などによる．

考えられている．これに対して，**R-水路**（Röthlisberger-channel；氷河底トンネル内の流れ，表3.3）では深い連続的な谷地形がつくられることは少ない．

現在の極地氷床の底にも大量の水が存在することが明らかになっているが，そこでの流水の作用の実態は明らかではない．ただし，最終氷期末の氷床融解期には，大量の融解水が深い侵食谷系をつくったことが知られている．南極ドライバレーのテーラー谷には，氷河谷底に迷路のように複雑に交錯する古い谷系があり，ラビリンス（迷宮）と呼ばれている．基盤の石灰岩が氷床下で流水に侵食された大規模な谷系である．

氷河底で形成された流路や谷は多くの場合，氷河融解中やその後の氷河堆積物や流水堆積物で埋め立てられるので，開発行為などで存在が明らかになるケースが多い．ドイツのトンネル谷（8.3（6）参照）もその例である．

(2) 凹型氷食斜面

氷河によって侵食された谷型斜面を，**凹型氷食斜面**（concave glaciated slopes）と呼ぶ．この斜面には，氷河による面的な磨耗作用が働いているから，谷型斜面の場合には，流水による谷にくらべて広い凹形で，小さな凹凸が磨かれた滑らかな斜面が形成される（図8.4）．日本アルプスと日高山脈全域の氷河地形を空中写真判読によってマッピングした五百沢（1963, 1970）が，写真判読のとき氷河地形の判定の基準にした「ゴツゴツ・ギザギザの急峻な山頂・山稜・岩壁とその下部にひろがるゆるく広いスムーズな地形」（五百沢，1963）が氷食斜面である．氷食を受けた山地斜面でもっとも広い面積を占めるのは凹型氷食斜面である．

(3) 圏谷（カール）

名称と形態

氷食斜面のうち，とくに特徴的な形態をもつのが**圏谷**（けんこく）である．谷頭や山腹にあるお椀を半分にしたようなくぼみ，あるいは箱状の地形である（図8.5，図8.6，コラム14図B, C）．形から圏谷（取り囲まれた谷）と命名された，直感的・総合的に認められた相観地形型である．わが国ではドイツ語のカール（Kar）の名で登山者にも氷河地形の代表としてよく知られている．日本語では「まや（まやくぼ）」と呼ばれ，外国でも多くの名称が使われている（表8.2）．英語ではフランス語のcirque（発音はサーク）を用いている．圏谷は外国でもよく知られた地形

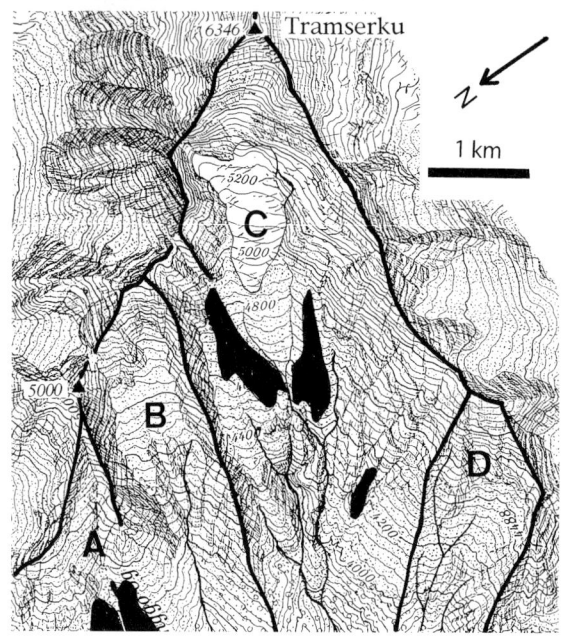

図8.4 上：東ネパール，クンブヒマール，タムセルク西峰の西北面に形成された氷食斜面地形のステレオ写真．A～D は下の地形図に対応する（1978年10月ネパールヒマラヤ氷河学術調査隊撮影）．下：東ネパール，クンブヒマール，タムセルク西峰の西北面に形成された氷河地形．A・D は小規模な山腹氷河がつくった氷食斜面の地形，A には最終氷期に形成されたと思われるモレーンがある．B は底の浅い圏谷状地形，C には現成の氷河が存在し，明瞭な小氷期のモレーンが存在する．黒く塗りつぶしたのがモレーン．C と D の間の斜面も氷食斜面（ベースマップは "Khumbu Himal 1：50,000", 1993）．

で，山の名前になっている．カナディアンロッキーには圏谷峰（Cirque Peak, 2993 m）が，ラブラドル半島トーンガット（Torngat）山脈と合衆国サンファン山脈には圏谷山（Cirque Mountain）という山がある．

　圏谷の形態は，平坦あるいはくぼんだ底とそれを取り巻く急斜面で特徴づけられる．横断形は，あとで述べる氷食谷の横断形とおなじように放物線で近似できる（Aniya, 1974; Aniya and Welch, 1981）．縦断方向で見ると背後の急な壁（圏谷壁；headwall）と緩傾斜の底（floor），底の下流端にはしばしば高まり（敷居；threshold, sill）をもち，谷下流や谷壁斜面下方とは明瞭に区別される（図8.7）．圏谷壁の下部，底部との境には傾斜変換線をもち，シュルンド線

図 8.5 中部日本，飛騨山脈槍・穂高連峰おおきれっと東面の圏谷．正面の圏谷壁は背後からも削剥され切載山稜となっている（蝶ヶ岳から岩田修二撮影）．

(Schrund line) と呼ばれることがある．圏谷の縦断形は対数関数で表すことができる：

$$y=k(1-x)\mathrm{e}^{-x}$$

ここで y：圏谷の深さ，x：圏谷壁頂部から敷居までの長さ，k：定数である．$k=2$ だと急な壁をもつ深い圏谷，$k=0.5$ なら浅い圏谷とされる（Benn and Evans, 1998: p. 356）．

分布

　圏谷は山岳氷河地形の代表として普遍的に分布すると考えられた（たとえば辻村，1932：I：p. 382）が，すべての氷食を受けた山岳に圏谷が形成されるわけではない．圏谷の分布は，i) もとの地形，ii) 卓越風に対する位置，iii) 日射に対する方位，などに影響される．

　これらの中で，i) もとの地形の影響は重要である．現存氷河でも，比高の大きな急峻な山地には圏谷氷河は少ない．アルプスやヒマラヤでは，急峻な山地の周辺部のやや低い山に圏谷氷河・圏谷が多く見られる．飛騨山脈でも急峻な剣岳には圏谷はないが，比較的緩やかな立山連峰には圏谷が分布する．圏谷が発達するためには，どんづまりの急斜面の高さが大きすぎず，谷の源頭の積雪が蓄積しやすい谷地形や緩斜面の存在が必要である．ii) 卓越風向との関係では，偏西風の影響を強く受ける日本アルプスでは風下の東側斜面，北東側斜面に多くの圏谷が分布するという例がある．iii) 日射との関係では，たとえば，天山山脈ウルムチ河源流では圏谷氷河や斜面氷河は北向き斜面に分布し，圏谷は北向き斜面に発達する．

　存在する地形的位置によって，圏谷は，氷食谷の谷頭に位置する場合（谷頭圏谷；trough-end cirque）と，急な山腹斜面や，水食によるV字谷の源頭に位置する場合とに区分される．後者は，多くの場合，急な谷壁によって谷底と隔てられており，懸り圏谷 (high-valley cirque)

図 8.6 中部日本，飛騨山脈槍・穂高連峰の涸沢圏谷．上：北東方向から見た涸沢圏谷（1990 年 10 月 10 日岩田修二空撮）．下：等高線地図（等高線間隔 50 m）．1：50,000 地形図「上高地」から作成されたステレオ視が可能な図（鈴木，1991 の図 XII-26）．

と呼ばれる．

圏谷底の高さ（位置）と雪線高度

　古くから，圏谷底の平均的な高度（海抜高度）は，氷河があった時代の気候的雪線・広域的雪線の高さを示すと考えられてきた．圏谷氷河の氷河平衡線は，氷河の中流の圏谷中央部に位置する場合が多いことから，圏谷の敷居の高度が氷河平衡線あるいは氷河上のフィルン線の高度に近いと考えられている（たとえば野上，1968, 1970）．つまり，圏谷底の高度は雪線高度の代替指標になると考えられている．

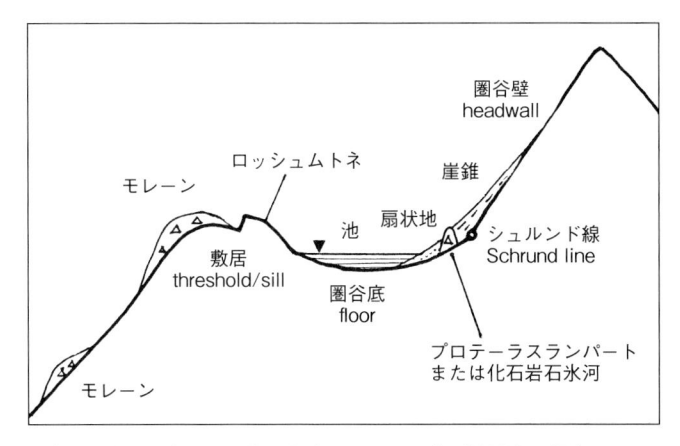

図 8.7 圏谷の地形縦断面模式図．日本の山地で見られる典型的圏谷を想定している（岩田原図）．

しかし，圏谷高度と雪線との関係についてはさまざまな議論がある．野上（1968, 1970, 1972）は，圏谷は，雪線より高所のいろいろな高度に形成されうるので，最低位置にあるものを雪線高度の指標にすべきであると主張している．いっぽう，青木（1999）は，最終氷期末の日本アルプスでは，吹きだまり効果という山頂現象として，山頂から一定の比高の場所に圏谷が形成された例を報告した．これは，氷河の発達の悪い山域では，氷河地形の分布は稜線高度に支配されるので，圏谷高度が気候的・広域的雪線高度の指標にならないことを意味する．かつては，時代未詳の異なった高さにある圏谷高度を，異なった時代の雪線高度にあてはめて雪線高度変化を復元することがしばしば行われてきた．これに対して岡山（1956）は，雪線が上下することに対応して圏谷が形成されることは知られていないと述べているが，日高山脈のポロシリ期とトッタベツ期の圏谷の場合（橋本・熊野，1955）は，そのような数少ない例であるとしている．

形成プロセス

圏谷は圏谷氷河または小規模な谷氷河によってつくられる．これらの氷河の源頭部の背後には，露出した岩壁などの山腹斜面（圏谷壁）が存在する．したがって，圏谷底と，圏谷壁の下部は氷河の侵食作用によって形成されるが，圏谷壁の大部分は地上（大気中）で周氷河作用・重力作用などの斜面形成プロセスによってつくられる．これはSugden and John（1976）の教科書以来定着した考えである．つまり，氷床や氷原のような連続する氷体の底でつくられるものは圏谷ではない．問題は，小規模な氷河でどのようにしてお椀形の形態ができるのかである．いろいろな理論が研究者によって提出されたが，推論の域を出ないものばかりであった．

i）ナイの氷河流動理論説：Nye（1952）は，圏谷氷河の縦断面を考えたとき，涵養域では氷河の流動は引っ張り力に支配されるが（extending flow），逆に消耗域では氷河流動は上流から圧縮され（compressing），氷体内部には上方にずり上がる衝上断層的なすべり面が形成され，その結果，効果的に氷河底の岩屑を氷体内に取り込み運び去ることができると考えた．この作用が実際に作用しているのが氷河底で確かめられたという（Nye, 1959）．しかし，正しいかどうかは，この2種類の流動タイプでの底面すべりの速度と侵食量がどのようになっているかを検証する必要があろう．

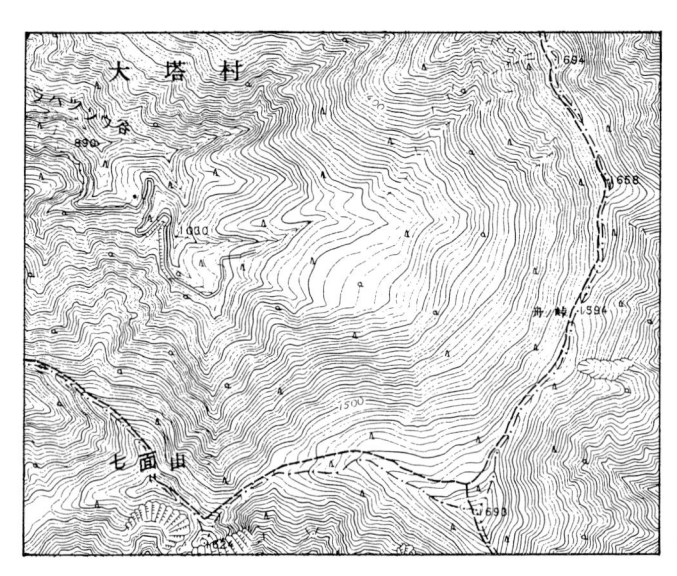

図 8.8 紀伊山地の大峰山脈にある七面山（1610 m）北側の圏谷状（類似）地形．崩壊地形と思われる
（1:25,000 地形図「釈迦ヶ岳」による）．

ii）ノルウェーの圏谷氷河での観察：イギリスの地形研究者と学生はノルウェーの圏谷氷河にトンネルを掘って，くわしい氷河運動と地形プロセスの調査をした．この研究（Lewis, 1960）は氷河学と氷河地形学の古典となっている．圏谷がお椀形になる原因について，かれらが得た結論は，①圏谷の中ほどでの侵食力増大による掘り下げと，②圏谷壁下部での凍結破砕による斜面の後退の二つの作用であった．

①圏谷氷河では，氷河の中ほどに平衡線がある場合が多いから，圏谷中ほどの平衡線のあたりで氷厚が大きく，底面すべり速度が大きく，氷河の侵食力ももっとも大きくなり，圏谷底の中央が深くなる（McCall, 1960）．氷の流線（動きの軌跡）は平衡線より上流側では下向きに，下流側では上向きになるから（図 3.1），圏谷氷河の流動は回転運動（rotational movement）であるといわれる．

②圏谷壁と氷河との間には，headwall gap と呼ばれる隙間が氷河底まで続き，そこでは外気の影響と流入する融雪水で凍結破砕がおこる（McCall, 1960; Gardner, 1987）．つまり周氷河作用による斜面の平行的後退がおこり，圏谷はひろがる．圏谷底と圏谷壁の境にできるシュルンド線という傾斜の変換線（図 8.7）は，headwall gap の中の凍結破砕がおこる下限線であると考えられている．もっとも，headwall gap の上端であるラントクルフトやベルクシュルントがすべての圏谷氷河で認められるわけではないし，凍結破砕が発生しない場合もあるので，この説明ですべてが解決した訳ではない．むしろ headwall gap の底にたまった岩屑が氷河底に取り込まれて，底面すべりによる効果的な氷河侵食を促進する効果を評価すべきかもしれない．

類似の地形と圏谷の発達

圏谷に似た地形ではあるが，氷河によってつくられたものではない，圏谷とはいえない地形が存在する．i）崩壊・地すべり跡地（図 8.8），ii）火山の火口，などである．また，iii）氷床や氷原の下でも氷河の選択的な侵食によって圏谷状の地形が形成されるが，圏谷壁が地上で形成されたものでない場合は，氷食地形ではあるが圏谷とはいえない．そのような場合には凹地形

を取り巻く壁の上端は氷食によって丸く角が取れている．つまり，圏谷地形は，山岳氷河による山岳地形複合（alpine landscape）（8.4（3）参照）に見られる地形である．

ただし，最終氷期に氷床に覆われた場所でも，氷床解氷期に，谷頭や凹地形に生き残った氷河によって侵食された場合には，よく発達した圏谷が形成される．イギリスでもっとも完璧な圏谷といわれる西ウェールズのカデルイドリス（Cadair Idris）山塊の圏谷群（図8.9）もそのような例である（ただし，この山塊の頂部平坦面は図8.32のケアンゴームとおなじように，氷床に覆われたが，氷食を受けていない）（Ballantyne, 2001）．

圏谷の発達の程度は，i）上記のように経験した氷食の履歴，ii）圏谷分布で述べたように，もとの地形，さらにiii）岩石の種類や構造，などによって変わる．岩種と圏谷の発達との関係は，脆弱な岩質では浅い圏谷になり，圏谷壁の地形は保存されにくいなどといわれるが，定量的な研究があるかどうかは不明である．岩石組織の方向性と構造による圏谷の形態の違いはBennett and Glasser（1996: pp.138-139）にある．上記のカデルイドリスのカウ圏谷（Cwm Cau）は，抵抗力が高いオルドビス紀の火成岩と圏谷底を占める軟らかい泥岩の組み合わせで典型的な形になった（Wimbledon, 1989）．

圏谷の発達がよく山地の大部分が圏谷に占められた山地もある．たとえばラブラドル半島のトーンガット山地などである．そこでは，圏谷が切りあって切載峰（尖峰・ホーン；horn）や切載山稜（ナイフリッジ・アレート；arête）が形成される．形成プロセスの冒頭で述べたように，これらの切載峰や切載山稜は氷河の直接の侵食ではなく，周氷河作用による岩壁の後退による切れ合いによってできたものである．いうまでもなく，周氷河作用による斜面後退は斜面基部の氷河侵食に促進された．カナダのマッケンジー山脈には，登攀不能圏谷（Cirque of the Unclimbables）という名前の急岩壁と鋭い稜にかこまれた圏谷群がある．

いっぽう，平坦な台地に圏谷が食い込んだ地形もある（図8.9下）．ビスケットの押し型に似ているので，ビスケットボード地形（biscuit-board topography）とも呼ばれる．アメリカ合衆国ワイオミングのウインドリバー山脈には典型的なものがある（小林・永峰，2009）．

（4）氷食谷

形態と形成プロセス

氷床・氷原の氷流や溢流氷河や，山岳氷河の谷氷河に侵食されてできた溝状の谷地形をひっくるめて，**氷食谷**（glacial trough；氷河渠*）という．河川侵食による横断面がV字形の河谷と違って，底が広いU字形の断面形をもつので**U字谷**とも呼ばれる（図8.10）．氷食谷をつくる作用は線的侵食（linear erosion または selective linear erosion）と呼ばれ，面積的には小さいが，強い氷河作用を受けた山岳や高地・台地などでは氷河地域を特徴づける地形である．氷食谷は，谷氷河だけではなく氷原や氷床によってもつくられることを強調しておかねばならない．

Sugden and John（1976: p.178）は氷食谷を山岳型，アイスランド型，貫通型の3タイプに分けた．それにならってここでも次のように分ける．

---

* glacial trough は英語ではもっともよく用いられる．トラフは，気象学では気圧の谷，海底地形学では舟状海盆と訳されている．氷河渠（ひょうがきょ）という古い訳がある．

図 8.9 イギリス,ウェールズ,アバリストウイス (Aberystwyth) 近くのカデルイドリス (Cadair Idris) 山塊の圏谷. 上:パニガデル (Penygadair) 山頂付近から見下ろしたカウ圏谷 (Cwm Cau) とカウ湖 (Llyn Cau) (2007 年 5 月 22 日塚本すみ子撮影). 下:周辺の地形学図 (Ballantyne, 2001: Fig. 51).

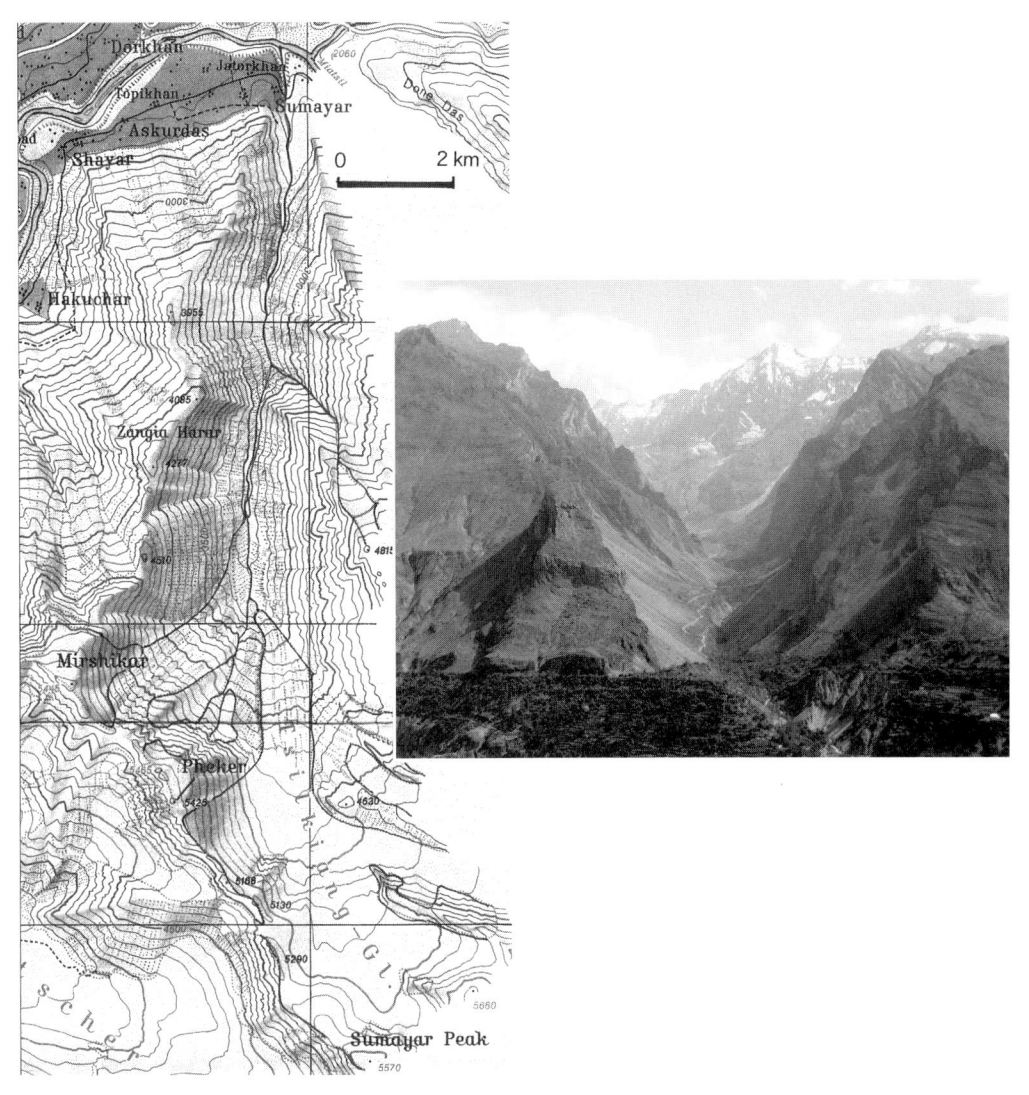

図 8.10 パキスタン北部,カラコラム山脈,カリマバード（Karimabad フンザ）の南側,シルキャン（Tsilkiang）氷河下流の氷食谷（U字谷）．北から南を望む．背後のピークはペケール（Pheker）峰5465 m（2006年8月岩田修二撮影．地形図は "Hunza-Karakorum 1:100,000", Alpenvereinskartgraphie, München, 1995）．

　i）山岳型：谷氷河でつくられたもので，谷の奥（どんづまり）には圏谷や谷頭の斜面がある．山岳地域でもっとも一般的な氷食谷である（図8.10，図8.11）．

　ii）氷原型（アイスランド型）：氷床や氷原から流下する氷流や溢流氷河によって形成された氷食谷で，奥に急な壁や段がある場合である（図8.12B, C）．Sugden and John (1976) はアイスランド型と呼んだが，小規模な氷床や，氷原に覆われた台地状の地形の周辺部に多いので氷原型氷食谷と呼ぶ．

　iii）貫通型（through valley）：氷床や氷原，横断型谷氷河によってつくられた，源頭部がつながって両側に開いた氷食谷である（図8.12A，図14.11）．分水嶺をまたいで形成され典型的な谷中分水界をつくり，貫通谷ともいう．

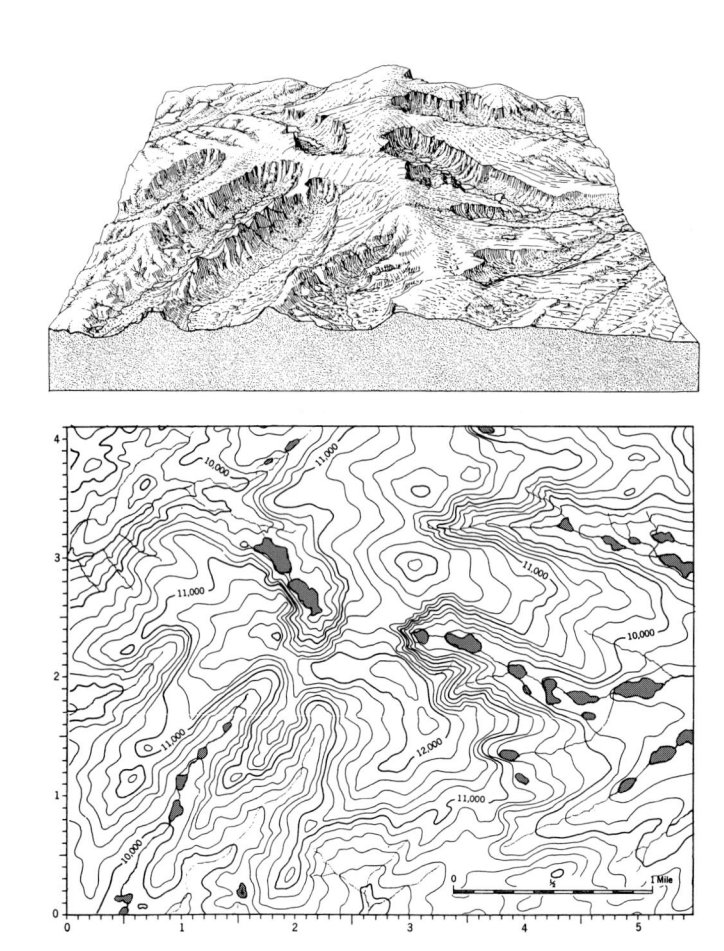

図 8.11 アメリカ合衆国，ワイオミング州北部，ビッグホーン（Big Horn）国立森林公園クラウドピーク（Cloud Peak）峰の南東 10 km 付近のなだらかな氷食斜面に食い込んだ小規模な氷食谷のダイアグラム（上）と地形図（USGS 1：125,000）（下）．距離はマイル，等高線間隔は 200 フィートであることに注意．氷食谷底には湖が連なり，鎖湖（chain lakes）と呼ばれる．古い氷食地形に新しい氷河地形が食い込んだ様子が強調されて描かれている（Stralher, 1975: p. 541）．

氷食谷の形成に関わる地形形成作用は，①氷河と接している部分での氷食作用（磨耗と岩屑剥離），②氷河底での水流による侵食作用，③氷河に覆われない谷壁部分での風化とマスムーブメントによる削剥，の組み合わせである．上記氷食谷の3タイプと形成に関わる作用との関係はやや複雑である．山岳型では圏谷とおなじように，①谷底部分の氷食，②水食と，③谷壁部分の大気下での削剥で形成される．氷原型と貫通型では，両側が氷河に覆われない溢流氷河や横断型谷氷河の場合には，山岳型と同じ侵食・削剥様式①②③である．氷原や氷床に覆われていた場合には，①すべての部分が氷河侵食，場合によってはそれに加えて②流水侵食による．ただし，選択的線状侵食地形系（8.4（2））の項で述べるが，氷食谷の発達や氷河の厚さとの関係でいくつかの中間タイプがある．しかも，われわれが目にする実際の氷食谷は，④氷河消失後の風化とマスムーブメントによる削剥・堆積作用，⑤氷河消失後の水流による侵食・堆積作用によって変形したものである．

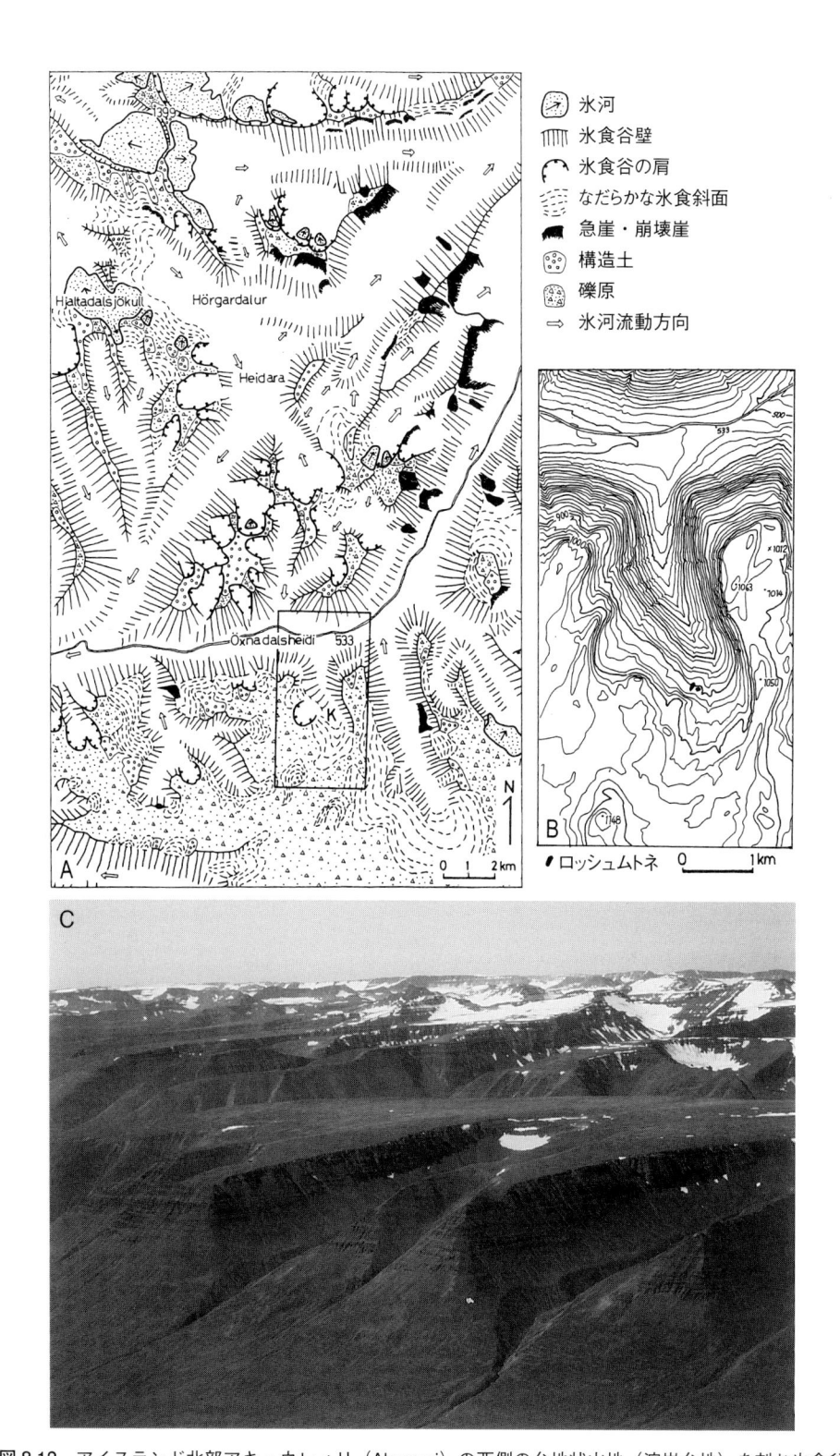

図8.12 アイスランド北部アキュウレィリ（Akureyri）の西側の台地状山地（溶岩台地）を刻む氷食谷．A：地形学図．オクサナ谷原野（Öxnadalsheidi）は，国道が通る貫通型氷食谷の分水界，Heidara はヘルガ谷（Hörgardarlur）貫通谷の分水界．B：アイスランド島中央高地の氷原から流下した溢流氷河がつくった氷原型氷食谷の等高線地図（等高線間隔 20 m），図の範囲は A に示した．C：A の範囲を北東側の空中から眺めた．平坦な第三系の溶岩台地を氷食谷が刻んだ．台地表面の平坦面は氷河には侵食されていないが，トアなどは見られない（セスナから 1985 年 8 月岩田修二撮影，A，B の図は Iwata, 1990 による）．

8.3 凹型地形

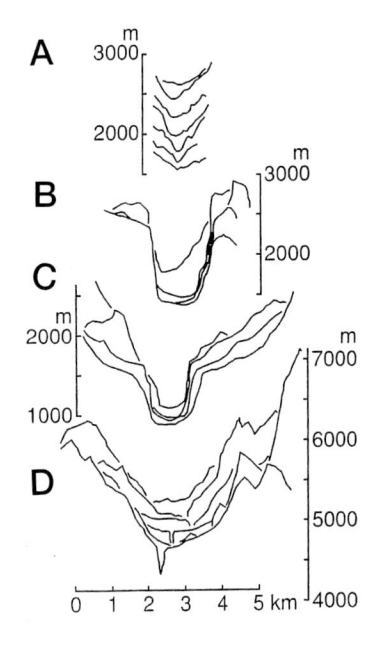

図8.13 氷食谷の地形断面.A：飛騨山脈白馬岳東面松川谷北俣入り（いわゆる大雪渓の谷），B：アメリカ合衆国カリフォルニア州ヨセミテ谷，C：スイスアルプス，ラウターブルンネル谷，D：ネパールヒマラヤ，クンブのイムジャ谷（小疇，2002による）.

氷食谷の横断形

　典型的な氷食谷の横断面形は，深さを誇張して描くとまさにU字形になる（図8.13）．しかし，実際には上方に開いた放物線（parabolic）で近似できる形であることはよく知られている（Wheeler, 1984）：

$$y = ax^b$$

ここでy：氷食谷の深さ，x：圏谷壁から谷中央までの長さ，aとbは定数である．多くの氷食谷では$a = 2$となる（Benn and Evans, 1998: p.351）．

　横断面形がなぜ放物線形になるのかについては，古くから定性的な説明がある．氷河側面で岩屑が多く侵食が最大になるから，氷をもっとも効率よく流す形だから，排水路でも放物線形がもっとも効率がよいから，などである．平野・安仁屋（1988, 1989）は放物線ではなく懸垂線で近似できるとし，これは底面摩擦を最大にする，つまり侵食効率がもっともよい形であると説明した．Harbor et al. (1988) とHarbor (1992) は，Hallet のモデルを用いて数値実験によって放物線形を説明した．Hallet のモデルというのは，氷河底の岩屑の量が多いとき，底面すべり速度（v）が大きいほど，岩屑が押しつけられる力（F）が大きいほど磨耗速度が大きいというものである（Hallet, 1979, 1981）．Harborの計算では，V字谷に氷河が形成されたときには，はじめは谷壁の上半部でv（磨耗速度）が最大になり，時間の経過とともにその最大部分は下部に移り，その結果，谷壁は滑らかな放物線状になるという結果が得られた（図8.14）．

横断形の発達

　ヒマラヤ山脈の南面では，U字形の断面をもつ深い氷食谷の発達が悪いことがしばしば指摘される．Kuhle (1987) は，急傾斜の谷と豊富な融水・降水による氷河底での水流の侵食によってヒマラヤの氷食谷はV字形になると述べ，小疇（1981）は，クンブヒマールのドゥドコシ源流イムジャコーラの広い谷について，侵食力の弱い寒冷氷河が，下方侵食より側方侵食を盛

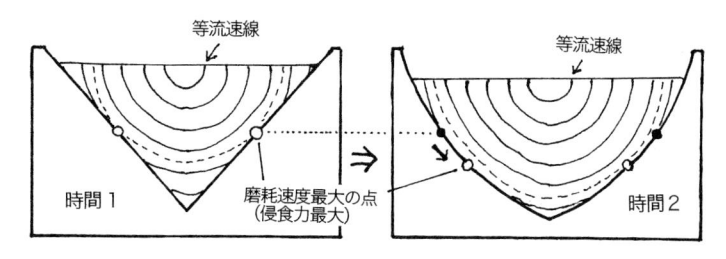

図8.14 谷氷河の侵食によってV字谷からU字谷へ変化する過程を数値シミュレーションによって示した．時間1から時間2に経過するにつれて，磨耗速度最大の点（侵食力も最大になる）が下方に移る（Harbor et al., 1988: Fig.1 から）．

んに行って形成したと考えている．幅が広い氷食谷が多いクンブ地域の中でも，ナムチェバザールの北西にあるギャジョ（Gyajo）谷は典型的な深いU字谷である（図8.15上）．この谷の氷食谷壁は節理のきわめて少ない花崗岩類（片麻岩）からなる．岩石強度が大きい場所では，深いU字谷が形成されることが知られている（Sugden and John, 1976: p.183）から，岩質が深い氷食谷の原因であろう．

いっぽう，岩石の強度が小さく谷壁上部の風化・侵食による後退が激しい場所では，U字谷は浅く開いた形になる（図8.15下）．クンブのイムジャ谷の谷壁斜面では周氷河岩屑斜面の発達が非常によい（Iwata, 1976b）ので，削剥を受けやすい岩質が浅い氷食谷の原因となっている可能性がある．そのほかに考えられる理由は，ヒマラヤ主脈の隆起が最近はじまったので，経験した氷期の回数が少ないため氷食地形の発達が不十分であるというものである．ヒマラヤ山脈の北側にあって隆起の時期が古いと考えられるニンチェンタングラ山脈やカラコラム山脈には典型的な深い氷食谷が多く存在するのは，この説を支持するものといえよう．もうひとつは，ヒマラヤ山脈の氷河の多くが現在とおなじように過去の拡大期にも岩屑被覆氷河であったと考えられ，そのため氷河末端を低い位置まで到達させることができたが，末端近くは侵食力が弱く下刻するよりも，以前あった谷を岩屑で埋め立てただけであるというものである．図8.15下に示した，ペルーの浅い氷食谷の原因は，熱帯の氷化しやすい環境（氷河が薄い）と壊れやすい火山岩の基盤の結果と考えられる．いずれにせよ，この問題の解明は今後の課題である．

氷食谷の肩

氷食谷が台地状の地形や緩傾斜の斜面を掘り込んでいる場合には，氷食谷の谷壁上端に肩状の平坦な地形，**氷食谷の肩**（trough edge, trough shoulder）が存在する．図8.11, 図8.12Cでは谷壁と平坦面の境は鋭角で明瞭な肩がある．水平な硬い地層（キャップロック）が存在する場合が多い．急峻な山脈では，氷食谷の谷壁がそのまま山稜頂部まで連続する場合も少なくないが，氷食谷の谷壁上端で緩やかな斜面にかわる場合も少なくない．氷食谷の肩は，過去の氷河表面の高さを示すと考えられることも多いが，氷河は縮小過程においても谷壁下部を侵食し谷壁を後退させるので，谷壁上端＝氷食谷の肩はどんどん高くなるはずである（図8.16右）．岩盤が強固でほとんど侵食されない場合（図8.16左）を除いて，氷食谷の肩は氷河表面高度を示さないと考えるべきである．

図 8.15 深い氷食谷と浅い氷食谷．上：ネパールヒマラヤ，クンブのギャジョ（Gyajyo）の深い氷食谷．下流を望む．谷底は沖積堆積物によって埋められ，その先は急な岩壁の段（谷柵）になっている（1976年5月岩田修二撮影；ネパールヒマラヤ氷河学術調査隊提供）．下：ペルーアンデス，アレキッパ県コルプナ火山北方サイロッサ谷の浅い氷食谷（14°54′S, 72°36′W, 4470 m a.s.l.）．熱帯の氷化しやすい薄い氷河と削剥・侵食に弱い凝灰岩の地質のため，谷は浅く開いた横断形になる（2003年3月岩田修二撮影）．

氷食谷の縦断形

氷食谷の縦断面形は階段状になる．垂直に近い急な岩壁をもつ高まりとその背後のくぼんだ盆地がセットで，連続して複数段存在する（図 8.17）．時間の経過につれて縦断面形が滑らかな平滑形になる河川の場合とは対照的である．段の急な部分を谷柵（こくさく），リーゲル（Riegel ドイツ語），rock bar などと呼ぶ．谷柵の形態は基本的にはロッシュムトネとおなじである．頂面は氷河底で磨耗され，下流側の急斜面は岩片の引き剥がしによって形成された．階段状になる原因として，i) 基盤岩の節理構造や岩質の影響（図 8.17），ii) 合流などによる氷河流量の変化（MacGregor et al., 2000），iii) 以前の地形の影響，が考えられている．いったん形成されたステ

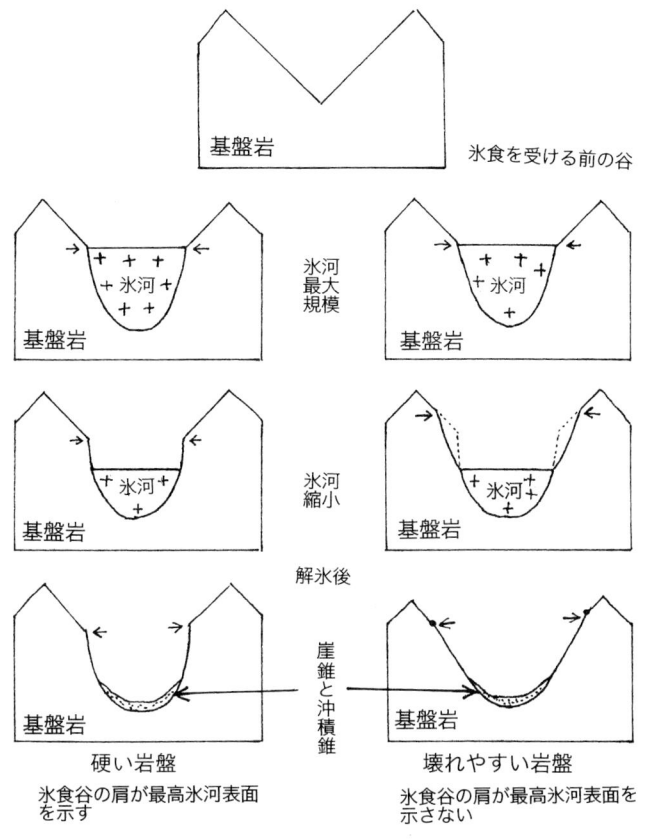

図 8.16 氷食谷の横断面の変化．左側の硬い岩壁では谷壁の後退がおこらないから，肩の位置は変化しない．いっぽう，右側の壊れやすい岩壁では，氷河最大拡張期以後の侵食によって谷壁がしだいに後退・緩傾斜化し，肩の位置は上昇する．したがって氷食谷の肩は氷河最大拡張期の高さを示さない（岩田原図）．

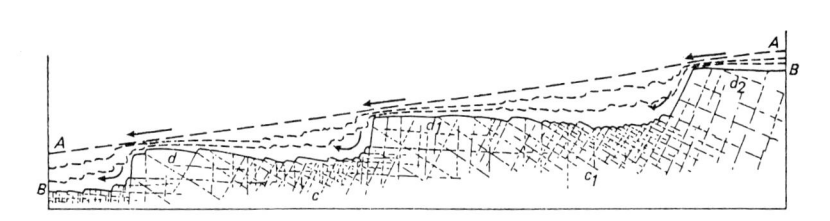

図 8.17 階段状を示す氷食谷の縦断面形．A—A（氷食を受ける前の河谷時代の縦断プロファイル）がしだいにステップ状の B—B に変化した．矢印は氷河の流動を示す．c, c1 の節理密度が大きい部分では氷河によって掘り込まれる岩屑は除去されるが，d, d1, d2 の節理間隔が大きい部分では磨耗しかおこらず，ロッシュムトネとして維持される（Matthes, 1930）．

ップ状の形態が発達するには，氷河底の水の作用（とくに水圧ジャッキ作用）が重要な働きをすると考えられる．深掘り（overdeepening）された谷底は，解氷後，湖になるか，河川によって運ばれてきた土砂で埋め立てられ平坦な沖積地になる．氷食谷に形成された湖（氷食谷湖；trough lake）は細長く，両側に急な岩壁をもち，水深があり，美しい風景をつくる（図8.18）．氷食谷の盆地が非常に深くなるのは，氷床下で形成された氷食谷の場合である．

8.3 凹型地形 **171**

図 8.18　チリ側パタゴニアのフィヨルド地帯の氷食谷の深掘り盆地（岩石盆地）の湖（trough lake）．プエルトエデンの背後（位置は図 8.31 の右端中段の湖）．手前の湖の奥に滝がかかった谷柵があり，その奥にも湖がある（1968 年 12 月岩田修二撮影）．

(5) フィヨルド

分布

　氷河から解放された氷食谷に海水が侵入した地形，つまり海水に満たされた氷食谷を，スカンジナビア語で入り江を意味する**フィヨルド**（fjord, fiord；峡湾）と呼ぶ（図 8.19）．ノルウェーの西海岸，カナダ太平洋岸，ニュージーランド南島南西海岸，チリ南部太平洋岸が有名であるが，アイスランド西・北・東部，スコットランドとアイルランド北部，スバールバル諸島をはじめとするバレンツ海・北極海諸島，カナダ北極海諸島，グリーンランドの全海岸，ラブラドル半島からニューファンドランド島東海岸，アラスカの太平洋岸など，更新世の氷河作用が海岸までおよんだ場所（図 2.1）に見られる．これらの場所は，海岸まで台地や山地が迫っている場所である．氷食を受けていても，平野・平原の入り江はフィヨルドではない*．氷床縁や棚氷が海岸線である南極では，南極半島の先端や付属島嶼を除いてフィヨルドは見られない．
　フィヨルドは細長く，河谷に比べて直線的である．指をのばしたような平行・分岐した入り江が並ぶ場合（ニュージーランド，ノルウェーなど）と，格子状の水路（アラスカ南東部，チリ南部など）になる場合とがある．カナダ北極圏のアクセルハイバーク島のナンセンサウンドからグリーリーフィヨルドへの長さは 400 km，ノルウェーのソグネフィヨルドの長さは 220 km に達する．

---

*デンマークの入り江は Fjorden と呼ばれるが，平野にあるので地形学的なフィヨルドではない．

図 8.19　ニュージーランド南島南西海岸のミルフォードサウンド．フィヨルドの奥を望む．中央左側の急な山の氷食谷壁は約 1800 m の比高がある（1994 年 12 月岩田修二撮影）．

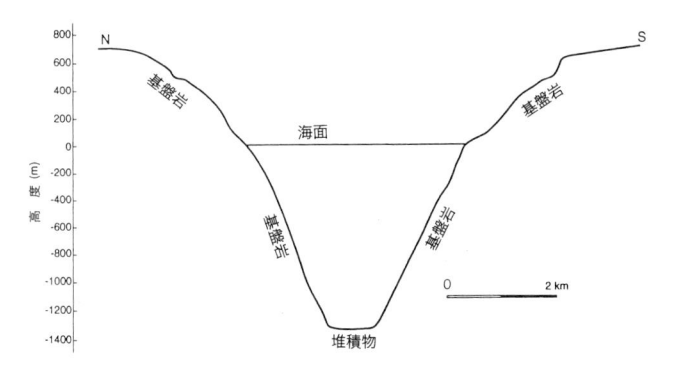

図 8.20　ノルウェーのソグネフィヨルドの最深部，フィヨルド源頭から 130 km のバドハイム（Vadheim）付近の横断面形．海面付近から上部の谷壁の傾斜が緩くなっている（Nesje and Whillans, 1994: Fig.7）．

横断面形

　フィヨルドの側壁は，氷食谷壁が水没したものであるから，海面から直立してそびえているものが多い（図 8.19）．しかし，ソグネフィヨルドの横断面形は，海面付近を境に上部は傾斜が緩くなる（図 8.20）．これは，繰り返しおこった間氷期・亜間氷期での流水の侵食や重力移動（マスムーブメント）の影響と考えられている（Nesje and Whillans, 1994）．水面上のフィヨルドの壁には長年のさまざまな地形形成作用が働き，側壁はかなり複雑な地形を見せる（図 8.21）．

フィヨルドの縦断面形と深さ

　フィヨルドの縦断面形は，フィヨルドの奥で深く入り口に向かって階段状に浅くなる（図 8.22）．この浅くなる部分は「すり減った踵（down-at-heel）」と呼ばれる．深い部分では水深 1000 m 前後のものも珍しくない．側壁の頂部（フィヨルドの肩）からの深さは 2000 m 以上に

図 8.21 ノルウェーのハルダンゲルフィヨルド上流支湾（Odda-Ullensvang）間のフィヨルドの谷壁．傾斜は緩く，支谷の氷河や崩壊の地形や堆積物が見える．オッダ（Odda）から北上し南西に転じてクバン（Kvam）まで行く定期船船上から（図 8.22 参照）（1985 年 8 月岩田修二撮影）．

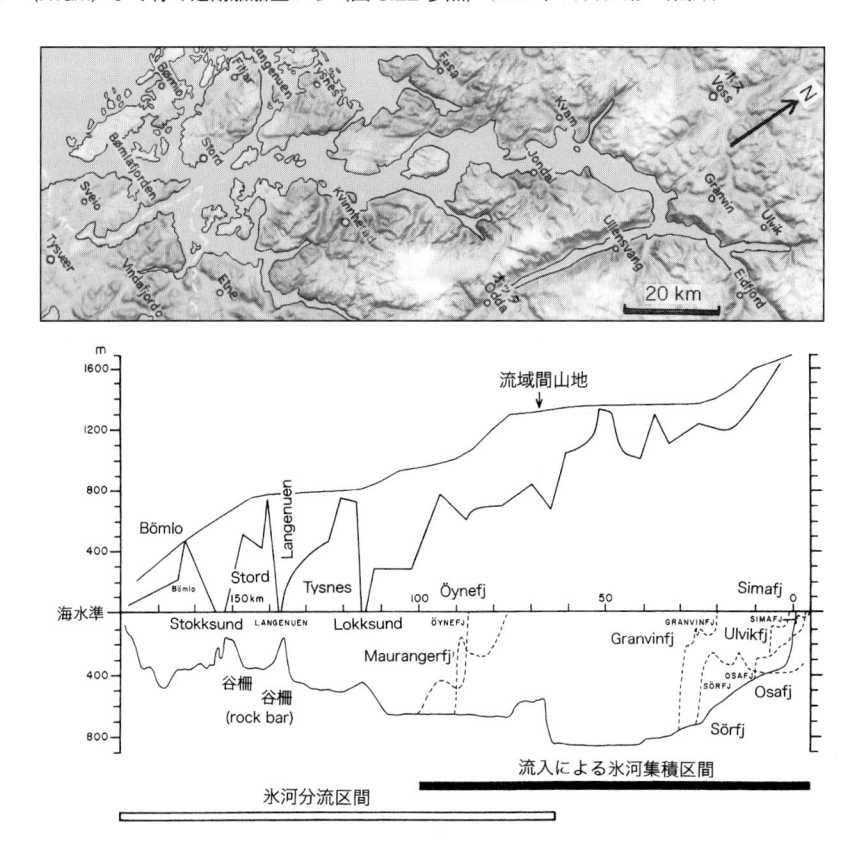

図 8.22 ノルウェーのハルダンゲルフィヨルド．上：平面形（Google Map による）．下：縦断面．海面下の破線は合流する支フィヨルドの海底の断面．懸谷になっていることがわかる．出口付近で浅くなる海底の形は「すり減った踵（down-at-heel）」と呼ばれる（Sugden and John, 1976: Fig. 9.12 による）．

8 氷河侵食地形

図8.23 ノルウェーのハルダンゲルフィヨルドの出口近くの氷食を受けた低い島．氷河は右から左へ流れた．ベルゲンから南下する定期船船上から（1985年8月岩田修二撮影）．

達する（図8.22）．海面に流入した氷河（tidewater glacier）は，氷の厚さの90％以上の深さまで水面下にあるので，その深さまで海底を侵食することができる．フィヨルドの奥の半分は，氷床から集中して流下する厚く流速も大きい氷流や溢流氷河（図4.5）に占められ，深い溝を掘り込むことができる．したがって，ほとんどのフィヨルドは海面上昇によって沈水しただけではなく，もともと氷河によって彫り込まれた谷地形に海水が進入したのである．

フィヨルドの海側の部分では，フィヨルド両岸の地形が低くなり，氷河がひろがるため急に水深が小さくなる．とくに氷河が分流する部分では基盤の高まり（谷柵；rock bar）ができる（図8.22）．ソグネフィヨルドでは水深200 m，幅3 km，長さ30 kmの浅い敷居がある（Nesje and Whillans, 1994）．山地や台地を出たところで氷河が急に横にひろがることや，消耗の増大による厚さの減少，それによる氷河の浮上，侵食力の低下，氷山分離などが原因である．フィヨルドの出口で水深が浅くなることと，氷床解氷後の荷重除去による基盤の隆起によって，フィヨルド出口付近には低い島や，岩礁や浅瀬がひろがっている（図8.23）．フィヨルド海岸に見られる海食台またはその海面上に現れたものは，ストランドフラット（strandflat）と呼ばれる．凍結破砕作用が波食作用を促進すると考えられている．

フィヨルドの奥には狭い沖積地が形成されていることが多く，ノルウェーでは貴重な耕地や牧場を提供している（図8.24）．

(6) トンネル谷

現在の極地氷床の底にも大量の水が存在している（3.5 (2) 参照）が，最終氷期末の氷床融解期には，大量の融解水が氷床底で深い侵食谷系をつくったことが知られている．それらは，大規模な深い箱状の谷のネットワークで**トンネル谷**（tunnel valley，ドイツ語ではRinnentalerまたはTunneldale）と呼ばれている．Benn and Evans（1998: pp. 332-334）によれば，トンネル谷とは，基盤岩や堆積物に切り込まれた，大きくて，逆傾斜部分もある深掘りされた水路で，長さ100 km以上，幅は4 kmもある．単独で出現することもあるし，広い地域に樹枝状・網状になることもある．トンネル谷は更新世の氷床に覆われた場所で報告されており，典型的なものはスカンジナビア氷床の南縁に位置した北ドイツの平原部で見られる（平川，1997）．谷は

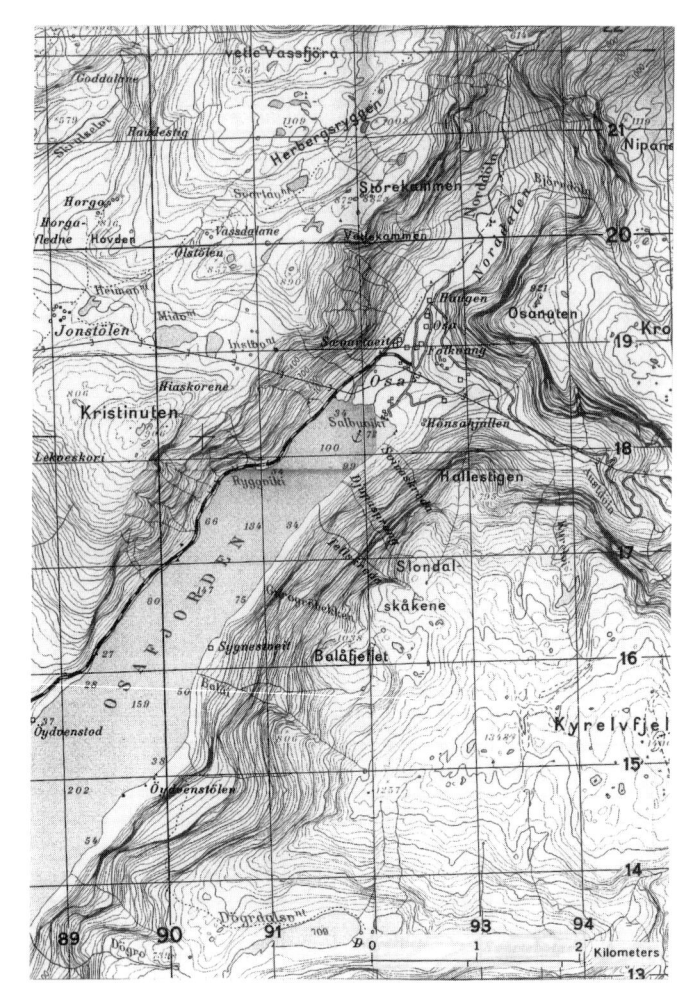

図 8.24　ノルウェーのハルダンゲルフィヨルドの最奥オサフィヨルド（位置は図 8.22 の Ulvik の東側）の沖積地の港と町．氷床の面的削剥を受けた緩傾斜の台地面を掘り込んだ急なフィヨルド壁に囲まれている典型的なフィヨルド（1:50,000 地形図 Myrdal 図幅，等高線間隔 20 m による）．

深く，U字形の断面をもつので，支流は懸垂谷になる．氷床下の高圧の融解水流によって侵食され形成されたと考えられる．形態としては，小規模な N-水路（Nye-channels；表 3.3 および 8.3（1）参照）と同じ形態なので，氷床底水流によって形成されたことは明らかである．

　トンネル谷は，縁辺モレーンで突然終わり，氷河前面に接して形成された大きな扇状地（氷床下ではなく地上で形成された）をつくり，ウァシュトロームタール（Urstromtal）とドイツで呼ばれる融水が流れる谷に移りかわる（図 8.25）．トンネル谷に接する扇状地の表面は，トンネル谷の底より 100 m も高いことがある．氷床後退時とその後にトンネル谷は完全に堆積物に埋積され，地表には何の地形も現れない場所も多い．

8.4　氷河侵食地形系と氷食地形複合

　地形型（個別の地形タイプ）は集まって地形集合（landform association）となり，地形集

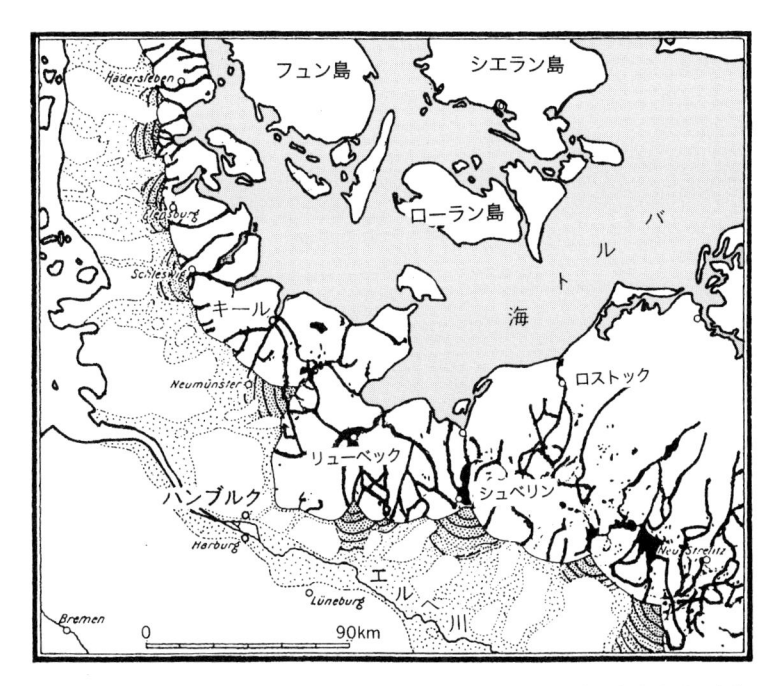

図 8.25 北ドイツからデンマークにかけての最終氷期（ヴァイクセル氷期）極相期（ブランデンブルク期）の氷床縁の地形．実線：海岸線，太実線：トンネル谷，扇形の密な点部：扇状地あるいは ice marginal ramp（図 10.6），粗点：ウァシュトロームタール．トンネル谷が扇状地をへてウァシュトロームタールへ続くことがわかる（平川，1997：図 3 による）．

合は集まって地形系（landsystems）をつくり，地形系は地形複合（landscapes）をつくる．氷河が氷床と山岳氷河とに分類されるように，氷河地形系や氷河地形複合も，氷床による侵食地形と山岳氷河による侵食地形とに分けられる．

　Sugden（1974）は，空中写真判読によってグリーンランド氷床を取り巻く氷河侵食地形系の区分を行い，氷床によって形成された i）面的剥磨地形系（landscapes of areal scouring by ice sheet），ii）選択的線状侵食地形系（landscapes of selective linear erosion*）と，山岳氷河による iii）谷氷河地形系（mountain valley glacier landscapes），iv）圏谷地形系（landscapes of cirque and plateau remnants），さらに氷床・氷河に覆われたが，ほとんど，あるいはまったく侵食されなかった v）非侵食氷河地形系（landscapes of little or no sign of glacial erosion）の 5 タイプに区分した．サグデンはこの後，ローレンタイド氷床下の地形系区分も行っている（Sugden, 1978；図 8.28）．この区分は，広大な氷床の侵食地形や山岳の地形を理解するときに便利で，その後も多くの教科書に取り入れられている．この 5 タイプをもとに，もとの地形の影響や複合的な地形系（地形複合）も考えて分類した 10 タイプの氷河侵食地形系を表 8.3 に示した．次に説明する．

（1）非氷河地形複合と氷床地形複合の面的剥磨地形系

　①**微弱氷食地形系あるいは非氷食地形系**：迷子石の存在，解氷後の荷重除去による隆起など

---

* Sugden（1974）では linear ice sheet erosion, trough and unmodified plateaus と表記されている．

表 8.3 おもに氷河侵食によって形成される地形複合 (landscape)・地形系 (landsystem) の区分

地形複合	地形系		もとの地形	氷河とそのほかの地形作用
非氷河地形複合	①微弱氷食／非氷食地形系		すべての地形	底面凍結氷床・氷河
氷床地形複合	②面的剥磨地形系		平坦な地形	底面融解氷床
	選択的線状侵食地形系	③面的剥磨台地地形系	台地状の地形	氷流＋底面融解氷床
		④非氷食台地地形系	台地状の地形	氷流・溢流氷河＋底面凍結氷床
		⑤氷食谷侵食地形系	台地状の地形	氷流・溢流氷河＋谷氷河・溢流氷河の侵食
山岳氷河地形複合	⑥谷氷河＋周氷河台地地形系		台地状の地形	谷氷河＋周氷河作用
	⑦氷河山地地形系		山岳地形	氷原・谷氷河・山腹氷河＋周氷河作用
	⑧圏谷地形系		山岳地形	圏谷氷河＋周氷河作用
	⑨山腹氷河地形系		山岳地形	山腹氷河＋周氷河作用・河谷侵食
氷床山岳氷河地形複合	⑩氷床氷原山岳地形系		山岳地形	底面融解氷床・氷原＋谷氷河・山腹氷河＋周氷河作用

Sugden, 1974 などをもとに岩田作成.

によって，氷床に覆われたことは確実なのに氷食地形が存在せず，氷期以前の水路網や谷地形，風化物（レゴリス）が残されている場所が，東グリーンランドのジェームソンランド（図8.26）やカナダ北極圏のクイーンエリザベス島（図8.28）などに存在する．寒冷乾燥気候下の底面凍結氷床で，氷河流動が発散する場所，透水性のよい基盤岩の部分でおこりやすい．このような場所は，氷床の中心部や氷床の厚さが薄くなる高原・山岳部などから報告されている（Dyke, 1993; Kleman and Stroeven, 1997）．極地の山岳地域の周辺部の山岳には，氷食斜面をほとんどもたず直線的な斜面ばかりから構成される山岳がある（図8.27）．これらも氷食を受けず氷期以前の地形を残した地形であろう．

②面的剥磨地形系：平野や台地のような比較的平坦な地形が底面融解型の氷床に磨かれ剥ぎ取られると，ロッシュムトネや，瘤状の岩丘，深掘りされた盆地などが多く分布する地形が形成される．平坦なカナダ楯状地に広くひろがり（図8.28），スカンジナビア半島東部からバルト海沿岸などに分布する．これらは，氷食準平原と呼ばれたこともあるが，平原というよりも，深掘りや引き剥がしによる急崖・凹地が多い微起伏地である．ロッシュムトネ平原（図8.29）などと呼ばれることもある．面的剥磨地形系は花崗岩や片麻岩のような結晶質岩で発達しやすく（Bird, 1967），水平な地層の場所では選択的線状侵食の地形になる傾向がある．

(2) 氷床地形複合の選択的線状侵食地形系

深い氷食谷とその間（流域間；interfluves）の台地状の地形をあわせた地形系である．フィヨルドが発達する台地状・高原状の場所で典型的に発達する．氷床に覆われた平原や丘陵地に見られる深い溝状の谷地形群（たとえばニューヨーク州西部のフィンガーレークなど）も選択的線状地形系である．氷床とその中の氷流との複合作用，あるいは氷床後退期の溢流氷河によって形成される．このような地形が氷床下で選択的侵食によってできるとして，氷食地形系の中に位置づけたことはデービッド＝サグデンの重要な貢献である．

ここでは，選択的線状侵食地形系を，高原・台地の部分がどのような作用を受けるかで，③

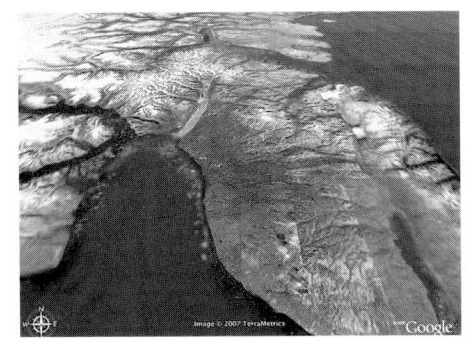

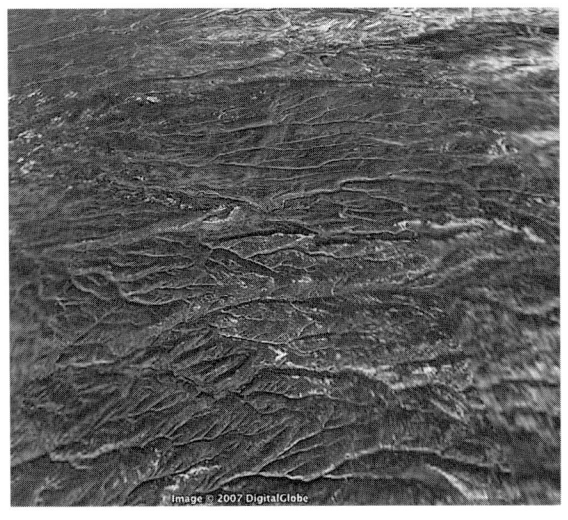

図8.26 グリーンランド東海岸中部のスコアスビー湾北側の半島ジェームソンランド（左）は広大な無氷地帯で風化物に覆われている．その中央部（71°04′N, 26°12′W）には細かな樹枝状の河谷が高密度に刻まれており（右），氷床による侵食地形が見られないが，迷子石の存在からグリーンランド氷床に覆われたことは確かである．つまり，ここは典型的な微弱氷食 / 非氷食地形系の場所である（Sugden and John, 1976: p. 193，画像はGoogle Earthによる）．

面的剥磨台地地形系，④非氷食台地地形系，⑤氷食谷侵食地形系の3種類に細分した（表8.3，図8.30）．なお，図8.30には山岳氷河地形複合に含まれる⑥谷氷河＋周氷河台地地形系もあわせて載せた．

　③**面的剥磨台地地形系**：台地表面が氷床による面的剥磨を受け，谷間が選択的線状侵食を受けたもの（図8.31）．選択的線状侵食＋面的剥磨台地地形系では氷食谷の肩は丸くなり，台地面にはロッシュムトネ群が分布する．

　④**非氷食台地地形系**：底面凍結氷床によって覆われた台地表面は侵食を受けなかったが，氷厚が大きい谷間では選択的線状侵食がおこり，氷食谷が形成された．台地面が侵食を受けなかったため，氷期以前の地形がそのまま保存され，なだらかな肩や周氷河性トアを残す（図8.32）．ただし，図8.12Cのような，キャップロックをもつ水平層からなる場所では，シャープな遷急線で平坦な台地面と谷壁が接する場合もある．

　⑤**氷食谷侵食地形系**：氷床が消滅した後，谷氷河や溢流氷河によって氷食谷が一段と侵食されたもの．台地表面も谷部分も氷河侵食を受けたが，氷床・氷原の解氷後に谷底に残った谷氷河が選択的線状侵食を継続した場合．台地面の地形はさまざまであるが，氷食谷の肩の縁はシャープである（図8.11）．

　選択的線状侵食地形系における地形発達は，ノルウェーのソグネフィヨルドで報告されているように（Nesje and Whillans, 1994），i) 中生代末〜古第三紀はじめ：海面付近での準平原の形成，ii) 新第三紀：準平原の隆起と風化，谷系の発達と氷河作用の開始，iii) 第四紀氷期：氷床の面的剥磨と選択的線状侵食（海面下まで氷食）とiv) 第四紀間氷期：氷食谷の海面上部分での風化・流水侵食の繰り返し，というように進んだ．

　これを南極大陸セールロンダーネ山地での縦断面の変化で見よう（図8.33）．ゴンドワナ大

図 8.27 東南極セールロンダーネ山地の非氷食山地斜面．迷子石の存在から山稜頂部まで氷床に覆われたことが確認されているが，直線的な基盤岩斜面から構成され，氷河侵食の跡は認められない（1995年1月岩田修二撮影）．

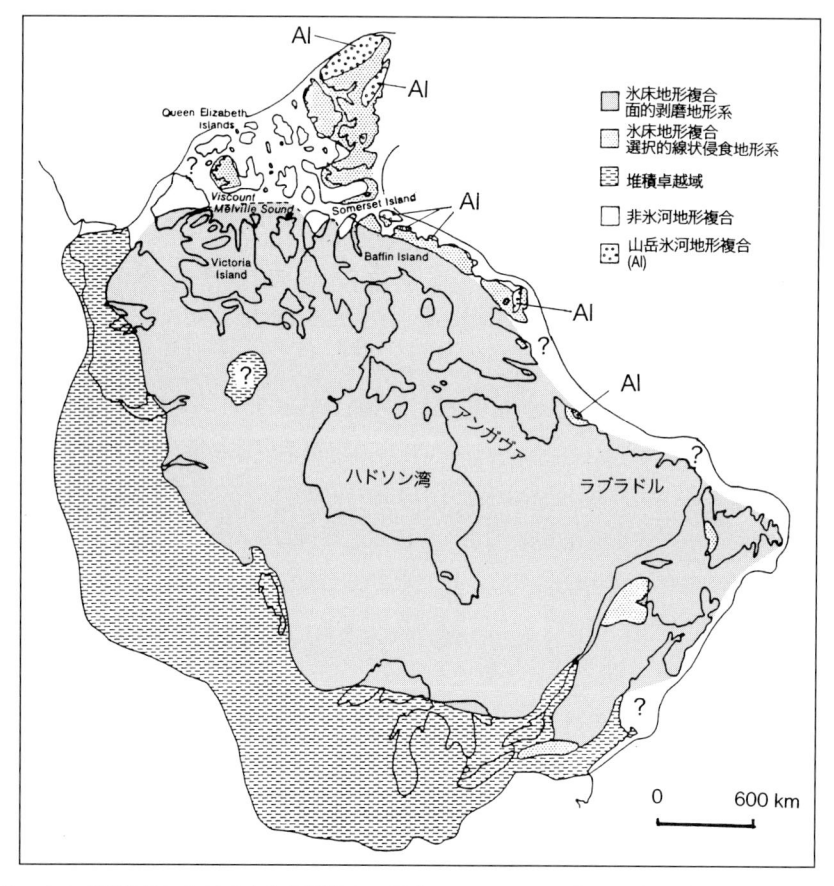

図 8.28 カナダ楯状地における氷食地形複合の区分．LANDSAT-1 衛星画像と地形図によって作成された（Sugden, 1978: Fig. 6）．

陸分裂時に形成された台地面に，3000万年前以前に氷河・氷床が形成された（図 8.33B）．氷床の面的剥磨による侵食力は大きくないが，氷床が発達し選択的線状侵食がはじまると，高原・台地の縁での氷流の線状侵食は侵食力が大きく，氷食谷はどんどん深くなった（図 8.33C）．それにしたがい氷床表面は低下し，氷流は溢流氷河に変わった．氷床から解放された

図 8.29 チリ側パタゴニアのフィヨルド地帯の面的削剥地形系．最終氷期には一面に氷床によって侵食され，面的削剥を受けた凹凸の多い地形（ロッシュムトネ平原）になっている．氷食によって基盤岩が刻み込まれ，構造があらわになっている．プエルトエデン上空から東側を望む．中景には面的剥磨台地地形系があり，さらに南氷原中央部が望まれる（1940 年代に米軍に撮影された空中写真，Instituto Geografico Militar de Chile 提供）．

台地部分にはあらたに山岳氷河が形成され，それ以外の部分は周氷河作用によって削剥された．このような侵食による荷重除去によって地形は全体的に隆起し，侵食はますます進行するが，流域間の山稜は相対的に高いまま残され，険しい山地になった（Iwata, 1993）．

（3）山岳氷河による侵食地形系

山岳氷河による侵食地形系の重要な点は，8.3（3）「圏谷」の項で述べたように山岳氷河の覆われた部分では氷河が侵食するが，氷河に覆われていない部分は，地上での削剥・侵食，つまり周氷河作用や重力作用（マスムーブメント），流水作用が働くことである．侵食する氷河によって⑥谷氷河＋周氷河台地地形系，⑦氷河山地地形系，⑧圏谷地形系，⑨山腹氷河地形系に区分した（表 8.3）．

⑥谷氷河＋周氷河台地地形系：氷床や氷原に覆われたことがない高原・台地状の地形を谷氷河が侵食した場合である．⑤の氷食谷侵食地形系によく似ているが，高原・台地状の地形が氷床や氷原の侵食を受けていない点が異なる．谷氷河に侵食された部分以外は，周氷河作用などの地上での削剥によるので山岳氷河系ともいえよう（図 8.30 最下段⑥）．

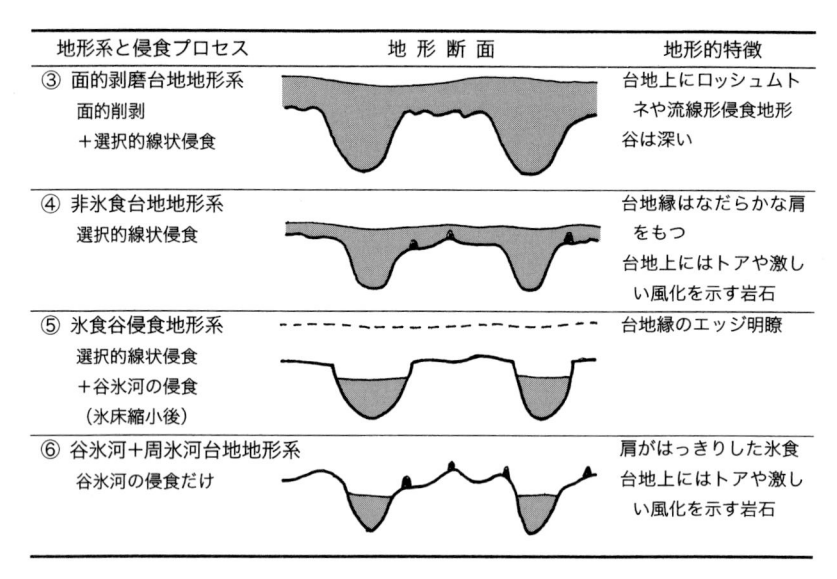

図 8.30　選択的線状侵食地形複合の諸タイプ（氷食谷とまわりの台地状地形のタイプ分け）（岩田原図）.

⑦**氷河山地地形系**：もっとも一般的な氷河成山岳地形である．氷原や谷氷河などの大型山岳氷河と，小型の圏谷氷河・山腹氷河が氷食地形をつくり，それ以外の部分は周氷河作用などの斜面地形形成作用との複合で形成される．アルプス山脈やヒマラヤ山脈のような急峻な山岳地形が形成される．

⑧**圏谷地形系**：多くの圏谷が分布する山地の地形である．台地上の地形に圏谷が食い込んだ山地地形系（図 8.9）（ビスケットボード地形が典型）と，急峻な山地に典型的な圏谷が形成され，互いに切れ合ってホルンやアレートをつくっている急峻な氷食山岳地形系とに区分される．

⑨**山腹氷河地形系**：小規模な，斜面や山頂を覆う山腹氷河が侵食した氷食斜面が山腹の大部分を占めるものを山腹氷河地形系とする．飛騨山脈の穂高岳・薬師岳・立山東面などの圏谷が発達する部分を除くと，日本アルプスの大部分の場所は山腹氷河地形系である（コラム 14「日本の氷河地形の分布と形態」参照）．

山岳地系複合の多様性

異なる地形系が空間的に混在する場合がある．氷床の中に位置する山脈や，山岳地帯を埋める大きな氷原の場合には，選択的線状侵食地形系と谷氷河地形系とが両方とも存在し境界をひくのが難しい．そのような場合を⑩**氷床氷原山岳地形系**（landscapes of mountain icefield）（**氷床山岳氷河地形複合**）と呼ぶことにする．

同じ場所でも時代が異なると，異なる地形系が形成される場合が少なくない．スコットランド西部の海岸沿いの山地では，圏谷地形系がのちにできた氷床に埋没して面的剥磨を受けたとされる（Sugden and John, 1976: p. 199）．氷河による侵食地形系の時間的変化に関しては，氷河作用が働く前の河川地形の時代の想像図と解氷後の地形（現在の氷河地形）を並べたものが，多くの教科書や普及書にある．その代表的なものが，マセスが描いたヨセミテ谷のもの（図 8.34）である（Matthes, 1930）．このような復元は，第三紀の地形面が残っているとされる安定した古い山地では可能かもしれないが，ヒマラヤ山脈のような活動的な変動帯では，はげしい

図8.31 チリ側パタゴニアのフィヨルド地帯の面的剝磨台地地形系．最終氷期には一面に氷床に覆われており，面的削剝を受けた台地に選択的線状侵食によって形成された氷食谷が掘り込まれている．プエルトエデン上空から太平洋側を望む（1940年代に撮影された空中写真，Instituto Geografico Militar de Chile 提供）．

図8.32 スコットランド北部，ケアンゴーム（Cairn Gorm）の氷食地形と山稜上のトア（岩塔）．奥の山稜頂部左よりの突起がトア．山地全体が氷床に覆われたが，山稜部では厚さが薄かったため侵食されず，氷期以前あるいは間氷期のトアが残された（1985年8月岩田修二撮影）．

8.4 氷河侵食地形系と氷食地形複合

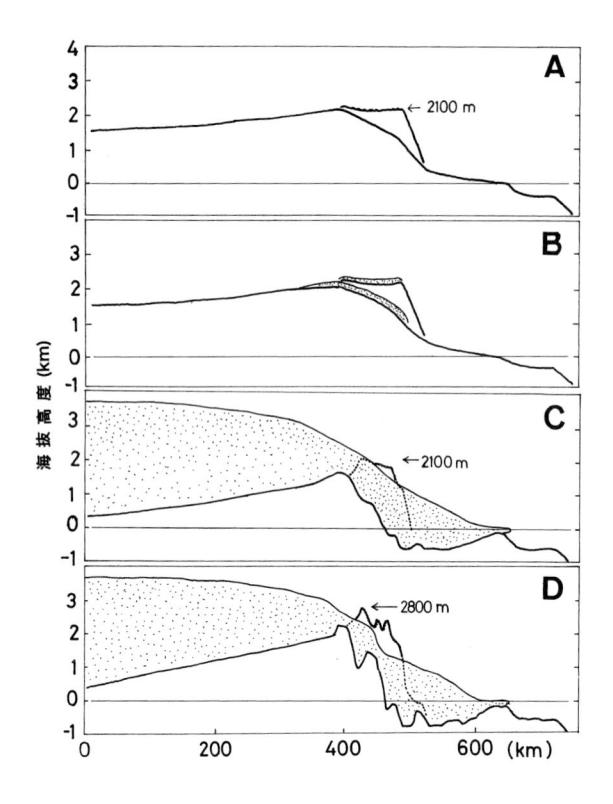

図 8.33 東南極セールロンダーネ山地の地形発達と氷床発達の模式図．ゴンドワナ大陸分裂のなごりの大崖（Great Escarpment）の上に発達した氷河が氷床にまで拡大し，選択的線状侵食によって谷が削られ，アイソスタシーによって山岳地形として隆起した．A：始新世（40 Ma 以前），B：氷河作用の開始，漸新世（30 Ma），C：中新世末〜鮮新世（5-10 Ma），D：現在．Ma は 100 万年前（Iwata, 1993: Fig. 5 による）．

図 8.34 アメリカ合衆国，カリフォルニア州ヨセミテ谷の氷河侵食前と氷河侵食後の地形の比較．左：最初の氷期が訪れる前の地形，右：最終氷期が終了した直後（1 万 5000 年前）の地形．何回もの氷期の氷河侵食によって，谷は広く深く直線的になり，モレーンに堰き止められヨセミテ湖ができた．図中の略字は地名（省略）（Matthes, 1930 の有名な原図を再録した Guyton, 1998 の図による）．

184　8　氷河侵食地形

隆起や環境変化を考えると氷河作用以前の地形の復元は難しいと思われる．

（4）氷河侵食による地形発達

氷床の氷食地形形成モデル

　Sugden and John（1976: p.204）は，気候環境，氷床の厚さ，基盤地形（台地，低地，起伏地：山地と低地の混在）の違いによって，氷床にどのような侵食地形系ができるかのモデルを描いた（図8.35）．単純にいうと，基盤地形と氷床環境を組み合わせたものである．氷床環境のポイントは，温暖湿潤な海洋性気候の部分と氷床が厚い中央部分では，底面融解による侵食がおこるのに対して，寒冷乾燥な大陸性気候部分と氷床が薄い部分（高地部や氷床周辺部）では，侵食がおこらないという点である．このモデルはかつて氷床に覆われた地域の氷食地形を整理するときに便利である．

氷河による削剥速度

　氷河地形研究が進んだヨーロッパでは，おだやかな西岸海洋性気候や山地の隆起速度が小さいという理由で，河川による流域単位の削剥・侵食速度は小さい．それに比べて氷河の削剥・侵食速度はずっと大きいと長い間考えられていた．Selby（1985: p.430）の教科書には，氷河の侵食速度は河川流域での侵食速度の10-20倍速いとされている．その後，おなじ大きさの氷河流域と非氷河（河川）流域での土砂生産量を比較したHallet et al.（1996）によっても，氷河流域の平均侵食速度は，河川流域の10倍に達する場合もあると結論づけられている．世界的に見た氷河流域の侵食速度のオーダーを表8.4に示す．氷河侵食速度は，氷河の活動度が高いアラスカ東南部やパタゴニアの氷河で大きいが，山地の隆起速度との関係も重要である（Koppes and Hallet, 2006）．隆起速度に注目してKoppes and Montgomery（2009）は，世界中のさまざまな山地での現在の山岳氷河の侵食量と河川の侵食量とを比較した（図8.36）．侵食量が最大になるのは，氷河流域ではなく新しい火山における河川の小流域である．それに続く量

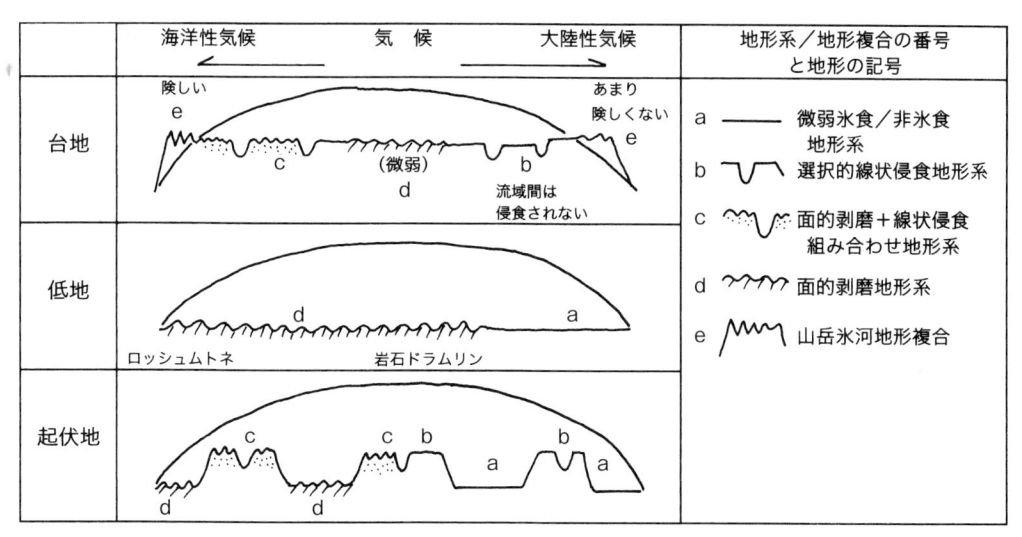

図8.35　氷床下での氷食地形複合の分布の模式図．氷床下の地形（台地・低地・起伏地）と氷床気候（海洋性・大陸性）でおこる氷河侵食地形形成作用のモデルからつくられた．a～eが各地形系と地形複合．基盤岩は一定，氷温や厚さ以外の氷床の性質は一定とする（Sugden and John, 1976: p.204の図に基づく）．

表 8.4　氷河流域における氷河侵食速度（オーダー）

氷河流域	流域平均侵食速度
極地の氷床	0.01 mm／年
花崗岩類地域の氷原（温暖氷河）	0.01 mm／年
谷氷河（温暖氷河）	0.1 mm／年
スイスアルプスの小規模な氷河	～1.0 mm／年
アラスカ東南部の大規模谷氷河	10-100 mm／年

Hallet *et al.*, 1996; Koppes and Hullet, 2006 による.

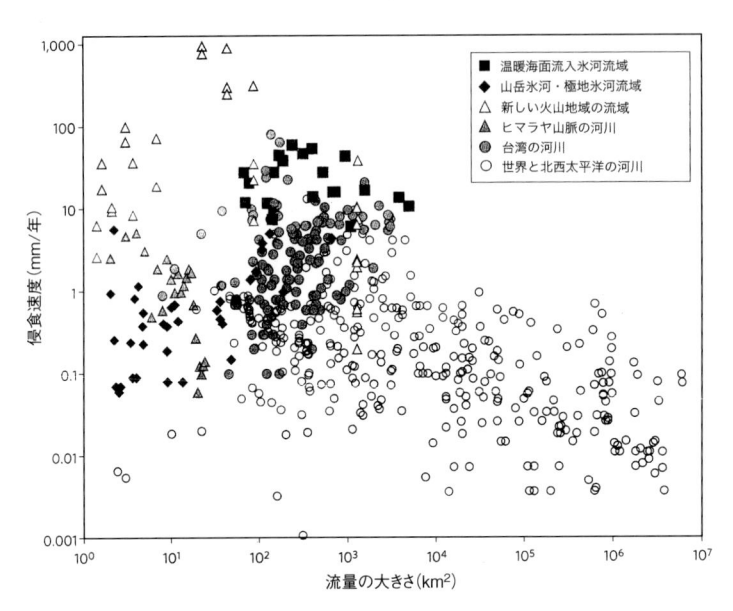

図 8.36　数年～20年間の土砂生産量から求めた氷河流域と河川流域，両方を含む流域の，侵食速度（縦軸）と流域規模（横軸）ごとの量的比較．氷河流域は黒四角と黒ダイア，火山河川流域は白三角，隆起量が大きいヒマラヤと台湾の河川流域は灰色三角と灰色丸，河川世界平均と北西太平洋の河川は白丸で示した（Koppes and Montgomery, 2009: Fig. 1）．

（10 mm／年以上）は，隆起速度と降水量がともに大きい台湾の河川と，流動速度が大きいアラスカやパタゴニアの海面流入氷河である．しかし，この著者たちは，世界的に見ると氷河と河川の侵食量はほぼおなじであると結論づけている．

　ただし，さまざまな地形形成作用との比較では，平均侵食深が最大なのは新しい火山の流域であり，それに続いて，農業耕作地，海面に流入する温暖氷河と山岳氷河流域，隆起山地の河川流域がほぼおなじ範囲に収まり，これらは世界の河川の平均侵食深より大きいとする（Koppes and Montgomery, 2009: Fig. 3）．

コラム 13

ロッシュムトネの名称

　この地形にはさまざまな異なった呼び名がある．ドイツでは Rundhocker, 巨大なものには Rundlinge, ノルウェーでは flyggberg（側面の急な丘），フランス語圏ではロッシュムトネ（roche moutonnée）と呼ばれる．英語圏では単に rock knobs と呼ばれたり，stoss-and-lee 地

形といわれることもあるが，ロッシュムトネが使われることが多い．

ロッシュ（岩）ムトネ（ヒツジ）には，羊群岩・羊背岩・羊状岩の訳語があてられ，羊群岩と羊背岩のどちらが正しいかという議論もあった．しかし，ロッシュムトネのムトネは家畜のヒツジとは異なるようである．命名者はスイス人ソシュール（H. B. de Saussure）であるが，氷河に磨かれた基盤岩の小丘が密集して分布するようすが，羊の脂で滑らかにされた，当時のペリュックと呼ばれたかつらの巻毛の状態（moutonnées）に似ていることから名づけたという（ウィンパー，1980：p. 403；Flint, 1957: pp. 64-65）．フランス語の moutonnée には，クルクル巻いたとか白く波だったというような意味がある．雨上がりに朝日を受けた山腹に散らばるロッシュムトネはキラキラ輝いて見える（図A）．

図A イタリア最大のフォルニ氷河（Ghiacciaio dei Forni）下流で見られた朝日に輝くロッシュムトネ群（右側の谷壁斜面の白い部分）（1997年8月岩田修二撮影）．

図B 左の写真中のロッシュムトネの近接写真．氷河は左から右に流動した（1997年8月岩田修二撮影）．

コラム14

日本の氷河地形の分布と形態

氷河地形の分布

日本列島には現成の氷河は存在しない．しかし，中部日本に連なる飛騨，木曽，赤石の三つの山脈には岩がちのゴツゴツした急斜面や鋭い山稜が見られることから，過去に氷河が存在したことが明治時代から推定されていた．登山が盛んになるにつれて，多くの圏谷が発見され，圏谷がもっとも代表的な氷河地形であると考えられた（辻村，1932-33：I：p. 382）．1940-1950年代には，今村学郎・小林国夫などによって日本アルプスの氷河地形の分布の総まとめが行われ，典型的な圏谷以外の地形は，雪の侵食による凹地であるとして氷河地形から排除された（今村，1940；Kobayashi, 1958）．北海道の日高山脈にも氷河地形が分布することは戦前から知られていたが，戦後になって橋本・熊野などによってくわしい研究が行われた（橋本・熊野，1955）．日高山脈の氷河地形も日本アルプスとおなじように圏谷がほとんどである（図A）．

このような状態が変わったのは，1963年に五百沢智也が空中写真判読による日本アルプス全体の氷河地形の分布図を完成してからである．五百沢は，それまで現地でバラバラに行われていた氷河地形の認定を，空中写真判読によっておなじ基準で見直し，日本アルプス全体の氷河地形の分布を発表した（五百沢，1963, 1966）．今村・小林によって認定された氷河地形の周辺や下流部にも広く氷河地形が認められ，槍・穂高連峰の槍沢・横尾谷はモレーンをもつ立派なU字谷であり（図B），氷食を受けていないとされていた後立山連峰（白馬岳〜針の木岳）東面にも，なだれ涵養型の氷河がつくった氷河地形が認められ，白馬岳以北は小規模な氷

図A　トッタベツ岳頂上から見た七ッ沼カール（左）とポロシリ岳北カール（1998年7月岩田修二撮影）.

帽氷河がつくった地形であるとされた（五百沢，1970）．このように，日高山脈と日本アルプスの氷河地形の分布範囲は非常に広くなった*．

　日本アルプスと日高山脈以外の多くの山でも，氷河地形らしい地形の存在が報告されている．北海道の利尻岳・斜里岳・大雪山，東北の鳥海山・月山・朝日岳・飯豊山，越後駒ヶ岳・谷川岳，信越の妙高火山群，加賀白山などである．しかし，これらの報告は，学会誌の論文としてはほとんど発表されておらず，地すべりによる凹地，雪食による変形，土石流による堆積物など，ほかの成因による地形と判定されることもあり，氷河地形として広く認められるところまでにはいたっていない（岩田，2010）．

形態

　わが国の圏谷地形は，穂高岳，立山，ポロシリ岳などのものを除くと，大部分は浅く，氷食谷も短く典型的なU字形をもつものは少ない．その原因として，1) 氷河が小さく氷食の程度が少なかった，2) 解氷後作用（氷河消滅後の地形変化）が著しかったため，などの理由が考えられている．明瞭な形態の圏谷のほとんどは，圏谷の外縁の部分（threshold）またはその少し下方にモレーンをもつ．圏谷の内部にも小規模なモレーンが存在することが多く，池が形成されていることもある（図C）．これらのモレーンは大きな岩塊も含んだ岩屑の堆積からなり，表面はハイマツに覆われている．圏谷壁から落下する岩屑は崖錐をつくり，崖錐が圏谷底の岩石氷河に移行する場合も多い．圏谷背後の壁や崖錐の直下に，新鮮で小規模なモレーン状の堆積物が見られることもあり，多くの場合プロテーラスランパート（protalus rampart）と考えられているが（関根，1975），岩石氷河が化石化したものである場合も報告されている（青山，2002）．

　白馬岳東面の松川谷のように数列の前面モレーンと対応して，その下流に数段の河岸段丘が見られる場所もある（小疇ほか，1974）．このようなモレーンに続く河岸段丘が存在する例は，槍ヶ岳に源をもつ蒲田川，仙丈岳から発する藪沢（式，1974），日高山脈のトッタベツ川など数例にすぎないが（小野・平川，1975），モレーンそのものや段丘堆積物が土石流や崩壊によって形成されたという意見もあり，問題が残っている．しかしながら，日高山脈，立山東面，荒川岳北面魚無河内などで新発見があり，ゆっくりではあるが氷河地形の研究は進展している．最近の研究動向は，岩田・小疇（2001），平川（2003），長谷川ほか（2006，2007）などを参照されたい．

---

*五百沢がつくった氷河地形の分布図は五百沢（2007：pp.108-114）に収録されている．

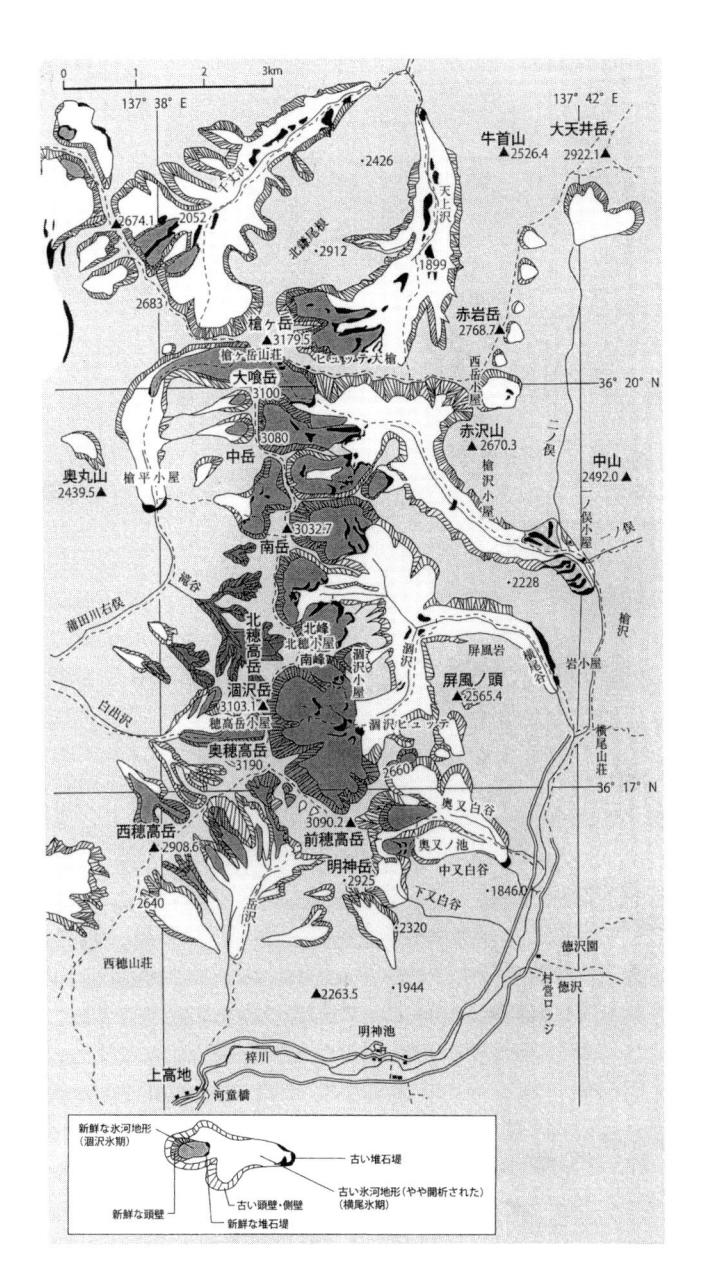

図B 槍・穂高連峰の氷河地形分布図．最終氷期の氷河前進期が，広範囲の横尾期（横尾氷期と表記されている）と限定された涸沢期（涸沢氷期と表記されている）に区分されている．横尾期は最終氷期前半のMIS 5a〜4，涸沢期はMIS 3〜2に対比されている．最終氷期極相期LGM（涸沢期）の拡大が小規模なことに注意されたい．くわしくは12章12.2参照（五百沢，1979：p.59による）．

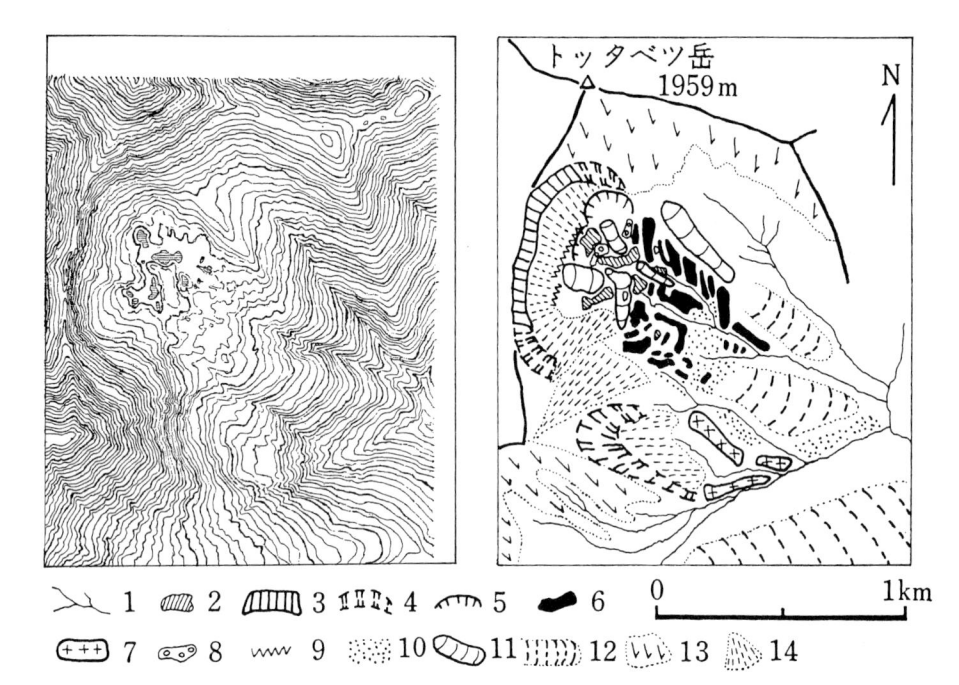

図C 日高山脈，七ッ沼カールの地形．左：五百沢智也が図化した 1：25,000 等高線図「日高ポロシリ」の一部（五百沢，1974：図2）．等高線間隔 20 m．右：地形学図（小野・平川，1975 を簡略化したもの）．1：ガリー・水流，2：池，3：トッタベツ亜氷期の圏谷壁，4：ポロシリ亜氷期の圏谷壁，5：雪食凹地，6：トッタベツ亜氷期のモレーン，7：ポロシリ亜氷期のモレーン，8：化石岩石氷河，9：プロテーラスランパート，10：トッタベツ亜氷期の流水堆積物，11：氷食を受けた基盤岩，12：氷食台地，13：周氷河斜面，14：崖錐．トッタベツ亜氷期は MIS 2 に，ポロシリ亜氷期は MIS 4〜5a に対比されている．

9 氷河堆積物の地形

> 「末端堆石だ」とガンサーがどなった．…ついにわれわれは岩から岩屑の世界へ踏み込んだのだ．山腹にはりついているのは，まぎれもなく，基礎堆石が固まったものだ！ その中に，ひっかき傷のある漂石がある．これこそ氷河時代の証人である．
>
> ハイム・ガンサー『神々の御座』

> サヴォイ山脈の氷河は湖畔まで進み，現在にいたるまでも氷河上をくだっている氷堆石と呼ばれる長くつづく一連の岩石を，同様にアルヴ峡谷とトランス峡谷を通って下方へ下流し，表面のはがれた岩石を鈍くも丸くもせずに自然の鋭さのまま湖までもたらすことができた．
>
> ゲーテ「地質学のために」

9.1 氷河堆積物の地形の多様性

氷河堆積地形が形成される場所

　氷河が関与した作用によって形成される堆積物（氷河堆積物）からなる地形を，略して氷河堆積地形と呼ぶことにする．その形態は堆積作用によって形成されるが，侵食・削剥作用によって形成される部分もある．形成される場所は，陸上と水中（湖底や海底）に分かれ，陸上では，氷河底（氷河存在域）・氷河縁辺・氷河下流に区分できる．陸上の氷河堆積地形を形成する作用には，i) 氷河からの融出による直接（重力による）堆積（氷成＋重力成），ii) 氷河融解水など流水（おもに層流）による堆積，iii) 侵食作用と重力作用，流水作用が入り交じった土石流堆積と崩壊などの重力性集団移動（gravitational mass movement），がある．かつては，氷河からの直接（一次）堆積によってできると考えられていたモレーンも，流水や土石流など多くの作用が関与して形成されていることが明らかになった．このように，ほとんどの氷河堆積地形には複数の地形形成作用が関与する．

　氷河底と氷河縁辺で形成される地形の大部分は，氷河氷と接触して形成されるから**氷河接触地形**（ice contact forms）と呼ばれる．氷河接触地形は，氷河地形独特の地形を示す場合が多いから，氷河接触地形は氷河堆積地形研究の中心になる．

氷河底堆積地形

　氷河の底に堆積したティルや，氷河消失によって落下堆積した岩屑・ティル，あるいは氷河底に以前から存在していた未固結堆積物から形成される地形型やその集合を**氷河底堆積地形**と呼ぶ．氷河底堆積地形は，氷河流動中の氷河底で形成される場合と，流動が停止した後に氷河底で形成される場合とがある．氷河底での堆積プロセスについては7章で述べた．氷河流動中に堆積した堆積物によってつくられた地形は，摩擦によって引き剥がされた礫（ロッジメントティル：7章）を除けば，氷河底変形層がつくった地形といいかえることができる．氷河流動中につくられた地形は，氷河消滅後に，氷河の流動状態を復元するときに重要な役割をはたす．

　氷河基底の傾斜が緩い場所では，氷河収支がマイナスになり上流からの氷の供給がなくなると，氷河は流動をやめて停止し，氷河はその場でゆっくり融解する．氷河が融解すると，氷河氷に支えられていた氷河中や氷河底の砂礫層や岩屑，氷河に接触していた報積物は，支えを失って変形し堆積する．また，上から落ちてきた氷河表面岩屑や氷河内部岩屑によって覆われる．さらにそれらは，部分的あるいは全面的に氷河融解水などの流水によって侵食され運搬され堆積する．これらに関わる氷河内部での流水の作用は，氷河荷重による高水圧や，高濃度の砂や

表 9.1 氷河底と氷河縁辺の堆積地形の区分

位置	流動との関係			地形型	スケール（km）				
	形成期	形態	主作用		0.01	0.1	1	10	100
氷河底（氷河存在域）	流動中	平行	氷底変形	フルーティング	———				
		平行	氷底変形	ドラムリン		———			
		直交	氷底変形	ルーゲンモレーン		———————			
	停止後	不規則	融出	ティル原			———————		
		不規則	融出	ハンモックモレーン		———			
		各種	流水＋重力	ケイム	———————				
		平行	流水	エスカー			———————		
		各種	流水	巨大洪水堆積地形				———————	
氷河縁辺	流動中前進時停止後	堤防状リッジ状丘状＋シート状		縁辺モレーン			—————————————		

粘土の存在のために，通常の流水や河川の作用とは異なったプロセスによって独特の堆積物をもたらす．したがって，氷河内部，氷河底の水流をとくに**氷河水流**（glacifluvial）として通常の水流と区別し（7章7.2 (1)），その地形を氷河水流による地形（glacifluvial landforms または fluvioglacial landforms）と呼ぶ．

氷河縁辺堆積地形

よく知られているように，氷河の周縁部には多くのリッジ状・堤防状・丘状の堆積地形ができる．これらを**氷河縁辺堆積地形**と呼ぶ．ある時期の氷河が存在した範囲を示すよい指標になる．

氷河堆積地形は，形成される場所がさまざまに異なることと，氷河の状態も変化に富み地形形成に関わるプロセスも多様であることによって，形成される地形は多様になる．表 9.1 には，地形の大きさと，氷河に対する位置，氷河流動によって整理したいろいろな氷成堆積地形をあげた．氷河底での水流の地形は 9.2 (2)「氷河停止後に形成される堆積地形」の項で，氷河縁辺とさらに下流部にできる水流による地形は 10 章で述べる．

9.2 氷河底堆積地形

(1) 氷河流動中に形成される堆積地形

底面すべりによって移動中の氷河の底にある未固結物質は，氷河に引きずられて氷河底変形層として移動する．それらは，氷河の動きの影響を受けて変形し，さまざまな地形をつくる．フルーティングとドラムリンは氷河の流動方向に平行な地形型であるのに対して，ルーゲンモレーンは直交する地形型である．

フルーティング（縦ひだ）

氷河が後退した後の氷河前面の下流側に見られる，氷河の流動方向に平行な細長い流線形のリッジが**フルーティング**（縦ひだ；fluting）である．長さ 10-100 m，高さと幅数十センチメートル〜数メートルで，いくつも並ぶ．礫の下流側に岩屑物質（ティルなど）が堆積して形成され，次に述べるドラムリンより小規模で細長い．フルート（flute），フルートモレーン

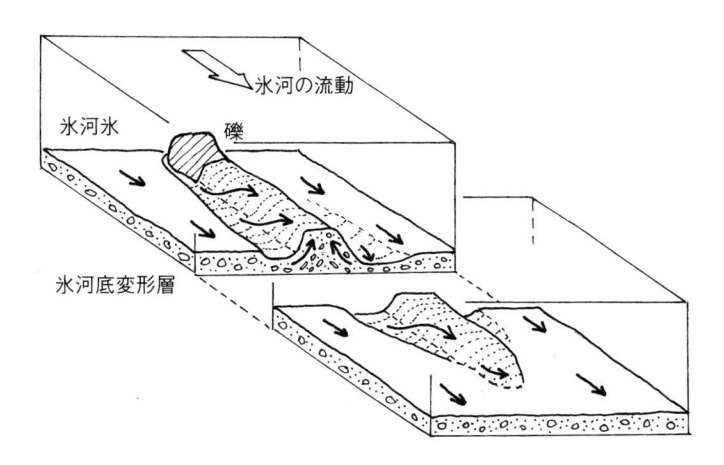

図9.1 氷河底変形層の変形によるフルーティングのでき方の概念図．矢印は氷河底物質の動きの方向を示す．礫の下流側にできる氷河底の空隙に氷河底物質が押し込まれる（Benn, 1994の図による）．

（fluted moraine）とも呼ばれる．氷床や氷原だけからではなく，谷氷河からも報告されている．長さが100 mをこえる大型のもの（最大300 mくらいまで）はメガフルーティングと呼ばれる．

もっとも広く受けいれられている成因の説明は以下の通りである．氷河が流動するとき，氷河基底にある障害物（礫など）の下流に細長い空隙ができる．その空隙に水で飽和されたティルなどの未固結物質が押し込まれる（図9.1）．つまり，氷河の荷重と流動圧力による氷河底物質の変形によって形成された地形である．氷の変形速度より堆積物の変形速度の方が速いから空隙に堆積物が押し込まれるのである．

フルーティングとおなじ成因のもっと大規模な地形に，堆積性岩山としっぽ地形（depositional clag-and-tail）と呼ばれる地形がある．基盤岩の丘や突起（clag）の下流側の空隙にティルが流線形に堆積したもので，ストスリー地形をなす．この物陰に堆積したティルをBenn and Evans（1998: p. 448）は物陰空隙充填物（lee-side cavity fills）と呼んでいる．

ドラムリン

ドラムリン（drumlin）の語は普通の英和辞典にもあり，氷堆丘という訳もある．古くから知られた氷河地形である．ゲール語のdruim（丸い丘）が語源である．ヨーロッパや北米の，更新世の氷床に覆われた場所に広く分布する．氷床底の地形としては，エスカーとともにもっともよく知られた地形である（Evenson, 1971；澤柿・平川，1998）．

i）大きさと形，構成物質：長さ100 m-1 km，幅10-140 mの大きさであるが，メガドラムリンと呼ばれる長さ700 m-2 kmの巨大なものもある．氷床の流動に平行な流線形のリッジ状の丘であるが，フルーティングに比べてずんぐりしており，滑らかな卵形の丘や塚で，スプーンを裏返したような，上流に向かって急，下流になだらかなストスリー地形である．丘の下流に細長い尾を引いたオタマジャクシのような形のものもある．大部分は未固結のティル（ダイアミクトン）からなる．丘の核に基盤岩の突起がありティルに覆われたもの，成層した砂礫からなる核がティルに覆われたもの，全体が成層した砂礫層からなるものもある．

研究が進むにつれて，ドラムリンは，さまざまな場所にできる多様な形態の丘状リッジの総称とされ，バルハン砂丘とそっくりの平面形をもつもの（バルハン型ドラムリン）も含まれる

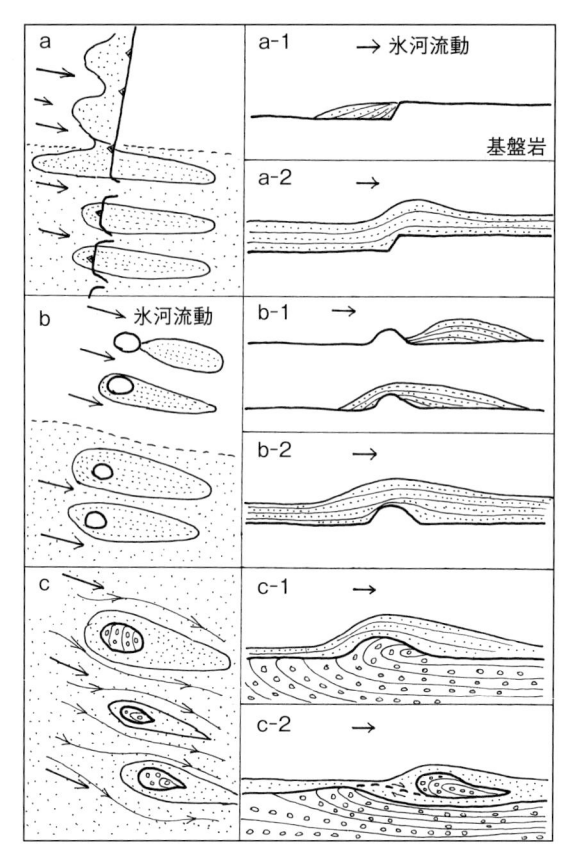

図9.2 氷河底変形層モデルによるドラムリンの平面分布，内部構造，氷床流動を示す模式図．a：基盤に横方向の段（ステップ）がある場合．a-1：氷河底変形層が薄い場合，段の前面に流線形の出っ張り（鼻）ができる．鼻の位置は氷床の速さで決まる．a-2：氷河底変形層が厚い場合．段にギャップがあれば，圧力の低い部分がギャップの間の瘤の後にできる．b：基盤岩に瘤（突起）がある場合．b-1：氷河底変形層が薄い場合，瘤の後方に流線形のしっぽができる場合と岩核ドラムリンができる場合．b-2：堆積物が厚い場合．c：抵抗力をもつ堆積物の障害を核にしてできるドラムリン．c-1：動かない核の場合．c-2：動く核（根なし核）の場合（Boulton, 1987の図を簡略化して書き直した）．

ことになった．ドラムリンは平原にぎっしりと分布することが多く，ドラムリン原（field）と呼ばれる．これまでドラムリンは，更新世の氷床下で形成された過去の地形しか知られていなかったが，最近は南極氷床の氷流の底で現在形成中のメガドラムリン（巨大線状地形；mega-scale glacial lineationsとも呼ばれている）がアイスレーダーや地震探査で明らかになり（King et al., 2009），カナダにある更新世のドラムリン地形との類似性が議論されている．

ⅱ）成因：古くからよく知られた地形であることと，形成プロセスの観察ができない更新世の氷床下で形成された地形であることのため，遺された地形だけから多くの成因が推定・提示されてきた．その中では，氷河底堆積物の変形による形成プロセスを理論的・定量的に検討したBoulton（1987）の考え方が支持を得ている．それには，形成される場所の違いによってさまざまな形成プロセスが含まれる（図9.2）．大まかにいうと，流動する氷床の下で，氷河底変形層の侵食と再配分（堆積）がおこり，そのときに動きにくい核の部分（基盤岩や粗粒礫部分，水分を含まない部分など）とまわりの変形しやすい部分（水を含んだ細粒部分など）との動きの差で，動きにくい部分を取り巻くように流線形の丘ができる．核の部分も，基盤岩などを除

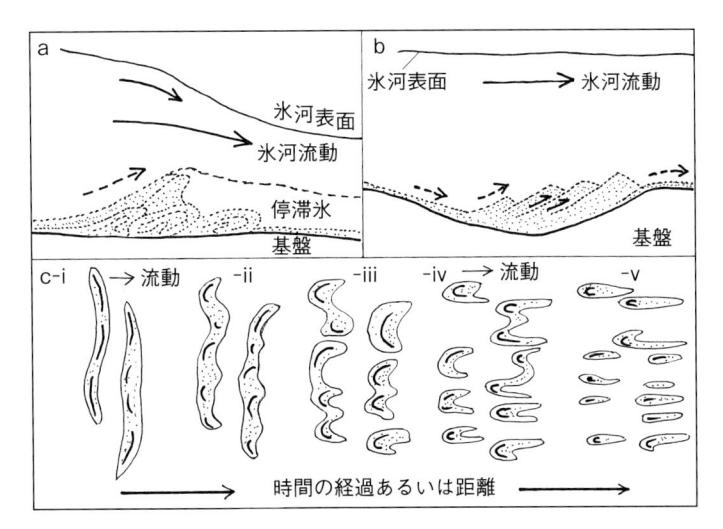

図 9.3 ルーゲンモレーンの形成プロセスを模式的に示した．底部氷・氷河底変形層（点を打った部分）のスタックが，氷床の厚さの変化（a），あるいは氷河基底の起伏（b）によっておこり，氷河融解後，高まりになる．すでに形成された横断型のリッジが氷床の流動の影響を受けて変形する過程でルーゲンモレーンになる（c-i～c-iii）．変形が進むとバルハン型ドラムリン―ドラムリン（c-iv）になり，最終的にドラムリンになる（c-v）（岩田原図）．

くと，根なしブロックとして相対的にゆっくり動くことがある．この場合，核の部分も，変成岩や氷河底部氷の中にできるブダン（boudin）とおなじような形になる（図 9.2 c-2）．

ドラムリンやメガフルーティングの成因として，上記とはまったく違った氷河底巨大洪水仮説が提唱されている（澤柿・平川，1998）．これについては，9.2 (2)「氷河停止後に形成される堆積地形」の項で述べる．

ルーゲンモレーン

スウェーデンのルーゲン湖*（62.20°N，12.25°E）のまわりの堆積丘群が**ルーゲンモレーン**（rogen moraines）の名前のおこりである．北アメリカでは肋骨モレーン（ribbed moraines）と呼ばれる．長さ 200-800 m，幅 100 m，高さ約 30 m の，氷床の流動方向に直交する，やや上流側にふくらんだ三日月型の平面形のリッジ状の丘である．横断面では上流側に緩く，下流側に急なバルハン砂丘に似た形である．谷底や湖中に変化に富んだ形のリッジが密集して分布し洗濯板のようにも見える．

大まかに分けると，成因は次の三つになる．

i) 底部氷説：氷河床の起伏や氷床の厚さの変化，氷河底の凍結状態の変化などの影響によって，氷河底で底部氷，あるいは氷河底変形層が氷河床に貼りついたり（スタックされる），動きが止まったりすると，そこに岩屑を多く含む底部氷河の断片が衝上して積み重なり，氷河融解後には高まりになる（図 9.3 a, b）．

ii) 堆積物変形説：何らかの理由で形成された横断型のリッジが氷床の流動の影響を受けて変形する過程でできる（図 9.3 c-iii）．変形が進むとバルハン型ドラムリンから細長いドラムリンに変化する（図 9.3 c-iv）．Möller（2006）によると，ルーゲン湖のルーゲンモレーンは，す

---

* "Rogen" 湖の発音：便宜的に「ルーゲン」としておく．

でにあった氷床縁辺モレーンが氷床に覆われ，その動きにつれて変形して形成され，その後，最終氷期後半には氷床が底面凍結状態に変化したために保存されたという．

ⅲ）氷河底巨大洪水仮説：ドラムリンとおなじように流水説もある．次の「氷河停止後に形成される堆積地形」の項を参照されたい．

（2）氷河停止後に形成される堆積地形

ティル原

ほとんどの氷河は，厚さに違いはあっても，氷河底に岩屑（底部氷または底部岩屑層）を含んでいる．氷河底変形層を伴う氷河や表面岩屑をのせる氷河もある．そのような氷河が停止して融解すると，氷河があった場所にはティルや氷河岩屑が堆積して，広い氷河堆積物の平原（平坦な地形）である**ティル原**（till field）をつくる．グラウンドモレーン（ground moraine）とかティルシート（till sheet）などともいわれる．図7.33に示したように，停止した氷河底変形層の堆積層を氷河底融出ティルと表面融出ティルが覆っている場合もある．ティル原は氷河底堆積地形のうち，もっとも普遍的な（どこにでもある）ものである．平坦な場所では，薄い堆積物の被覆が起伏の小さな地形をつくる．氷河縁辺位置の後退が一時的に止まった場所には後退時モレーンができ，流路や，氷が融解した地形が分布する．

表面岩屑層がひろがった氷床の下の基盤地形が山岳地形の場合，氷床が融解した後，表面岩屑は山地斜面を薄く覆う．すると，山地斜面が，風化礫をのせた岩屑斜面や崖錐斜面のように見えることがある（図6.15の中景奥の尾根）．

ハンモックモレーン原

成因が不明の，不規則な起伏がある氷河性堆積地形をひっくるめてハンモックモレーンということもあるが，本書ではマウンド状の地形が集中するティル原，不規則な形態の起伏があるティル原を**ハンモックモレーン原**（hummocky moraine field）という．ハンモッキィとは丘状の形態を示す語である．これは岩屑被覆氷河が融解した後の表面岩屑とティルがつくる地形である．岩屑被覆氷河の表面のくぼみ（凹部）の底には表面岩屑が厚く堆積する．氷河が融けた後，くぼみに堆積した岩屑は高い丘をつくる．地形の逆転がおこることによって起伏が形成される（図7.33）．東南チベットのゼプ氷河の下流域では高さ50-60 mの円錐形の丘が多数形成され，文字通りのハンモックモレーンが形成されていた（図9.4）．おそらく停滞していた氷河消耗域の上に崩壊堆積物がのり，大規模な地形の逆転がおこったのであろう（図9.5）．

ケイム

ケイム（kame）は普通の英和辞典にも出ている一般的な語である．もとはスコットランドで使われていた語で，急な側面をもつ，さまざまな形をしたマウンド（丘，塚，小山など）をさす．この意味は現在でも変わっていない．ケイムとは，氷河が存在した場所に見られる砂礫からなる丘状，リッジ状，段丘状の地形である．これらは，氷河表面，氷河中，氷河底，氷河縁辺にできた水路底や水たまりの底，湖底，くぼみに堆積した砂礫（氷河接触堆積物）からできた地形である（図9.6）．氷体に接した堆積物であるから，氷河停止後の氷体融解によって地面に落下・着地したり，氷による支えを失ったりして，本来の意味「ゆがみ屈曲した，急な側面のマウンド」になった．したがって，氷河水流による堆積地形であると同時に重力性の地形

図9.4 東南チベット，ニンチェンタングラ山脈ゼプ氷河下流のハンモックモレーン．左：ここには整った形の円錐形の丘が多数並んでいるので墳墓であるという説が出されたほどである．右：丘の構成物質はダイアミクト相，それを埋めて砂層が堆積している（右側）（1989年10月岩田修二撮影）．

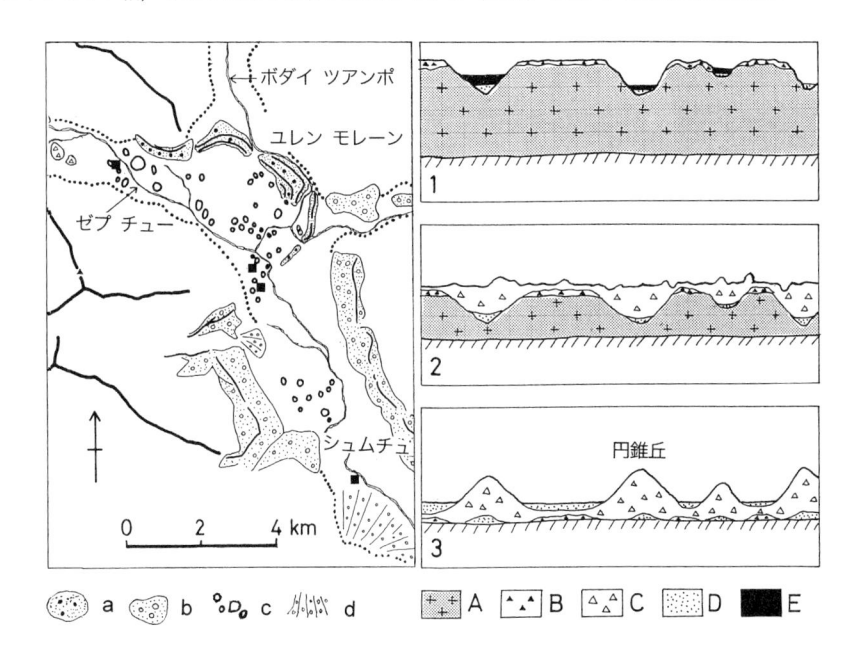

図9.5 東南チベット，ニンチェンタングラ山脈ゼプ氷河下流の円錐状ハンモックモレーン．左図：最終氷期の側方モレーンと晩氷期の円弧状モレーンの内側にある円錐丘の分布．a：晩氷期のモレーン，b：最終氷期のモレーン，c：円錐丘，d：扇状地．右図：ハンモックモレーンの形成過程の模式図．A：氷河氷，B：氷河表面岩屑，C：崩壊堆積物，D：湖底・流水堆積物，E：池水（Iwata and Jiao Keqin, 1993 の図の再構成）．

であるともいえる．もともとの成層した砂礫の堆積構造を残しながら，断層や褶曲などの，沈下による撹乱・変形の構造が見られる（図9.7）．

　砂礫が堆積した場所と状況によって，段丘状，三角州状，リッジ状，マウンド状，小台地状の形態になる（図9.6）．山岳氷河（谷氷河など）でも普通に見られる．それらの地形に形容詞としてケイムがついて，ケイム段丘，ケイムデルタ，ケイム台地，ケイムモレーンなどの語が使われもするが，この場合のケイムは単に氷体接触ということを意味するに過ぎない．ここではケイム地形と一括する．ケイム地形の特殊なものとして，クレバス内部に充填されたり落下

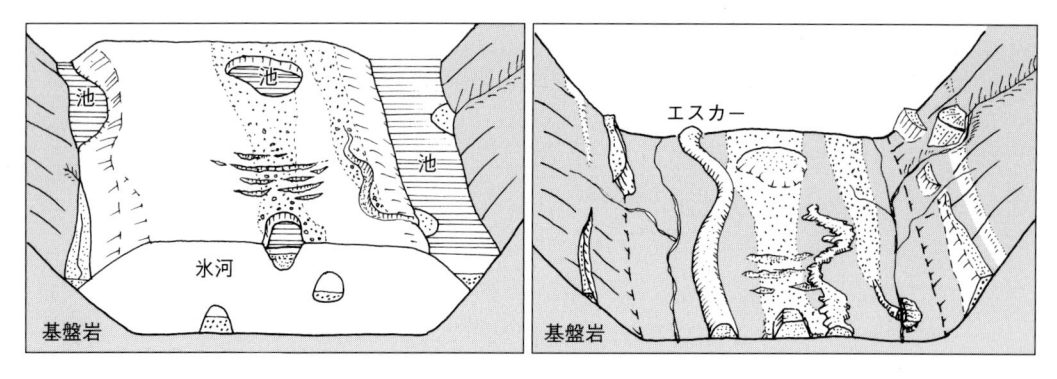

図 9.6　さまざまなケイム地形が形成される場所の模式図．氷河接触堆積物として堆積し（左），氷河融解後，氷の支えを失って変形したり，着地したりする（右）．エスカーも書き加えた（岩田原図）．

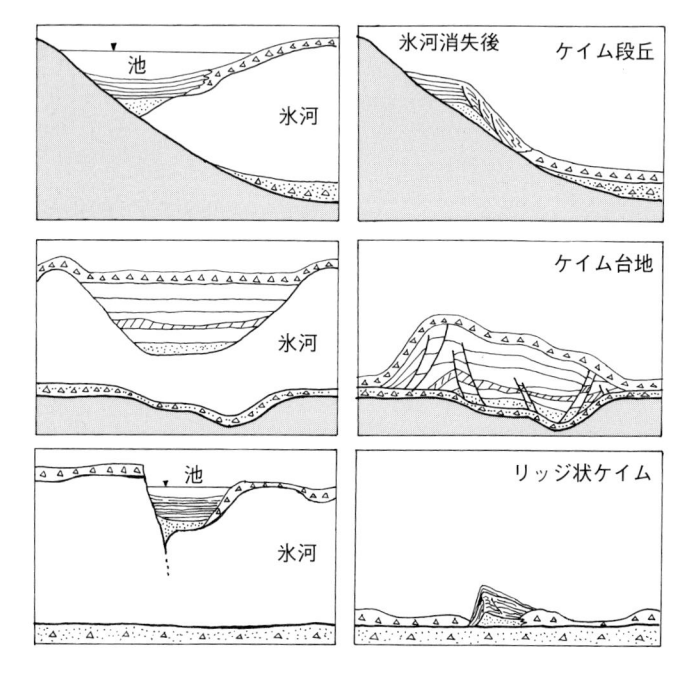

図 9.7　ケイム堆積物が被るさまざまな変形を模式的に示した．氷河接触堆積物として堆積し（左列），氷河融解後，氷の支えを失って変形し，着地しケイム地形をつくる（右列）（岩田原図）．

したりした岩屑が，氷河融解後リッジ状の地形をつくるクレバス充填リッジがある．ケトルと呼ばれるケイムとは逆のくぼみ地形（図 10.4）が，ケイムとおなじような場所に分布するが，これらは 10 章 10.1「氷河下流の陸上堆積地形」の項で述べる．

エスカー

　エスカー（esker）はドラムリンとともに古くからよく知られた地形で，広い意味ではケイムの一種である．氷河が消滅した跡に現れる砂礫からなる細長く曲がりくねった堤防状の地形である．アイルランド語の eiscir（リッジの意味）が語源，スウェーデン語ではオース（ås, 複数形は åsar）と呼ぶ．中国では平面形から蛇丘と訳されている．北ヨーロッパ・北アメリカなど大陸氷床が存在した場所に広く分布するだけではなく，大規模な谷氷河が存在した場所にも見られる．

i) 大きさと形，構成物質：高さ 5-50 m，幅 10-200 m，長さは数百メートルから数十キロメートル続くものもある．側面は急傾斜で蛇行するものが多く，分岐するものもあり，空中写真によって容易に判読できる．氷河前面の流水による堆積地形群の中でよく目立つ地形である（図10.5）．スウェーデン南部やフィンランド南部のエスカーは，氷床融解後の海面上昇時に水没し波食を受けたために，頂部が平坦になっており（図9.8），道路として利用されることが多い．エスカーの構成物質の主体は，層理をもち，淘汰され，円磨された砂礫である（図9.9）．花崗岩やティルからなる大陸氷床地域では，エスカーは，淘汰された砂礫の貴重な供給源であり，建設資材などに利用されている．

ii) 成因：位置，平面形，構成物質から見てエスカーの成因は，氷河底に形成されたトンネル内で運搬され堆積した砂礫が氷河消滅後に現れたものであることは容易に想像できる．氷河の底だけではなく，氷体中部のトンネル内に堆積した砂礫も氷河融解後，地面に着地・堆積しエスカーとなる．多くの氷河では，氷河表面だけではなく，氷河内部・底部を多量の水が水路（トンネル）をつくって流下している．砂礫の供給が十分であれば，多くのエスカーが形成される．

氷河中部の場合はもちろん，氷河底でも，トンネル床に堆積した砂礫は側面の氷体によって支えられている氷河接触堆積物である．氷河が融解すると支えられた部分は崩れる場合もある．氷河中部のトンネルの場合は成層構造が大きく乱された堆積物となる．

巨大洪水による氷河底堆積地形

更新世の氷床下に形成された湖の水が巨大洪水（mega-flood）をおこし，それによって，ドラムリン，ルーゲンモレーン，フルーティング（縦ひだ）やトンネル谷，さらにそのほかの多くの基盤岩の侵食地形が形成されたとする説が，ジョン＝ショー（John Shaw）たちによって主張されている（Shaw, 2002, 2006；澤柿・平川，1998）．これは，氷河底の流線形地形と乱流による削剥の形態とがよく似ているからである．このプロセスによると，ドラムリンとルーゲンモレーンは，大きな氷河底洪水によって氷河底面が上方にえぐられてできた巨大空洞へ土砂が詰め込まれる（充填される）ことによってできたとされる．洪水がひいていくときに，空隙は成層堆積物に埋められ，その堆積層の，変形を受けていない層が表面形態をつくる．このような完全無欠な成層堆積物の存在と，いっぽう，氷河による変形を欠くことは，堆積物が氷河流動の影響を受けていない証拠であると解釈された．これに対して，氷河底変形層説（bed deformation model）を主張したBoulton の弟子である Benn and Evans（1998: pp. 446-448）は，氷床に覆われる前からあった堆積物の丘（核）も堆積物が水分を含まない場合，上を覆う氷河の荷重にもちこたえる強さをもち，氷河によって変形しないと反論している．

いっぽう，無層理のダイアミクトン（ティル）からなるドラムリンは，巨大洪水説では，まわりが洪水流で侵食された地形であるとする．これは，晩氷期におこったミズーラ湖の大洪水の地形，Channeled Scabland（溝状かさぶた土地）の侵食地形（10章参照）との類似を根拠にしている．これに対して，Benn and Evans（1998: pp. 446-448）は，スケールが異なる地形を単純に比較するのはおかしい，大量の水の起源が不明であるなどと批判的である．それに対してショーのところで研究したことがある澤柿は巨大洪水説を高く評価している（澤柿・平川，1998）．

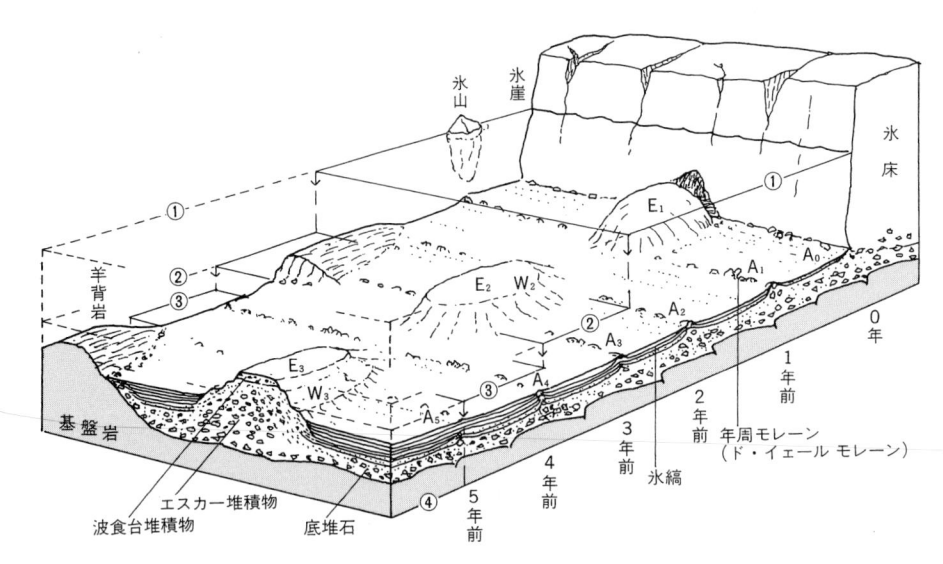

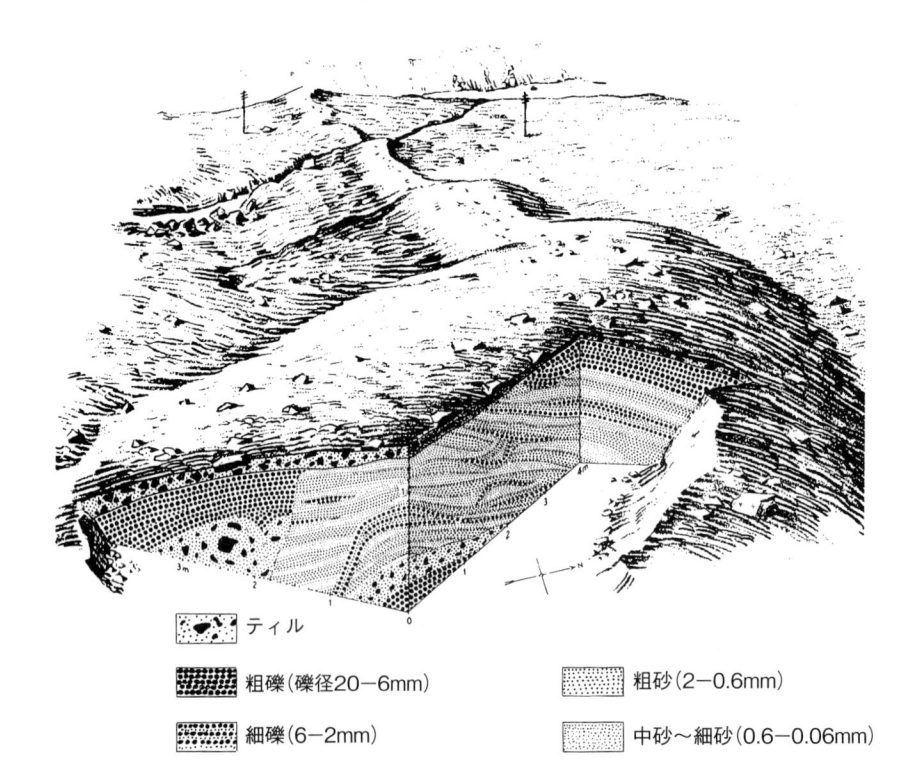

図9.8 スカンジナビア氷床前縁に現れた氷河底の地形が海に水没した．その形成過程と構造を示す模式図．E：エスカー．A：年ねん（年周）のモレーン性浅瀬（ド＝イェールモレーン）．かつての氷河前進期にロッシュムトネを含む基盤地形ができた．氷床の停止後，氷河前面は海または湖に接する．融解による停滞氷前縁の後退（5年前〜0年）に伴う年ねんモレーン浅瀬（A_5〜A_0）の形成，エスカーの解放・形成（E_3〜E_1），氷縞粘土の形成がある．後に氷縁が遠ざかり，水位の①→④への低下，それに伴うエスカーの波食（波食台 W_2 の形成；水位②に対応）や，エスカー側面の波食段丘（W_3；水位③に対応）の形成があり，最終的には陸化した（貝塚，1997：図7 による）．

図9.9 スウェーデン，シェレフ谷（Sylälvsdalen）のエスカー．堆積物の断面を示すスケッチ（C. M. Mannerfelt の原図；Sugden and John, 1976: Fig. 16.8 による）．

9.3 氷河縁辺堆積地形

氷河縁辺に形成される地形の代表はモレーンである．しかし，すでに述べたケイムや段丘地形，扇状地などの流水地形，土石流などによる重力性地形も加わり，氷河縁辺堆積地形は複雑な様相を示す（9.4参照）．ここでは，まず氷河縁辺での岩屑排出プロセスについて述べ，次にそれによって形成されるモレーンについて説明する．

(1) 氷河縁辺での岩屑排出プロセス

氷河消耗域の前面や周囲，あわせて氷河縁辺では，氷河の消耗によって，氷河表面にのっている氷河岩屑や，氷河内部から現れ出た岩屑が氷河の外側に排出される．氷河底部の岩屑も，底面すべりや氷縁位置の前進によって押し出され，流水によって搬出される．それらの基本的なプロセスは，6章6.2「氷河表面岩屑」と7章7.1「底部氷と氷河底でのプロセス」で述べたものとおなじである．その核心は，氷河融解によって岩屑が現れる**表面融出**のプロセス，**流水による運搬・堆積**のプロセスである．氷河の縁は急斜面や崖状になっている場合が多いから，表面融出によっても，流水運搬によっても，岩屑は重力の作用でさらに移動する場合が多い．氷河縁辺で氷河氷から排出された氷河岩屑を氷縁ティルとする．氷から解放されたばかりの氷縁ティルを一次ティル，何らかの作用が加わって再堆積したティルを**再堆積ティル**（recycle till）ということがある．

氷縁での氷河流動量と消耗量が釣り合っていて，氷河縁辺の位置がある期間同じ場所にとどまっているとき，氷河から次つぎに出てくるティルはおなじ場所に積み重なる．氷河のまわりが厚いティルですでに覆われている場合には，融出や流水運搬の作用は見えないが，氷河から排出された岩屑が氷縁ティルに付け加わっているのは確実である．いっぽう流動が止まった停滞氷では，氷縁はどんどん後退していくから，排出されたティルは集中せずに広くばらまかれ，同時に氷河底ティルが氷河後退につれて氷河の下から現れ出る．

谷氷河の末端においてティルと氷河岩屑とがどのように分布し，どのように名づけられているかの代表例としては図9.26，図9.27に示した．氷河での**岩屑排出量**は氷河の侵食量を見積るよい指標になるが，観測例は少ない．ネパールヒマラヤの氷河で氷河内から現れる岩屑のフラックス（流出量）を見積った中尾（1977）の研究は注目に値する．

(2) モレーン

定義

もっとも簡潔に定義すると，**モレーン**（moraine）とは，氷河の表面や氷河の縁に，氷河の直接の作用によって形成され，少なくとも表面が氷河岩屑やティルからなる，丘状やリッジ状，堤防状の地形，またはそれらの集合体の地形である．

語源と用語法

Flint（1957: p.130）によれば，モレーンはもともとフランス，アルプス地方の農民に使われてきた語で，谷氷河のまわりの堤防状やリッジ状の地形を示す語であるという．それが18世紀にソシュール（de Saussure）やアガシー（Agassiz）によって用いられ，広く使われるよう

になった．大陸氷床でもモレーンの語が用いられたが，地形が不明瞭な場合には堆積物をさすようになり，とくに北欧で使われた．やがて氷河堆積物すべてをモレーンと呼ぶようになって混乱がはじまった．本来のモレーンは地形を意味するので堆積物には使わない方がよい．わが国では堆石という訳語があるが，最近ではモレーンと表記されることが多くなった．本書では，モレーンを氷河上（表面モレーン）や氷河の縁の堤防・リッジ状の地形（縁辺モレーン）に限定して使う．

モレーンが形成される場所

モレーンは氷河の平衡線より下流側の消耗域と消耗域の縁で形成される．氷河岩屑が氷河表面に分布し，氷河から融出によってティルが現れ出るのは氷河消耗域だからである．したがって，モレーンは，氷河表面モレーンと氷河縁辺モレーンとに分けることができる．氷河表面モレーンについては6章6.2（4）で説明した．しかし，実際には氷河表面モレーンと氷河縁辺モレーンとは連続しており，境界が不明の場合が多い．氷河との位置関係，あるいは氷河変動との関係でモレーンにはさまざまな形容詞がつく（表9.2）．

氷河縁辺モレーン

氷河の消耗域の縁を取り囲んで氷河の直接の働きで形成された，氷河堆積物からなる堤防状・丘状の地形を**氷河縁辺モレーン**（ice marginal moraine）という．以前は縁辺モレーンを末端モレーン（end moraine, terminal moraine）と呼ぶことが多かった．角張った平面形の氷河では，縁辺モレーンを，氷河の流動方向に平行な**側方モレーン**（lateral moraine）と，流動方向を横切る方向の**前面モレーン**（frontal moraine）とに分けることができる．前面モレーンを終端モレーン（終堆石；terminal moraine）ということも多いが，終端モレーンは，一連の氷河変動の中での最大拡大したモレーンも意味するので，氷河前面のモレーンを示すときには使わない方がよい．最大拡張した終端モレーンの内側の，氷河縮小途中の停滞期や再前進期に形成されたものを後退期モレーン（recessional moraine）という．前面モレーンと側方モレーンは連続しており，境目を決めることが難しいことが多いので，両者をまとめて前面・側面モレーン（latero-frontal moraine）とすることが多い．

形態と構成物質・内部構造

モレーンの形態は，モレーンの語が生まれたアルプスの谷氷河の縁辺モレーンが典型的なものとして扱われてきた．その後，アイスランドやアラスカ，グリーンランドなどの大型の溢流氷河や，最終氷期の氷床の縁辺モレーンもモレーン地形を代表するものとして研究されてきた．しかし，1970年代以後，ヒマラヤなどアジア高山の，氷河消耗域が厚い表面岩屑によって覆われた岩屑被覆氷河のモレーンが研究されるのにつれて状況は変わってきた．ヒマラヤ型ともいうべき，あらたなモレーンの形態や構造，その形成プロセスに注目せざるをえなくなってきたのである．

　i）平面形：縁辺モレーンの平面形は，文字通り氷河の外縁（縁辺）の平面形によって決まる．逆にいえば，氷河が消失した後に氷河の縁の位置を示すものとして，古くから縁辺モレーンは重視されてきた．氷河の縁の形を反映した縁辺モレーンの平面形は，谷氷河などではとんがった，氷床では緩やかにカーブした（ローブ状）のアーチの形になるのが一般的である．それらのアーチが新旧重なったり密集したり，複雑な様相を見せる．図9.10にはアンデス山脈の谷

表 9.2 位置や氷河変動との関係でモレーンにつける形容詞

形容の対象	区　分	細　区　分
氷河上／氷河外	氷河表面モレーン supraglacial moraine 氷河縁辺モレーン ice marginal moraine 氷河から離れたモレーン distal moraine	
氷縁／氷河中央	前・側モレーン latero-frontal moraine	前面モレーン frontal moraine, 末端モレーン end moraine/terminal moraine 側方モレーン lateral moraine
	中央モレーン medial moraine	
氷河運動	前進期のモレーン：押し出し(bulldozing) モレーン, push moraine など 停滞期モレーン（安定期モレーン）	
氷河変動	最拡大期モレーン terminal moraine	
	後退期モレーン recessional moraine	数年以上の変動を記録するモレーン 年ねんモレーン annual moraine

氷河底の堆積地形, 形成プロセスによる形容詞は除く.

氷河（ボリビアのレアル山脈）の例を，図 12.19 にはアルプス北面の更新世の山麓氷河の縁辺モレーンを，図 12.11 には北アメリカ，ローレンタイド氷床の縁辺モレーン（オハイオ州の部分）の例を示した．そのほかにも扇状地や沖積錐のようにひろがるものや長方形にひろがるものなど，氷舌の形によってさまざまである．

　ii）断面形：非対称な堤防状，リッジ状，緩やかな丘状，あるいはそれらの集合したものなどの多様な断面形態を見せる．その形態・非対称性は，後で述べる，モレーン形成プロセスの直接の反映である．しばしばモレーンリッジといわれるようにシャープなリッジ状になるのは，最初にできた堤防状の地形が，氷河融解によって氷河側の支えを失って崩れてリッジ状の地形になるからである．

　iii）構成物質・内部構造（モレーンの層相）：これまでは，モレーンの構成物質は淘汰の悪い角礫のダイアミクトン（岩相符号 Dmm）であるというのが普通であった．巨礫を含むダイアミクト相の堆積物は，氷河岩屑が投げ下ろし作用で形成された場合に典型的に形成される（図 9.11，図 7.31）．しかし，山岳地域での氷河堆積地形の研究が進むと，モレーンを構成している物質は，ダイアミクトンや角礫ばかりではなく，氷河氷（化石氷），ケイム堆積物，湖成層，氷河上と氷河縁辺での流水堆積物（円礫層も含む），土石流堆積物などと，非常に多様であることがわかってきた．このような理解は，ヒマラヤなどの，流水や重力地形作用の影響を強く受けたモレーンの内部構造が観察されるようになって得られたのである．カラコラム山脈の乾燥した環境でもモレーンの構成物には流水の影響を受けた成層堆積物が多いことが知られている（図 9.12）.

　小さな露頭の小部分だけではなくモレーン堆積物の全体を観察することによって，多様な堆積物からなるモレーンの内部構造の複雑さが明らかになってきた．つまり，モレーン堆積物の層相は，氷河表面岩屑や氷河底のティルの層相とおなじではなく，モレーン形成時のプロセスと対応した層相になるのである．投げ下ろし相，岩屑流相，岩屑すべり相，基底ティル相（押し出し相と変形相とに区分される），土石流相，流水相など，形成プロセスに対応したそれぞれの層相は，次の「モレーンの形成作用」の項，具体例は 9.4「氷河堆積地形系と氷河堆積地

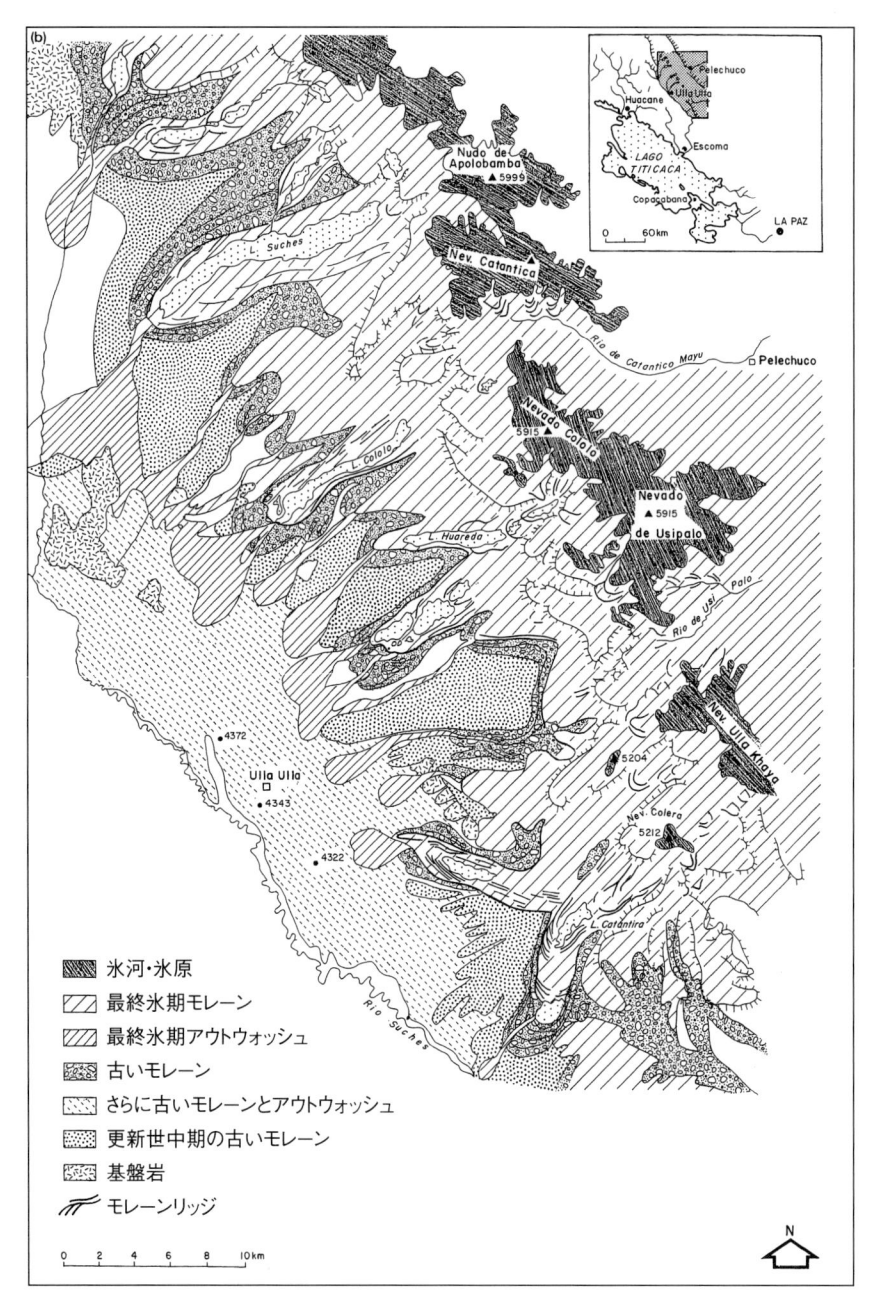

図9.10 ボリビアのコルディエラレアル北端での氷河（氷原）と更新世のモレーンと，モレーン前面（下流）の広い扇状地（アウトウォッシュ）の分布（Clapperton, 1993による）．

形複合」の項で述べる．

モレーンの形成作用

すでに述べたように，流動が末端まで及んでいる氷河では，氷河の流動と消耗が釣り合っており，氷河縁の位置が変わらないので，氷河の融解につれて，岩屑やティルが氷河の周囲に堆積しモレーンができる．堆積作用と並行して，あるいはその後になんらかの高まりをつくる作用が働き，モレーンができる場合もある．つまり，「モレーン形成作用＝岩屑物質の集積＋凸

図 9.11 中国，新疆ウイグル自治区，西崑崙山脈北面の最終氷期前半の台地状モレーンの断面．典型的なダイアミクト相（1987 年 7 月岩田修二撮影）．

地形の形成」である．それらの作用をまとめて模式的に図 9.13 に示した．すでに述べた i) **氷河表面低下作用（選択的融解作用）**（6 章 6.2 参照），岩屑が氷河から落下し積み重なる ii) **投げ下ろし作用**，前進する氷河による iii) **押し出し作用**，iv) **突き上げ作用**がある．押し出し作用と突き上げ作用はこれまで区別されず使われていた．また，これまでは，ほとんど無視されていた v) **土石流の作用**，vi) **流水による堆積作用**もモレーン形成にとって非常に重要である．

　i) 氷河表面低下作用（選択的融解作用）：氷河表面の岩屑やティルが日射を遮るため，氷河表面の消耗（glacier-surface ablation；融解など）が抑制され，低下が速い周囲より表面が高くなることによってできるモレーンである（図 9.13 (1)）．氷河表面モレーンの大部分はこの差別的融解（融解抑制）の結果形成されたものである（6 章 6.2 参照，図 6.5，図 6.6 など）．氷河表面モレーンの厚さは，多量に岩屑が供給される氷河縁辺で厚いので，この作用が働き，氷河縁辺モレーンが形成される．時系列的には，岩屑が薄い表面モレーン，岩屑が厚い氷核モレーン（ice-cored moraine），氷河の外側の氷のない縁辺モレーンへと連続的に発達する（図 9.26）．また，この変化は空間的にも氷河側から外側へと移り変わりの境界がはっきりしない．モレーン中の氷核は，とくに永久凍土地域では非常に長く保存される．たとえば図 4.2 に示したスウェーデンのストー氷河の写真に見える氷縁の側方モレーンは氷核モレーンである．われわれが目にする氷河と連続した氷縁モレーンの大部分は氷河表面低下モレーンであろう．

　堆積物の層相は典型的なダイアミクト（ティル）相である．氷河底から衝上断層に沿って上がってくる細粒物質，風によって降下するレス*も混じるので細粒物質も豊富である．

　ii) 投げ下ろし作用：氷河表面・側面から落下した礫や岩屑が氷河縁に堆積してできるモレ

---

*loess：風成の砂混じりシルト．氷河上に降下するレスの大部分は氷河下流の河床や側方モレーンの裸地斜面から飛んできたものである．

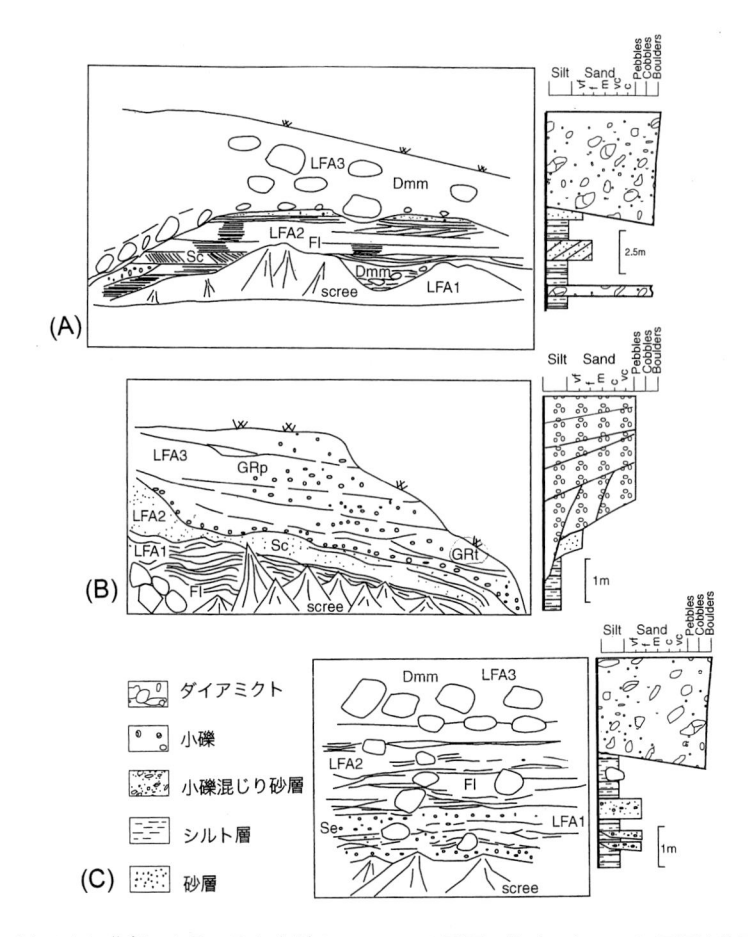

図 9.12　パキスタン北部，カラコラム山脈のモレーンの露頭の簡略スケッチと層相柱状図（vertical profile logs）の LFA（lithofacies association）．（A）バツラ氷河の縁辺モレーンの断面．LFA 1：厚さ数メートルの充填物支持ダイアミクトの成層堆積物，LFA 2：厚さセンチメートルオーダーのシルト水平層，斜交層理あり，LFA 3：メートル大の礫を含むダイアミクト．（B）バツラ氷河の現末端から 1 km 下流の縁辺モレーンの断面．LFA 1：砂層はさみ砂質シルトの厚さ数センチメートルの褶曲した水平層．充填物支持ダイアミクトの成層堆積物，LFA 2：斜交層理をもち漣痕がある中砂層，LFA 3：亜円礫を含んだメートル～センチメートル厚の小礫層．（C）パスー氷河の末端から 2 km の断面，LFA 1：レンズ状砂層を含むシルト層とまがった亜円礫小礫層，LFA 2：巨礫のドロップストーンがあるシルト層，LFA 3：厚い均質な充填物支持のダイアミクト．巨礫角礫を含む．Fl：シルトと粘土の斜交層理をもつ細かい層理，GRp：斜交層理のある細礫層，GRt：溝状斜交層理のある細礫層，Sc：急傾斜層理の砂層，Se：侵食の明瞭な斜交層理のある砂層，scree：崩れによる被覆（Benn and Owen, 2002: Fig. 15 による）．

ーンである（図 9.13（2））．氷河の前面や側面では，氷河消耗による氷河表面低下によって氷河表面に岩屑が集積する．また，氷河前面や側面の衝上断層に沿って上がってきた岩屑が氷中から現れる．これらの礫・岩屑は氷河前面・側面の急斜面から落下して，氷河縁の地面に積み重なる．この作用を**投げ下ろし作用**（dumping；放下）と呼ぶ．これは，古くから教科書にモレーンの形成作用の典型として書かれていた．ティルが氷河のまわりに堆積した後，氷河が後退すると崩壊がおこり，リッジが形成される．

この作用はモレーン量が比較的少ない裸氷型の氷河末端で観察できる（図 9.14）．礫や岩片は落石（rockfall）として，シルトや粘土の細粒物質は融水で飽和された泥流として傾斜した

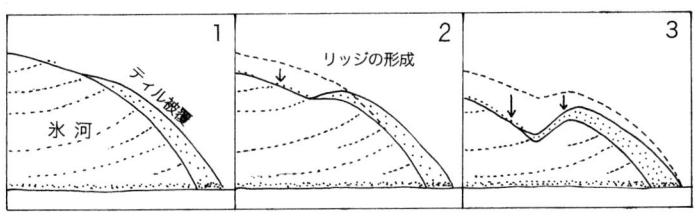

(1) 氷河表面低下作用
表面低下（氷河の消耗）による縁辺モレーンの形成．1，2，3の順にリッジが形成される．

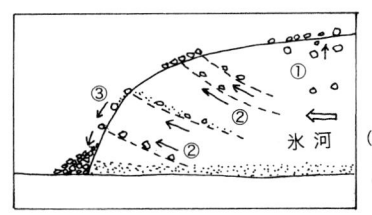

(2) 投げ下ろし作用 (dumping)
① 氷河表面融出，② 衝上（断層沿いの上昇），
③ 投げ下ろし (dumping) 落石＋泥流．

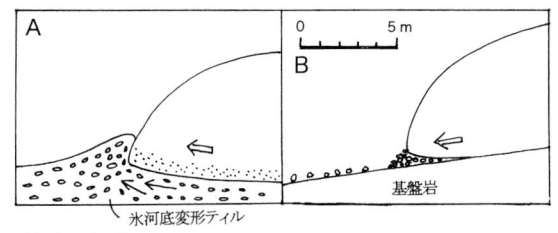

(3) 押し出し作用 (bulldozing)
A：氷河底変形ティルがある場合，B：基盤岩の上に散らばった礫を寄せ集めて形成される (Ono, 1985).

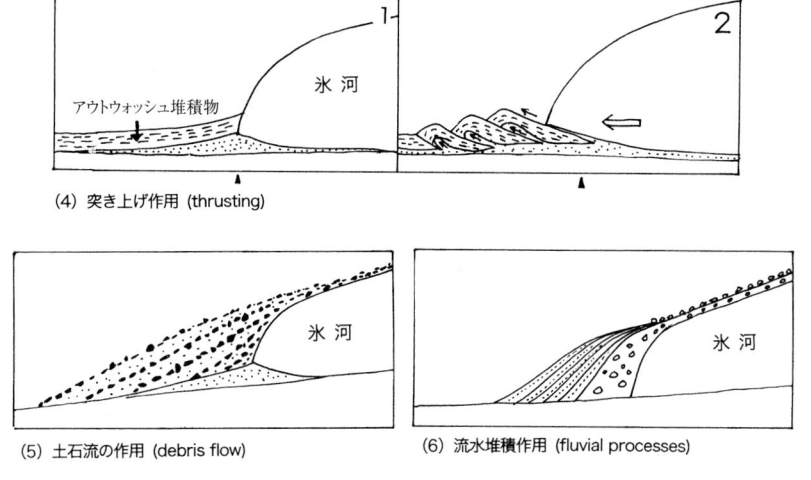

(4) 突き上げ作用 (thrusting)

(5) 土石流の作用 (debris flow)

(6) 流水堆積作用 (fluvial processes)

図 9.13 氷河縁辺モレーンの形成メカニズムを模式的に示した（岩田原図）．

氷河表面を流下し，無層理の堆積物（**投げ下ろし相**：dumping facies）となる．氷河がゆっくりと前進・拡大する場合には，氷河表面に沿った岩屑のすべりによって**岩屑すべり相**（debris slide facies）の堆積物が氷河底にできる（図 9.15A）．落下する物質が多い場合には氷河側面に崖錐ができ**岩屑流相**（debris avalanche facies）となる．

　iii）押し出し作用：氷河が前進するとき，氷河前面と前面近くの氷河底にすでにある堆積物をブルドーザーのように後から押して（bulldozing），小規模（高さ数メートル）のティルや砂礫の高まりをつくる．氷河が後退するとこの高まりは，明瞭なリッジをもつモレーンになる

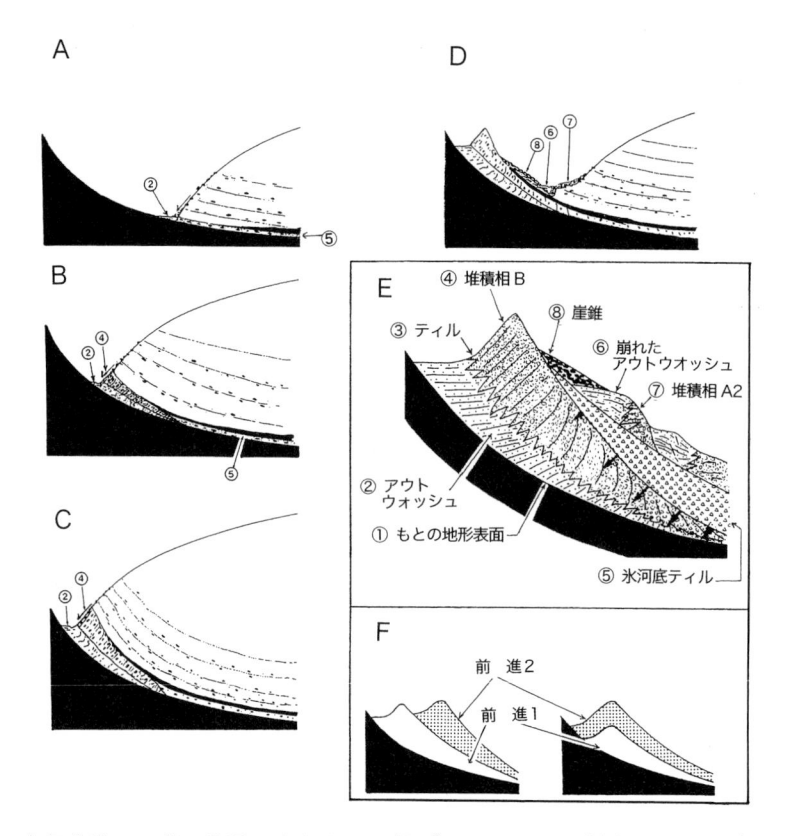

図 9.14 氷河前進 A-C 後，後退したとき D の投げ下ろしによる側方モレーン（lateral dump moraine）の堆積構造．モレーンの堆積物（ティル）の断面はくさび形になる．④堆積相 B は前進・停滞期の投げ下ろしモレーン相，⑤は氷河底ティル（subglacial till），⑦堆積相 A2 は池などに堆積した表面岩屑の相．A では氷河底ティルが形成されているが，B，C では氷河脚部に堆積した投げ下ろしモレーンの上に氷河が前進する．E：④堆積物中の太い矢印は氷河による変形（glacitectonic deformation）を示す．F：左：前進 1 が前進 2 より大きいとき，右：前進 1 と前進 2 がほぼ同程度のときのリッジの違い（Boulton and Eyles, 1979: p. 21）．

（図 9.13（3））．これを**押し出しモレーン**（bulldozing moraine）と呼ぶ．氷河前面に未固結物質がある場合や氷河底変形ティルが存在する場合にできる．アイスランドでの報告例がある（Benn and Evans, 1998: p.475）．氷河端の位置の季節変動（小前進とその後の後退）で形成されることもあり，年ねん（年周）モレーン（annual moraine）と呼ばれることもある．ヒマラヤ（Ono, 1985）などでの報告がある．中央アンデスでは押し出し作用によって形成された泥炭のモレーンが報告されている（野上，1990：p.86）．

氷河底の未固結物質が細粒の火山灰や湖成物質で，それらが水で飽和されている場合，あるいは氷河底変形層が存在する場合，それらが氷河底から**絞り出されて**（squeezing）小規模な（高さ 1 m 以下）リッジができる場合があり，絞り出しモレーン（squeeze moraine）とも呼ばれるが，押し出しモレーンの一種である．

押し出しモレーンは，次の突き上げ作用によるモレーンとあわせてプッシュモレーンと呼ばれる．押し出しモレーン堆積物の層相は，岩片を主とするダイアミクト相から，変形した底部ティル相（basal till facies）までさまざまである．

iv）突き上げ作用：北極地方の永久凍土地域に氷河が前進してきた場合や，永久凍土はなく

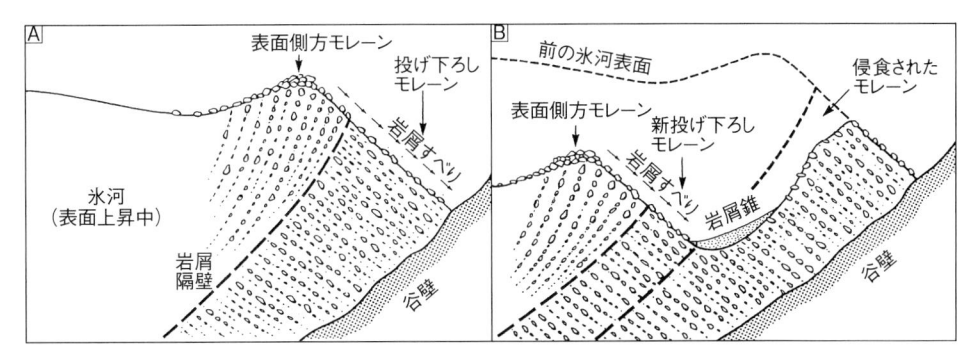

図 9.15 投げ下ろしによる側方モレーン（lateral dump moraine）の堆積構造. A：氷河前進中，B：氷河後退後，再前進した（Small, 1983: p. 251）.

てもサージによって氷河が急速に前進してきた場合（アイスランドの例），氷河の荷重によって氷河の下が沈むのに対して，氷河前面では地面が隆起して高まり地形ができる．図9.13（4）2のように氷河前方の基盤岩や堆積物に多数の衝上断層ができて，その断層沿いに多くのブロックがもち上がって高まりになる．これを**突き上げ作用**（thrusting）による**衝上断層モレーン**（thrust-block ridges, glacitectonic moraine）と呼ぶ．押し出しモレーンとあわせてプッシュモレーンと呼ばれることが多い．これは氷河前面の物質がもち上がるところに特徴があり，ティルばかりではなく，氷河前進前にすでにあった物質（軟弱な基盤岩や流水堆積物）からなるモレーンが形成される．永久凍土に形成される場合が多いが，海水の塩分を含んで柔らかい凍土に限られる．ヨーロッパでは晩氷期の氷床がつくったモレーンの多くは衝上断層モレーンである．このモレーンは氷河が消耗・後退しなくても非対称な断面形のリッジになる．層相は，もともとの物質に断層構造などの変形構造が顕著であるので，**氷河変形相**（glacitectonic facies）という．

衝上断層モレーン中の衝上断層にはいろいろなタイプがある．Benn and Evans（1998: pp. 253-254）を整理して形成過程を図9.16に示した．このようなモレーンの衝上断層の構造は，プレートテクトニクスでの沈み込み帯の付加体の構造（たとえば木村，1998）を理解するのに貢献した．

v）土石流の作用：氷河表面の岩屑・ティルが氷河前面や側方へ，土石流（debris flow）などのマスムーブメントによって運搬され堆積し，モレーンを形成する．ヒマラヤをはじめとする急峻な山岳の岩屑被覆氷河での研究が進むにつれて，土石流の作用の重要性が明らかになった．ヒマラヤの岩屑被覆氷河の前面モレーンには傾斜が緩い沖積錐の形態をもつものが少なくない（Owen and Derbyshire, 1993）．それらの形成には土石流が関与していると考えられる（図9.13（5））．氷河前面に形成された土石流扇状地そのものが前面モレーンを形成する場合がある．氷河消滅後には背後から崩れてモレーンリッジになる．構成物質の層相は**土石流相**（debris flow facies）である．

vi）流水堆積作用：氷河から流れ出す流水（その大部分は氷河の融水）による運搬・堆積作用がモレーン形成にも重要であることは最近ようやく重視されるようになった．氷河縁辺の環境は，極地や高山の極寒地を除いて，氷河融水が豊富に供給される水に恵まれた環境である．投げ下ろし作用や押し出し作用と同時に，流水による堆積がおこるのは当然で，これらの流水

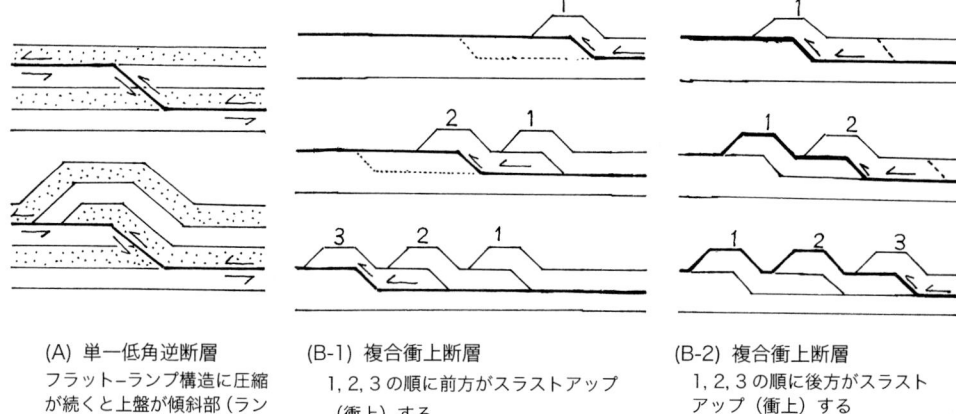

(A) 単一低角逆断層
フラット–ランプ構造に圧縮が続くと上盤が傾斜部（ランプ）をのぼり隆起部が形成される

(B-1) 複合衝上断層
1, 2, 3の順に前方がスラストアップ（衝上）する

(B-2) 複合衝上断層
1, 2, 3の順に後方がスラストアップ（衝上）する

隆起部が形成されるがそこで変位が抑制されると，傾斜部が点線部分にジャンプし，新たな隆起部が次つぎにできる．

図9.16 逆断層（衝上断層）のでき方．(B-1) 複合衝上断層が氷河前面で見られる普通のタイプ（Benn and Evans, 1998: Fig.7.20に基づき岩田作成）．

の堆積物もモレーン構成物の重要な部分を占める（図9.12）．先に述べたケイム堆積物やケイム地形も重要なモレーンの構成部分になる．

氷河からの融水の堆積作用が氷河前面に扇状地をつくることは，アウトウォッシュ扇状地としてよく知られていたが，v）の土石流の作用と同じように，氷河表面から連続した，流水による急な沖積錐そのものがモレーンを構成する場合がある（図9.13（6））．氷河消滅後には背後から崩れてリッジ状になる．

モレーンの時代性（形成のタイミング）

モレーンが形成された時期を知ることは，氷河の拡大範囲や氷河の消長史を知る有力な手がかりになる．しかし，氷河の動きとの関係で，モレーンがいつ（どのようなタイミングで）できるかということについてはいろいろな議論がある．これについては第4部11章11.1（1）で論じる．

9.4　氷河堆積地形系と氷河堆積地形複合

氷床と山岳氷河の底とそれらの縁辺には，さまざまな堆積地形型が存在し，それらは地形集合体としてのまとまりをもつので，氷河堆積地形系（sedimentary landsystem）と認識される．それらは，さまざまの形成作用（プロセス）が複合して働いた結果であり，しかも，それらが時間とともに変化した結果である．その中には，地上で流水の作用でつくられた地形（流水による堆積地形；fluvial sedimentary forms）も含まれる．これらについては次の10章で述べる．

以下では，まずモレーン構築（組み上げ）過程とその形成作用の複雑さを例示し，次に，氷河堆積地形系の下位（小規模）地形としての氷河縁辺堆積地形集合（モレーン地形集合）の代表例を示し，最後に氷床堆積地形系・地形複合について簡単に触れる．

(1) モレーン構築（組み上げ）過程とその形成作用

　氷河縁辺モレーンを観察すると，複雑な堆積物の構造や多様な地形が見られることから，モレーンが形成される過程では，氷河の運動や融解に伴う複数の形成作用が同時あるいは異なるタイミングで働いていることがわかる．ここではまず，これまでの報告によって，モレーンが組み上げられていく過程（モレーン構築過程と呼ぶ）とそのときに働く形成作用をみよう．

　i）投げ下ろしモレーンの構築過程：図9.14に，氷河前面・側面での典型的な投げ下ろし作用によるモレーンの形成過程を，氷河が拡大し，その後縮小した場合の地形を示した．氷河前面裾に形成される流水堆積物（アウトウォッシュ；outwash）と氷河前面に堆積した投げ下ろし相堆積物とが指交し，その上に氷河がかぶさってくる．投げ下ろし相堆積物には，安息角に近い堆積構造が認められる場合があり（図9.15），氷河の荷重による変形が見られる．この図では氷河底部ティルが投げ下ろし相堆積物を覆うように描かれている．

　氷河表面低下によって側方モレーンの内側斜面が露出している場合，礫が集中した層がモレーンリッジにほぼ平行に堆積していることがよく観察される（図9.17）．このような側方モレーンの内側斜面に見られる礫の層構造は，山岳地帯の岩屑被覆谷氷河では共通して見られる特徴である．この形成メカニズムとして，氷河表面岩屑が間欠的に岩屑流（岩屑なだれ；debris slide）によって投げ下ろされることによるという模式図が描かれている（図9.18）．

　ii）氷河表面岩屑が厚い場合の構築過程：ヒマラヤなどの急峻な山岳地帯の大型谷氷河の末端のように，表面岩屑が非常に厚い場合の前面モレーンの構築過程を図9.19に示した．表面岩屑が厚い岩屑被覆氷河では，厚い岩屑のために氷河の融解が抑制され，停滞氷内部の岩屑が，表面の岩屑層には下方から，前面の岩屑層には内側から付け加わり集積し，表面と前面の岩屑層が厚さを増す．このためさらに融解が抑制される．氷河の前面（末端）まで氷河流動があるとき，あるいは重力による氷河の動きがある場合には，氷河末端はシャープな上端をもつ安息角の直線状斜面，いいかえると氷河性岩石氷河前面とおなじ形態になる（第3部扉図）．その間に背後（上流側）の表面岩屑が薄い部分では融解が相対的に速く進み，氷河表面は低下し，縁辺部は堤防・リッジ状になる．そこでは氷河氷は氷核として長く残るがやがて消滅し，接地した縁辺モレーンとなる．

　図9.20にはこのようにして形成されたと考えられるモレーンリッジの断面を示す．モレーンリッジのベース（基礎）には河川の礫層があり，それを覆って流水の影響を受けた成層構造をもつ礫層があり，その上に表面融出ティル（ダイアミクト相）がのる．それをのりこえるように細粒物質に富むティル（ダイアミクト相）が覆う．モレーンの前面斜面も流水の影響を受けた礫層（岩屑流または土石流堆積物）に覆われている．

　このタイプの氷河前面モレーンの厚さや構造が確かめられた例がある．ロールワリンヒマール（ネパール）のトラカルディン氷河の前面モレーン（ツォーロルパ氷河湖のモレーンダム）と，クンブヒマール（ネパール）のイムジャ氷河前面モレーン（イムジャ氷河湖のモレーンダム）の流線方向の長さは200-300 m以上になり，その背後にはそれ以上の長さの化石氷が存在することが電気探査によって確かめられている（竹中ほか，2010など）．

　iii）突き上げ作用による衝上断層モレーンの構築過程：図9.16（B-1）の複合衝上断層によ

図 9.17 谷氷河の側方モレーンの内側斜面．角張った巨礫が列状に平行に並んでいる．上：東南チベット，ニンチェンタングラ山脈ゼプ氷河の側方モレーン（1989年9月岩田修二撮影），下：ニュージーランド，アオラギ国立公園のフッカー（Hooker）氷河の側方モレーンの内側斜面（1995年1月岩田修二撮影）．

って突き上げモレーンができる過程の詳細は図 9.21 に示した．突き上げモレーンの衝上ブロックは，氷河が前進するにつれて次つぎに前方に形成される．氷河融解後は，各突き上げブロックが積み重なり，ひとつのリッジのようになる．氷河が後退して底部ティルの上に扇状地礫層が堆積し，その後の氷河の小再前進によって突き上げモレーンができ，氷河後退によってモレーンの背後にケイムが形成される過程が，Benn and Evans (1998) の図 11.44 に模式的に描かれている．

　iv) 大型岩屑被覆谷氷河の構築過程：ヒマラヤ山脈の東部などに多い岩屑に覆われた大型の谷氷河（図 6.16-6.19）のように，氷河から供給される物質が多く，上記 ii) 図 9.19 のような大型の厚みがあるモレーンが形成された場合には，氷河末端が長くおなじ場所に位置する傾向がある．先に形成されたモレーンにさえぎられて氷河が前進を阻まれおなじ位置にとどまるからである．時期（ステージ）の異なるモレーンリッジが重なり複雑な形態になる．図 9.22 にブータン，ルナナのラフストレン氷河（位置は図 10.25），天山山脈ウルプト氷河（図 6.7），クンブ氷河（第3部扉図）の氷河前面モレーンの重なりぐあいの断面の例を示す．

　図 9.22 では古いリッジほど前進量が大きいように見えるが，内部構造を調べると，単一のリッジでも複数のモレーンが重なって形成されている場合がある．そのような例として，ネパールのクンブヒマールのローツェヌプ氷河の縁辺モレーンの断面構造を図 9.23 に示す．この

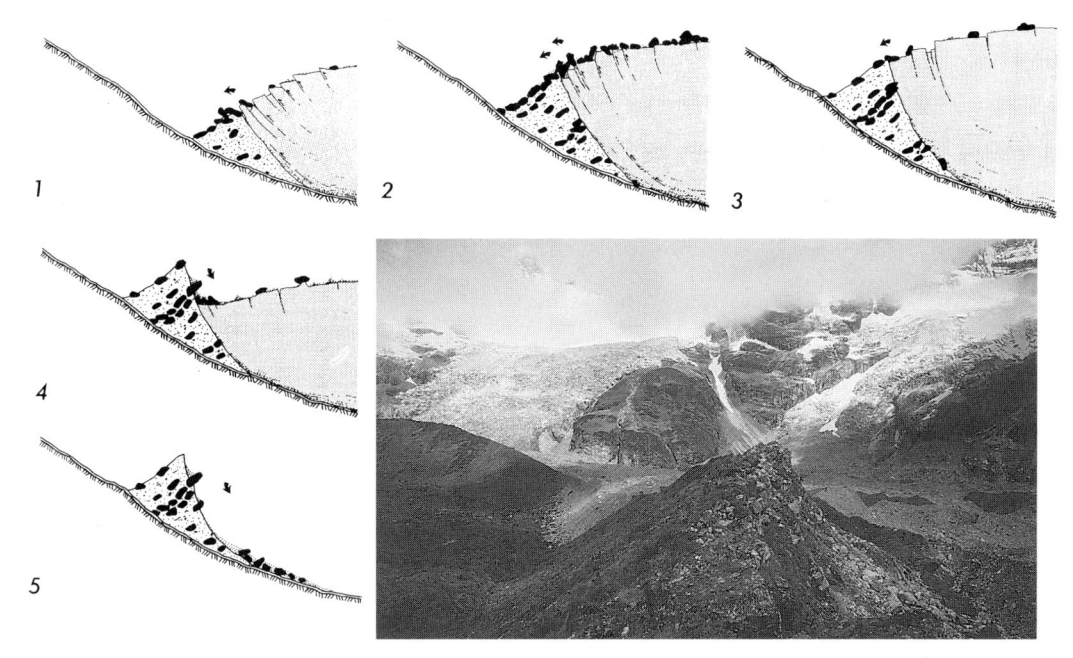

図9.18 岩屑なだれ（debris-slide）による投げ下ろし側方モレーンの形成を示す横断面図．図1〜5：氷河は前進し（1〜3），その後後退する（4〜5）．2の時期に大量の礫が氷河表面から投げ下ろしによってモレーンに堆積した（Humlum, 1978）．写真：ブータン北部ルナナ地方ベチュン氷河の小氷期の側方モレーン．中央の白い部分は氷河表面から最近崩落してきた礫（1998年10月岩田修二撮影）．

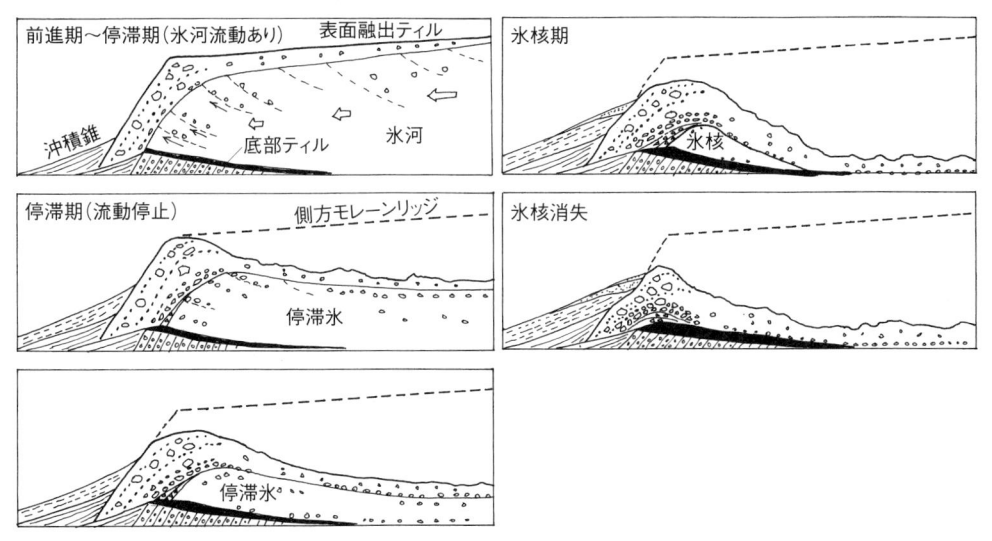

図9.19 厚い表面岩屑（表面融出ティル）に覆われた岩屑被覆氷河における前面モレーン形成の模式図（岩田原図）．

9.4 氷河堆積地形系と氷河堆積地形複合 213

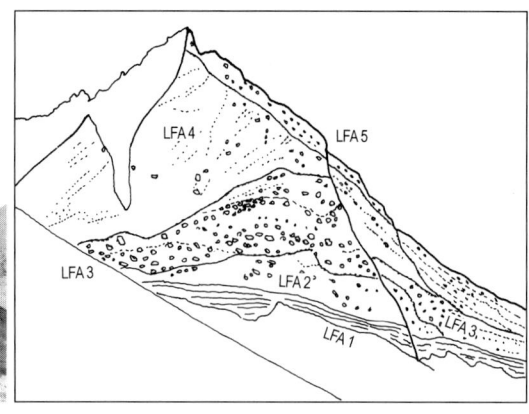

図9.20 パキスタン北部，カラコラム山脈北部シムシャル（Shimshal）谷の前面モレーンの断面の写真（2006年8月岩田修二撮影）とその簡略スケッチとLFA（lithofacies association）．全体の高さは35-40 m．LFA 1：ほぼ水平に成層した砂礫層．氷河前進前の河床・扇状地堆積物．LFA 2：メートル大の礫を含む礫に富むダイアミクトン．土石流堆積物の可能性あり．LFA 3：充填物支持ダイアミクトン堆積物．礫の層状構造が認められる．氷河表面岩屑層起源の岩屑流堆積物＋投げ下ろし堆積ティル．LFA 4：均質な充填物支持ダイアミクトンの成層堆積物．LFA 3にのり上げるように堆積したように見える．LFA 5：地表面に平行な層構造をもつダイアミクトン．モレーン前面を流下した岩屑流または土石流堆積物．

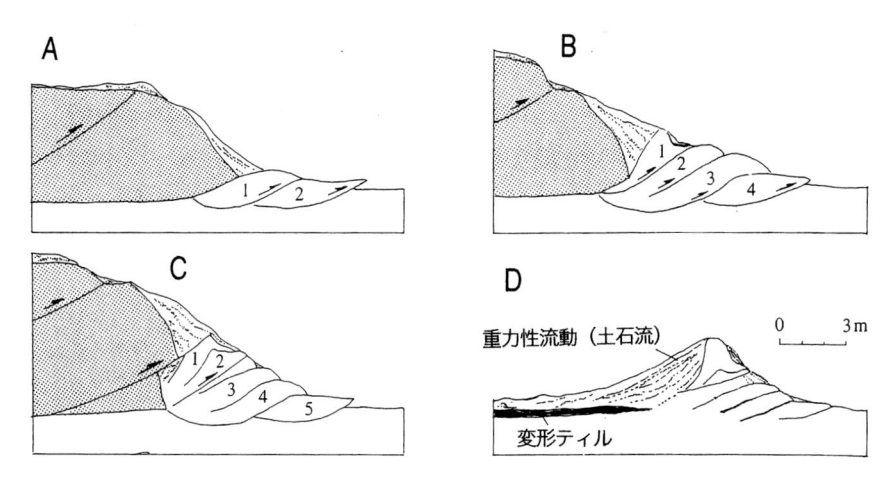

図9.21 突き上げモレーンの形成模式図．ABCDは時間の経過．突き上げモレーンは1→5の順に前方に形成され，氷河融解後はDの図のようになる（Humlum, 1985b）．

モレーンは地形的には単純なモレーンリッジのように見えるが，断面の観察と年代測定結果から，この氷河の末端モレーンは1万年前からおなじ場所で多様な形成作用によって形成されたことがわかる．流水堆積物をはさんだ投げ下ろし相，氷河前面に沿った傾斜した流水・土石流相の堆積物の切れ合い構造が見られる（図9.23-3）．ローツェヌプ氷河の側方モレーンのリッジ群の断面では，氷河表面の厚さの変化（上昇下降）に対応した埋没土壌層の形成，内側斜面の崩落などが観察される（図9.23-1, 2）．このような氷河の縁辺モレーンの前面斜面では，氷河表面岩屑がモレーンの縁をのりこえて岩屑流や土石流として，あるいは流水に運ばれて堆積し，複雑な成因の地形をつくっている場合も少なくない．

　v）ハンモックモレーンの構築過程：中国の東部天山山脈，ウルムチ河源流の海抜高度およそ3400 mの谷底には距離2 kmにわたって谷底に緩やかに起伏したモレーンが分布する．望

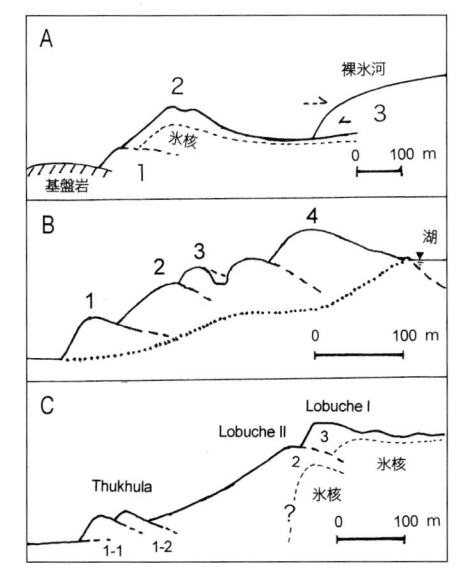

図9.22 表面岩屑が厚い岩屑被覆氷河では，大きな前面モレーンが形成される．そのため，氷河はすでにあるモレーンにさえぎられて前進を阻まれ定位置にとどまる傾向がある．しかし，その場合でも，氷河の状態（氷厚，表面岩屑とモレーン生産など）は変化するので，複合的なモレーンリッジが形成される．A：天山山脈ウルプト氷河，B：ブータン北部，ルナナのラフストレン氷河，2と3の間の埋没土壌からは約2000年前の年代値が得られている．C：クンブ氷河の前面モレーンの重なりぐあい．数字はモレーンリッジ形成の順序．コラム21の図Aを参照されたい．

峰モレーン(ファン)と命名されており，最終氷期後半に対比される部分と，それより古い部分に分けられている．自動車道路の法面沿いに高さ10 mほどの連続露頭が形成されており，著者は1983年と2003年にその堆積物を観察することができた．図9.24に，その最終氷期後半部分の露頭のスケッチを示す．その3カ所ではくわしい記載を行い，年代測定用の試料を採取した（図9.25）．図9.24の最上流部のAセクションでは，下半部のLFA 1（シルトや粘土で充填されたダイアミクトン，おそらく氷河底ティル）を覆って，LFA 2（砂質な充填物のダイアミクトン，おそらく表面融出ティル）が観察された．この氷河底ティルの下の細粒礫層からはOSL年代測定によって2万7000年前という年代が得られている（図9.25）．B-C断面はかぶり*が多くてよくわからないが，C断面から下流側では，さまざまな方向に傾いたLFA 3（成層構造をもつ流水によって堆積した礫層）と，LFA 2（砂質な充填物をもつダイアミクトン）からなり，礫スライド（崩壊）の堆積物と思われるLFA 4（礫集中部分）も見られる．表層部は全体がLFA 5（礫混じりレス）に覆われる．C-Dセクション境界付近の流水堆積物からは，最終氷期末のOSL年代が得られている（図9.25）．この付近の流水堆積層の傾きは北落ち（左岸上流方向に傾く）で，右岸側支谷から張り出してきた前面モレーンの表面を流れ下った流水による堆積物の可能性がある．このように，形態的には一連のモレーンの地形であっても，ダイアミクト相（氷底ティル）の部分は少なく，大部分は氷縁部の流水堆積物である場合もある．

モレーンの構築過程は単純ではない．地形的には単純に見えても，内部構造は複雑で，複数の氷河前進によって形成されている場合が多い．かぶりが多くて内部がよく見えない場合には堆積層の成因には慎重な解釈が求められる．とくに，「モレーンを構成している物質のかなりの部分が流水堆積物であることもめずらしくない」ということは肝に銘じておく必要がある．

---

*かぶりとは露頭を覆いかくす上からの落下土砂のこと．

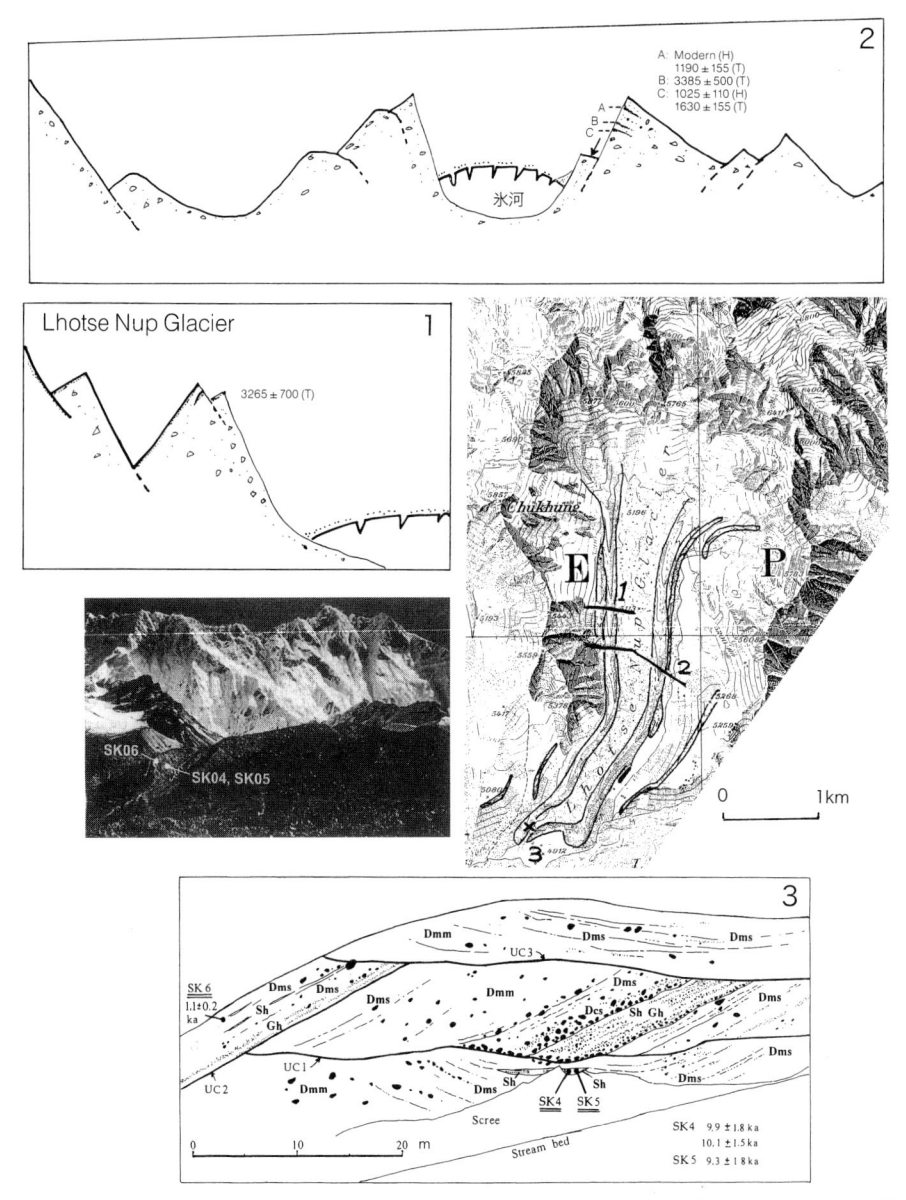

図9.23 東ネパール，クンブヒマール，ローツェヌプ（Lhotse Nup）氷河の縁辺モレーンの内部構造と堆積物の層相．1, 2：Röthlisberger (1986) による側方モレーンの断面，3：Richards et al. (2000) による前面モレーン部分の断面スケッチ．位置は地形図（Khumbu Himal 1:50,000, 1965）と写真（Richards et al., 2000）に示してある．断面図中のA, B, C, SK4〜6は年代測定値（kaは1000年前）．

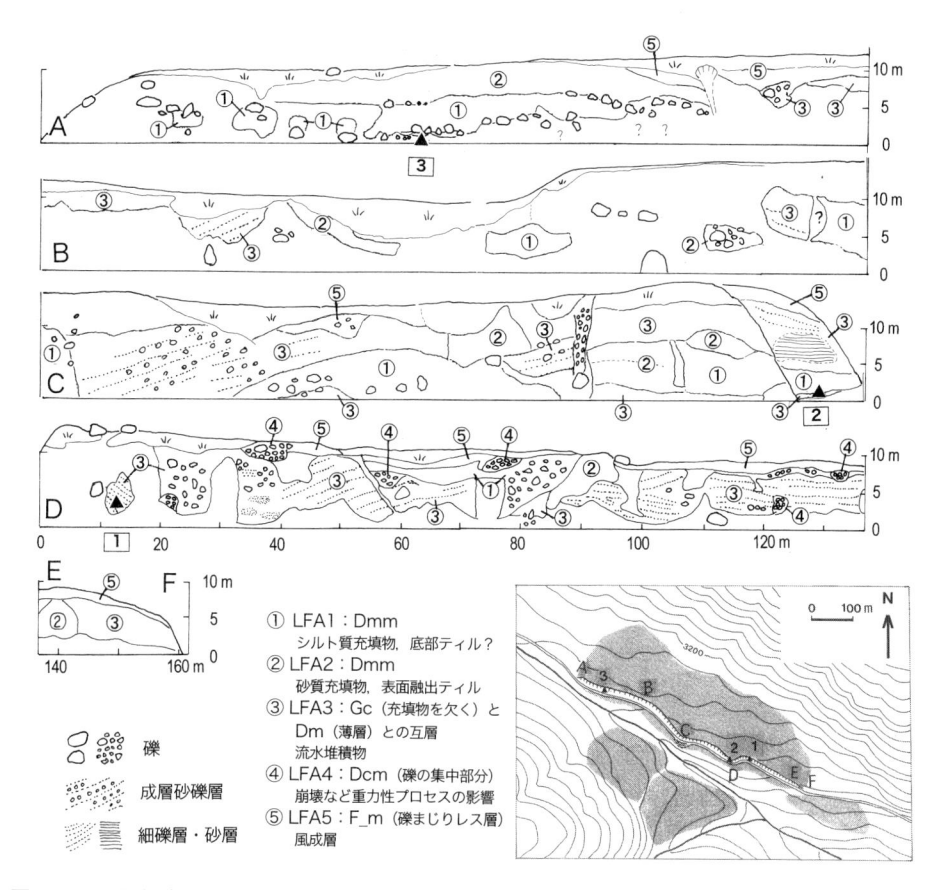

図 9.24 天山山脈，ウルムチ河源流，上位望峰モレーン（最終氷期後半）の道路沿いの露頭のスケッチ．右下の挿入図は 1:50,000 地形図（等高線間隔 40 m）による地形．灰色部分がモレーンで中国語では氷磧丘陵と書かれる．A-F は断面図の位置，1-3 は年代試料採取地点．流水と土石流の影響を強く受けたモレーンである（2003 年 8 月の岩田の調査による）．

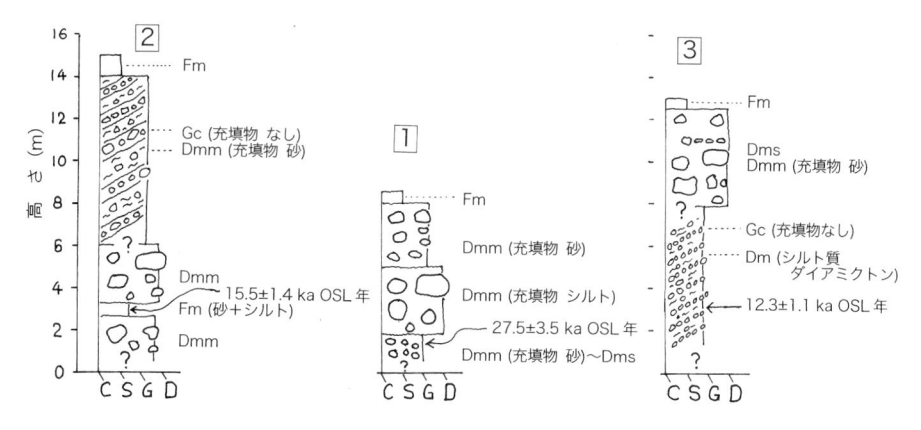

① LFA1：Dmm
シルト質充填物，底部ティル？
② LFA2：Dmm
砂質充填物，表面融出ティル
③ LFA3：Gc（充填物を欠く）と Dm（薄層）との互層
流水堆積物
④ LFA4：Dcm（礫の集中部分）
崩壊など重力性プロセスの影響
⑤ LFA5：F_m（礫まじりレス層）
風成層

礫
成層砂礫層
細礫層・砂層

図 9.25 天山山脈，ウルムチ河源流，上位望峰モレーンの露頭（図 9.24 中の1，2，3地点）．露頭のスケッチ（vertical profile logs）．横軸の略字は，C：粘土とシルト，S：砂，G：礫（gravel），D：ダイアミクトン．年代試料採取層序と年代値を示した（2003 年 8 月の岩田の調査による）．

9.4 氷河堆積地形系と氷河堆積地形複合

(2) 氷河縁辺堆積地形集合と氷床堆積地形系・地形複合

モレーンの構成物質や内部構造，構築過程の複雑さを述べてきたが，これは氷床・氷河縁辺部での地形形成作用の多様性を物語るものである．氷河堆積地形の研究に長年の経験をもつヨーロッパや北米では，近年，このことが強く認識されるようになり，氷河縁辺の堆積地形を氷河堆積地形集合体・地形系としてとらえて研究することが盛んになった．しかし，ここでは，これらについての広範な研究例を紹介する余裕と能力がない．エバンスの新しい教科書 (Evans, 2005) を参照されたい．この教科書では表9.3に示したような多様な地形系が解説されている．以下では，氷河堆積地形系の下位概念（小規模地形）である氷河縁辺堆積地形集合 i) ii) iii) を解説する．その後，大陸氷床底堆積域の地形系と地形複合に触れる．

氷河縁辺堆積地形集合

i) 裸氷型谷氷河の前面の堆積地形集合（アルプス–アラスカ型モレーン地形集合）：氷河表面岩屑の量が少ない氷河末端の地形群の模式図を図 9.26 に示した．ボールトンとアイルズ (Boulton and Eyles, 1979) とによってつくられたこの図は，1980 年までにつくられたこの種の図の決定版としてよく引用される．アルプスや北太平洋周辺，アラスカなどでの氷河末端地形をよく示していると考えられる．

ii) 岩屑被覆型谷氷河の前面の堆積地形集合（ヒマラヤ型モレーン地形集合）：厚い岩屑に覆われたヒマラヤ山脈など中央アジアの谷氷河の末端付近の詳細な，地形と堆積物の図をつくったのはオーエンとダービシャーである (Owen and Derbyshire, 1993)．パキスタン北部カラコラム山脈フンザ谷奥のフセイン村背後のグルキン (Ghulkin) 氷河を岩屑被覆氷河の模式氷河としてグルキン型氷河と命名し，くわしい地形と堆積物の関係を示す図を描いた（図 9.27）．山岳の岩屑被覆氷河での，このようなくわしい現成の堆積物の記載は画期的なことである．この結果，土石流や流水の作用がモレーンの形成に重要な役割を果たしていることが明らかになった．モレーンの前面は氷河起源の土石流扇状地 (glacier-fed avalanche fan) と呼んでもよいほどである．2006 年夏の著者の観察では，図の⑥地点の谷地形の中には氷河氷が現れており，この氷河は現在（2006年）でも年に 4-5 m の割合で前進している．

iii) 氷床縁辺の堆積地形集合：現在地球上に存在する大陸氷床は，南極氷床とグリーンランド氷床であり，前者ではほとんどの氷縁が海で終わっており，後者ではフィヨルドか山岳地域で終わっているので，更新世の氷床が平原で終わっていたような状況は，現在は観察できない．わずかにアイスランドなどの氷原氷河のローブ状末端で似たような環境が見られる．したがって，現成の氷床縁辺モレーン地形系をわかりやすくまとめた図は少ない．図 9.28 に示したように，大陸氷床では表面岩屑層を欠くから，モレーンのほとんどは，氷河底のティルや氷河底の未固結堆積物が衝上断層に沿って上がってきて氷河表面岩屑（ティル）となったものが接地したものである．氷河表面ティルの下には埋没した停滞氷があり，氷河表面ティル（ダイアミクトン）の表面を湖成層や流水堆積物，土石流堆積物（フローティル；flow till と呼ばれたこともある）などが部分的に覆う．

大陸氷床底堆積域の地形系と地形複合

更新世の大陸氷床の底で形成された地形の分布は，ローレンタイド氷床域やスカンジナビア

表 9.3 氷河堆積地形複合と氷河堆積地形系

氷河堆積地形複合	氷河堆積地形系（Evans, 2005 の各章に取り上げられたもの）
陸上氷河（非氷床）氷縁堆積地形複合	活動的温暖氷河縁堆積地形系
	亜極地氷河縁堆積地形系（カナダ・グリーンランドの北極高緯度地方）
	複合温度氷河縁堆積地形系（スバルバール）
	サージ氷河堆積地形系（谷氷河と氷原）
陸上氷床氷底　堆積地形複合	氷床底堆積地形系（表面岩屑の接地堆積地形）
	氷流底堆積地形系
陸上氷床縁　堆積地形複合	極地氷床縁堆積地形系
	氷床北縁堆積地形系（ローレンタイド氷床・イヌイト氷床）
	氷床南縁堆積地形系（ローレンタイド氷床）
	氷床南縁堆積地形系（スカンジナビア氷床）
水底氷河　堆積地形複合	大陸棚の氷河堆積地形系
	フィヨルド堆積地形系
	大型氷縁湖堆積地形系
山岳氷河　堆積地形複合	氷食谷堆積地形系
	高原氷原堆積地形系
非氷河地形複合	解氷後地形系（paraglacial landsystems）

Evans, 2005 によって岩田が整理した．

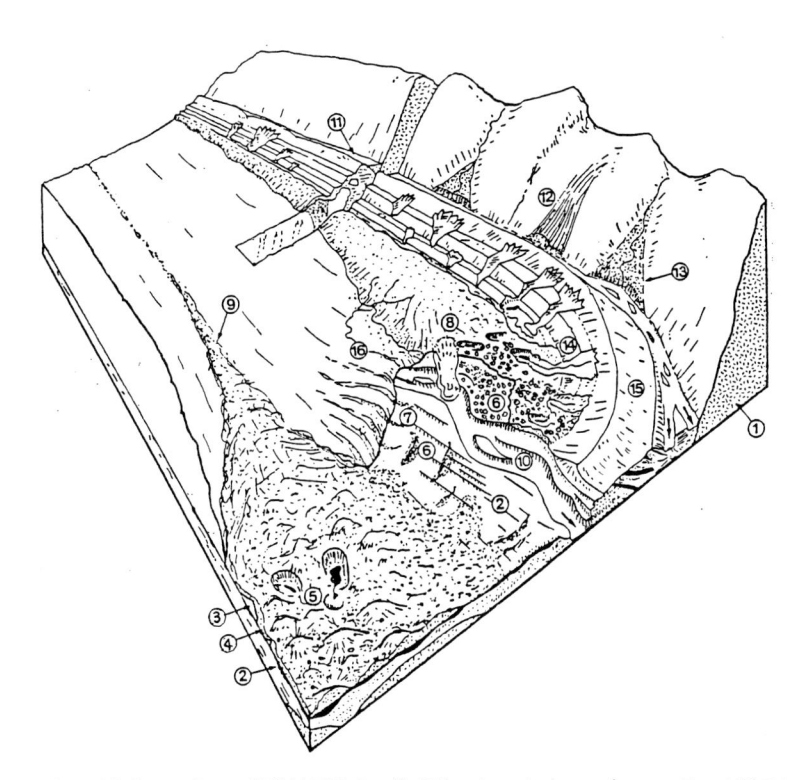

図 9.26　裸氷河型谷氷河の前面の堆積地形集合の模式的スケッチ（アルプス-アラスカ型モレーン）．1980 年代までの，谷氷河縁辺モレーンの典型的模式図．①基盤岩，②フルート状またはドラムリン状の氷河底ティル，③氷核（停滞氷），④氷河表面岩屑，⑤起伏や池のある氷河表面岩屑の形態，⑥クレバス充填物のリッジと氷河表面岩屑礫原，⑦投げ下ろしによるティルのリッジ，⑧氷河表面側方モレーンと流水によって運び込まれたティルの再堆積ティル，⑨氷河表面中央モレーン，⑩モレーン内流路，⑪段丘状ケイム，⑫崖錐，⑬沖積錐，⑭モレーン内壁のガリー，⑮縁辺投げ下ろしモレーン，⑯氷河表面水流（Boulton and Eyles, 1979）．

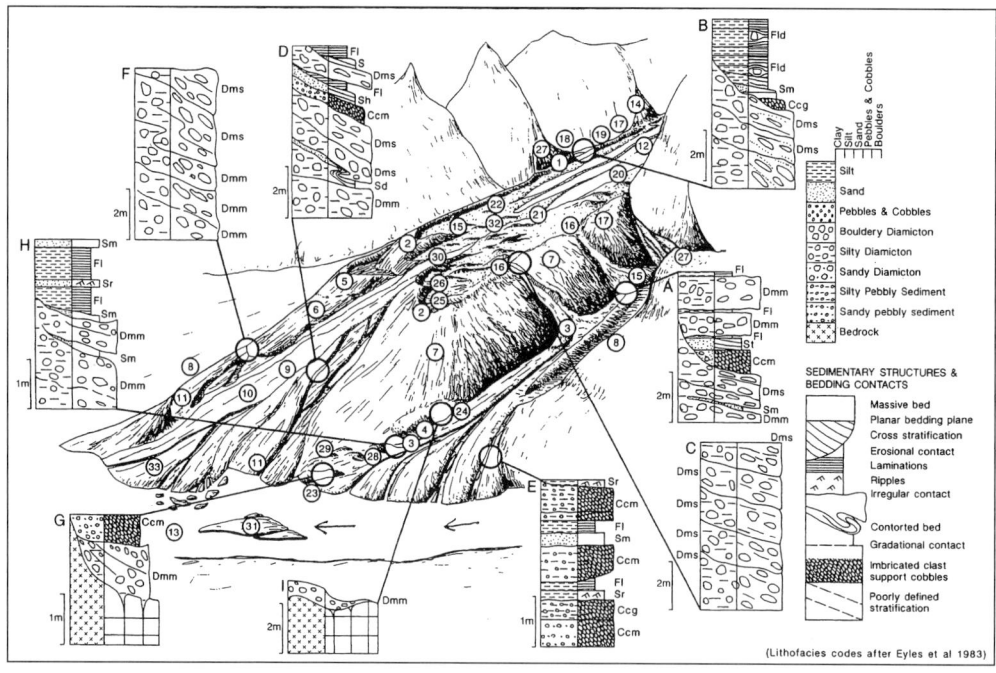

図9.27 岩屑被覆型谷氷河の前面の堆積地形集合．上：カラコラム北部，グルキン（Ghulkin）氷河前面の写真（落合康浩撮影）．モレーンリッジは線で強調してある．下：地形区分を示したダイアグラムと堆積物の層相を示す柱状図．①切断された崖錐，②投げ下ろし縁辺モレーン，③側方へ流出する水路，④扇状地，⑤岩屑なだれ型モレーン，⑥岩屑なだれによる崖錐，⑦岩屑なだれに変形された縁辺モレーン，⑧開析された扇状地，⑨融氷水流路，⑩融氷水扇状地，⑪開析された融氷水流扇状地，⑫裸氷，⑬主谷の本流（フンザ河），⑭土石流，⑮沖積錐，⑯側方モレーンのガリー，⑰側方モレーン，⑱側方モレーン谷の池，⑲側方モレーン谷（いわゆるアブレーション谷），⑳氷河表面池，㉑氷河表面水流，㉒側方モレーン内側の段丘，㉓氷河底部モレーン，㉔ロッシュムトネ，㉕縦ひだモレーン（fluted moraine），㉖分流鞍部，㉗高位ティルの残存，㉘分流鞍部の池，㉙表面岩屑からの洗い出し細粒物，㉚氷核モレーン，㉛本流の中州，㉜表面岩屑，㉝死氷河（停滞氷）．この図の岩相符号は Eyles et al. (1983) によるものである（Owen and Derbyshire, 1993）．

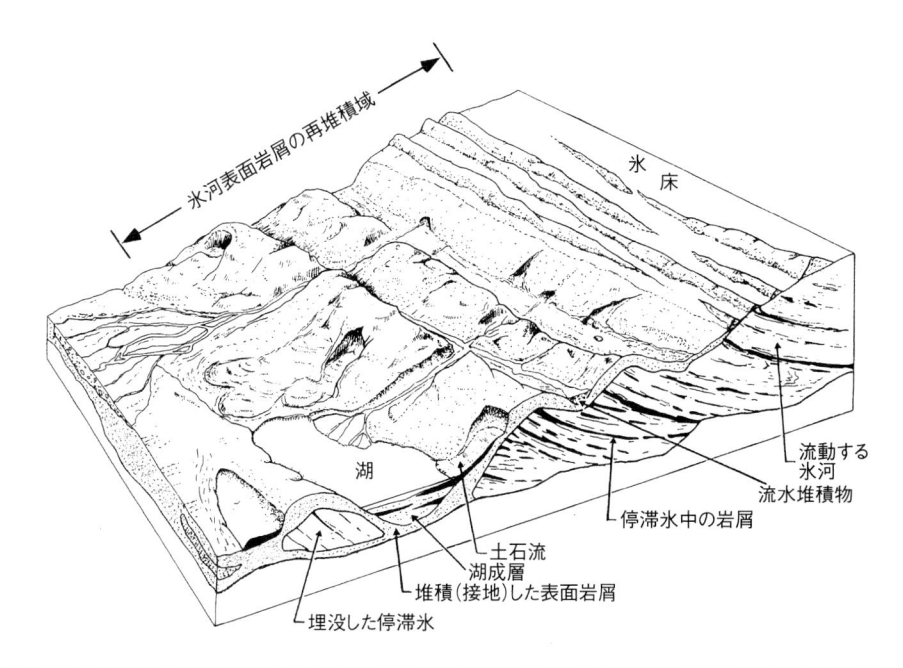

図9.28 氷床縁辺の堆積地形集合の模式図．右側の活動的な氷床底の堆積物から左側の氷河前方の堆積を示す．氷河底から表面に運ばれた岩屑が，表面モレーン，アイスコアモレーンとなり，氷河の消耗につれて，流水の作用，マスムーブメント（土石流），湖の作用で再堆積・再配分される（Menzies 1996: Fig. 3.1）．

氷床域でくわしく調べられている．貝塚（1997）の図3にはスカンジナビア氷床域全体の主要な堆積地形の分布が示されている．

　氷床底の縁辺よりの部分の堆積地形の分布は，最終氷期に北緯38°付近の中緯度まで拡大したローレンタイド氷床の地形からモデルがつくられている．古典的な氷床底の堆積地形系の分布モデルを図9.29に示した．これは図8.28の，氷床中央部の侵食域の外側にある堆積卓越域にあたる部分である．同心円状に地形系が並んでいる．この図に示された全体を**氷床堆積地形複合**と呼ぶことにしよう．この堆積地形複合では，一番外側の縁辺モレーンとの間に，内側から外側に向かってフルーティング地形系，ドラムリン状リッジ地形系，ドラムリン地形系，エスカーと局地的なルーゲンモレーン地形系，ハンモックモレーン地形系，縁辺モレーン地形系という順に並ぶ地形系が区分できる．ドラムリン状リッジ地形系とドラムリン地形系は，氷床流動が盛んであった場所，ハンモックモレーン地形系，縁辺モレーン地形系は，氷床消耗域，つまり停滞氷からの堆積がおこった場所である．

　図9.29に図示した堆積地形は，氷床が最大規模に達した後の氷床後退期に，氷床が外縁部からしだいに停滞氷となり，やがて融解するときの影響を受ける．それを模式的に断面図で示した（図9.30）．侵食が卓越していた氷床中央部（地点d）から氷河底変形ティルの形成がはじまり，氷河底変形ティル層がティルシートを形成する．厚くなると氷河の流動方向に平行な流線形のドラムリンタイプの地形が形成されることもある．融出ティルの地形はない（地点c）．その外側では，氷河流動の影響が強ければドラムリンなどが形成されるが，普通は横断方向の地形ができる．その後，停滞氷の底での融解がおこり氷河底の融出ティルの形成がはじまり，融出ティルが不規則なモレーンやケイムや流水地形もつくる．氷河底変形層の上に融出ティル

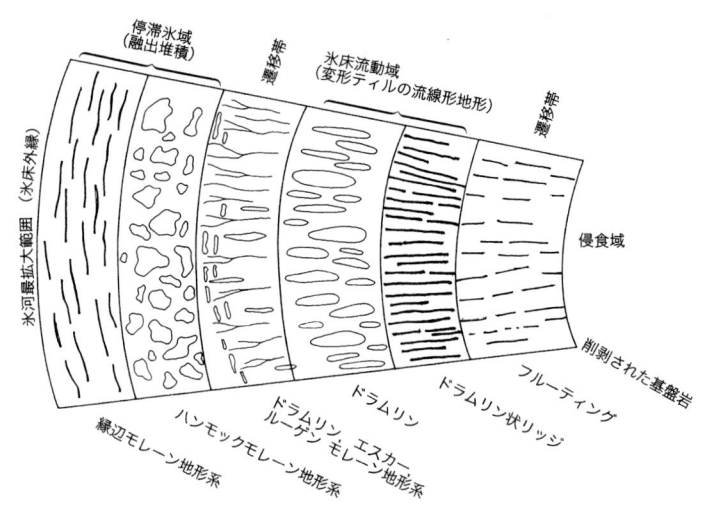

図 9.29 氷床最大拡大期またはその直後の更新世の中緯度氷床の周辺部の底の堆積地形系の分布モデル．それぞれの地形系は上にある氷床の性格によって決まる．これらは同時に形成されるとは限らない（Sugden and John, 1976: Fig. 13.16）．

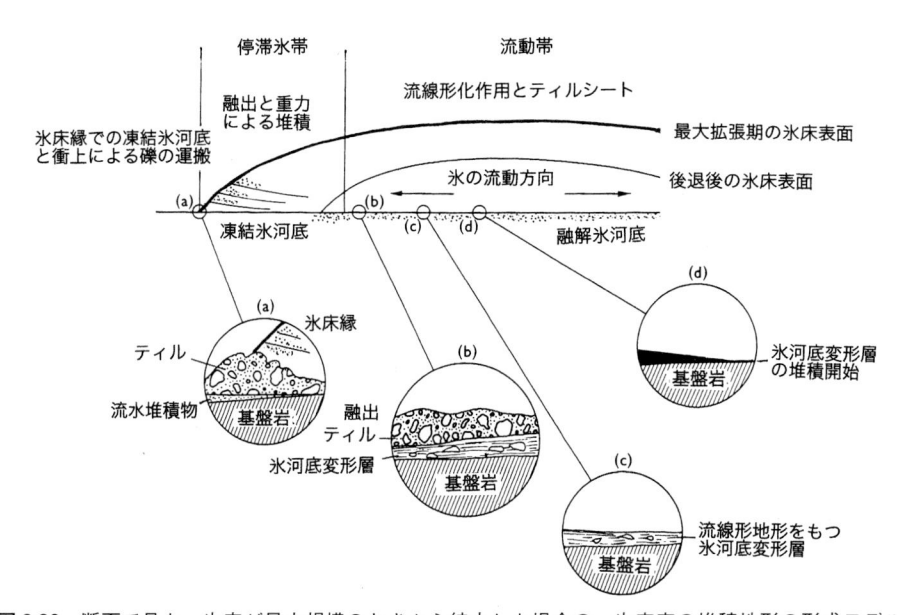

図 9.30 断面で見た，氷床が最大規模のときから縮小した場合の，氷床底の堆積地形の形成モデル．流動する氷床と停滞氷の範囲は最大拡大期のもの．地点 a：ある氷河拡大期での氷床の最大拡大地点．さまざまな形成メカニズムによって縁辺モレーンが形成される．その内側では複雑な堆積作用がおこる．地点 b：まず流動の影響を受けて堆積物ができ，その上に停滞期の融出ティルがのる．ここには（もし氷河後退期になっても十分に流動が続いていれば）多くの流線形堆積地形ができるが，ふつうは横断方向の堆積地形や不規則な堆積地形に覆われる．ケイムや流水堆積地形もできる．地点 c：氷床底の凍結をまったく経験していない部分．氷底変形ティルのシートがひろがる．ドラムリンやドラムリン状の形態ができることもある．地点 d：この点の内側では侵食域に移行する（Sugden and John, 1976: Fig. 13.1）．

がのる2層構造になる（地点 b）．その外側では氷床の厚さが薄くなるので氷床底の圧力が小さくなり，氷床底は融解温度を維持できず底面凍結状態になる．厚い氷河底岩屑氷の層が形成される（図 7.16 ⑤）．氷床後退期に停滞氷になると氷河底岩屑層が融出ティルとなり，それが氷縁に押し出されて縁辺モレーンになる（地点 a）．

コラム15
ヒマラヤ山脈とチベット高原の氷河：氷河と地形の特徴

　暑くほこりっぽいインドの平原の北側，万年雪を戴いて白く輝くヒマラヤ山脈はサンスクリット語で雪（ヒマ）の棲み家（アラヤ）と呼ばれる．その背後には広大で高いチベット（青蔵）高原があり，そこにも多くの氷河が分布する．ヒマラヤやチベットの氷河については本書のあちこちに述べてあるが，ここでは項目羅列的にまとめてみたい．ヒマラヤ・チベットの氷河の解説には安成・藤井（1983），岩田（1996，1997a）がある．

モンスーンに涵養される氷河群

　この地域の氷河は西ヒマラヤやカラコラム山脈を除くと夏のモンスーンの降水によって涵養される**夏季涵養型氷河**である．ヒマラヤ山脈という衝立があるためにチベット高原では降水量は減少するが，夏に涵養されることにはかわりがない．チベット高原では，東南部は降水量が莫大で谷氷河は3000 m以下の低所まで氷舌をのばすが，北西部ほど乾燥し，高い山地だけに氷河が発達している．

地形に支配される氷河群

　おおまかにいうと，地形が急峻なヒマラヤ山脈の南北両面には細長い谷氷河と緩傾斜の山腹

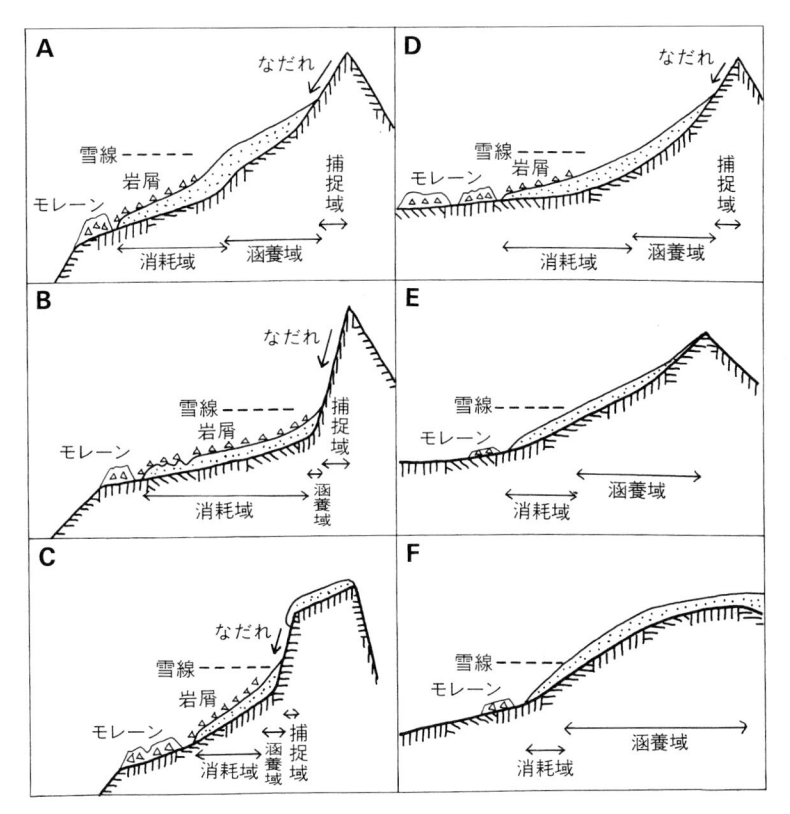

図A　ヒマラヤ山脈とチベット高原に見られる氷河の断面模式図．A・B・Cはヒマラヤ南面，Dはヒマラヤ北面，E・Fはチベット高原を想定している．A・B・C・Dは谷氷河，Eは開いた谷氷河，Fはドーム状氷河あるいは氷原状氷河．A・B・Cでは谷の下流部が急なため，E・Fでは礫の供給が少ないため，モレーンは貧弱である．Dは地形もなだらかで礫の供給も多いため多くのモレーンが形成されている．

図B　西ネパール北部トルボ（Dolupo）地方の上空からチベット高原を望む．高原を覆う氷原状の氷河（岩層に覆われない）が分布する（1978年12月撮影，GEN：名古屋大学・日本雪氷学会）．

にかろうじて形成された山腹氷河があるのに対して，山やまがなだらかなチベット高原上では，山頂部を帽子のように覆うドーム状あるいは氷原状の白くきれいな氷河が形成される．この点に注目してネパール型氷河群とチベット型氷河群というタイプ分けが行われている．その氷河の地形的特徴を示す模式的断面を図Aに示す．

ネパール型氷河群

ネパール型氷河群は，**小型氷河**と**大型氷河**に分けられる．小型氷河は山稜近くの緩斜面や谷頭の圏谷底にある山腹氷河である．小氷河はおもに降雪によって涵養され，いくつかでは質量収支がくわしく調査されヒマラヤの氷河の特徴が明らかにされた．小型氷河には，急崖・岩壁によって氷河末端が本来の位置より高いところで終わっている強制末端が多いが，自然末端をもつ小氷河は気候変動のよい指標になる．大型氷河とは深い谷底を流れる谷氷河である．捕捉域が急峻なヒマラヤの谷氷河では，斜面からのなだれや氷河崩壊が涵養源として重要である．なだれなどの堆積によって生まれる再生氷河も少なくない．なだれ涵養型の氷河の典型的なものとして円錐涵養域氷河がある．上流部でなだれや崩壊・落石が頻発する大型谷氷河は**岩屑被覆氷河**となる．ヒマラヤの氷河の地形的な特徴をもっともよく表しているのは大型の岩屑被覆型谷氷河である．東ヒマラヤの北面チベット側にも多くの岩屑被覆型谷氷河が分布する．ヒマラヤ山脈に岩屑被覆氷河が多い理由のひとつは，水分が豊富で，凍結破砕のおこりやすい温度条件にある5000-5500 mに岩壁が多いことである．岩屑被覆氷河の消耗域縁辺には大きなモレーンが形成される．谷氷河末端表面を覆う岩屑は氷河の融解を抑制するから氷河は低所までのびる．したがって，岩屑被覆氷河のELAは低くなり，AARの値も小さくなる．クンブ地方の谷氷河のAARの値は0.3-0.5程度のものが多い．さらに，厚い岩屑層の断熱効果によって，消耗域の氷体は長い間保存される化石氷体となる．

東ヒマラヤの氷河消耗域や氷河末端には大きな氷河湖が形成される場合が少なくない．なだれの落下やモレーンダムの倒壊が引き金となって**氷河湖決壊洪水**が発生している（岩田，

2007a).

　ヒマラヤ山脈の南面では，U字形の断面をもつ典型的な氷食谷が少なく，氷食谷がV字谷になる場合が多い．最終氷期の氷河末端がそのような深いV字谷中に位置するとモレーンが発見できない場合が多い．また，氷河堆積物といろいろなマスムーブメント堆積物とが混在し，氷河堆積物がまちがって認識される場合もある．

チベット型氷河群

　平均高度4500-5000 mのチベット高原には，6000-7000 mの山地がほぼ東西方向に何列も平行に走っている．それらの山やまはなだらかなので，山頂部を帽子のように覆うドーム状あるいは氷原状の白くきれいな氷河（図B）が形成される．これが典型的なチベット型氷河である．そのような氷河では，氷河表面岩屑が集積しないから，縁辺モレーンの発達も悪い．このような氷河が消滅したあとには，氷河の底の氷層にあった岩屑とティルが面的に薄く残り，一帯の地面には厚さ数十センチメートルのティルシートが残るだけである．

　ヒマラヤ南面では，最終氷期以前のモレーンはあまり分布が広くない．それに対して，チベット高原上に広い堆積場所をもつヒマラヤ北面の谷氷河やチベット型氷河の下流域には広い範囲に幾重にも氷河前面モレーンが分布している場合が少なくない．しかし，現在でも末端のモレーンの厚さは薄く，岩屑を供給する涵養域周囲の露岩域がさらに減少した氷期には，モレーンは薄く，山麓のどこまで氷河が拡大していたかを明らかにするのはなかなか難しい．

10 氷河下流の堆積環境と氷河湖

> 大きな氷河が融解して後退した跡にひとつの湖が生じた．その湖は，まわりを凍ったモレーンに堰き止められていたので，モレーンの氷を溶かす熱が急に増加して（モレーンが崩れた結果）突然干上がったものである（岩田修二訳）．
>
> Joseph D. Hooker "*Himalayan Journals*"

10.1 氷河下流の陸上堆積地形

(1) 氷河からの流出

流量の変動

　極端な寒冷・乾燥環境にある南極やヒマラヤ山頂の氷河は別として，大部分の氷河では，とくに寒冷な季節を除いて，氷河前面や側面からは氷河融解水が流出（排水；discharge）する．氷河からの流出は気温の変化や日射量の変化につれて変動する．夏から冬への季節の推移，あるいは乾季と雨季の交代に伴う変化や，気温や日射量による日周変化がおこる．氷河の外部から供給された水（降水など）も氷河から排出される流量変化に寄与する（図10.1, 図3.24下a）．このような**流量曲線**（hydrograph）で示される，時間変化に伴う流出変動は，氷河内での融水の生産・貯留・排出と外部からの水（降雨など）の供給に制御されている．このような氷河を取り巻く水収支を研究するのが，**氷河水文学**（glacial hydrology）である．

　中国西部のタリム盆地を南から北に横断するホータン河は，崑崙山脈の氷河の融解が止まる冬季には完全に干上がってしまい，融解が盛んになる6月ごろになってようやく復活する．気温の日較差が大きい場所や，日射が氷河消耗を支配する場所では，氷河下流の河川が日中（午後）に急激に増水し危険になることもある．逆に，融水量が減少する夜間には，川水が干上がりキャンプの水を得るのに苦労することもある．

氷河流域と非氷河流域での流出

　氷河は，一般的には，気温が上昇し日射が強いとき盛んに融解するから，好天時にピーク流量が現れることが多い．気温が低く日射がない降雨時のピーク流量とは逆位相になる．このようなことから，氷河流域（氷河のある流域；glacierised catchment）と非氷河流域（氷河のない流域；glacier-free catchment）とでは，流量変動のパターンが大きく異なることが知られている．グリーンランド南部の例では，流域全体が氷河に覆われた流域と氷河がまったくない流域で流量変動が大きく，流域に氷河が存在する場合には流量変動が少ない（Braithwaite and Olesen, 1988）．流量変化がもっとも少なくなるのは，流域に占める氷河面積が30-60%のときである（Knight, 1999: p. 113）．

　氷河が流域の一部を占める流域で，流域全体の水収支に氷河の融水が占める割合を測定した例がある（奈良間・藤田, 2008）．キルギス東部の西部天山山脈のテスケイ・アラトー山脈北面のチョング・クズルスー流域（流域面積302 km^2）には流域面積の13%を占める氷河（39 km^2）

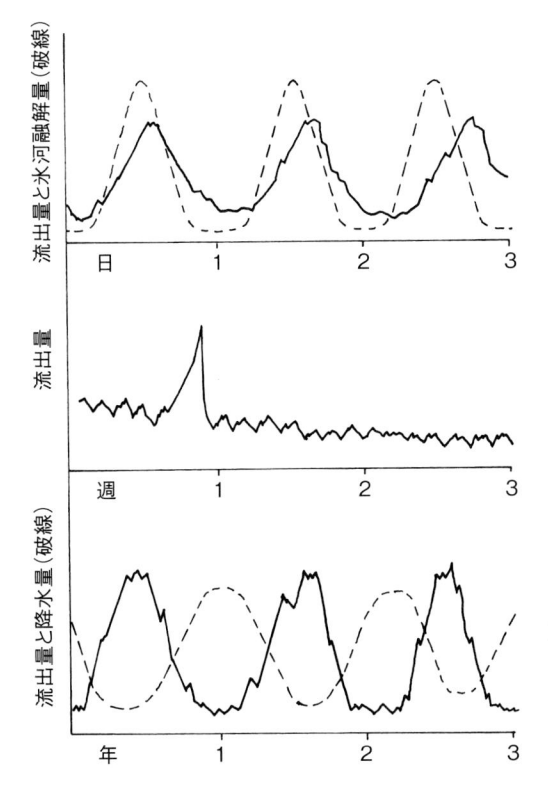

図 10.1 氷河からの流出変動を示す流出曲線（ハイドログラフ：実線）と，関係する氷河融解量・降水量（破線）．上から日変化，日変化の長期傾向（降雨による増水を含む），年変化を示す．北半球高緯度の氷河を想定して描いてある（Knight, 1999: Fig. 6.8）．

がある．氷河上での融解量観測と熱収支モデルによって氷河融解量と流出量を算出し，氷河周辺部と流域出口で流量観測と河川水の電気伝導度の観測を行った．さらに，非氷河流域の河川水の電気伝導度と氷河融解水の電気伝導度が大きく異なることを利用して，全流量中の氷河流量を算出した．その結果，氷河流出量が河川水に占める割合は，年平均では11%（2004年），21%（2005年），12%（2006年），降水が少ない夏だけに注目すると20-25%（2004年），30%（2006年）となった．このように乾燥地域では氷河面積の割合が少なくても，流域の流出量に占める氷河からの融解水の割合は大きくなる．

(2) 流水堆積物の地形

アウトウォッシュ

氷河の融水や氷河の周囲から流れ込んだ水（降雨も含む）は氷河底や周辺部の土砂を侵食する．それらの土砂は氷河底や氷河縁辺を経由して，氷河の外側，氷河下流に運搬され堆積する．氷河下流は氷河の前面の意味で proglacial と呼ばれる．この堆積物は，氷河の外側に堆積するのでアウトウォッシュ*とも呼ばれる．アウトウォッシュ堆積物の特徴は，流水による礫の円磨や分級（淘汰），成層構造が見られることである．しかし，運搬距離が短い場合や，粒径が

---

*アウトウォッシュ（outwash）：氷河融解水が氷河から洗い出した成層堆積物のこと．よく淘汰された（粒径のそろった）礫からなる薄い層の成層構造が特徴である．氷河接触成層堆積物（ケイム）は含まれない．氷河域（氷河底など）に入り込んで堆積した流水堆積物はインウォッシュ（inwash）と呼ばれる（Flint, 1957: pp. 136-138）．

図 10.2　ニュージーランド，タスマン氷河下流，バレートレインの網状流路（1995年1月岩田修二撮影）．

大きな礫からなる場合には，分級が悪い岩相や，円磨度の低い礫層が見られる．氷河下流の流水堆積物の円磨度と分級度がとくによいのは，氷河内部や氷河底のトンネル内での強い水圧の水流によって，砂礫が互いに強く摩耗しあった結果であると考えられている．

扇状地と谷底平野

　このようなアウトウォッシュ堆積物が氷河下流につくる地形は，氷河が開けた平原や広い谷底に面した場合には扇状地や砂礫の平原である．アウトウォッシュからなる平野をアウトウォッシュ平原（outwash plain），サンドゥル（sandur：アイスランド語，氷河洪水による砂礫扇状地），アウトウォッシュ扇状地（outwash fan）などと呼ぶ．いっぽう，山岳地帯では，とくに急峻な山岳地域の狭い谷を除いて，谷氷河下流の谷底には埋積された広い河原（埋積谷底；氾濫原）が形成される*．氷河前面のアウトウォッシュには，河原いっぱいにひろがった**網状流路**（braided stream）が形成されることが多い（図 10.2）．この網状流路の形状は氷河の前進や後退の影響を受ける（図 10.3）．

　これらの流水がつくる地形は，氷河の下流にあるとはいえ，川の地形と変わりはない．これ

---

*谷間に堆積したアウトウォッシュをバレートレイン（valley train）という場合がある．

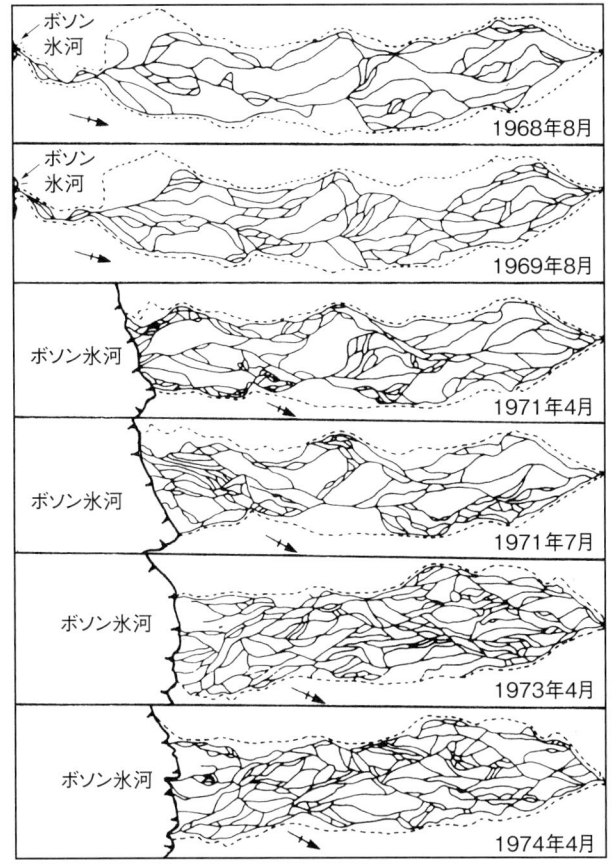

図 10.3 アルプス，ボソン (Bossons) 氷河前面の 1968 年 8 月から 1974 年 4 月までの氷河前進に伴う網状流路の変化 (Maizels, 1979).

らの地形を氷河水流による地形 (glacifluvial landforms, fluvioglacial landforms) と呼ぶこともあるが，流水の作用には，氷河融解水でも河川水でも変わりがないから，本書では単に水流の地形 (fluvial landforms) と呼ぶ．

しかし，氷河と接して形成された水流地形はいくつかの特徴をもつ．そのひとつは，氷河が消滅することによって，流路の頭が切られた斬頭谷や上流側に崖をもつ扇状地や段丘が出現することである（図 10.5, 図 10.6）．もうひとつは，エスカーやケトル（図 10.4）のような氷河に独特の微地形が形成されることである．

氷河水流地形との関係

これらの地形が普通の流水の地形ならば，なぜ氷河水流地形と呼ばれ，普通の河川地形と区別されてきたのか？ 西岸海洋性気候での流量変化が少ない河川や，大陸の平原を流れる掃流物質が少ない河川には河原がないのが普通である．しかし，氷河や氷床の末端から流れ出す河川は多量の砂礫を運搬・堆積し，広い河原をつくる．そこで，砂礫の多い氷河下流河川という意味で氷河水流という語が使われるようになったと考える．いっぽう，急峻な山岳から発するヒマラヤや日本の河川では，氷河のあるなしにかかわらず河川沿いに河原が形成される．ヒマラヤや日本の地形研究者からみると，河川を氷河水流とそうでないものとに区別するのは無意味である．

図 10.4 アイスランド，ラング氷河（Langjökull）前面のアウトウォッシュ上に形成されたケトルの池（1982 年 8 月岩田修二撮影）.

エスカー

氷河下流の流水堆積物の地形の中には，氷河底でつくられた堆積地形が入り交じって分布する．その代表がエスカーである．エスカーは，氷河から解放されることによって，氷河トンネル堆積物からエスカーという地形に変身したものである．氷河消滅後に堆積し，氷河消滅時に形成された地形であるが，本書では氷河底でできる地形に含めた．くわしい説明は 9 章 9.2 (2) を参照されたい．

ケトル

エスカーと常にセットで説明される地形に**ケトル**（kettle，ケトルホールともいう）がある（図 10.4）．文字どおり鍋のような，砂礫の堆積地に円形のくぼみができる．多くの場合，水がたまって池になっている．多くのケトルが集中するモレーン原には pitted moraines，アウトウォッシュ平原には pitted outwash という名が付けられている．これは氷河が融解して後退するときに取り残された融け残りの氷体や，氷河からの流水に流された氷塊が砂礫に埋積された後に，その氷体や氷塊が融解して砂礫が落ち込み，すり鉢状のくぼみや池になったものである．側壁は急で内壁が崩れやすいので，とくに池になっている場合には不用意に近づくことは危険である．

(3) 氷河下流堆積地形系

氷河下流堆積地形の研究は，平原や広い谷底に山麓氷河や谷氷河，氷原がひろがるアラスカやアイスランドで進展した．とくに 1960 年代，アイスランドでのプライス（R. J. Price）の研究は，現地調査とともに，空中写真判読による地形学図作成に基づく地形発達史的見方で行われており，日本の地形発達史研究と相通じるものがある．そのような地形学図を図 10.5 に示した．地形面の高さの関係がわかるように，一部を模式的なブロックダイアグラムで示した（図 10.5 下）．大きな氷原の底部や内部の水路から吐き出される砂礫は，厚い扇状地をつくる．

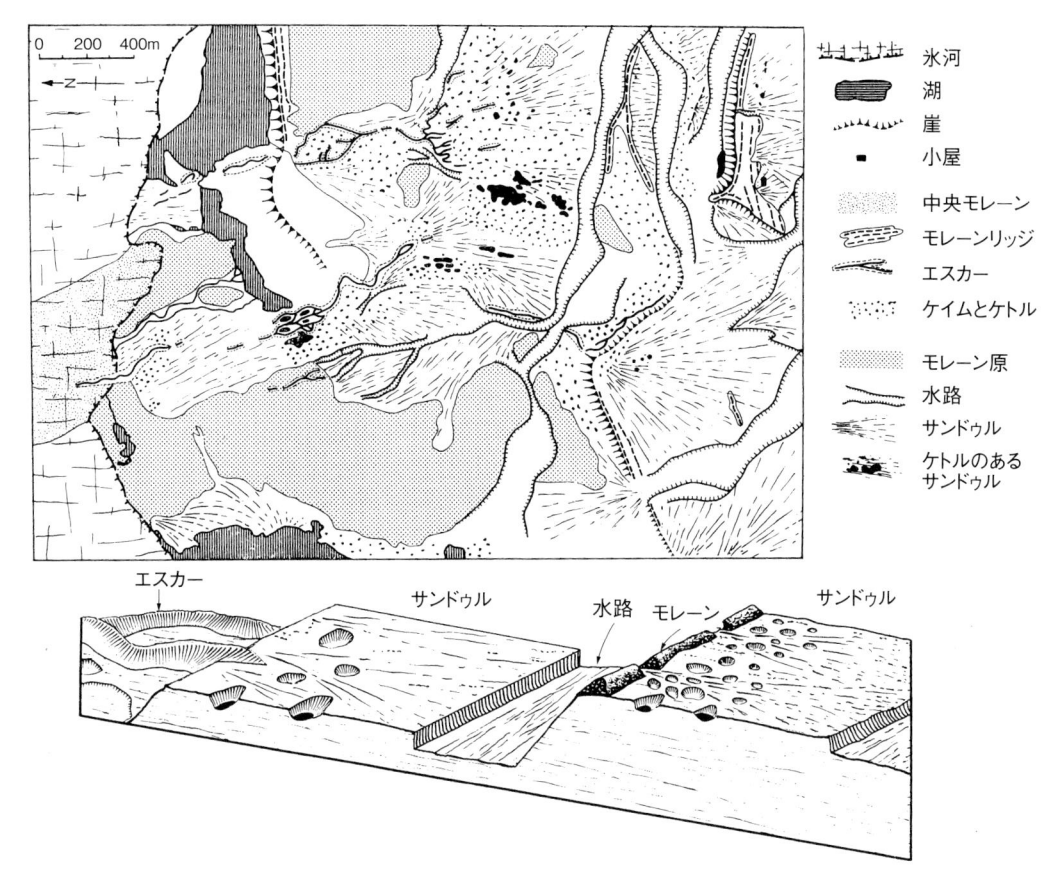

図 10.5 アイスランドのブレイザメルクル氷河（Breiðamerkurjökull）の氷縁の地形（上）と，その一部分をブロックダイアグラムで模式的に示した（下）．右側が下流側（Price, 1973: Figs. 72, 74）．

その扇状地は部分的にエスカーを埋積し，表面にはケトルが形成される．扇状地の背後に接していた氷河が後退すると，扇状地の背後に崖ができ開析扇状地となり，もとの扇状地上の水路は干上がり，下がった基準面に対応した低い流路や扇状地があらたに形成される．このような過程が繰り返されて複雑な地形ができる．

上流側に崖のある扇状地状地形の急なものは，チベット高原や中央アンデス高地の氷河期の山麓氷河前面にも形成され，**氷河縁扇状地**を形成している．これを Kuhle（1989）は ice marginal ramp と呼んだ（図 10.6）．

10.2 氷河下流の水域環境と堆積物

（1）氷河性海成堆積物と氷河性湖成堆積物

更新世の氷河作用を受けた海岸は，高緯度地方に広く分布する（図10.7）．更新世の氷床縁のかなりの部分は海で終わっていた．また後述するように，最終氷期末に氷床縁に多くの巨大な氷河湖が形成されていた（図10.28〜図10.31）．海と湖とを合わせると，最終氷期末の氷床の前面や下流域，外縁には水底に形成された堆積物と堆積地形がひろがっていることが理解で

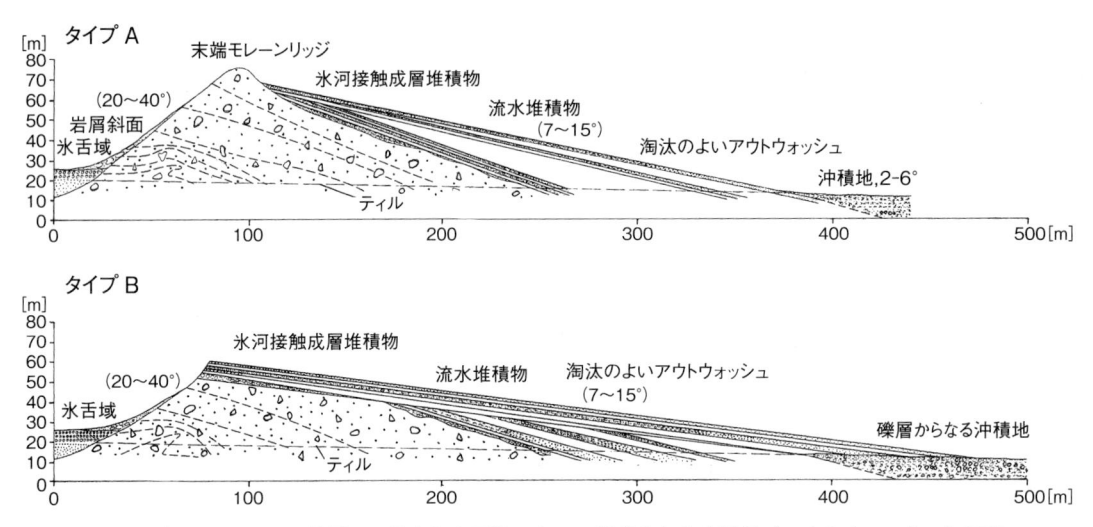

図 10.6 縁辺モレーンの外側に，流水と土石流によって形成された氷河縁（アウトウォッシュ）扇状地の断面．タイプAのモレーンリッジが侵食されてタイプBに変化する．これをクーレは，ice marginal ramp と名づけた（Kuhle, 1989: p. 224: Fig. 3）．

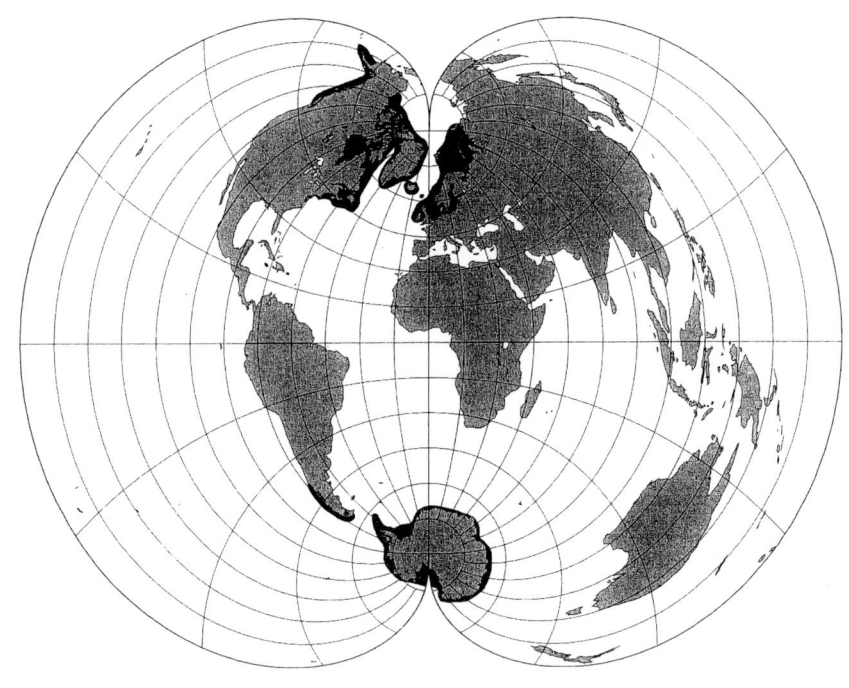

図 10.7 新生代末（更新世）にたびたび氷河作用を経験した大陸縁辺（大陸棚）の分布（Evans, 2005: Fig. 12.1）．

きる．それらの堆積物と地形は，氷期終了後，氷床消滅後の基盤のアイソスタシーによる隆起と，海面低下，湖の排水・消滅によって陸上に現れた．

　現在の氷河も末端が海や湖に突っ込んで終わっているものが少なくない．水域に突っ込んでいる氷河の末端では，氷河に運ばれてきた砂礫や泥は水底に堆積し，氷河性湖成（glacilacustrine）堆積物，氷河性海成（glacimarine）堆積物を生じさせる．氷河性海成堆積

物や氷河性湖成堆積物の堆積作用や，その地形の研究は，1970年代以後アラスカとヨーロッパで急速に発展した．最近の氷河地形学の教科書では，水中氷河堆積物とその地形の説明がとても多い*．

　海域に突っ込んでいる氷河末端は大まかにいうと，フィヨルドの中で終わっている場合（谷氷河や溢流氷河など）と，広い海域で終わっている場合（氷床縁の場合）とに分けられる．前者では氷河が運搬してきた砂礫や泥は，フィヨルド底に，後者では大陸棚やより深い海底に堆積する．氷河末端が湖で終わっている場合，その湖の環境はじつに多様である．10.3「氷河湖」の項でくわしく述べる．

　氷河によって運搬されてきた物質が水中に堆積する場合にも，氷から排出される作用そのものは，陸上の場合とおなじである．投げ下ろし作用と押し出し作用が主要な作用である．次項(2)で説明するのは，水中堆積に特有な作用である．氷河末端から噴出する激しい水流（ジェット水流）による下層流と上昇水柱（混濁水柱）の作用，氷山運搬岩屑，氷山接地構造などである．氷河湖に特有のリズマイトあるいは年縞は10.3「氷河湖」の項で説明する．

(2) 氷河前面に形成される水中堆積物

ジェット水流の堆積作用

　氷河融解が激しい夏季には，水中に突っ込んでいる氷河前面からは，多量の土砂含みの水流（高密度の混濁流）が噴出する．水流の噴出口は，氷河末端の底部（接地線）にある底部トンネル出口や，末端氷崖に現れる氷河内部水路の出口である．多くの場合，氷河から放出される水流は，氷河の荷重で被圧されているから，ジェット水流のように激しく噴出する．高濃度の土砂粒子を含んだ融水は，淡水の湖では，含まれる粒子の密度のために氷崖前面下部斜面を這いおりる下層流（underflow）になる（図10.19B）．下層流は，比較的粗粒な無層理層を氷河前面から広く湖の水底に堆積させる．細粒物質は水中に広く拡散して，ゆっくり時間をかけて沈積する．

混濁水柱とその堆積作用

　淡水の湖と違って海水中では，噴出したジェット水流は水面までわき上がり，堆積物に富み「濁水の沸騰」のように見える（Hambrey, 1994: p.192）．これを**上昇水柱**（rising plume）あるいは**混濁水柱**（turbid plume）と呼ぶ（図10.8，図10.14，図10.15）．混濁水柱は水面（表層）または中層部の広い範囲にひろがり**（図10.8，図10.15）．その中の浮遊物質の密度はまわりの50倍から60倍になり，泥質細粒堆積物として広範囲に堆積する．

氷山岩屑

　氷河から分離して水域に浮かんでいる氷（氷山）や浮かんでいる氷床（棚氷）に含まれている岩屑（粘土から礫サイズの物質）が，氷が融けることによって水中に落下して堆積すると**氷山岩屑**（ice-rafted debris; IRD）と呼ばれる．氷山は沿岸から離れて遠距離まで漂流するので，沖合で融解して堆積した場合には，細粒の水底堆積物の中に粗粒物質が混じる特徴ある層相に

---

*残念ながら本書の著者にはこの分野の研究実績がないので簡単な解説に止めざるを得ない．
**融解量が大きい氷河が流入するアラスカ湾沿岸やパタゴニアのフィヨルドの海面には淡水がひろがっている．

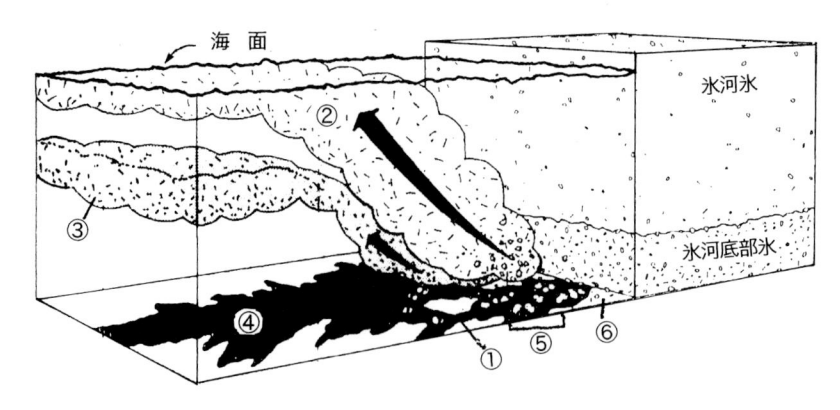

図10.8 氷河底からの融水流出による混濁水柱とその堆積物．①氷河底の融水の噴出ジェットの堆積物，水平層理をもつ礫支持砂礫層に高速乱泥流堆積物がはさまる．②氷河底の融水の流出による混濁水柱．③氷河底の融水の流出による混濁水柱（②より高密度）．④混濁水柱からの沈殿堆積物（泥質細粒堆積物）．⑤トンネル出口近くに，乱泥流によって中断されて堆積した斜交層理の砂質堆積物（水底アウトウォッシュ相）．⑥水底土石流によるダイアミクトンと砂，シルトの互層（Benn and Evans, 1998: Fig. 11.93B）．

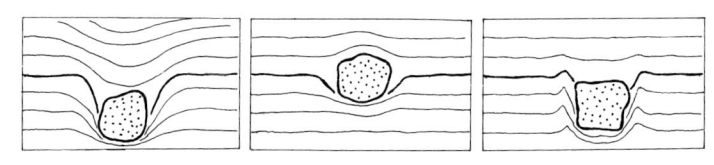

図10.9 沖合の細粒堆積物層に氷山から礫が落下したときに典型的に見られるドロップストーンの諸相の模式図．太線が礫落下時の水底の面．左：深く沈んだ場合，中：浅い場合，右：その中間の場合（岩田原図）．

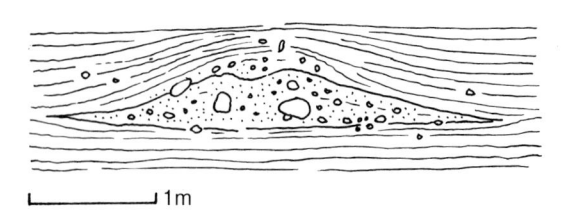

図10.10 ダイアミクト質ドロップストーン．氷山底の氷河底岩屑層がブロックで落下した場合（Benn and Evans, 1998 の写真と Fig. 10.40–41 から岩田作成）．

なる．氷山岩屑のうちで，個別の礫が湖底や海底の無層理堆積物や成層堆積物に落下したものを**ドロップストーン**（dropstone）という．水平に成層した細粒物質の地層に礫が落下すると，礫は軟らかい堆積層に沈み込んで，水平層は下方にポケット状に曲がる．礫の頂部が湖底に飛び出した場合には，毛布が覆うようなドレープ構造ができる場合もある（図10.9中央）．ドロップストーンは，氷山などの氷起源のものだけではなく，火山噴火によって放出された礫，乱泥流から飛び出した礫，流木や海草などの生物体からもたらされた礫によっても形成される．陸上の氷河末端に形成される，縞状の氷河変形層に含まれる礫はドロップストーンと間違いやすい（Benn and Evans, 1998: p. 389）．

氷山岩屑のうち，礫ではなく，ダイアミクトのブロックや泥質の塊が落下した場合，湖底や海底の堆積物とは異質の層相の粗粒堆積物が堆積する（図10.10）．**ダイアミクト質ドロップストーン**（dropstone diamict）・**泥質ドロップストーン**（dropstone mud）と呼ばれる．氷河底

の底部岩屑氷は氷山にそのまま受け継がれるので，氷山や棚氷の底についた底部岩屑氷や，付着していた凍結氷河底部ティルが落下した場合，底部ティルとほとんどおなじ層相の堆積物になる．氷山がひっくり返ったりして大量の岩屑が1カ所に落下した場合には，**氷山岩屑マウンド**（iceberg dump mound）（図10.11 ⑦）と呼ばれる円錐形のマウンドが湖底や海底に形成される．

氷山接地の影響

陸上で流動中の氷河底から，底部氷や底部岩屑が氷河基底との摩擦で引き剥がされるように，氷山が漂流して移動する途中で，氷山底が湖底や海底に接すると，氷山底からも岩屑氷や岩屑層（底部ティル）が引き剥がされて堆積する．Dreimanis（1989）は氷山ティル（iceberg till）と呼び，Benn and Evans（1998）は氷山接触堆積物（iceberg contact deposit）と呼ぶ．風や海流に流されて，氷山が頻繁に通り過ぎて海底に接触する部分では，氷山による剥磨（ice-keel* scouring）や堆積物の攪乱（ice-keel turbate）がおこる（図10.15）．

（3）氷河前面に形成される水中堆積地形

モレーン性浅瀬

水域に流入する氷河の先端は，水深が十分であれば水に浮く．浮いている部分と地面に接地している部分の境界を氷河の**接地線**（grounding line）と呼ぶ．接地線にできる，氷河流動方向に直交するリッジ状の地形を**モレーン性浅瀬**（morainal bank または morainal shoal）と呼ぶ．水底モレーン（subaqueous moraine），湖底モレーンなどさまざまな呼び名がある．モレーン性浅瀬は，接地線に氷河が長期間停滞するとき，または岩屑供給量が多いとき，あるいはその両方のときできる（図10.11）．モレーン性浅瀬の形成メカニズムは，陸上氷河の前面モレーンとほぼおなじである．岩屑の供給は，末端氷崖での氷河表面岩屑の投げ下ろし作用，底部岩屑氷の融解・堆積，未凍結氷河底変形層からの押し出し作用，すでにある堆積物の押し出し作用による．水深が浅いとき，水底モレーンは波浪の影響を受け頂部が平坦になる．フィンランド南部にあるサルパウセルカモレーンは陸上に堆積したモレーンではなく，バルト湖に形成されたモレーン性浅瀬の丘列である．頂部に波食による再堆積砂礫層をのせている（貝塚，1997）（図10.12）．

モレーン性浅瀬の中でよく知られているものに**ド＝イェール**（De Geer）**モレーン**がある．等間隔で近接する小型のリッジ群で洗濯板モレーンとも呼ばれる．スウェーデン南部のものが有名で，スウェーデンの第四紀学者 Gerard De Geer にちなんで名が付いた．氷河末端位置が停止しているとき，または小前進によって氷河底のティルや堆積物が押されてできる．リッジの断面は氷河側が緩やかで下流側が急な非対称形になる．押し出し作用によるモレーンの一種である（図10.13）．このモレーンは，冬に前進し夏に後退することによる年ねん（年周）モレーンであるという説があるが，証明はされていない．等間隔でできる氷河底のクレバス内の土砂が，氷舌全体が浮き上がることによって等間隔のモレーンリッジになるという説もある（Benn and Evans, 1998: Fig. 11.99）．

---

* keel とは船底にある竜骨のこと．

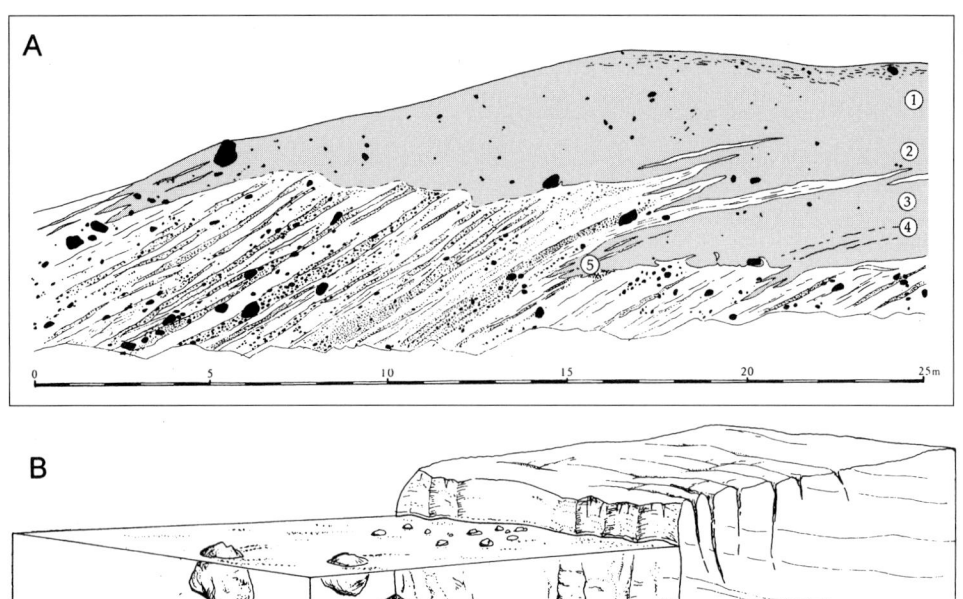

図 10.11 スコットランド，晩氷期の氷河ダム湖でのモレーン性浅瀬の断面図（A）と，それから復元された堆積環境のダイアグラム（B）．①氷河底ティル，②水底土石流，③土石流堆積物（ダイアミクトン），④氷河底の融解水の出口，⑤水底アウトウォッシュ，⑥葉理をもつ湖底堆積物，⑦氷山岩屑マウンド（Benn and Evans, 1998: Fig. 11.95）．

接地線扇状地

　海面や湖面に達している氷河末端の底部（接地線）にある融水のトンネル流出口には水底扇状地が形成される（図 10.14）．**接地線扇状地・水中扇状地**（grounding-line fan, subaqueous fan）と呼ばれる．砂礫を多く含む排水が湖や海の水中に入り，流速が急に落ちる結果，砂礫が堆積することによってつくられる．接地線扇状地は，水流の強さと含まれる物質量によって形が変わり，モレーン性浅瀬を覆って形成される場合も多い．この扇状地は，それが形成されたときの氷河接地線の位置を示す．エスカーの下流終点にできていることが多い（図 10.12）．接地線扇状地は，扇状地表面に平行な，傾斜した平行層理からなり，10°-30°傾斜した，粗粒な礫を含む不淘汰の砂礫層の互層である．図 10.11A の露頭スケッチの下半分に，接地線扇状地の砂礫層の互層が描かれている．このような砂礫互層は水底アウトウォッシュ堆積物と呼ばれる．堆積物の上半分は，接地線扇状地の堆積物と指交関係にあるモレーン性浅瀬の本体を形成しているダイアミクトン（ティルを主体とする堆積物）である．

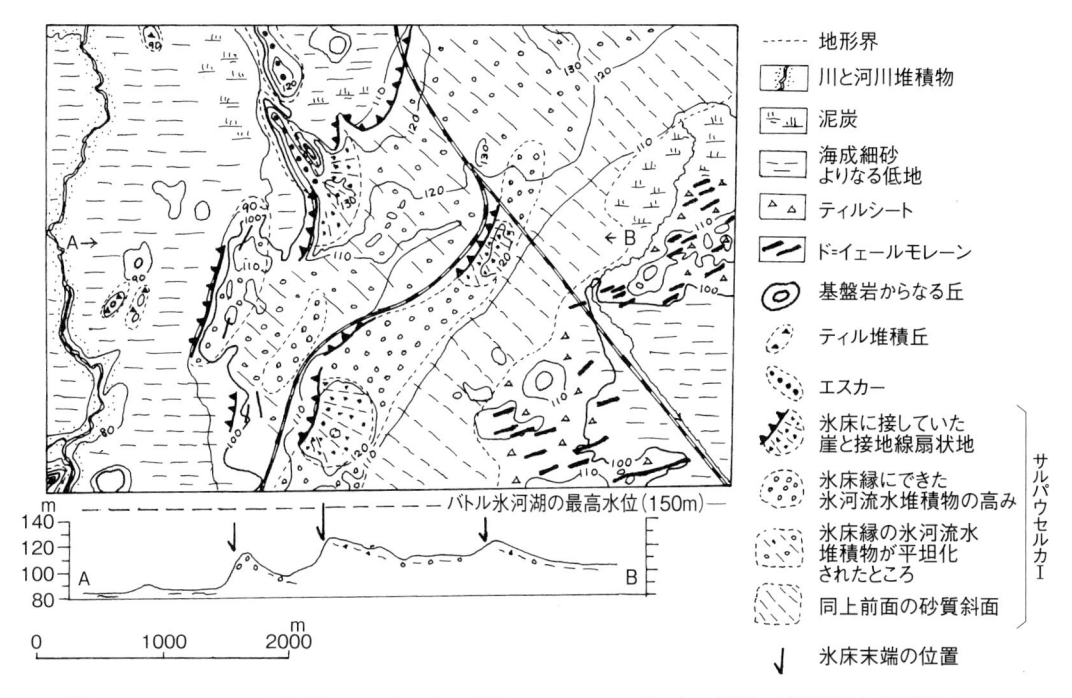

図 10.12 フィンランド南部，ヘルシンキの北約 40 km，ヒュビンケー付近の地形学図と地形断面．サルパウセルカ I とド＝イェールモレーンは，いずれもバルト氷河湖に形成されたモレーン性浅瀬である（貝塚，1997：図 9 による）．

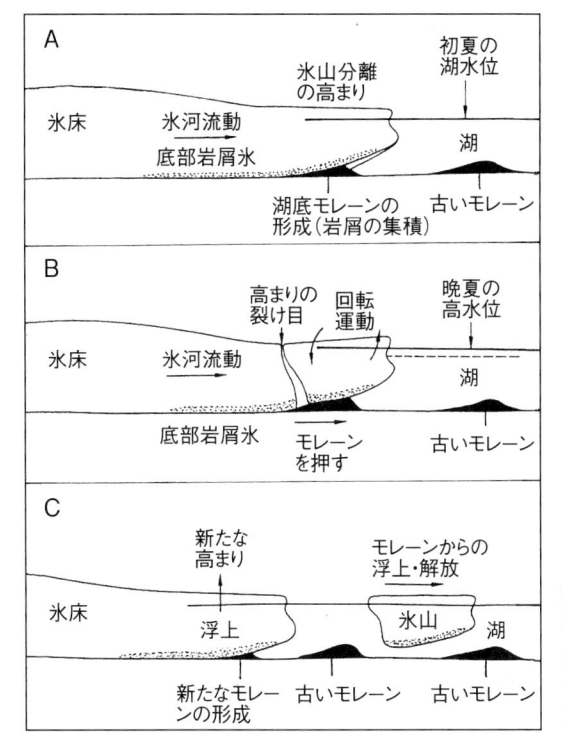

図 10.13 ド＝イェールモレーンの形成モデル．氷河底から押し出された湖底モレーン（モレーン性浅瀬）が，晩夏の水位上昇による氷山の動きの影響を受けて非対称形になる（Sugden and John, 1976: Fig. 12.12）．

10.2 氷河下流の水域環境と堆積物　237

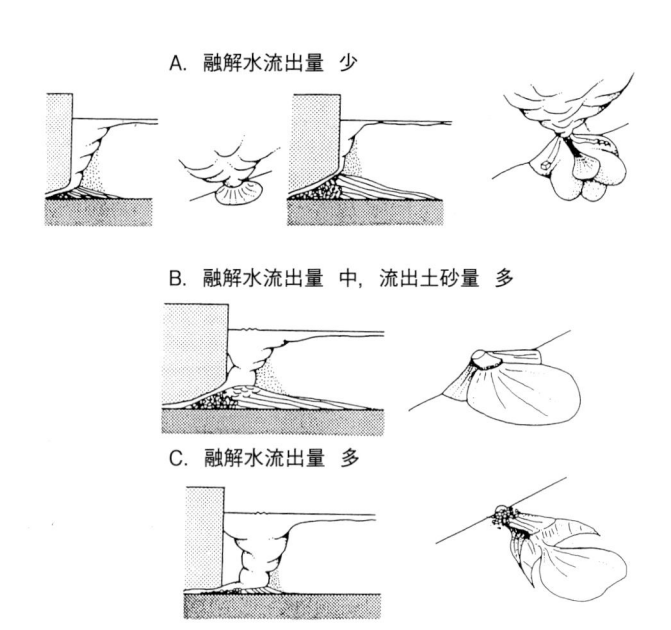

図 10.14 接地線扇状地の形成モデル．水底扇状地とも呼ばれる．融解水流出量の少，中，多と流出土砂量によって形態が変わる（Powell の図を引用した Evans, 2005: Fig. 13.13）．

（4）フィヨルドでの氷河と水底堆積地形

フィヨルド氷河の活動特性

　Hambrey（1994: pp. 190-191）によると，世界のフィヨルドの25％には現成の氷河が流入している．フィヨルドに流入しているフィヨルド氷河は，海に流れ込んでいる氷河（tidewater glacier；**海面流入氷河**）の典型のひとつである．氷河末端がフィヨルド底に接地している温暖氷河と複合温度氷河（亜極地氷河）は，アラスカ湾沿岸，ブリティッシュコロンビア，チリ側パタゴニア，スバルバール諸島，カナダ北極圏の一部，ロシア北極海諸島に分布する．末端が海に浮かんでいる寒冷氷河は，いずれも溢流氷河で，グリーンランド氷床からのもの，カナダ北極圏のエルズミア島・バフィン島の高地氷原からのもの，南極氷床からのものがある．フィヨルド氷河は陸上で終わっている氷河より末端の変動が激しい．その理由は，末端に働く浮力・伸長力や消耗が氷山分離でおこること，底部からの水の排出と，水で飽和され変形する氷河底堆積物などのためである．

フィヨルドでの堆積作用

　フィヨルド底に堆積する岩屑・土砂物質はさまざまの給源から供給される（図 10.15）．氷河そのものから供給される氷河接触堆積物には，氷河底岩屑，氷河表面岩屑，氷底・氷中からの融氷水流が運び込む岩屑・砂泥がある．氷河からの間接堆積としては，氷河末端の底部・中部から噴出して底に沿って這いおりる重力性流出（下層流・乱泥流・混濁流）による堆積，それとは逆に噴出した流れが急激に浮かび上がってできる混濁水柱と表層流の浮遊物質の沈殿，さらに氷山から落下した氷山岩屑（IRD）がある．陸上など氷河以外からの間接堆積としては，非氷河流域からの土砂，急なフィヨルド谷壁からの重力性堆積物（落石・岩盤崩壊・土石流な

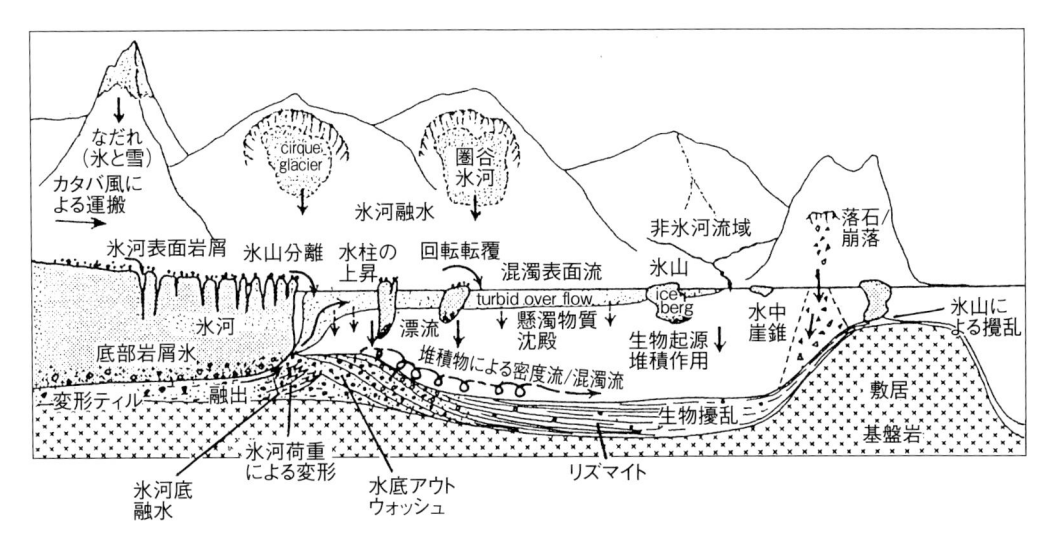

図10.15 フィヨルド堆積地形系の模式断面図．土砂の供給源と接地しているフィヨルド氷河に関係する作用を示す（Hambrey, 1994: Fig.7.3）．

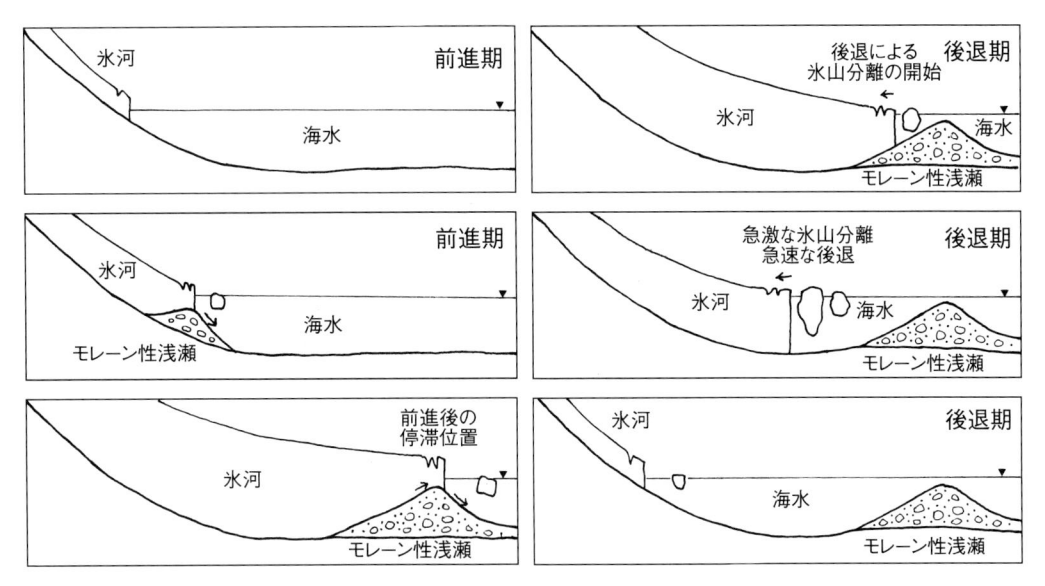

図10.16 フィヨルドに流入する氷河はモレーン性浅瀬を押し出し再堆積させながら，ゆっくりと長時間かけて前進する．停止後，いったん氷河前面位置の後退がはじまると，盛んな氷山分離によって急速に後退する（岩田原図）．

ど），風成塵などの沈殿，海の生物起源の物質（プランクトンや藻類など）の堆積が加わる．

モレーン性浅瀬とフィヨルド氷河前面位置の変動

　フィヨルド氷河の前面（末端）にはモレーン性浅瀬が形成されるのが普通である．Meier (2007) はこのモレーン性浅瀬がフィヨルド氷河の変動をコントロールしていることを説明している．

　モレーン性浅瀬の形成には，氷河から供給される岩屑だけではなく，氷河によるモレーン性浅瀬そのものの侵食も関係している（図10.16）．ゆっくりと氷河が前進するとき，氷河はモレ

10.2　氷河下流の水域環境と堆積物　**239**

ーン性浅瀬の上流側を侵食し，その土砂を下流側に堆積させる．氷河末端部分の水深を浅くするモレーン性浅瀬の存在は，氷河前面を常に接地させ，氷山分離を妨げるので，氷河前面はフィヨルドのさらに下流まで浅瀬を前進させながら前進する．この氷河前面の前進速度はゆっくりである．典型的には年間10mから数十メートル前進し，アラスカでは1000年以上かけて典型的なフィヨルド内を100km以上も前進した氷河もある．

前進後，モレーン性浅瀬で止まっている氷河は不安定な状態にある．何かの原因で氷河末端が少し後退すると，浅瀬の上流側の深い部分で氷山分離がおこる．これはさらに深い部分への氷河後退をもたらし，氷山分離はさらに盛んになり，氷河流動による前進量に相当する分よりはるかに大きくなる．急速な後退がはじまり，それによって氷河はフィヨルドの奥にまで引っ込む．長く続く前進期とは対照的に後退期は数十年しか続かない．歴史時代に観察されているもっとも急速な氷河後退（たとえばアラスカのグレイシャーベイの解氷）も，氷河期末の巨大氷床の消滅も，このメカニズムで説明できるとマイヤーはいう．このフィヨルド氷河の前進と後退は気候変化とは無関係である．

10.3 氷河湖

氷河湖（glacial lake）とは，氷河および氷河作用と関係して形成された湖の総称である．氷河消耗域表面が融解して形成された湖や，氷河前面に形成され氷河の氷体と接した湖，前進した氷河が河川を堰き止めてできた湖を指す．特殊な氷河湖としては，氷河内部や氷河底に形成された外から見えない氷河湖もある．地形学では，氷河が基盤岩を侵食した凹地に湛水した湖（氷食湖）や，モレーンの内側の凹地に湛水した湖を氷河湖とすることが多い．ここでは，これらすべてを氷河湖に含める．

(1) 氷河湖の種類

これからの説明のために，さまざまな氷河湖を整理して表10.1と図10.17に示した．氷河湖は，氷河と接した湖（ice contact lake, proximal lake）と氷河から離れた湖（distal lake）とに分けることができる．氷河表面湖のうち**裸氷氷河融解池**は，裸氷氷河（C型氷河）の消耗域の裸氷帯にできる水たまりで，小規模で浅く短期間で消滅するのがほとんどである．岩屑被覆氷河（D型氷河）の消耗域には池が点てんと存在する場合が少なくない．それを**岩屑被覆氷河融解池**といい，池のまわりの氷河表面は岩屑に覆われて融解が抑制されるのでやや永続的である．多数の岩屑被覆氷河融解池が拡大してつながって，やがて大きな**岩屑被覆氷河融解湖**になる．

氷河による堰止め湖は，前進してきた氷舌（氷河末端）が河川を堰き止めて湖を形成する場合である．氷河の側面と接する湖ができる場合が多く，カラコラム山脈で20世紀前半に多く報告されている．

氷河の前面に接する湖を**氷河前面湖**（proglacial lake）という．氷河前面の侵食盆地の湖とモレーンダム湖とがある．**河川状湖沼**（river-lake）とは，水深が浅く流れがある，河川にちかい湖沼である．

氷河から離れた湖（distal lake）の多くは，かつて氷河が存在した場所に形成された湖であ

表 10.1 氷河湖の種類

氷河との関係	形成場所	名称・特徴など
1 氷河に接した湖	11 氷河内	111 氷体内部湖
		112 氷河底湖
	12 氷河表面	121 裸氷氷河融解池
		122 岩屑被覆氷河融解池
		123 岩屑被覆氷河融解湖
	13 氷河側面など	131 氷河による堰止め湖
	14 氷河前面湖	141 氷食谷の侵食盆地の湖,氷床侵食盆地の湖
		142 モレーンダム湖
		143 河川状湖沼
2 氷河から離れた湖	21 侵食域に形成された湖	211 氷食谷の侵食盆地の湖,氷床侵食盆地の湖
		212 河川状湖沼
	22 堆積域に形成された湖	221 モレーンダム湖など
		222 堆積物の凹地に形成された湖,ケトルなど
		223 河川状湖沼

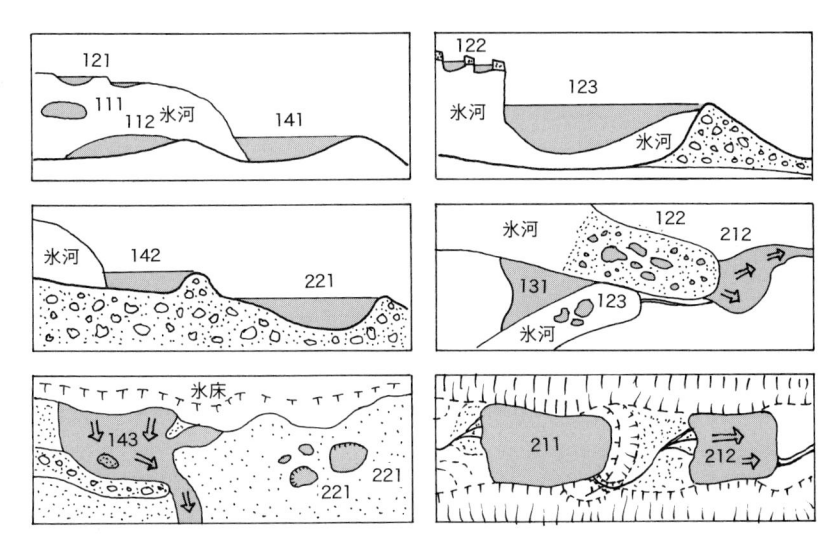

図 10.17 氷河との関係と形成場所によって区分される氷河湖の種類の模式図.上段 2 枚と中段左は断面図.ほかは平面図.図中の数字は表 10.1 中の数字と対応する.影をつけたのは湖水,白抜きは基盤岩（岩田原図）.

る.スカンジナビア半島やカナダ楯状地など,更新世の氷河地域には多くの湖がある.氷河によって深掘りされた盆地や,モレーン・氷河底堆積物に堰き止められて形成されたものである.山岳地域でも圏谷底の湖群や氷食谷底の首飾りのように連なった細長い湖（鎖湖）の存在が特徴ある地形景観をつくっている.

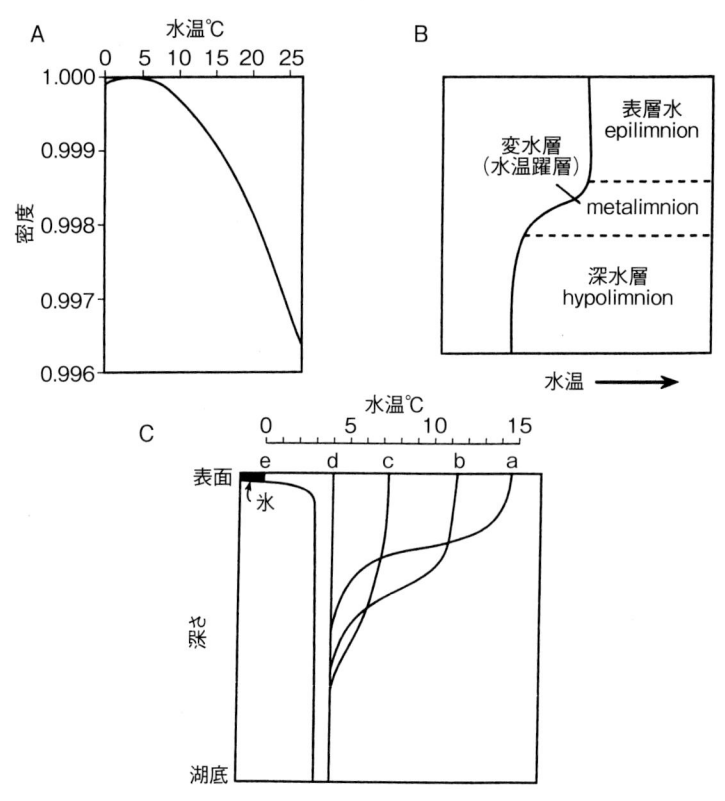

図 10.18 湖水の物理特性. A：淡水湖の水の密度と水温との関係, B：温度成層の模式図, 縦軸は水深, C：真夏 a から真冬 e へと変化する水温プロファイルの季節変化模式図 (Ashley, 1995: Fig. 13.2).

(2) 氷河湖における堆積プロセス（氷縞の形成）

氷河湖の物理的特性

　湖沼水の密度は水温と，含まれる懸濁粒子（浮遊物質；suspension）の量によって決まる．水（淡水）の密度は水温 +4℃のときもっとも大きい（図 10.18A）．氷河湖のように高緯度地方や高山にある湖は，夏と冬では水温特性が大きく変わる．夏には水面から暖められて，湖は表面の高温な軽い水と，底の低温水とが成層構造（温度成層）をつくり，高温層と低温層との間には変水層（水温躍層）ができる（図 10.18B）．湖水表層水の水温は季節変化する．秋と春に水温が 4℃になると，成層構造は消失し，完全に混合する．これを湖水の**全層循環**（ターンオーバー；turnover）という（図 10.18C の d）．

　湖に温度成層が形成されると，湖を通過する水は温度躍層の上の表層部を流下する（表面流）ので，もし通過する水に多くの浮流物質が含まれていたとしても湖底には堆積しない（図 10.19A）．氷河前面湖のような氷河と接している湖では，被圧氷底水として氷河から排出される激しい混濁流（高濃度の懸濁粒子を含む）の粒子状物質が湖の下層流（underflow）をつくるために，湖には密度の違いによる密度成層が形成され，粗粒物質が湖底に堆積する（図 10.19B）．流速が大きな河川状湖沼では成層構造は見られない（図 10.19C）．

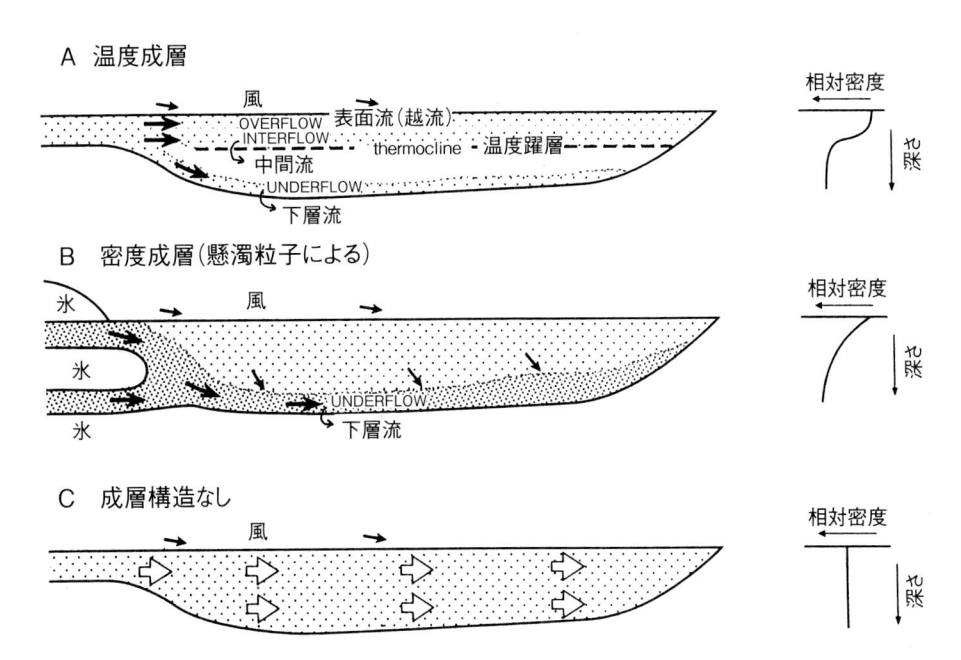

図 10.19 氷河湖の密度成層の模式図．A：温度成層，氷河から離れた湖で一般的，B：密度成層，浮遊物質（懸濁粒子）による成層，氷河と接する湖で一般的，C：成層構造ができない場合，河川状湖沼で典型的（Ashley, 1995: Fig. 13.3 による）．

氷河湖における堆積物の構造とその形成

　氷河湖の底には，おもにシルトと細砂の互層からなる，規則的に成層した堆積物が形成される場合が多い．これは**リズマイト**（rhythmites；級化層理*の反復）と呼ばれる．リズマイトは，洪水や，湖盆斜面の崩壊流入や混濁流のような，一時的なイベントを示すものではない（Ashley, 1995: pp. 434-436）．氷河湖のリズマイトのうち，粗粒部と細粒部の1組の層が1年を示す層（年層）は**氷縞**（varves；バーブ，スウェーデン語で規則的な繰り返しの意）として区別される．典型的な氷縞は，白っぽい細砂とシルトの互層の間に，暗色の薄い粘土層がはさまっており，細砂・シルト互層と粘土層1枚が1年分の氷縞で，1年分の厚さは1 cm から10 cm くらいである（図 10.20, 図 10.21）．リズマイトや氷縞が保存されるためには，底生生物や，波，強い乱流などによって湖底の層が攪乱されないことが必要である．

　ⅰ）無層理の堆積物：上記のような条件が備わらなければ，無層理（massive）のシルト層が堆積する．湖水の成層構造ができない河川状湖沼などの場合である（図 10.22A）．

　ⅱ）リズマイトの特徴：しばしば，夏の粗粒物質の供給・沈殿堆積，冬の細粒物質の沈殿堆積が氷縞の成因であると説明されるが，実際にはもっと複雑な過程がある．中でも秋の水温成層の消滅，表水層と深水層の入れ替わり（全層循環）の効果が重要である．

　リズマイトの堆積メカニズムの特性は，層相の特徴（図 10.21）からわかる．

　(a) 各単位層に見られる，下から上に向かって細粒化する傾向は，ゆっくりとした堆積が継

---

*級化層理：ひとつの層内で上に向かってしだいに細粒になる堆積構造（graded-bedding）．リズマイトは堆積学でいうサイクロペル（cyclopel），サイクロサム（cyclosam）〈いずれもラミナ葉理のある堆積物の意〉である．

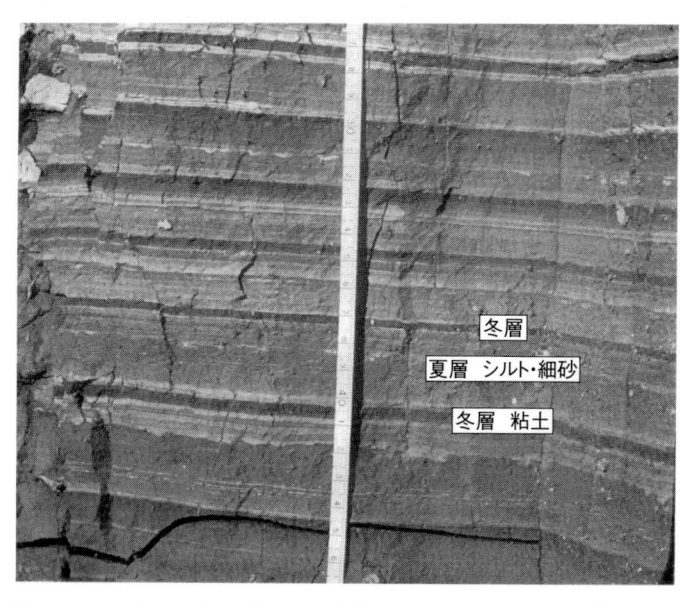

図 10.20　スウェーデンの氷河湖に堆積した氷縞粘土（貝塚，1997 による）.

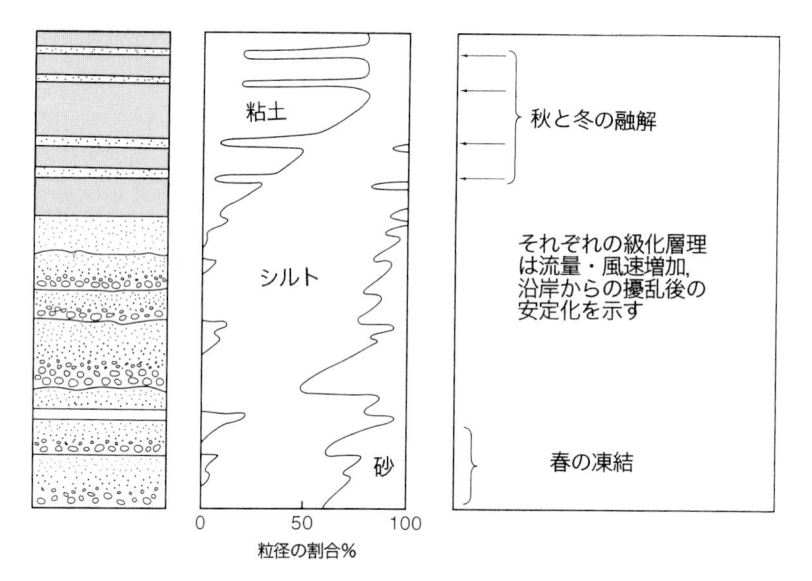

図 10.21　1 年間の氷縞粘土の層相のスケッチ（左），粒度組成（%）（中央），堆積環境の説明（右）．全体（春から冬へ）でも，単層でも粗粒から細粒へ変化する（Evans, 2005: Fig. 14.9）．

続したことを示す．
　（b）細粒層が上方に細かくなるのは，冬が進むにつれて湖水が澄んでくるのを反映する．
　（c）粗粒部と細粒部の境界がシャープなことは，秋の全層循環によって，突然堆積環境が変わったことを示す．
　（d）粗粒部と細粒層のトップにある生痕は，堆積がほとんどなかったことを示す．
　（e）リズマイト各層にある珪藻化石の集積は，春か夏の一斉繁殖（bloom）を示す．
　（f）ある地点における細粒層の厚さの年ねん変化は小さいが，粗粒層の厚さは年ねんの変化

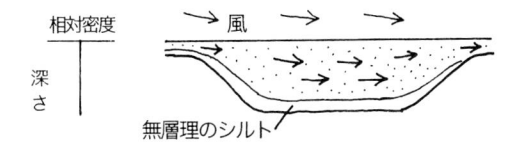

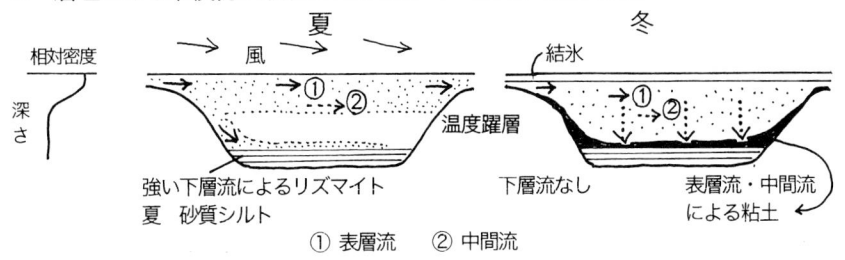

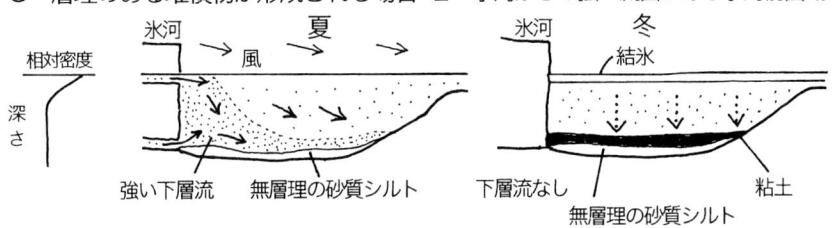

図 10.22 氷縞粘土が形成される氷河湖とそうでない湖との堆積環境の違いを示す模式図．A：氷縞粘土が形成されない場合（流れの強い湖）．B：氷河から離れた湖で氷縞粘土が形成される場合．夏の温度成層が秋の全層循環（ターンオーバー）で解消し粘土が堆積する．C：氷河に接した氷河前面湖で氷縞粘土が形成される場合．夏の強い下層流が無層理の砂質シルトを堆積させるが，冬には止まり，結氷し，静穏な環境になり粘土が堆積する（岩田原図）．

が激しい．これは氷河融解季の環境の経年変化が大きいことを示す．

 iii）氷縞の形成過程：これらを考慮して，リズマイト，とくに氷縞の成因をまとめよう．氷河前面湖（図10.22C）では，夏の氷河からの激しい排水（高密度の混濁流）が強い下層流をつくり，密度成層ができ，無層理の粗粒堆積物（砂質シルト）が堆積する．これが夏の下層流による氷縞の粗粒部分を形成する．その中で粗粒部（細砂層）は，数週間から数カ月ごとにおこる洪水や大きな流入イベントを示す．秋の湖水の入れ替わり以後，下層流は止まりその堆積も止まる．冬になると，湖への流入が減少または停止し，湖面は結氷し，湖水がほとんど流れない（流速0.1 m／秒以下）静かな環境になる．湖水に浮遊していた細粒物質（粘土）が冬中，ゆっくりと堆積する．したがって，粘土層は上方ほど細かくなる．

 氷河から離れた湖（図10.22B）でも，夏には水温成層の存在によって，細粒物質は，水温躍層の上の表層流と中間流によって運搬され通過するので堆積しないが，下層流によってもたらされる砂質シルトが湖底に堆積する．流量変化によってリズマイトになる場合もある．冬には下層流は止まり，水温成層も解消するから細粒物質（粘土）が堆積する．

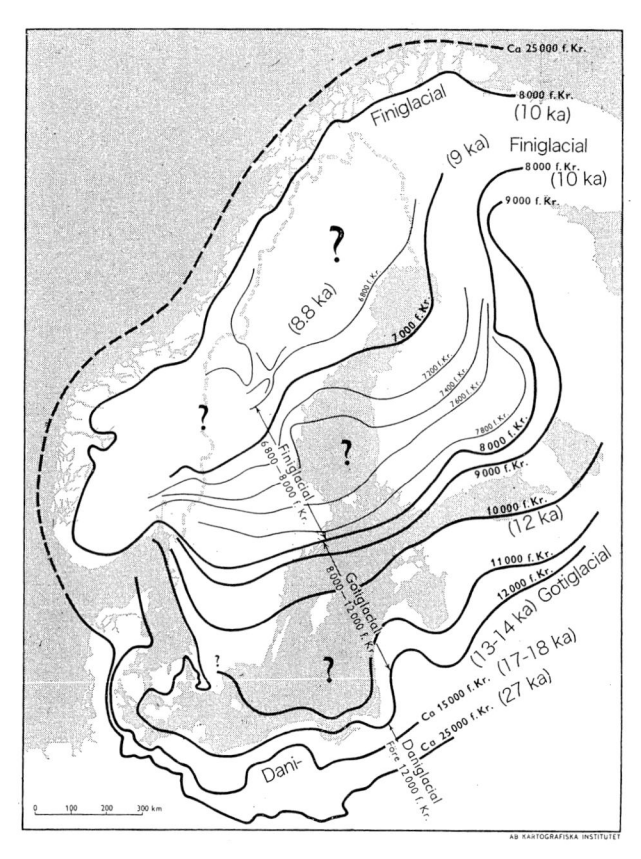

図 10.23　氷縞粘土の編年によって明らかにされたスカンジナビア氷床の縮小過程．数字は氷縞粘土の編年による年代値（f. Kr. は紀元前，カッコ内の数字は現在からの値，ka は 1000 年前）（Svenska Sällskapet för Antropologi och Geografi, 1954 に加筆）．

(3) 氷縞によるスカンジナビア氷床の後退年代

　氷河湖の底に形成される氷縞は，世界各地で，過去の氷床や氷原の氷縁の年代を決めるのに役立った．もっとも有名な例は De Geer（ド＝イェール）たちによる，スカンジナビア氷床南東縁位置の変化の過去 2 万 7000 年間の解明である．この氷縞による氷河編年は，放射性炭素（^{14}C）年代測定法が 1950 年代に開発される前には，ほとんど唯一の効果的な実年代を決める方法であった．図 10.23 に示したのは，放射性炭素年代測定がはじまる直前の，氷縞粘土編年による成果である．

　スカンジナビア氷床が縮小する過程で，氷床の南東縁には多くの氷河前面湖が形成され，氷床が北へ後退するにつれて湖は次つぎに北へ移っていった．ド＝イェールたちは，湖底に形成された氷縞を長年かかって丹念に調べあげた．ある場所における 1 年間の粗粒層の厚さの年ねんの変化は，経年の環境変化を示す．したがって，広い範囲の多くの地点で氷縞の枚数と 1 年分の層の厚さを測り，その変動をグラフ化し，近くの地点ごとに比較すると，長くつなぎ合わせた変動曲線をつくることができる（図 10.24）．それぞれの地点の氷縞の堆積開始が湖の形成開始（氷床縁の位置）を示す．最後まで存在し続けた湖が消滅したのは 1796 年で，これがもっとも新しい氷縞の年代になった（ホームズ，1983：p. 231）．このようにして過去の氷縁の位

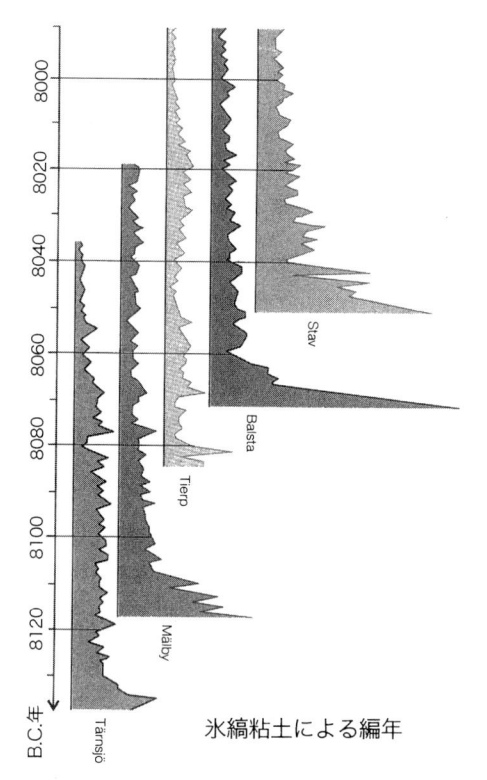

図 10.24 スウェーデン，ウプサラの北，イェヴレ（Gävle）付近での氷縞粘土による氷床縁位置編年の方法を示す．各地点（右図の黒丸地点5カ所）での氷縞幅変動グラフを対比して時間軸に沿って並べた（左）．各折れ線の下端が氷床縁（湖の堆積開始）を示す．それに基づいて右図に氷縁位置の等時線が描かれた．右図の白ヌキは湖，黒ベタはエスカー（Fredén, 1994 による）．

置とその年代が時間を遡って明らかになった（図10.23）．スカンジナビア氷床がもっとも拡大し，氷縁が北ドイツにあったのは2万7000年前と決められた．

その後，開発された放射性炭素年代測定による編年の結果と比べると，およそ1万2000年前までの年代はかなり正確であることが明らかになった．このような，スカンジナビア氷床での氷縞粘土編年の成功によって，世界各地の氷河縮小を氷縞のグラフを用いて直接スカンジナビア氷床と対比する試みが行われ，一時は成功したかにみえたが（たとえば今村，1940：p.54），その後の放射性炭素年代測定の結果は，遠く離れた土地相互の氷縞の遠距離対比には問題が多いことを明らかにした．

(4) 氷河湖決壊洪水

氷河湖のうち，氷河や未固結のモレーンに堰き止められたものは非常に脆弱なことが多く，しばしば，決壊して洪水や土石流を発生させる．**氷河湖決壊洪水**（glacial lake outburst flood; GLOF）といわれる．おもなものは，氷河底湖の決壊，氷河ダム湖の決壊，モレーンダム湖の決壊の3種類に区分できる．

ⅰ）氷河底湖の決壊：アイスランドでは氷原の下に氷底火山があり，火山活動が盛んになると大きな氷底湖が形成され，決壊すると大規模な洪水や土石流をおこす（図3.26）．古くから

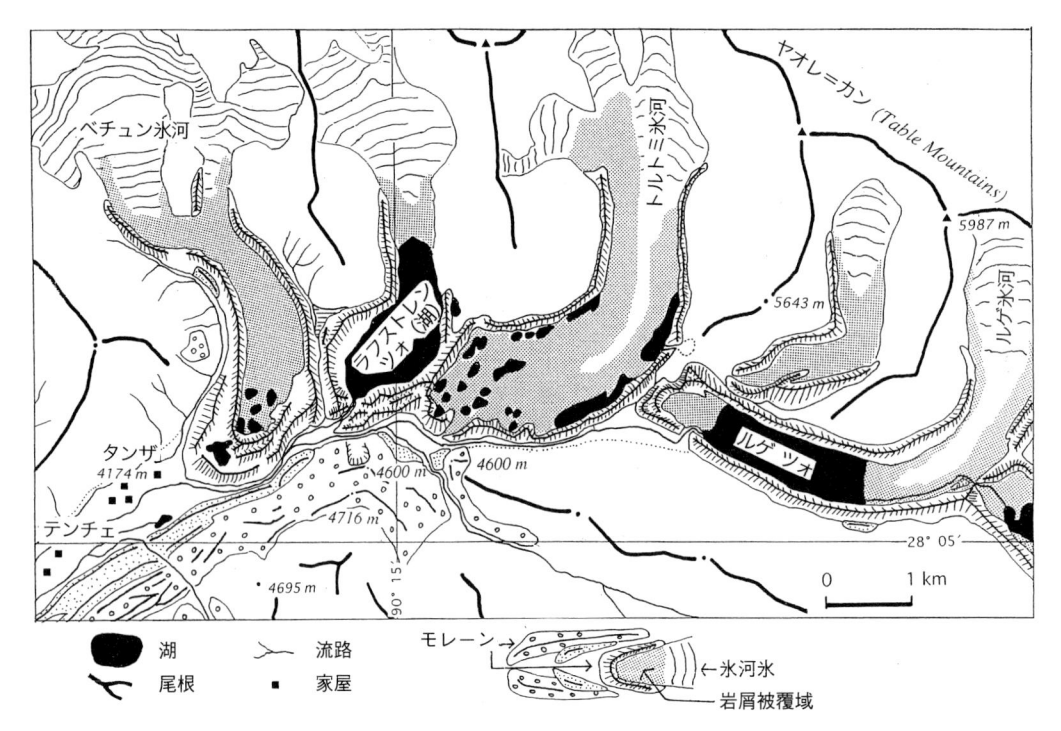

図 10.25 ブータン北部，ルナナ地方東部の氷河湖群．1990 年代後半の状態を示す．ルゲツォは 1994 年 10 月に決壊洪水・土石流を発生させた（岩田原図）．

ヨックルラウプ（jökulhlaup）と呼ばれ，よく知られており，ヨーロッパではこの語が氷河湖決壊洪水を意味する語として使われている．南極氷床の底にはボストーク湖などの大きな湖が存在し，大量の水が貯えられていることが知られている（3章3.5参照）．いっぽう，最終氷期には，ローレンタイド氷床のハドソン湾アイスドームのサージが地球環境変動のイベント（たとえばハインリッヒイベントなど）の引き金または原因になったと考えられている（12章12.2）．ハドソン湾の氷床下に形成されたであろう氷底湖からの急激な大量の淡水の排出が同時におこり，大きな影響を大西洋にあたえた．

ii）氷河ダム湖の決壊：氷河と山腹斜面との間に池や湖ができたり，支谷から出てきた氷河が本谷の河川を堰き止めたりして，氷河そのものが堰止め湖をつくる（コラム 16「ジョン＝ティンダルが経験した氷河湖決壊洪水」図 A，図 14.8）．**氷河ダム湖**（ice-dammed lake）といわれる．19 世紀末から 20 世紀前半にかけての，「小氷期」が終わって氷河がどんどん縮小するころには，アルプスやスカンジナビアでは多くの氷河ダム湖の決壊が発生した．スイスのアレッチ氷河奥のメルエレン湖（Merjelensee）は繰り返し決壊する氷河湖であった．有名な物理学者で登山家のジョン＝ティンダルは，1872 年にメルエレン湖の決壊洪水に遭遇した体験を書いている（コラム 16）．「小氷期」末の温暖化の時代の，アルプスやカラコラムの氷河湖決壊洪水の記録は Tufnell（1984）にある．それらの多くは氷河ダムの崩壊や氷体の排水口からの急激な洪水であった．

iii）モレーンダム湖の決壊：20 世紀の後半になって，ヒマラヤ山脈や中央アンデス（ペルーやボリビア）の谷では，岩屑被覆型谷氷河の消耗域にできた水たまりが拡大したり，氷河が

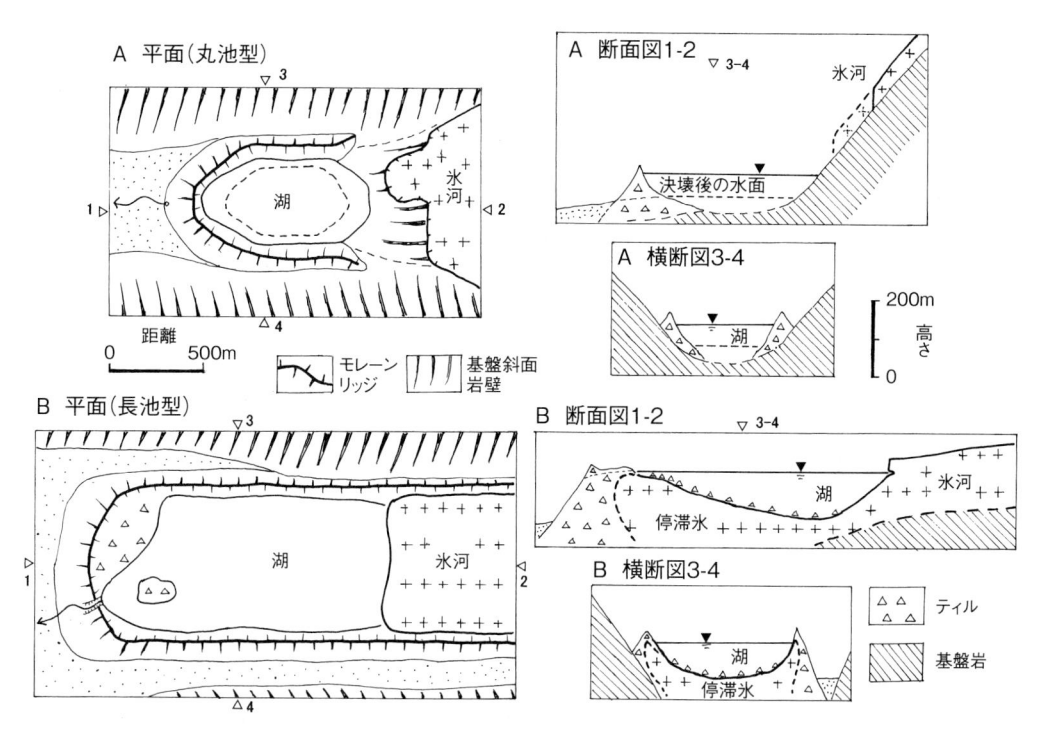

図10.26 ヒマラヤ山脈の氷河湖の典型例の模式構造. A：丸池型（岩壁直下型・圏谷型），B：長池型（岩屑被覆氷舌型・緩傾斜氷舌型）（岩田原図）.

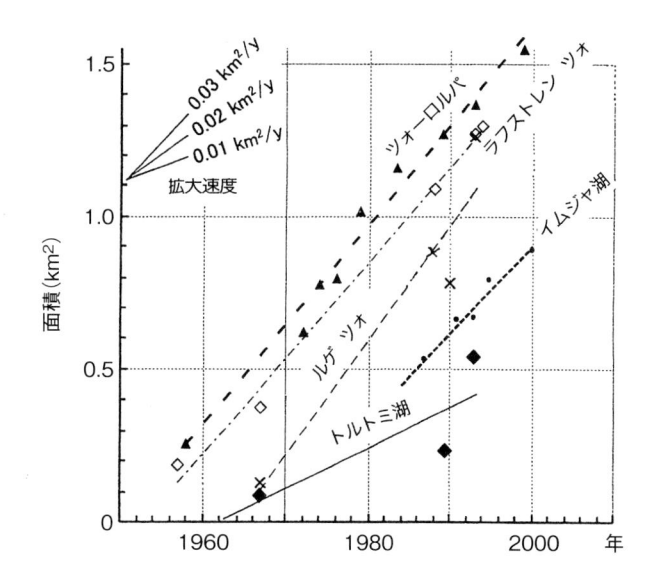

図10.27 2000年までの約40年間に誕生・拡大したヒマラヤ（ネパールとブータン）の主要な氷河湖の拡大速度（小森次郎原図）.

後退した後の氷河前面と縁辺モレーンとの間に水がたまったりして，**モレーンダム湖**（moraine-dammed lake）が形成され，それらがときおり決壊するのが報告されるようになった．ブータン王国北部のルナナ地方は，岩屑被覆氷河（D型氷河）の消耗域の水たまり（岩屑被覆氷河融解池）が拡大・合体し，消耗域の大半を占める岩屑被覆氷河融解湖に成長し，ついにモレーンダム湖になる過程がわかる場所である（岩田，2007a）．図10.25のトルトミ（Thorthormi）氷河の氷河表面融解池群，ルゲ湖（Lugge Tsho）は表面融解池がつながってひろがった岩屑

10.3 氷河湖　**249**

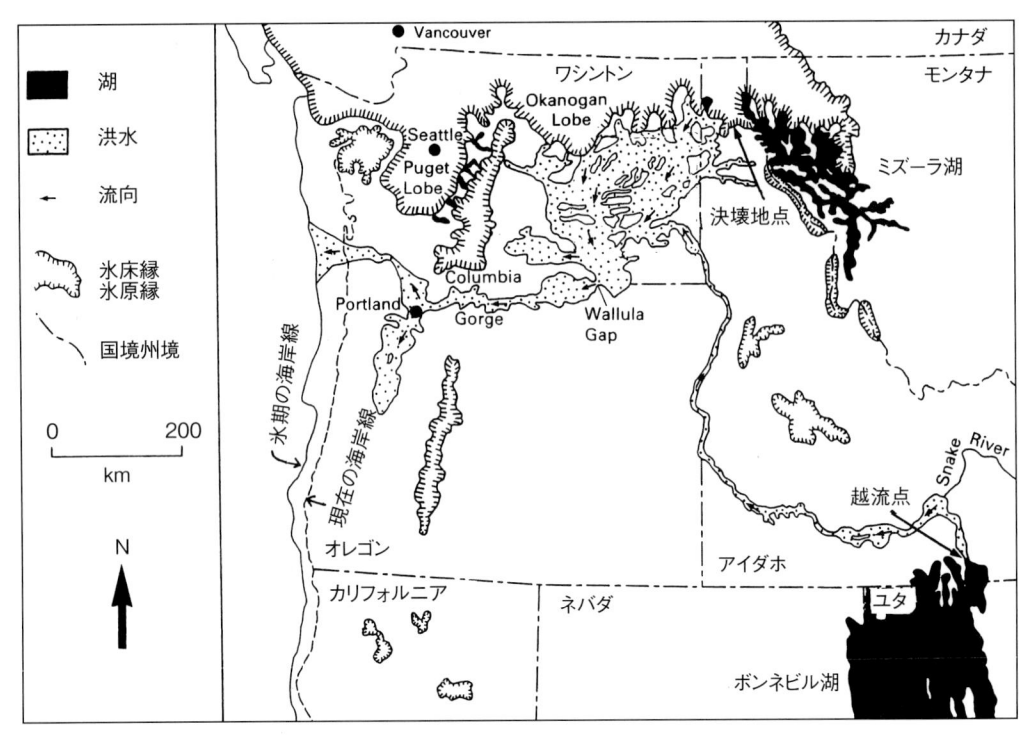

図10.28 アメリカ合衆国北西部で最終氷期末（1万5000年前ごろ）におこった破局的な大規模洪水．ミズーラ湖の決壊洪水に加えて，ユタ州のボンネビル湖からの溢流も示してある（Summerfield, 1991による）．

被覆氷河融解湖，ラフストレン湖（Raphsthreng Tsho）はモレーンダム湖の例である．トルトミ氷河末端の氷河上の池群はどんどん拡大し，2008年には大きな湖にまで成長した．東ヒマラヤの氷河湖の拡大は，小氷期終了後の温暖化の影響ではじまったものであり，最近の地球温暖化によって拡大が加速しているという見方が一般的である．

東部ヒマラヤには山脈の南面・北面を問わず多数のモレーンダム湖がある．それらは，急な氷河を背後にもつ小型・円形の氷河湖：**丸池型モレーンダム湖**と，緩やかな長い氷舌の前面や末端部に形成された大型・長方形の氷河湖：**長池型モレーンダム湖**とに分類できる（図10.26）．丸池型モレーンダム湖は，小氷期終了以降の温暖化によって，20世紀前半に，小型の裸氷型氷河が後退した後に形成されたものが多い．これに対して長池型モレーンダム湖は，岩屑被覆型氷河の消耗域に1960年代以降に形成されたものが多い．氷河湖の形成が遅れたのは，表面岩屑の存在によって氷河融解が抑制されていたからで，小氷期以来の温暖化の影響がようやく顕在化したという見方ができる．その湖面の拡大速度は，年平均0.03 km^{2}前後に達する（図10.27）．長池型氷河湖の堤体（ダム）では，堤体の湖側（湖の下流端）や湖の底にはまだ氷河の停滞氷が存在しており，氷河末端の停滞氷自体もダムとして機能していることが報告されている（竹中ほか，2010）．これらのモレーンダム湖は，決壊して洪水を発生させる危険を常にはらんでいる．それについては14章で述べる．

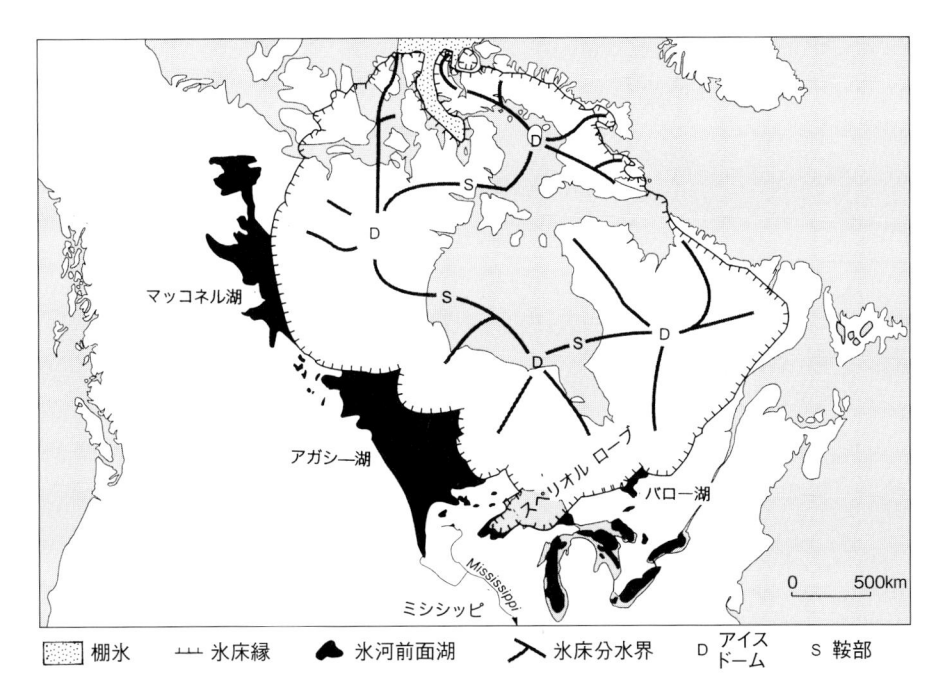

図 10.29　最終氷期末（1 万年前）に，ローレンタイド氷床の縁辺に形成された大規模な氷縁湖．その代表格のアガシー湖からの決壊洪水は，北大西洋の環境に大きなインパクトをあたえた．アガシー湖は現在の五大湖を合わせたものよりはるかに大きく，ハドソン湾に迫る大きさである（Siegert, 2001: Fig. 12.5）．

(5) 最終氷期末の巨大氷河決壊洪水 GLOF

　最終氷期末の北アメリカ，コルディエラ氷床の南縁（現在のモンタナ州北西部）には氷床前縁に大きな氷河ダム湖ミズーラ湖（Lake Missoula）が形成されていた．この湖は，最終氷期の終わりに近い 1 万 5000 年前の前後 2000-3000 年間に 100 回もの巨大洪水をおこしたことが知られている（図 10.28）．この洪水の最大流量は毎秒 21.3×10^6 m^3 にも達した*．水深は 100-200 m，深いところでは 300 m に達し，直径 30 m もの巨岩も動かしたと考えられている．この洪水によってアイダホ州からワシントン州にかけての玄武岩台地の，およそ 4 万 km^2 の範囲に「溝状かさぶた地形（Channeled Scabland）」と呼ばれる異様な地形が形成された．そこには，大規模な網状・交差状（anastomosis）流路跡，深い峡谷のネットワーク，流水に掘り込まれた盆地，流線形の侵食性残丘，幅 3 km，高さ 100 m もの瀑布跡の崖，流線形の巨大砂礫堆などがある（Baker and Bunker, 1985）．これらは 20 世紀前半にブレッツによって巨大氷河湖洪水による地形であると主張されたが（Bretz, 1923），受けいれられたのは 1960 年代になってからであった**．現在は火星の洪水地形がこの地形に似ていると注目されている（澤柿ほか，2005）（コラム 24「地球外の氷河：火星と氷衛星エウロパ」参照）．

　ローレンタイド氷床の南縁では 1 万 3000 年前以後，8000 年前までの間に多くの湖が形成さ

---

*この量は世界のすべての河の平均流量の約 20 倍に相当する（Summerfield, 1991: pp. 281-282）．アイスランドで 1996 年 11 月におこった氷河洪水のピーク流量は毎秒 4.5×10^4 m^3 だった．
**早川由紀夫（http://www.edu.gunma-u.ac.jp/~hayakawa/seminar/missoula.html）と澤柿教伸（http://wwwearth.ees.hokudai.ac.jp/~sawagaki/modules/Scabland/main.htm）のウェブサイトが参考になる．

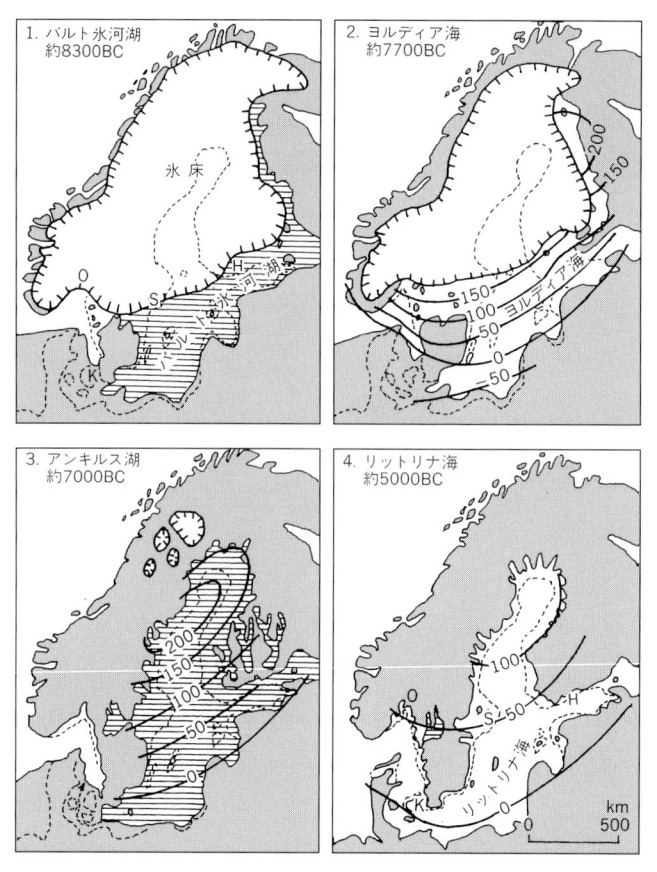

図10.30 最終氷期末から完新世初頭にかけてのスカンジナビア氷床南東縁の大規模氷河湖と海進との交代を示す図. 解氷後の海面上昇と, 地盤の隆起との兼ね合いで, バルト氷河湖, ヨルディア海, アンキルス湖, リットリナ海と入れ替わった（貝塚, 1997による）.

れていた（Siegert, 2001: pp.169-175）. 中でも有名なのが**アガシー湖**（Lake Agassiz）である. アガシー湖は1万2000年前ごろに北ダコタ付近に形成されミシシッピ川に排出されていた. 1万1000年前にはアガシー湖の水はセントローレンス川を通って東へ排出されるようになり, 9900-9500年前には面積最大になった（図10.29）. 8400年前ごろ, ハドソン湾とジェームズ湾の低地部分の氷床がサージをおこし（Cochrane ice advance）, その後, ハドソン湾の氷床は分解し, 8200年前ごろ, アガシー湖の水は突然ハドソン湾から大西洋に排出された. それは総排出水量 $7-15 \times 10^4 \text{ km}^3$ に達する破局的な洪水で, 0.2-0.4 mの海面上昇とグリーンランドの氷床コアに記録された8200年前の寒冷期をもたらした（Alley et al., 1997）.

最終氷期末の氷床前面湖は, スカンジナビア氷床南東縁（図10.30）や, ユーラシア大陸（図10.31）からも報告されている. ユーラシア大陸東部では, 野外での証拠はまだ十分ではなく, 図10.31のオホーツク氷床やチベット氷河複合体の存在は確実ではない. ただし, 中央アジア北部での研究は進んでいるようである（たとえばRudoy, 1998）.

最終氷期末にユーラシア大陸各地でおこった氷河湖決壊による巨大洪水は, 人類の記憶に深く刻みつけられており, その現れがギルガメシュ神話やノアの洪水などの各民族に伝わる洪水神話や洪水伝説になったという考えもある（金子, 1975）.

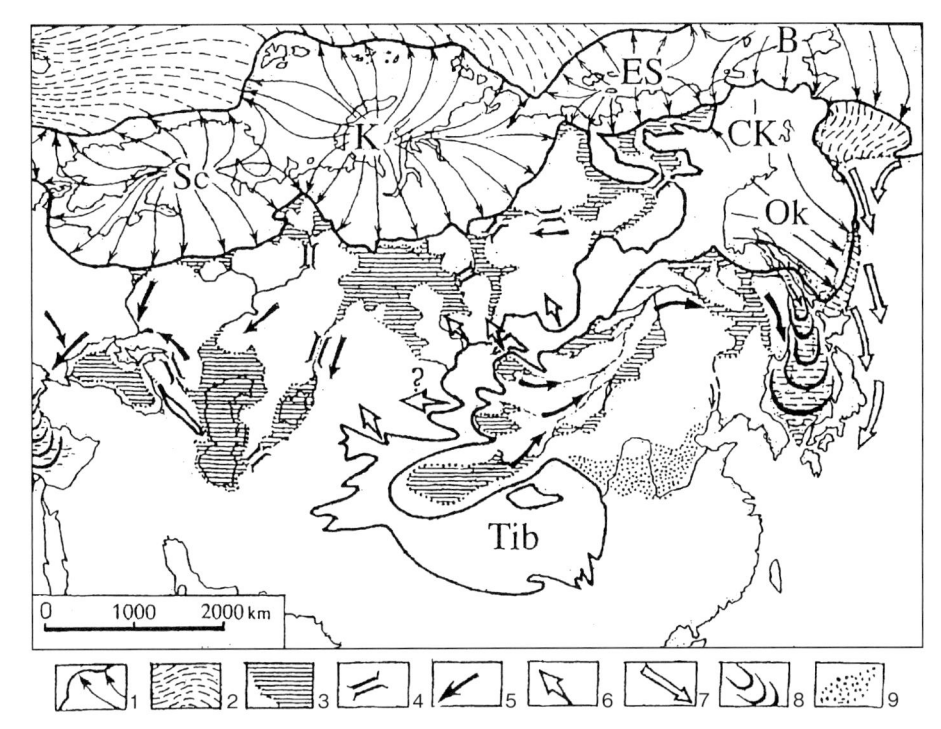

図 10.31 ユーラシア北部での最終氷期末の氷縁湖からの排水網の復元試案．1：氷床と氷河流線，2：棚氷，3：氷縁湖と下流の湖，4：主要な溢流地点，5：主要排水路での流向，6：氷河ダム湖の決壊による洪水，7：氷山の漂流，8：海域への淡水の奔流，9：レスに覆われた地域．Sc：スカンジナビア氷床，K：カラ氷床，ES：東シベリア氷床，B：ベーリンジアのチュクチ氷床，CK：チェルスコ＝コリマン氷河複合体，Ok：オホーツク氷床，Tib：チベット氷河複合体（Grosswald, 1998: Fig.15.5）．ただしES・CK・B・OK・Tibの各氷床・氷河複合体の存在を示す証拠はほとんどない．

コラム 16

ジョン＝ティンダルが経験した氷河湖決壊洪水

「私は若い友人ふたりを連れて，氷河をくだり，マッサの峡谷をわたり，ベル・アルプへ戻ってきて，ふとみると，ホテルの召使いたちが窓から乗りだすようにして，懸命に氷河の方向を見つめている．氷河の方から滝のとどろきに似た響きがおしよせてくる．メルエレン湖*がくずれたらしいと召使いたちがいう．……ベル・アルプとエギッシュホーンとの中間のあたりの1点で，水はエギッシュホーン側に躍りでて，氷河と山の斜面とのあいだに激流をつくった．この川は，ところによっては巾60ヤード以上あるかと思えば，ところによってはその5分の1以下の巾にせばまっていた．打ちつづく氷の岩によって，ところどころに非常にたけの高い飛瀑ができ，水は烈しい勢いで氷の岩から岩へと跳んで，あたり一面に飛沫のけむりをあげた．……私たちはベル・アルプに到着した．奔流の先端が，動きうるすべてのものを押し流しながら谷の向こう側にあらわれたのは，到着直後であった．そして次の瞬間には，私たちがその日通ったばかりの窪地を一呑みに呑んで流れて行った．私が氷河の下端まできたとき，マッサ河の流れの勢いがはげしく，水かさがゆたかで，その壮大さに驚いたが，そのときには私はなぜ大きな氷塊が間断なく流れてくるのかが説明がつかなかった．たしかに，そのころすでに，大崩壊の幕がきっておとされる前の部分的な崩壊がはじまっていたのである」

(1872年夏の記述：ティンダル，三宅泰雄訳，1953：pp.184-185)

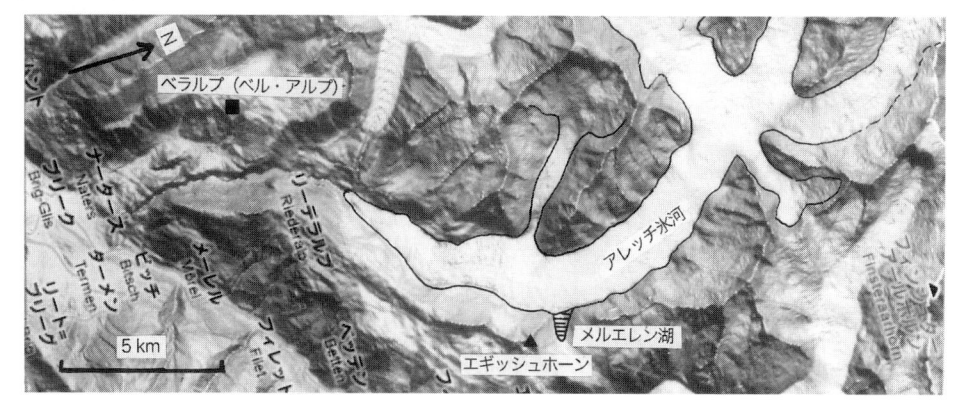

図A　アレッチ氷河とメルエレン湖

＊メルエレン湖（Merjelensee）は，アレッチ氷河左岸の中流部にある，流入する支流を氷河が堰き止めて形成された湖．現在は最奥部分に堰堤が築かれ，小さな池として残されている．

コラム17
解氷後（パラグレーシャル）作用

　氷河消滅時とその直後（解氷期）に地形は激しく変化する．この地形変化は氷河から露出した地表面が削剥（風化・侵食・重力移動）される作用で，氷河環境から後氷期環境への調整作用として位置づけられる．氷の荷重から解放された斜面での重力性地形の形成（基盤岩の崩壊やすべり），斜面表層での岩屑の生産，解氷によってあらたに生まれた堆積場所への堆積（崖錐や沖積地の形成）などが主要な地形変化である．重力によって削剥が進む山岳部でとくに著しい．

　氷河作用の次（para）という意味でパラグレーシャル（paraglacial）という語が提唱された．氷河作用の次の，解氷後の作用という意味で，解氷後作用（かいひょうごさよう）という訳語をあててみた．解氷後作用の比較的急速な調整が終わると，完新世（後氷期）のおだやかな地形変化に移り変わる．

　この概念は，氷期後の河川作用の研究によって1970年代に提唱されたが，周氷河作用が働く場所の形成という見方からの，周氷河地形の研究（Ballantyne, 2002）によって一般的になり，最近では氷河地形の教科書にも取り入れられはじめた（Benn and Evans, 1998: pp. 261-269; pp. 505-507; Ballantyne, 2005）．日本では解氷後の地形変化（圏谷の埋積など）の有無が古くから論じられており（たとえば今村，1940），もっと注目されてよい概念である．

第4部
氷河と環境

　第4部では氷河と関係した環境について述べる．氷河変動は，氷河が科学史上に登場して以来ずっと重要な地球環境変動の指標である．環境変動は，最近は，海底や氷床のコアを用いて論じられるようになったが，氷河変動・氷河地形発達史は依然として過去の環境復元のための有力な手がかりである．地球史を通じての氷河の変動を述べる．完新世（11章後半），氷期—間氷期サイクルが明確な更新世（12章），氷河時代が繰り返される先新生代時代（中生代からプレカンブリア時代まで）（13章）に分ける．最後に氷河にとっての環境のひとつである人類との関係にふれる．

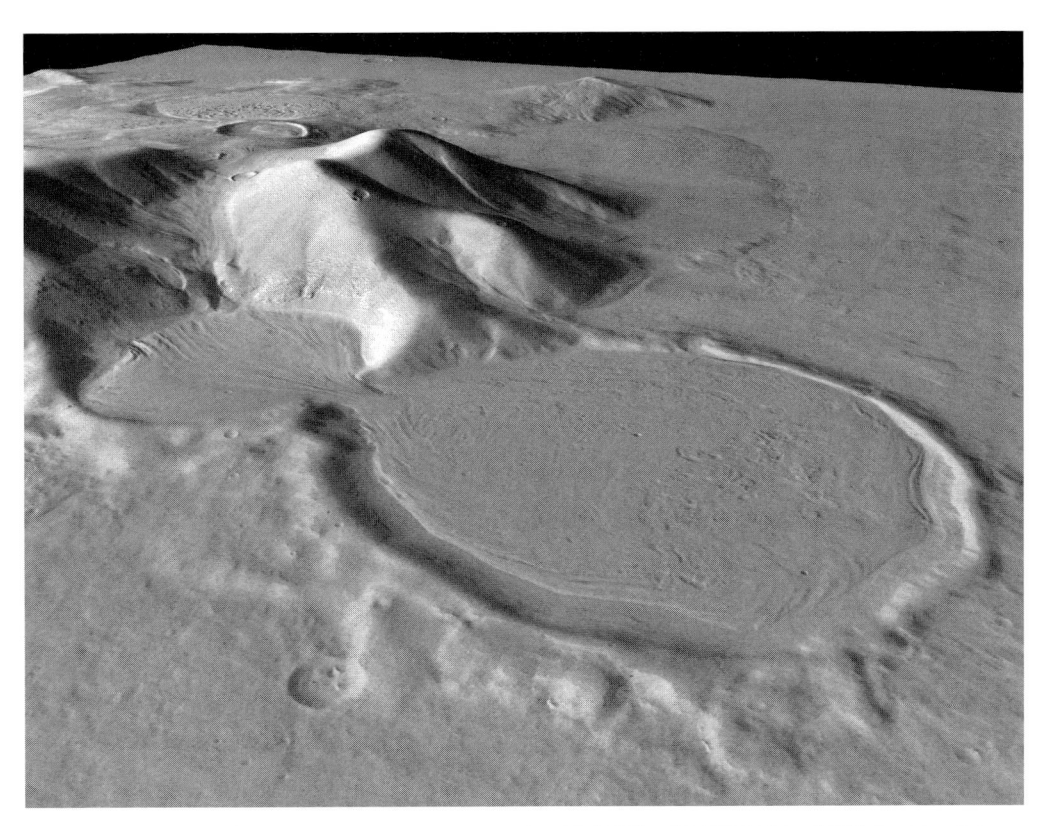

火星のクレーター（Promethei Terra, 38°S, 104°E）の砂時計型の岩屑被覆氷河．高解像度ステレオカメラ（HRSC）による．ESA（ヨーロッパ宇宙機構）のHPから（http://esamultimedia.esa.int/images/marsexpress/181-170305-0451-6-3d-01-Hourglass.jpe；2010年11月2日アクセス）．

11　氷河変動論と完新世氷河変動

> 地球軌道というレールの上をローラーコースターが走っている．ローラーコースターからハインリッヒ゠ボンドのバンジージャンプをやりつつ，同時にダンスガード゠オシュガーのヨー・ヨー遊びをやっている（気候はもちろんヨー・ヨーにしがみついているのである）．
>
> 　　　　リチャード・B・アレイ『氷に刻まれた地球11万年の記憶』

11.1　氷河変動とはなにか

(1) 氷河変動に関わる問題点

　質量収支の結果としておこる氷河質量の時系列的な変化・変動を**氷河変動**（glacier fluctuation）という．氷河全体の質量収支は，気候に支配された涵養と消耗のバランスの上になりたっているから，氷河変動は気候変動の指標になる．「氷河は気候メーター（climate meter）である」とオーストリアの氷河学者カーサ（Karser and Osmaston, 2002: p. 15）は強調する．定常的な気候状態は，氷河状態に反映し，安定した氷河をもたらす．「小氷期」以来の経験によって，気候変動と氷河変動とはおおまかには対応するという経験則をわれわれはもっている（Ahlmann, 1953）．したがって，氷河は気象観測施設が少ない高緯度地方や高山の気候変動を知るよい手がかりである．ごくおおまかにいうと，長期間氷河の質量収支がプラスであれば氷河は拡大し，マイナスであれば後退する．つまり i）質量の増加をもたらすもの：気温低下／日射減少／固体降水増加／液体降水減少，ii）質量の減少をもたらすもの：気温上昇／日射増加／固体降水減少／液体降水増加，のバランスで氷河は変動する．そして，氷河質量変動は，普通は氷河末端や氷河縁辺の位置の変動で代替して示される．

　とはいえ，気候と氷河末端位置（氷河前進・後退）との関係は複雑である（図11.1）．上述のように，涵養と消耗のバランスの上になりたっている氷河質量収支には，涵養と消耗の両方にあたえる気候変化の影響を考えねばならない．たとえば，気候が温暖化して消耗域での融解量が増加したとしても，大気中の水蒸気量が増え降雨量が増えるならば氷河が拡大することもありうる．また，気温が上昇して氷体温度が上がれば流動速度が増し，末端位置が前進することもある．氷河の形態（とくに面積の高度分布）も，氷河の質量収支に大きな影響をあたえる．雪線付近の高度に広い面積をもつ氷河は，雪線が少し上昇しただけで涵養域の面積が激減するのに対し，もっと高所に広い面積をもつ氷河は，多少の雪線の上昇には影響を受けない．また，氷河全体の大きさ（体積）に比べて氷の流動量（体積）は一般に小さいから，気候の変化に対応して氷河全体があらたな安定状態に達するまでには，かなりの時間がかかる．それに要する時間は大きな氷河ほど長いといわれている．これらの問題を整理すると次のようになる．

　i）気温と降水量の問題：質量収支は，涵養（おもに降雪）と消耗（おもに気温）の両方にあたえる気候要素に注目すべきであるとされる．「気温変化だけではなく降水量変化にも注目すべきである」と，氷河変動をただちに気温変動に読み替える地質・地形学者への氷河学者か

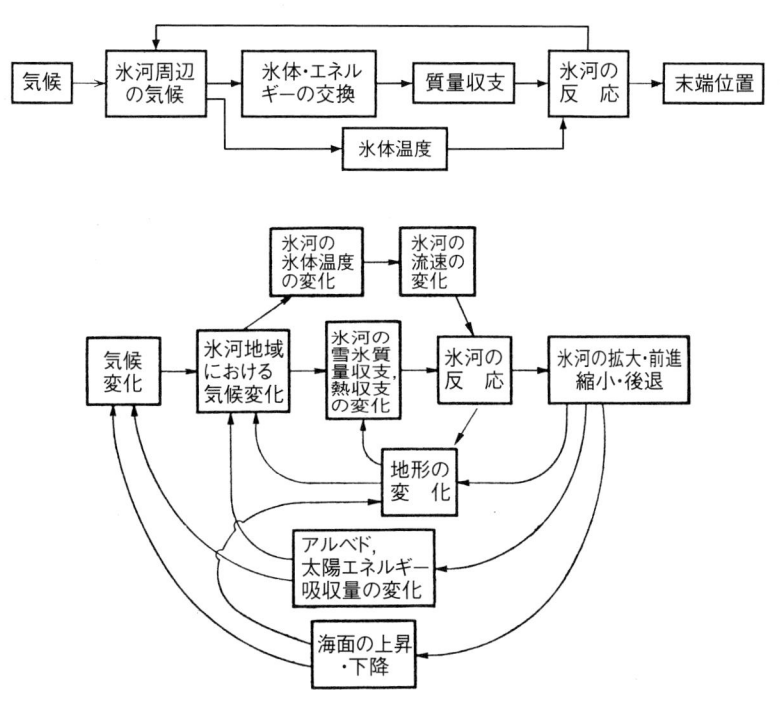

図 11.1 気候変動と氷河末端位置の変動との関係（相互関係）を示す模式図．上：比較的短い時間を考えている（Paterson, 1981 の図を改変），下：比較的長期の変動を考えている（若浜, 1978：図 63 を一部改変）．

らの警告という形で述べられることが多い．

　これに対して大村 纂は「（スイスの氷河では）気温 1℃ 上昇分の氷河消耗を降水量（涵養量）の増加でまかなうとすると 400 mm（水換算）にあたる．このような降水量の増加は通常考えられない．したがって，実際に自然界でおこりうる変化としては気温変化の方がはるかに重要である」と述べている．

　ii) 氷河の個性の問題：氷河の大きさや形態（とくに高度ごとの面積分布），涵養・消耗プロセスなどの違いによって，図 11.1 に示した過程に反応速度の違いが出る．おなじ気候条件の下にある隣り合った氷河が，いっぽうは縮小し，他方は拡大するということは珍しくない．気候変動と氷河変動との関係を知るためには，ある程度のひろがりをもった地域全体での氷河変動を把握しなければならない．時間の遅れが少なく，気候変動の影響がただちに現れるのは小型の裸氷型（C 型）氷河である．

　iii) 質量変化を知る方法の問題：氷河質量（体積）の変動はさまざまな方法によって知ることができる（表 11.1）．氷河質量変化を直接に知るには，手間のかかる氷河質量収支観測を繰り返し行わなければならない．氷河面積または氷河の厚さ，あるいはその両方の変化を，氷河表面高度の面的な測定，形態変化の測量，氷河縁辺（末端）位置などの観測（航空機や人工衛星からの写真測量・デジタル測定が有効）によって知ることができる．それに替わる便宜的なものとして，氷河平衡線高度（ELA）の変動の観測が行われる．しかし，これらは現在の氷河変動にしか適用できない．過去の氷河変動を知るためには歴史記録や地形・地質学的手法に頼ることになる．過去の氷河縁辺位置や氷河表面高度を正確に把握できる方法と，それらの情報の年代を知る方法（編年・年代測定）の両方が必要になる．

11.1 氷河変動とはなにか

表 11.1　氷河変動の調査方法

時代と対象	観測・調査方法
最近から将来の質量変動	質量収支観測（ステーク法など）
	氷河体積測定（測量・リモートセンシングなど）
	氷河平衡線観測
	氷河末端観測
過去の氷河末端位置	歴史記録（聴き取り・文献・絵画など）
	モレーンなどの氷河縁辺地形の分布
	氷河縁辺・氷河前面の堆積物の分布
	氷河侵食地形の新旧の境界（氷食基盤岩の風化度など）
	IRD（ice rafted debris）氷山起源岩屑の分布
過去の地球規模氷河量変化	海洋底堆積物の酸素同位体比の変化

　iv）モレーンは氷河変動を示すかという問題：過去の氷河分布範囲を知る方法の中でもっともよく使われるのは，縁辺モレーンの分布調査である．しかし，古くから，「モレーンは氷河変動の指標になるのか」という疑問が，おもに雪氷研究者から出されている．一般に，モレーンは，氷河がおなじ場所にとどまっていた場合（定常的な氷河末端）に形成されると考えられている．しかし，現在われわれが見ている氷河の大部分は後退しているか，前進しているかであって，定常的な氷河末端位置とはどういうもの考えにくいという意見もある．あるいは，氷河が前進するときに形成されるモレーンもあるし，すでに形成された巨大なモレーンが，それ以後の氷河末端の前進をブロックし氷河変動をコントロールする場合もある．氷河末端が定位置に止まっていても縁辺モレーンをつくらない氷河もある．モレーンは，その後の氷河前進で侵食・破壊されるし，すべての氷河変動を示すわけではない．

　このような状況があるにもかかわらず，たとえば，氷床コアから得られた気候変動と，モレーンから得られた氷河変動によって復元された気候変動とはかなり一致するという経験的事実がある．ある期間の平均的な氷河縁辺位置が，モレーンの位置となるのであろう．現在でも氷河変動は過去の気候変動を知る重要な方法である．とくに，地域的差異を知る場合には十分に役だつといえる．なぜならば，アイスコアなどによる研究は，コア採取地点が限られているからである．

　結論的にいうと，以上のような気候と氷河との複雑な関係にもかかわらず，過去の気候変化を知る手法としての氷河変動の研究は重要であると考えられている．

（2）氷河変動の調査方法

　i）現在の氷河変動：氷河変動を調査する方法を表 11.1 にまとめた．精密な氷河観測がはじまった 20 世紀後半からの氷河変動を知る方法の代表は，観測用ポールの測定（ステーク法）と流動測定を同時に行う質量収支観測が代表的なものであるが，手間がかかる（成瀬，1972）．したがって，1950 年代以降 30 年以上にわたって継続的な観測データがある氷河は，世界全体でも 40 に過ぎず（藤田，2006），短期間でも観測のある氷河も 300 程度に過ぎない（IPCC, 2007: p.357）．1920 年代からは地上写真測量，1950 年代からは空中写真測量を使った地形図の反復作成による質量変動調査が行われ，2000 年ごろからは人工衛星情報を使うプロジェクト，たとえば Global Land Ice Measurements from Space（GLIMS）などが国際協力で組織的に行

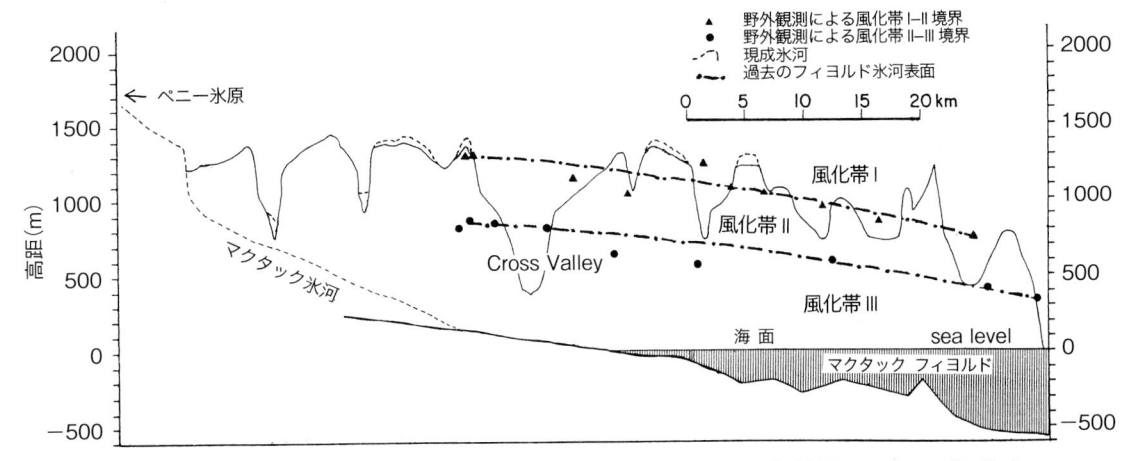

図11.2 カナダ北極圏バフィン島のマクタック (Maktak) フィヨルドの地形断面, フィヨルドの海底, 分水界の山頂と氷河, 過去の氷河限界 (フィヨルド氷河の表面). 過去の氷河に覆われた範囲は, 基盤岩の風化の程度によって風化帯I〜IIIに区分される. 風化帯の詳細は表11.2参照 (Boyer and Pheasant, 1974: Fig.4).

表11.2 バフィン島マクタック (maktak) フィヨルドでの風化帯区分の根拠

風化帯区分	地形層序単位	亜氷期・亜間氷期区分	年代 (yr. BP)
風化帯 III		ネオグラシエーション	<5,000
	Okoa Bay モレーン	Cockburn 亜氷期	ca. 8,000
	Napiat モレーン	Napiat 亜氷期	>40,000
		Quaion 亜間氷期	>50,000
	Alikdjuak モレーン	Alikdjunk 亜氷期	>110,000
風化帯 II	地形層序区分は可能 しかし未対比		風化帯 III より古い
風化帯 I	地形層序区分は不確定		風化帯 II より古い

Boyer and Pheasant, 1974: Table 1 を簡略化.

われている (2章2.1 (4) 参照). 大規模な氷床に対しては人工衛星に搭載したレーザー高度計や高精度の重力計による体積や質量の測定も行われている (11.2 (2) 参照). しかし, 大部分の氷河では, これらに替わるものとして, 氷河平衡線高度の観測や氷河末端位置の観測によって氷河変動が観測されている.

ii) 過去の氷河変動：過去の氷河末端変動を知る材料として, 住民からの聴き取りのほかに, 文献記録・絵画のような**歴史記録**が使える場合がある. アルプスや, アイスランド, ニュージーランド (図11.8), アラスカの一部の氷河では, 山麓の住民による記録や伝承によって氷河の変動を知ることができた. 古い絵画やスケッチをあつめてアルプスの氷河の進出を明らかにした例がある (Zumbühl, 1980). しかし, 一般的には, 氷河地形や氷成堆積物が使われる. モレーンなどの氷河縁辺地形や氷河縁辺・氷河前面の堆積物などの堆積地形・堆積物が使われるのが普通であるが, まれには氷河侵食地形の基盤岩の風化度などによる氷河範囲の推定などが使われる. 図11.2と表11.2には, フィヨルド側壁の風化度の違いから氷河変動を明らかにした例を示す. ただし, 地形や堆積物の時代を明らかにする必要がある (次項参照). 海底・湖底堆積物中の氷山岩屑 (IRD; ice rafted debris) は更新世の氷床変動を知るよい手がかりにな

表 11.3 氷河地形の相対年代を知る方法

地衣編年	地衣コロニーの直径
	地衣の被覆面積の割合（％）
	色の比（緑色地衣／褐色＋黒色地衣）
風化度	風化皮膜（weathering rind）
	SGWI（花崗岩表面の風化面積指標）
	風化による孔（weathering pit）
	シュミットハンマー打撃反発値
	微細岩脈・包有粒（inclusion）の飛び出した高さ
土壌発達	

渡辺，1990による．

るし，海底掘削コアや陸化した海成層の氷河環境を復元するのにも使われる．1960年代から大洋底の堆積物掘削コアの酸素同位体比の変動が地球全体の海水量，いいかえれば陸上の氷河量を示すことが明らかになり，これまで断片的だった新生代後半以後の地球氷河変動史が連続的に明らかになった．

モレーンなどの地形やティルの時代を決める方法

i）相対年代測定法：広く用いられる地形・地質学的な編年の方法では，地形の形成時代や堆積物の堆積年代を知ることが必須である．歴史記録によって氷河変動を知ることができない古い時代の氷河変動を知るためにまず行われた方法は，時間の経過につれて不可逆的に変化する現象を指標にして形成年代を求める**相対年代測定法**である（表11.3）．モレーンや，その下流に続く河岸段丘などの地形面の新鮮度，開析度，あるいは氷成堆積物の礫の風化の程度，地形表面での土壌発達の程度，植生発達の程度によって経過時代がわかる．年代値が直接得られる方法には，氷縞による編年（10章10.3（2）にくわしい）があるが，山岳氷河のあるせまい谷間では，氷縞粘土による編年はうまく使えない．モレーンの上に生育している樹木の年輪（**年輪編年法**；dendrochronology），礫の表面に円形に拡大する地衣体の成長速度（**地衣編年法**；richenometry），噴出年代が既知の火山灰（**火山灰編年法**；tephrochronology）によっても年代値を得られるが，これらの方法は限られた場所でしか使えない．

ii）炭素年代法：1950年代になると，放射性炭素同位体 ^{14}C（カーボンフォーティーン）を使った絶対年代（^{14}C年代）の測定方法（**放射性炭素年代法***；radio carbon dating）が開発され，モレーン中に含まれる木片や，堆積物中の泥炭や有機物を用いて年代が測定できるようになった．樹木が生育している場所まで氷河が前進すると，氷河の底やモレーンの中に木片が取り込まれることがある．氷河とモレーンの間やモレーンの前方には，湿地や池が形成されることが多く，有機物に富む堆積物や泥炭ができやすい．モレーンの表面の土壌はあらたな氷河前進によって埋没土壌になる．これらの植物遺体や有機物の炭素年代は，植物体が枯死した時代を示し，モレーンや湿地の形成時代も明らかになる．図11.3には，チリ南部の最終氷期のモレーンから得られた ^{14}C 年代値を示した．この地域は，アラスカ東南部（たとえばPorter,

---

* ^{14}C 年代と暦年とにはずれがある．補正されたものを較正年代という．町田ほか（2003）の34-35ページを参照のこと．

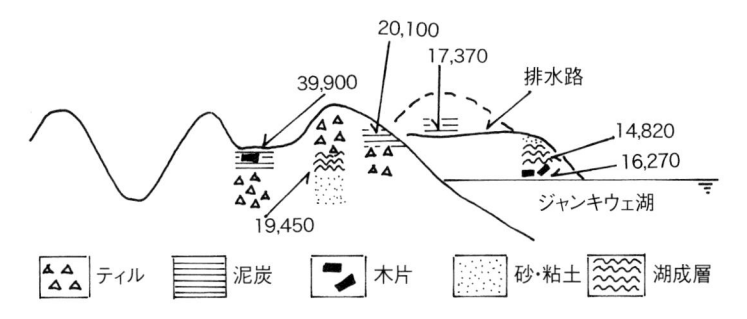

図 11.3 チリ南部，ジャンキウェ湖（Lago Llanqiue）の氷河前面モレーンから得られた ^{14}C 年代測定試料と採取場所，測定値（yr. BP, 未較正）（Mercer, 1972 に基づき岩田原図）.

1989）とともに，豊富な降水量によって雪線と森林限界とが近接しているので，炭素年代資料が得やすいのである．これによって，ようやく氷河地形・堆積物の編年が広く行われ，世界的な対比も容易になった．しかし，すべての場所で炭素年代が得られるわけではない．

生物の生存が難しい極地や高山，乾燥地の氷河縁辺では炭素年代法が使えず，長いあいだ絶対年代測定ができなかったが，1990年代になって光ルミネッセンス年代測定法や宇宙線生成放射性核種年代測定法が開発され，年代情報が増えてきた．

iii）光ルミネッセンス年代測定法：この年代測定法は，石英や長石の粒子に光刺激をあたえると発光すること（**光ルミネッセンス：OSL**；optically stimulated luminescence）を利用した年代測定法である．その発光強度は，石英や長石が自然放射線を受けることによって時間とともに増大するが，光を受けるともとに戻る．石英や長石が堆積物として埋積されると，自然放射線を浴びて発光強度が増加するので，OSL発光強度を測定することによって堆積時間を求めることができる．氷河堆積物を用いてOSL年代測定を行う場合，対象となる試料は，年代測定時計のスタート（光を浴びる）が明確な 1）氷河上の細粒の岩屑や氷河表面の水流を起源とする堆積物，2）氷河からの流水堆積物，3）氷河湖成堆積物があげられる（図11.4）（塚本，2002）．この年代測定法によって1990年以降，それまで氷河前進期の年代があまり得られていなかったヒマラヤやチベット高原で多くの年代値が得られるようになった（たとえば，Finkel et al., 2003 など）．

iv）宇宙線生成放射性核種年代測定法：この年代測定は，**宇宙線の作用で生成される放射性**

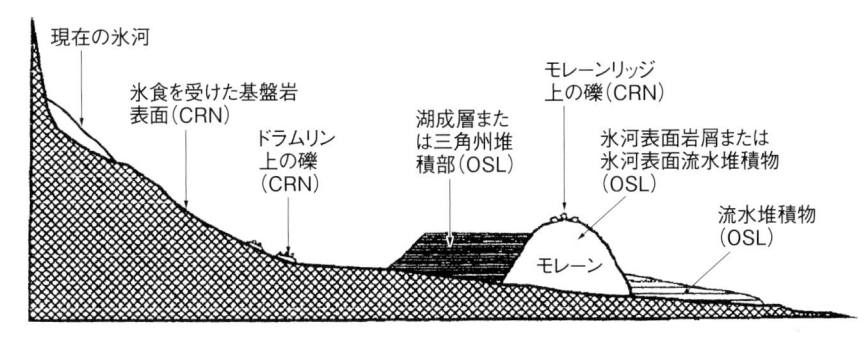

図 11.4 光ルミネッセンス（OSL）年代測定と宇宙線生成放射性核種（CRN）年代測定に用いられる試料の採取位置の違い（Benn and Owen, 2002 をもとに塚本作成：塚本, 2002）.

核種（CRN; cosmogenic radionuclide）を用いた年代測定法である．宇宙線が表層の岩石と反応してできるTCN（terrestrial *in situ* cosmogenic nuclides）を利用するので，**TCN年代測定法**とも呼ばれる．放射性核種のうち，氷河前進期の年代測定には，^{10}Beおよび^{26}Alがおもに用いられる．^{10}Beは岩石中の酸素が，^{26}AlはSi原子が宇宙線を浴びることによってつくられる．宇宙線によって生成される核種の量は単位時間あたり一定であるため，^{10}Beや^{26}Alの量を測定し，1年あたりに生成される核種の量で割れば，試料が宇宙線に対して露出した年代を求めることができる．したがってこの年代を**宇宙線照射年代**あるいは露出年代・被曝年代（exposure age）とも呼ぶ．

氷河地形を利用してCRN年代測定を行う場合，対象となる試料は，1）モレーンなどの氷河堆積地形上の巨礫，2）氷食を受けた基盤岩の表面などである（塚本，2002）．この方法によって，従来はまったく年代を知るすべがなかった，基盤岩が氷床から解放された時代などがわかるようになった．

21世紀になって，光ルミネッセンス年代測定法と宇宙線生成放射性核種年代測定法は多用されるようになってきた．スピッツベルゲン島の北西部の最終氷期以来の解氷史を，光ルミネッセンス年代（OSL年代）と宇宙線生成放射性核種年代，炭素年代を組み合わせてうまく明らかにした例を示す（図11.5）．

（3）氷河変動の時間的枠組み

氷河変動の7大発見

地球規模での気候変動，環境変動の把握・認識の歴史は，氷河変動研究の歴史そのものである．くわしい氷河変動史を見る前に氷河変動の時間スケールの認識の発展を概観しておこう．

図11.6に示したように，氷河変動研究の発展には七つの大発見があった．

第1は，アガシー（Agassiz）などによる19世紀中ごろの大氷河時代の発見である（インブリー・インブリー，1982：ボウルズ，2006）．これは当時としては最先端学術であっただけでなく，思想史・科学史における大改革となった．つまり，聖書によるノアの洪水が，野外調査による氷河作用の説明に入れ替わったのである．時代はわからないが，過去に地球の広い部分が氷河に覆われ，その縮小の過程にあるのが現在であることが明らかにされた（図11.6①）（コラム18「氷期の発見に必要だった氷床の発見」）．

第2は，1900年ごろのペンクとブリュックナーによるアルプスの4氷期の発見である（小林・阪口，1982）．大氷河時代は1回だけではなく複数回あり，それは氷期と間氷期の繰り返しであることが明らかにされた．ミランコビッチサイクルをあてはめて，およその年代も示された（図11.6②）．

第3は，1930年代以降，氷縞の編年によって，スカンジナビア氷床縮小の過程が明らかにされたことである．10章で述べたように1万年前までの年代は正確であった．氷河変動史にはじめて地質学的証拠に基づく時間軸が刻まれたのである（図11.6③）．

第4の発見は，1950年代にはじまった放射性炭素^{14}Cによって最終氷期後半から完新世にかけての氷河編年が確実になったことである．それによって氷床後退の過程が明らかになり，1970年代までには「小氷期」・ネオグラシエーションなど完新世の寒冷期が発見された（Porter

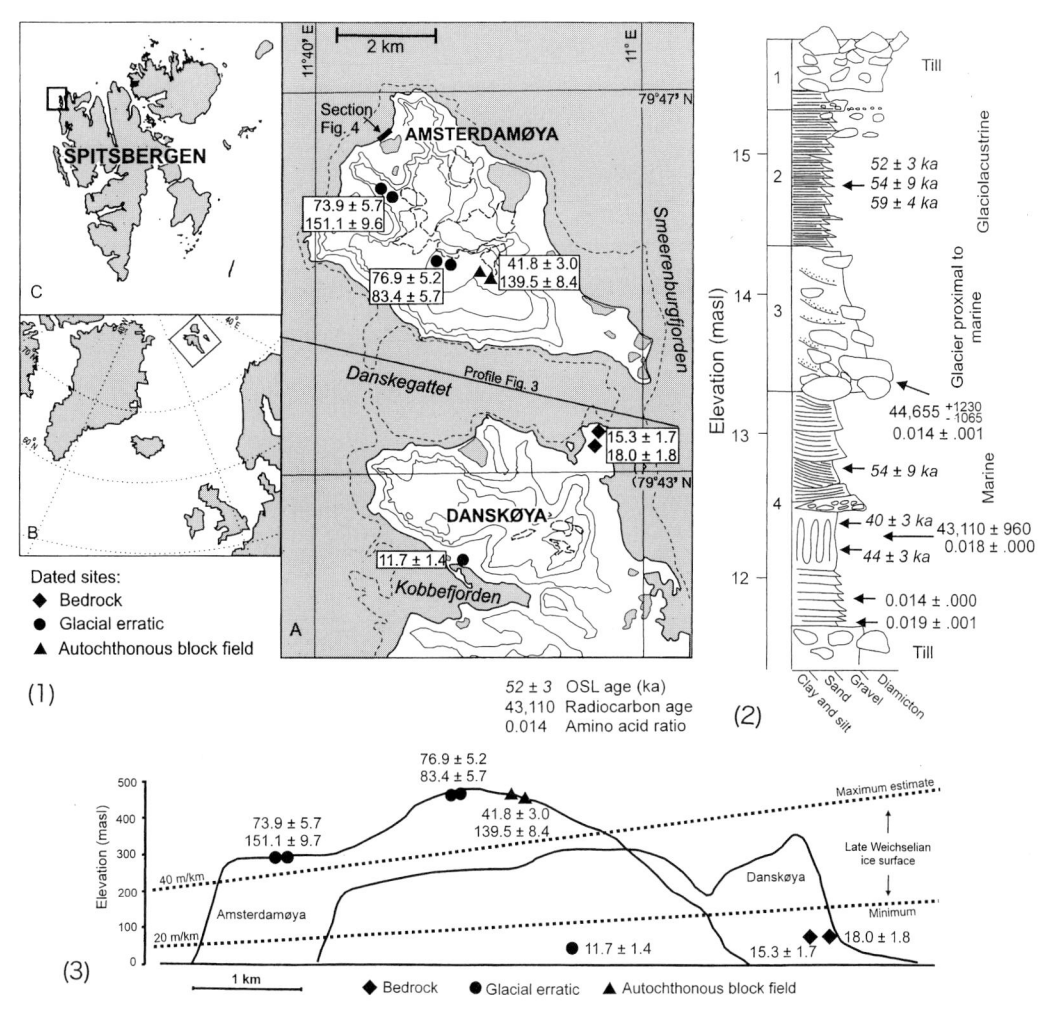

図 11.5 （1）スピッツベルゲン島北西部での宇宙線生成放射性核種（CRN）年代測定地点と測定値（長方形で囲んである；ka）を示す．黒ダイア：基盤岩，黒丸：迷子石，黒三角：現地成岩塊原．等高線間隔は 100 m．海・湖は灰色，氷河は破線で囲んである．（2）アムスタダモヤ（Amsterdamøya）島北西海食崖の露頭（位置は図 (1) A の Section Fig. 4）の層相柱状図と年代値（OSL，炭素年代）とアミノ酸比．露頭の高さは海抜高度．（3）アムスタダモヤ島とダンスコヤ（Danskøya）の間の海峡に沿う地形断面（位置は (1) A の Profile Fig. 3）．図 (1) A の年代値が示してある．2 本の点線は最終氷期末の氷床の表面位置（最大高度と最小高度）（Landvik et al., 2003）．

and Denton, 1967; Denton and Porter, 1970 など）（図 11.6 ④）．

　第 5 は，1980 年代に詳細が明らかになった海洋底コアによる更新世の氷期―間氷期の変動である．海洋底コア中の酸素同位体比の変動は，陸上の氷の量（氷床）の変動を示すことが明らかにされた．これによって，地球の氷床は，260-95 万年前までは 4 万年周期，95 万年前〜現在は 10 万年周期という，非常に規則的な変動を繰り返していたことが明らかになった（インブリー・インブリー，1982）（図 11.6 ⑤）．

　第 6 は，Röthlisberger（1986）による，世界の山岳氷河の 1000-1500 年周期の変動の発見である（図 11.6 ⑥）．これは，次の氷床コアの気候変動によって裏付けられることになった．

　最後は，1990 年代はじめにグリーンランド氷床の掘削氷コアの分析から発見されたダンス

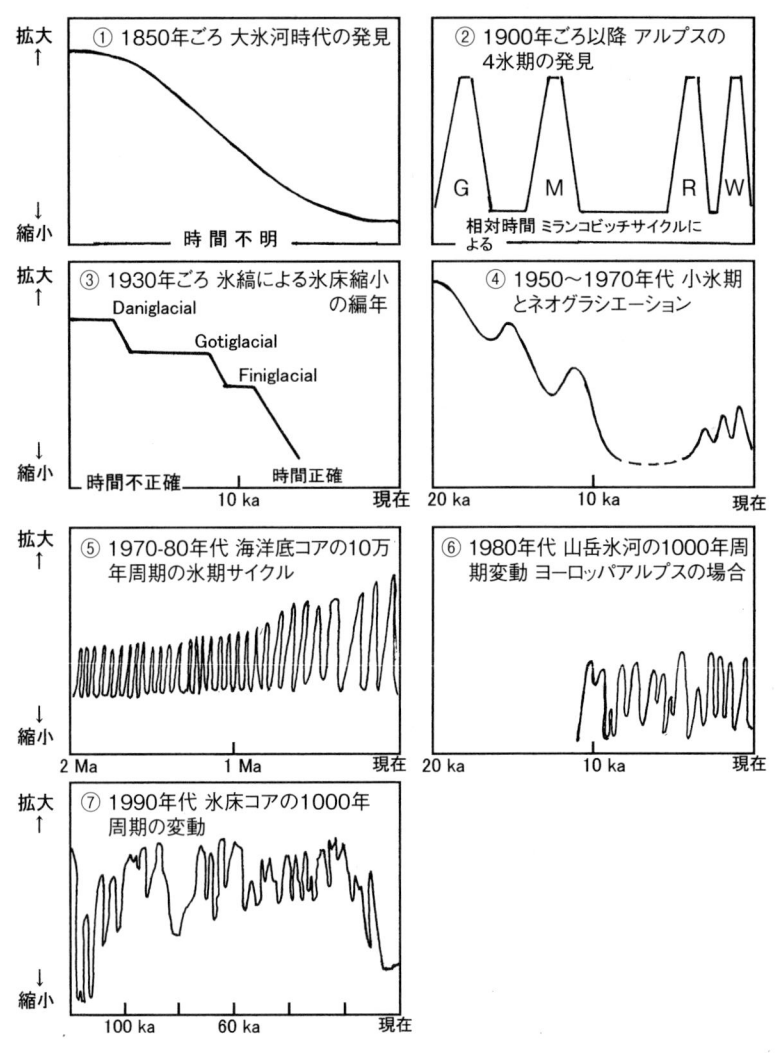

図 11.6 氷河変動研究における 7 大発見．氷河変動が解明されてきた歴史的エポックを並べた．氷河変動研究の発展史を示す．氷河変動の細部は単純化して示した．①大氷河時代の発見，②アルプスの 4 氷期，③氷縞による編年，④小氷期とネオグラシエーション，⑤10 万年周期の氷期サイクル，⑥山岳氷河の 1000 年周期変動，⑦ 氷床コアによる急激な変動（岩田原図）．

ガー＝エシュガー振動やボンドサイクル（コラム 22「グリーンランド氷床での最終氷期の気候変化」参照）のような急激な気候変動と氷床変動が発見されたことである（アレイ，2004）（図 11.6 ⑦）．中でも，およそ 1500 年の周期をもつダンスガー＝エシュガー振動の気温変動は，最近「反地球温暖化論者」*によって地球温暖化の原因として注目されている（シンガー・エイヴァリー，2008: pp.195-203）．

　その後，南極氷床コア解析の飛躍的な進展があった．過去の大気そのものが分析できるようになり，およそ 80 万年前までの氷期と間氷期の細部が明らかにされつつあるが，これは氷河

---

*最近の地球温暖化を D-O 振動（12 章参照）で説明し，自然の気候変動であるので，人間には大きな責任はないとする．

変動というよりも気候変動そのものが明らかになってきているといえよう．

氷河変動の入れ子構造

氷河変動の7大発見の項の第1の発見，つまり大氷河時代にあたるものが，古生代や先カンブリア時代という古い地質時代にも存在したことが，世界各地を調査した地質学者によって報告されてきた（Hambrey and Harland, 1981; Deynoux et al., 1994）．これによって，19世紀に発見された氷河時代は，1970年代から，古い地質時代の氷河時代と区別して**新生代氷河時代**（Cenozoic glacial age）と呼ばれるようになった．そして，**更新世の氷期**は，新生代氷河時代の中の氷床拡大期（中緯度まで，またはその近くまで氷床が拡大した時代）であることが認識されたのである．氷河時代（glacial age）と氷期または氷河期（glaciation/glacial period/Glacial）とは明確に区別されねばならない*．

氷河時代と温室地球の繰り返しとおなじように，氷河時代の期間中には氷期—間氷期の変動があり，氷期の期間中には亜氷期と亜間氷期の変動がある．とくにくわしい変動が明らかになっている最終氷期中には，**ボンドサイクル**（Bond cycle）があり，ボンドサイクル中には**ダンスガー＝エシュガー振動**（Dansgaard-Oeschger cycle）という気候変動がある．このように気候変動・氷河変動は，スケールが異なる変動が相似形に重なっている入れ子構造（フラクタルな構造）になっている．

本書ではこのあと，ダンスガー＝エシュガー振動が現れている完新世（本章の次項），氷河期—間氷期のサイクルが明確な更新世（12章），氷河時代と非氷河時代（温室地球時代）が繰り返される先新生代時代（中生代からプレカンブリア時代まで）（13章）に分けて述べる．

11.2 完新世の氷河変動

(1) 完新世の気候変動

完新世（Holocene）とは更新世に続く地球史の最後の時代（世）で，約1万年前から現在までの時代，最終氷期に続く最後（現在）の間氷期である．完新世とその前の更新世との境界は，**新ドリアス期**（ヤンガードライアス；Younger Dryas）終了期で1万1500-1万1600年前（Taylor et al., 1997など）とされていたが，最近ではグリーンランドの氷床コアによって1万1700年前（2000年を基準として）と定められた（Walker et al., 2009）．12章で述べるように，氷床コアの気温変動記録から明らかになった，最終間氷期など更新世末の古い間氷期と比較すると，完新世はきわめて平穏な（変化が小さい）気候が続いた時期であった．したがって，完新世の気候変化に関する世界共通の確定的な細区分はない．北ヨーロッパでは，花粉分析による気候復元によって，ボレアル期，アトランティック期などの区分がある（図11.7）．海面変動や氷河変動の研究によって，1970年代には，完新世の前半，1万1000-7000年前から5500年前までの時期は，それ以後の時代よりやや高温であったとされ，**完新世高温期**（Holocene

---

*日本では氷河時代と氷期・氷河期という語は，すくなくとも研究者の間では違いが意識され使い分けられている．いっぽう，英語圏では，glacial age と glaciation, glacial period との使い分けは研究者の間でもさだまっていない（コラム19「氷河時代と氷期に関係する語」）．

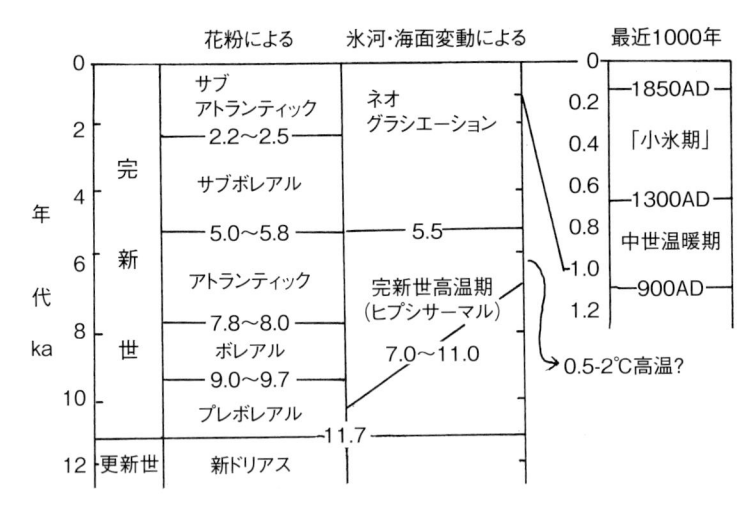

図 11.7 気候変化と氷河・海面変動によって区分された完新世の時代の細分．縦軸の年代は ka（1000年）（岩田原図）．

Climate Optimum，ヒプシサーマル：Hypsithermal）といわれていた．それに対して，5500年前から後の時期には山岳氷河の拡大が報告され，間氷期の絶頂期が終わって新しい氷河期がはじまったという意味でネオグラシエーション期と呼ばれた（図 11.7）．

ネオグラシエーション期の最後の時期，700年前から150年前までの時期（西暦1300年から1850年）は，西ヨーロッパ（北大西洋の沿岸）は厳しい寒さに見舞われ，山岳氷河も拡大したので，「**小氷期**」（The Little Ice Age）と名づけられた．これは，ネオグラシエーションの氷河前進期のうちで最後の寒冷期「小氷期」として区分される．対照的に「小氷期」の前は，ヨーロッパでは中世温暖期といわれる温暖な時期であった（図 11.7）．「小氷期」が終わった19世紀後半以降は，世界中の山岳氷河が縮小し気温が上昇する温暖化の時代となった．

以下では，温暖化の時代，小氷期，完新世全体という順に，若い時代から古い時代に遡りながら氷河変動を解説する．ただし，本書で述べるのは氷河変動であって，気候変動そのものの解説ではないことに注意されたい．

(2) 温暖化の時代（1850年以降）

ヨーロッパの「小氷期」の最後の氷河拡大期は1850年である．それ以降，ヨーロッパの氷河だけにとどまらず，世界中のほとんどの氷河は縮小傾向にあるので，世界各地の氷河から，モレーンなどの地形・地質的な証拠や，観察記録によって氷河変動の様子が明らかにされてきた．南半球のニュージーランドの氷河も例外ではなく，くわしい観察記録が残され，氷河末端変動曲線*が描かれているものもある（図 11.8，図 11.9）．研究の多いヨーロッパや北アメリカ

---

*氷河末端位置や氷河体積の変動をグラフにしたものを氷河変動曲線という．このグラフの時間軸をどのように置くかについての決まりはない．地質学者の多くは，地質編年表とおなじように縦軸の上を現在，下を過去にする．海底コアや氷床コアをあつかう人たちは横軸の左側を現在にする．これに対して，新しい時代の氷河変動をあつかう雪氷学者たちは横軸の右側を現在にする．これは歴史学での歴史年表の影響であると思われる．本書では，氷河変動を示す場合には，雪氷学者にしたがって横軸の右側を現在にする．

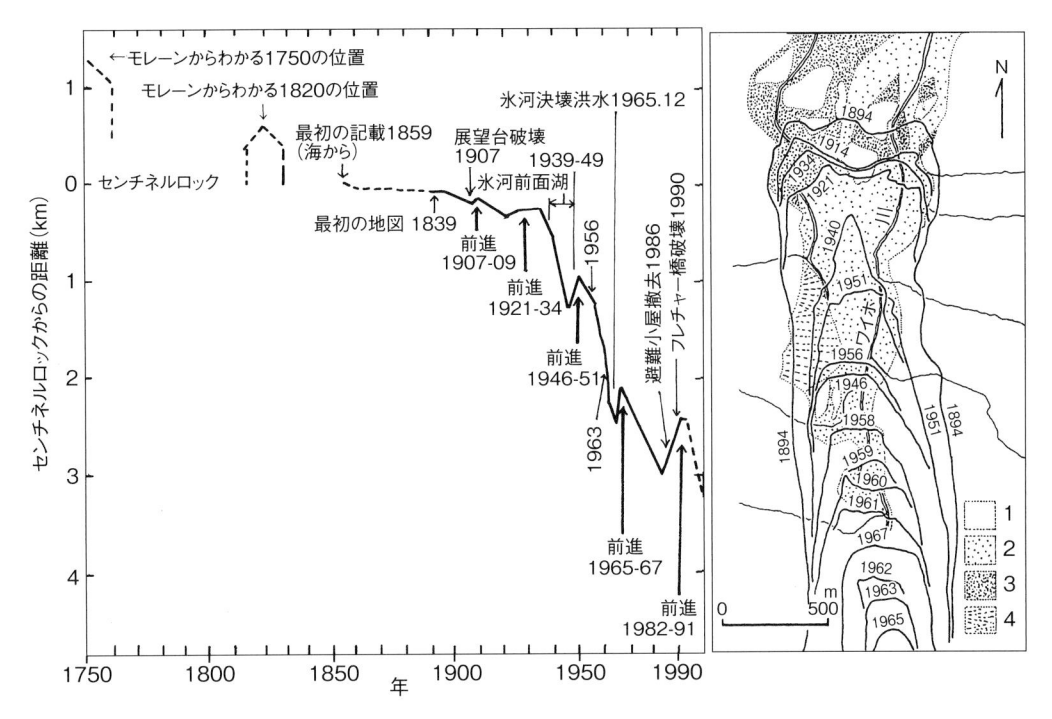

図11.8 ニュージーランド南島南西海岸のフランツジョセフ（Franz Josef）氷河（図11.9）の歴史時代における末端位置の変化．左：1750年から2000年までの氷河前面位置変動を示す氷河変動曲線．歴史的記録やイベントが示してある．おおまかには，1750-1850：ゆるやかな後退，1850-1935：停滞，1935-1980：急激な後退，1980-1990：前進，1990年以後は後退（Coates and Chinn, 1992の図から岩田作成）．右：1894年から1967年までの氷河前縁の平面図．1965の位置から1967に前進したことに注意．1：岩壁または岩盤の露出，2：河床，3：植生に覆われた旧河床，4：崖錐（Sara, 1970: Fig. 12）．

図11.9 ニュージーランド，フランツジョセフ氷河の前面（1995年12月岩田修二撮影）．

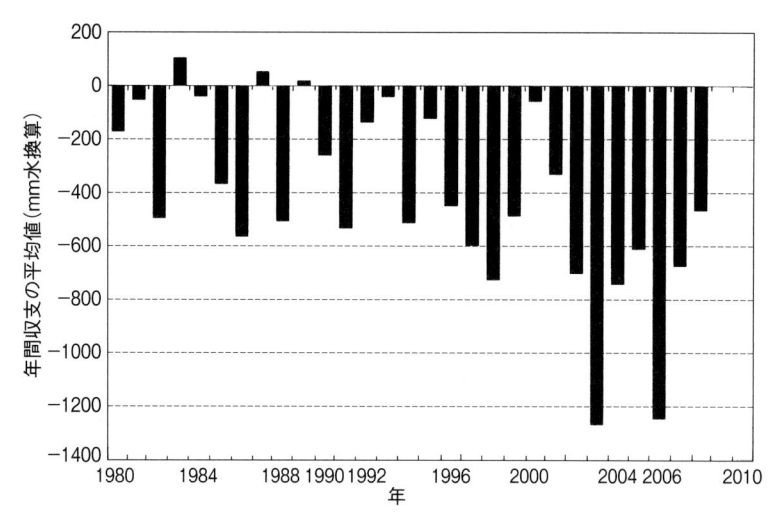

図 11.10　1980-2008 年の間，連続的に観測された 9 山岳地域の 30 氷河の年間正味質量収支の平均値（World Glacier Monitoring Service, 2010: Preliminary Glacier Mass Balance Data 2007/2008: http://www.wbms.ch/mbb/sum08.html; 2010 年 1 月取得による）．

の氷河変動によって温暖化の時代を時代区分すると，1850-1960 年代は氷河縮小の時代，1970-1980 年代は氷河の拡大または停滞の時代，1990 年代以降は氷河縮小が著しく，温暖化の全面展開の時代で地球温暖化の時代と呼ばれている．

1990 年代以降の急激な氷河縮小

　もっとも正確に氷河変動が把握できるのは氷河質量収支観測によってである．現在，世界中の氷河の中で 1 年でも質量収支観測の結果がある氷河は 286 ある（藤田，2006）．その中で，1980 年以降 2005 年まで連続して観測結果が得られている氷河は世界中で 30（World Glacier Monitoring Service, 2007）～40（藤田，2006）に過ぎない．1980 年からの，それらのほとんどの氷河の質量収支は，年ねん変動はあるもののおおむねマイナスで，1990 年代に入ってからはマイナス収支が急に加速している（図 11.10）．

　このような最近の氷河の質量収支のマイナスは，世界各地の谷氷河末端位置の後退にもよく現れている（図 11.11）．氷河末端位置の後退は 1985 年ごろから加速した．このようなほぼ全地球的な氷河後退の様相は，温暖化の歴史の中で見ると，「小氷期」終了後の温暖化（おもに日射量の増加による）に，工業化による温室効果ガス（CO_2 やメタンなど）の増加の影響が重なったとみなされている．次項で述べるように，1970-80 年代にはヨーロッパなどの氷河縮小を抑制した人間の影響（大気汚染）が，1990 年代に入って取り除かれ，ついに全面的な氷河縮小をもたらしはじめたということである．これが，「小氷期」終了後の温暖化と区別される**地球温暖化**（global warming/greenhouse warming）である．

氷河縮小の海面上昇への影響

　地球温暖化による山岳氷河の縮小が海面上昇を引きおこし，サンゴ礁の島嶼や海岸のデルタ地帯に浸水の危険を生じさせている．注意しなければならないことは，海面上昇に寄与してきたのは，体積が大きい氷床ではなく山岳氷河であるということ（表 11.4）と，海水温の上昇に伴う海水の体積膨張が氷河融解による海面上昇と同程度かそれ以上であるということである

図 11.11 ネパールヒマラヤ，クンブ地域のコンマ氷河末端の最近 19 年間の縮小．コンマ氷河は裸氷タイプの小型氷河で気候変化に敏感に反応する．縮小が進んで階段状の断面をもつ．上：1976 年 6 月（岩田修二撮影），下：1995 年 10 月（門田 勤撮影）．コンマ氷河は，1976 年に高度 5500 m にあった氷河末端が 1995 年には高度 5580 m まで上昇し，水平距離は 100 m 以上後退し，長さおよそ 750 m になった．

表 11.4 海水面変化にあたえる雪氷増減の影響の推定値

雪氷のタイプ	海水面相当（mm／年）	
	1961-2003	1993-2003
山岳氷河（氷原を含む）	+0.32〜+0.68	+0.55〜+0.99
グリーンランド氷床	−0.07〜+0.17	+0.14〜+0.28
南極氷床	−0.28〜+0.55	−0.14〜+0.55
合　計	−0.03〜+1.40	+0.55〜+1.82

IPCC, 2007: p. 374．最近の加速を示すため，時期を分けてある．

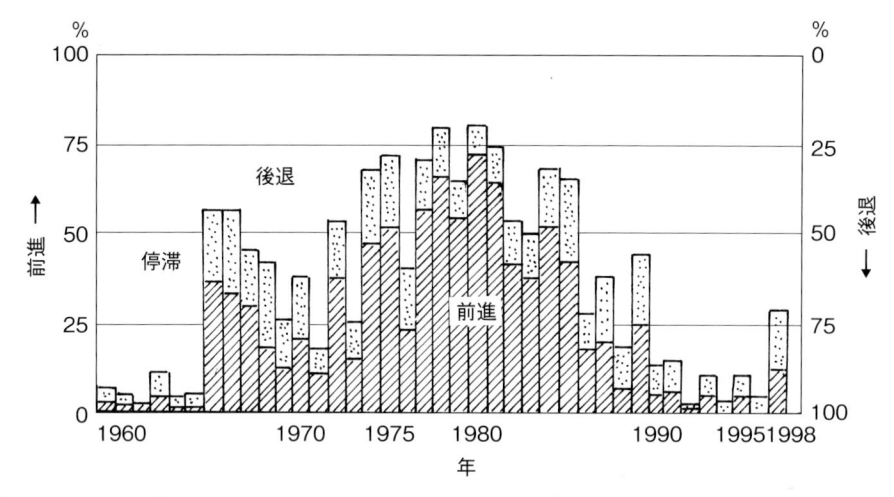

図 11.12 東アルプス（オーストリア）における 1959-1997 年の氷河末端変動の傾向を示すグラフ．棒グラフの砂目は停滞，斜線は前進，空白部は後退の氷河数の割合（%）を示す．1965-1989 年には前進する氷河の割合が増加した（横山，2000）．

(IPCC, 2007: Table SPM. 1 など)．

　地球温暖化が進むにつれて，山岳氷河に比べて低温環境にあるため，これまでは影響が少なかったグリーンランド氷床の消耗（おもに融解）による海面上昇への影響が重視されるようになってきた．グリーンランド氷床の融解域の面積は年ねん拡大しており，今後，温暖化が継続すればグリーンランド氷床の融解は加速され，海面上昇に大きく寄与することになろう（Shepherd and Wingham, 2007）．また，南極氷床の縮小も，GRACE*衛星データによって確かめられている（Velicogna and Wahr, 2006）．GRACE衛星データによると 2002 年以後，西南極氷床はかなり質量を減らしており，結果として南極全体が海面上昇に寄与している（Chen et al., 2009）．いっぽう，南極氷床の表面高度測定衛星のデータからは，1992-2003 年の東南極氷床は増加傾向にあり，海面上昇を抑制している（Davis et al., 2005）という結果が得られている．いずれにせよ，南極氷床の海面上昇への影響は現在のところ大きくはない．

　今後，グリーンランドの海面上昇に対する重要性が増すにつれて，海面上昇に対する山岳氷河の重要度は以前考えられていたより相対的に小さくなってくるだろう．しかし，いっぽうでは山岳氷河が縮小することによって，海面上昇以外の，さまざまな不都合が生じはじめている．その多くは氷河の利用や氷河下流での水資源の問題などの人間生活に直接関わる地域的な問題である．14 章で述べる．

1970-1980 年代の氷河の拡大または停滞の時代

　Ohmura et al.（2007）は，古くから観測が行われていて長期間の情報が得られたヨーロッパの五つの氷河の質量収支は，1900-1920 年はプラス，1920-1960 年はマイナス，1960-1985 年はプラス，1985-2000 年は急激なマイナスであると報告した．このような 1960 年代から 1985 年ごろまでのアルプスの氷河の質量収支のプラス（拡大）傾向は，氷河末端の変動にもはっき

＊GRACE（Gravity Recovery and Climate）衛星と呼ばれ，氷床変動（氷床質量の変動）を衛星からの重力測定によって明らかにする．

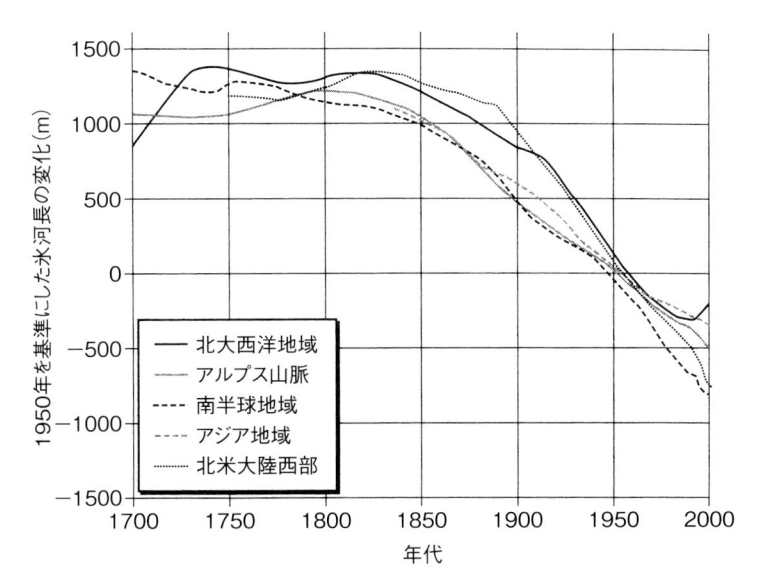

図11.13 1700年から2000年までの世界の山岳氷河の長さの変動（m）．1950年を基準にした地域ごとの値（IPCC, 2007: Fig. 4.13）．

りと現れている．図11.12に示したように，東アルプス（オーストリア）の氷河は，1965年から1985年までの期間には半分近くが前進した．この時代の氷河前進は，アルプスだけではなく，ニュージーランド（図11.8）など世界のあちこちで観察された．この時期の氷河拡大の原因としては，i）1960-70年代の気温低下の傾向，ii）温暖化による降水量の増加，の二つの可能性があげられている（藤井，2007）．

いっぽう，Ohmura（2006），Ohmura *et al.*（2007），大村（2010b）は次のように述べている．氷河が拡大したのは夏の融解が抑えられたからで，その原因は，工業化による大気中の微粒子の増加と，雲量の増加による日射量減少である．温室効果ガスの増大による気温上昇の効果を，エアロゾルと雲量の増加の効果が上回ったのである．1980年代後半からのヨーロッパの大気汚染改善の効果によって日射量が増大し，1990年代からの全面的な氷河後退がはじまった．これが地球温暖化による氷河縮小といわれている．ヒマラヤなど南アジアや中央アジアの山岳氷河，さらに赤道高山の氷河（図11.14）では，1970-80年代の氷河の停滞や前進は確認されていないから，工業化の進んだヨーロッパでは大村の考えで局地的な変動として説明もできるが，先述の藤井の説明のような広範囲な変動という考えもある．

1850-1960年代の氷河縮小

19世紀後半から世界中の山岳氷河の末端位置が後退しはじめた．それは世界各地で記録されている（図11.13）．これは，寒冷な「小氷期」が終わり，1850年ごろ以後の温暖化に伴って氷河縮小が全世界的におこったからである．さらに20世紀（1900年代）になって氷河の後退速度が加速した．Ohmura（2006），大村（2010b）は，1950年代以後の質量収支測定値がある75氷河の質量収支変動を整理した．これらの氷河の収支変化は，おなじような傾向を見せている．この間の氷河収支は，年間の氷河表面低下量（水換算）1年あたり−270～−280 mmのマイナス収支で，年間−10 mm加速している．この主原因は夏の融解によると結論された．中でも熱帯にある赤道高山の氷河と東ヒマラヤのモンスーン気候の地域では，多くの氷河が

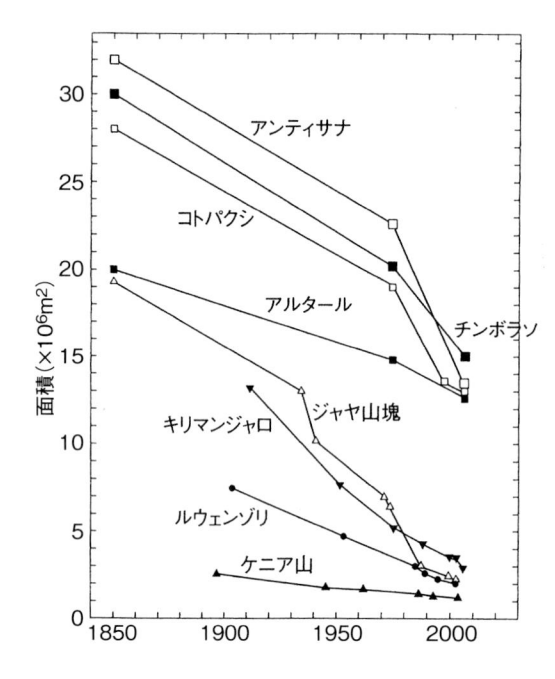

図11.14 19世紀半ばからの，赤道高山の主要な氷河の面積（×10^6 m^2）の時系列変化．変化曲線が横軸の0と交差する時点が氷河消滅である．アンティサナ，コトパクシ，アルタール，チンボラソはエクアドルアンデス，ジャヤ山塊はニューギニア島，キリマンジャロ，ルウェンゾリ，ケニア山は東アフリカにある（岩田，2009b：図17）．

急激に後退している．図11.11に示したコンマ氷河もそのひとつである．赤道高山の氷河は，このまま縮小が続けば，数十年以内に消滅するであろう（図11.14）（岩田，2009b）．このような熱帯やモンスーン地帯での急激な氷河縮小の原因は次のように考えられる．気温の年較差が小さい赤道熱帯では年中降雪がある．また，モンスーンの降水に頼る東ヒマラヤは，夏が涵養季である．したがって，これらの氷河の雪線付近は常に高温環境（気温が0℃に近い）にあり，わずかな気温上昇でも氷舌は大きく消耗する．さらに少しの気温上昇によっても降雪が降雨にかわり，涵養量が急激に減少するからである．

(3)「小氷期」(1300年ごろ〜1850年ごろ)の氷河拡大

西暦1300年ごろから北西ヨーロッパの人びとは，寒い冬や涼しい夏，あるいは悪天候を伴う寒冷気候の訪れに，気候が変化しはじめたことに気づいた．やがてヨーロッパ全域での気候の悪化・寒冷化が認識されるようになった．このような気候変化は世界的に認められ，1850年ごろまで続いた．これは後に「小氷期」と呼ばれるようになった寒冷期で，ヨーロッパでは寒冷な気候が人びとの生活や社会のあり方にいろいろな影響をあたえた時期であった（フェイガン，2001）．ヨーロッパのアルプス山中では1500年代後半から，それまで谷の奥にあった谷氷河の前進・拡大がゆっくりとはじまり，後には氷河がどんどん前進して，村の水道やホテルが使えなくなるという災害をもたらした（図14.3）．氷河の前進の様子は多くの絵画に描かれ，氷河変動量を定量的にとらえる有力な手がかりになっている（Zumbühl, 1980）．

1850年ごろをピークに氷河は前進をやめ急速に後退し（図11.15），氷舌端があった位置には小規模な，しかしシャープなリッジをもつモレーンが残された．世界中のあちこちの山岳氷河から，おなじようなモレーンの存在が報告されており（図11.16），「小氷期」の氷河前進がアルプスだけに限られた局地的な現象でないことが明らかになった（Grove, 1988）．「小氷期」の氷河拡大は世界中で認められ，最終ステージ（1800年代）の拡大が大きかったヨーロッパ

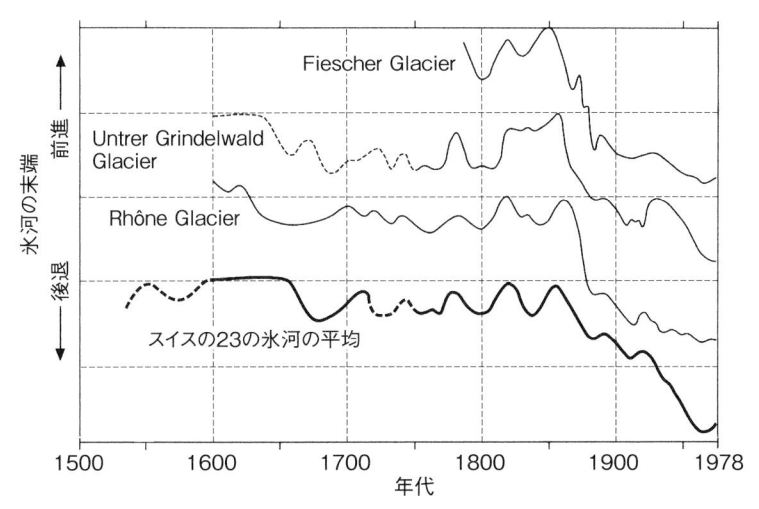

図11.15 スイスアルプスの氷河末端変動．上からフィシャー氷河，ウンタラーグリンデルヴァルト氷河，ローヌ氷河，23氷河の平均の変動曲線．1600年ごろから小氷期に拡大縮小を繰り返した氷河は，1850年前後の拡大を最後に急激に縮小し，小氷期が終わった（Röthlisberger *et al.*, 1980）．

図11.16 ネパール，ショロンヒマールのカリョルン峰（6511m）西面の氷河とその下方にある「小氷期」のモレーンリッジ（画面下端左より）．氷河はモレーンからかなり後退している（1976年5月岩田修二撮影）．

などの地域と，前半の1500年前ごろに拡大が大きかったヒマラヤやパタゴニアのような地域とがある．氷河は大きく前進したが，「小氷期」の寒冷化は，地球全体の平均では年平均気温で1℃未満の低下にすぎなかった．いっぽう，きびしい寒冷化にみまわれた北大西洋の周辺では，摂氏数度以上の年平均気温変化を伴う，寒冷期と相対的な温暖期の繰り返しがあった（フ

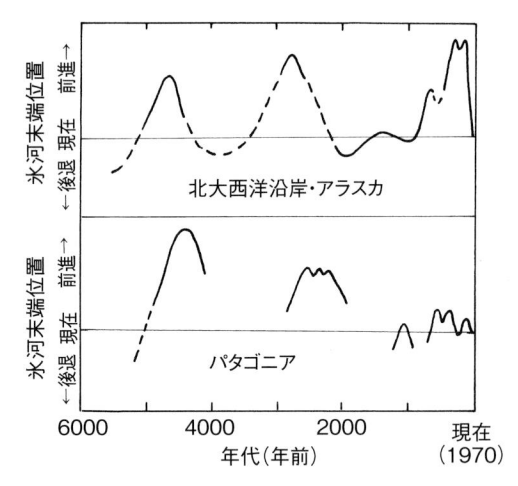

図11.17 完新世後半（ネオグラシエーション）の氷河変動の南北半球の比較．下はパタゴニア（Mercer, 1976による），上は北大西洋とアラスカ（Porter and Denton, 1967; Denton and Karlén, 1976による）．おもにモレーンによる氷河末端変動を示す．南半球では古い方の拡大量が大きく，北半球では新しい方が大きい．右端の小氷期の変動でもおなじ傾向が見られる．

ェイガン，2001)．

「小氷期」の原因は，黒点の極小で示される太陽活動の低下と，火山活動による微粒子の増加が太陽放射の低下をもたらしたためと考えられている．環境悪化に伴う伝染病の蔓延による人口低下，それによる農業活動の低下（森林の増加）が大気中の二酸化炭素量を低下させたことも低温化に寄与したと見られている（ラディマン，2005)．原因のうち，いずれが寒冷化にもっとも寄与したかは寒冷期ごとに異なる．

小氷期がはじまる前の時代，西暦900年から1300年（1100年前から700年前）は中世気候最適期あるいは中世温暖期（Medieval Warm Period; MWP）と呼ばれる時期で，グリーンランドに古代スカンジナビア人の植民地があったことからわかるように，北大西洋地域は温暖であった．最近の地球温暖化はすでに経験した中世温暖期とおなじだから心配するにはあたらないという論調があるが（たとえばシンガー・エイヴァリー，2008：pp.232-239)，温暖だったのはヨーロッパだけで，地球全体から見ると大干ばつの時代で温暖化以上に深刻な問題であるという指摘が出はじめた（フェイガン，2008)．

(4) ネオグラシエーション

上記の中世温暖期より古い時代のくわしい気候変化の実態はよくわかっていない．図11.7に示したような花粉と氷河・海面変動によるおおまかな区分があるだけである．花粉分析によると，温暖なアトランティック期あるいは完新世高温期が終わって，サブボレアル期・サブアトランティック期にかけての5500年前ごろから寒冷期がはじまった．

1960年代に入ると，^{14}Cを使ってモレーンの編年が世界各地で行われはじめた．中でもアラスカでは精力的に調査が行われ，アルプスの「小氷期」に対比されるモレーンの外側に，最終氷期のモレーンほど大きくない数列のモレーンが存在することが明らかになった．おなじようなモレーンは，南半球のパタゴニアやニュージーランドではもっとはっきりしており，ほぼ全世界的に分布していることもわかってきた．これらのモレーンの時代は，2400-3300年前と4900-5800年前の二つの時期であることが多く，「小氷期」の前にも寒冷な時期があったことが明らかになった．完新世後半のこのような氷河の拡大は，完新世前半の温暖期が寒冷化し氷

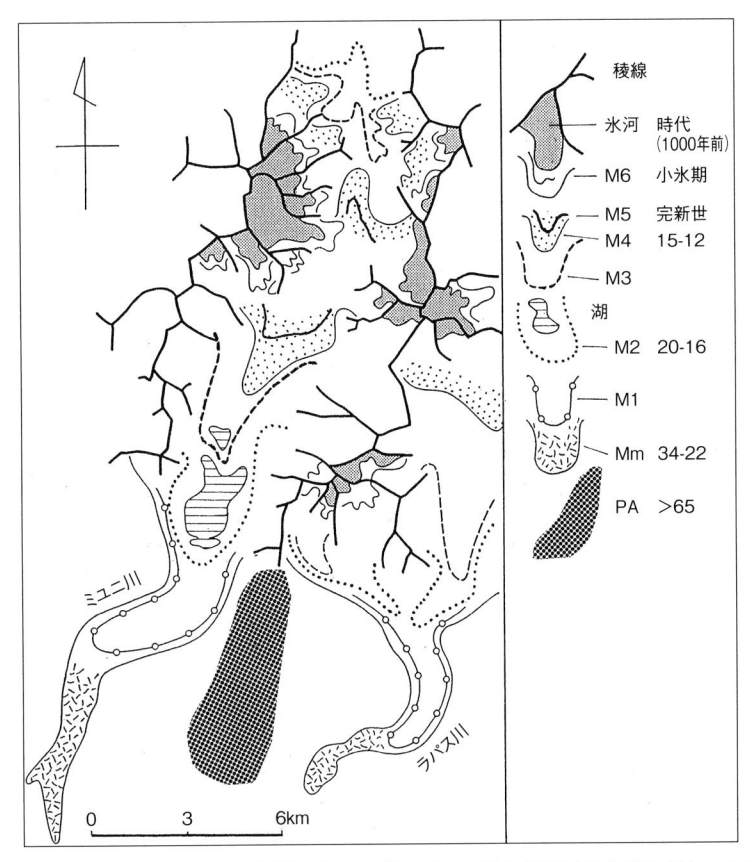

図 11.18 ボリビアアンデス，ラパス近郊のミユニ川，ラパス川の谷氷河の氷河とモレーンリッジの分布．M6-M5：完新世のモレーン，M4-Mm：ミユニ氷期（最終氷期）のモレーン，PA：25万年前ごろと推定される古い氷河堆積物（野上，1975；小疇，1985による）．

河が拡大しはじめたという意味で，**ネオグラシエーション**（Neoglaciation；新氷期）と呼ばれた（Porter and Denton, 1967; Denton and Porter, 1970; Denton and Karlén, 1973）．

ネオグラシエーションの寒冷期のピークは，「小氷期」をあわせると三つであるが，そのうちのどの時期に氷河がもっとも前進したかは地域によって異なる．アルプスやアラスカなど北半球高緯度（北極型）では，新しい方が拡大は大きく「小氷期」の前進が最大である．しかし，コロラドロッキーや南半球の中央アンデス，パタゴニア，ニュージーランドでは，古い方の前進量が大きい（図11.17）．したがって，アルプスでは最終氷期のモレーンと小氷期モレーンの間にはモレーンは存在しないが，ペルーやボリビアなどでは現在の氷河末端から下流，最終氷期のモレーンとの間に数列の完新世のモレーンがあるのが普通である（図11.18）．かつてDenton and Karlén（1973）は，ネオグラシエーションの三つの極大の出現するパターンが，最終氷期末期の新ドリアス期前後の氷河変動パターンと非常によく一致すると述べ，完新世の氷河の変動にはおよそ2500年の周期があると述べた．南半球で古い氷河前進が大きいことは，新ドリアス期に明らかになった南半球の寒冷化の2000年の先行（ACR：12章12.1(2)参照）がネオグラシエーションにも現れているのかもしれない．

11.2 完新世の氷河変動

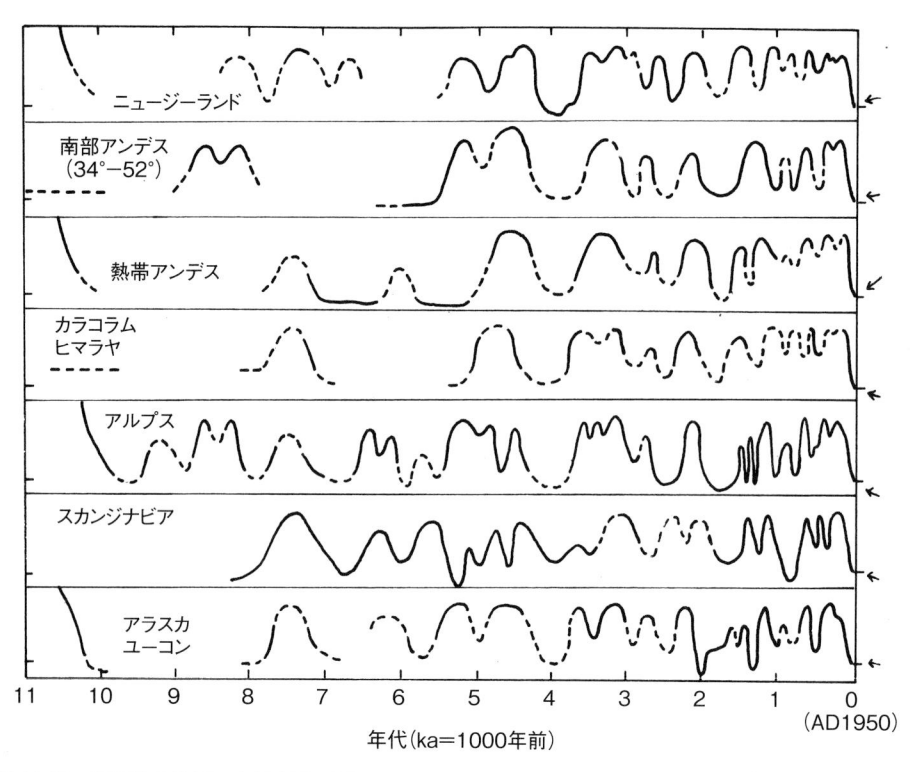

図 11.19 完新世の世界の氷河変動．図 9.25 に示したような，側方モレーンの埋没土壌の炭素年代によって得られた氷河消耗域の氷河表面（厚さ）の変動を示す．上方が厚い．右側の軸の 1950 年の表面位置が基準（小矢印）．レトリスベルガーは，これを氷河拡大・縮小と読み替えている．完新世の氷河は，全世界的にほぼ 1000-1500 年周期で変動している（Röthlisberger, 1986 による）．

(5) 完新世の気候変化の特異性

1000 年周期の氷河変動

　上に述べたデントン（Denton）やポーター（Porter）の完新世の氷河編年の仕事は，伝統的な，詳細な地形学図（たとえばコラム 21「ヒマラヤ山脈とチベット高原での氷河地形編年」：図 A）による編年，つまりモレーンの平面分布に基づいて行われた．この方法は，最大拡大期から後に徐じょに縮小する場合には，後退の様子はうまく表現されるが，いったん氷河が拡大して覆い隠されてしまったモレーンは図示されないという欠点がある．いっぽう，モレーンの内部構造がわかれば，埋没し隠されたモレーンも明らかにできる．モレーンの堆積物の断面に現れた埋没土壌層は過去のモレーン表面を示すから，埋没土壌の炭素年代がわかれば，その上を覆ったティルの堆積期（氷河拡大期）がわかる（図 9.23）．この原理を利用して，Röthlisberger（1986）は，世界各地の完新世のモレーンで採取した膨大な数の埋没土壌の炭素同位体年代測定を行って氷河変動曲線を描いた（図 11.19）．その結果は，i）氷河の前進期が完新世を通してほぼ全期間に存在していること，ii）前進期が世界的にほぼ同期していること，iii）およそ 1000-1500 年の周期性があることなど，驚くべきものであった．この 1000-1500 年周期は，1990 年代に氷床コアの記録から明らかになったダンスガー＝エシュガー振動（コラム 22「グリーンランド氷床での最終氷期の気候変化」）とおなじものであり（Bond *et al.*, 2001），小氷

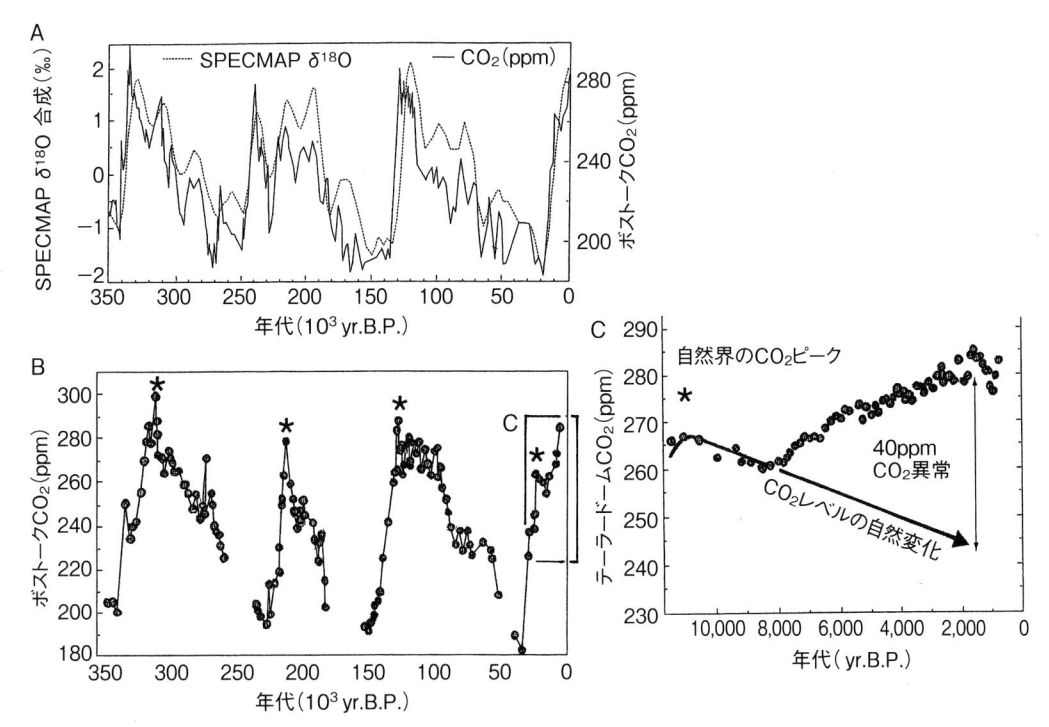

図 11.20 南極氷床コアから得られた，過去 35 万年の大気中の CO_2 濃度の変動傾向．A：ボストーク氷床コアの CO_2 の変動と海洋底コア SPECMAP の $\delta^{18}O$ 変動．B：4 回の間氷期—氷期のサイクルの CO_2 濃度変動傾向．アステリスクは間氷期極相の CO_2 濃度の最大値を示す．C：テーラー（Taylor）ドームから得られた高解像度の CO_2 記録の完新世の部分．過去の間氷期の CO_2 変動にしたがうと，完新世初期の CO_2 変化を延長させたものが自然の変化である（Ruddiman, 2003: Fig. 2）．

期と中世温暖期はこの周期の最後のものであると見なされるようになった（シンガー・エイヴァリー，2008：pp. 82-95）．

平穏な完新世の気候変化

完新世の気候の変動幅は大きくない．たとえば世界平均の年平均気温の上下幅は最大でも±2℃の幅の中に入っていると思われる．このことはほとんど注目されていなかったが，1990 年代はじめに，グリーンランド氷床コアの $\delta^{18}O$ 値（気温変動を示す）（Dansgaard *et al.*, 1993）によって最終間氷期の急激な気温変動が明らかになったとき，あらためて多くの人を驚かせた．最終間氷期（Eemian 期；MIS 5e；海洋酸素同位体ステージ 5e；130-120 ka）には，数千年周期の著しい寒冷期がいくつも記録されていたのである（12 章 12.2（3）参照）．それに比べると，最新の間氷期である完新世の気温は驚くほど安定している．完新世がなぜこんなに安定しているのかについての答えはまだない．

南極氷床コア中の大気組成が分析できるようになって，完新世の CO_2 変化と過去の間氷期の CO_2 変化との比較が可能になった．Ruddiman（2003）は，過去 3 回の間氷期の CO_2 のピークと，完新世のピークとを比較した（図 11.20A）．1 万 1000 年前にピークを迎えた完新世の CO_2 濃度は，その後，上昇に転じた（図 11.20B）．これは，本来下降すべきものが，人類の干渉（農業による）によって 8000 年前から上昇をはじめたと解釈された．その結果，下降をはじめていた気温も 8000 年前から上昇に転じた（図 11.20C）．このような情報からラディマン

11.2 完新世の氷河変動　277

(2005) は，自然のままの状況では新しい氷期がすでにはじまっているはずだが，8000 年前からはじまった人類の干渉によって寒冷化の開始が遅れていると考えている．

これに対して，完新世は今後も長く続くという考えがある．これは，東南極氷床ドーム C で掘削されたコアから，軌道要素が完新世とほぼおなじである MIS 11 の間氷期（420-395 ka）が 2 万年以上続いたことが根拠になっている（EPICA community members, 2004）．これらの解説は 14 章 14.4 を参照されたい．

CO_2 濃度がピークを迎えた 1 万 1000 年前の 700 年前には，新ドリアス期が終わり，それより前は更新世となる．新ドリアス期については更新世氷河時代の章（12 章 12.1 (2)）で述べる．

コラム 18
氷期の発見に必要だった氷床の発見

アルプスの住民にとっては，氷河はかれらの生活環境の中に存在するので，氷河のことは古くから知られており，生活に密着したものであった．グリンデルヴァルト氷河に関する記述は 9 世紀ごろまで遡れるという（Zumbühl, 1980: pp. 15-16）．その氷河が過去には大きくひろがっていたことに気がついた学者たちがいた．「素朴な農民たちが目で見たところから生まれ，ベネッツが発展させ，ド・シャルパンティエが体系化した氷河説は，ついにアガシーという強力なスポンサーを見出した」（インブリー・インブリー，1982：p. 22）．しかし，ルイ・アガシーの『氷河の研究』（1840 年刊）（Agassiz, 1967）によって広く知れわたった氷河時代（氷期）も広く認められるまでには時間が必要であった．

すでに 1824 年にはエスマルク（J. Esmark）が，1832 年にはベルンハルディ（A. Bernhardi）が北ドイツ平原でスカンジナビアからのティル（漂礫）を発見していたが，学会からは無視されていた（小林・阪口，1982）．その理由のひとつは，北ヨーロッパを覆いつくすような氷河とはどのようなものかが理解できなかったからである．

1853 年 8 月，アメリカ人ケーン（E. K. Kane）の北極探検隊はメルビル湾の氷河源頭でグリーンランド氷床の内部に達した．「地理学上の問題としては，ケーンは世界で一番大きい氷河を発見した」（ボウルズ，2006：p. 166）．帰還後，ケーンが出版した探検記はよく売れ，大陸規模の氷床のイメージが一般の人びとに植えつけられた．それより前の 1853 年に，デンマーク人のリンク（Rink）がグリーンランド氷床についてのすぐれた報告書を発表していたが，人びとや科学者に大きな影響をあたえたのはケーンであるとボウルズはいう．その結果，それまで氷山説に固執し氷河時代説に強く反対していた高名な地質学者ライエル（Lyell）も，ついにグリーンランド氷床と "glacial period" を結びつけた新著を 1863 年に刊行した．1875 年 11 月 3 日，スウェーデンの地質学者トーレル（Otto Torell）はベルリン郊外の石切場でティルとその直下の擦痕を発見し，ドイツ地質学会でスウェーデンにまでひろがる氷床があったことを発表した．これは北ヨーロッパの氷床が認められる大きなきっかけになった．ここに氷河説は完全に受けいれられることになったのである．

コラム 19
氷河時代と氷期に関係する語

氷河時代
　地球史の中で，地球のどこかに大陸規模の氷床が存在する時代を氷河時代（ice age）という．南極大陸とグリーンランドに氷床がある現在は，地球史の中の氷河時代（新生代氷河時代）である．地球上に氷床がない時代を温室期（greenhouse period）というので，氷河時代を氷室期（icehouse period）ということもある．しかし，多くの英語圏の研究者は ice age と次の glaciation を区別せずに使っている．

氷期
　氷河時代の中で，とくに氷河が発達した期間を氷期・氷河期という．英語では glacial period, Glacial, glaciation などと表記される．氷期と氷期の間の氷河が縮小した時期は間氷期（interglacial）という．最近は，氷期のかわりに氷河期をつかう人が増えている．気候変動関係の文章に多く見られる．氷河期にすると，1）氷河時代との違いが目立たなくなる，2）気候変動を示す場合には，氷河拡大を連想する氷河期よりも，寒冷化をも暗示する氷期がふさわしい，3）間氷河期とはいいにくい，ので本書では氷期を用いる．

glacial の意味
　氷河論争のころには "glacial" は「氷」や「寒冷」を意味する語であった．ライエル（Lyell）の氷山説（drift theory）を，ライエル自身は glacial theory と書いた．この場合の glacial は氷山の意味である．江戸時代末（1862 年）に出版された英和辞書（表 1.2）に glacier が氷山と訳されているのは不思議ではない．ライエルが「『グレイシャル・ピリオド』という言葉を使うときは，海の氷が現在よりもずっと南にまで流れるままになるほど地球は寒かったというアガシの説を受け容れてはいるが，巨大な氷河があったという説は認めていない」（ボウルズ，2006：p. 157，中村正明訳）．

最終氷期極相期（the Last Glacial Maximum，略して LGM）
　最終氷期の 2.2-1.8 万年前の時期．最終氷期の氷床の拡大と海面の低下が最大になった時期という意味である．しばしば，最終氷期最寒冷期と呼ばれるが，最終氷期の最寒冷期がこの時期だったのか，MIS 4〜5a, 5b であったのかがまだ明確になっていないから，最寒冷期はふさわしくない．Owen et al.（1998: p. 114）は Last Glacial Maximum のかわりに "the last maximum global ice volume age" を提唱している．

最新氷期について
　Last Glacial を「最新氷期」というべきであるという意見がある．最終は「最後で，これからは氷期がこない」というイメージを生むのが，その理由のようである．英語の last には「最新の」という意味がある．しかし，最終氷期はすでに定着した語なので混乱を招く．次のような「最終」を支持する理由がある．1）last はすでに終わったことを意味する．しかし日本語の「最新」には「すでに終わった」という意味がない．2）完新世のピークがすでに終わったと考えると現在が最新氷期である．3）中国では Neoglacial を「新冰期」と呼んでおり混乱する．4）The Last Interglacial を，最新間氷期とはいえない．5）The Last Glacial に使われる the Last は「このまえの，直前の，最近の」という意味である．言い替えるならば「直近氷期」というべきであろう．

12 更新世の氷期

> ヨーロッパの大地は，以前は熱帯の植生におおわれ，巨象や圧倒するようなカバや見上げるばかりの食肉獣の大群が住みついていたが，にわかに，平野も沼湖も海も高原も一面の氷におおわれ，大地はその下に埋まってしまった．あとにきたのは死の静寂だった……ただ吹きすさぶ北風とこの巨大な氷の海の表面に口を開いてとどろきわたるクレバスが迎えるだけだった．
>
> Agassiz "*Studies on Glaciers*"

12.1 最終氷期極相期とその後の氷河縮小

(1) 最終氷期とは

19 世紀の中ごろ，1840 年ごろになって，ヨーロッパの地質学者は，過去に氷河が大きく拡大した時代が存在したことを発見（認識）した（コラム 18「氷期の発見に必要だった氷床の発見」参照）．当時はその時代を氷河時代（glacial age, ice age）と呼んだが，現在では氷期（glaciation, glacial period, Glacial）と呼ばれるようになった．その氷河拡大は「最後」の大きな氷河拡大の意味で**最終氷期**（the Last Glaciation）と呼ばれている（コラム 19「氷河時代と氷期に関係する語」参照）．このような名前になったのは，最終氷期は新生代氷河時代の中のひとつの氷期にすぎず，ほかにも多数の氷期があることがわかったからである（12.3 参照）．各地の最終氷期は，それが研究された場所の地名で呼ばれている．スカンジナビアのバイクゼル（Weichsel）氷期，アルプスのビュルム（Würm）氷期，北アメリカのウィスコンシン（Wisconsin）氷期などである*．その後，海洋底の堆積物のコアや両極氷床コアの解析によって，最終氷期は地球全体に同時性をもつことが確認されたにもかかわらず，世界共通の名前は確立していない．そこで「最終氷期」が共通の名前として使われている．

最終氷期の開始時期には諸説あり，明確にはなっていない．その理由は，新しく拡大する氷河によってそれ以前の地質・地形情報が消し去られ，開始時期の証拠に乏しいからであった．しかも以前には適切な絶対年代測定の方法がほとんどなかった．しかし，海洋底堆積物のコアや両極氷床コアの解析によってようやく氷床変動や気温変動が明らかになり，最終氷期の開始時期が議論できるようになった．ここでは海洋底コアの**海洋酸素同位体ステージ**（MIS; Marine Isotope Stage）5d と 5e の境目（11 万 5000 年前，以下の本章では 115 ka BP と表記する）を開始時期とする．これに対して終了時期は明確である．終焉を迎えつつあった最終氷期の，強烈な寒冷期の再来であった新ドリアス期が終了し温暖なプレボレアル期に移行した時点（11.7 ka BP）で最終氷期は終了した．

最終氷期中にも寒暖の変動があった．とくに寒冷な時期を亜氷期（stadial），比較的温暖な時期を亜間氷期（interstadial）という．しかし，近年のコア解析による各種代替指標（proxy）の変動曲線で示される細かな環境変化を議論するときには，亜氷期・亜間氷期という語はほと

---

*「同期であること」，「最後の」を意識して共通の "W" の頭文字があたえられた．

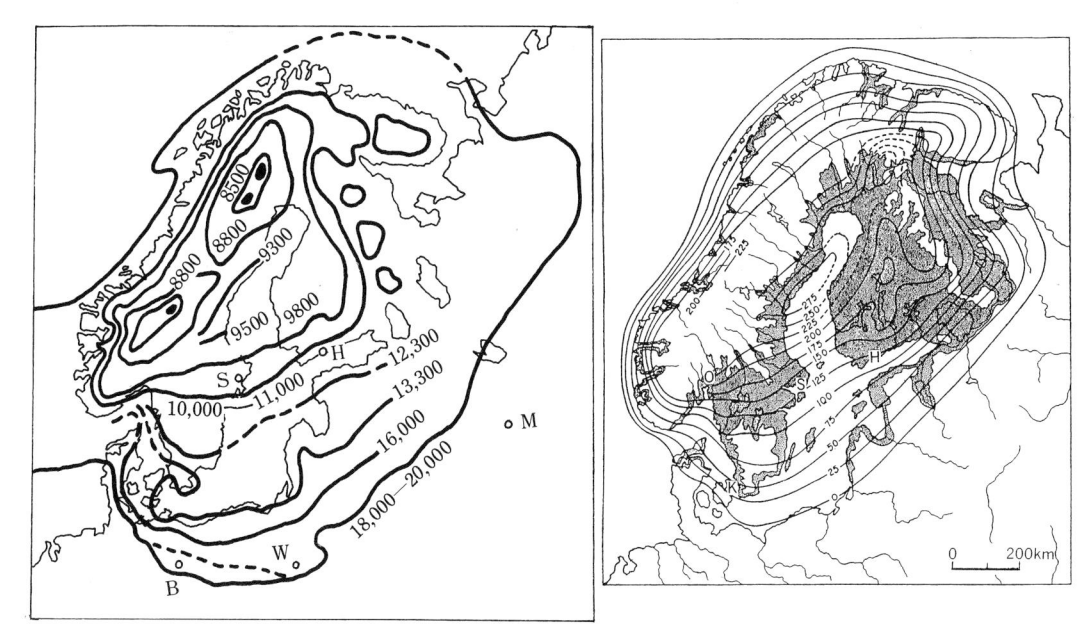

図12.1 左：LGM（最終氷期極相期）からのスカンジナビア氷床の縮小過程．太線は氷縁位置，数字はその年代（yr. BP）（岩田原図）．右：氷床縮小に伴うアイソスタティックな隆起量．数字はメートル．灰色の部分は海面上昇によって水没を経験した陸地部分（貝塚，1997による）．S：ストックホルム，H：ヘルシンキ，M：モスクワ，W：ワルシャワ，B：ベルリン，K：コペンハーゲン．

んど使われない．かわりに海洋酸素同位体ステージ（MIS）番号や，グリーンランドの氷床コアと北大西洋の堆積物によるボンドサイクル（Bond cycle），ハインリッヒイベント（Heinrich events）の番号が使われるようになった（12.2（3），コラム22「グリーンランド氷床での最終氷期の気候変化」参照）．

以下では，これらの時代区分を用いて，最終氷期を，12.1では晩氷期，極相期，12.2では最終氷期全体の氷河変動の順で解説する．

(2) 晩氷期の氷床後退

氷床の後退期モレーン

スカンジナビア氷床（図10.23，図12.1左）や北米大陸を覆った氷床群（図12.2左）の最終氷期極相期からの後退の様子はくわしく研究されている．また，トータルな氷床量の減少は，最終氷期からの海面の上昇過程からも明らかである．図12.3には，最終氷期極相期から現在までの，海水準の上昇と，それから得られた世界の各氷床と合計の減少量を示した．氷床の縮小は21 ka BPから15 ka BPくらいまではゆっくり進み，その後は急速に進み，8-6 ka BPくらいまでにはほぼ完了した．このように，海面変動から見ると，氷床の後退は一挙に進んだように見えるが，氷河縁の後退モレーン（recessional moraine）列によって，停滞期や前進期があったことがわかっており，温暖期（亜間氷期；interstadial）と寒冷期（亜氷期；stadial）が繰り返しおこったことがわかっている．スカンジナビア氷床の南縁の後退のときについては，ダニ（Dani），ラ／サルパウセルカ（Ra/Salpausselka；図10.12），フィニ（Fini）などの後退期モレーンに示されている（図10.23）．後退していく氷床を追いかけるように植生が北上・拡

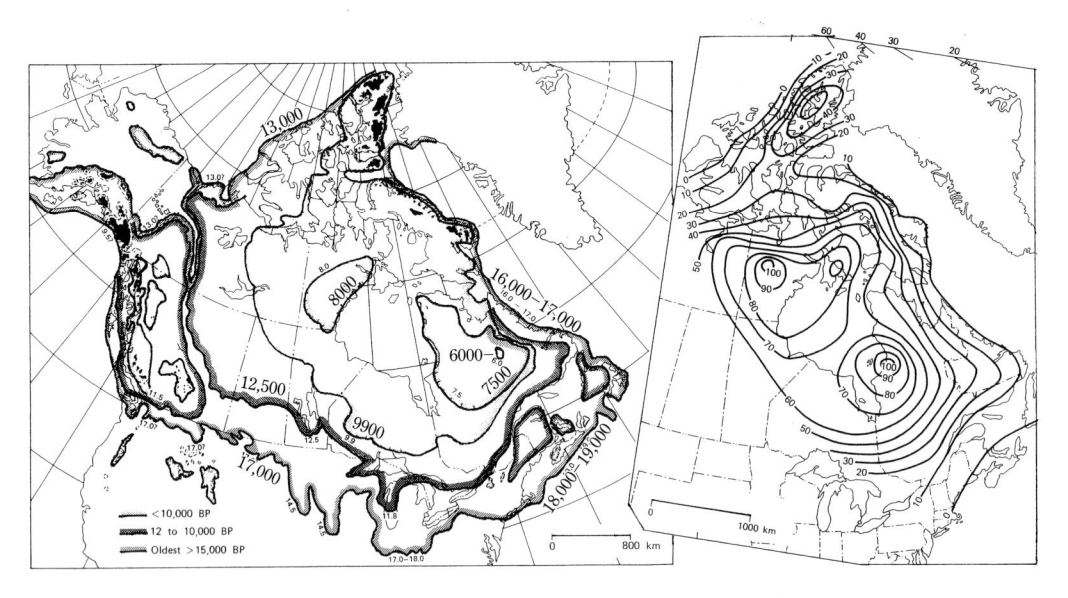

図12.2 左：北アメリカ大陸を覆った氷床のLGM（最終氷期極相期）からの縮小過程．氷縁位置と年代（yr. BP）を示す（Flint, 1971: Fig. 18-12による）．右：ローレンタイド氷床中心部でのアイソスタティックな隆起量．解氷後の海成堆積物の分布による．等値線の間隔は10 m（数字はメートル），隆起量の最大値は100 mである（Siegert, 2001: Fig. 13-13による）．

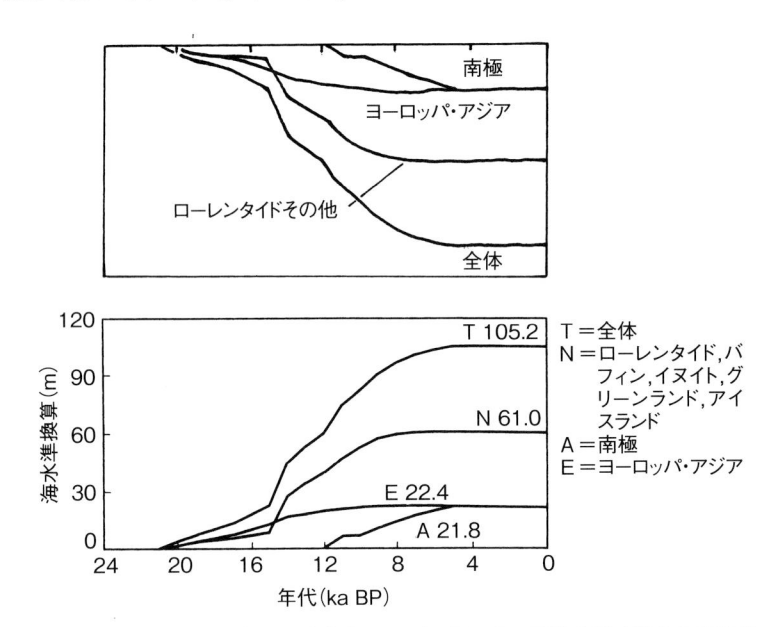

図12.3 氷床の体積変化と海面変化への寄与量のモデル図．上：最終氷期末期から完新世への地球の各氷床と全体の体積変化．下：氷床の融解量を海水量に換算し海水準変動（m）で示した各氷床の海面上昇に対する寄与量（Peltier, 1994から作成した）．

大し，温暖化に対応してその種構成が変化する様子が花粉分析などによって復元され，環境変化が詳細に編年された（図12.4）．18-15 ka BP（境界は不明確）に最終氷期極相期から晩氷期の最初の時期（最古ドリアス期；Oldest Dryas）に移り変わる．その後，古ドリアス期（Older Dryas）の寒冷期をはさんでベーリング期（Bølling）とアレレード期（Allerød）の温暖期（亜間氷期）を経て新ドリアス期の厳しい亜氷期に変わった．

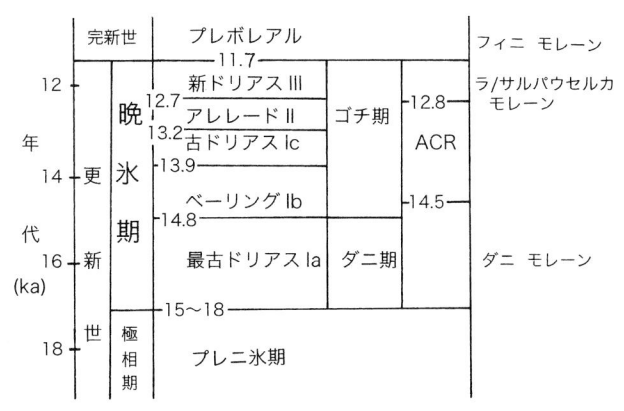

図12.4 北ヨーロッパ，スカンジナビア氷床南縁での花粉分析による晩氷期の区分．図中の数字は年代（ka）（小野，2002：図2による）．ACR; Antarctic Cold Reversal（岩田原図）．

なお，ここで注意すべきは，このような晩氷期の編年は，北半球の氷床のまわりで行われたものであって，それ以外の地域では，単に最終氷期の終末期というおおまかな区分でしかないことである．

新ドリアス期

新ドリアス期＊（Younger Dryas; YD）は，12.7 ka BPから11.7 ka BPの1000年にわたる亜氷期で，温暖化途中の寒の戻りといえるものであった．北西ヨーロッパでは，最終氷期極相期に近いくらいの厳しい寒冷期で，グリーンランド氷床上では気温は現在より15℃も寒冷であった（GISP2の氷床データ：Alley et al., 1993）．イギリスでは甲虫の化石から年平均気温がおよそ−5℃に低下したとされる（Atkinson et al., 1987）．新ドリアス期には，氷床は停滞または前進し，世界各地でモレーンリッジが形成された．スカンジナビアのラ／サルパウセルカモレーン（正確にはモレーン性浅瀬，図10.12）はこの時期のものである．北ヨーロッパや北アメリカの高緯度地方の高地にはあらたに氷河が誕生した．各地の山岳氷河でもこの時期のモレーンが報告されている．

この急激な寒冷化の原因は，北大西洋表層水の急激な淡水化によって，メキシコ湾流の北上が妨げられ，メキシコ湾流がずっと南で沈み込むようになったことである．それによってアイスランド沖への暖流の流入は止まり，暖流による熱の輸送が消滅した結果，北大西洋沿岸は非常に寒冷化し，それが地球全体におよんだと見られる．これは，北大西洋での熱塩循環の衰退もしくは停止といわれる（12.2 (3) 参照）．このことは，ベネズエラ沖で掘削された海洋底コアで新ドリアス期に深海を南下する海流の衰退が認められていることから明らかになった．これは，新ドリアス期が，後述するボンドサイクルの一部であり，ハインリッヒイベント（コラム22参照）のうちのもっとも新しいものであることを意味する．つまり，ベーリング亜間氷期からゆっくりと寒冷化してきたボンドサイクルの終末期（ハインリッヒイベント）が新ドリアス期で，ハドソン湾を覆う氷床の崩壊に伴う氷床底湖の流出によって多量の淡水が流出したので

＊ドリアス：Dryas（ドリアス）の由来は高山植物チョウノスケソウ（mountain avens）の学名（*Dryas octopetala*）である．この時期の堆積物にはDryasの花粉や植物体が残るので，Dryasという名前が付いた．チョウノスケソウはチングルマに似た白い花である．

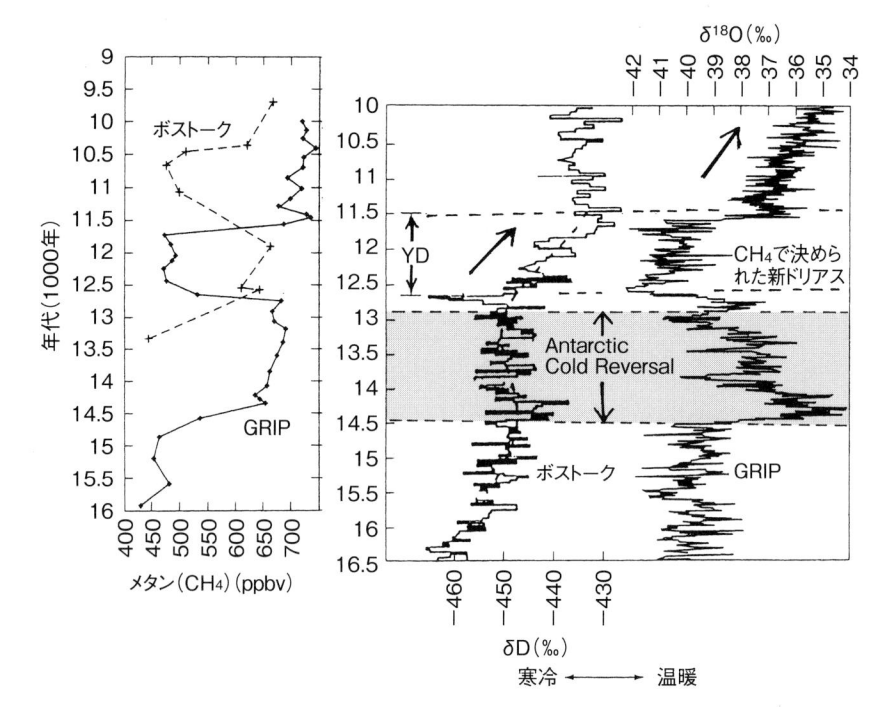

図12.5 氷床コアによって明らかになった晩氷期の南北半球での気候変化のずれ．左：グリーンランド（GRIPコア）と南極（ボストークコア）のメタンの変動を，時間補正を行わずにプロットしたもの．このグラフによって南北コアの時間のずれが補正された．ppbvは体積比で10億分の1の意味．右：時間補正後のグリーンランドと南極の気温変化の比較．南極の寒冷期（Antarctic Cold Reversal；ACR）の開始は北半球の新ドリアス期のそれより約1800年先行する（Blunier et al., 1997）．

ある（図12.15，図12.16）．新ドリアス期の終末となった温暖化は非常に急激で，グリーンランドでは50年で7℃の気温上昇がおこったといわれている．新ドリアス期は11.7 ka BP にプレボレアル期となり，完新世に移り変わった．

南半球との気候変化のずれ（ACR）

非常に明瞭で比較的短期間の寒冷期である新ドリアス期がグローバルな現象なのか，つまり南北両半球で同時におこった現象であるのかどうかは以前から注目されていた．グリーンランドの氷床コアと南極の氷床コアの正確な時間の対比が，コアの気泡中のメタン（CH_4）を使って可能になった．北半球高緯度地方の湿地が，氷床に覆われて存在しなかった晩氷期には，メタンは熱帯地方で形成され両極地方にひろがった．しかもメタンの寿命は短く短期間で地球全体に拡散する．したがって，メタンはグリーンランド（GRIP，GISP2など）と南極（ボストーク，ドームC，ドームふじなど）のコアの時間補正をするのに利用できる．メタンのカーブを基準にしてグリーンランドと南極の気温指標のカーブ（グリーンランドは$\delta^{18}O$，南極はδD：水素同位体比）を対比させると，気温変化のタイミングに大きなずれがあることが明らかになった．北ヨーロッパのベーリング亜間氷期からアレレード亜間氷期の時期（14.8-12.7 ka BP）は南極では **ACR**（Antarctic Cold Reversal*）と呼ばれる寒冷期（14.5-12.8 ka BP）であった．ニュージーランド南島のアオラキ山塊では，この時期（13.0 ka BPがピーク）に氷河

＊南極寒冷反転という訳があるが定着してはいない．

が拡大した（Putnam et al., 2010）．それに続く北半球の新ドリアスの亜氷期には，南極はすでに気温上昇期に入っていた（図12.5）．つまり南極の気候変化と北半球のそれは，1800年ほどずれていることが明らかになった．最終氷期極相期から晩氷期までの気候変化メカニズムについては，12.2「最終氷期全体の氷河変動」の項の最後に述べる．

晩氷期の山岳氷河

晩氷期の山岳氷河の後退の情報は多くない．12.2「最終氷期全体の氷河変動」の項で述べるが，山岳氷河の多く（とくに気候変化に敏感な小型の裸氷氷河）は，最大拡大位置から完新世の位置またはそれ以上にまで，かなり早い時代に急激に後退したと考えられる．それに比べると，スカンジナビアやローレンタイドの氷床の縮小は山岳氷河より大幅に遅れた．その理由は，氷体の大きさが大きくなるほど気候変化に対する氷体の反応が遅れることによると考えられている．

(3) 最終氷期極相期の氷床

極相期の氷床

1950年代になって放射性炭素（^{14}C）年代測定が開発されたので，19世紀から知られていた最後の氷河拡大期，とくに北半球高緯度地方の氷床の最大拡大のピークは18-22 ^{14}C ka BPであったことが，氷床縁辺モレーンの炭素年代から明らかになった．本書では，海水準変動も参考にして（図12.9），この時期を含む25 ^{14}C ka BPから15-18 ^{14}C ka BP（暦年では30-18 ka BP）の時期（晩氷期の直前の時期）を**最終氷期極相期**（LGM; the Last Glacial Maximum）とする．北西ヨーロッパの花粉編年では，最終氷期極相期はプレニ氷期（Pleniglacial）と呼ばれる．

スカンジナビア氷床（図10.23，図12.1左）や北米氷床群（図12.2左，図12.8）の最終氷期極相期の氷床の範囲は，残された最大拡大期モレーンによって復元できるし，氷床の輪郭が決まると氷の流動モデルを使って氷厚も復元でき（図12.8），氷の体積も計算できる．氷が消滅すると，氷の荷重除去によって，下の大陸がゆっくりと隆起する．氷の重みで沈んでいた大陸地殻のアイソスタシー（地殻均衡）による回復（rebound）である（図12.1右，図12.2右）．逆に，このような解氷後の隆起量が，どこにどのくらいの厚さの氷床が存在したかを如実に示す．

最終氷期の極相期の世界の氷床の分布を図12.6に示した．地球規模で見ると氷床と海氷とがあわさって両極を覆う極冠（polar cap）—北半球氷床（北極氷床＋中緯度氷床）と南極氷床—を構成している．それらは11の氷床から構成されている（イニシアルで表示した）．氷床縁は陸上にある融解氷縁（melting margin）と，海に張り出した氷縁（接地線；grounding line）とに区分される．

海に面した氷床縁では，氷床が成長するのにつれて海面が低下し，それにあわせて氷床の接地線が前進し，氷床底面積が増加する．底面積の増加は氷床の高さ（厚さ）の増加をもたらし，氷床はいっそう成長する．この正（プラス）のフィードバックによって，海に面した氷縁は，海が深くなって氷床が浮上する（棚氷になる）まで前進する．海が浅い大陸棚の部分では海氷や棚氷は浮上せず，接地・定着して厚さを増して氷床（アイスドーム）にまで成長することができる．このようにして海にできた氷床を**海洋氷床**（marine ice sheet）という（図12.6）．そ

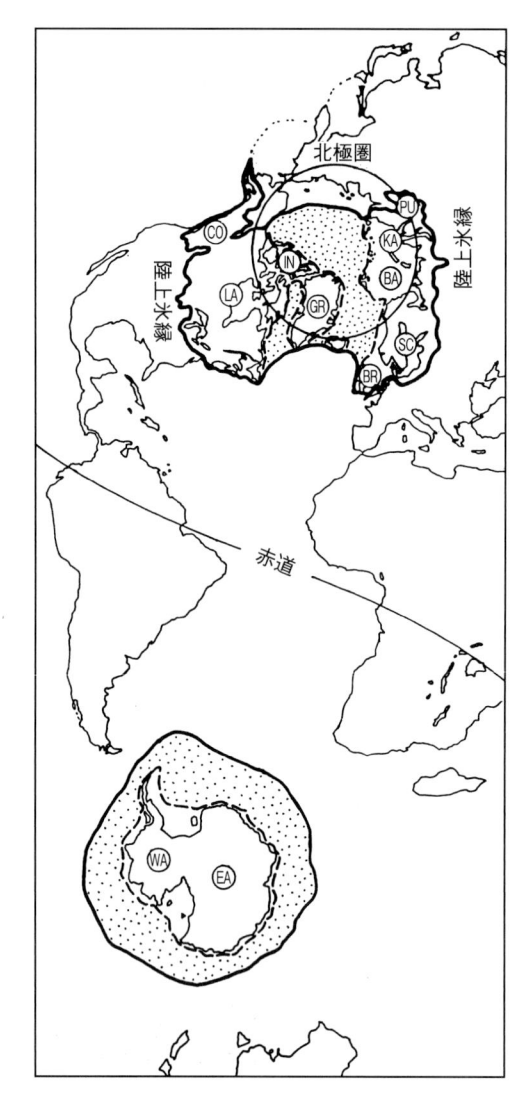

図 12.6 最終氷期後半の氷河最大拡張期の地球の南北極冠.太実線が雪氷域の縁.太破線は氷床の接地線.点を打った部分は浮氷（棚氷と海氷）.円に囲まれたイニシャルが氷床名.海洋氷床は LA：ローレンタイド氷床（核心部は海洋氷床），IN：イヌイト氷床，BA：バレンツ氷床，KA：カラ氷床，WA：西南極氷床.陸域氷床は CO：コルディエラ氷床，GR：グリーンランド氷床，BR：イギリス氷床，PU：プトラナ氷床，EA：東南極氷床.SC：スカンジナビア氷床は，成長期は陸域，縮小期には海洋氷床化した.北極圏（66.5°N 以北）内にある氷床とそれ以南にある氷床が区別できる.海と接している氷縁（氷山分離がおこる）に比べて，融解がおこる陸上氷縁が少ないことに注意（Denton and Hughes, 1983）.

れに対して陸上にある氷床を**陸上氷床**（terrestrial ice sheet）という．

　陸上氷床のでき方には2種類ある（図12.7）．**山脈型**とは山脈の風上側での強制上昇気流に伴う降雪によって氷河が形成され，それが風下側にまで拡大して氷床になるものである．したがって風上側起源ともいう．スカンジナビア氷床が代表例である．**高原型**とは，寒冷化に伴う雪線低下によって高原面が広い積雪域になり，そのためアルベドの増加によって寒冷化し急速に氷河化するものである．急発達型とも呼ばれる．ラブラドル高原からローレンシア台地にかけて形成された氷床が代表例である．

氷床規模の復元

　融解氷縁によって示される陸上氷床の拡大範囲は，陸上に残されたモレーンなどの地形・地質学的証拠によって知ることができるが，現在の海域に位置する縁辺位置（接地線）は海底なので野外での証拠が得られにくい．しかし，上述のように，氷床体積に支配された海面低下量が海の水深を変え，それによって接地線の位置が移動するから，氷床の拡大範囲は，海面低下

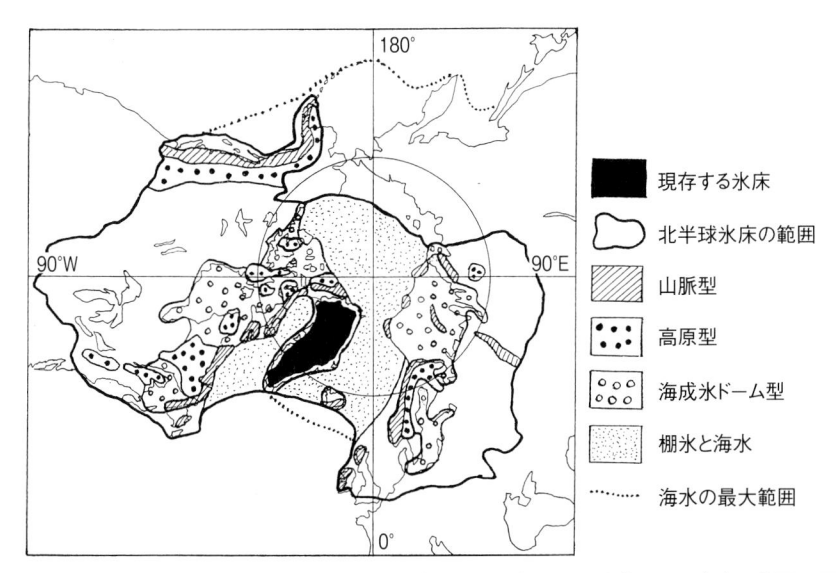

図12.7 最終氷期後半の北半球氷床（海氷も含む）の発源地とその形成要因．氷床の範囲は図12.6の北半球氷床と対応する．山脈型は風上側起源型，高原型は雪線低下とアルベド増加による急発達型，海成氷ドーム型は海洋氷床ともいわれる（Hughes, 1987をもとに岩田作成）．

量と海底地形の関係から決まる．氷床の底面積がわかれば氷床の流動モデル（氷の塑性変形モデル）を用いて氷床の厚さと形が計算できる．このようにして氷床体積が決まる．ただし，氷床量と海水量が変動すると氷河・海水荷重によるアイソスタシー（glacio-hydro isostasy）によって地殻が昇降するので，海水量や氷床量の見積りには複雑な計算（氷床力学モデルという）が必要である．氷床範囲→氷厚と断面形態→氷床体積→氷床基盤地殻均衡→海水量→海底地殻均衡→海面変化→あらたな氷床範囲→あらたな氷厚と断面形態→…という循環ループの計算を繰り返せばよい．このような計算によって，最終氷期極相期の世界の氷床の大きさがいくつも得られている（たとえば，Denton and Hughes, 1981；Siegert, 2001；Abe-Ouchi et al., 2007など）．しかし，これらの中には，地形・地質学的証拠から得られている氷床像（図12.8）よりはるかに大きく厚いものがあり（たとえばDenton and Hughes, 1981），過大な見積りであるという批判がある．

いっぽう，海面変動は氷床変動の直接的な反映であるから，海水量の減少量（海洋体積減少量）の確実な証拠から氷床量を明らかにしようという試みが行われている．Yokoyama et al. (2000)，横山（2002, 2007）は，最終氷期極相期の，もっと海水準が低かった時代とその前後の海水準の変動を，地殻変動が少ないオーストラリア大陸棚の海底堆積物を用いて明らかにした．横山は，この海水準を海洋体積減少量を示す**氷床量対応海水準**（ice-volume equivalent sea-level）と呼び，この変化の逆位相を氷床量変動とみなした（図12.9）．氷床量の最大量の時期は27-20 ka BP（暦年）のおよそ7000年間で，氷床量の変化はなく安定していた．汎世界的海水準は現在よりおよそ140 m低下していた．

このようにして海面低下量（**全球的海面低下量**；eustatic sea-level lowering）から計算される氷床の体積は，地学的証拠から得られた世界の氷床量の見積りより20％ほど大きく，その20％の水は「行方不明の水」として問題視されている（Siegert, 2001）．氷床量の見積りの誤り

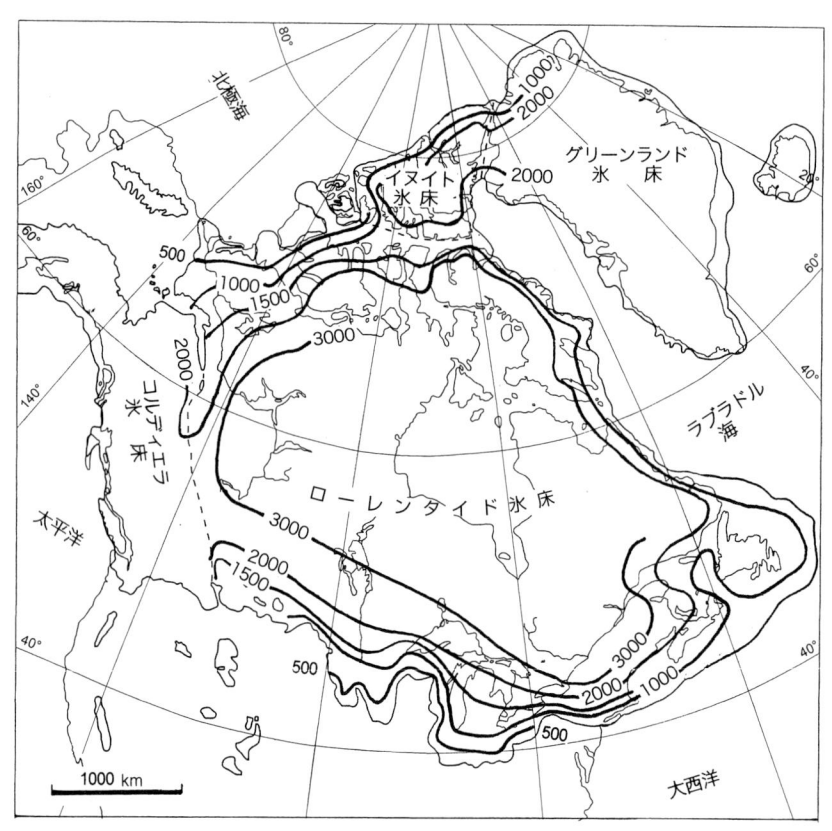

図12.8　北アメリカ大陸とグリーンランド，および周辺域の最終氷期極相期の氷床・氷河の範囲．太実線は，地形から復元されたローレンタイド氷床の表面高度 (m) （Dyke et al., 2002：Fig.4による）．

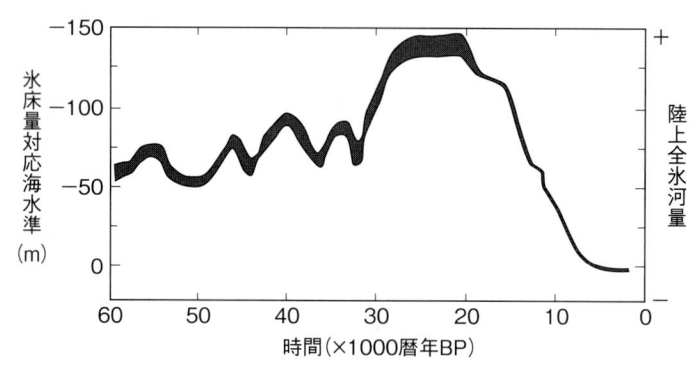

図12.9　最終氷期後半から完新世の世界の氷床量変動．氷床量対応海水準（海洋体積減少量；ice-volume equivalent sea-level）の変動（横山，2002：図5による）．

（氷床厚さの誤り，未知の氷床の存在など）か，氷床以外の氷（地下氷；ground iceや凍土；permafrost）の氷量の見積りが不十分なのか，最終氷期極相期の氷河量については今後も研究が必要である．

極相期の陸上氷床縁

　極相期に海に張り出していた接地線は，現在は海底にあるから調査できない．極相期の氷床縁がくわしくわかっているのは，氷縁が陸上にあったスカンジナビア氷床とローレンタイド氷床の南縁部分である．

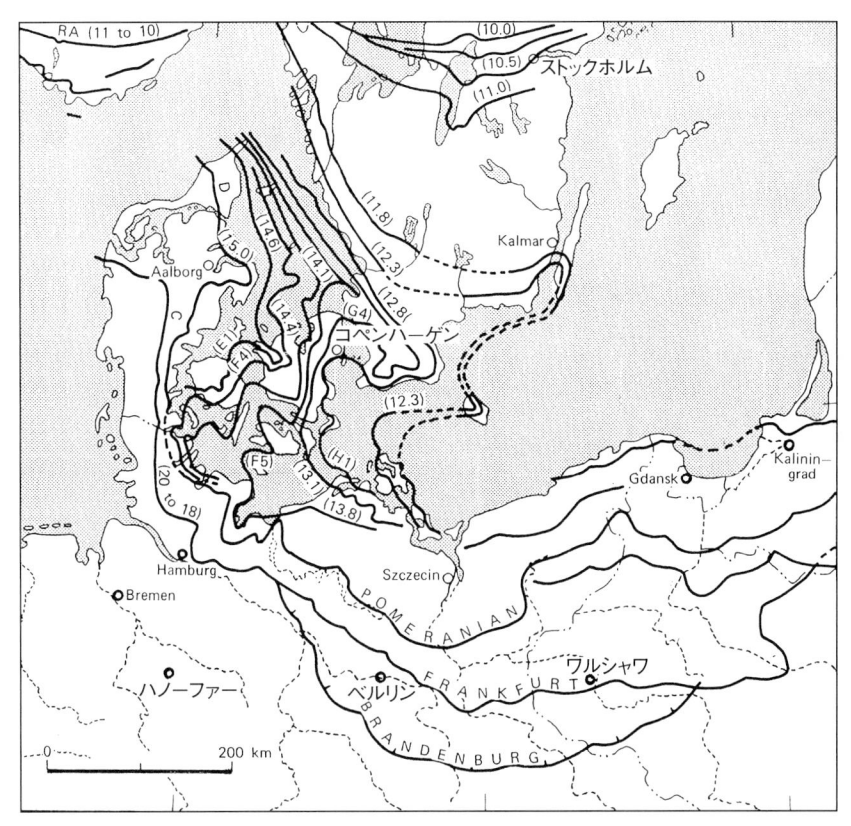

図 12.10　最終氷期極相期から晩氷期にかけて，スカンジナビア氷床の南縁はポーランド・北ドイツ・デンマーク・スウェーデン南部に位置していた．最終氷期極相期の縁辺モレーンは南からブランデンブルグ（Brandenburg）期・フランクフルト（Frankfurt）期・ポメラニアン（Pomeranian）期に3区分される．括弧内の数字はモレーンの年代（ka BP）（Flint, 1971: Fig. 23-6）．

　スカンジナビア氷床の最終氷期は**バイクゼル**（Weichsel）**氷期**と呼ばれている．その南縁は最終氷期極相期にはデンマーク・北ドイツ・ポーランドの平原に位置し，外側からブランデンブルグ（Brandenburg），フランクフルト（Frankfurt），ポメラニアン（Pomeranian）という3列の縁辺モレーンを残している（図 12.10）．時代は 20-18 ^{14}C ka BP とされている．この付近の氷河地形の解説は平川（1997）を参照されたい．

　北米大陸北部の最終氷期は**ウィスコンシン**（Wisconsin）**氷期**である．ローレンタイド氷床とその北側のイヌイト氷床（Innuitian Ice Sheet）[*]，西側のコルディエラ（またはコルディレラ）氷床（Cordilleran Ice Sheet）の最終氷期極相期の拡大に関しては Dyke et al.（2002）にまとめられている．ローレンタイド氷床は更新世を通じて最大規模の氷床であり（現在の南極氷床より巨大であった），そのため海面変動にもっとも大きく影響したので，その変動史は重要である．60-30 ka BP には，ローレンタイド氷床はカナダ楯状地の範囲とほぼおなじ大きさであった．その後，急速に拡大し，ローレンタイド氷床縁の大部分で 24-23 ^{14}C ka BP に最大

---

[*] カナダ北極海諸島北半のクインエリザベス諸島・エルズミーア島などを覆う海洋性氷床．England et al.（2006）の総合的な解説論文を参照のこと．

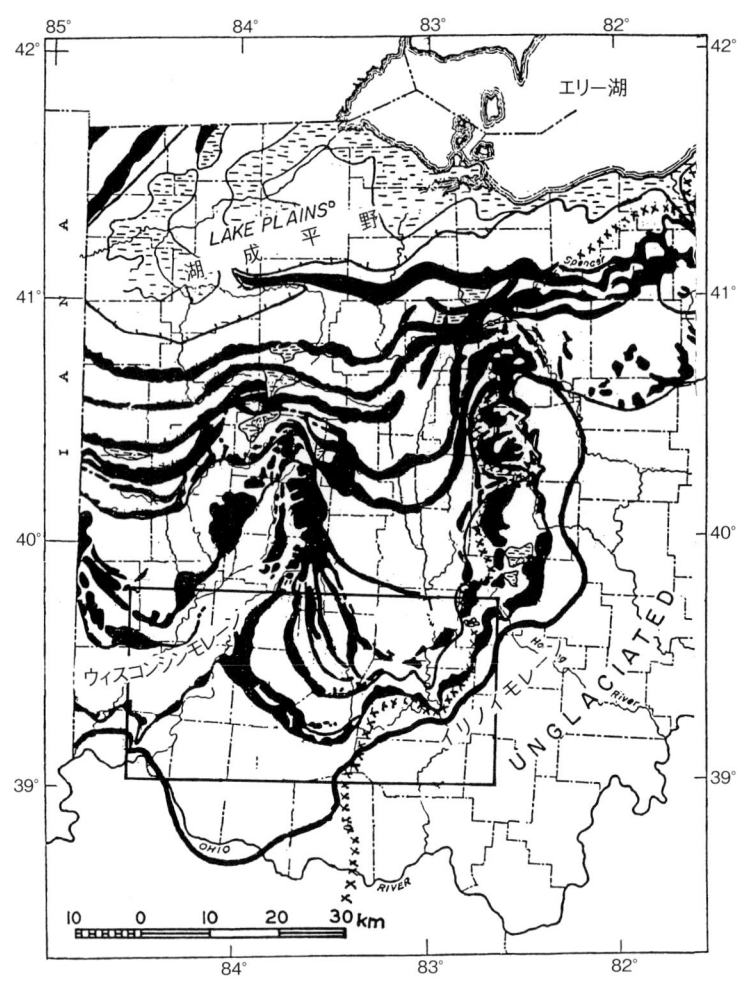

図12.11 ローレンタイド氷床の南縁の一部シオト氷舌（Scioto Lobe）の最終氷期（ウィスコンシン氷期）とイリノイ氷期のモレーンとティルの分布（オハイオ州）．図中の枠は図12.12の範囲．xxx：アパラチア台地の縁（Goldthwait *et al.*, 1965：Fig. 2を簡略化した）．

規模に達した．北側と南西側だけは遅れて21-20 ^{14}C ka BPに最大に拡大した．

これに対して，イヌイト氷床の最大拡張期は15-11 ^{14}C ka BP（England *et al.*, 2006），コルディエラ氷床では15.5-14.5 ^{14}C ka BP（Dyke *et al.*, 2002: pp.25-26）と遅れた．イヌイト氷床の拡大の遅れた理由は，海面低下によって形成された海洋氷床だからである．コルディエラ氷床拡大の引き金は北半球高緯度の夏の太陽放射極小期（25 kaごろ）で，その結果，コルディエラ氷床が15 ^{14}C ka BPごろに最大になったので，ローレンタイド氷床の西部が乾燥度を増し急速に縮小をはじめたという説がある．逆に，ローレンタイド氷床が最大になったことが，大気大循環を変えてコルディエラ氷床地域に水蒸気を供給するようになったという考えもあるという．

ローレンタイド氷床の南縁，アメリカ合衆国オハイオ州あたりの最終氷期極相期のモレーン分布を図12.11に示した．この地域は五大湖のひとつエリー湖の南側にあたり，東南側はアパラチア山脈まで，南側は北緯39度のオハイオ川近くまで氷床（シオト氷舌；Scioto Lobe）が拡大した地域である．氷床ローブを縁取るモレーンが何列もの後退モレーン（recessional moraine）として残されている．多くの年代測定結果が，これらが最終氷期極相期の後退モレ

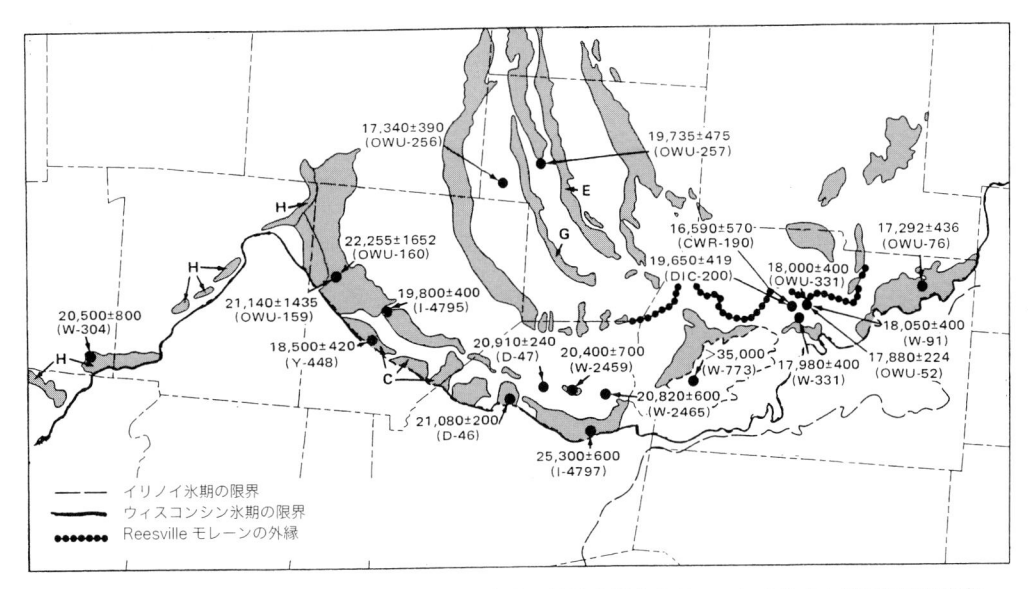

図12.12 ローレンタイド氷床の南縁のシオト氷舌の最終氷期末のモレーンの分布と炭素年代測定値 (yr. BP). 図の位置は図 12.11 に示した（Quinn and Goldthwait, 1985：Fig. 18 を簡略化した）．

図12.13 アメリカ合衆国オハイオ州コロンバスの南のウィスコンシン氷期の終末モレーン（中景の暗色の林，北側から望む）．遠景のスカイラインは基盤岩の丘陵（アパラチア台地の縁）（2002年5月岩田修二撮影）．

ーンであることを示している（図 12.12）．

　図 12.12 に示されたモレーンの多くは，まわりの平原からの比高 10 m 程度の気づかない程度の緩やかな丘である．ティルは薄く，基盤岩（古生代の砂岩や泥岩）や河川成砂礫堆積物の上に薄くのっているだけの場所が多い（図 12.13）．ただし，延えんとカナダから運ばれてきた花崗岩類の礫（迷子石）は多数分布する．はっきりした地形をつくっているのは，縁辺モレーンよりもエスカーであった（図 12.14）．厚いティルは，縁辺モレーンの内側のティルシートが刻まれたクリーク（小谷）の崖で観察できる．

最終氷期極相期の山岳氷河

　最終氷期の極相期に，氷床とおなじように山岳氷河も最大規模に達したと考えるのは慎重でなければならない．最終氷期の山岳氷河の変動は，炭素同位体年代測定が実施されるようにな

図 12.14 アメリカ合衆国オハイオ州コロンバスの南のステージ池のウィスコンシン氷期のエスカー（中景の丸い丘）（2002年5月岩田修二撮影）．

ってから，アルプスやアラスカ，合衆国西部山地でくわしく調べられ，20 ka 前後に最大拡大に達したという報告が多かった．しかしながら，その後，アジアや南アメリカなどでの山岳氷河変動の研究が進むと，最大拡大期のいろいろな年代が報告されるようになった．山岳氷河の変動と氷床の変動とは同期していないというのが常識になりつつある（たとえば Gillespie and Molnar, 1995）．アルプスやアラスカ，合衆国西部山地などの山岳氷河は氷床の影響を強く受けていたので LGM に拡大したのだと考えられる．

12.2　最終氷期全体の氷河変動

(1) 地形・地質的証拠による2亜氷期と亜間氷期

　過去の氷河変動が世界中の氷河堆積物の調査から明らかになっている．気候変動も北西ヨーロッパのレス-古土壌や花粉などから復元され，最終氷期は亜間氷期を境にして新旧二つの亜氷期から構成されることが，1970年代までには明らかにされていた．そのどちらの氷河がより拡大したのかは，なかなか解明されなかった．たとえば，南アメリカ大陸のチリ南部パタゴニアの入り口，バルディビアからプエルトモンの間にある湖沼地帯のモレーンでは，最終氷期の2列のモレーンの外側の年代が 39.9 ^{14}C ka BP より古いというデータが得られ（図11.3），古い亜氷期の拡大が大きかったことがわかった．しかし，炭素同位体の年代測定は4万年前より古い時代の測定が困難であったので，真相解明はなかなか進まなかった．やがて，火山灰のフィッショントラック年代測定が可能になって，日本・ハワイ・カリフォルニアなどでは火山灰編年を利用して最終氷期前半のモレーンの年代が明らかにされるようになった．最終氷期極相期以前の古い時代の氷河変動がしだいに明らかになってきた．

　日本列島では，最終氷期はポロシリ亜氷期とトッタベツ亜氷期（日高山脈），横尾亜氷期と涸沢亜氷期（飛驒山脈）とに分かれることが明らかになり，古い亜氷期の方が，新しい亜氷期より氷河拡大量が大きいことが明らかになった（コラム20「日本の氷河地形編年」参照）．ヒマラヤ山脈西部でも1990年代後半からはじまった新しい年代測定によっておなじような報告が

増えてきた（コラム 21「ヒマラヤ山脈とチベット高原での氷河地形編年」）．世界中の最終氷期の山岳氷河の前進期を網羅的に調べた Gillespie and Molnar（1995）は，2万年前の亜氷期（MIS 2）に最大前進した地域と，7万年前の亜氷期（MIS 4）に最大前進した地域とに分けることができるとし，7万年前に拡大していた場所が多いと述べている．とはいえ，無数にある山岳氷河のすべての変動を明らかにすることは困難である．コラム 20，21 では，そのほんの一部を示したにとどまる．宇宙線生成放射性核種年代や光ルミネッセンス（OSL）年代測定が実用化された現在でも，山岳氷河の氷河地形の編年には骨が折れる．中でも，氷期の終末（termination）に極大に達する氷床の形成期（拡大中）の挙動は，氷河地形研究のもっとも苦手とするところである．拡大した氷河や氷河地形によって，それ以前の氷河地形が壊されたり覆い隠されたりするからである．次に述べる海洋底コアや氷床コアの解析に頼るほかない．

(2) 海洋底コアによって明らかにされた氷床変動

最終氷期の氷床変動の完璧な解明は，氷床とは対照的な環境の熱帯の海からやってきた．第二次大戦後（1947-48），調査船アルバトロスの海底掘削によって更新世を含む海底の堆積物が世界中の海から得られた．1955 年にチョザーレ=エミリアーニが，堆積物中の有孔虫の殻の酸素同位体比 $\delta^{18}O$ を用いて過去の海水温を復元する方法を発見した．1969 年に，ジョン=インブリーとニコラス=シャックルトンによって，海洋底コアの酸素同位体比の変動は，海水温よりも地球全海水の量，すなわち陸上の氷河量を示すものであるということが明らかにされた（その発見の経緯や海洋底コアの酸素同位体比変動に関する説明は，たとえばインブリー・インブリー，1982；町田ほか，2003：pp.23-26 を参照されたい）．インブリーは「更新世の歴史を知る上で，氷床の大きさが時間と共にどのように変化したかを知ること以上に有効なものがほかにあるだろうか？」と述べている（インブリー・インブリー，1982：pp.162-188）．

海洋底コアの酸素同位体比の変化曲線が海面変化量・氷床量を示すことが明らかになると，多くのコアの酸素同位体比の変動を総合・平均化した曲線をつくり，より現実に近い海面変化・氷床変化曲線を得るプロジェクトが実施された（Martinson et al., 1987; Shackleton, 1987）．得られた最終間氷期からの標準化曲線（いわゆる SPECMAP* 年代尺度）を図 12.15 上に示す．125 ka BP ごろにピークを迎えた最終間氷期（エーム；Eemian 間氷期；MIS 5e）の終焉から急速に氷床が拡大をはじめ，115 ka BP から最終氷期に入る．氷床は，拡大・縮小を繰り返しながらゆっくりと大きくなり，75-58 ka BP に MIS 4 の氷河拡大期（亜氷期）になる．MIS 3 の亜間氷期の間にもゆっくりと氷床は拡大し，MIS 2 の最終氷期極相期に移る．

このような SPECMAP の酸素同位体比の曲線と **MIS（海洋酸素同位体ステージ）**は最終氷期や更新世の編年の基準となったが，しばしば，酸素同位体比曲線は気温変動を示すと誤解されていることがある．この曲線は，海水準または氷床量の変動を示すものであるので，気候変化からずれている場合がある．また，氷床量を示すのであって山岳氷河の変動を示すのではない．12.1（3）で述べたように MIS 4 前後の山岳氷河拡大量は MIS 2 よりも大きかった可能性がある．氷床量変動＝地球環境変動＝気候変化という安易な考え方は避けたい．

---

* SPECMAP: Mapping Spectral Variability in Global Climate Project

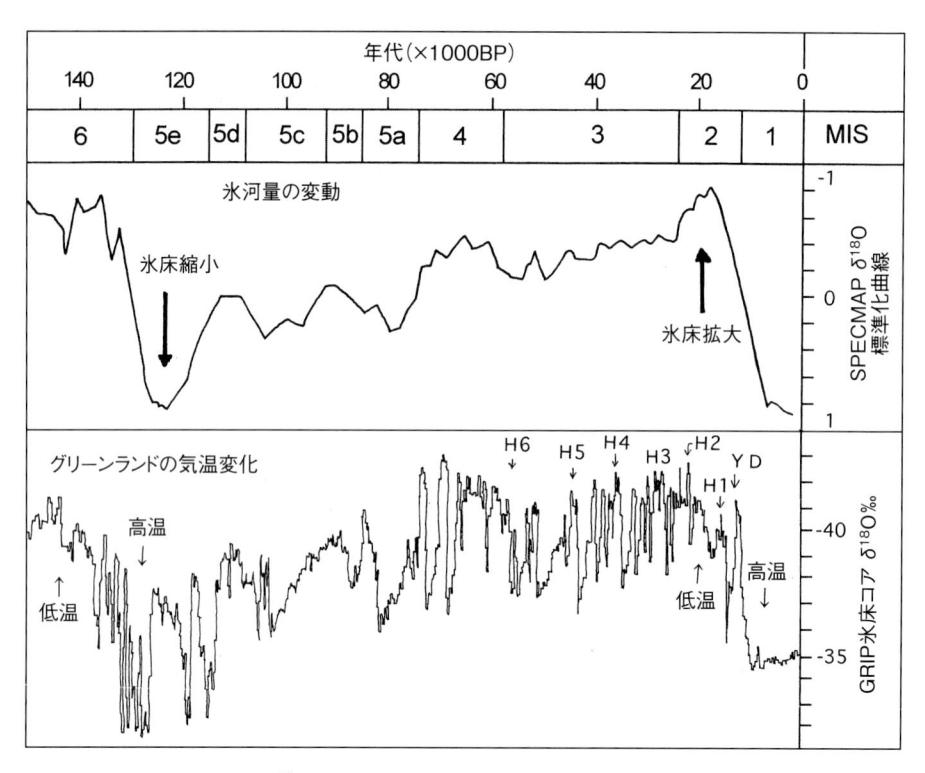

図 12.15 上：海洋底コアの $\delta^{18}O$ 変動で示される最終氷期全体の氷河量の変動．SPECMAP の標準化曲線（Martinson et al., 1987）．下：GRIP 氷床コアの $\delta^{18}O$ 変動で示されるグリーンランドの気温変化．海洋底の氷河量の曲線と比較するために上方が低温になっていることに注意されたい（GRIP Members, 1993）．

（3）氷床コアによって明らかにされた気候変動

氷床コアの同位体組成変化

1950 年代にコペンハーゲン大学の地球化学者ダンスガール（Dansgaard）によって，ある場所の降水中の同位体組成 $\delta^{18}O$（酸素同位体比）と δD（水素同位体比；D は質量数 2 の重水素）は気温と相関があることが明らかにされた．たとえば，寒いときには，大気中の飽和水蒸気圧が低いため，大気の凝結が頻繁におこり，重い同位体から先に凝結して降水になるので，降水の同位体比は軽くなる．したがって，たとえばグリーンランド氷床上では，夏には $-15‰$，冬には $-25‰$ などのように，同一地点でも温暖季に比べて寒冷季には軽い降水がおこる．これによって，積雪や氷床コアの堆積層の季節変化や年ねんの気温変化がわかる．この原理を使って，ダンスガールたちは 1960 年代からグリーンランドや南極で氷床コアの解析を行っていたが，コアの氷質が悪く成功しなかった．しかし，1980 年代には南極ボストーク基地の氷床コアの解析が国際共同研究で行われ，大きな進展があった．さらに 1990 年からはじまったグリーンランドの氷床コアの研究では，高解像度の連続的な同位体変動が得られ驚くべき成果があがった．

いっぽう，南極ボストーク基地の氷床コアの解析では，氷床コア中の気泡から過去の大気そのものが取り出せるようになり，過去の大気の成分を直接測定することが可能になった．気温変化だけではなく大気組成の変動も明らかになったのである．ただし，積雪が氷になる* までには，数百年から数千年の時間差があるので，コアの氷と気泡中の空気との年代差に注意する

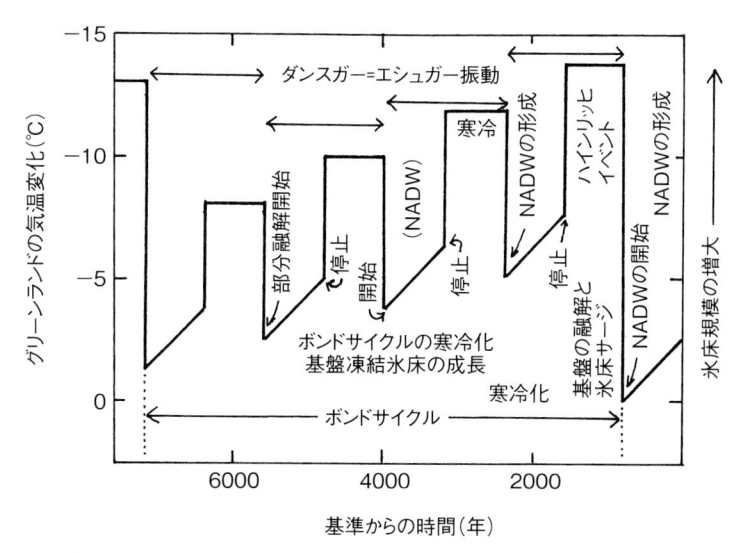

図12.16 1回のボンドサイクルの模式図.ダンスガー＝エシュガー振動（D-O振動）が繰り返しおこり，最後にハインリッヒイベントがおこる．温暖期には NADW（北大西洋深層水）が形成される．図12.15下に合わせるために気温変化は上が低温になっている（岩田原図）.

必要がある．その年代差は，現在のグリーンランド氷床内陸部では200年程度（アレイ，2004：p.64），南極氷床内陸部では現在で2000-3000年程度，氷期には5000年オーダーとされる（河村，2009）．

ダンスガー＝エシュガー振動（D-O振動）とボンドサイクル

1990年から1992年にかけてグリーンランドのアイスドームの中央部で掘削されたコア（GRIPコアまたはサミットコアと呼ばれる）の解析結果の一部が報告されたときの驚きは大きかった．それは論文のタイトル「グリーンランドの新しい氷コアに記録された不規則な多くの亜間氷期」（Johnson et al., 1992）からもわかる．図12.15下に示したようにGRIP氷床コアの酸素同位体比曲線は櫛の歯状の激しい温暖と寒冷の繰り返しを示している．とくにMIS 2からMIS 4までほぼ連続的に寒暖の繰り返しがあり，MIS 4のほうがMIS 2より寒冷であったように見える．この短くはげしい寒暖の繰り返しは最終間氷期（MIS 5e）にもおこっており，このような急激な寒暖の変化が見られない完新世（MIS 1）とは対照的である．この寒暖の繰り返しは，**ダンスガー＝エシュガー振動**（Dansgaard-Oeschger cycles；またはD-O振動）と命名された（コラム22「グリーンランド氷床での最終氷期の気候変化」）．ダンスガー＝エシュガー振動は数回でひとまとまりの，ゆっくりと寒冷化し急激な温暖化で終わるサイクルをつくる．このダンスガー＝エシュガー振動の数回のセットを**ボンドサイクル**（Bond cycle）と呼ぶ（図12.16）．ボンドサイクルは**ハインリッヒイベント**（Heinrich event）と呼ばれる氷山の流出で終わることが海洋底コアからわかっている（Bond et al., 1993）．つまり，ハインリッヒイベントはハドソン湾を覆うアイスドームの崩壊（氷河サージ）の結果である．ラブラドル海に発達する棚氷と海水温変動とが発生を制御していたらしい（Hube, 2010; Alvarez-Solas et al., 2010）．

このような短く激しい気候変動が氷河にどのような影響をあたえていたのかはまだ十分に明

---

*積雪が氷になった時点で通気性が失われ気泡として氷中に取り込まれる．

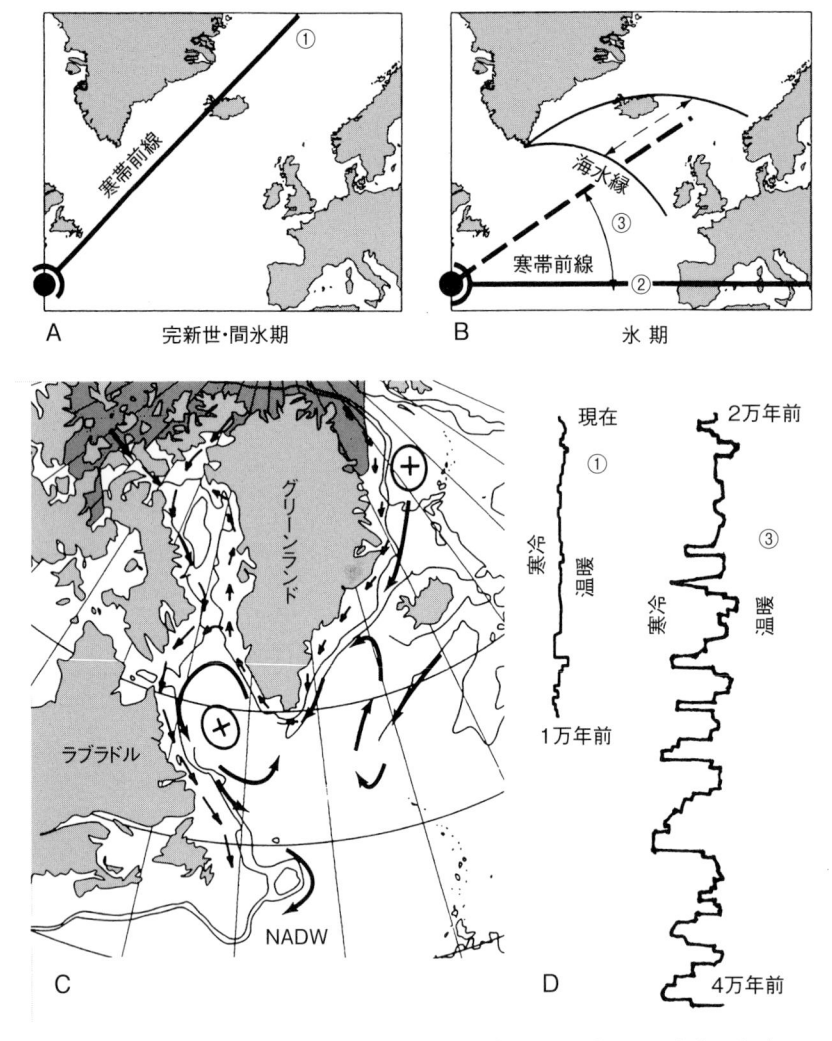

図 12.17　A・B：いわゆる北大西洋の扉．A：完新世・間氷期とB：氷期での寒帯前線（polar front）の位置の変化．間氷期にはアイスランドの西部①の位置にあり扉は開いているが，氷期の極相期には②の位置に替わり扉は閉まる．D-Oサイクルには，寒帯前線は③の範囲を移動し扉は半開きになる．C：現在の表層水の沈降水域（沈降域が⊕で示してある），細い矢印は表層海流，太い矢印は深層流を示す．D：左のAの時期（現在から1万年前まで）と，右のBの時期（2万年前から4万年前まで）の気候変化（A・B・DはWilson et al., 2000のFig.6.8，Dは川崎，2009の図4-14）．

らかになっていない．ただし，ハインリッヒイベントの最後のものが新ドリアス期であり，新ドリアス期には著しい氷河前進がおこったので，おなじような氷河変動が最終氷期中のハインリッヒイベントでもおこっていたとしても不思議ではない．ボンドサイクルと同期する海面変化（Siddall et al., 2003）が報告されており，かなりの規模の氷床変動であったことは間違いない．また完新世におこった1000年周期の氷河変動はダンスガー＝エシュガー振動とおなじものであると解釈されているので（11.2 (4)），山岳氷河の小刻みな変動も氷期中に繰り返しおこっていたのであろう．

ダンスガー＝エシュガー振動と北大西洋深層水

　Wilson et al.（2000: pp. 121-125）と河村（2009）の説明に基づいて，ダンスガー＝エシュガー

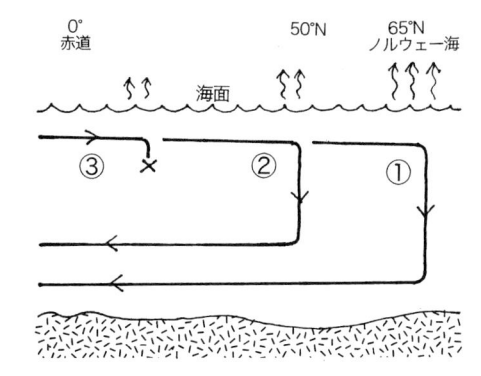

図12.18 大西洋の海洋循環の3局面（大西洋の南北断面）．①温暖期（完新世・間氷期）：北大西洋海流はノルウェー海で沈み込み，高緯度地方を温暖化する．②冷涼期（D-O振動の向寒期など）：北大西洋海流はイギリス―ニューファンドランド沖で沈み込み，温暖化は少ない．③寒冷期（氷期の極相期，ハインリッヒイベント期など）：南半球（赤道の南側）で暖められた海流は北半球低緯度までしか達せず，沈み込みもない（アレイ，2004によって岩田原図）．

振動がどういうものかを解説する．北大西洋の寒冷な極域水塊と温暖な水塊の境界には，海中の寒帯前線（polar front）が位置する（図12.17）．

現在（完新世・間氷期），寒帯前線はノバスコシア付近からグリーンランドの東側にあり（図12.17Aの①位置），温暖な海水が**北大西洋海流**（NAD; North Atlantic drift）によって北に運ばれ，北西ヨーロッパを暖めている．アイスランド付近やノルウェー海に達した海水は，蒸発と，それによる冷却によって，冷たい塩分に富んだ海水になり，それはグリーンランド北東沖とラブラドル沖で沈降し（図12.17Cの⊕地点），大西洋の深層を南下する**北大西洋深層水**（NADW; North Atlantic deep water）となる．

いっぽう，最終氷期極相期（古い氷期極相期にも）には，寒帯前線の東端はスペインあたりまで南下した（図12.17Bの②位置）．温かい表面海流が北上しないので，北西ヨーロッパは寒冷になった．グリーンランド沖・ラブラドル沖での表面海流の沈み込みは停止し，NADWは止まっていた．ボンドサイクルの終末であるハインリッヒイベントでは，流出した氷山の融解による淡水が広く大西洋北部を覆い，氷期極相期の状況になったと考えられる．

このような両極端の局面を考えると，ダンスガー＝エシュガー振動の大部分の時期（だんだん寒くなる時期）とは，寒帯前線が，アイスランドとスコットランドの間の位置と氷期極相期（あるいはハインリッヒイベント期）の位置の間を移動するという状態であったと考えられる（図12.17Bの③位置）．この冷涼期には北大西洋海流（NAD）のある程度の北上侵入が可能で，沈み込みは南方でおこり，NADWは弱まるが完全には止まらなかった．氷床が再び成長するのにつれて寒冷化が進み，寒帯前線はゆっくりと氷期極相期の位置にもどった．このような状況を大西洋の断面で模式的に見たのが図12.18である．

大西洋の扉の開閉の原動力，あるいは引き金は何なのか？　日射量の変動による気団の位置変化や，北大西洋のまわりの氷床・氷原の挙動と関係した淡水の流入など，いくつかの現象が挙げられている．

ダンスガー＝エシュガー振動/ボンドサイクルの北半球・南半球シーソー現象

最近では南極の氷床コアからもダンスガー＝エシュガー振動やボンドサイクルに対応する千年・数千年周期の変動が見つかっており，南極の気候変動とも同期していることがわかってきた．ただし，グリーンランドが寒冷の極にあるときに南極は温暖化を開始し，グリーンランドが温暖になると南極は寒冷に向かうというシーソー現象であることがはっきりし，この南北カップリングは最終氷期の過去5万年間にわたって存在したことが確認された．

その駆動メカニズムもくわしく議論されるようになった．河村（2009）によると，①まず，大西洋北部への，氷床崩壊・融解による氷山や淡水の流入がおこり，②それによって大西洋北部での水温低下・表面海水淡水化のため，表層水沈み込みが停止し，③その結果，北大西洋深層水（NADW）の南下が弱まり，大西洋の海水の南北循環が弱まる．④赤道域からの北向きの表層海流による熱輸送の減少によって北大西洋域の寒冷化がおこり，逆に，南半球への熱輸送が増大し，⑤南極を取り巻く**南極収束帯**の南下がおこり，南極海と南極大陸が温暖化する．グリーンランドでの気温変化が急激なのに対して，南極での温度変化が緩慢なのは（図12.5），南極海が大きい（熱容量が大きい）ことによる．

ボンドサイクルに対応する海面変動の証拠が，紅海の堆積物のコアの解析から見出されている（Siddall et al., 2003）．その上下幅は20 m前後にも達していた．さらにRohling et al. (2008) は海面上昇がダンスガー＝エシュガー振動の寒冷期におこった証拠を見出した．つまり，北半球高緯度が寒冷な期間に，海面を上昇させるほどの大量の淡水が北半球の大陸氷床から供給されたことを意味する．これは寒冷期の氷床不安定による氷床サージにほかならない．ボンドサイクルに対応する海底堆積物の変化は日本海からも報告されており（多田，1998；原田ほか，2009），アジアのモンスーンとも同期している（河村，2009）．そしてこれはブラジルの湿潤期と逆位相になっているという．おそらくボンドサイクルは地球規模気候変動の核となる現象と深い関わりをもつ現象なのであろう．

最終氷期終了の過程

南極ドームCやドームふじの氷床コア中の空気の成分は，過去の9回の氷期の極相期（termination）まで解析されている（80万年前のMIS 20まで；図14.15）．その解析結果は，最終氷期のボンドサイクルの終末期のシナリオが，ほかの氷期の終末の過程にもあてはまることを示した（河村，2009）．現在までにわかっている最終氷期終了の時間に沿った事実関係，すなわちほかの氷期終了にもあてはまる経緯は次のようである（河村，2009）．

①24 ka BPにグリーンランドは最寒冷期のピークであった．これは北半球の夏の日射量の極小期とほぼ一致していた．②24-19 ka BPには北半球高緯度地方がゆっくりと昇温した．③19 ka BPには，北半球氷床の部分崩壊（ハドソン湾アイスドームのサージ）が発生した．その結果，北大西洋に氷山や淡水が流入し（ハインリッヒイベントH2），最初の大規模な海面上昇がおこった．北大西洋への，この氷山や淡水流入，冬の海氷の影響で，グリーンランド沖やラブラドル沖での表面海流の沈み込みが停止し，南北海洋循環（北大西洋深層水；NADWの流れ）が停止した．これによってグリーンランドの温暖化は停止したが，グリーンランドでの夏の昇温とグリーンランド周辺部での氷河融解は継続した．④18 ka BPには，NADが北に流れなくなった影響で，表層海水は南半球に多くの熱をもたらし，南極海や南極の温暖化がはじまった．南極周辺の海域環境の変化によって生物が消費するCO_2が減少した．海域環境の変化とは，温暖化による大気・海洋循環の減少，湧昇流海域の減少，深層からのCO_2供給の増加など，氷期と逆の状況になったことである（12.3（4）中の「氷床成長のメカニズム」参照）．⑤それによって18 ka BPには，大気中のCO_2濃度が上昇しはじめ，その温室効果によって北半球氷床の崩壊が加速し，全面的な氷床の融解がはじまった．

このシナリオが正しいとすると，先行した南極の温暖化によるCO_2の増加，それによる温

室効果によって北半球氷床の部分崩壊（ハインリッヒイベント）がはじまったとする説は，南極の温暖化より先に北半球氷床の部分崩壊がおこったので否定されることを，河村（2009）は強調している．

12.3　更新世の氷期―間氷期の繰り返し

(1) アルプスの四つの氷期

間氷期の発見と4氷期

19世紀の中ごろに氷期（当時は氷河時代と呼んでいた）の存在が認められると，氷期が間氷期をはさんで複数回存在したことがわかるまでには，それほどの時間はかからなかった．ここでは小林・阪口（1982）の解説を要約する．

1874年，地球軌道要素変化を氷河期の原因と主張するクロール（J. Croll）の影響を受けたゲイキー（J. Geikie）は，明確な証拠はなかったが間氷期の存在を主張した．証拠は程なく発見された．1879年，ヘラントが北ドイツ平原で温暖期の堆積物をはさんだ2枚のティルがあることを発見し，おなじ年，21歳のアルブレヒト=ペンク（A. Penck）は，北ドイツ平野・デンマーク・南スウェーデンでの観察から，2枚の河成堆積物（動植物化石を含む）をはさんだ3枚のティルを発見した．1880年には，ド=イェール（De Geer）とヴァーンシャッフェがベルリン郊外の石切場で，ティルと，それより古い擦痕を発見し，下部ティルとした．1882年ペンクは，南ドイツの礫層を，シート状礫層（のちに古期と新期に区分），高位段丘礫層，低位段丘礫層に区分し，著書『ドイツ・アルプスの氷河作用』を著した（1882年）．その後もペンクは研究を続け，ブリュックナーとの共著『氷河時代のアルプス』*を著した．小林・阪口（1982）は「ヨーロッパの氷期の研究史の中でもっとも重要かつ輝かしい成果はペンクとブリュックナーの『氷河時代のアルプス』であろう」と賞賛している．

有名なアルプスの四つの氷期は，アルプス北麓の平原での地質調査によって発見された（図12.19）．モレーンと対比される4期の段丘礫層と，3間氷期を示す礫層中の風化層を区分し（図12.20），氷河作用を古い方からギュンツ氷期，ミンデル氷期，リス氷期，ビュルム氷期と命名した．風化層の厚さから間氷期の相対的な長さを推定し，ギュンツ／ミンデル間氷期：ミンデル／リス間氷期：リス／ビュルム間氷期：後ビュルム間氷期を7：12：3：1とした．そして覆っている河成堆積物の堆積速度や考古遺跡の時代から，ビュルム氷河期の時代を2万年前と推定した．この編年にミランコビッチのカーブをあてはめると，うまく適合した．したがって，後の海洋底コアのMISステージともうまく一致している（図12.21）．

しかし，氷期は1回だけであったという，複数の氷期に反対する考えは根強くあり，1913年にインスブルックのヘッティング角礫岩が確実にティルにはさまれていることが確認されるまで，複数の氷期説を否定する考えが残っていた（小林・阪口，1982：pp.107-111）．

北アメリカでも，アルプスと同時に，複数回の氷期と間氷期が発見された（表12.1）．ネブ

---

* Penck, A. and Brückner, E. (1901-09): *Die Alpen im Eiszeitalter*, I-III, 1-1197, Leipzig.

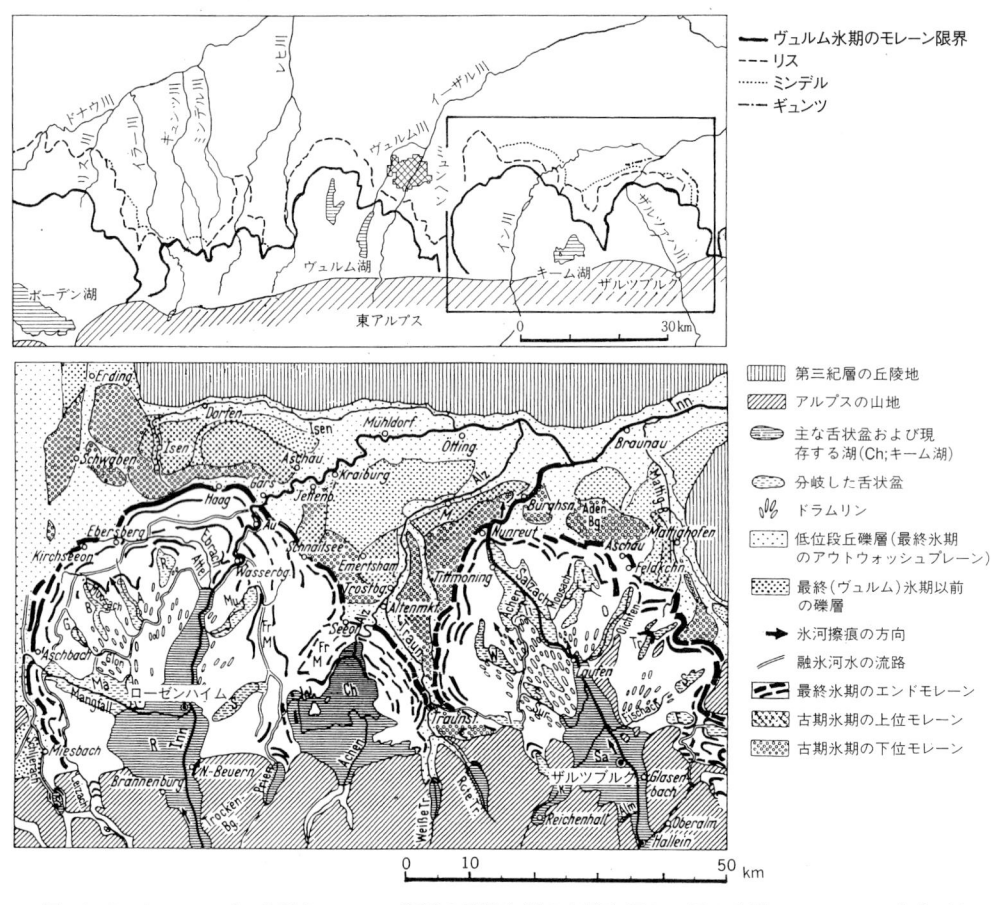

図12.19 上:アルプス北麓ミュンヘン附近の最終氷期の山麓氷河の4回の氷期のモレーンの分布(小林・阪口, 1982:図4.13を改変).下:イン川からザルツブルグにかけての氷河地形学図.白抜きの部分がヴュルム氷期の氷河範囲で数列の縁辺モレーンに囲まれている.上の図の枠内(ペンクとブリュックナーによる;平川, 1997:図8).

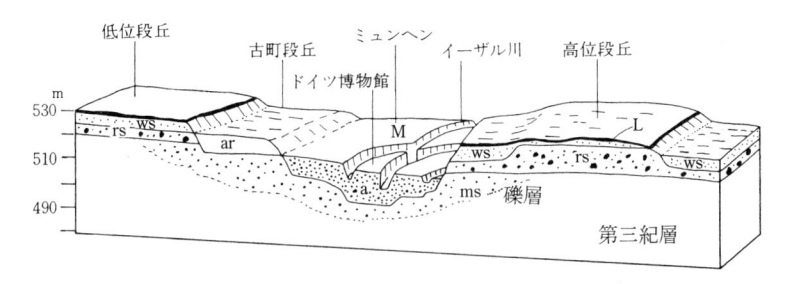

図12.20 アルプス北麓の平原部(ミュンヘン附近)での河岸段丘と堆積物との関係を示した模式図.右が東南東,左が西北西.a:完新世の河成堆積物,ar:晩氷期の河成礫層,ws:最終氷期の礫層(低位段丘礫層), rs:リス氷期以前の礫層(高位段丘礫層), ms:礫層(古期), L:レスとローム層(小林・阪口, 1982の図4.5).

ラスカ氷期が発見されたのは1896年だったから,4回の氷期の存在が確定したのはヨーロッパより早かったといえるかも知れない.これ以後,4回の氷期を発見することが世界の氷河地質学者の課題となった.その後,アルプスでは1930年にドナウ氷期,1953年にビーバー氷期が発見され,あわせて6回の氷期は世界の更新世の標準として広く使われた.しかし,ビュル

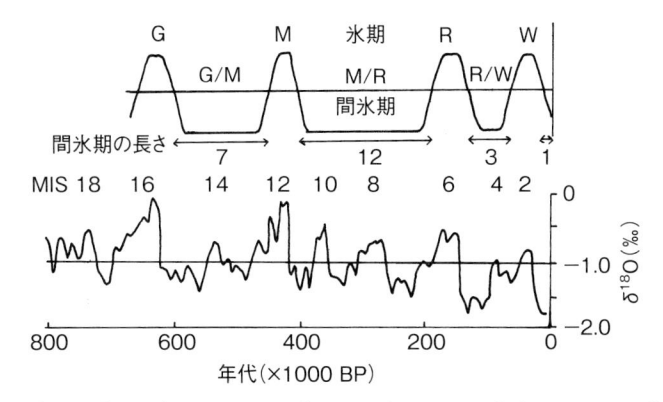

図 12.21 ペンク (Penck) とブリュックナー (Brückner) によって推定されたアルプスの 4 氷期と間氷期の相対的な時間の長さ（数字は比率）（上）と，海洋底コアの氷河量曲線（西部赤道太平洋で掘削された V28-238 コアの一部）（下）との比較．W（ヴュルム）= MIS 2，R（リス）= MIS 6，M（ミンデル）= MIS 12，G（ギュンツ）= MIS 16 という対応関係（岩田，1991 による）．

表 12.1 北アメリカの氷期・間氷期の発見

年代	事項	発見者・文献
1874	オハイオでティルを覆う森林化石層を発見	ニューベリー
1875 頃	ティルにはさまれた堆積物を間氷期の堆積物と考えた	マッギー
1875 頃	風化の程度が異なる 2 層のティルを発見	チェンバーリン[*]
1894	三つの氷河期（新しい方からウィスコンシン，アイオワ/イリノイ，カンザス）を認定し命名	チェンバーリン (Geikie, 1894)
1896	先カンザス期のティル（ネブラスカ）を発見	

[*] T. C. Chamberlin；小林・阪口，1982 による．

ム氷期とされた礫層に，明らかに完新世に属するものが多く含まれていたこと，1970 年代になって，海洋底コアの研究や，ククラ (Kukula) によるレス（黄土）の研究から更新世の環境変動の全体像が明らかになったことなどによって，使われなくなった．しかし，日本や中国ではアルプスの 4 氷期は標準編年として遅くまで使われた[*]．

(2) 海洋底コアによる氷期―間氷期サイクル

酸素同位体比曲線とミランコビッチサイクル

1955 年にエミリアーニが，海洋底コア中の有孔虫殻の酸素同位体比 $\delta^{18}O$ を用いて過去 50 万年間の海水温を復元したとき，得られた同位体の曲線には，少なくとも 4 回の氷期と，完新世を含めて 5 回の間氷期が含まれていた (Emiliani, 1955)．1969 年になって，酸素同位体のカーブ（同位体曲線）が示すものが氷床量であり，氷期―間氷期サイクルを直接表すものであることが理解され，しかも明瞭な周期性をもつことがわかった．これによって，氷期―間氷期サイクルの本格的な研究が海洋底コアの解析から可能になった．

---

[*] 1983 年に著者が中国の蘭州冰川凍土研究所を訪れたときまず質問されたのは「中国の氷期は 4 回だが，日本の氷期は何回あるか」ということだった．

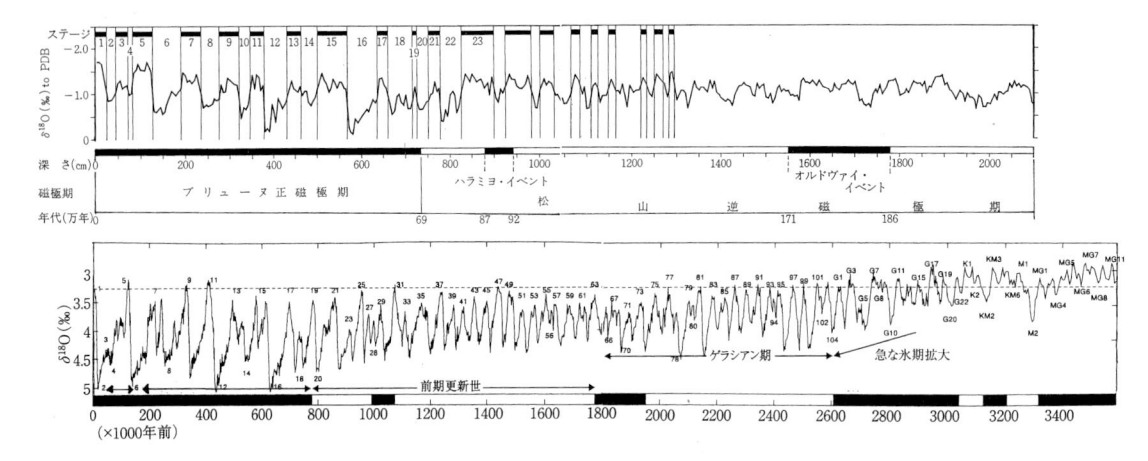

図 12.22 上：海洋底コアから得られた酸素同位体比の第四紀全体の変化（貝塚，1978：p.183 に年代を加筆）．コア（V28-238）は西部赤道太平洋（3°15′ N，159°11′ E）の水深 3940 m から得られた（岩田，1991）．下：鮮新世から第四紀全体をカバーする底生プランクトンの酸素同位体比のスタック LR04．世界各地 57 カ所の海底コアの 3 万 8000 のデータから自動化された図的対比によって作成された．このスタックは過去 520 万年間の変動をカバーしているが，ここには 360 万年前までを示した（Lisiecki and Raymo, 2005）．

氷期—間氷期の規則的なサイクルを知った多くの学者が思い出したのが，1924 年に発表された太陽放射に関する数学理論，いわゆるミランコビッチ説であった．いったん葬られたこの説を検証するためには，有孔虫を豊富に含み，十分に長く，年代決定のための地磁気逆転を含むコアが必要であった．それがその後，シャックルトンなどの解析（たとえば Shackleton, 1973, 1987）によって有名になった V28-238 コア*である（図 12.22 上）．

このコアの解析も含めて多くのコアが解析され，第四紀を通しての氷河変動の全貌がよくわかってきた．曲線のギザギザの谷（$\delta^{18}O$ の値が大きいほう）が，陸上に蓄積した氷河量が多い時期を示している**．つまり，谷（ステージ番号偶数）が氷期で，山（ステージ番号奇数）が間氷期である．変動曲線の変動周期の解析が行われ，その結果がミランコビッチの日射量変化曲線の周期（ミランコビッチサイクル；コラム 23「ミランコビッチサイクル」参照）とよく一致することから，氷量変動の時間変化（周期）を決めているのは，地球軌道要素の変化による日射量の変化であると主張した論文が 1976 年末に出た（Hays et al., 1976）．この間の研究史はインブリー・インブリー（1982）にくわしく述べられている．この考えは広く受け入れられたが，このことと，次に述べる日射量変化から氷量の変化をもたらすメカニズムとは，後で述べるように別の議論である．

第四紀後半の 70 万年前より新しい時代については，得られたコアが多いので，多くのコアのカーブが図的に平均化されて時間スケール入りの標準変動曲線がつくられている（図 12.23）（Prell et al., 1986; Martinson et al., 1987）．このような，平均化された曲線を「束ねた」という意味のスタック（stack）と呼ぶ．

---

*探し出したのは当時ラモント研究所にいた斎藤常正で 1971 年 12 月のことであった（インブリー・インブリー，1982：p.222）．第四紀全体の変化を見せるコアは多くない．その中で，V28-238 コアは全体にわたってほぼ 5000 年間隔で酸素同位体比が測定されており，細かい氷量変動を示す．
**ただし，図 12.15 上では酸素同位体比の比率が示してあり，目盛りが逆になっている．

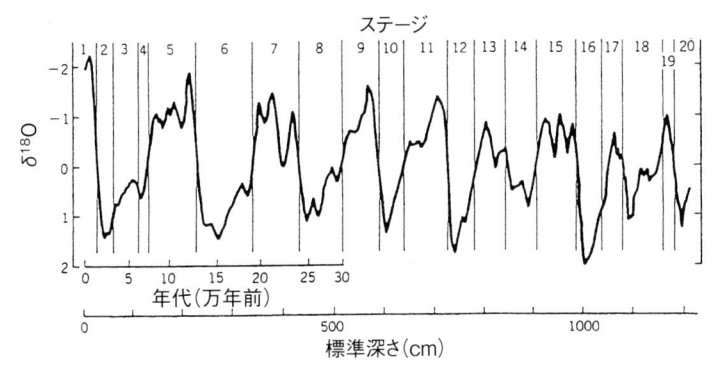

図 12.23 ブリューヌ正磁極期（80万年前まで）の酸素同位体比の標準的曲線（SPECMAP）．13本の海洋底コアから図的対比によってつくられた．横軸は西太平洋の V23-238 の長さ（12 m）を標準深さとして描かれた．MIS 8 までには年代値を入れた（Martinson et al., 1987）．

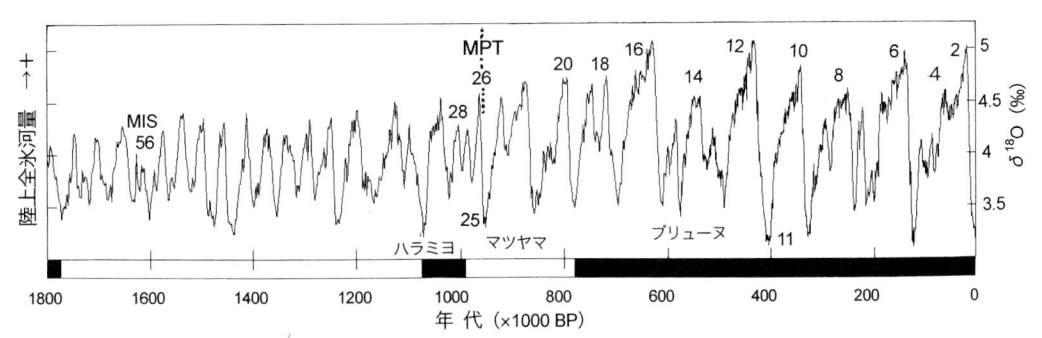

図 12.24 第四紀の大部分である 180 万年前までの陸上全氷河量の変動．LR04 スタック（図 12.22 下）の変動曲線の上下左右を逆にして MIS 64 までの氷期―間氷期の氷河量変動として描いた．底生プランクトンの δ^{18}O の変動を，夏至の 65°N の日射量をもとに調整してある．MPT（更新世中期変換）を記入した（Lisiecki and Raymo, 2005）．

第四紀の氷期―間氷期サイクル

図 12.22 下に，最近つくられた鮮新世から第四紀全体をカバーする底生プランクトンの酸素同位体スタック LR04 を示す（Lisiecki and Raymo, 2005）．このスタックは過去 520 万年間の酸素同位体比の変動をカバーしているが，図 12.22 下には 360 万年前までを示した．この図からは，変動の谷の酸素同位体比の値（つまり氷河量）が，290 万年前から 250 万年前（ステージ番号 MIS G12 から MIS 100）にかけて急に増大することがわかる．最近は，この氷河量の増大を第四紀のはじまりと考えるようになった[*]．

この LR04 スタックの酸素同位体比の変動を氷床量の変動と読み替えて，過去 180 万年分を氷河変動とおなじ形式で図 12.24 に示した．この図では，105 万年前から 65 万年前（MIS 30 から MIS 16）にかけても氷河量の増大（この図の場合は山が高くなる）が認められる．第四紀全体を通しての酸素同位体比曲線の変動の周期も，この時期（95 万年前）に変わる．この

---

[*] 第四紀の開始は，これまで 180 万年前とされていたが，最近では 260 万年前（MIS 103 のはじまり）とする意見が多くなっている（町田，2007）．2009 年 5 月に開催された国際層序委員会において第四紀・第四系を 258 万年前以後とすることが採択され（Mascarelli, 2009），6 月 30 日，IUGS（国際地質科学連合）執行委員会は，新しい第四紀の定義を正式に批准した（奥村，2009；遠藤・奥村，2010）．これで第四紀・第四系はおよそ 260 万年前まで延長されることが正式に決まった．

表12.2 第四紀と鮮新世の氷期・間氷期の周期

時間範囲 (ka)	同位体ステージ	期間／氷期数	周期
0-950	MIS 2-22	950 ka／10	95 ka
950-2600	MIS 28-104	155 ka／36	4.3 ka
2600-5100	G2-TG4	2500 ka／62	4.0 ka

LR04スタックの底生プランクトンδ^{18}O曲線 (Lisiecki and Raymo, 2005) による．

変化は，LR04によって計算すると，鮮新世から第四紀前半の95万年前まではおよそ4万年周期，それ以後は9万5000年周期である（表12.2）．酸素同位体比変動曲線の振幅が大きくなっただけではなく，曲線の谷と山の形も，95万年前を境に対称形から，なだらかに低下し急に上昇する非対称形に変わる（図12.24）．その境界はMIS 26とMIS 25の間である．これは99万-107万年前の地磁気のハラミヨイベント（マツヤマ逆帯磁期中の正磁極期）に近い．

このように第四紀の前半と後半では，氷期と間氷期の変動の様子が大きく変化する．この時期以後の第四紀後半になって，氷期の氷床の拡大が規模と時間ともに顕著になるのである．この変化は"**MPT**"（更新世中期変換；Middle Pleistocene Transition，あるいはMPR；Mid-Pleistocene Revolution）と呼ばれている．貝塚 (1978) はMPT以前を「先氷河第四紀」，MPT以後を「氷河第四紀」と呼んだ*．

MPT以前の4万年周期の氷期―間氷期サイクルの原因

ミランコビッチ曲線と，図12.22で代表される海洋底コアの酸素同位体比の曲線とは，とくにMPT以前ではよく似ている．ただし，ここでいうミランコビッチ曲線が示すのは北緯70-60度付近の夏の日射量変化である．氷床形成の引き金となる地域は，ラブラドル半島やバフィン島であると考えられているからである．しかし，日射量変化は，あくまでも氷床形成の引き金やペースメーカーであって氷期の寒冷化の主原因ではない（コーベイ，1984；ブロッカー・デントン，1990）．それは，ミランコビッチ曲線で示される北半球高緯度の夏の日射量の変化は，およそ20%変動するが，それによる気温低下量は最大でも3-4℃にすぎず，氷期―間氷期の気温変化量8-10℃に比べて小さすぎることからも明らかである．このことは，軌道要素の変化による日射量の変化を増幅し，氷床の成長をもたらす正のフィードバックメカニズムが必要であることを意味する．

現在，有力だと考えられているメカニズムは，わずかな気温低下が積雪域の増加をもたらし，それによるアルベド効果（太陽光線の反射の増大）によって寒冷化が促進され，氷床が形成されるという**氷床原因論**である．北半球高緯度地方の夏の日射量が減少すると，夏が冷涼になり，残雪面積が増加する．さらに風系の変化によって降水量が増加して，雪線が低下し越年積雪域が増大する．アルベド効果が働き，雪原はさらにひろがり氷河になる．氷河が拡大するとさらにアルベドが増加し，氷河周辺部はさらに寒冷化するというフィードバックが働き，平衡線降下と氷河拡大をさらに押し進め，ついには氷床になる．最初に氷河の形成がはじまる場所は，わずかの平衡線降下で氷河がひろがる高原部，先に述べたバフィン島やラブラドル半島，降雪が多い山地の風上側斜面であるスカンジナビア山地などと考える．

＊MPTの時期を古地磁気層序のブリューヌ-マツヤマの境界（780 ka前）とする考え方もある．

MPT 以前(鮮新世から前期更新世まで)には,地軸の傾き(4.1 万年周期)の効果による日射量の変化が強く働き,日射量が大きくなると氷河は縮小したと考える.ただし,氷床の成長—衰退の引き金は日射量変化であったにしても,氷床拡大のシナリオやメカニズムに関する野外での証拠は少なく,確実なところは不明である.氷期の終焉のシナリオは,最終氷期の終焉のシナリオがあてはめられよう.

(3) MPT 問題(「氷河第四紀」への移り変わり)

氷河はどう変化したのか

MPT 以前の「先氷河第四紀」の氷河や氷床のくわしい状態(分布や厚さ)は不明である.二つの考え方がある.ひとつは,氷床の拡大範囲は,図 12.7 に示した北極周辺での氷床発源地に限定された小規模なものであったというものである.MPT 以後の氷期のような,北アメリカ中緯度とユーラシア北西部の平原を広範囲に覆う巨大氷床は存在しなかったと考える.北極海での掘削によると,北極海が完全に海氷と棚氷に閉ざされるのは 90-70 万年前以後であるという (Herman and Hopkins, 1980).もうひとつの考えは,氷床の拡大範囲は MPT 以後とおなじ程度で広かったが,厚さが薄かったというものである.この考えは次に述べる MPT 原因論の v) ローレンタイド氷床の性質変化説によるもので,くわしくは後述する (Roy et al., 2004).

MPT の原因

MPT の原因はいろいろ議論されているが,まだ結論は出ていない.次のような説がある.i) 閾値説,ii) ヒマラヤ山脈隆起説,iii) チベット高原氷床説,iv) 地磁気の変化説,v) ローレンタイド氷床の性質変化説である.

i) 閾値説:新生代前半のパレオジーン (Paleogene) から継続していたゆっくりとした寒冷化がある閾値をこえて,北半球氷床が巨大化するようになった (阿部,2002).ゆっくりとした寒冷化の原因は,山脈の上昇に伴う風化作用の促進による CO_2 の減少が有力である.

ii) ヒマラヤ山脈の隆起説:世界最高峰があるヒマラヤ山脈主脈の隆起は第四紀になって加速したという説がある (たとえば Fort et al., 1982).長さ 3000 km もあるヒマラヤ山脈が高さ 8000 m に達し,偏西風の流れの中にそびえ立った結果,風下数千キロメートルの流れの蛇行パターンを変え,北極氷床の発源地であるラブラドル半島とスカンジナビア山地とに低気圧を発生しやすくする気圧配置が出現した (西川,1987).低気圧の多発は多量の降水をもたらして氷河形成がはじまった.

iii) チベット高原氷床説:チベット高原に氷床が形成されたことが北極氷床形成の引き金になったという説である (Kuhle and Herterich, 1989).日射量の減少によって気温が低下し,北半球規模で雪線が下がったとき,まず雪線以下の高度になるのは北極周辺の高地ではなくチベット高原であるという.100 万年前ごろにチベット氷床が形成され,形成された氷床は太陽放射の吸収を低下させる.中緯度地方が太陽から受ける熱エネルギーは高緯度地方よりはるかに大きいから,効率よく地球全体の温度を下げる.しかし,更新世後半にチベット高原が氷床*

---

*更新世後期のチベット氷床の存在には否定的な意見が多いが,地形学的証拠が得にくい更新世中期の氷床については,まだ調査が進んでおらず結論が出ていない.

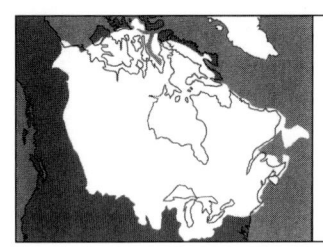

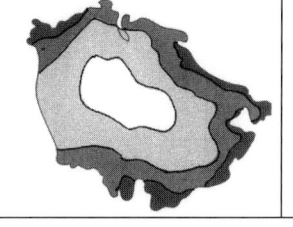

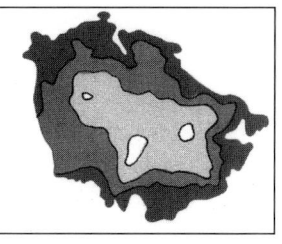

図12.25 A:更新世後半のローレンタイド氷床の範囲.更新世後半の最大拡大を示す.B:厚い氷床(CLIMAPによる復元).C:未固結物質が底に存在する場合の薄い氷床.図中の数字は氷床の高さ(海抜高度)を示す等高線の数値(km)(Ruddimann, 2001: Fig. 13-5).

に覆われたという地形・地質学的証拠はまだない.

　iv) 地磁気の変化説:MPTの時期はマツヤマ逆磁極期からブリューヌ正磁極期への地磁気が変化する時期(地磁気イベント期)にあたっている.地磁気イベント期の磁場強度の変化が気候変化をもたらすという説がある(浜野,1992).地磁気が弱まると大気中の電磁波粒子が減少し,温室効果が減り寒冷化するという説(川井,1976),地磁気が弱まると宇宙線が増加し(阿瀬,2010)寒冷化するという説があるが,そのメカニズムや証拠はまだ提示されていない.

　v) ローレンタイド氷床の性質変化説:Roy et al. (2004)は,北米大陸のローレンタイド氷床の厚さの増大が氷床変動に影響したのがMPTの原因であるという説を出した.それによると,①第四紀の前半には,氷床は,第三紀に形成された厚い風化物の上にのっており,氷河底の風化層の変形によって底面すべり速度が大きく,それによって氷床の厚さは薄かった.②やがて氷床は風化物を侵食しつくして,氷床は直接基盤岩の上にのるようになり,底面すべりの速度がきわめて遅くなり,氷床は厚くなった.③このことは,風化物の変化を示す海洋の化学組成の変化によっても確認できる.一連のこの変化によってMPTがおこったとする.図12.25に北アメリカを覆う3000 mを大きくこえる厚い氷床と,3000 mそこそこの薄い氷床の例を示した.

(4) MPT以後の10万年周期の氷期—間氷期サイクル

10万年の意味と非対称性

　MPT(95万年前)以後に,酸素同位体比の変動曲線の振幅が大きくなり,しかも非対称形になったことは,氷床がゆっくり成長し,急速に縮小したことを意味している.しかし,これは大きな問題を含んでいる.第1は10万年周期*の問題である.日射量変化をもたらす軌道要素の変化(コラム23「ミランコビッチサイクル」参照)のうちでは,地軸の傾き(4.1万年周期)や歳差運動(1.9-2.3万年周期)が効果的である.これに対して,10万年周期(公転軌道離心率)の効果はもっとも小さい.10万年周期の氷期—間氷期サイクルは何に規制されているのだろうか.第2は,非対称形(鋸歯状)の問題である.日射量変化曲線は対称形の変化を

---

*表12.2では9.5万年周期となっているが,広く知られている10万年周期とする.

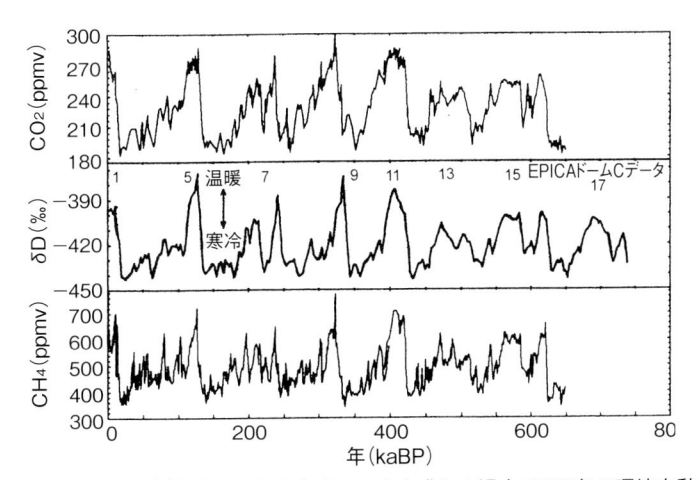

図12.26 南極ボストークと南極ドームCの氷床コアを合成した過去65万年の環境変動を示すカーブ．上：大気中のCO$_2$，中：重水素δD，下：メタン（CH$_4$）の濃度変化．重水素濃度は気温変化を示す．中段の数字はMISの間氷期の番号（PAGESのホームページによる：http://www.pages.unibe.ch/cgi-bin/WebObjects/products.woa/wa/product?id=273）．

するのに，氷河量変化曲線はなぜ非対称形になるのか，ゆっくり登りつめた氷期極相期のピークから，なぜ最後に急に落ちこむのか，つまり氷床はなぜ急激に崩壊するのかである．

10万年周期の問題は，第1には，MPT以前の氷床成長期間のおよそ2万年より長期間にわたって氷床を発達させる成長のメカニズムの解明が必要である．第2には，8万年経過した時点で，北半球の大氷床全体がなぜ急速に崩壊するのかの解明である．その崩壊のメカニズムを提示することが必要である．最終氷期の崩壊過程はすでに述べたように明らかにされつつあるが，なぜ8万年で大崩壊するのかの理由はまだ明らかではない．

氷床成長のメカニズム

すでに述べたように，日射量の減少が引き金となって，北半球高緯度の氷床の形成はラブラドルの高原やスカンジナビア山地からはじまる．氷期のはじまりには山岳氷河（氷原）が拡大し寒冷化をもたらし，その結果，氷期の後半に氷床が発達する*．それに加えて，北極海を取り囲むような大きな氷床が形成されたのには，海洋氷床の成長が重要な役割を果たしたと思われる．氷河・氷床が拡大するにつれて海面が低下し，北極海周辺の浅海部の海氷・棚氷は接地する．すると，海氷・棚氷の厚みが増すことが可能になり，海域で氷ドーム（氷床）にまで成長する．その結果，MPT以後の氷期には，北アメリカとユーラシア北部と北極海の一部を氷床が覆い，北極海が完全に海氷と棚氷に閉ざされて，ひと続きの極冠と呼べる状態になった．

成長した氷床は数千メートルの高さをもつようになるから，氷河平衡線以上の面積が増え，氷床はますます拡大する．氷床が成長するためには継続的な水分の供給が必要であるから，巨大な氷床ができるためには長い時間がかかる．

南極ボストーク基地や，ドームふじ，ドームCの氷床コアからは古気温だけではなく，過去70-80万年におよぶ大気中のCO$_2$やメタン（CH$_4$）の濃度変化が明らかになった．CO$_2$濃度とメタンの変化傾向は気温の変化傾向とたいへんよく一致している（図12.26，図14.15）．

---

* Sakaguchi（1988）は，氷期を前半の山岳氷河形成亜氷期と後半の氷床形成亜氷期に区分した．

これはCO_2などの温室効果ガスが気候変化に密接な関係をもっていることを示している．温室効果ガス（とくにCO_2）濃度の変化は海洋大循環の変化と連鎖しており，大気の50-60倍の炭素を含んでいる海洋のCO_2吸収効果を無視することはできない．氷期には，次のようなプロセスで大気中のCO_2濃度が減少した．i）氷期には氷床地域と低緯度地域との温度勾配が増加したため大気と海水の循環が激しくなり，湧昇流海域が増加し，そこではプランクトンが増え，海洋表層部のCO_2を大量に取り込んだため，大気中のCO_2が海水に吸収されて大気中のCO_2濃度が減少した（大場，1988）．ii）大気大循環と風系が変化した結果，表面海水の塩分濃度が減少した海域が生じ，そこでは海洋の鉛直循環がストップし，深層からのCO_2の供給が減少したので，表層プランクトンのCO_2消費が増大し，表層水のCO_2が減少し，大気中のCO_2が海水に吸収された（ブロッカー・デントン，1990）．これらの説では，大気のCO_2濃度変化を大気―海洋大循環システムの変化の中に位置づけており，CO_2の減少に加えて，大気大循環の変化による乾燥化がもたらすメタンの減少や塵の増加，あるいは大気大循環の変化のためおこる雲量の増加などがさらに気温低下を促進するとしている．

氷床拡大→アルベド増大→寒冷化というメカニズムと大気中のCO_2の減少とによって，北半球の氷床はおよそ8万年かけて，中緯度に達する巨大氷床にまで発達したのである．

崩壊のメカニズム

すでに述べたように，氷期の終末期の過程はダンスガー゠エシュガー振動の一部であることは明らかになったが，なぜ8万年目に氷床を完全に融解に導くような急激な温暖化がおこったのかはよくわかっていない．現在，有力だと考えられている氷床形成開始後8万年で氷床が崩壊するメカニズムは，i）氷床の形成それ自体に含まれる崩壊の過程が10万年周期をつくるという**氷床崩壊説**，ii）日射量の変動が原因になるという**日射量引き金説**，iii）大気中のCO_2濃度の増加が温暖化をもたらすという**温室効果説**の三つである．

i）**氷床崩壊説**：氷床が巨大になりすぎると氷床の自重による荷重で内部流動速度が増し，高さが低くなりはじめる．さらに，氷床の下の岩盤が氷床の荷重によって沈下し，氷床の高度が平衡線以下に低下する．平衡線より低くなった氷床は，質量収支が負になって急速に消耗する．このようにして氷床の成長と急速な崩壊が10万年周期でおこることが数値実験によってたしかめられている（コーベイ，1984；Oerlemens and Van der Veen, 1984: p.217）．

ii）**日射量引き金説**：日射量の変動を重視する考え方によると，約10万年に一度，離心率が小さくなり（公転軌道が円に近くなる），夏季日射量の変動幅が小さくなることがある．そうなると夏の気温が十分に上がらなくなって氷床が極端に拡大するという．氷床は大きくなりすぎると不安定になり，次の夏季日射量の増大をきっかけに消耗・崩壊するとされる（Raymo, 1997）．別の考えでは，地軸傾斜角のサイクル（4.1万年周期）の2-3周期ごとに退氷がおきるという考えもある（Huybers and Wunsch, 2005）．

iii）**温室効果説**：生物ポンプ作用を含む大気―海洋大循環システムの体制変化によって，大気中のCO_2量の増加が氷床を崩壊させるという説である．Petit *et al.*（1999）やShackleton（2000）によると，何らかの理由によって南極の昇温とそれに伴う大気中のCO_2の増加がまずはじまり，CO_2の増加による温室効果の増大によって北半球の氷床が崩壊をはじめるという．このようなシステムの変化は劇的におこる可能性があり（ブロッカー・デントン，1990）．氷床

崩壊（氷床サージの発生）を引きおこすだろう．しかし，この説は，12.2（3）中の「最終氷期終了の過程」の最後で述べたように，最近では旗色が悪い．

（5）更新世「平均的」氷河被覆

LGM（最終氷期極相期）の状態が更新世の氷床の平均的な状態ではなかったことは，氷床変動曲線から明らかである（図12.15上，図12.24）．更新世の大部分の期間，氷河面積は，氷期の最拡大と間氷期の最縮小との間にあった．長期にわたる第四紀の環境状態と地形形成環境を考えるときには，このような中間状況を想定するのがふさわしい．Porter (1989) は，海洋底コアで示される長期間の氷河量変動記録を用いて更新世の氷河面積の平均状態を考えた．その状態とは，イギリスとアイスランドでは新ドリアス期とおなじような氷河拡大規模であり，スカンジナビア氷床では，ノルウェーの大部分とスウェーデンの高地部だけを覆う状態とした．ローレンタイド氷床では9000年前のかなり縮小した状態を考えた．キーワティン（Keewatin；ハドソン湾の西側），ラブラドル，バフィンの三つのアイスドームが明瞭になった時期である．グリーンランド氷床と南極氷床は現在よりやや大きな状態を考えた．中・高緯度の山岳氷河は，現在より数キロメートルから数十キロメートル前進した状態とした．この平均氷河被覆（average ice cover）が第四紀の地形変化を考えるときの氷期と間氷期の境界条件になるとポーターは強調している．

大場（2010）は，海洋底コアの酸素同位体比スタックLR04（Lisiecki and Raymo, 2005）の変動曲線（図12.22下）から，第四紀全体の氷河量変動・海水準変動はダラダラと変化したのではなく，はっきりと段階的に変化したと述べている．鮮新世末（2.8 Ma以前）はそれ以後より明確に温暖であった．間氷期の海面レベルは完新世のレベルより高く，氷期のレベルは最終氷期の亜間氷期（MIS 5a, 5c）とおなじ程度であった．2.6 Ma以後の第四紀になると，間氷期のピークは完新世とほぼおなじになり，ずっと変化しない．いっぽう，氷期の氷河量のピーク（酸素同位体曲線の谷）は急に高く（深く）なり，MPT（0.95 Ma）まで続く．そのレベルは最終氷期の亜氷期（MIS 3, 5a, 5b）とおなじレベル（海水準－70 m）であった．MPT以後ピークはMIS 2, 6, 12などとおなじレベル（海水準－130 m）になった．したがって，更新世を通しての「平均的」氷河被覆は最終氷期の亜氷期（MIS 3, 5a, 5b）レベル（海水準－70 m）と見ることもできよう．

コラム20

日本の氷河地形編年

氷河地形の編年の歴史

　モレーンが2列以上あることや，開析された圏谷地形があることなどによって，日本の氷河地形の形成期が新旧に分かれることは，以前から知られていた．日高山脈では，トッタベツ氷期とポロシリ氷期に，木曽山脈では飛騨氷期I，飛騨氷期IIに区分され，槍・穂高連峰では飛騨氷期より古い横尾氷期が区別された．立山では，立山氷期と室堂氷期という二つの氷期が提唱された．氷河地形が深い谷の中にあり，平野の地形に直接つながらない日本では，炭素同位体年代測定用の試料がまれにしか発見されないこともあって，氷河地形の編年はな

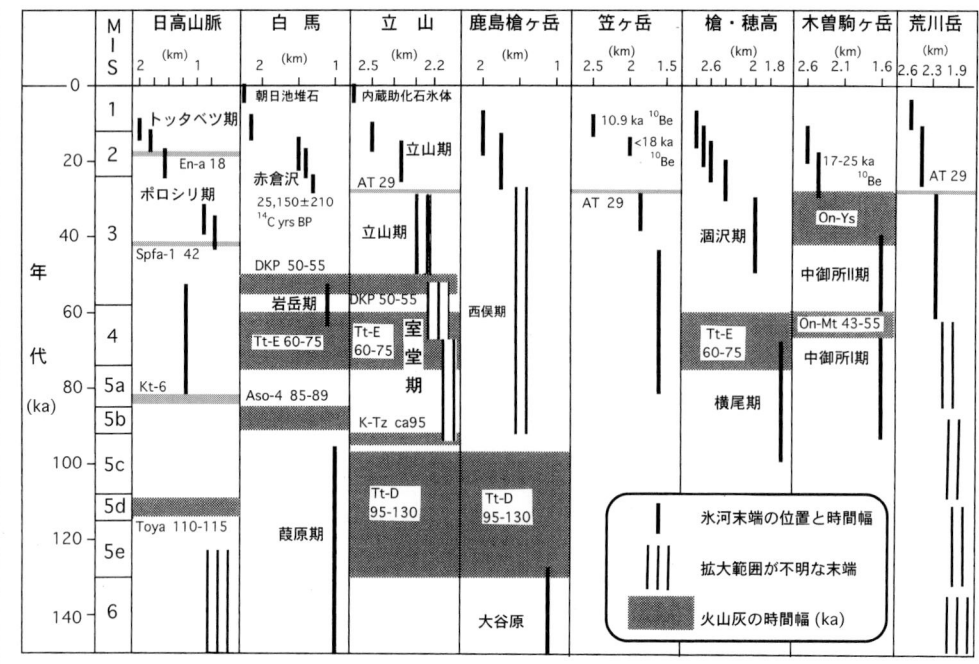

図A 更新世末の日高山脈と日本アルプスの山岳ごとの氷河拡大の時期と拡大の程度（氷河末端の海抜高度）．テフラ（火山灰）との関係で時代を示してある（くわしい引用は岩田，2003を参照されたい．荒川岳の情報は長谷川ほか，2007による）．

かなか進まなかった．しかし1970年代になってモレーンや接続する流水堆積物の中から広域テフラ（火山噴出物）試料が発見されるようになり，氷河堆積物の絶対年代が明らかになってきた．火山灰編年によって，日本では，炭素同位体年代測定ではカバーできなかった，5万年前より古い，最終氷期前半の氷河前進期も明らかにできるようになった．最近では宇宙線生成放射性核種法や光ルミネッセンス法の年代測定も使われはじめた．露頭でのティルの判定の進展，年代測定技術の進歩やそれに伴うテフラ年代の改訂などによって，氷河前進期の編年も変わってきているが，氷河地形の編年は着実に進んでいる（平川，2003；Sawagaki et al., 2004；長谷川ほか，2006）．

氷河の拡大期

日本列島の諸山地における氷河拡大期を示すモレーンの時期と位置する高度，モレーンと火山灰との時代関係を図Aにまとめた．わが国にも最終間氷期の直前の氷期（MIS 6）の氷河地形が存在することが確実になっている．日高山脈のトッタベツ川の氷食谷，白馬岳東面の葭原期モレーン，鹿島槍ヶ岳東面大谷原のモレーンなどである．最終氷期前半のMIS 4-5a前後の氷河の前進は，立山西面の室堂礫層で確認されている．日高山脈エサオマントッタベツ川，白馬岳岩岳期，鹿島槍西俣期，横尾期，木曽駒ヶ岳中御所I期もMIS 4であろう．MIS 3と考えられるのは，ポロシリ期，立山室堂礫層の最上部のティル，木曽駒ヶ岳中御所II期などである．日本列島では，最終氷期前半の氷河拡大期の方が，後半の拡大期より圧倒的に拡大量が大きい．氷河拡大期がMIS 5a-3の時期に散らばるのは，1) テフラの年代精度が低いため，2) ボンドサイクルに対応する多数の氷河拡大があった，という二つの可能性が考えられる．

最終氷期後半の氷河前進期は多くのサブステージに分かれるが，最大拡大期は，白馬岳の赤倉沢期の炭素同位体年代（25,150±210 yr. BP）や，笠ヶ岳や立山御前谷のモレーンがATテフラ（29 ^{14}C ka BP）（奥野，2002）をのせていることから，MIS 2よりもMIS 3に含まれるといえよう．このことは北半球氷床のLGMと山岳氷河の拡大期がずれているという重要な発

見である．時代が明確になっている完新世のモレーンは，白馬岳北方の朝日岳北の凹地底の池のそばに堆積した泥炭を含むモレーンのみである*．

最終氷期の氷河最拡大期の環境

　最終氷期の氷河拡大のうち，MIS 2-3 の氷河拡大より MIS 4-5a の氷河拡大の方が大きい理由について，以前には，MIS 4-5a には，海水準が低下しておらず，日本海に対馬暖流が流入して日本の山地に水分を十分に供給したので氷河が拡大し，いっぽう，MIS 2 には氷床拡大による海面低下によって，暖流が止まり日本海の水温が低下し水分供給が減ったので氷河は発達しなかったと考えられていた（小野，1985）．1990 年代になって日本海の海底コアを用いた日本海の環境復元の研究が進み，複雑な環境変遷史が明らかになってきたので（たとえば池原，1998），MIS 3-4 の氷河拡大の原因を日本海の環境変化だけに求めるのは困難になってきた．コラム 21 でも述べるように，最終氷期における中緯度地域の山岳氷河の拡大期は，北半球の氷床の拡大期とずれていたことがだんだん明確になりつつある（Gillespie and Molnar, 1995）．

　図 A に示した氷河拡大期は，さまざまな時期に散らばり，多くの拡大期があったように読みとれる．山岳氷河は，グリーンランド氷床や周辺海域で明らかになったダンスガー＝エシュガー振動に示される気候変化を直接反映するともいわれており，この考えによると多くの氷河拡大期が存在することは不思議ではない．日本アルプスの氷河が数千年周期で拡大・縮小を繰り返していた可能性も否定できない．北半球氷床の最大拡張期である LGM を，日本アルプスの氷河最拡大期に安易に対比することは危険であり，また，日本列島の最終氷期寒冷期の古環境を論ずるときに 2 万年前を基準にすることは止めるべきである．

---

*ティルをはさむ 8 ka BP 前後の ^{14}C 年代値が得られている．

コラム 21
ヒマラヤ山脈とチベット高原での氷河地形編年

ヒマラヤ山脈北面とチベット高原での編年

　アルプスの北麓で氷河地形編年研究が進展したように，ヒマラヤ北麓はすぐれたフィールドである．ヒマラヤ山脈北面の大きな谷氷河は，広大なチベット高原に山麓氷河を拡大させ，広範囲にモレーンと扇状地（あるいは ice marginal rump）を残した．1960 年代，1970 年代に中国科学院の調査隊はこれらをマッピングし，アルプスの四大氷期にあてはめた年代観によって編年した（中国科学院西蔵科学考察隊，1976）．その後，第四紀地質学者たち（中国科学院青蔵高原総合科学考察隊，1983）と蘭州冰川凍土研究所の地形学者たちは，ヒマラヤ・カラコラム北面やチベット高原各地の氷河地形調査を行い（中国科学院青蔵高原総合科学考察隊，1986），氷河地形をマッピングしアルプスの年代観にあてはめた．1980 年代からは外国の氷河地形学者も調査を行っている．中でもドイツ，ゲッチンゲンのクーレ（Kuhle）とレムクール（Lehmkuhl）が精力的に調査を行ったが，チベット高原の氷河地形編年を完成させるような総合的な成果は得られていない．チベット高原を広く覆った氷床があったかどうかというチベット氷床問題の決着もついていない．

クンブヒマールでの氷河地形の編年

　ヒマラヤ南面で氷河堆積地形の編年がもっとも盛んにくわしく研究されている場所は，世界最高峰チョモランマの南面のクンブヒマール地域である．高度 4500-5300 m の広い盆地に多くの氷舌がのびており，氷河末端に巨大なモレーンが形成され，多くのステージが認められる

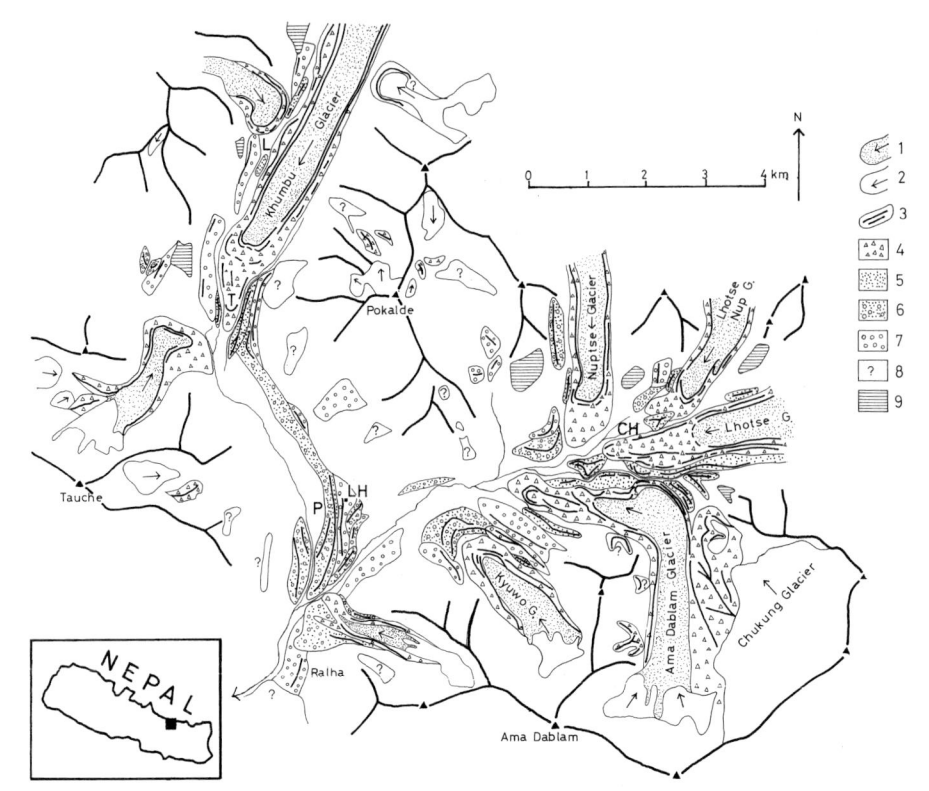

図 A ネパール，クンブヒマールのハージュン（Lhajung）観測所周辺のモレーンの分布．1：氷河（岩屑被覆），2：氷河（裸氷），3：モレーンリッジ（堆石堤），4：ロブチェ（Lobche）期モレーン，5：トゥクラ（Thuklha）期モレーン，6：ペリチェ（Periche）期モレーン，7：タンボチェ（Thyangboche）期モレーン，8：未区分のモレーン，9：高台（高い平坦地），L：ロブチェ，T：トゥクラ，P：ペリチェ，LH：ハージュン観測所，CH：チュクン（Chukung）(Iwata, 1976a による).

からである．本書の著者は，1974年10月から翌年の2月にかけて，この地域でモレーンの編年を試みた．氷舌を取り巻く新鮮なモレーンから，高台（プラットフォーム）の古いモレーンまで幾重にもモレーンリッジが連なり，複雑な地形を形成していた．空中写真が手に入らなかったので，何度も高い山稜や谷壁に登り俯瞰することによって地形区分を試みた．はじめは戸惑うばかりであったが，2カ月ほどするうちに急に霧が晴れるようにステージの違いがわかるようになった．地形の位置と新鮮さ，土壌・レスと植生の発達，礫の風化度が指標になることがわかった．その結果を図Aに示す．ただし，ティルそのものを示す絶対年代値が得られなかったので，推定した相対年代（表A）を示すにとどまった．これに対しては，相対年代を推定するのは無意味であるとか，礫の風化度による異なった年代観の提示などの批判が加えられ，決着はつかなかった．

その後25年近く経って，新しく開発された年代測定法（光ルミネッセンス法や宇宙線生成放射性核種法）が用いられ，絶対年代が明らかになった（表A）．それらの結果は，Iwata (1976a, 1984a) の相対年代がかなり正確に年代を推定していたことを示した．クンブヒマールではイムジャ氷河湖のGLOF（氷河湖決壊洪水）の危険が問題となっていることもあって，さまざまな分野の研究が進んでいる（たとえば Hambrey *et al*., 2008）．

そのほかのヒマラヤ山脈での氷河地形編年

クンブヒマール以外のネパールヒマラヤでは，カンチェンジュンガ山塊，ランタンヒマール，カリガンダキ中流・上流部で編年が行われてきたが，絶対年代はあまり得られていない．東ネ

表A　ヒマラヤ山脈チョモランマ峰（8848 m）南面，クンブヒマールの氷河前進期（モレーン）の対比の試み

Iwata (1976a) 相対年代	Williams (1983)* 相対年代	Müller (1980)*, Bennedict (1976)*, Fushimi (1978)* 炭素年代・相対年代	Richards et al. (2000) OSL 年代	Finkel et al. (2003) CRN による年代
ロブチェ I-III （完新世末）	イクギッガ I-III （完新世末）	プモリ (ca. 410-550 ^{14}C yr. BP) チョラ (ca. 1150-1200 ^{14}C yr. BP)	ロブチェ (ca. 1-2 ka: OSL)	歴史時代 (<500 yr. BP) ロブチェ (ca. 1 ka)
トゥクラ (<5 ka)	タンパ (<5 ka)	トゥクラ I-II		トゥクラ (3.6±0.3 ka)
			チュクン (ca. 10 ka: OSL)	チュクン (9.2±0.2 ka)
ペリチェ (ca. 20 ka)	ラオグ (ca. 20 ka)		ペリチェ (18-25 ka: OSL)	ペリチェ II (16±2 ka) ペリチェ I (23±3 ka)
タンボチェ (ca. 40-50)				タンボチェ II (35±3 ka) タンボチェ I (86±6 ka)
高台 PF (>150)				

相対年代は，モレーンの風化・土壌発達・植生被覆などによる区分と世界の他の山岳での氷河変動との対比による．
OSL：光ルミネッセンス年代測定．CNR：宇宙線生成放射性核種年代測定．Finkel et al., 2003 によって岩田編集．
*のついた文献は Finkel et al., 2003 を参照されたい．

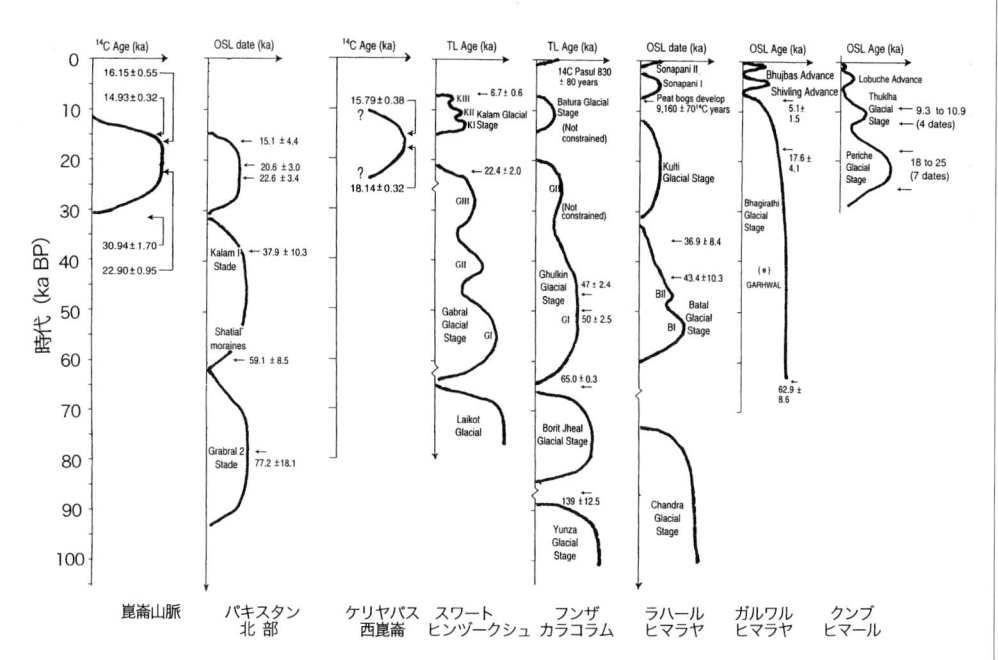

図B　ヒマラヤ，カラコラム，崑崙，ヒンズークシュでの完新世と最終氷期（現在〜10万年前）の相対的な氷河変動．各コラムの右側が氷河拡大を示す（Benn and Owen, 1998; Richards et al., 2000 などによる）．

パールから中央ネパールにかけての地域全体の最近40年間の氷河変動と最終氷期以降のモレーンの編年を Asahi (2008) が完成させ，古環境復元も行っている（Asahi, 2010）．しかし，西ネパールでは最終氷期の氷河最拡大範囲のマッピングもまだ完了していない．ネパールの西側，インドのラホールヒマラヤやラダック，カラコラムなどではカリフォルニアのオーエン

(Owen) たちのグループが宇宙線生成放射性核種法によって，イギリスのベン (Benn) たちのグループが光ルミネッセンス法によって，モレーンの編年を精力的に行った．これらの結果によると，ヒマラヤの西半分では最終氷期の氷河最大拡大時期は2万年前ではなくて，それより古い4万年前から8万年前にかけてである（図B）．これは MIS 3 もしくは MIS 4～MIS 5a, 5b にあたる (Owen et al., 1998 など；塚本，2002)．この理由は，ミランコビッチ曲線で示される太陽の放射熱の増加がモンスーンを活発にして降水量を増加させたからと考えられている (Richards et al., 2000)．

このように最終氷期における中緯度地域の山岳氷河の拡大期は，北半球の氷床の拡大期とずれていたことがだんだん明確になりつつある (Gillespie and Molnar, 1995)．チベット高原や中央アンデスの高山の10カ所近くで氷河コアを採取・分析した結果 (Thompson et al., 2005) によると，氷河の伸長・縮小は，南半球と北半球で同期しないし，高緯度の氷河拡大とも同期しない．その原因は，低緯度の氷河成長の駆動力は第一に降水であり，歳差による日射量の変化による降水量の増加が重要だからであるという．

コラム22
グリーンランド氷床での最終氷期の気候変化

1990年代初頭にグリーンランドの氷床ドーム頂上で行われた氷床掘削 (GRIP) は，変化に富んだ，驚くべき気候変化像をもたらした．その結果，明らかになり，命名された気候変化サイクルは，十分に理解されていないようなので説明する．12章図12.15，図12.16とその説明や，増田・阿部 (1996)，アレイ (2004)，河村 (2009) の文献も参照されたい．

ダンスガー＝エシュガー振動（Dansgaard-Oeschger cycles；D-O cycles；D-O 振動）

1000-3000年周期でおこる温暖期と寒冷期の繰り返しで，ゆっくりと寒冷化し，急激に温暖化する（30-40年で最大15℃の急激な年平均気温上昇があったとされる）．この急激な温暖化はダンスガー＝エシュガーイベントと呼ばれる．ダンスガー＝エシュガー振動の周期は，最近では1470（±532）年とされる (Schulz, 2002) ので，1000年周期の気候変動と呼ばれるようになった．この現象は北大西洋深層水 (NADW) の変化と対応するが，その原因（原動力）はまだよくわからない．最近は中世温暖期から小氷期への気候変化も D-O 振動であるとされる*．

ウイリ＝ダンスガール (Willi Dansgaard) はデンマークの地球化学者，ハンス＝エシュガー (Hans Oeschger) はスイスの地球化学者．ダンスガールらがこれを発見したのは1960年代終わりから1970年代はじめにかけてで，北西グリーンランドのキャンプセンチュリーの氷床コアの解析によるものだが，この記録はあまり質がよくなかったので注目されなかった．この後，1980年代半ばにダンスガールとエシュガーらが南グリーンランドのダイスリー (Dye 3) コアで同様の現象を発見してから注目されるようになり，GRIP のコア解析で確定した．

ボンドサイクル（Bond cycle）

ダンスガー＝エシュガー振動の振幅の数回のセット．ダンスガー＝エシュガー振動が繰り返しながらゆっくり寒冷化し，最後に，北大西洋に氷山によって運ばれた堆積物 (IRD; ice rafted debris) が堆積する現象（ハインリッヒイベント）があって，その後に大きな温暖化がある．ボンド (Gerald Bond) は，これを北大西洋の海底堆積物で発見した（最初の論文は1993年）．

---

*最近の地球温暖化の原因をダンスガー＝エシュガー振動によるとし，人間活動には大きな責任はないとする説がある．シンガー・エイヴァリー (2008: pp.319-328) を参照されたい．その中に取り上げられている宇宙線仮説のメカニズムに関しては，13.3 (3) を参照されたい．

ハインリッヒイベント（Heinrich events）

　ハインリッヒイベントの原因は，ハドソン湾の氷床の消長によると思われている（MacAyeal, 1993; Hulbe, 2010; Alvarez-Solas et al., 2010）．まず，ハドソン湾でゆっくりと氷床が成長する．ある程度以上厚くなったところで，氷床自身の断熱（ブランケット）効果（底部の融解）と海水温の上昇による棚氷の流失によって，氷流の流動が加速する．継続すると氷床が崩壊し，氷山が大量に北大西洋に流出して氷山岩屑を海底に残す．氷床サージが発生したのである．これがハインリッヒイベントである．海氷がなくなると，大気が冷却される効果が弱まって温暖期が訪れる．いっぽう，ハドソン湾の氷河変動であるボンドサイクルに対し，10万年周期の氷期─間氷期サイクルはローレンタイド氷床全体の消長である．ハインリッヒイベントでローレンタイド氷床全体が融けたことはない．

コラム 23
ミランコビッチサイクル

ミランコビッチサイクルとは何か

　ミランコビッチサイクルとは「地球の公転軌道面と自転軸の長期の運動によって太陽と地球との位置関係が変化し，地球上に入射する太陽放射の量および分布が変動すること」（熊澤ほか，2002：p.160）である．つまり 1) 地球表面での周期的な日射量長期変動であり，2) それは，地球の公転運動と自転運動の力学から理論的に（計算によって）導かれ，3) その量には場所による差異がある（南北半球で逆位相になり，緯度ごとに量が違う），と整理できる．

　この日射量長期変動は，天文学者によって 19 世紀から議論されてきたが，精密に定量計算したセルビア人ミルティン＝ミランコビッチ（Milutin Milanković: 1879-1958）の名前で呼ばれることになった．彼は，夏と冬の北半球と南半球について緯度 10°ごとに 60 万年前まで（後には 100 万年前まで）の日射量変動を計算し，1920 年から 1938 年の間に次つぎに発表した．

ミランコビッチを理解するための現在の地球軌道の性質

　i) 地球自転軸（地軸）は公転面に対して 23.4°傾いている．公転面に対して真上から見たときに，傾いた自転軸の方向が太陽の方向に向かった（一直線になった）ときが至点（北半球が太陽に近いとき夏至：7月21日，南半球が近いとき冬至：12月21日），軸の方向が太陽の方向と垂直になったときが分点（春分と秋分）である（図 A-a）．これによって夏と冬の季節が生じる．

　ii) 地球公転軌道は楕円形で，現在の地球公転軌道の離心率は 0.0167 である（楕円の場合，離心率＝2 焦点間の距離／長径である）（図 A-a）．

　iii) 太陽は楕円の焦点から外側にずれている．公転軌道と短い長半径の交点を近日点，長い方の長半径の交点を遠日点という．太陽から遠日点までの距離は 1 億 5600 万 km，近日点までの距離は 1 億 4600 万 km で，それによる年間日射量の変化（季節変化）は 0.03% である．自転軸が傾いている方向との関係で遠日点は北半球の夏（7月4日）に，近日点は北半球の冬（1月3日）になる（図 A-a）．

地球軌道要素の周期変化

　i) 地球自転軸の傾きは 4 万 1000 年周期で 21.8-24.4°の範囲で変化する（axial tilt, obliquity）．傾きが大きくなると季節変化が大きくなり，高緯度と低緯度の気候差は小さくなる．

　ii) 地球公転軌道の離心率（eccentricity, orbit change）は 10 万年と 40 万年の周期で，0-0.067 の範囲で変化する（図 A-b）．離心率が大きいときには季節変化が著しくなる．

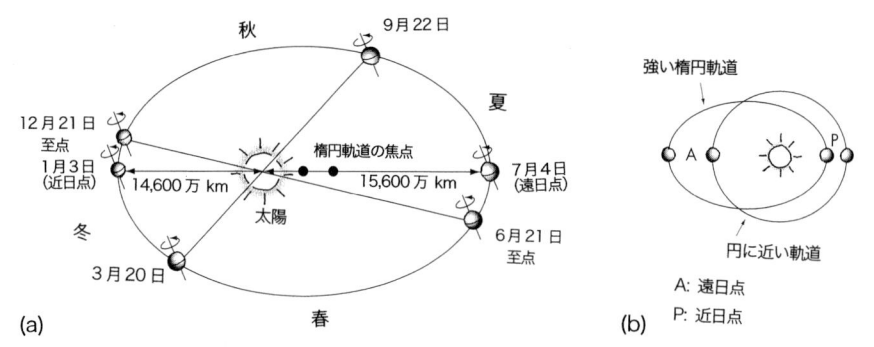

図A 太陽をまわる地球の公転軌道の形．(a) 現在の軌道と季節（四季）との関係，至点（solstices）と分点（equinoxes），(b) 軌道の形は円に近い形から楕円にまで変化する．地球が太陽にもっとも近づいた点が近日点（perihelion），もっとも遠ざかった点が遠日点（aphelion）（Wilson et al., 2000 による）．

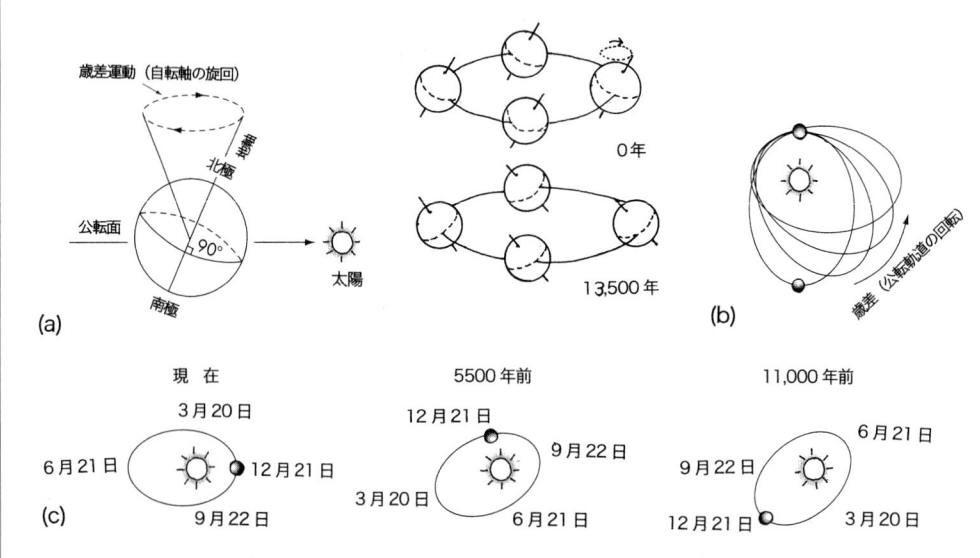

図B 分点（equinoxes）の歳差運動の要素．(a) 自転軸の首振り運動（旋回）による歳差運動，(b) 地球公転軌道の歳差運動（回転），(c) 分点の歳差運動（Wilson et al., 2000 による）．

iii) 歳差運動（precession）は，a) 地球の自転軸が首振り（旋回）する運動（図B-a）：2万7000年で1周するのに加えて，b) 地球楕円軌道がゆっくり反時計まわりに回転している運動（図B-b）：周期は10万5000年，近日点の日時が変わる，の2部分からなる．a) b) の組み合わせによって地球の両半球と太陽の距離が変わるので，それによって交点軌道上の分点（春分や夏至）の位置が移動する（現在は遠日点付近にある夏至が1万3500年後には近日点付近にくる）．a) と b) の組み合わせによって生じる周期は2万3000年である．それと離心率（地球軌道の形態変化）との組み合わせによって1万9000年の周期ができる．この2万3000年の周期と1万9000年の周期との組み合わせによって，各半球の近日点が夏にくるのは2万1700年ごとである（図B-c）．

日射量変化曲線

ある地点・ある季節において，上記 i) ii) iii) の周期変化を合成すると，複雑な変動曲線を描くことができる（図C）．氷期の引き金，あるいはペースメーカーとしてもっとも重要視されているのは北緯60-70°における夏の日射量である．北半球氷床の中核となるローレンタイド氷床などの発源地がこの緯度帯に存在するからである．

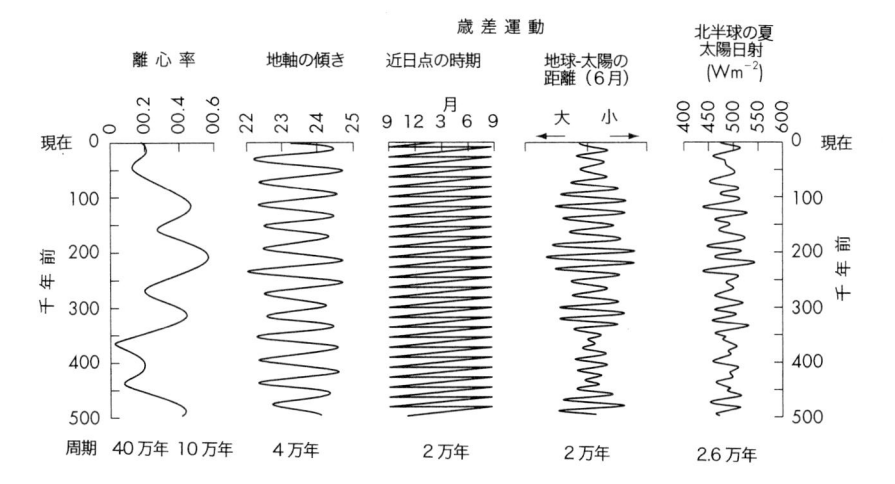

図C 過去50万年間の地球軌道要素の変動：離心率と，自転軸傾斜，歳差運動（歳差は近日点の時点と6月の太陽と地球の距離として示される）．その結果としておこる北半球の高緯度地方の大気圏のてっぺんで，夏に受ける太陽エネルギーの変動．これが地球氷床変動に敏感な太陽日射変動（ミランコビッチサイクル）である（Wilson et al., 2000 による）．

　ミランコビッチサイクルの説明をわかりやすく書いたものは多くない．もっとも丁寧に書かれたものはインブリー・インブリー（1982: pp. 85-106, pp. 124-146）であろう．わかりやすいのは Wilson et al. (2000: pp. 63-64) である．

コラム23　ミランコビッチサイクル

13　氷河時代の形成

1911年3月19日　橇は恐ろしく重かった．貯蔵所まであと15.5海里で，3日あれば着けるはずだ．なんとのろいことか！　食糧は2日分あるが燃料はかつかつ1日分しかない．誰の足も悪くなっている…

スコット

1912年11月11日　夜から12日朝へかけて1トン野営地から真南へ11海里進んだ地点でテントを発見した．…テントの中にスコット大佐，ウィルソン医師，およびバワズ大尉の遺体が発見された．…われわれは一行の装備を残らず収容し，橇およびその積載品を掘り出した．それにはビアドモア氷河のモレーンから採取した貴重な地質標本が35ポンドも含まれていた…

アトキンソン
『スコット　南極探検日誌』

13.1　地球史の中での氷河時代と温室地球

　氷河時代（Ice Age）とは，地球のどこかに大陸規模の氷床が存在する時代である．南極大陸とグリーンランドに氷床がある現在は，地球史の中の氷河時代である．地球誕生直後の高温な時代は別にして，われわれの地球は先カンブリア時代以来ずっと，大陸氷床が存在した氷河時代（氷室地球）と，その間の，氷床が消滅した，あるいは氷河が高山だけに退いた時代（温室地球）との繰り返しであった．地球史の最初の部分を除いて，地球表層の環境の大枠は，太陽からのエネルギー（太陽放射）量と，地球大気の組成で決まっているといえる．その微妙なバランスの中で，地球は，氷河が発達しすぎて氷惑星になってしまうこともなく，金星のような灼熱の惑星になることもなく，氷河時代と温室時代を繰り返してきた．しかし，何回も繰り返した氷河時代の中で，氷河時代の形成過程が明らかにされているのは，現在の氷河時代，これまで見てきた，第四紀を含む氷河時代だけである．

　6550万年より前の中生代には，地球全体が温暖で，北極地方にも南極地方にも氷床は存在しなかった．南極の最初の氷河の記録は始新世中期（4900万年前）の陸上堆積物から得られており（Webb, 1990），漸新世はじめには南極大陸に氷床の形成がはじまった．このときから「氷河時代」がはじまったといえよう．この最後の，新生代に入ってからの氷河時代を古生代以前（約2億5000万年より前）の氷河時代と区別するために「**新生代氷河時代**」と呼ぶ．南極氷床の形成によって低温の海洋深層水が形成され，それが地球全体の寒冷化をもたらし，北半球の氷床形成にむすびついたというシナリオが広く認められている．

13.2　新生代氷河時代の形成

（1）南極氷床の形成開始と南極氷床時代

温暖な南極大陸

　1912年3月，南極点からの帰途ロス棚氷上であえない最期をとげたスコット隊は，最後まで約16 kgの地質サンプルをソリに積んで引っ張っていた．それらの中には植物化石や石炭が含まれていた．スコット隊の犠牲と引き換えに，かつて（中生代），南極大陸にも，氷床が存在せず，森林が繁茂していた温暖な時代があったことが明らかになった．

　6550万年以前の中生代は，地球全体が温暖で，両極地方にも氷がなかった温室地球の時代

であった（平, 1991）．現在南極にある陸塊は，まだゴンドワナ大陸から分離せず，現在より低緯度にあった．当時の地球は浅海の面積が広く，海水温は深層でも高く，火山活動も盛んで大気中の CO_2 濃度も高かった．

新生代の寒冷化

暖かい中生代からどのようにして新生代氷河時代がはじまったのか．まず，白亜紀末期の火山活動最盛期から，次第に火山活動が低下し，大気中に放出される CO_2 が減少し，大気中の CO_2 レベルが低下し，地球寒冷化がはじまった．さらに，火山活動の低下による海底地殻の温度低下に伴って海底地形が沈下し，海水準が低下した．それによって暖まりやすい浅海が減少し，気候が大陸性になり，季節が明瞭になり，寒冷化がはじまった（Wilson et al., 2000: pp.140-142）．

氷河形成のきっかけは，大陸移動によって南極に孤立した陸域ができたことである．それによって陸上に氷河域が存在できることになった．発達した氷河は，南極地域を冷やし，やがて寒冷になった南極大陸を取り巻く南極海から生まれた冷たい海洋深層循環が地球全体を寒冷化し，地峡・山脈の形成による海洋・大気大循環の変化が地球全体の寒冷化を加速した．ここでは岩田（1991）・Florindo and Siegert（2009）に基づいて，時間軸に沿って新生代氷河時代の形成を概観しよう．

ゴンドワナ大陸が分裂して南極が南下しはじめたのは，中生代の白亜紀中期ごろ（図 13.1A）で，古第三紀*始新世の初頭の5000万年前ごろには現在とほぼおなじ位置に到達した（図 13.1C）．南半球極域に氷河や氷床が形成される前提条件が整ったのである．

中生代からの地球の気候変化は，深海底掘削コア試料中のプランクトン殻の酸素同位体比（$\delta^{18}O$）の解析から明らかにされている．温暖な中生代末から古第三紀，新第三紀を通して地球がしだいに寒冷化してきたことがわかる（図13.2）．古第三紀，新第三紀は温暖で，第四紀になって急に寒冷になったという古い気候変化像は正しくない．気候の寒冷化は段階的に進行した．

南極氷床形成史の研究法

南極大陸とその周辺の古環境の解明は，南極周辺の深海底や浅海底，陸上で行われた掘削によって大きく進歩した．1972年からはじまった掘削の地点は1988年までに70カ所に達し，得られたコアの長さを合計すると1万9000 m になる（Webb, 1990）．掘削コア中の堆積物の層相や，堆積物中の石英砂に刻まれた氷河の傷跡，有孔虫などのプランクトンの微化石，残留磁気などの分析が行われてきた．氷河が拡大すると，氷山が氷床から分離して漂流し，氷山の底に付着して運ばれる砂や泥（氷山岩屑；IRD；ice-rafted debris）が堆積する．氷山岩屑には，粒径が大きく，氷河の擦り傷をもつ石英砂粒が含まれる（10.2 (2) 参照）．海水温も下がるから，生息するプランクトンの群集は冷水域に生息するものに変わる．大陸の近くの海底にはティルや海成氷河堆積物が堆積する．堆積物の時代は古地磁気の編年などいくつかの方法によって決められる．鮮新世から更新世の氷床発達史には，氷床上にそびえるヌナタクや露岩山脈（代表

---

*6550-258万年前の時代（中生代と第四紀のあいだ）は，かつては新生代の「第三紀」と呼ばれたが，現在は，第三紀という名称は使わず，かわりに古第三紀（パレオジーン；Paleogene）と新第三紀（ネオジーン；Neogene）という名称を使うことになっている（遠藤・奥村, 2010）．蛇足だが Paleogene は Paleocene（暁新世）とまぎらわしいので注意すること．

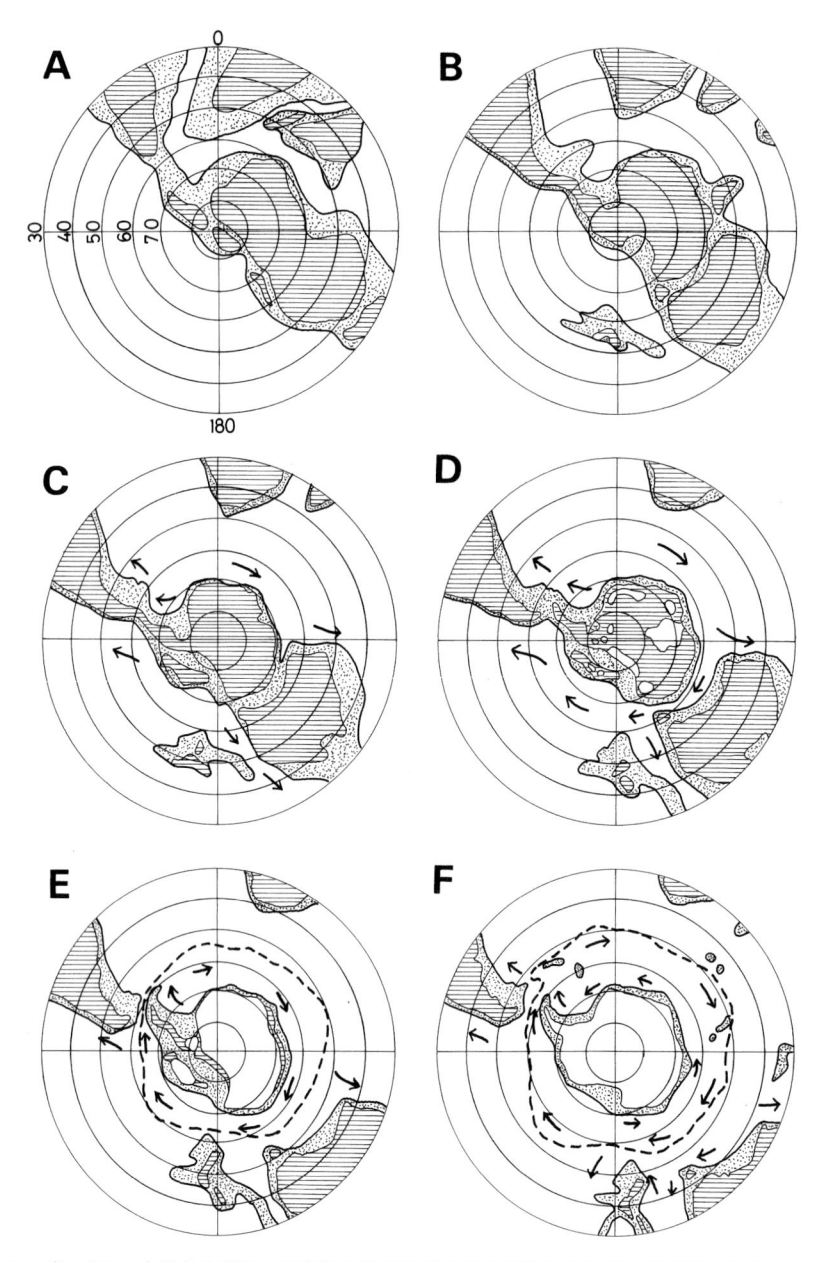

図13.1　ゴンドワナ大陸の分裂による南極大陸の形成と周南極海流の形成を模式的に示す．A：白亜紀中期（100 Ma），B：白亜紀/暁新世境界（65 Ma），C：始新世初期（53 Ma），D：始新世/漸新世境界（38 Ma），山岳地域に氷河が形成された，E：中新世初期（21 Ma），東南極氷床が形成された，F：現在．E, Fの破線は南極収束線．矢印は表面海流の方向．大陸のまわりの点を打った部分は浅海域．大陸の上の白抜きは氷河（Kennet, 1980；Sugden, 1982: p. 33；吉田，1986：p. 122；Florindo and Siegert, 2009：Fig. 8.10, Fig. 9.9 などから岩田原図）．

は南極横断山脈）の地形や堆積物の分布と編年（おもに宇宙線生成放射性核種年代による）が役立つ．

南極氷床の形成

　上記の方法によって明らかになった南極氷床の形成史は，大陸の分裂などの地殻変動，有孔

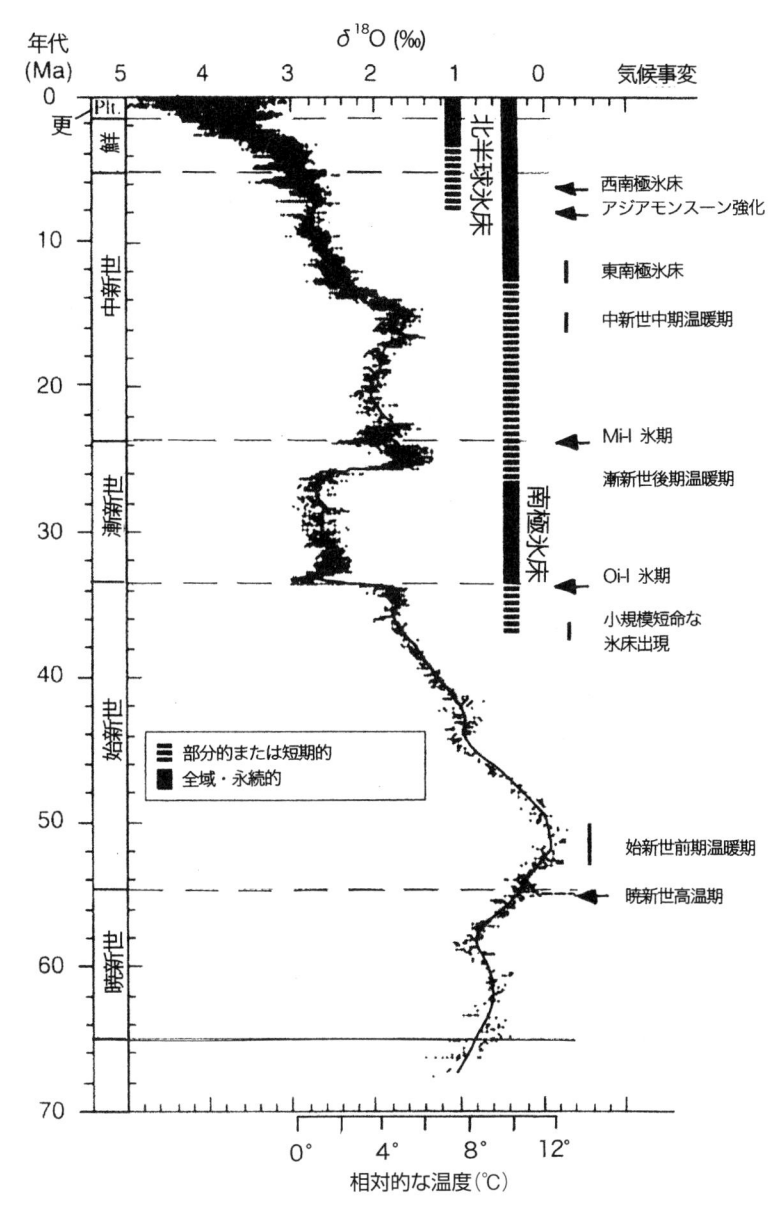

図13.2 新生代全体の地球の寒冷化傾向．全地球の海洋底コアの酸素同位体記録を総合したもの．黒の縦棒は氷床活動を示す．漸新世は二つの氷期，Oi-I 氷期と Mi-I 氷期で境される（Zachos et al., 2001 による）．

虫の酸素同位体比変動，周南極海流・深層水などの海洋大循環発達との関連で説明される（図13.3）．時代ごとに説明しよう．

 i) 始新世：始新世の5000万年前ごろから氷山の漂流（ice rafting）がはじまったことが，海底コアの氷山岩屑からわかる．南極に海にまで達する氷河が形成されたのである．南極半島のキングジョージ島と西南極マリーバードランドの陸上堆積物からも，5000万年前と年代測定されたティルが発見されており，このころすでに大陸の一部は氷河に覆われていた．

 ii) 漸新世：漸新世の3000万年前ごろには氷山の漂流がもっとも遠方までおよんだ．南極周

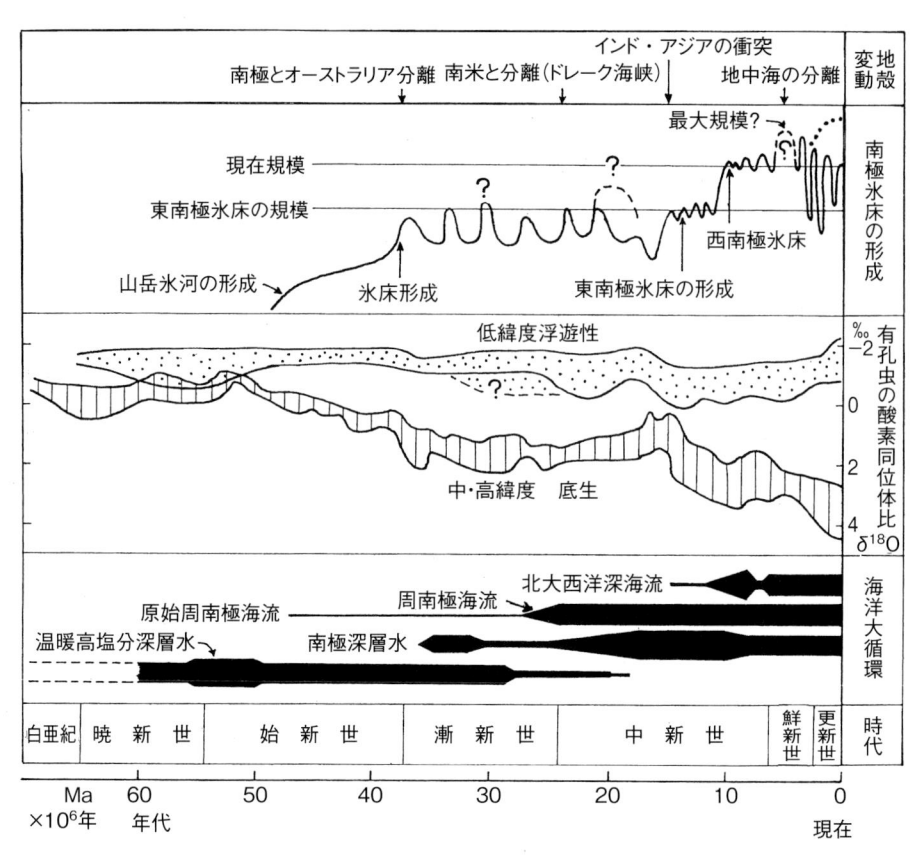

図13.3 新生代の南極氷床の成長.実線は南極氷床の変動.鮮新世から更新世にかけての点線は北半球氷床.あわせて浮遊性・底生有孔虫殻の酸素同位体比に基づく古水温の変動曲線と海洋大循環の変化,関係する地殻変動も示した(Barron, 1985；多田,1991などにより岩田原図).

辺海域の表面水温は4-5℃まで低下した.大陸に氷床が形成されていたことは確実であるが,大きさの情報はない.氷山の漂流がもっとも遠方にまでおよんでいたとしても,必ずしも氷床が最拡大に達していたとはいえないだろう.というのは,この時期は表面海水の南北方向の循環が盛んで,氷山が遠方まで運ばれたかもしれないからである.

　iii)中新世：中新世の初期に(2300-2400万年前),南米大陸やオーストラリアも南極大陸から北に分離すると,それまで北側の低緯度地方へ流れていた海流は,南極大陸をグルグルまわり続ける周南極海流（南極環流）となり,海洋の前線である南極収束線が形成された(図13.1E).南極収束線の内側,南極周辺の冷たい表面海水は,中緯度の暖かい海水と混じり合わず,極・赤道の熱交換が減少し,南極海の水温は2℃までさらに低下した.反対に低緯度の海水温は上昇した.南極海の冷水は南極収束線から深層に沈降し,長い年月かけて地球をまわる深層大循環が形成された.ほぼ同時に,北大西洋のグリーンランド－スコットランドリッジでの火山活動に伴う隆起によって,初期的な北大西洋深層水(NADW)が形成され(Wilson et al., 2000: pp.140-142),南極海の深層水とつながった.その結果,地球の海水温が全体的に低下し,地球規模の寒冷化を招いた.漸新世から中新世中期には海水温が高い時期があったが(図13.2),中新世後半には南極大陸では氷河形成にますます拍車がかかることになった.南極の氷床は拡大縮小を繰り返しながら成長し,中新世末ごろ(600万年前)には最大規模にまで達

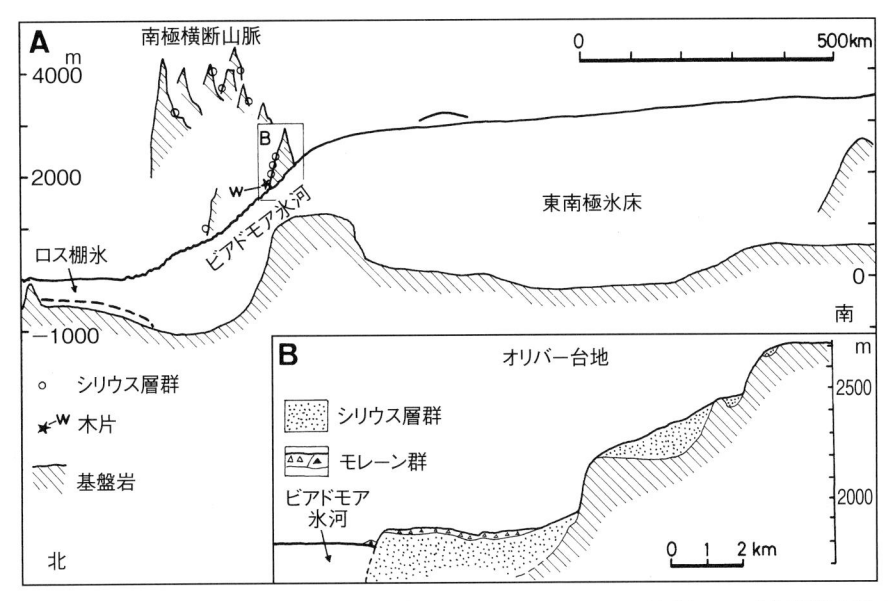

図 13.4　A：ビアドモア（Beardmore）氷河（位置は図 4.4, 図 5.15 に示す）での南極横断山脈の模式断面. シリウス層群の分布と木片試料の採取位置が示してある（Prentice et al., 1986）. B：ドミニオン（Dominion）山脈オリバー台地の拡大断面. ティルと水流堆積物の互層であるシリウス層群はさまざまな高さ（最高所は海抜 4000 m をこえる）にある（McKelvey et al., 1991）.

したという意見が多い. 漸新世から中新世にかけての南極氷床の発達によって, この時期は新生代氷河時代の前半期「南極氷床」の時代と呼ばれる.

　この時代の大きな南極氷床の涵養メカニズムはまだよくわかっていないが, 当時の地球は現在より温暖だったので, 南極氷床中心部への水蒸気の供給が盛んであったのだろう. それを可能にしたのは, MPT（更新世中期変換）の前の北アメリカ大陸の氷床のように, 氷床が背の低いアイスドームの集合体で, それは氷河底未固結層の変形と底面すべりが盛んな温暖氷床だったと考えられる.

鮮新世・第四紀更新世の南極氷床変動

　鮮新世・第四紀更新世になってからの南極氷床の変遷史は, 陸上の氷食地形と氷河堆積物によっても明らかにされてきた. しかし, 大陸氷床の侵食・堆積プロセスについての理解が十分でなく, 堆積物の時代もほとんどが不明なので, 細部には不明な点が多いが, いろいろな地点で氷床が大きく後退したことがわかってきた. たとえば, 南極横断山脈は海抜 4000 m をこえる高い山脈であるが, そこでは頂上付近にまでシリウス層群と呼ばれるティルと水流堆積物の互層が分布している. 堆積物の時代は 200 万年前ごろの第四紀初期（かつての鮮新世／更新世境界）である. この水流堆積物の中から現地生の（すぐそばに生育していたと思われる）樹木の遺物（ナンキョクブナ；*Notofagus* spp. などの木片）が発見された（図 13.4）. このことから当時この山脈はまだ低く, 低木が生えた低い山地の間を溢流氷河が流下する, 現在のパタゴニアのような環境であったと考えられている（Webb et al., 1987）. 東南極クィーンモードランドにあるセールロンダーネ山地でも, 温暖氷河が形成した可能性を否定できない古い時代の厚い氷河堆積物（たとえば森脇ほか, 1989；Matsuoka et al., 2006）や高い台地を覆うティル（図 13.5）が発見された. 水底で形成されたと思われる多量の石膏の結晶（林・三浦, 1989）が発見

13.2　新生代氷河時代の形成

図 13.5　東南極セールロンダーネ山脈東部ベルゲルセン山群の氷食を受けた岩峰と台地上に残されたティル．なめらかに見える部分は長期間の風化によって細粒化したティル（1991年1月岩田修二撮影）．

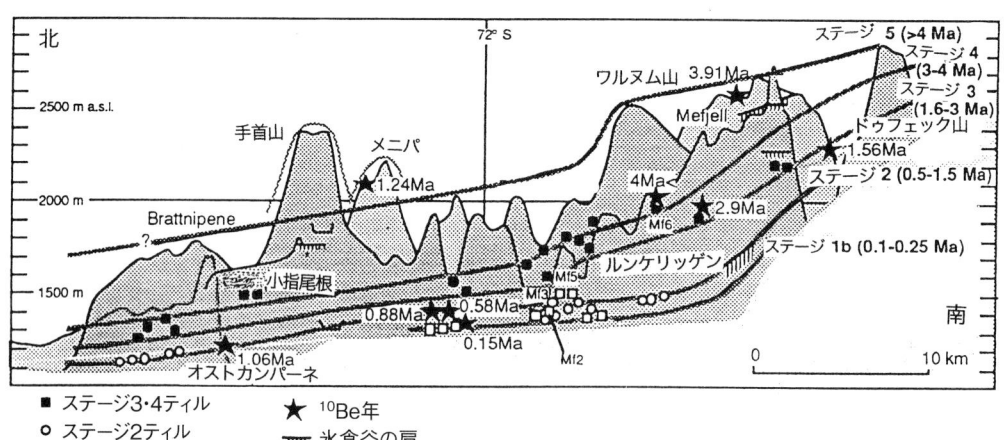

図 13.6　東南極セールロンダーネ山脈の南北方向の地形断面．ティルの風化程度によってステージ分けが行われ，^{10}Be 年代値（宇宙線生成放射性核種年代）が示してある．もっとも古い氷河前進期は400万年前の中新世まで遡る（Moriwaki et al., 1994）．

され，大規模な氷床の縮小がおこった時代もあったと思われる．

　これ以後，現在まで南極氷床は拡大縮小を繰り返してきたはずであるが，氷床面積の拡大・縮小や厚さの変動を明らかにした研究はわずかである．ここではセールロンダーネ山地の地形から復元された氷床表面高度の変動（図 13.6）を示す．この図では400万年以前（鮮新世）には山地の大部分が氷床に覆われていたが，その後氷床表面は一方的に低下する．この図のように，南極の露岩山地の氷河地形・堆積物から明らかになった氷床変動は，おおむね古い時代ほど氷床表面が高い図が描かれている．中新世末に最大規模の氷床が存在した可能性はあるが，先に述べたように，その氷床の高さが高かったとは限らない．ある程度，氷床表面が高かった可能性は完全には否定できないが，図 13.4 や図 13.6 に示されるような，現在より 2000 m 以上

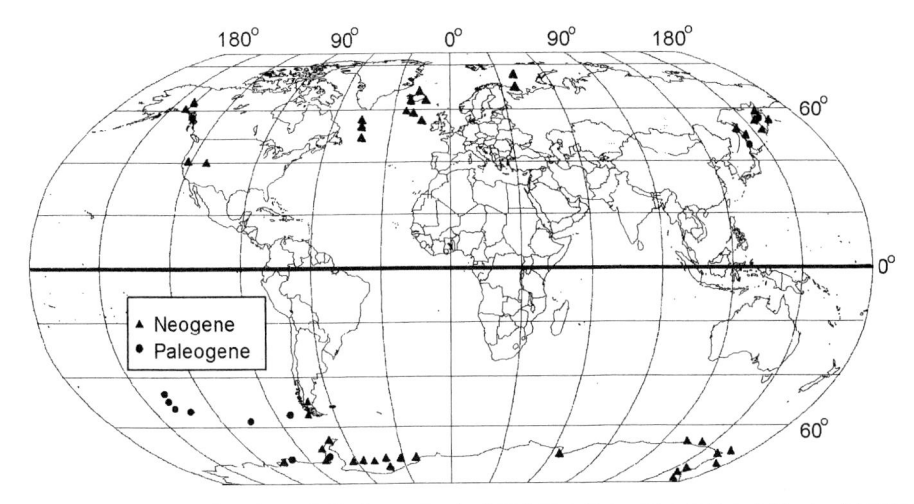

図13.7 新生代氷河時代の古い（更新世より古い）氷河作用の分布．黒三角はネオジーン（中新世から鮮新世），黒丸はパレオジーン（暁新世から漸新世まで）(Hambrey and Harland, 1981を引用したMartini et al., 2001の図による)．

高い氷床表面は考えにくい．合理的な説明は，中新世後半からの氷河侵食による山地地殻の削剥，それに伴うアイソスタシーによる山地基盤の隆起（それによる未削剥の山稜部の上昇）を考慮する必要がある．氷河地形の発達，とくに氷食谷の発達から推定したセールロンダーネ山地の隆起過程は，模式的に図8.33に示してある．

最終氷期末から完新世への南極の氷河変動の地形・地質学的データは，南極半島から得られており，かつては，おおむね南半球中緯度地方と並行的であるとされていた（Sugden and Clapperton, 1980; Clapperton, 1990）．しかし，最近の南極氷床コア研究からは，南極の氷期末の寒冷期（ACR; Antarctic Cold Reversal）が北半球の寒冷期（新ドリアス期）と数千年ずれているのが明らかになったので（12.1 (2) 参照），さらなる議論の余地が残されている．

(2) 地球の寒冷化—北半球氷床形成の過程

地球寒冷化と山岳氷河の発達

中新世の周南極海流の形成とそれに続く海洋深層大循環の形成によって，地球全体が寒冷化した結果，南極大陸以外でも氷河の形成がはじまった．南極大陸の周辺とパタゴニアのほかにも，新第三紀の氷河作用の証拠が北半球の中・高緯度から見つかっている（図13.7）．この時期の北半球での氷河の発達には，海洋循環の変化とともに，北半球の山脈や高原の隆起による影響が強調されている（Eyles and Young, 1994）．

とりわけチベット高原の隆起は大きな影響を与えた（Wilson et al., 2000: pp.140-142）．インド洋での海底掘削の結果によると（新妻，1990；平，1989），中新世後半の1000万年前にはヒマラヤ・チベット山塊はすでにモンスーンを発生させるだけの高さ（3000m程度と考えられている）に達していた．アメリカ西部の高原も1000万年前には現在のほぼ半分の高さに達しており（ラッディマン・クッツバッハ，1991），北大西洋のまわりでは海岸地域が隆起した（Wilson et al., 2000: pp.140-142）．

山脈・高原が隆起すると，地球全体の寒冷化が進む．その理由は，i) 東西方向の風系が南

北方向に変わる，ii) 隆起した山地や高原に氷河や雪原が形成され，太陽放射を反射しアルベドが大きくなり，地球全体の太陽放射エネルギーの吸収量が減少する，iii) 山岳の隆起は地殻表面での風化作用を加速し，大気中の CO_2 などの温室効果ガス濃度の減少をまねく（バーナー・ラサガ，1989），ことによる．山脈が隆起すると山岳氷河が発達するはずである．しかし，新第三紀の山岳地域での氷河形成を示す証拠は，海岸の堆積物以外にはほとんどなく，北半球の山岳氷河形成の過程の全貌を復元することはむずかしい．

南極大陸以外でのもっとも古い氷河拡大は，中新世後半の1000万年前（小林・阪口，1982），あるいは中新世末の600万年前（Eyles and Young, 1994）にアラスカ南部海岸で知られている．南極に近いパタゴニアや赤道に近い中央アンデスでは，350万年前に最初の氷河拡大があった（Mercer, 1976）．世界各地の山地で氷河拡大・縮小の交代が見られるようになったのは，160-150万年前以後とされる（小林・阪口，1982）．

北半球氷床の形成

中新世後半には北極地方で氷河形成がはじまったことがわかっている．しかし，北極海とその周辺では深海底での掘削があまり行われておらず，情報が少ない．

中新世の1000万年前にはバフィン湾にIRDが堆積し（Eyles and Young, 1994），鮮新世の500-400万年前ごろには北極地方のどこかに氷河が形成された（小林・阪口，1982）という説もあるが，最近の解説（Ravelo, 2010）では，500-360万年前には世界の CO_2 レベルは現在とおなじで（産業革命前より30％増し），北極は現在より年平均気温12℃高く，北半球に目立った氷床はなかったとされる．

Sarnthein *et al.* (2009), 佐藤（2010）によれば，鮮新世後半の320-270万年前には中央アメリカ海峡群が閉鎖され（パナマ地峡形成），メキシコ湾流・北大西洋海流の北上が強化され，大西洋高緯度地方から北極地方が温暖化した．同時に，太平洋からのユーラシア大陸北部への水蒸気供給・河川流量増加，およびベーリング海峡からの低塩分水の流入が北極海の淡水化をもたらし，その結果，北極海が海氷に覆われ寒冷化した．270万年前から北極海のIRD（氷山岩屑）は急増・粗粒化するので（Ravelo, 2010：図1b；遠藤・奥村，2010：図1），氷期には北アメリカや北ヨーロッパなどに氷床が形成されはじめたことがわかる．第四紀につながる氷河拡大がはじまったといえよう．氷床の存在を意味する氷山漂流の証拠は，その後ほぼ連続的に見出せる．260万年前からのカムチャツカ－アリューシャンでの火山活動による寒冷化が，北半球氷床の引き金になったという説もある（Wilson *et al.*, 2000: pp.140-142）．

北極海から海氷の証拠が得られるようになってからもしばらくは，北極海は完全には海氷に閉ざされてはいなかった．海底コアの証拠によると，北極海が完全に氷に閉ざされるのは90-70万年前以後である（Herman and Hopkins, 1980）．つまり，MPT以降，氷期末には北極海とその周辺に海洋氷床（カラ氷床やバレンツ氷床，イヌイト氷床）が形成され，北極海も完全に海氷に覆われるようになり，北極地方全体が氷ですっぽり覆われ，北極氷床と呼べるようになった．ローレンタイド氷床などの陸域の大氷床は大陸の中緯度（北緯40°以南）にまで拡大し，文字どおり「北半球氷床」と呼べるようになった．すでに述べたように，氷河量変動曲線のピーク（図12.24）が95万年前のステージ25とステージ26の間から大きく非対称形になり，それ以前とは明らかに変わってくるのは，北半球の大氷床の形成の開始を示している．

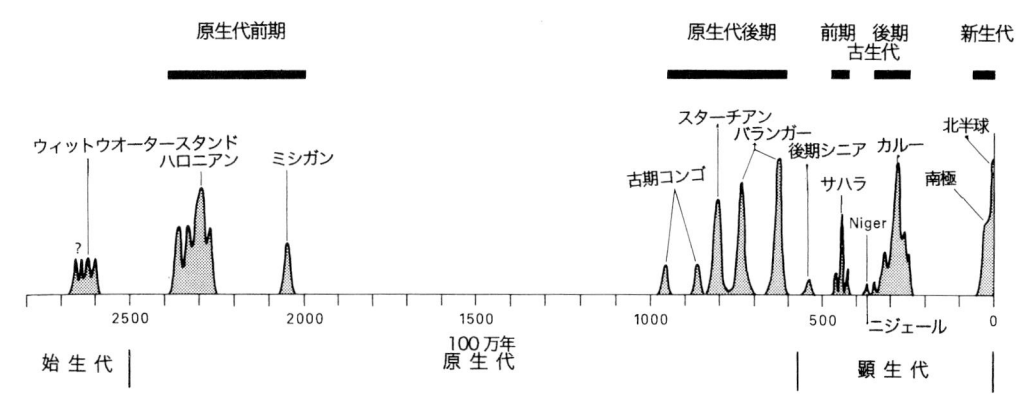

図 13.8 28億年前から現在までの地球史における氷河時代．始生代（Archean）末から原生代（Proterozoic）前期と，原生代後期から顕生代（Phanerozoic）には，1-2億年ごとに氷河時代がおこり，それぞれに名前がつけられている．ピークの高さは相対的な面積的広がり（Hambrey, 1994: p.29）．

北極周辺の氷床形成の原因は，南極に起源をもつ寒冷化が北半球にまでおよんだことに加えて，北極周辺への十分な水蒸気の補給があったためと考えられるが，そのメカニズムについての十分な説明はまだできていない．最近では数値実験によって検討されているが，境界条件をあたえるための野外の証拠やメカニズムがまだ不十分である．

以上をまとめると，新生代氷河時代の形成の直接のシナリオは次のようになる．まず①大陸移動によって南極に陸域ができて，②氷床が形成され，③南極氷床を取り巻く周南極海流と南極収束線が形成された．④そこから生まれた冷たい海洋深層循環が地球全体を寒冷化し，⑤山脈の上昇による風系の変化，温室効果ガスの減少の影響もあって，⑥中米地峡の形成による北極の環境変化によって，ついに北半球にも強大な氷床が形成されるようになった．

13.3 古生代以前の氷河時代（地球氷床史）

(1) 全地球史における氷河時代

氷河時代のタイミング

46億年の歴史をもつ地球史においては，先カンブリア時代の始生代（Archean）や原生代（Proterozoic），古生代（Paleozoic）にも氷河時代が存在した．それらをまとめて図13.8に示す．これまでに発見された地球史における氷河時代は10回以上ある．もっとも古いものは，疑問符付きではあるが始生代末の27億年前のもので，それ以前の地球は高温で氷河時代はなかったと考えられている．続いて原生代初期に2回おこり，その後の10億年間の温室地球時代を経て，原生代末期の氷河時代が繰り返す時代になる．この原生代末期から顕生代（Phanerozoic）の古生代にかけての氷河時代は，1億5000万年周期で繰り返されていることになる（Sugden and John, 1976）．温室地球であった中生代には氷河の存在は知られておらず，最後の氷河時代が新生代氷河時代である．

氷床の分布

古い地質時代の氷河拡大の証拠は，地層中の，ティルが固結して岩石となったティライト

図 13.9　カルー氷床（ゴンドワナ氷床）のティライト（tillite；氷礫岩）．10 億年前の片麻岩を覆っている．東南極大陸のハイムフロント山地（Heimefront-fjella）の東北端ミログ山地（Milrogfjella）（白石和行撮影）．

(tillite；氷礫岩)（図 13.9）や，堆積物の中に埋没して保存された基盤岩表面の擦痕（図 13.10）として残されている．それらは地質学者によってほとんど世界中から発見されている（図 13.11）．このような氷河の証拠の世界的な分布は，図 13.11C のカルー（ゴンドワナ）氷床の復元図で明らかなように，大陸の分裂と移動の結果である．ただし，図 13.11A の原生代末期には，氷河時代の証拠が南極以外のすべての大陸から知られている．これは次項で述べる全球凍結を示すのかもしれない．古生代前半（図 13.11B）の氷河時代は，カンブリア紀のもの以外は大西洋を取り巻くように分布するように見える．二畳紀から石炭紀にかけての 3 億年前にピークをもつ氷河時代は，カルー氷床またはゴンドワナ氷床と呼ばれ，ゴンドワナ大陸各地から証拠が見つかっている（図 13.11C 右）．現在の南極氷床の 2 倍の大きさがあった（図 13.11C 左）．カルー氷床の氷河時代の氷期—間氷期の海水準変動による海進によって，広範囲の森林が水没し，海底に積み重なって石炭層になり，石炭紀の名前の由来にもなった．

図 13.10 古生代の粘板岩の上につけられたカルー氷床（ゴンドワナ氷床）の氷河擦痕．N40°E と N50°E の 2 方向の擦痕がある．オーストラリア，アデレード郊外のハレットコーブ（Hallet Cove）（1991 年 3 月岩田修二撮影）．

原生代の氷河時代の成因

　地球誕生直後の高温時代を除いて，先カンブリア時代には氷河時代が形成されやすかった．なぜならば当時は，太陽の放射量が現在より少なかったからである．原生代の太陽放射量は，現在の 70% にすぎなかった．そのような状況の中で，大気中の温室効果ガスの量が低下すると気温は低下する．たとえば，CO_2 の減少は，火山活動の低下や，地表面での風化作用の激化でおこる．気温が低下すると，氷床が形成され氷河時代になる．地球環境はこのような微妙なバランスの中で維持されてきたと考えられている．

（2）全球凍結

　先カンブリア時代の前半から繰り返しおこった氷河時代でも，新生代氷河時代とおなじように，氷河は極域や高緯度地方に形成されてきたと考えられてきた．過去の氷河地形や氷河堆積物が赤道付近にまで分布するのは，大陸移動の結果であると考えられてきた．なぜなら，もし地球全体が氷河に覆われて，全地球が凍結状態になったとしたら，いったん寒冷化した地球が再び温暖な地球に戻ることは不可能であろうと考えられてきたからである．しかし，過去の一時期，地球がまるごと凍結状態に陥ったことがあったという説が 1990 年代前半から唱えられ，**全球凍結仮説**または**雪玉地球（Snowball Earth）仮説**と呼ばれるようになった．ここでは田近（2004）によって簡潔に紹介する．くわしくは，論文（Hoffman *et al.*, 1998）や解説書（川上，2003）などを参照されたい．

原生代後期の氷河時代の謎

　原生代後期の氷河時代のうち 7.5 億年前から 6 億年前の氷河時代には，次のような不思議な現象がおこったことが明らかになった．

　i）大陸移動の結果を考慮しても，ほかの時代には高緯度地方に限られていた，氷河作用の

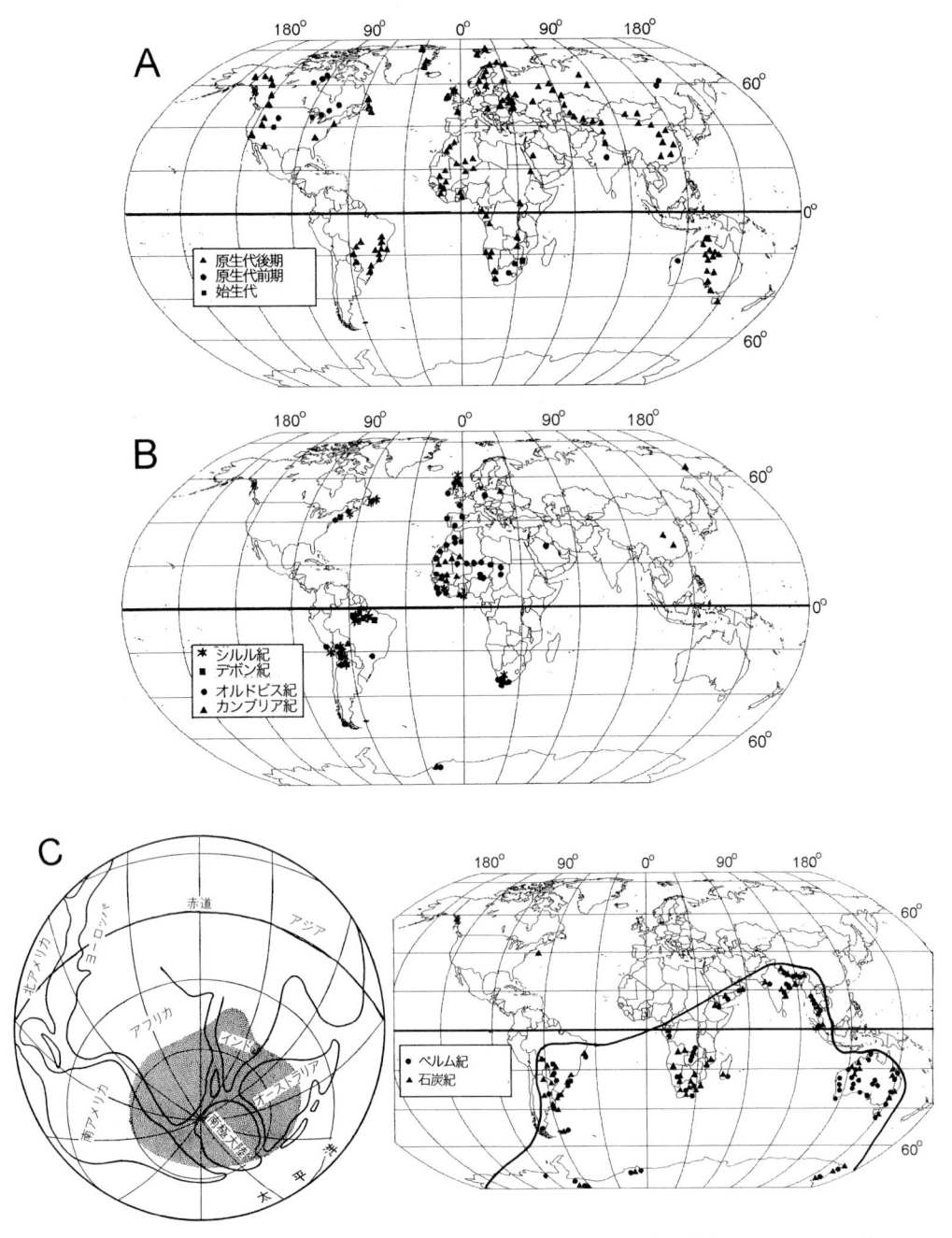

図 13.11 古生代と先カンブリア時代の氷河作用の証拠（ティライトや氷河擦痕，IRD，ドロップストーンなどの分布）．A：始生代から原生代，B：古生代前半，C：古生代後半（二畳紀・石炭紀）の証拠とカルー（ゴンドワナ）氷床のひろがり（A, B, C右は Hambrey and Harland, 1981 を引用した Martini et al., 2001 の図による．C左はホームズ，1983：図 21.24）．

証拠がある堆積物（おもに氷山岩屑；IRD）が当時の赤道付近にまで分布する．

　ii）氷河堆積物層の直上には，熱帯や亜熱帯の海に堆積する炭酸塩岩（キャップカーボネートと呼ばれている）が厚く堆積している（図 13.12）．

　iii）炭酸塩岩の分析によって，海水中の炭素同位体比（$\delta^{13}C$）が，氷河期直後に異常に低

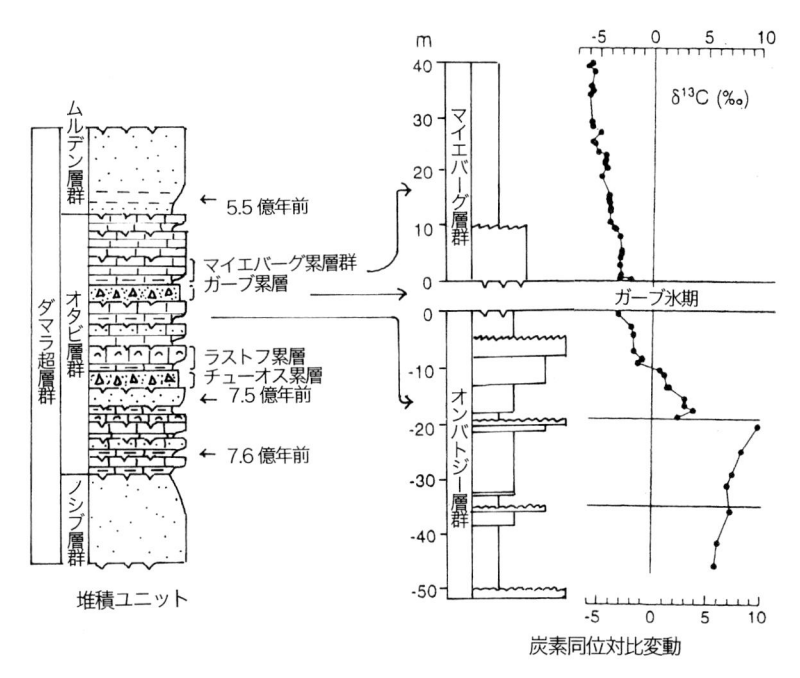

図 13.12 左：全球凍結（スノーボールアース）を示すアフリカ，ナミビアの層序．チューオス累層とガーブ累層が氷河堆積物で，それぞれの直上を覆うのがラストフ累層とマイエバーグ累層の炭酸塩岩（キャップカーボネート）．ラストフ累層は約7億年前に南緯12度に堆積したと推定されている（田近，2000）．右：ガーブ累層の上下での高解像度の炭素同位体比値の変化．高い生物生産性を示す$\delta^{13}C$値の突然低下が全球凍結の層（ガーブ累層）の直前層の堆積前におこり，全球凍結後にはマントル起源の値とおなじ−6‰まで低下した．これは生物活動の停止を示す（Hoffmann *et al.*, 1998）．

下したことがわかった．それまでの5-10‰（生物起源）の炭素から−10‰（非生物起源：マントル起源と同じ値）に変わった．つまり生物活動が停止したことを意味する．

 iv）それまで10億年以上形成されていなかった縞状鉄鉱床やマンガン鉱床が突然形成されている．これは海洋中の酸素が失われ，鉄・マンガンが海水中に溶解していたことを意味する．

これらのうちには，極地の気候から熱帯気候への突然の変化，無生物的環境の出現など，これまでの地球環境変化の論理では説明することができない現象がある．

全球凍結のシナリオ

上記の謎を統一的に説明できる仮説（シナリオ）を，数人の異なる分野の研究者が協力して従来の説にとらわれないで考え出した．その経緯はウォーカー（2004）にくわしい．それは次のようになる．

 i）部分凍結状態での寒冷化の進行（継続期間：数十万年）：地球の一部に氷河が存在するような状態（部分凍結状態）から，生物活動によるCO_2の消費と火山活動の不活発化によって大気中のCO_2が減少し，地球の寒冷化がはじまり，氷床拡大→アルベド増大→寒冷化→氷床拡大というフィードバックによって氷河域が増大した．

 ii）全球凍結へのジャンプ（継続期間：10万年）：寒冷化が続き，氷河と海氷が緯度30°付近まで達すると，急激に寒冷化が進み赤道まで凍結した．これは「気候ジャンプ」と呼ばれる．全体が凍結した地球は，さらに寒冷化したが，10万年かかって地球平均気温−40℃になり，地殻熱流量との熱平衡状態に到達した．海氷の厚さの増大は1000 mでとまり，全球凍結が達

成された.

　iii) 全球凍結状態（継続期間：数百万年間）：この間は，地球表面での風化が停止し，光合成生物の活動が停止したので，大気中の CO_2 を減少させるプロセスは働かなかった．いっぽう，氷河に関係なく火山は活動したから，火山活動による非生物 CO_2 は増大し続け，大気中の CO_2 は徐じょに増大した．いいかえると，全球凍結状態は温暖化への準備の時期でもあった．厚い海氷の存在によって海水中に O_2 が取り込まれなかったから，海底熱水系から放出される鉄・マンガンが無酸素状態になった海水へ融解した．生物活動は停止したが，一部藻類の活動はレフュージア（避難場所；海底火山や海底の熱水の噴出口の周辺）で存続したと考えられる．

　iv) 温室地球へのジャンプ（継続期間：10万年）：大気中に CO_2 が蓄積するにつれて気温は上昇し，氷床・海氷が融けはじめた．CO_2 の濃度が 0.1 気圧になると地球の平均気温は 60℃ になった．するとアルベド効果によって地球環境は一気に温室地球状態にジャンプし，無氷河状態になった．

　v) 温室地球状態から部分凍結状態へ（100万年間）：解氷後，水循環や炭素循環のシステムが回復し，①大気中の CO_2 は堆積物中の炭酸塩として固定された．②海洋中に一気に O_2 が溶け込み，海水中に溶解していた鉄・マンガンが酸化して，酸化沈殿物が形成された．③岩石の激しい風化によって炭酸塩岩の沈殿・堆積がおこった．これらによって厚い炭酸塩岩（キャップカーボネート）が氷河堆積物の上に堆積した．

全球凍結仮説の波及効果

　この全球凍結仮説は，次の三つの関連する事項によってさらに関心を呼んだ．

　i) 南極氷床底ボストーク湖（淡水湖）での微生物の発見：すでに3章3.5で述べた氷床下のボストーク湖の環境は，全球凍結時の海氷下の海の環境と似ている．ボストーク湖の湖水が凍結して形成された氷から微生物が見つかったことから，ボストーク湖に生命が存在することは確実である．全球凍結状態の厚い氷の下の水域に生命が生存していたことは否定できない．

　ii) 生物進化への影響：かつては，全球凍結のような状態がおこれば，熱水噴出口付近の藻類などを除いて生命は死滅すると考えられていた．しかし，全球凍結の前に出現したエディアカラ動物群は全球凍結を生きのびたのかもしれない（図 13.13）．そしてカンブリア紀になると，甲殻類に似たバージェス動物群が世界各地に出現する．この爆発的出現には全球凍結に伴う環境変化の刺激が影響しているのではないかという推定がある．

　iii) 木星の衛星エウロパでの氷地殻とその下の海の発見：近年の太陽系の惑星探査によって，太陽系には多くの氷惑星・氷衛星と呼ばれる氷の地殻をもつ天体が存在することがわかってきた．氷地殻の下には塩類を含んだ液体の海が存在することも確実になった．その代表が木星の衛星エウロパである（コラム24「地球外の氷河：火星と氷衛星エウロパ」）．これらの氷衛星の現状は全球凍結時代の地球と似ているのではないか，そうであれば氷衛星の海には生命が存在するに違いないとして，探査計画が立案されているほどである（長沼，2004）．

(3) 氷河時代の起源論

　地球史において何回もおこってきた氷河時代と温室地球の交代の原因はまだよくわかっていない（コラム25「氷河時代と氷期の原因論のおもしろさ」）．地球の気候変化にはいろいろな原因

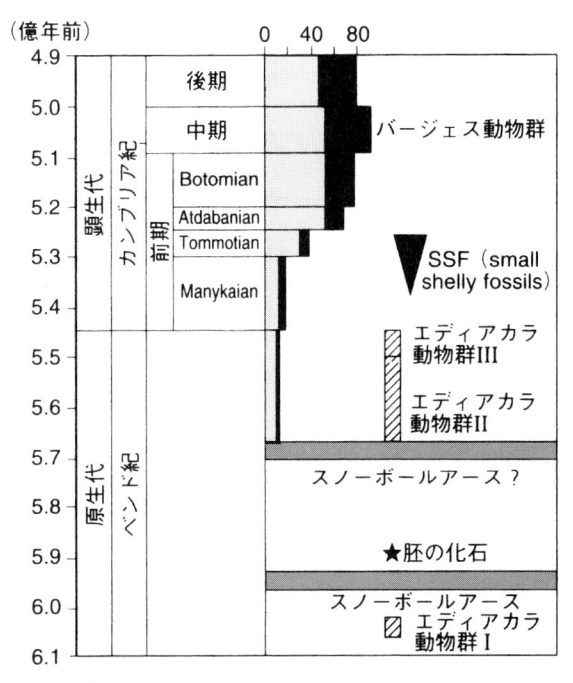

図 13.13 原生代末から古生代への移り変わりの時期の生物進化と全球凍結（スノーボールアース）の関係．灰色と黒色のボックスは海棲動物の目と綱の数．エディアカラ動物群の世界的な分布拡大とその後のバージェス動物群の発生が全球凍結と関係しているという主張がある（田近，2004）．

が挙げられているが，相互に関連しているものが多い（表 13.1）．これらをまとめると，i) プレートテクトニクス（プレート変動）原因説，ii) 銀河系成因説，iii) 地軸の傾きの変化説，の三つとなる．

i) プレートテクトニクス原因説：すでに多くの証拠が挙げられているので，多くの支持を得ている．プレートテクトニクスと関連した諸現象が複合的に作用して氷河時代を生むというものである．寒冷化をもたらすのは，火山活動の低下，巨大大陸の形成，海洋水深の増加などである．これらは気候環境を支配する多くの要素に影響する．中でも，大気の組成の変化，つまり地球大気の温室効果の増減（CO_2 が増えれば温暖化）をもたらすことが直接の原因になる．大陸の離合集散は周期的におこっていると考えられるようになったので，周期的におこる氷河時代の原因として重視されるようになった．

ii) 銀河系成因説：氷河時代が周期的におこっているという点に着目して 1970 年代から主張されている仮説が，銀河系に原因を求める説である（たとえば Steiner and Grillmair, 1973; Shaviv, 2003 など）．いくつかの異なるメカニズムが提案されている．Shaviv (2003) による仮説は，「地球に到達する宇宙線の量は，太陽系が，銀河系の明るい腕（宇宙線を多く含む）を 1.35 億年周期で通過するのにつれて変動する．地球に到達する宇宙線がふえると雲量がふえ，地球を寒冷化させる．したがって 1.35 億年周期で氷河時代がおこる」というものである．残念ながら真偽を確かめる手段がまだない．

それにもかかわらず，地球に降り注ぐ宇宙線の量が雲の生成量をコントロールし，気候を変化させるという説（宇宙線仮説）がもてはやされるようになってきた．この説の提唱者たちは，

表 13.1 地球における気候変化の原因諸説

主 要 因	結 果
地球外部要因	
太陽照度変化	長期的減少（先カンブリア時代は 30％減） 太陽黒点活動と関連した短期的減少
宇宙空間の塵の多い部分の通過	地球に到達する太陽放射の減少
銀河系の公転周期（3 億年）の変化	地球に到達する太陽放射の減少
惑星環（氷リング）の発達（土星的な）	地球に到達する太陽放射の減少
自転軸の傾き	中緯度における日射量の変化
自転軸のゆらぎ（歳差運動）	中緯度における日射量の変化
地球内部要因	
プレート変動	大陸の結合と超大陸の形成，陸地高度の増加，海面低下，風化の加速と CO_2 の減少（CO_2 の集積）
プレート変動	大陸の分裂，海面上昇，風化の低下と火山活動による CO_2 の増加
プレート変動	中・高緯度への大陸の移動
火山活動	大気中への風成塵の増加
火山活動	大気中の CO_2 とメタンの増加
堆積作用（炭酸塩，泥炭，石炭）	CO_2 の減少
珪酸質砕屑岩の風化	CO_2 の減少
炭酸塩岩と有機物堆積物の風化	CO_2 の増加
生物活動：光合成微生物	CO_2 の増加
化石燃料の燃焼	CO_2 の増加
大気中風系と海流の変化	ジェット気流，メキシコ湾流，北大西洋深層流，エルニーニョとラニーニョ

Martini *et al.*, 2001: Table 15.1 (p. 336).

宇宙線仮説が 1000 年周期の気候変化から氷河時代－温室地球の交代までのすべての時間スケールの気候変化を説明できると主張している（Svensmark, 2007；Kirkby, 2007；スベンスマルク・コールダー，2010；宮原，2010；片岡，2010）.

iii）地軸の傾きの変化説：このほかに氷河時代の引き金として挙げられているものは，極の移動，いいかえれば地軸の傾きが大きくなることである．地軸が大きく傾くと季節性が増し，惑星の気候は大きく変化する．これは火星の気候変化の原因として挙げられている（コラム 24 参照）．大きな質量をもつ月の影響で，地球の地軸の傾きはほかの惑星と比べて安定しているとされるが，過去にはどうだったのだろうか．これも実証する材料は今のところない．

コラム 24

地球外の氷河：火星と氷衛星エウロパ

火星の地形と気候

　火星の直径は地球の半分ほどで，赤道面での直径 6794.4 km，表面での重力の強さは地球の 40％ほどしかない．その表面積は地球の約 1/4 で地球の陸地の全面積（1.5 億 km^2）とほぼ等しい．現在の火星の大気密度は地球の 1％程度（6-10 hPa）しかないが，その大部分は二酸化炭素（95.32％）からなる．大気中には 0.03％の水蒸気が存在している．これは地球における年間数ミリ程度の降水量に相当する．年平均気温は，緯度 60°域で約 -95℃，緯度 30°付近では約 -60℃で，火星は極端な寒冷・乾燥環境にある．現在の火星の表面には液体の水は存在で

表A 火星の極冠

	北極冠	南極冠
高さ（厚さ）	2950 m	2950 m
Ts（表面温度）	175 K	155 K
体積	1.5×10^6 km^3	
周囲	430 km	225 km
構成物質	H_2O 氷	ダスト
		CO_2 氷 季節的
		H_2O 氷 厚さ3 km

Nye, 2000；東ほか，2002 による．

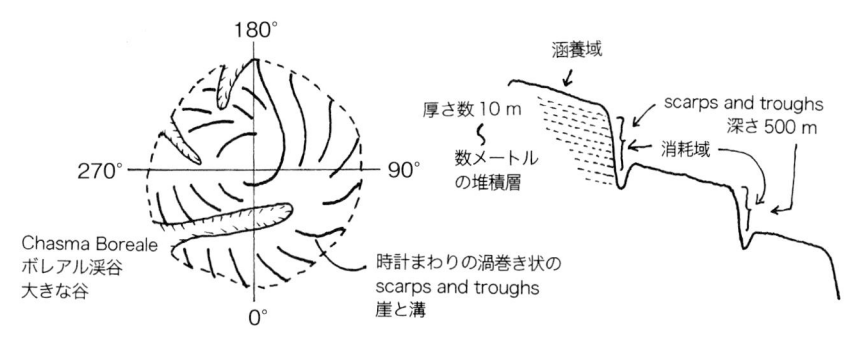

図A 火星の北極冠（氷床）の模式図．図Bの左の裸氷部分とその断面（岩田原図）．

きず，固体火星表面は厚いレゴリス（未固結岩屑層）に覆われている．地球の最終氷期最寒冷期の南極の平均気温は−70℃，年降水量は10 mm程度と考えられているから，気温と水分量だけからみれば，現在の火星表面の環境は氷期の南極内陸の環境に近い（小森，2001）．

火星の氷床（極冠）

火星の北極と南極には**極冠**（polar cap）と呼ばれる氷床がある．以前は全体が固体の二酸化炭素（ドライアイス）からなると考えられたこともあったが，現在では，どちらも水の氷が厚さ3 kmのドームをつくっていることがわかっている（表A）．土地の高度が低く比較的気温が高い北極冠は全部が氷でできているが，高度が大きく寒冷な南極冠では，氷ドームの表面は，冬には薄い固体二酸化炭素の層で覆われる（Nye, 2000）．極冠の白い部分の面積は，冬には積雪・霜・固体二酸化炭素が集積し拡大し，夏には昇華蒸発によって縮小するという季節変化をすることが知られている．北極冠は反時計まわりの渦巻き状の崖をもつ階段状の構造をもち，それらと交差する数本の大きな峡谷が入り込んでいる．南極冠には垂直の崖をもつ凹地と台地が分布する．崖は，昇華蒸発によって後退していることが知られている．南北両極冠とも崖の部分が消耗域で，平坦面が氷や固体二酸化炭素が堆積する涵養域である（ソーヤ，2001；東ほか，2002）（図A）．北極冠では白い部分とドーム部分の面積はほぼ一致するが，南極冠では白い部分のまわりにダスト（砂や塵）をかぶった岩屑被覆部分がひろがっているとみられている（図B）．

火星探査による氷と水の発見

火星の地形を研究するために，これまで使われてきたのは，火星を周回する軌道探査機である．中でも1997年のマーズグローバルサーベイヤーや2001年のマーズオデッセイなどが活躍した．グローバルサーベイヤーは，まるで空中写真のような，峡谷や土石流の高解像度の画像を撮影し，中でも新鮮な流水地形は，液体の水が火星の地表近くに存在する可能性を示唆した（Albee et al., 1998；オールビー，2003）．2001年のマーズオデッセイは，火星の南緯60°以南

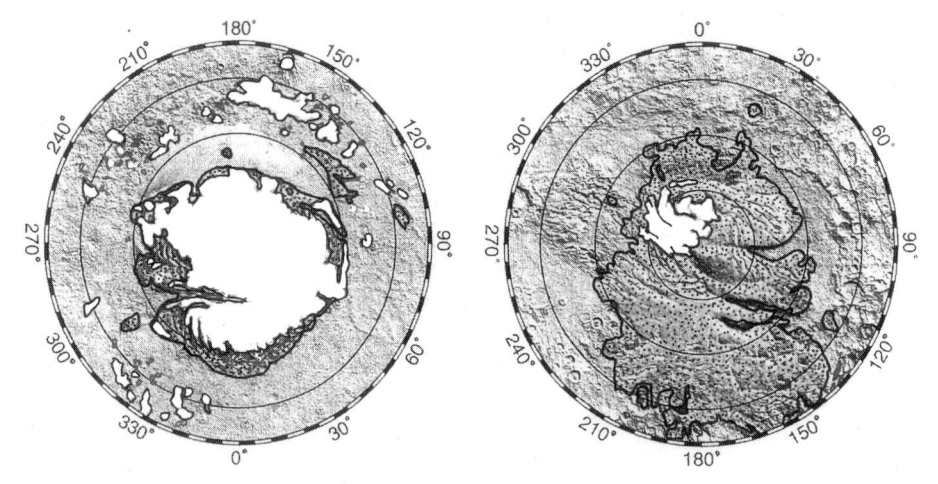

図B 火星の北極（左）と南極（右）．それぞれ緯度72°以上が示してある．白抜きが裸氷（高アルベド）部分，点を打った部分が岩屑・塵に覆われた部分（Smith et al., 2001）．

の南極地方の地下約3m以内には，大量の氷（岩屑被覆氷河・地中氷・永久凍土）が存在していることを明らかにした（ソーヤ，2001）．2003年，欧州宇宙機関（ESA；イーサ）はマーズエクスプレス探査機を打ち上げ，氷河や凍土の地形解析に多くの新情報をもたらした．

火星の岩屑被覆氷河または岩石氷河

これらの軌道探査機は，北極地方や南極地方だけではなく，中緯度地方や低緯度にも岩屑被覆氷河（Head and Marchant, 2003）や岩石氷河（Degenhardt and Giardino, 2003; Whalley and Azizi, 2003），あるいはダストに覆われた凍結した湖などを，画像から判読して報告している（ナショナルジオグラフィック日本版2004年1月号に掲載された画像を参照）．中でも急崖の麓にある厚さ数百メートルの，連続したローブ状の膨らみ地形（デブリエプロン）は，表面温度と表面の微地形から粘性流動を継続している氷河であると解釈されている（Head et al., 2005）．2005年になって欧州宇宙機関の探査機マーズエクスプレスのHRSC（ステレオカメラによる精密高度測定）による微細表面起伏が明らかになり（第4部扉），低緯度・中緯度の岩屑被覆氷河（Hauber et al., 2005）や岩屑被覆凍結湖（Murray et al., 2005）の存在が報じられている．このような状況を見ると，火星は岩屑被覆氷河の惑星といえなくもない．今後の研究の進展が楽しみである．

火星の気候変化史

1980年代後半から1990年代にかけて，火星の惑星進化史の中での海（大洋）の形成と消滅が，火星の気候変化史として論じられた．過去の温暖期には莫大な量の水が南半球から北半球に流れ，その水で侵食された地形から推定すると，その洪水は晩氷期に地球でおこった氷河湖決壊洪水の数十倍もの水量であった（澤柿ほか，2005）．その莫大な水は，現在は岩屑被覆氷河や永久凍土として地表面以下に貯えられていると考えられている．最近の詳細な研究によって，その後の火星はずっと乾燥した寒冷な世界であったというこれまでの仮説が否定され，火星の自転軸傾角の変化が最近の温暖期（5-2 Ma: Kargel and Strom, 1992，あるいは2.1-0.4 Ma: Head et al., 2003）をもたらした可能性もある．火星では温暖期に氷が表面に拡大する氷河時代であり，この年代が確かだとすると地球の新生代氷河時代とほぼ同じ時代になる．

氷衛星：木星の衛星エウロパ

太陽系で大量の液体の水が表面に存在するのは地球だけであるが，固体の水としての氷は太陽系には豊富に存在する．中でも木星と土星には氷衛星（icy moon）と呼ばれる氷に覆われ

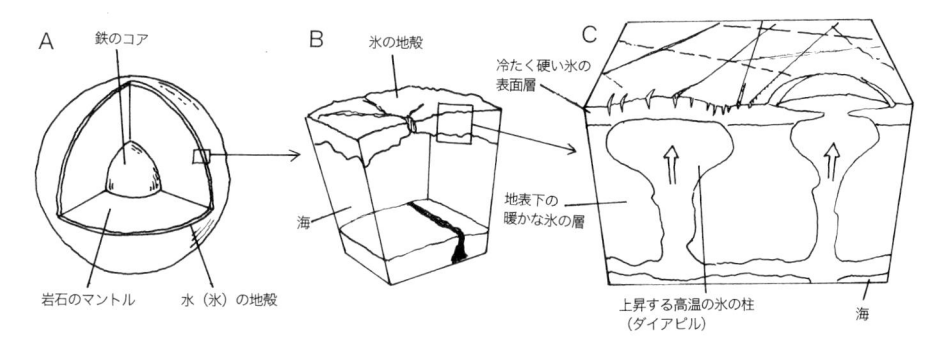

図C 木星の衛星エウロパの内部構造．A：内部構造，鉄のコア，岩石のマントル，液体の水と氷の地殻からなる．B：2層の地殻，水（海）と氷，海には多量の溶融物質が含まれているらしい．C：氷地殻は2種類の氷からなる．下層の氷はダイアピルとなって上昇し，表面にドーム状の地形をつくる．表面の冷たく硬い氷には多数の割れ目が形成されている（岩田原図）．

た星がある．木星探査機ガリレオは，1995年から2003年まで木星とその衛星の詳細な情報を地球に送り続けた．木星の衛星エウロパ（Europa），ガニメデ（Ganymede），カリスト（Callisto）や，土星のエンケラドゥス（Enceladus）などいくつかの衛星は，表面全体が厚い氷に覆われ，その下には液体の水があると考えられている（長沼，2004；Newton別冊，2004）．ガリレオは，エウロパの表面を覆う氷の高解像度の画像を送ってきた（パパラルドほか，2000）．まるで地球の南極周辺の海に氷山が散らばった様子にそっくりである．このような画像や，そのスペクトル分析によって，氷の下には硫酸マグネシウムからなる深さ約70-90 kmの海の存在が推定されている（図C）．エウロパは地球の月とほぼおなじ大きさであるが，氷の下に液体の海をもつのは，木星の強大な重力がおこす潮汐によってエウロパのマントルが変形することで発生する内部熱が原因と考えられる．現在のエウロパの状態は，全球凍結の状態の地球と似ていることが注目され，エウロパの海に存在するかもしれない生命体の探査計画が立てられている（長沼，2004）．

コラム25
氷河時代と氷期の原因論のおもしろさ

氷河時代（氷期）の存在が発見されて以来，その成因は繰り返し論じられてきた．20世紀になって複数回の氷期が存在することが明らかになり，さらに，更新世以前にも，古生代などの氷河時代の存在が知られるようになると，氷河時代起源論はますます盛んになり，百家争鳴の状態になった．1971年に刊行されたフリントの教科書の巻末には，22ページにわたって多くの説が紹介されているが，結論は述べられていない（Flint, 1971: pp. 788-809）．

この150年間に提出された原因論は数えきれない．1970年代までの成果は「科学」編集部（1977），インブリー・インブリー（1982），小林・阪口（1982）などにまとめられている．樋口（1972）は「氷期の原因に関する説は，すでに50をこえているといわれるが，その諸説を読んでおもしろいと思うのは，理論の自己完結性と他説に対する徹底的否定である．たとえば『彼の説は，気象学者の遊び道具にすぎない』『この説の提唱者は，物理学の初歩さえ理解していない』といった一節が，学術論文の中に出てくるのだから愉快である」と述べている．

さまざまな説明が提出された理由のひとつは，時間軸に沿った気候変動と氷河変動の実態がよくわかっていなかったことにあろう．1970年代までは多くの説が氷河時代と氷期を区別せ

ずに論じていた．1970年代になって，海底の堆積物の分析が地球規模で行われた結果，最近，ようやく新生代全体を通しての氷河の拡大・縮小史の全貌が明らかになった．そのために，原因論もようやく落ち着く気配を見せはじめたのは，本書に記したとおりである．

　大陸の分裂と移動による寒冷化と氷河の誕生，山脈の形成と地球全体を循環する海流による地球全体の冷却という氷河時代へのシナリオ，さらに，地球上のある地点での日射量の変化という小さな変化から，氷期－間氷期という地球規模の大きな変化にまでもっていくためのシナリオは，壮大ではあるが，風が吹けば桶屋がもうかる式の眉唾の部分（境界条件の設定の危うさ）を含んでいる．とはいえ，氷河時代・氷期原因論のおもしろさは，樋口（1972）にいわせれば「大気，海洋，大陸氷床でおこる現象を，巧みに一つのサイクルの中に組みこむ」ことと，「トリガーになる現象があり，それをきっかけにして，パタパタと地球上の状態が変わってゆく仕組み」になっていることにある．今後，いろいろな分野の協力と，大規模な数値実験によって，原因論の解明は大きく進展することだろう．

14 氷河と人間活動

「氷河観光」といわれるべきものがカリフォルニアでは大きな商売になる．このことがわかったのは，1995年末や1997年初めにヨセミテ国立公園が臨時閉鎖されたときにおこった不況や市民からの強い抗議によってであった．旅行者，ハイカー，自然愛好家，バックパッカー，写真家など，遠くからやって来る多くの人たちがカリフォルニアの氷河景観を理解しようとする．教育や観光業，野外活動産業に携わるカリフォルニア人はカリフォルニアの氷河の成り立ちを知らなければならない（岩田修二訳）．

Bill Guyton "*Glaciers of California*"

14.1 人間活動への氷河の影響の二面性

　地球の陸地の3分の1が氷河に覆われていた時代，つまり最終氷期を生き抜いたわれわれヒト（*Homo sapiens sapiens*）の直接の祖先は，氷河と深く関わっていたに違いない．人類がどのように氷河を認識してきたかについては，本書の最初の方の章で触れた．氷期の人類に比べると，氷河が縮小した時代（完新世；後氷期）に生きるわれわれの氷河との関わりは少なくなった．しかし，高緯度地方と山岳地帯に住む人びとは，好むと好まざるとに関係なく，氷河と関わらざるを得ない場面が少なくない．たとえば氷河は戦争とも関係する（コラム28「戦場になった氷河」）．北半球高緯度と中緯度のかなりの人びとは氷期の氷河から解放された土地に住んでいる．北アメリカと北ヨーロッパの大都市の多くは，氷河がつくった氷河地形の上にある．第1部の扉の写真に示したように，ニューヨークのセントラルパークには典型的なロッシュムトネや迷子石がある．氷河から遠く離れた熱帯の海洋島の住民の中には，氷河の融解による海水準上昇に脅かされている人びともいる．この章では，人間の活動にあたえる氷河と氷河地形との影響と，人間が氷河にあたえる影響を概観する．

　氷河は人類に恩恵と害の両方をもたらす．氷河の融解水は水資源やエネルギー資源となるが，氷河湖決壊洪水や氷河融解による海面上昇は災害となる．山岳地域や高緯度地域の氷河地形の上に住んでいる人びとにとっては，交通路や居住地を提供してくれる．氷河が運んできたティルは，しばしば農業を困難にするが，土木・建築工事の材料を提供できることもある．氷河の美しさや雄大さは人びとを惹きつけ観光業に貢献するが，氷河なだれや急激な氷河前進によって住民の生活を脅かす．このように氷河の人間への影響は有益な面と有害な面の両面をもつ．まずは氷河そのものの影響と，氷河地形や氷河地質の影響とに分けて概観しよう．Anderson（2004: pp.113-126）の教科書の最後には，短いがまとまった記述があるが，ほかには氷河と人間とについてくわしく書かれたものはないようである．

14.2 氷河そのものの影響

(1) 氷河からの恩恵

水資源

　極端な寒冷・乾燥環境にある南極の氷河など，一部の例外的な氷河を除いて，消耗季の氷河

末端からは氷河融解水が流出し，河川に流入し流量増加に貢献する*．氷河の融解は季節の進行に伴って徐じょに進むから，安定した水資源となる．上水道などの生活用水，農業用水・工業用水などの産業用水や，水力発電などのエネルギー資源として貢献する．とくに年降水量が少ない乾燥地域や半乾燥地域，あるいは雨季と乾季とが明瞭な地域では，貴重な水資源となる．乾燥地域での雨の降り方は，年降水量が少ないだけではなく，降るときには集中豪雨として降ることが多く，降雨は水資源としては非常に利用しにくい．しかし，自然のダムとしての氷河は安定した流量をもたらす天の恵みである．中央アジアから西アジア，アメリカ合衆国西部，南米アンデス山脈の山麓では，農業用水や生活用水のほとんどすべてを氷河の融水を水源とする河川に頼っている．山岳氷河からの融解水がなければ人びとの生活がなりたたない地域は，世界中に広く存在する．日本で最初の氷河についての記述も，サバクの水資源としての氷河の重要性を指摘したものであった（箕作，1846，1章参照）．

　山岳氷河から供給される大量の氷河融水は，山岳の起伏（位置のエネルギー）に補強され水力発電に役立つ．ノルウェーのフィヨルドの奥の高原氷河やアルプスの氷河など枚挙にいとまがない．スイスでは氷河下流の氷食谷にダムを建設して氷河湖をつくり，発電に利用している．

　水資源・エネルギー資源としての氷河の重要性を認識している国ぐにでは，古くから氷河の測量・調査を行い，氷河台帳をつくって氷河の監視（モニタリング）を行っている（2章2.1参照）．

氷河ツーリズム（氷河観光）

　氷河の美しさや壮大さは多くの人びとを魅了する．氷河は岩と岩屑しかない殺風景な高山を彩るアクセサリーでもある．アルプス山脈をはじめ，世界の山岳観光地の最大の売り物のひとつは氷河である（図14.1）．高い位置から氷河を眺めるために，ロープウェイが設置されたり遊覧飛行が行われたりする．海や湖に流入する氷河の末端の光景を見るためには，クルーズ船（遊覧船）が運行される．ただ氷河を眺めるだけではなく，氷河の上を歩くガイド付きツアーも人気がある．アルプスでは氷河がスキー場として使われている．スイスのアレッチ氷河，アラスカのグレイシャーベイの氷河，パタゴニアのペリトモレノ氷河などは世界自然遺産に登録され，氷河観光目的の多くの観光客を集めている．

　ただし，注意しなければならないのは氷河観光には危険が伴うことである．氷河歩行にはクレバスへの墜落や滑落の危険がつきまとう（コラム26「氷河の歩き方」参照）．海抜高度が高いアジアの高山での氷河観光には高山病への注意が必要である．近年，中国の雲南省や四川省ではロープウェイなどによって，観光客を4000 m以上の高度まで登らせ氷河を眺望する観光が行われているが，高山病の発生をもたらし危険である．海面や湖面に流入する氷河では，氷河の前面が崩れて発生する大波による事故もある．

　しかし，世界中に分布する氷河には，氷河観光の対象にできる未開発の氷河が相当数存在するようである．カラコラム山脈のカラコラムハイウェイ沿いの氷河はその1例である（岩田・渡辺，2007）．

---

*氷河のある流域の流出特性と氷河のない流域の流出特性との違いについては10章で説明した．

図14.1 ヨーロッパアルプスの観光の最大の売りものは氷河である．スイス，オーバーエンガディンのサンモリッツ周辺でもっとも高所にあるコルヴァッチ展望台（海抜3303 m）からはベルニナアルプスの眺望が楽しめる．上：この展望台へ行くケーブルの途中駅よりハイキングコースをたどったフォルクラスールレイ（Fuorcla Surlej，約2760 m）からのピッツベルニナ（4049 m）とベルニナ氷河の展望．下：コルヴァッチ展望台の土台の岩盤は，温暖化による永久凍土の融解で危険になったとして，1990年代末に問題になった（1994年7月小松美加撮影）．

交通路

古くから人類は氷河を交通路として使っていたらしい．およそ5200年前にはオーストリアのエッツ谷の氷河をこえようとして死亡した狩猟民がいた（シュピンドラー，1994：コラム27「氷河遺体」参照）．現在でも家畜の移牧や交易のために氷河をこえて旅する人びとの数は少なくないらしい（岩田，2009a）．アイスフォールやクレバスのある氷河は別として，緩傾斜で滑らかな氷河は，険しい岩稜や岩の斜面，崩れやすい岩屑斜面をこえるよりは楽であろう．

(2) 氷河資源壊失による氷河下流流域への影響（恩恵の減少）

上に述べたような氷河の恩恵は，氷河が縮小したり消滅したりすれば，減少したり失われたりする．これまで氷河から恩恵を得ていた場所で次のような事態がおこる．

図 14.2　天山山脈ウルムチ河源頭のウルプト氷河をこえるカザフ牧民の家畜．左：ウルプト氷河の雪原を渡るヒツジの群れ（1983年7月11日岩田修二撮影）．右：荷を積んだウマを連れたカザフ牧民ハリム＝ベックが，ウルプト氷河の急な側面の裸氷を登る（2003年8月2日岩田修二撮影）．

下流の微気候・生態系への影響

　融水供給量の減少，冷気の供給低下・気温上昇などによって下流地域における地域的気候環境の変化，水文環境の変化，それによる植生変化などの生態系の変化がおこる．アルプスなどでは冷蔵庫として使われていた氷河が使えなくなることもあった（Tufnell, 1984）．

水資源の減少

　氷河融解水の枯渇は，農業・林業・牧畜業などがなりたたなくなるという経済的悪影響，それによる集落の放棄，水力発電などができなくなるなどの影響がある．パキスタン北部のパスー氷河の末端付近では，かなりのムギ畑が放棄され，家屋が廃墟と化しているのが観察される．パスー氷河が縮小して氷河からの融解水が減少したのが原因であると地元民は説明する．天山山脈では，家畜の移動路に氷河を使っている場所での家畜の氷河ごえができなくなるという悪影響が心配されている（Iwata, 2007）（図 14.2）．

ツーリズム（観光産業）への影響

　1990年代以後，加速した地球温暖化によって世界中の氷河が急速に縮小をはじめた．氷河が売り物のアルプスでは，氷河消滅による景観の変化が観光にダメージを与えている（渡辺，2004）．アイガー北壁の岩壁に貼りついていた「白い蜘蛛」と呼ばれていた小氷河は完全に消滅したので，観光客をがっかりさせているという．スイスでは全氷河面積が過去15年間に20％減少した．オーストリアのチロルでは氷河の融解を防ぐために，スキー場の経営者たちが，夏の間，巨大な白いシートで氷河を覆うことをはじめている（ズウィングル，2006）．

(3) 氷河から受ける不利益

氷河縮小（融解）による海面の上昇

　小氷期以後の温暖化や産業革命後の地球温暖化によって世界中の山岳氷河の多くが縮小し，

前節の最後で述べたように，さまざまな不都合が生じはじめている．その多くは氷河の利用や氷河下流での水資源の問題などの地域的な問題であるが，世界規模の問題もある．それが，氷河の融解による世界的な海面（海水準）上昇である．氷河の融解による海面上昇が，サンゴ礁からなる低い島じま，南太平洋のツバルやインド洋のモルジブなどや，大河川下流の沖積低地（バングラデシュの沿岸など）を水没させる事態が憂慮されている（IPCC, 2007）．

　氷河融解による海面への影響をIPCC（2007）や大村（2010）によってまとめると次のようになる．氷河の融解による過去100年間の海面上昇の量は最大に見積っても10 cm程度で，それよりも多い量が水温上昇に伴う海水の膨張によって上昇している．これまでは，海面上昇に寄与してきたのはおもに山岳氷河であり，南極とグリーンランドの両氷床は温暖化によっても融解せず海面への影響は少ないと考えられていた（Houghton et al., 1996など）（表11.4）．しかし，最近では世界の氷河量の約10％を占めるグリーンランド氷床の消耗域でも急速な融解がはじまったので，将来，温暖化がいっそう進み，グリーンランド氷床の融解が急速になると，深刻な事態もおこりうるだろう．

氷河災害

　徐じょにおこる氷河融解などの影響とは区別して，突発的に発生し人間活動に大きな損失を与える氷河の変動は氷河災害といわれる．その代表的なものとしてTufnell（1984）は，i）氷河前進による集落や家屋への影響，ii）氷河前進による経済不利益（本書では単純な経済的損失は上記（2）項で述べた），iii）氷河なだれや氷河土石流，vi）氷河湖決壊洪水を挙げている．スイスのヴァレー州（ValaisまたはWallis；ヴァリス）の氷河災害はTufnell（1984: pp. 56-83）にくわしくまとめられている．地球温暖化による氷河の急速な融解が進むという変化の中で，山岳観光の発展や氷河地域の開発による人口増加が進んでいるので，氷河災害がおこる頻度は増大しているといえよう．

氷河の前進による集落・家屋や農地への被害

　氷河収支がプラスに転じることによる氷河前進や，サージによって氷河前面の位置が突発的に前方へ移ることがおこると，集落や耕地が破壊される．中世温暖期に高緯度地域や山岳地域に進出したアルプス山中，アイスランド，ノルウェーなどヨーロッパの牧民や農民は，小氷期の氷河前進によって手痛い損害をこうむった（フェイガン，2001；Tufnell, 1984）（図14.3）．小氷期終了後に氷河の下から集落の遺跡が現れたケースも少なくない．カフカスやカラコラム，アラスカなどでも，氷河の接近によって集落が放棄されたり放棄の危機にさらされたりしたケースがあった（Tufnell, 1984）．

氷河前進による経済的損失

　氷河前進によって集落や農地が被災した山岳地域では，氷河が突っ込んで森林を破壊することや，道路や橋などの交通路の遮断・破壊，河川の堰き止めによる氷河湖の形成による浸水など，さまざまな経済的損失が発生した．このような損害は小氷期の氷河拡大によって各地で発生した．

　中でも氷河サージがおこったときの被害は大きかった．パタゴニア南氷原のピオオンセ氷河（Glaciar Pio XI）では，1940年代に氷河が大きく後退し，それによって氷河前面に豊かな草地が形成された．そこに牧場を開いた入植者は数年後にはじまった急激な氷河前進（おそらく

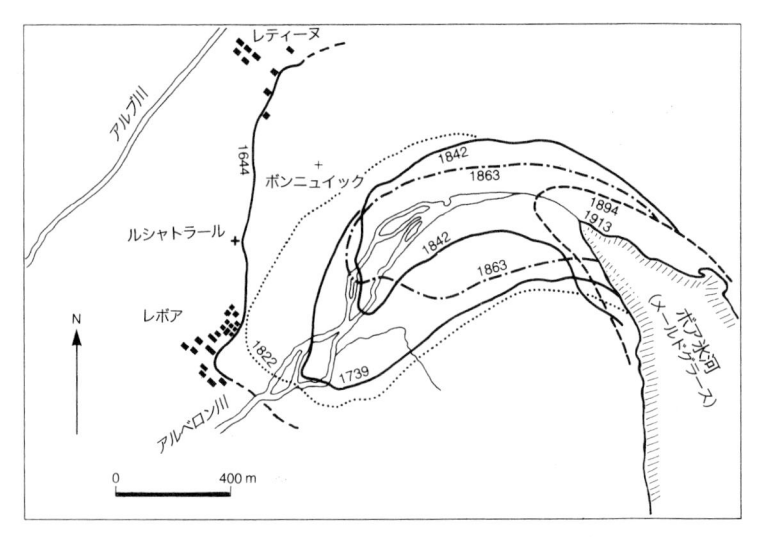

図 14.3 フランスアルプスのボア氷河（Glacier des Bois；別名メールドグラース；Mer de Glace）の小氷期の拡大はレボアやレティーヌの集落に被害をあたえた（Tufnell, 1984: Fig. 3.1）．

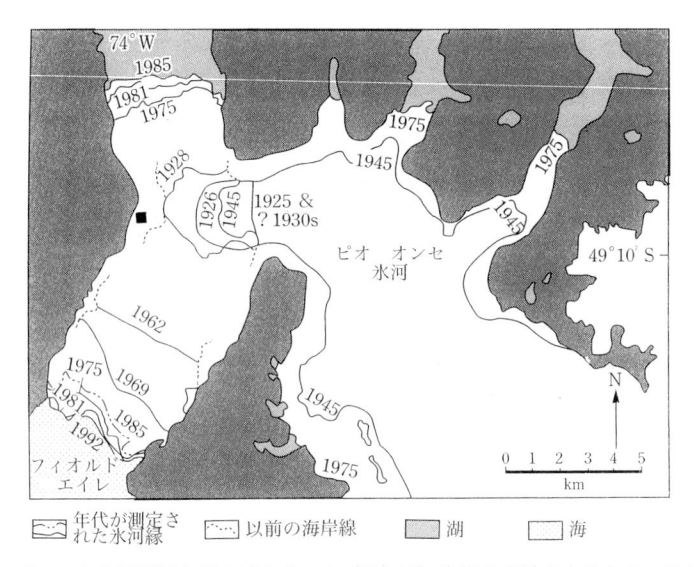

図 14.4 パタゴニア南氷原西側中部のピオオンセ（Pio XI）氷河の変動のありさま．ここでは，1940年代後半の急激な前進によって，氷河前面下流につくられた牧場（黒四角）が破壊された．ピオオンセ氷河はいまだに前進を続けている．安仁屋（2010）の解説がある．濃い灰色は山地部分（安仁屋，1998の図を一部改変）．

サージ）によって撤退を余儀なくされたと Agostini（1949）が報告している（図 14.4）．氷河が縮小していたときにつくられた多くの人工構築物や施設は，氷河の前進によって破壊の危機にさらされる．アルプス山中を通る自動車道路，鉱山，ホテルなどの観光施設の例が Tufnell（1984）に書かれている．

氷河なだれと氷河土石流

急峻な氷河では，氷河の一部が崩落して氷河なだれが発生するのは普通のことである．そのような場所には無謀な登山者以外は近づかない．しかし，例外的に大規模な氷河なだれが発生し，それが大規模な土石流や泥流を引きおこし甚大な損害が生じた例がある．大規模な氷河な

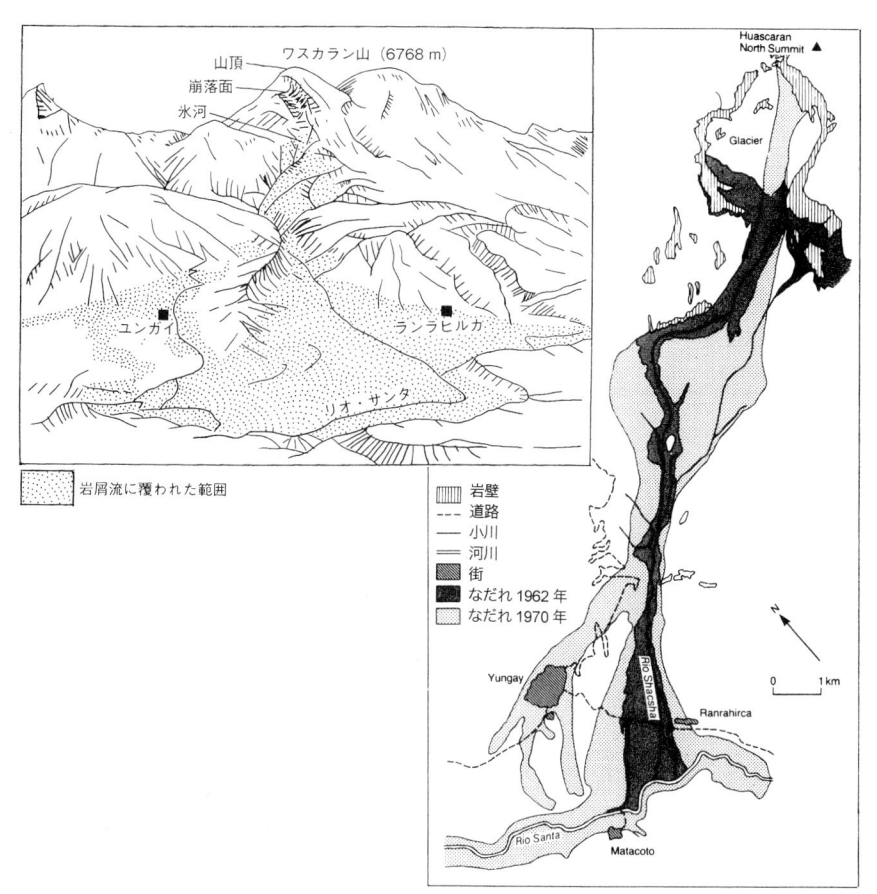

図 14.5 ペルーアンデス，ブランカ山脈ワスカラン山北峰（6655 m）では繰り返し大規模な氷河なだれが発生している．左上：1970 年の氷河/岩屑なだれの範囲を南西側から見たスケッチ（松倉，2008：図 9.1）．右：1962 年と 1970 年のなだれ堆積物（岩屑流・土石流）の範囲（Tufnell, 1984: Fig. 5.2）．

だれは地震，火山噴火に伴って発生するケースが多いが，引き金が不明な場合もある．いくつかの事例を次に紹介する．これらの例ではおなじ場所で繰り返し災害が発生している．小森（2010）の解説がある．

　i）事例 1：地震によるユンガイ（Yungay）の氷河なだれ／土石流災害：ペルーアンデスのブランカ山脈（Cordiella Blanca）のワスカラン峰（Nevado Huascarán；6768 m）では，世界最大級の氷河なだれ災害が繰り返しおこっている．ワスカラン峰はペルーの最高峰で，急な岩壁を巡らせた台地状の頂上を取り巻いて急傾斜の氷河が分布する（概観は Kaser and Osmaston, 2002: pp. 117-129 参照）．ブランカ山脈の氷河なだれは，1725 年の最初の記録のほか，最近の 30 年間に 4 回発生している．

　1962 年 1 月 10 日にワスカラン北峰西南面の緩斜面上の氷河末端が落下した．最初に崩落した氷の量は 300 万トンと推定されているが，その氷塊は数百万トンの岩屑を巻き込みながら，岩屑流（岩屑なだれ）となって時速 160 km 以上の速度で流下した．この岩屑流によって，ランラヒルカ村は破壊され，およそ 3500 人が死亡した（松倉，2008：p. 161）（図 14.5）．

　その 8 年後の 1970 年に再びワスカランのおなじ場所で氷河なだれと岩壁崩壊がおこった．1962 年の氷河なだれの引き金は不明であるが，今回は大規模な地震が引き金になった．1970

年5月30日15時23分31秒（UTC 20時23分31秒）にアンカシュ地震（大ペルー地震）が発生した．震源はチンボテの沖約30 kmの南太平洋の海底で，マグニチュードは7.7（7.9という記録もある）の大地震であった．この地震によってワスカラン北峰南西壁の6200 m付近の岩と氷が崩れ，岩壁下の緩斜面の氷河上を滑走し，氷河を巻き込み，加速しながら密度流（固体と気体混合の高速流）となってサンタ河に流入し土石流となった．この密度流の流速は時速280-300 kmと見積られている．今回の土石流は，前回1962年のものより流動性に富んでいたので広くひろがったが（図14.5），地表面の侵食は少なかった．

土石流は1962年の岩屑流と同様にランラヒルカの町を埋め尽くすとともに，右岸の比高200 mの尾根を乗りこえ，地震発生からたった3分という短い時間で（15:26ごろ）ユンガイの町（海抜2500 m，人口約1.8万人）を飲み込んだ．二つの町の破壊によって2万人の死者が出た．ユンガイは厚さ5-6 mの沼のような泥に覆われ，生き残った住民は92人だけであった．ユンガイは前回の岩屑流からは尾根によって守られたが，今回の土石流は高速で流動性が高かったため尾根をこえた．住民に逃げる時間はなかった．泥流はサンタ河本流を時速40 kmで200 kmを流下し，8時間後に太平洋に達した．通り過ぎた泥流の厚さは10-30 mであった．ユンガイのドロドロの泥の堆積は8日後には固まりはじめ，やがてカチカチになった．その間に泥が氷河のように流動した部分もあり，含まれていた氷塊が融けてケトルもできた（松田，1972；松倉，2008：p.161）．

ⅱ）事例2：火山噴火によるルイス火山の氷河なだれ／土石流災害：火山の山頂部が氷河に覆われているときに噴火がおこると，その高熱によって氷河が急速に融解し，土石流や**火山泥流**（ラハール；lahar）が発生する．大量の水分を含んでいるために土石流や泥流の流下スピードはきわめて速く，時速100 kmをこえることもある．

南米コロンビアの成層火山ネバドデルルイス（Nevado del Ruiz）（5389 m）の海抜4800 m以上は，面積約10 km^2（2003年），平均厚さ50 mの山頂氷帽に覆われている（Huggle et al., 2007）．この活火山はたびたび活動し，その度に土石流災害をおこしてきた．1595年の噴火による火山泥流では600人以上，1845年の地震による土石流では約1000人の死者が出たが，住民はすぐ忘れてしまった．

1984年11月にルイス火山は約140年ぶりに噴火活動を開始した．翌年9月には火山泥流が発生したが被害はなかった．10月にはコロンビア国立地質鉱山研究所がハザードマップを作成・公表し，配布したが活用されなかった．1985年11月13日15時過ぎ，ルイス火山は本格的に噴火をおこし，21時ごろに最高潮に達した．火砕流が発生し山頂の氷河や雪を融かし，大規模な火山泥流が発生した．火山泥流は川沿いに時速60 kmで流下し，その厚さは最大で50 mおよび，40 km以上の距離を流下して山麓のアルメロ市を完全に破壊した（図14.6）．被害は甚大で死者は2万1500名に達した．

ⅲ）事例3：地震や火山噴火との関係が不明のコルカ＝カルマドン氷河／岩屑なだれ：コルカ＝カルマドン氷河／岩屑なだれ（Kolka-Karmadon rock-ice slide）は，2002年9月20日にカフカス山脈カズベク山塊の北面（ロシア連邦北オセチア共和国）で，氷河崩壊が引き金になって引きおこされた．このなだれはカズベク山の西側に連なるジマライホフ（Dzhimarai-Khokh；4780 m）の北面のコルカ氷河の懸垂氷河の崩壊からはじまり，マイリ氷河の末端をか

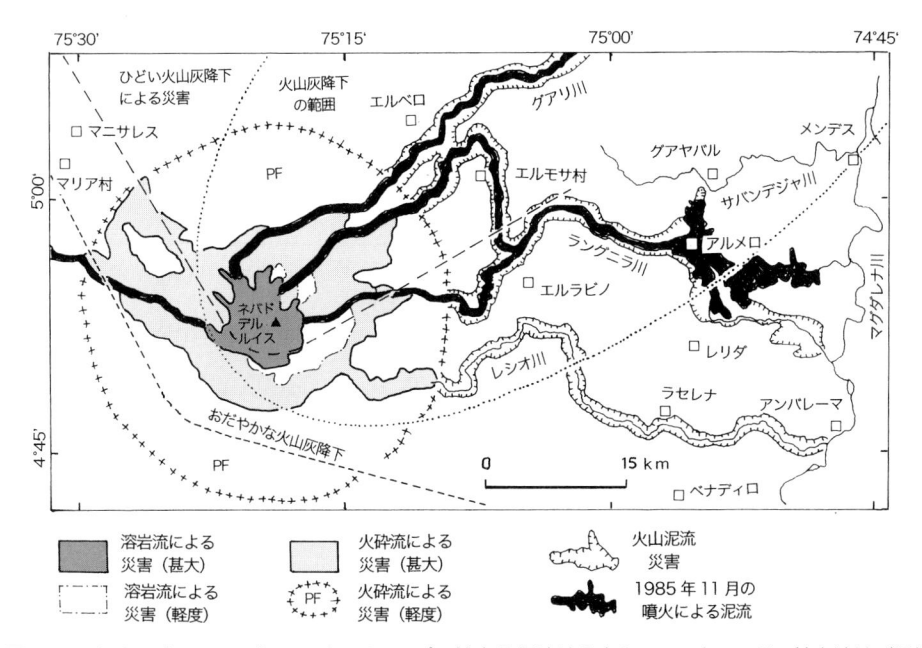

図14.6 ネバドデルルイス山のハザードマップの被害予想地域分布と1985年11月の被害地域（黒塗り部分）．被害地域が，火山泥流（ラハール）による被害予想地域（━━━━線に囲まれた部分）と完全に符合しているのがわかる（Wright and Pierson, 1992の図：http://vulcan.wr.usgs.gov/Vhp/C1073/hazard_maps_risk.html による）．

すめ，ジェナルドン谷に沿って，多量の氷塊が時速100 kmをこえる速度で下流32 kmまで流下し，幅200 m，厚さ10-100 mの氷塊・岩屑・泥が連続して堆積した．その下流の峡谷部カルマドンの門（カルマドンゴルジュ）で氷と岩屑は堰き止められ，カルマドン村の一部は，氷塊や岩屑，さらに閉塞された谷にできたサニバ湖に水没した（図14.7）．

この氷河/岩屑なだれはジェナルドン谷沿いと高原上の避暑地カルマドンの村に大きな被害をあたえ，観光客を含む125人が死亡した．実はこの谷ではちょうど100年前の1902年にもおなじような氷河なだれがおこり，32人が死亡した．1969年にはコルカ氷河がサージをおこしたが，村や住民に影響はなかった．このサージは調査隊によって調査されている．

カズベク山は活火山である．また，カフカス山脈は隆起速度が世界でもっとも大きい山脈のひとつであり，地震も少なくない．しかし，コルカ氷河の最初の崩落の引き金が何であったのかについては，情報がない．

活火山が多い日本ではあるが，現在，氷河は存在しないので，火山噴火に伴う氷河なだれや氷河土石流が発生することはないが，氷期〜晩氷期にはいくつかの火山で噴火に伴う火山泥流や土石流が発生したはずである．山梨県都留市から神奈川県相模原市にかけての桂川・相模川に沿って分布する富士山相模川泥流は，1万7000〜1万4000年前に発生した3枚の泥流から構成される．それらは当時の富士山山頂を覆う氷河が噴火によって融解し大規模になり，長距離流下して相模原まで達したと考えられている．ただし，これらが災害をおこしたかどうかは明らかではない．

氷河湖決壊洪水

10章でくわしく述べたように，氷河湖が決壊して洪水をおこす氷河湖決壊洪水（glacial lake

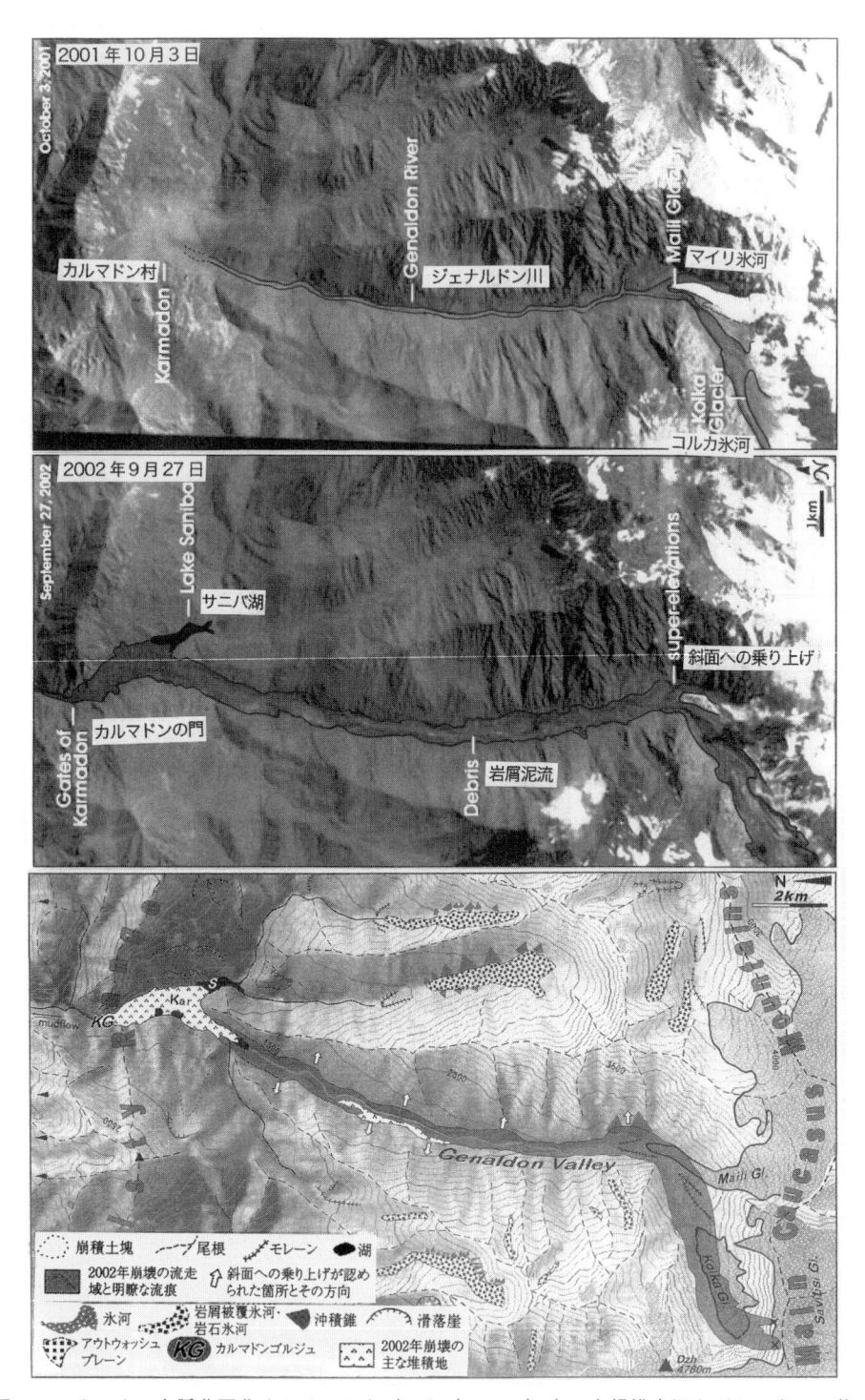

図14.7 カフカス山脈北面北オセチアのカズベク（Kazbek）山の大規模氷河なだれ．上の2枚はTerra衛星搭載のASTERによるなだれ前（2001年10月）となだれ後（2002年9月27日）の画像，下は小森（2010）による地形学図．

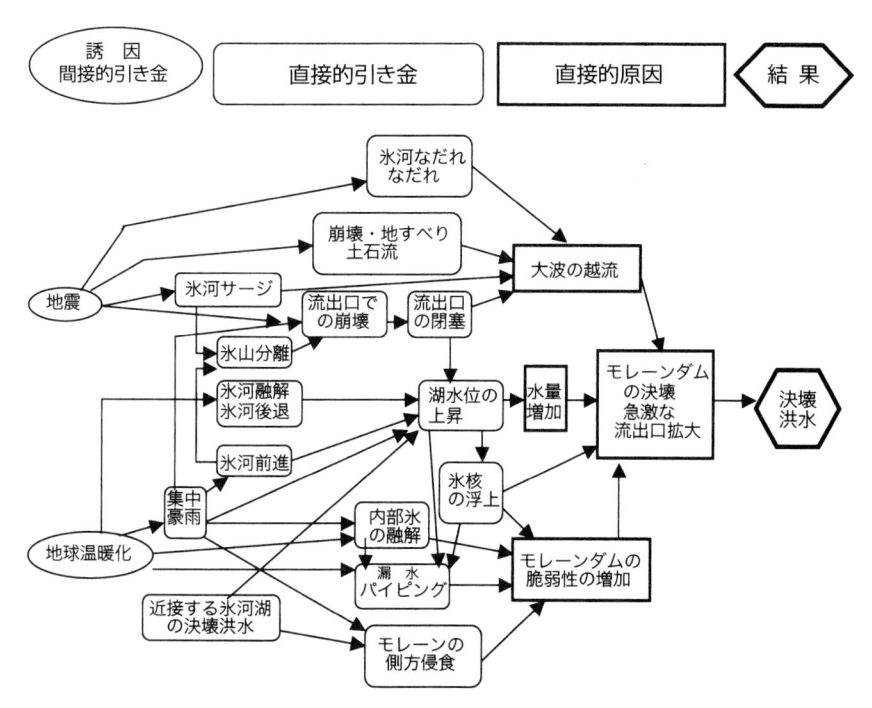

図14.8 東ヒマラヤにおけるいわゆるモレーンダム湖の決壊をもたらす潜在的原因・結果の関係．決壊洪水の間接的・直接的な引き金，直接的原因の因果関係を示した．ヒマラヤの場合であるので火山の影響は示していない（岩田原図）．

outburst floods，略してGLOFあるいはヨックルラウプ）に伴う災害が，現在，各地の山岳地帯で深刻な問題になっている．北面も含む東ヒマラヤでは，1960年代から，モレーンダム湖の決壊が，しばしば下流の道路・橋・家屋・発電所や放牧地・耕地・森林を破壊・流失させ，渓岸侵食や砂礫の堆積などの被害をもたらした．実際の被害は，ブータン（Gansser, 1983）や，アルン川・ボテコシのチベット側（Liu and Sharma, 1988），ネパール東部（山田，1992; Yamada, 1998）などで発生している．災害防止・緩和策の策定が急がれている（岩田，2007a）．

氷河湖決壊の直接の原因は，湖水を堰き止めている堤体（氷河そのものやモレーン）の崩壊や急激な流出口の拡大である．そこにいたるまでには多くの道筋があり，互いに関連する多数の誘因（間接的引き金）や直接的な引き金がある（図14.8）．地震・温暖化のような誘因，火山噴火，氷河なだれ，地すべり・崩壊，上流の氷河湖の決壊，漏水やアイスコアの融解によるモレーンダムの崩壊，大波・越流による侵食など挙げればきりがない．しかし，東ヒマラヤでの過去の事例から，決壊の引き金の中で重要なものは，氷河なだれとモレーンダムの脆弱化であることがわかった．

10章に書いたように，東ヒマラヤに分布する多数の，決壊要注意の氷河湖は，急な氷河を背後にもった小型・円形の氷河湖「丸池型」と，緩やかな長い氷舌の前面に形成された大型・長方形の氷河湖「長池型」とに分類できる（図10.26）．

i）丸池型モレーンダム湖のGLOF：丸池型モレーンダム湖では，裸氷型氷河が小氷期以降の温暖化によって後退した後に形成されたもので，形成は古く，モレーン内部にアイスコアをもたない．背後の急峻な氷河からの氷河なだれの落下が引き金になって，越流・大波による侵

食によってモレーンダム湖が決壊し下流に洪水がおこっている．1985年のネパール，クンブでのディグツォ（Dig Tsho）GLOF（Vuichard and Zimmermann, 1986, 1987），1998年のクンブの南東側のインクコーラ源頭のサバイツォ（Sabai Tsho）のGLOF（Dwivedi et al., 2000）が例である．前者では完成直後の発電所が破壊され下流の橋や川沿いのホテルなどが，後者では下流の谷沿いの放牧地や歩道が広範囲に破壊された．

ii）長池型モレーンダム湖のGLOF：長池型モレーンダム湖は，岩屑被覆による融解の抑制によって，丸池型より遅れて1960年代以降の融解によって形成されたものが多く，モレーン内部にアイスコアを含む．末端部のモレーンと末端部の氷河そのものが堤体をつくっている場合が多い（図10.26）．そのひとつであるブータン北部ルナナ地方のルゲ湖（図10.25）は，1960年代末から湖の形成がはじまり，1980年代後半には大きな湖になり，1994年10月に側方モレーンの芯になっていたアイスコアの融解によって決壊がおこった（Geological Survey of Bhutan, 1999）．洪水流は約7時間後に，90 km下流のプナカの町を襲い，20人以上の死者が出た（Watanabe and Rothacher, 1996）．

東ヒマラヤの谷間には，危険が指摘されている氷河湖が多数分布する．氷河湖ができる氷河とできない氷河との違いは何か，決壊防止の方法は何か，など緊急に解明すべき課題が多い．GLOFの引き金になる氷河なだれの予知は難しい．地震が引き金になる場合も予測は難しい．いっぽう，モレーンダム（堤体）の脆弱化は，モレーンダムを継続的にくわしく調査すると予測可能であろう．

もし，決壊した場合の洪水流は，上流部の狭い谷では10-20 mの，下流部の広い谷では数メートルの水位上昇をもたらす．多くの場合，伝統的な集落は河道から高い部分にあることが多く，人命が失われたり，家屋が流失したりすることはそれほど多くはないようである．ただし，最近の人口増加や，商業・公共事業・観光業などの発展に伴って新しくつくられた建造物や家屋には危険なものが少なくない．これまでの被害例の多くはこのような場合であった．たとえ人命への被害がなくても，下流域での橋・歩道などの被害，渓岸侵食による崩壊やそれに続く長期間にわたる侵食・土砂流失は無視できない損失になる．予想される損失と決壊洪水防止・被害軽減対策にかかる費用とを秤にかける必要がある．

（4）氷河への人間からの影響

氷河の破壊

氷河が前進してきて川を堰き止め浸水がはじまった場合に，人間が考えることは氷河を破壊して浸水被害から免れるというものである．1960年代に，パタゴニアのペリトモレノ氷河が前進して，堰き止めた湖の水位が上がって牧場が広範囲に湛水したとき，アルゼンチン空軍はモレノ氷河末端氷舌を空爆して水路をつくろうとした．結果は芳しくなかったようである．

地球温暖化による氷河縮小（融解）

11章で1990年以後の急激な氷河縮小について述べた．これは地球温暖化による氷河縮小であり，地球温暖化は人類の化石燃料の使用による温室効果ガスの増加によっておこっているのであるから（図11.20），この1990年以後の急激な氷河縮小は人類による氷河の減少である．人類は，不本意ながら地球の氷河の量に影響をあたえるまでになった．

人工氷河

　水資源としての氷河を維持するために，住民が氷河（氷体）を育てる（涵養する）努力をした例を，ダイネッリ（1970: pp.246-247）が「人工氷河」として報告している．カラコラム山脈シャイオク河沿いのクネスの村人が，村の水源を確保するために，皮袋に水を詰めて深い峡谷に運び上げ，冬に凍結させ，夏には土や草をかぶせて融解を抑えることを4年ほど続け，大きくなった氷体はその後40年も水源として水を供給し続けたという．

　この考えを進めて，水資源と観光資源として役立てるために，飛騨山脈（北アルプス）の剱岳の雪渓（剱沢雪渓と真砂沢雪渓）を氷河にまで育てるプロジェクトがつくられた（樋口，1982b；大林組プロジェクトチーム・樋口，1983）（図14.9）．このような「人工氷河」構想は，氷河が日本アルプスにないことを残念に思っている登山家などには歓迎されたようであるが，地域の経済発展の可能性と完成までの建設・維持費用とのバランスや，環境を改変することによっておこるマイナスの影響をチェックするまでにはいたっていない．

14.3　氷河から解放された土地での人間活動

　氷河から解放された土地での人間活動とは，狭義の氷河地形の利用ということである．氷河地形の利用には有利な点もあるが，利用に関する不利な点もある．山岳地域の氷河地形は，急な岩壁と，それと対照的ななだらか，もしくは平坦な地形との組み合わせからなることが特徴である．いっぽう，平野や平原では，氷食を受けたむき出しの基盤岩や，河川の堆積物とは異なる堆積物（ティル）の存在が特徴である．これらのことが人間活動にさまざまな影響をあたえる．

農牧業

　険しい山岳地域では平坦な土地や緩斜面が少ないのが一般的である．しかし，よく発達した山岳氷河地形には平坦な谷底をもつ氷食谷や圏谷，モレーン台地ができる．これらの平坦地や緩斜面は，放牧・耕作・植林のための適地を提供する．とりわけ氷食谷底や圏谷底に沖積層が堆積すると，利用しやすい土地になる．上流の氷河から供給される融氷水は有用な水資源になる．山岳国スイスで農牧業が発達したのは，ムギの耕作ができる広い氷食谷底と，夏の牧草地として利用できる圏谷底や氷食谷底，その上方にある氷食緩斜面の存在に依存しているだろう．

　氷期に氷床に覆われた平野の大部分は，ティルや河川砂礫層に覆われている．粘土やシルト分を多く含むティルは保水性に富むので，乾燥地域では農地として価値ある土地となるが，湿潤地域では排水施設が必要となる．ただし，乾燥すると粘土分が固結し使いにくい土地になる．ティルは別名ボウルダークレイ（boulder clay）と呼ばれる．これは角礫と粘土だけの不毛な土壌という意味で使われた．

鉱業や石材業，エネルギー工業

　スカンジナビアやカナダの楯状地は，氷期に氷床に覆われ，氷床の強い侵食を受け，硬い片麻岩・花崗岩が広く露出している．そこでは鉄鉱石や銅鉱石の露天掘りが行われる．氷河の侵食に伴って基盤の泥岩や頁岩がシート状に割れて（sheeting joints），スレートの採取が行われている場所もある．

図 14.9　1970 年代に樋口敬二によってつくられた人工氷河の構想を大林組プロジェクトチーム・樋口（1983）が図にまとめた．原図（カラー）は五百沢智也によって描かれた．人工氷河は立山東面の真砂沢と剱沢につくられる計画で，剱沢と平蔵谷・長治郎谷出合あたりには人造湖がつくられる予定であった．

　泥や砂が堆積した平野に運ばれてきた迷子石の岩塊は砕かれて砕石となり，コンクリートの骨材として重宝された．カナダのカルガリー近郊にあるオコトクス迷子石（Okotoks Erratic）は珪岩（quartzite）の巨岩で（図 14.10），貴重な石材資源として利用しようとする業者と保護を主張する人びととの議論があった．いっぽう，スカンジナビア南部では，エスカ

図 14.10　カナダのカルガリー近郊にあるオコトクス（Okotoks）迷子岩．ロッキー山脈から運ばれた珪岩からなる．先住民のシェルター，建設用石材の供給源，ボールダリングなどさまざまに利用されてきた．保存運動が行われている（http://en.wikipedia.org/wiki/File:Bigrock.jpg による）．

一の砂礫は花崗岩類の基盤岩の上での唯一の砂利の供給源として利用されている．

氷食谷やフィヨルドの地形は，ダム式・水路式を問わず，水力発電所をつくる場所として最適である．上流に氷河があれば安定した水の供給も得られる．

居住環境

氷河地形の平坦面や緩斜面は，農業立地を提供したのとおなじように集落や農家の立地を提供する．見晴らしのよいモレーンの丘には，寺院や教会，ホテルなどが建てられることが多かった．遮蔽物のない平原部では，大きな迷子石は古くからシェルターとして利用されていた．上記のオコトクス迷子石の基部からは，先住民の遺跡が多数発見されている．

イギリス，ノーフォークの，最終氷期に氷床が存在した場所では，ティル堆積地にゴミ処分場の建設が計画された．ティルの稠密な粘土は水を通さず汚水を外に漏らさないと考えられたからであった．氷河地質学者が綿密に調べた結果，その場所のティルには細かな割れ目が多数あり，ゴミ処分場としては不適当であることがわかった（Bennett and Glasser, 1996: pp. 3-4 による）．

最終氷期末にローレンタイド氷床のまわりに形成された縁辺モレーンは，たかだか高さ 20 m ほどであるが，平坦な平原では貴重な起伏を形づくる．アメリカ合衆国，オハイオ州のクリーブランドの南側ではスキー場として利用されているが，いっぽうでは地すべりが多発する場所になっている．モレーンを構成するティルの粘土が水分を含むと，流動性を増し非常に不安定になるからである．

交通

山岳地帯や台地での氷食谷谷底の平坦部分は優れた交通路になる．中でも氷床・氷原・横断型谷氷河などがつくった貫通谷（through valley，図 8.12A）は，通り抜けやすい典型的な谷中分水界をつくる．スウェーデン北部アビスコ国立公園にある「ラップの門（Lapporten）」と呼ばれる地形（図 14.11）は，貫通谷が通路となっていることを示す象徴的な地形である．しかしながら問題もある．貫通谷の谷中分水界に引かれた国境線は容易に通行できるため，パ

図14.11 スウェーデン北部にあるラップの門（Lapporten）と名づけられた貫通谷．サーメの人びとがここを通ってきたという伝説があり，氷食地形が交通路になるという象徴的事例（http://sv.wikipedia.org/wiki/Fil:Lapporten_2.jpg による）．

タゴニア北部では国境をこえて人びとの移住が進み，国境問題が生じたことがあった（シプトン，1972: pp. 355-364）．

氷食谷を占める氷河湖やフィヨルドの水面は，水上交通の場を提供する．ノルウェー西部，カナダ太平洋岸，パタゴニア西部のフィヨルド地帯は水没した氷食谷のネットワークなので，荒れた外洋に出ることなく静かに航海できる航路を提供する．小型船でも安全に航海できるだけではなく，港の適地も提供する．フィンランドのような低平で氷床によって凹地型が刻みこまれ湖沼が多い土地では，堤防状に続くエスカーはよい道路になる．

いっぽう，氷食谷の急な谷壁（岩壁）や氷食谷の谷柵（リーゲル：8章参照）は交通の障害になる．トンネル掘削技術が発達するまでは，氷河地形の岩壁は自動車道路や鉄道の開通を妨げ，隣り合った地域の隔絶性をうみだす場合もあった．

ツーリズム（観光産業）

氷河が多くの人びとを魅了するように，氷河地形も多くの人びとを集める．以前は，登山家やトレッカーだけが氷河地形を楽しめたが，今では氷河地形を誰でも楽しめる場所が増えた．アメリカ合衆国ヨセミテ国立公園の氷食谷ヨセミテ渓谷を望めるグレイシャーポイント（Glacier Point）は代表的なものである（図14.12）．深いU字谷とまわりの氷食斜面の景観が楽しめる．各地のフィヨルドも多くの観光客を集める．ノルウェーやニュージーランド南島のフィヨルドクルーズでは，急なフィヨルド側壁とそこに懸かる滝が人気である．山中の氷河湖や平原の氷河湖（たとえば合衆国ニューヨーク州西部のフィンガーレークなど）も観光地となっている．

14.4 氷河—人間関係の将来

新しい氷期の開始

人為的な温室効果ガスの増加による地球温暖化が糾弾されるようになる前の，1970年代か

図14.12 アメリカ合衆国ヨセミテ国立公園のグレイシャーポイントからの展望.氷河地形の絶好の観察地点で多くの観光客を集める(1996年8月岩田霜太郎撮影).

ら80年代前半までは,現在の間氷期(完新世)はすでに絶頂期を過ぎており,新しい氷期への移行期にあるという考えがもっぱらであった(たとえば根本,1973).1990年代になって地球温暖化が問題になり,「新しい氷期」「これから到来する氷期」のことは忘れ去られたかのようである.現在が氷期-間氷期サイクルの中でどのような位置にあるのかは,地球環境の将来像を予想する場合に重要である.氷期-間氷期サイクルの中での現在の位置を理解するために,過去の間氷期との比較研究が氷床コアの解析によって進められている.気温を示す酸素同位体比や水素同位体比のほかに,コア中の気泡中に閉じ込められた過去の大気の二酸化炭素やメタンの量の変動が重要な指標として用いられている.

ラディマンの仮説

完新世,最終間氷期を含む過去の4間氷期(MIS 1・5・7・9)の,氷期極相期から間氷期のピークへの二酸化炭素とメタンの変動はたいへんよく似ており,間氷期は1万年しか続かない(Ruddiman, 2003)(図11.20).二酸化炭素とメタンの量は,氷期極相期後の急上昇のピークから低下しはじめ,過去の3間氷期MIS 5・7・9では次の氷期に移行した.しかし,完新世ではほかの間氷期とは異なり,二酸化炭素は8000年前に,メタンは5000年前に増加に転じた.Ruddiman (2003)・ラディマン(2005)は,ユーラシア大陸で8000年前にはじまった穀物畑開発のための森林伐採が二酸化炭素の増加をもたらし,南アジア・東アジアで5000年前からはじまった水田耕作がメタンの増加をもたらしたと主張した.この温室効果の結果生じた温度上昇は,産業革命開始直前で0.8℃と見積られている(表14.1,図14.13).そしてラディマンは,これらの農耕に伴う温室効果が,新しい氷河期の到来を遅らせていると主張した.

MIS 11の2万年間氷期

このラディマンの主張をヨーロッパ(ドイツとフランス)の研究者たちが批判した(Claussen

表14.1 最終氷期・先工業化時代・地球温暖化の気温上昇

時間範囲	気温上昇量	上昇速度（100年あたり）
最終氷期極相期—間氷期の開始（15 ka-11 ka）	6-8℃	0.15-0.2℃
先工業化時代（8 ka-150年前：産業革命）	0.8℃	0.1℃
地球温暖化（産業革命以後の150年）	0.6-2.0℃	0.4-1.3℃

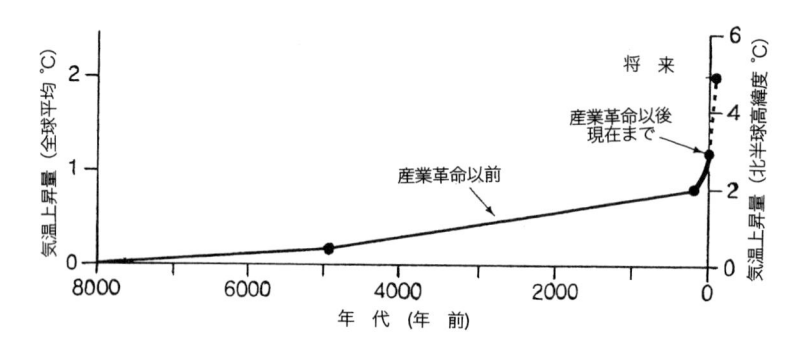

図14.13 模式的に示した完新世の気温上昇傾向．産業革命以後（太線）と将来（破線）の昇温に注目．縦軸の左軸は全地球平均，右軸は高緯度地方を示す．温室効果ガスの人為的増加によると考えられている（Ruddiman, 2003）．

et al., 2005; Crucufix *et al.*, 2005)．理由をまとめると，次のようになる．i）産業革命以前の二酸化炭素・メタンの増加を人類起源とする数値的裏付けが弱い．ii）完新世の二酸化炭素のレベルをラディマンの主張まで減らして数値実験をしても，氷河期ははじまらなかった．iii）完新世とMIS 5・7・9とを比較するのは不適当で，MIS 11と比較するべきである．

これらの批判の中でもっとも重視されたのは，完新世とMIS 11の比較の問題である．氷期－間氷期サイクルのタイミングを決めるとされるミランコビッチカーブの性質が，完新世ともっともよく似ているのはMIS 11と考えられたからである．南極ドームC氷床コアによるとMIS 11の継続期間は2万8000年で，MIS 1・5・7・9各間氷期の1万年よりはるかに長い（EPICA community members, 2004）．これを根拠にして，ラディマンが新しい氷期はすでにはじまっていると主張するのに対して，EPICAグループは，人為的温暖化がなくても完新世の温暖な気候は今後も長く続くと主張する．

人類は次の氷期を経験するのか

新しい氷期はすでにはじまったのか？あるいは，いつはじまるのか？という問題は，今後の人類の生活に大きく関わってくる．次の氷期の将来像をどうみるかによって，温室効果ガスの蓄積による人為的温暖化の対策に影響するのは必至であろう．ラディマン仮説によると「20世紀に起こった急速な温暖化はおそらく利用可能な化石燃料が枯渇するまで，少なくとも200年は続くだろう．化石燃料が枯渇した後は，人間の活動から生まれた過剰な二酸化炭素はゆっくりと深海に吸収され，地球気候は徐々に寒冷化し始めるに違いない」（ラディマン，2005）となる．もしそうなら，温暖化を乗り切っても，人類は農業生産が困難な氷期の環境で苦労することになる（図14.14）．いっぽう，EPICAグループに従うとすれば，人類はさらに1万年以上温暖な間氷期を過ごすことになり，地球温暖化の防止は，より重要な課題となろう．人類があたらしい氷期を経験するかどうかは，氷河変動や環境復元に関する緻密なデータの積み重ね

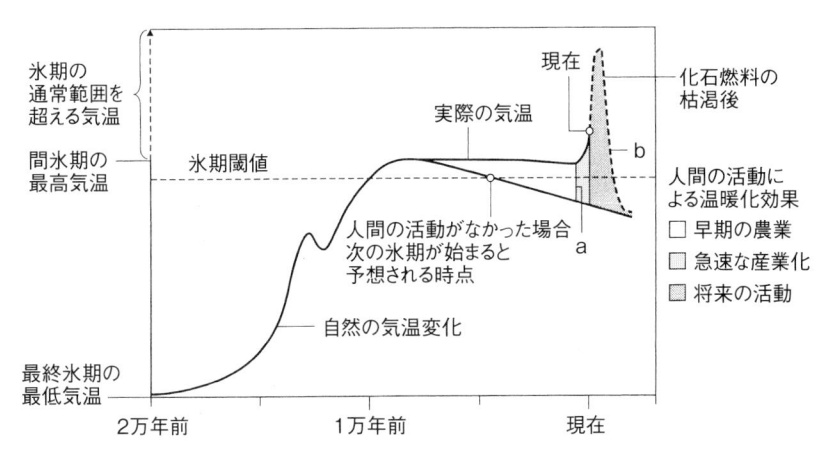

図 14.14 最終氷期末から将来への地球の気候変化模式図（ラディマンの予測）．8000 年前からはじまった農耕が 0.8℃の気温上昇（a）をもたらし（実際の気温），自然の気温変化ならすでにはじまっているはずの氷河期の到来を遅らせている．産業革命以後の温暖化（0.6℃）と将来の温暖化とその終焉（破線 b）後には氷期の寒冷期になる（ラディマン，2005）．

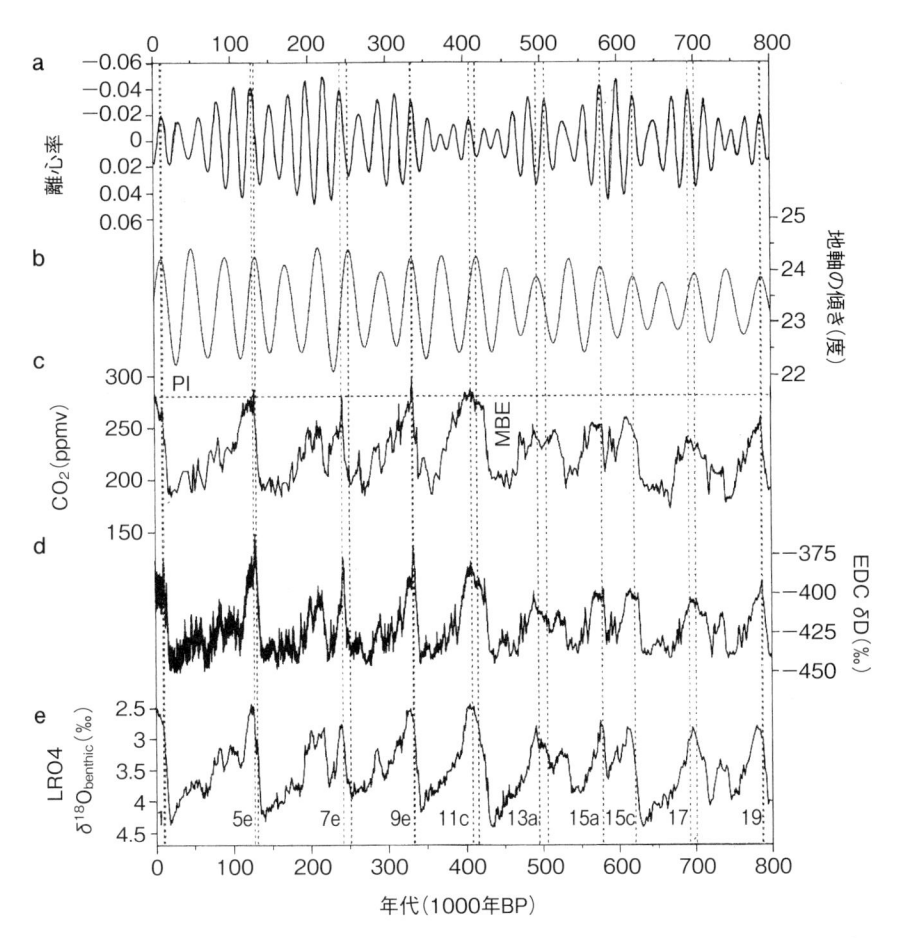

図 14.15 過去 80 万年の地球軌道要素（ミランコビッチサイクル：離心率と地軸の傾きの変動）と，南極ドーム C 氷床コアによる二酸化炭素量・気温変動（水素同位体比）と，海洋底コアによる氷床量変動（LR04 スタックによる）の比較．縦の破線は間氷期と対応する離心率と地軸傾角のピークの位置を示す（Tzedakis et al., 2009 による）．

14.4 氷河—人間関係の将来

と，それに基づく大胆な将来予測が必要であろう．

過去80万年の10回の間氷期の諸特性を比較して（図14.15），完新世と似ている間氷期を捜す試みが行われている．たとえばTzedakis *et al.* (2009) によると，二酸化炭素量と氷床量（海洋底コアのLR04スタックによる）の比較では，MIS 1（完新世）と似ているのはMIS 9eとMIS 11cであり，地球軌道要素（ミランコビッチサイクル）の歳差運動の値と地軸傾度の値がMIS 1と一致するのはMIS 19であるとされる．過去の間氷期の長さは，地球軌道要素による日射量変化とともに，大気中の二酸化炭素量の変動にも強く支配されてきた（Tzedakis *et al.*, 2009）ので，今後の地球の間氷期がいつまで続くのか，新たな氷期の寒冷化がいつはじまるのかは，まだ予測できないところである．

コラム26
氷河の歩き方

氷河の涵養域は積雪に覆われているから，クレバスは隠されている．そのために，氷河涵養域を歩く登山者や調査者は，隠れたクレバス（ヒドンクレバス）に落ちる危険にさらされる．本書の著者もパタゴニアのウプサラ氷河でクレバスを覆った積雪を踏み抜いたことがあった．

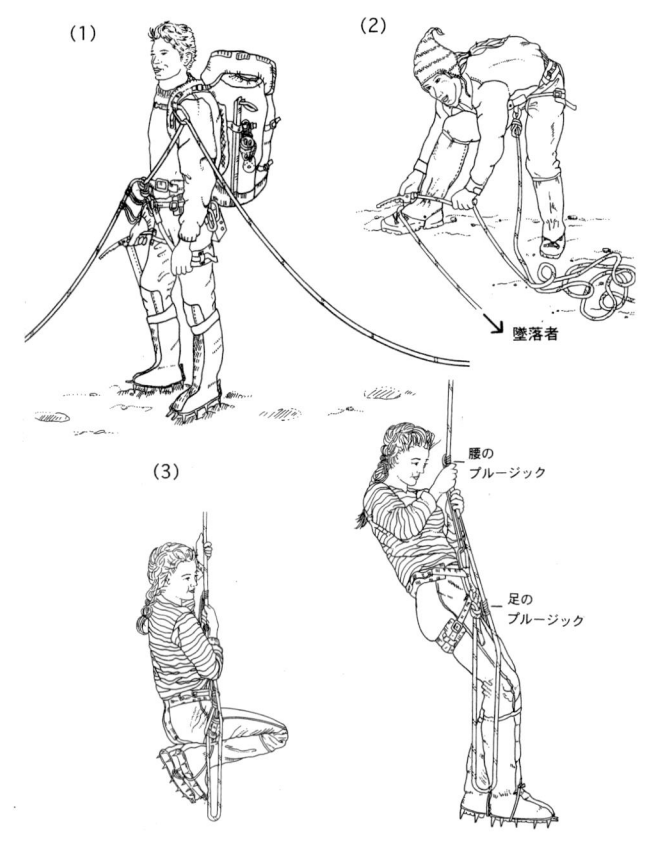

図A （1）登山用ロープを結び合って氷河上を歩く．ロープは引きずらず，引っ張らず，適当な緩さを維持する．（2）ブーツ アックス ビレイ（boot-ax belay）．（3）プルージックを使って自力でロープを登る方法．左：腰のプルージックに体重を託し，足を曲げながら足のプルージックをずり上げる．右：腰のプルージックをずり上げながら足をのばし，体を持ち上げる（Selters, 1999）．

図B 南極セールロンダーネ山地のクレバス帯で，ヒドンクレバス墜落の危機を脱した直後のスノーモビルと運転者（1985年2月岩田修二撮影）．

瞬間に腕をひろげて止まったが，ロープをつけていなかったので，止まらなかったら大事になっていたところだった．クレバスへの墜落を避けるため，氷河涵養域を歩く場合の鉄則は，数人のチームを組み，互いに登山用ロープで結び合うことである（図A(1)）．チームのひとりがクレバスに落下しかけたら，残りのメンバーはロープをひきしめて落下をくい止める．

　平らな氷河上で便利な確保法はブーツ　アックス　ビレイである（図A(2)）．二人パーティの場合にひとりが落下したら，残ったひとりでは墜落した者を引き上げることは不可能である．したがって，墜落が止まった後，墜落者が（ロープに宙づりになっているはずである），独力でよじ登る必要がある．図A(1)を注意して見ていただきたい．頭が下にならないように，ロープはザックの肩ベルトに引っかけてある．腹の前にはプルージック　ループが2本主ロープにセットしてある．2本のプルージックをあぶみのように使ってロープを登る方法にはコツがあるから，事前によく練習しておく必要がある（図A(3)）．

　歩行にスキーを用いると接地圧が大幅に軽減されるから，クレバスに落下する危険は小さくなる．しかし，ロープで結び合ったまま氷河上を滑降するには，熟練した技術が必要である．

　南極氷床上では，氷上行動に雪上車やスノーモビルを使うのがふつうである．南極にはスノーモビルや雪上車も落下するような大きなクレバスがある．各国の観測隊とも，事故をおこした苦い経験をもっている．著者にも間一髪，危機を脱した経験がある（図B）．雪上車はクレバスの端に引っかかって止まることが多いが（日本隊では大型雪上車が丸ごと落下した例がある），スノーモビルは引っかからず落下する．ワイヤーでつなぎ重連走行する方法（Walton, 1983: p.95），前後2台のスノーモビルで橇（そり）をはさんで牽引・走行する方法（Whillans, 1992）も試みられている．

コラム 27
氷河遺体

　氷河は大きな冷蔵庫・冷凍庫であり，内部に貯蔵しながら下流に運ぶ運搬機でもある．氷河のクレバスに落下したり，涵養域で倒れ積雪に埋められたりした登山者や動物が，氷河の下流で氷から露出する例が多数知られている．それらは一般に氷河遺体と呼ばれている．

　1991年9月オーストリアのエッツ谷の氷河源頭で，およそ5200年前に氷河に閉じこめられ

た狩猟民の氷河遺体が発見され,「エッツィ」と名付けられた（シュピンドラー, 1994）. エッツィは考古学上の貴重な学術資料を数多く提供した.

アルプスでは，多くの氷河遺体が発見されており，遭難の記録が明らかな氷河遺体によって氷河の流動速度が明らかにされたこともあった（ティンダル, 1953：p. 64；Dyson, 1963: pp. 32-33）. 特殊な例としては，モンブラン山塊のボソン氷河上流に墜落した旅客機の乗客の遺体の一部が氷河下流で発見されたという報告もある（Sesiano, 1982）. 氷河に運ばれた遺体は，氷の運動のためにバラバラになっていることが多いようである. ミニヤコンカー山での例では，登山靴の中に残された足首から先の部分以外は発見されなかった. いっぽう, 1991年1月，著者の友人が中国雲南の氷河の上流部でなだれのため遭難した. かれの遺体は1999年夏に氷河下流で発見された. 胸のポケットに入っていた野帳は完全な形で夫人の手元に戻ってきた.

動物の遺体の発見例も少なくない. 1933年アメリカのヨセミテ国立公園ライエル（Lyell）氷河で発見されたオオツノヒツジの完全な遺体では，胃の中身から秋にクレバスに落ちたことがわかった. このヒツジは，この地域では50年以上前に絶滅した種で，完全な標本が得られたのは初めてであった（Dyson, 1963: pp. 31-32）. アフリカのケニア山のティンダル（Tyndall）氷河の末端では，ヒョウの死体が氷河氷の中から発見された（水野・中村, 1999）. これはヘミングウェイの小説『キリマンジャロの雪』を連想させる.

コラム28
戦場になった氷河

かつて地球上のいたるところが戦場になった. 氷河も例外ではなく，戦場になった氷河もある.

第一次世界大戦中，オーストリア軍とイタリア軍は，イタリア最大の氷河フォルニ氷河（Ghiacciaio dei Forni）で激しい戦闘を行った（Smiraglia, 1995: pp. 46-47）. 氷河の側方モレーンには，当時の塹壕や石づくりの見張り所が残されており，氷河氷の中からは有刺鉄線の束や砲弾が融出してくる. 2004年8月にはミイラ化したオーストリア兵の遺体3体が氷河の中から発見され, 1918年9月3日の戦闘で戦死した遺体であると判断された*.

カシミール地方の帰属をめぐって1947年から断続的に勃発した印パ戦争（インド・パキスタン戦争）では，カラコラム山脈東部のシアチェン氷河やバルトロ氷河源流が戦場になった. 1984年にはインド軍とパキスタン軍が交戦し「世界でもっとも高い場所での戦闘」といわれた. ヘリコプター**が多用され，海抜高度5000 mをこえる高山での過酷な戦いであった. これを題材にして『シアチェン：氷河の戦闘（"Siachen: A War for Ice"）』という映画がスイスによって2006年につくられている***. 2008年の状況は, シアチェン氷河を含む地域には現在でも両国の軍隊が駐屯しており，交戦は控えられているが，登山隊などの立ち入りは厳しく制限されている****.

---

* http://tokyo.txt-nifty.com/fukublog/2004/08/post_22.html
** エアロスパシアル゠ラマ（SA-315B）という最大上昇記録1万2000 mのヘリコプターがつくられた.
*** http://www.himalayafilmfestival.jp/filmtitle/Siachen.html
**** http://hiki.trpg.net/BlueRose/?SiachenGlacier

教科書と解説書・読みもの

●広義の氷河地形学

教科書としては,

1. 藤井理行・上田 豊・成瀬廉二・小野有五・伏見碩二・白岩孝行（1997）:『基礎雪氷学講座4 氷河』古今書院, 312pp.〈日本人研究者によって書かれた氷河研究と氷河地形学をカバーするほとんど唯一の教科書〉
2. 前野紀一・福田正巳（編）（1986-2000）:『基礎雪氷学講座』全6巻, 古今書院.〈1もふくむ雪氷学の教科書シリーズ（講座）〉

解説書・読みものとしては,

3. 東 晃（1974）:『氷河—未知の宝庫を探る』中央公論社（自然選書）, 202pp.〈1967年刊の改訂版〉
4. 若浜五郎（1978）:『氷河の科学』NHKブックス, 日本放送出版協会, 236pp.
5. 前野紀一（2004）:『新版 氷の科学』北海道大学図書刊行会, 234 + 8pp.
〈3〜5は優れた自然科学の解説書〉
6. 日本雪氷学会（2005）:『雪と氷の事典』朝倉書店, 760pp.〈事典というよりも雪氷学の総合的な解説書である〉
7. Swiss National Tourist Office (ed.) (1981): *Switzerland and her Glaciers: From the Ice Age to the Present*, Kümmerly + Frey, Berne, 191pp.〈多数の一流の若手研究者が書いた一般向けの解説書. すばらしい写真や図が多数. オリジナルはドイツ語〉

●狭義の氷河地形学

8. Sugden, D. E. and John, B. S. (1976): *Glaciers and Landscape: A Geomorphological Approach*, E. Arnold, 376pp.〈それまでの主流であった個別地形型の説明だけではなく, 地形系（landscapes）をとりいれた画期的な教科書. 30年以上経つが現在でも古びていない〉
9. Benn, D. I. and Evans, D. J. A. (1998): *Glaciers and Glaciation*, Arnold, London, 734pp.〈8のSugdenとJohnの弟子たちがつくった上記8の改訂増補版ともいえるもの. 百科辞典のように厚く専門的で有用〉
10. Anderson, D. (2004): *Glacial and Periglacial Environments*, Hodder and Stoughton, 132pp.〈9とは対照的な, 入門的な薄い教科書であるが内容は優れている. 学生が購入しやすい〉

上記9と10の中間の大きさの教科書は11〜13のようにいくつも出版されている.

11. Hambrey, M. J. (1994): *Glacial Environments*, UCL Press, 295pp.
12. Ehlers, J. (1996): *Quaternary and Glacial Geology*, John Wiley, Chichester, 578pp.
13. Bennett, M. R. and Glasser, N. F. (2009): *Glacial Geology: Ice Sheets and Landforms*, John Wiley, Chichester, 385pp.〈1996年に出た同名の教科書の改訂版〉

教科書としてそのほかに,

14. Price, R. J. (1973): *Glacial and Fluvial Landforms*, Oliver and Boyd, Edinburgh.〈アイスランドとスピッツベルゲンの氷河前面・下流の地形を発達史的にあつかった教科書〉
15. Drewry, D. (1986): *Glacial Geological Processes*, Edward Arnold, London, 276pp.〈数学と物理学

を用いて，地球物理学・雪氷学と地形学との橋渡しを試みた優れた教科書〉

16. Evans, D. J. A. (ed.) (2005): *Glacial Landsystems*, Hodder Arnold, 532pp. 〈氷河地形系（地形複合）だけをあつかったすばらしい解説書．上級向けの教科書として使える〉

17. チョーレー・シャム・サグデン（大内俊二 訳）(1995)：『現代地形学』古今書院，692pp. 〈本書の氷河地形の章は，日本語のものとしてはもっともくわしいものの一つであろう〉

解説書ほかとして，

18. Hubbard, B. and Glasser, N. (2005): *Field Techniques in Glaciology and Glacial Geomorphology*, John Wiley, 400pp. 〈タイトル通りの調査技術の教科書〉

19. Post, A. and Lachapelle, E. R. (2000): *Glacier Ice*, University of Washington Press, Seattle, 145pp. 〈1971年に出たすばらしい写真集（モノクロ）の改訂版〉

20. Hambrey, M. J. and Alean, J. (2004): *Glaciers* (Second ed.), Cambridge University Press, 376pp. 〈写真を多用した読み物風解説書．2010年に安仁屋政武（訳）『ビジュアル大百科 氷河』原書房として刊行された〉

● 氷河環境

教科書としては，

21. 増田耕一・阿部彩子（1996）：第四紀の気候変動．住 明正ほか（編）『岩波講座地球惑星科学11 気候変動論』岩波書店，103-156. 〈氷期の気候変化の教科書〉

22. Wilson, R. C. L., Drury, S. A. and Chapman, J. L. (2000): *The Great Ice Age: Climate Change and Life*, Rutledge, London, 158pp. 〈氷期の環境全般についての優れた教科書〉

23. Siegert, M. J. (2001): *Ice Sheets and Late Quaternary Environmental Change*, John Wiley and Sons, 231pp. 〈更新世の氷床復元のためのモデル化作業のための教科書．諸分野を要領よくカバーしている〉

解説書・読みものとして，

24. アレイ，R. B.（山崎 淳 訳）(2004)：『氷に刻まれた地球11万年の記憶』ソニーマガジンズ［Alley, R. B. (2000): *The Two-Mile Time Machine*, Princeton University Press］．〈グリーンランドの氷床コアを中心にした最終氷期の環境変動史の読み物風な解説．翻訳にやや難がある〉

25. インブリー，J・インブリー，K. P.（小泉 格訳）(1982)：『氷河時代の謎を解く』岩波現代選書，263pp.［Imbrey, J. and Imbrey, K. P. (1979): *Ice Ages: Solving the Mystery*, Enslow Pub.］〈海洋底コア研究と氷期論との関係を詳細に述べた読み物．古典的名著．絶版なのが惜しい．文庫本などとしてつねに提供されるべきである〉

26. 小林国夫・阪口 豊（1982）：『氷河時代』岩波書店，209pp. 〈ヨーロッパの氷期研究の解説書．写真が多い〉

27. 阿部彩子（2002）：気候システムと地球史．熊澤峰夫・伊藤孝士・吉田茂生（編）『全地球史解読』東京大学出版会，234-258. 〈地球史における気候変化に関する解説書〉

● 全分野をカバーする専門的解説書（リーディングス）

28. Menzies, J. (ed.) (1995): *Modern Glacial Environments: Processes, Dynamics and Sediments*, Butterworth-Heinemann, 621pp.

29. Menzies, J. (ed.) (1996): *Past Glacial Environments: Sediments, Forms and Techniques*, Butterworth-Heinemann, 598pp.

30. Knight, P. G. (ed.) (2006): *Glacier Science and Environmental Change*, Blackwell, 527pp. 〈英語圏の学部生・大学院生は28～30のような本で氷河地形学を学習していることを認識しておく必要がある〉

引用文献

アルファベット順.
エピグラフの引用は別項を参照ください.

阿部彩子（2002）：気候システムと地球史．熊澤峰夫・伊藤孝士・吉田茂生（編）：『全地球史解読』東京大学出版会，234-258.

Abe-Ouchi, A., Segawa, T. and Saito, F. (2007): Climatic conditions for modelling the northern hemisphere ice sheets throughout the ice age cycle. *Climate of the Past*, 3, 423-438.

Agassiz, L. (Carozzi, A. V. 訳) (1967): *Studies on Glaciers*, Hafner, New York, 213pp. [*Etudes sur les glaciers*, Neuchatel (privately published, 346pp.) 1840 の英訳].

上田 豊（1980）：氷河質量収支型の体系化—その変動論への展開についての試論—．月刊地球，2 (3)，244-249.

上田 豊（1983a）：ネパール・ヒマラヤの氷河—大型氷河と小型氷河の比較論—．山岳，78，061-070.

上田 豊（1983b）：ネパール・ヒマラヤの夏期涵養型氷河における質量収支の特性．雪氷，45，81-105.

Agostini, A. M. de (1949): *Ande Patagoniche Viaggi di Esplorazione Alla Patagonica Australe*, Societa Cartografica Giovanni de Agostini, Millano.

Ahlmann, H. W. Son (1948): Glaciological research on the North Atlantic coasts. *Royal Geographical Society Research Series 1*, Royal Geographical Society, 83pp.

Ahlmann, H. W. Son (1953): *Glacier Variations and Climatic Fluctuations*, American Geographical Society, 51pp.

Ahnert, F. (1996): *Introduction to Geomorphology*, Arnold, London, 352pp.

オールビー，A. L.（2003）：探査機がつかんだ火星の姿．日経サイエンス，33 (8)，59-70.

Albee, A. L., Palluconi, F. D. and Arvidson, R. E. (1998): Mars Global Surveyor Mission: Overview and Status. *Science*, 279, 1671-1672.

Alley, R. B. (1991): Deforming-bed origin for southern Laurentide till sheets? *Journal of Glaciology*, 37, 67-76.

アレイ，R. B.（山崎 淳 訳）（2004）：『氷に刻まれた地球11万年の記憶』ソニーマガジンズ [Alley, R. B. (2000): *The Two-Mile Time Machine*, Princeton University Press].

Alley, R. B., Blankenship, D. D., Bentley, C. R. and Rooney, S. T. (1986): Deformation of till beneath ice stream B, West Antarctica. *Nature*, 322, 57-59.

Alley, R. B., Blankenship, D. D., Rooney, S. T. and Bentley, C. R. (1989): Water-pressure coupling of sliding and bed deformation: III. Application to Ice Stream B, Antarctica. *Journal of Glacioloy*, 35, 130-139.

Alley, R. B., Mayewski, P. A., Sowers, T., Stuiver, M., Taylor, K. C. and Clark, P. U. (1997): Holocene climatic instability: A prominent, widespread event 8200 yr ago. *Geology*, 25, 483-486.

Alley, R. B., Meese, D. A., Shuman, C. A., Gow, A. J., Taylor, K. C., Grootes, P. M., White, J. W. C., Ram, M.,

Waddington, E. D., Mayewski, P. A. and Zielinski, G. A. (1993): Abrupt increase in Greenland snow accumulation at the end of the Yonger Dryas event. *Nature*, 362, 527-529.

Alvarez-Solas, J., Charbit, S., Ritz, C., Paillard, D., Ramstein, G. and Dune, C. (2010): Links between ocean temperature and iceberg discharge during Heinrich events. *Nature Geoscience*, 3, 122-126.

Anderson, D. (2004): *Glacial and Periglacial Environments*, Hodder and Stoughton, 132pp.

Andrews, J. T. (1975): *Glacier Systems—An Approach to Glaciers and to their Environments—*, Duxburry Press, Mass., 191pp.

Aniya, M. (1974): Model for cirque morphology. 地理学評論，47，776-784.

Aniya, M. (1988): Glacier inventory for the northern Patagonia Icefield, Chile, and variations 1944/45 to 1985/86. *Arctic and Alpine Research*, 20, 179-187.

安仁屋政武（1998）：『パタゴニア：氷河・氷河地形・旅・町・人』古今書院.

安仁屋政武（2010）：パタゴニアにおける氷河の消長．遠藤邦彦・山川修治・藁谷哲也（編）著：『極圏・雪氷圏と地球環境』二宮書店，106-127.

Aniya, M. and Welch, R. (1981): Morphometric analyses of Antarctic cirques from photogrammetric measurements. *Geografiska Annaler*, 63A, 41-53.

Anonymous (1969): Mass-Balance Terms. *Journal of Glaciology*, 8, 3-7.

青木賢人（1999）：現成氷河の質量収支データに基づく涵養域比（AAR）法の検証．地理学評論，72A，763-772.

青山雅史（2002）：日本アルプスのカール内に分布する岩塊堆積地形の成因—岩石氷河説に基づく再検討．地理学評論，75，529-543.

荒川清秀（1997）：『近代日中学術用語の形成と伝播 地理用語を中心に』白帝社，東京.

Asahi, K. (1999): Data on inventoried glaciers and its distribution in eastern part of Nepal Himalaya. *Basic Data Report 2: Basic studies for assessing the impacts of the global warming on Himalayan cryosphere, 1994-1998*, Institute for Hydrospheric-Atmospheric Sciences, Nagoya University, 1-76.

朝日克彦（2001）：ネパール・ヒマラヤ東部の氷河目録と最近の氷河変動．雪氷，63，159-169.

Asahi, K. (2008): Distribution and configuration of glacial landforms in the Nepal Himalayas: morphostratigraphical classification of moraines. *Monograph* No. 1, Research Group for Glacial and Periglacial Landscapes, 1-6.

Asahi, K., (2010): Equilibrium-line altitudes of the present and Last Glacial Maximum in the eastern Nepal Himalayas and their implications for SW monsoon climate. *Quaternary International*, 212, 26-34.

Ashley, G. M. (1995): Glaciolacustrine environments. in

Menzies, J. (ed.): *Modern Glacial Environments: Processes, Dynamics and Sediments*, Butterworth-Heinemann Ltd, 417-444.

Atkinson, T. C., Briffa, K. R. and Coope, G. R. (1987): Seasonal temperatures in Britain during the past 22,000 years, reconstructed using beetle remains. *Nature*, 325, 587-592.

Auer, V. (1970): The Pleistocene of Fuego-Patagonia V. *Annales Academiae Scientiarum Fennicae*, Ser. A3, 100, 23-25.

阿瀬貫博 (2010):氷床コアから復元される地磁気イベント時の宇宙線変動. 地学雑誌, 119, 527-533.

東 信彦・東 久美子・樋口敬二 (2002):火星氷床と地球極地雪氷学. 雪氷, 64, 389-395.

Baker, V. R. and Bunker, R. C. (1985): Cataclysmic late Pleistocene flooding from glacial Lake Missoula: a review. *Quaternary Science Reviews*, 4, 1-41.

Ballantyne, C. K. (2001): Cadair Idris: a Late Devensian palaeonunatak. in Walker, M. J. C. and McCarroll, D. (eds.): *The Quaternary of West Wales Field Guide*. Quaternary Research Association, London, 126-131.

Ballantyne, C. K. (2002): Paraglacial Landsystem. *Quaternary Science Reviews*, 18/19, 1935-2017.

Ballantyne, C. K. (2005): Paraglacial geomorphology. in Evans, D. J. A. (ed.): *Glacial Landsystems*, Hodder Arnold, 432-461.

Bamber, J. L. and Bindschadler, R. A. (1997): An improved elevation dataset for climate and ice-sheet modeling: validation with satellite imagery. *Annals of Glaciology*, 25, 439-444.

Banham, P. H. (1977): Glacitectonites in till stratigraphy. *Boreas*, 6, 101-105.

Barron, E. J. (1985): Explanations of the Tertiary global cooling trend. *Palaeogeography, Palaeoclimatology, Palaeoecology*, 50, 45-61.

Barsch, D. (1988): Rockglaciers. in Clark, M. J. (ed.): *Advances in Periglacial Geomorphology*, John Wiley, 69-90.

Barsch, D. (1996): *Rockglaciers*, Springer Series in Physical Environment 16, Springer.

Bartholomew, L., Nienow, P., Mair, D., Hubbard, A., King, M. A. and Sole, A. (2010): Seasonal evolution of subglacial drainage and acceleration in a Greenland outlet glacier. *Nature Geoscience*, 3, 408-411.

Benn, D. I. (1994): Fluted moraine formation and till genesis below a temperate glacier: Slettmarkbreen, Jotunheimen, Norway. *Sedimentology*, 41, 279-292.

Benn, D. I. and Evans, D. J. A. (1996): The interpretation and classification of subglacially-deformed materials. *Quaternary Science Reviews*, 15, 23-52.

Benn, D. I. and Evans, D. J. A. (1998): *Glaciers and Glaciation*, Arnold, London.

Benn, D. I. and Owen, L. A. (1998): The role of the Indian summer monsoon and the mid-latitude westerlies in Himalayan glaciation: review and speculative discussion. *Journal of the Geological Society*, 155, 353-363.

Benn, D. I. and Owen, L. A. (2002): Himalayan glacial sedimentary environments: a framework for reconstructing and dating the former extent of glaciers in high mountains. *Quaternary International*, 97/98, 3-25.

Bennett, M. R. and Glasser, N. F. (1996): *Glacial Geology: Ice Sheets and Landforms*, John Wiley, Chichester.

Bertone, M. (1960): *Inventario de los Glaciares*, Instituto Nacional del Hielo Continental Patagonico, Pub. No. 3, 1-103, Buenos Aires.

Bird, J. B. (1967): *The Physiography of Arctic Canada*, Johns Hopkins University Press, Baltimore.

Bishop, J. F., Cumming, A. D. G., Ferrari, R. L. and Miller, K. J. (1984): Results of impuls rader ice-depth sounding on the Vatnajokull ice-cap, Iceland. in Miller, K. J. (ed.): *The International Karakoram Project*, 1, 126-134.

Björnsson, H. (1974): Explanation of jökulhlaups from Grimsvötn, Vatnajökull, Iceland. *Jökull*, 24, 1-26.

Björnsson, H. (1981): Radio-echo sounding maps of Storglaciären, Isfallsglaciären and Rabots Glaciar, northern Sweden. *Geografiska Annaler*, 63A, 225-231.

Blunier, T. et al. (1997): Timing of the Antarctic cold reversal and the atmospheric CO_2 increase with respect to the Younger Dryas event. *Geophysical Research Letters*, 24, 2683-2686.

ボウルズ, E. B. (中村正明 訳) (2006):『氷河期の「発見」地球の歴史を解明した詩人・教師・政治家』扶桑社 [Bolles, E. B. (1999): *The Ice Finders: How a Poet, a Professor, and a Politician Discovered the Ice Age*, Counterpoin, Washington, D. C.].

Bond, G., Broecker, W., Johnsen, S., McManus, J., Labeyrie, L., Jouzel, J. and Bonani, G. (1993): Correlations between climate records from North Atlantic sediments and Greenland ice. *Nature*, 365, 143-147, doi: 10.1038/365143a0.

Bond, G., Kromer, B., Beer, J., Muscheler, R., Evans, M. N., Showers, W., Hoffmann, S., Lotti-Bond, R., Hajdas, I. and Bonani, G. (2001): Persistent solar influence on North Atlantic climate during the Holocene. *Science*, 294, 2130-2136.

Boulton, G. S. (1972): The role of thermal regime in glacial sedimentation. in Price, R. J. and Sugden, D. E. (eds.): *Polar Geomorphology*, Institute of British Geographers, Special Publication, 4, 1-19.

Boulton, G. S. (1974): Processes and patterns of glacial erosion. in Coates, D. R. (ed.): *Glacial Geomorphology*, George Allen & Unwin, NY, 41-87.

Boulton, G. S. (1979): Processes of glacial erosion on different substrata. *Journal of Glaciology*, 23, 15-38.

Boulton, G. S. (1982): Subglacial processes and the development of glacial bedforms. in Davidson-Arnott, R., Nickling, W. and Fahey, B. D. (eds.): *Research in Glacial, Glacio-fluvial, and Glacio-lacustrine Systems: Proceedings of the 6th Guelph Symposium on geomorphology, 1980*, Geo Book Norwich, 1-31.

Boulton, G. S. (1986): A paradigm shift in glaciology? *Nature*, 322, 18.

Boulton, G. S. (1987): A theory of drumlin formation by subglacial sediment deformation. in Menzies, J. and Rose, J. (eds.): *Drumlin Symposium*, Balkema, Rotterdam, 25-80.

Boulton, G. S. (1996): Theory of glacial erosion, transport and deposition as a consequence of subglacial sediment deformation. *Journal of Glaciology*, 42, 43-62.

Boulton, G. S., Dent, D. L. and Morris, E. M. (1974): Subglacial shearing and crushing, and the role of water pressures in tills from southeast Iceland. *Geografiska Annaler*, 56A, 3-4, 135-145.

Boulton, G. S. and Eyles, N. (1979): Sedimentation by

valley glaciers: a model and genetic classification. in Schluchter, Ch. (ed.): *Moraines and Varves: Origin/Genesis/Classification*, Balkema, Rotterdam, 11-23.

Boulton, G. S. and Hindmarsh, R. C. A. (1987): Sediment deformation beneath glaciers: rheology and geological consequences. *Journal of Geophysical Research*, **92**, B9, 9059-9082.

Boyer, S. J. and Pheasant, D. R. (1974): Delimitation of weathering zones in the fiord area of eastern Baffin Island, Canada. *Geological Society of America Bulletin*, **85**, 805-810.

Braithwaite, R. J. and Olesen, O. B. (1988): Effect of glaciers on annual run-off, Johan Dahl Land, south Greenland. *Journal of Glaciology*, **34**, 200-207.

Bretz, J. H. (1923): The Channeled Scabland of Columbia Plateau. *Journal of Geology*, **31**, 617-649.

ブロッカー, W. S.・デントン, C. H. (前野紀一 訳) (1990): 何が氷河期を引き起こすか. サイエンス, **20** (3), 57-67.

Brunner, K. (1987): Glacier mapping in the Alps. *Mountain Research and Development*, **7**, 375-385.

バーナー, R. A.・ラサガ, A. C. (脇田 宏 訳) (1989): 地球化学的な炭素循環モデル. サイエンス, 別巻 **93**, 18-26, 初出: **19** (5) [Berner, R. A. and Lasaga, A. C. (1989): Modelling the geochemical carbon cycle. *Scientific American*, March, 74-81.].

Carol, H. (1947): The formation of Roches Moutonnées. *Journal of Glaciology*, **2**, 57-59.

Chen, J. L., Wilson, C. R., Blankenship, D. and Tapley, B. D. (2009): Accelerated Antarctic ice loss from satellite gravity measurements. *Nature Geoscience*, **2**, 859-862.

チョーレー・シャム・サグデン (大内俊二 訳) (1995): 『現代地形学』古今書院.

中国科学院蘭州冰川凍土研究所 (1988a): 『中国冰川目録 VII 青蔵高原内陸水系』全5冊, 科学出版社.

中国科学院蘭州冰川凍土研究所 (1988b): 『中国冰川概論』科学出版社.

中国科学院青蔵高原綜合科学考察隊 (1983): 『西蔵第四紀地質』科学出版社.

中国科学院青蔵高原綜合科学考察隊 (1986): 『西蔵冰川』科学出版社.

中国科学院西蔵科学考察隊 (1976): 『珠穆朗瑪峰地区科学考察報告 1966-1968 第四紀地質』科学出版社.

Clapperton, C. M. (1990): Quaternary glaciations in the Southern Ocean and Antarctic Peninsula area. *Quaternary Science Reviews*, **9**, 229-252.

Clapperton, C. M. (1993): *Quaternary Geology and Geomorphology of the South America*, Elsevier.

Claussen, M., Brovkin, V., Calov, R., Ganopolski, A. and Kubatzki, C. (2005): Did humankind prevent a Holocene glaciation? Comment on Ruddiman's hypothesis of a pre-historic anthropocene. *Climatic Change*, **69**, 409-417.

Clayton, L. (1964): Karst topography on stagnant glaciers. *Journal of Glaciology*, **5**, 107-112.

Coates, G. and Chinn, T. (1992): *The Franz Josef and Fox Glaciers*, Information Series No. 2, Second Edition, Institute of Geological and Nuclear Sciences.

Cogley, J. G. (2009): A more complete version of the World Glacier Inventory. *Annals of Glaciology*, **50** (53), 32-38.

Collins, D. (1981): Glacial processes. in Goudie, A. (ed.): *Geomorphological Techniques*, George Allen & Unwin, London, 213-225.

コーベイ, C. (前野紀一 訳) (1984): 氷河期はなぜ起こるか. サイエンス, **14** (4), 144-154.

Crucifix, M., Loutre, M-F. and Berger, A. (2005): Commentary on "The anthropogenic greenhouse era began thousands of years ago". *Climatic Change*, **69**, 419-426.

Dahl, R. (1965): Plastically sculptured detail forms on rock surface in northern Nordland, Norway. *Geografiska Annaler*, **47** (A), 83-140.

ダイネッリ, ジョット (河島英昭 訳) (1970): 『カラコルム登山史』あかね書房. [Dainelli, G. (1959): *Esploratori e Alpinisti nel Caracorum*, Utet].

Dansgaard, W., Johnsen, S. J., Clausen, H. B., Dahl-Jensen, D., Gundestrup, N. S., Hammer, C. U., Hvidberg, C. S., Steffensen, J. P., Sveinbjornsdottir, A. E., Jouzel, J. and Bond, G. (1993): Evidence for general instability of past climate from a 250-kyr ice-core record. *Nature*, **364**, 218-220.

ダーウィン, チャールズ (島地威雄 訳) (1960): 『ビーグル号航海記』上中下, 岩波書店 [Darwin, C. (1906): *Darwin's Naturalist's Voyage in the Beagle*].

Davies, J. L. (1969): *Landforms of Cold Climates*, The M. I. T. Press, Cambridge, Mass.

Davis, C. H., Li Yonghong, McConnell, J. R., Frey, M. M. and Hanna, E. (2005): Snowfall-driven growth in East Antarctic Ice Sheet mitigates recent sea-level rise. *Science*, **308**, 1898-1901, doi: 10.1126/science.1110662.

Degenhardt, J. J. and Giardino, J. R. (2003): Subsurface investigation of a rock glacier using ground-penetrating radar: Implications for locating stored water on Mars. *Journal of Geophysical Research*, **108** (E4), 8036, doi: 10.1029/2002 JE0018888.

Denton, G. H. and Hughes, T. J. (1981): *The Last Great Ice Sheets*, Wiley, New York.

Denton, G. H. and Hughes, T. J. (1983): Milankovitch theory of ice ages: hypothesis of ice-sheet linkage between regional insolation and global climate. *Quaternary Research*, **20**, 125-144.

Denton, G. H. and Karlén, W. (1973): Holocene climatic variations—their pattern and possible cause. *Quaternary Research*, **3**, 155-205.

Denton, G. H. and Karlén, W. (1976): Holocene glacial variations in Sarek National Park, northern Sweden. *Boreas*, **5**, 25-56.

Denton, G. H. and Porter, S. C. (1970): Neo-glaciation. *Scientific American*, **222**, 101-110.

Derbyshire, E. (1984): Sedimentological analysis of glacial and proglacial debris: a framework for the study of Karakoram glaciers. in Miller, K. J. (ed.): *The International Karakoram Project*, **1**, Cambridge University Press, 347-364.

Deynoux, M., Miller, J. M. G., Domack, E. W., Eyles, N., Fairchild, I. J. and Young, G. M. (eds.) (1994): *Earth's Glacial Record*, Cambridge University Press.

Dionne, J.-C. (1985): Drift-ice abrasion marks along rocky shores. *Journal of Glaciology*, **31**, 237-241.

Dreimanis, A. (1989): Tills: their genetic terminology and classification. in Goldthwait, R. P. and Matsch, C. L. (eds.): *Genetic Classification of Glacigenic Deposits*, Balkema, Rotterdam, 17-84.

Drewry, D. (1986): *Glacial Geological Processes*, Edward Arnold, London.

Dwivedi, S. K., Achrya, M. D. and Simard, R. (2000): The Tam Pokhari glacier lake outburst flood of 3 September 1998. *Journal of Nepal Geological Society*, **22**, 539-546.

Dyke, A. S. (1993): Landscapes of cold-centered Late Wisconsinan ice caps, Arctic Canada. *Progress in Physical Geography*, **17**, 223-247.

Dyke, A. S., Andrews, J. T., Clark, P. U., England, J. H., Miller, G. H., Show, J. and Veillette, J. J. (2002): The Laurentide and Innuitian ice sheets during the Last Glacial Maximum. *Quaternary Science Reviews*, **21**, 9-34.

Dyson, J. L. (1963): *The World of Ice*, Knope, New York.

Echelmeyer, K. and Wang Zhong-Xiang (1987): Direct observation of basal sliding and deformation of basal sliding and deformation of basal drift at sub-freezing temperatures. *Journal of Glaciology*, **33**, 83-98.

Ehlers, J. (1996): *Quaternary and Glacial Geology*, John Wiley, Chichester.

Embleton, C. and King, C. A. M. (1968): *Glacial Geomorphology*, Edward Arnold, London.

Emiliani, C. (1955): Pleistocene temperatures. *Journal of Geology*, **63**, 538-574.

遠藤邦彦・奥村晃史 (2010)：第四紀の新たな定義：その経緯と意義についての解説. 第四紀研究, **49**, 69-77.

Engelhardt, H. F., Harrison, W. D. and Kamb, B. (1978): Basal sliding and conditions at the glacier bed as revealed by bore-hole photography. *Journal of Glaciology*, **20**, 469-508.

Engelhardt, H., Humphrey, N., Kamb, B. and Fahnestock, M. (1990): Physical conditions at the base of a fast moving Antarctic ice stream. *Science*, **248** (4951), 57-59.

Engelhardt, H. and Kamb, B. (1998): Basal sliding of Ice Stream B, West Antarctica. *Journal of Glaciology*, **44**, 223-230.

England, J., Atkinson, N. Bednarski, J., Dyke, A.S., Hodgson, D.A. and Ó Cofaigh, C. (2006): The Innuitian Ice Sheet: configuration, dynamics and chronology. *Quaternary Science Reviews*, **25**, 689-703.

EPICA community members (2004): Eight glacial cycles from an Antarctic ice core. *Nature*, **429**, 623-628. (EPICA: the European Project for Ice Coring in Antarctica).

Evans, D. J. A. (ed.) (2005): *Glacial Landsystems*, Hodder Arnold.

Evenson, E. B. (1971): The relationship of macro and micro-fabric of till and the genesis of glacial landforms in Jefferson County, Wisconsin. in Goldthwait, R. P. (ed.): *Till, A Symposium*, Ohio State University Press, 345-364.

Eyles, S. N., Eyles, C. H. and Miall, A. D. (1983): Lithofacies types and vertical profile models: an alternative approach to the description and environmental interpretation of glacial diamict and diamictite sequences. *Sedimentology*, **30**, 393-410.

Eyles, N. and Young, G. M. (1994): Geodynamic controls on glaciation in Earth history. in Deynoux, M., Miller, J. M. G., Domack, E. W., Eyles, N., Fairchild, I. J. and Young, G. M. (eds.): *Earth's Glacial Record*, Cambridge University Press, 1-28.

フェイガン, B. (東郷えりか・桃井緑美子 訳) (2001)：『歴史を変えた気候大変動』河出書房新社 [Fagan, B. (2000): *The Little Ice Age: How Climate Made History 1300-1850*, Basic Books, NY].

フェイガン, B. (東郷えりか 訳) (2008)：『千年前の人類を襲った大温暖化—文明を崩壊させた気候大変動』河出書房新社 [Fagan, B. (2008): *The Great Warming: Climatic Change and the Rise and Fall of Civilizations*, Bloomsbury Press, NY].

Fairbridge, R. W. (ed.) (1968): *The Encyclopedia of Geomorphology: Encyclopedia of Earth Sciences Series*, vol. III, Dowden, Hutchinson and Ross, Stroudsburg.

Finkel, R. C., Owen, L. A., Barnard, P. L., and Caffee, M. W. (2003): Beryllium-10 dating of Mount Everest moraines indicates a strong monsoonal influence and glacial synchroneity throughout the Himalaya. *Geology*, **31**, 561-564.

Flint, R. F. (1957): *Glacial and Pleistocene Geology*, John Wiley & Sons, New York.

Flint, R. F. (1971): *Glacial and Quaternary Geology*, John Wiley & Sons, New York.

Florindo, F. and Siegert, M. (2009): *Antarctic Climate Evolution*, Developments in Earth & Environment Sciences 8, Elsevier.

Fort, M., Freytet, P. and Colchen, M. (1982): Structural and sedimentological evolution of the Thakkola Mustang graben (Nepal Himalayas). *Zeitschrift für Geomorphologie* N. F. Suppl.-Bd. **42**, 75-98.

Fredén, C. (ed.) (1994): *Geology, National Atlas of Sweden*, SNA Publishing, Stockholm University.

藤井理行 (1974)：氷河学への招待―氷河のABC―. 岩と雪, **35**, 104-116.

藤井理行 (1982)：南極の雪氷圏. 国立極地研究所 (編)『南極の科学4 氷と雪』国立極地研究所, 6-47.

Fujii, Y. (1982): Aerophotographic interpretation of surface features and an estimation of ice discharge at the outlet of the Shirase drainage basin, Antarctica. 南極資料, 72号, 1-15.

藤井理行 (2007)：雪氷圏は縮小している. 科学, **77**, 711-714.

藤井理行・上田 豊・成瀬廉二・小野有五・伏見碩二・白岩孝行 (1997)：『基礎雪氷学講座4 氷河』古今書院.

藤井理行・渡辺興亜 (1983)：ヒマラヤ山脈の氷河. 原真・渡辺興亜 (編)『ヒマラヤ研究』山と渓谷社, 159-178.

藤田耕史 (2006)：氷河変動と海水準に関する最近の研究. 雪氷, **68**, 625-637.

深谷 元・山海峻範・清水長正 (1998)：ウンターアール氷河―流動観測の原点となった氷河を歩く―. 駒澤大學高等學校紀要, 20号, 31-50.

Fukui, K., Sone, T., Strelin, J. A., Torielli, C. A., Mori, J. and Fujii, Y. (2008): Dynamics and GPR stratigraphy of a polar rock glacier on James Ross Island, Antarctic Peninsula. *Journal of Glaciology*, **54**, 445-451.

伏見碩二 (1980)：内陸アジアの氷河群―氷河現象の地域性と歴史性について―. 月刊地球, **2**(3), 201-210.

Fushimi, H., Yoshida, M., Watanabe, O. and Upadhyay, B. P. (1980): Distributions and grain sizes of supraglacial debris in the Khumbu region. *Seppyo*, **41** Special Issue, 26-33.

Gansser, A. (1983): *Geology of the Bhutan Himalaya*, Birkhauser.

Gardner, J. S. (1987): Evidence for headwall weathering zones, Boundary Glaciers, Canadian Rocky Mountains. *Journal of Glaciology*, **35**, 60-67.

Geikie, A. (1875): *Physical Geography* (4th ed.), MacMillan and Co., London.

Geikie, J. (1894): *The Great Ice Age and its relation to the Antiquity of Man* (3rd ed.), Stanford, London.

Geological Survey of Bhutan (1999): *Glaciers and Glacier Lakes in Bhutan*, Vol. I, Geological Survey of Bhutan, Thimphu.

Geological Survey of India (1999): *Inventory of the Himalayan Glaciers: A Contribution to International Hydrological Program*, Special Publication No. 34, Geological Survey of India.

イェーヴァー（福田 実 訳）(1956)：『白い砂漠』朝日新聞社 [Giaever, J. (1954): *The White Desert: The Official Account of Norwegian-British-Swedish Antarctic Expedition*, Greenwood Pub. Group（1969年版）].

Gillespie, A. and Molnar, P. (1995): Asynchronous maximum advances of mountain and continental glaciers. *Reviews of Geophysics*, 33, 311-364.

Goldthwait, R. P., Dreimanis, A., Forsyth, J. L., Karrow, P. F. and White, G. H. (1965): Pleistocene deposits of the Erie Lobe. in Wright, H. E. and Frey, D. G. (eds.): *The Quaternary of the United States*, Princeton University, 85-97.

Goodwin, I. D. (1988): The nature and origin of a Jokulhlaup near Casey Station, Antarctica. *Journal of Glaciology*, 34, 95-101.

Goudie, A. S. (1978): Dust storms and their geomorphological implications. *Journal of Arid Environments*, 1, 291-310.

Goudie, A. (1984): *The Nature of the Environment: An Advanced Physical Geography*, Basil Blackwell, Oxford.

Gow, A. J., Cleda, H. T. and Garfield, D. E. B. (1968): Antarctic ice sheet: preliminary results of the first ice core to bedrock. *Science*, 161, 1011-1013.

GRIP Members (1993): Climate instability during the last interglacial period recorded in the GRIP ice core. *Nature*, 364, 203-207.

Grosswald, M. G. (1998): New approach to the Ice Age Paleohydrology of Northern Eurasia. in Benito, G., Baker, V. R. and Gregory, K. J. (eds.): *Palaeohydrology and Environmental Change*, John Wiley & Sons, 215-234.

Grove, J. (1988): *The Little Ice Age*, Routledge, London.

Gudmundsson, M. T., Sigmundsson, F. and Bjornsson, H. (1997): Ice-volcano interaction of the 1996 subglacial eruption, Vatnajokull, Iceland. *Nature*, 389, 954-957.

Guyton, B. (1998): *Glaciers of California*, University of California Press.

Haeberli, W., Hallet, B., Arenson, L., Elconin, R., Humlum, O., Kääb, A., Kaufmann, V., Ladanyi, B., Matsuoka, N., Springman, S. and Vonder Mühll, D. (2006): Permafrost creep and rock glacier dynamics. *Permafrost and Periglacial Processes*, 17, 182-214.

Hall, D. K. and Martinec, J. (1985): *Remote Sensing of Ice and Snow*, Chapman and Hall, London.

Hallet, B. (1979): A theoretical model of glacial abrasion. *Journal of Glaciology*, 23, 39-50.

Hallet, B. (1981): Glacial abrasion and sliding: their dependence on the debris concentration in basal ice. *Annals of Glaciology*, 2, 23-28.

Hallet, B., Hunter, L. and Bogen, J. (1996): Rates of erosion and sediment evacuation by glaciers: A review of field data and their implications. *Global and Planetry Change*, 12, 213-235.

浜野洋三 (1992)：地磁気の逆転と気候変動. 地学雑誌, 101, 430-441.

Hambrey, M. J. (1994): *Glacial Environments*, UCL Press.

ハンブリー・アレアン（安仁屋政武 訳）(2010)：『ビジュアル大百科 氷河』原書房 [Hambrey, M. J. and Alean, J. (2004): *Glaciers* (Second ed.), Cambridge University Press].

Hambrey, M. J. and Harland, W. B. (eds.) (1981): *Earth's Pre-Pleistocene Glacial Record*, Cambridge University Press.

Hambrey, M. J., Quincey, D. J., Glasser, N. F., Reynolds, J. M., Richardson, S. J. and Clemmens, S. (2008): Sedimentrogical, geomorphological and dynamic context of debris-mantled glaciers, Mount Everest (Sagarmatha) region, Nepal. *Quaternary Science Reviews*, 27, 2361-2389.

Hamilton, J. S. and Whalley, W. B. (1995): Rock glacier nomenclature: a re-assessment. *Geomorphology*, 14, 73-80.

Han Jiankang, Zhou Tao, and Nakawo, M. (1989): Stratigraphic and structural features of ice cores from Chongce Ice Cap, West Kunlun Mountains. *Bulletin of Glacier Research*, 7, 21-28.

Hanson, B. (1995): A fully three-dimensional finite-element model applied to velocities on Storglaciären, Sweden. *Journal of Glaciology*, 41, 91-102.

原田尚美・木本克典・岡崎裕典・長島佳菜・Timmermann, A.・阿部彩子 (2009)：北西部北太平洋海底堆積物に記録された表層および中・深層循環の1,000年スケール変動. 第四紀研究, 48, 179-194.

Harbor, J. M. (1992): Numerical modelling of the development of U-shaped valleys by glacial erosion. *Geological Society of America Bulletin*, 104, 134-1375.

Harbor, J. M., Hallet, B. and Raymond, C. F. (1988): A numerical model of landform development by glacial erosion. *Nature*, 333, 347-349.

Hart, J. K. (1998): The deforming bed/debris-rich basal ice continuum and its implications for the formation of glacial landforms (flutes) and sediments (melt-out). *Quaternary Science Reviews*, 17, 737-754.

Hart, J. K. and Boulton, G. S. (1991): The inter-relation of glaciotectonic and glaciodepositional processes within the glacial environment. *Quaternary Science Reviews*, 10, 335-350.

Hasegawa, H., Iwata, S. and Matsuoka, N. (1992): Observations of clayey and underlying glacier ice in the central Sør Rondane Mountains, East Antarctica. in Yoshida, Y. *et al.* (eds.): *Recent Progress in Antarctic Earth Science*, Terra Publication Company, Tokyo, 679-681.

長谷川裕彦・苅谷愛彦・青木賢人 (2006)：中部山岳（日本アルプス）の氷河地形. 町田 洋・松田時彦・海津正倫・小泉武栄（編）『日本の地形5 中部』東京大学出版会, 187-195.

長谷川裕彦・佐々木明彦・増沢武弘 (2007) 悪沢岳西面, 魚無沢の氷河地形発達史. 増沢武弘（編著）『南アルプスの自然』静岡県環境森林部自然保護室, 219-240.

橋本誠二・熊野純男 (1955)：北部日高山脈の氷食地形. 地質学雑誌, 61, 208-217.

Hastenrath, S. (2008): *Recession of Equatorial Glaciers: A Photo Documentation*, Sundog Publ, Madison.

Hauber, E., van Gasselt, S., Ivanov, B., Werner, S., Head, J. W., Neukum, G., Jaumann, R., Greeley, R., Mitchell, K. L., Muller, P. and The HRSC Co-Investigator Team (2005): Discovery of a flank caldera and very young glacial activity at Hecates Tholus, Mars. *Nature*, 434, 356-361.

林 正久・三浦 清 (1989)：第29次南極地域観測隊によっ

て採取された二・三の南極産鉱物の産状と特徴．島根大学教育学部紀要（自然科学），**23**(1)，1-24．
Hays, J. D., Imbrie, J. and Shackleton, N. J. (1976): Variations in the earth's orbit: pacemaker of the Ice Ages. *Science*, **194**, 1121-1132.
Head, J. W. and Marchant, D. R. (2003): Cold-based mountain glaciers on Mars: Western Arsia Mons. *Geology*, **31**, 641-644.
Head, J. W., Mustard, J. F., Kreslavsky, M. A., Milliken, R. E. and Marchant, D. R. (2003): Recent ice ages on Mars. *Nature*, **426**, 797-802, doi:10.1038/nature02114.
Head, J. W., Neukum, G., Jaumann, R., Hiesinger, H., Hauber, E., Carr, M., Masson, P., Foing, B., Hoffmann, H., Kreslavsky, M., Werner, S., Milkovich, S., van Gasselt, S. and The HRSC Co-Investigator Team (2005): Tropical to mid-latitude snow and ice accumulation, and glaciation on Mars. *Nature*, **434**, 346-351.
Healy, T. R. (1975): Thermokarst-a mechanism of de-icing ice-cored moraines. *Boreas*, **4**, 19-23.
Herman, Y. and Hopkins, D. M. (1980): Arctic Ocean climate in late Cenozoic time. *Science*, **209**, 557-562.
東 晃（1967）：『氷河―未知の宝庫を探る』中央公論社．
東 晃（1974）：『氷河―未知の宝庫を探る』中央公論新社（自然選書）．
樋口敬二（1971）："氷河情報センター"構想．岩と雪，**21**，20-27［再録 樋口（1972）：『地球からの発想』新潮選書，265-277］．
樋口敬二（1972）：地球は冷えつつある．『地球からの発想』新潮選書，79-94．
樋口敬二（1982a）：氷河と雪渓のあいだ．『氷河への旅』新潮選書，184-191．
樋口敬二（1982b）：人工氷河の構想．『氷河への旅』新潮選書，192-203．
Higuchi, K., Fushimi, H., Ohata, T., Iwata, S., Yokoyama, K., Higuchi, H., Nagoshi, A. and Iozawa, T. (1978): Preliminary report on glacier inventory in the Dudh Koshi region. *Seppyo*, **40** Special Issue, 78-83.
比較氷河研究会（1973）：『ヒマラヤ山脈，特にネパール・ヒマラヤの氷河研究における諸問題』日本雪氷学会氷河情報センター．
平川一臣（1997）：ドイツの地形．貝塚爽平（編）『世界の地形』東京大学出版会，295-308．
平川一臣（2003）：日高山脈の氷河作用，周氷河作用．小疇 尚・野上道男・小野有五・平川一臣（編）『日本の地形2 北海道』東京大学出版会，187-196．
平川一臣・澤柿教伸（2000）：リーセルラルセン山北麓の氷底変形構造を伴う氷河堆積物―Richardson Clayの再検討の必要性―．南極資料，**44**(1)，25-37．
平野昌繁・安仁屋政武（1988）：変分原理にもとづく氷河U字谷の形態と発達過程に関する考察．地学雑誌，**97**，107-116．
平野昌繁・安仁屋政武（1989）：「変分原理にもとづく氷河U字谷の形態と発達過程に関する考察」に対する補足．地学雑誌，**98**，480．
Hobbs, W. H. (1911): *Characteristic of Existing Glaciers*, Macmillan, New York, 301pp.
Hoffman, P. F., Kaufman, A. J., Halverson, G. P. and Schrag, D. P. (1998): A neoproterozoic Snowball Earth. *Science*, **281**, 1342-1346.
北海道大学西ネパール遠征隊（1964）：『Himalayan Expedition of A. A. C. H. 1963』北海道大学山の会．
ホームズ，A.（上田誠也・貝塚爽平・兼平慶一郎・小池一之・河野芳輝 訳）（1983）：『一般地質学I』東京大学出版会．［Holmes, A. (1978): *Principles of Physical Geology*, Third edition］
Hooker, J. D. (1891): *Himalayan Journals; Note of a Naturalist in Bengal, the Sikkim and Nepal Himalayas, the Khasia Mountains, &c*, Ward Lock 版（初版は John Murray, 1854）．
Houghton, J. T., Meirafilho, L. G., Callander, B. A., Harris, N., Kattenberg, A. and Maskell, K. (1996): *Climatic Change 1995: The Science of Climate Change*, Cambridge University Press（IPCC 第二次レポート）．
Hubbard, B. and Glasser, N. (2005): *Field Techniques in Glaciology and Glacial Geomorphology*, John Wiley.
Huggel, C., Ceballos, J. L., Pulgarín, B., Ramírez, J. and Thouret, J.-C. (2007): Review and reassessment of hazards owing to volcano-glacier interactions in Colombia. *Annals of Glaciology*, **45**, 128-136.
Huggett, R. J. (2003): *Fundamentals of Geomorphology*, Routledge, London.
Hughes, T. J. (1970): Convection in the Antarctic ice sheet leading to a surge of the ice sheet and possibly to a new ice age. *Science*, **170**, 630-633.
Hughes, T. J. (1973): Is the West Antarctic Ice Sheet Disintegrating? *Journal of Geophysical Research*, **78**, 7884-7910.
Hughes, T. J. (1987): The marine ice transgression hypothesis. *Geografiska Annaler*, **69A**, 237-250.
Hulbe, C. (2010): Extreme iceberg generation exposed. *Nature Geoscience*, **3**, 80-81.
Humlum, O. (1978): Genesis of layered lateral moraines, implications for palaeoclimatology and lichenometry. *Geografisk Tidsskrift*, **77**, 65-72.
Humlum, O. (1982): Rock glacier types on Disko, central west Greenland. *Norsk Geografisk Tidsskrift*, **82**, 59-66.
Humlum, O. (1985a): The glaciation level in West Greenland. *Arctic and Alpine Research*, **17**, 311-319.
Humlum, O. (1985b): Genesis of an imbricate push moraine, Höfdabrekkujøkull, Iceland. *Journal of Geology*, **93**, 185-195.
Humlum, O. (1996): Origin of rock glaciers: observations from Mellemfjord, Disko Island, central West Greenland. *Permafrost and Periglacial Processes*, **7**, 361-380.
Huybers, P. and Wunsch, C. (2005): Obliquity pacing of the late Pleistocene glacial terminations. *Nature*, **434**, 491-494.
ICIMOD (Mool, P. K., Wangda, D., Bajracharya, S. R., Kunzang, K. Gurung, D. R. and Joshi, S. P.) (2001a): *Report on inventory of glaciers, glacial lakes and glacial lake outburst floods, monitoring and early warning system in the Hindu Kush-Himalayan Region*, ICIMOD and UNDP-ERA-AP.
ICIMOD (Mool, P. K., Bajracharya, S. R. and Joshi, S. P.) (2001b): *Inventory of Glaciers, Glacial Lakes and Glacial Lake Outburst Floods, Monitoring and Early Warning System in the Hindu Kush-Himalayan Region, Nepal*, ICIMOD and UNDP-ERA-AP.
Iida, H., Watanabe, O., Mulmi, D. D. and Thapa, K. B. (1984): Glacier distribution in the Langtang River region, Nepal. in Higuchi, K. (ed.): *Glacial Studies in Langtang Valley*, 氷河情報センター，117-120．
池原 研（1998）：縁海の古海洋学：縁海の海洋環境変遷とその重要性．地学雑誌，**107**，234-257．

今村学郎（1940）：『日本アルプスと氷期の氷河』岩波書店．
今西錦司（1933）：日本アルプスの雪線に就いて．山岳，28，193-282．［再録 今西（1969）：『日本山岳研究』中央公論社］．
インブリー，J.・インブリー，K. P.（小泉 格 訳）（1982）：『氷河時代の謎を解く』岩波現代選書［Imbrey, J. and Imbrey, K. P. (1979): Ice Ages: Solving the Mystery, Enslow Pub.］．
Inoue, J. (1977): Mass budget of Khumbu Glacier. Seppyo, 39 Special Issue, 15-19.
Inoue, J. and Yoshida, M. (1980): Ablation and heat exchange over the Khumbu glacier. Seppyo, 41 Special Issue, 26-33.
五百沢智也（1963）：写真判読による日本アルプスの氷河地形．1963年10月19日の日本地理学会における配布資料．
五百沢智也（1966）：日本の氷河地形．地理，11（3），24-30．
五百沢智也（1970）：後立山連峰北部の氷河地形．山と博物館（大町山岳博物館），15（10），ページ記載なし．
五百沢智也（1974）：空からの氷河地形調査．地理，19（2），38-50．
五百沢智也（1976）：『ヒマラヤ・トレッキング』山と渓谷社．
五百沢智也（1979）：『鳥瞰図譜＝日本アルプス［アルプス・八ヶ岳・富士山］の地形誌』講談社．
五百沢智也（2007）：『山と氷河の図譜―五百澤智也山岳図集』ナカニシヤ出版．
IPCC (2007): Climate Change 2007: The Physical Science Basis, Cambridge University Press.
伊藤 一（1992）：『あほにもわかる雪氷学』どん出版会（自費出版）．
伊藤 一（1997）：雪氷岩石学．雪氷，59，256-267．
伊藤真人（1987）：日本山岳地域における氷河成堆積物の粒度特性．地形，8，138-192．
Iverson, N. R. (1990): Laboratory simulations of glacial abrasion: comparison with theory. Journal of Glaciology, 36, 304-314.
Iverson, N. R., Hanson, B., Hooke, R. LeB. and Jansson, P. (1995): Flow mechanism of glaciers on soft beds. Science, 267 (5194), 80-81.
Iverson, N. R., Jansson, P. and Hooke, R. L. (1994): In-situ measurements of strength of deforming subglacial till. Journal of Glaciology, 40, 497-503.
岩崎正吾・平川一臣・澤柿教伸（2000）：日高山脈エサオマントッタベツ川流域における第四紀後期の氷河作用とその編年．地学雑誌，109，37-55．
Iwata, S. (1976a): Late Pleistocene and Holocene moraines in the Sagarmatha (Everest) region, Khumbu Himal. Seppyo, 38 Special Issue, 109-114.
Iwata, S. (1976b): Some periglacial geomorphology in the Sagarmatha (Everest) region, Khumbu Himal. Seppyo, 38 special issue, 115-119.
岩田修二（1980）：ネパールヒマラヤでのフィールドワーク．地理，25（2），91-93．
Iwata, S. (1984): Relative chronology of Holocene and Late Pleistocene moraines in the Nepal Himalayas. 蘭州大学学報，叢刊VI，47-57．
Iwata, S. (1990): Weichselian glacial extent in mountain area in central North Iceland. Geographical Reports of Tokyo Metropolitan University, No. 25, 51-65.
岩田修二（1991）：氷河時代はなぜ起こったか．科学，61，669-680．
Iwata, S. (1993): Uplift of the Sør Rondane Mountains, East Antarctica. Proceedings of the NIPR Symposium on Antarctica Geosciences, No. 6, 116-125.
岩田修二（1996）：ヒマラヤ山脈の氷河と氷河地形の特徴．藤原健蔵（編著）：『地形学のフロンティア』大明堂，248-265．
岩田修二（1997a）：ヒマラヤ・チベットの氷河作用．貝塚爽平（編）：『世界の地形』東京大学出版会，194-202．
岩田修二（1997b）：氷河学における地理学的方法―日本人によるヒマラヤ氷河研究のはじまり．中村和郎（編）：『地理学「知」の冒険』古今書院，89-107．
岩田修二（2000a）：「氷河」という訳語の由来．雪氷，62，129-136．
岩田修二（2000b）：『「氷河」という訳語の由来』へのコメントに対する回答．雪氷，62，487-488．
岩田修二（2000c）：雪氷写真館⑭天山山脈ウルムチ川源流6号氷河の透明氷．雪氷，62（2），口絵．
岩田修二（2007）：氷河湖決壊洪水の危機にさらされるブータン王国―緊急に必要な監視調査―．E-journal GEO, 2（1），1-24（http://wwwsoc.nii.ac.jp/ajg/ejgeo/210124 iwata.pdf）．
Iwata, S. (2007): Glacier shrinkage for recent 40 years in Tianshan Mountains, China. Japanese Alpine News, 8, 108-113.
岩田修二（2009a）：高地アジアの氷河を越える家畜群．立教大学観光学部紀要，11，110-123．
岩田修二（2009b）：赤道高山の縮小する氷河．水越 武：『熱帯の氷河』山と渓谷社，146-157+170［再録 岩田（2010）：赤道高山の縮小する氷河．立教大学観光学部紀要，12号，73-92］．
岩田修二（2010）：日本列島氷河問題の回顧と現状：1936年から2010年3月まで．山岳，105，A41-79．
Iwata, S., Aoki, T., Kadota, T., Seko, K. and Yamaguchi, S. (2000): Morphological evolution of the debris cover on Khumbu Glacier, Nepal, between 1978 and 1995. in Nakawo, M., Raymond, C. F. and Fountain, A. (eds.): Debris-Covered Glaciers (Proceedings of a workshop held at Seattle, Washington, USA, September 2000), IAHS Publ. no. 246, 3-11.
Iwata, S. and Jiao Keqin (1993): Fluctuations of the Zepu Glacier in Late Holocene epoch, the eastern Nyainqentanglha Mountains, Qin-Zang (Tibet) Plateau. 姚 檀棟・上田 豊（編）：『青蔵高原冰川気候与環境』科学出版社，130-139．
岩田修二・小疇 尚（2001）：氷河地形・周氷河地形．米倉伸之・貝塚爽平・野上道男・鎮西清高（編）：『日本の地形1 総説』東京大学出版会，149-169．
Iwata, S., Kuroda, S. and Kadar, K. (2005): Debris-mantle formation of Wrpute Glacier, the Tienshan Mountains, China. Bulletin of Glaciological Research, 22, 99-107.
Iwata, S., Watanabe, O. and Fushimi, H. (1980): Surface morphology in the ablation area of the Khumbu glacier. Seppyo, 41 Special Issue, 9-17.
岩田修二・渡辺悌二（2007）：パキスタン北部，ゴジャール，パスー村周辺での氷河観光開発計画．立教大学観光学部紀要，9号，11-26．
Iwata, S. and Zheng Benxing (1995): Past glaciers on northern slopes of the West Kunlun Mountains and ruins along the Old Silk Road, western China: A preliminary report. Geographical Reports of Tokyo Metropolitan University, No. 30, 49-56.
Johnson, P. G. and Lacasse, D. (1988): Rock glaciers of the Dalton Range, Kluane Ranges, south-west Yukon Territory, Canada. Journal of Glaciology, 34, 327-332.

Johnson, S. J., Clausen, H. B., Dansgaard, W., Fuhrer, K., Gundestrup, N., Hammer, C. V., Iverson, P., Jouzel, J., Stauffer, B. and Steffensen, J. P. (1992): Irregular glacial interstadials recorded in a new Greenland ice core. *Nature*, **359**, 311-313.

Johnsson, G. (1988): Potholes-glacial and non-glacial cavities. *Geografiska Annaler*, **70A**, 333-336.

Jones, F. H. M., Narod, B. B. and Clarke, G. K. C. (1989): Design and operation of a portable, digital impulse radar. *Journal of Glaciology*, **35**, 143-148.

Jones, J. A. A. (1997): *Global Hydrology: Processes, Resources, and Environmental Management*, Longman, London.

Jouzel, J., Petit, J. R., Souchez, R., Barkov, N. I., Lipenkov, V. Ya., Raynaud, D., Stievenard, M., Vassiliev, N. I., Verbeke, V. and Vimeux, F. (1999): More than 200 meters of lake ice above subglacial Lake Vostok, Antarctica. *Science*, **286**, 2138-2141, doi: 10.1126/science.286.5447.2138.

寿円晋吾（1981）：侵食．町田 貞ほか（編）：『地形学事典』二宮書店．

Kääb, A. (2005): Combination of SRTM3 and repeat ASTER data for deriving alpine glacier flow velocities in the Bhutan Himalaya. *Remote Sensing of Environment*, **94**, 463-474.

門村 浩（1981）：地形型．町田 貞ほか（編）：『地形学辞典』二宮書店．

Kadota, T., Seko, K., Aoki, T., Iwata, S. and Yamaguchi, S. (2000): Shrinkage of the Khumbu Glacier, east Nepal from 1978 to 1995. in Nakawo, M., Raymond, C. F. and Fountain, A. (eds.): *Debris-Covered Glaciers* (Proceedings of a workshop held at Seattle, Washington, USA, September 2000), IAHS Publ. no. 246, 235-243.

「科学」編集部（1977）：特集：新しい氷河時代像．科学，**47**(10), 577-655.

貝塚爽平（1978）：変動する第四紀の地球表面．笠原慶一・杉村 新（編）：『岩波講座地球科学10 変動する地球Ⅰ—現在および第四紀』岩波書店, 183-233.

貝塚爽平（1997）：バルト海周辺の氷床が残した地形と地層．貝塚爽平（編）『世界の地形』東京大学出版会, 181-193.

貝塚爽平（1998）：『発達史地形学』東京大学出版会．

Kamb, B., Raymond, C. F., Harrison, W. D., Engelhardt, H., Echelmeyer, K. A., Humphrey, N., Brugman, M. M. and Pfeffer, T. (1985): Glacier surge mechanism: 1982-1983 surge of Variegated Glacier, Alaska. *Science*, **227**, 469-479.

神沼克伊（1995）：氷床下の湖・ボストーク湖．極地，**30**(2), 36-40.

金子史朗（1975）：『ノアの大洪水 伝説の謎を解く』講談社現代新書．

神澤公男・平川一臣（2000）：南アルプス仙丈ヶ岳・藪沢の最終氷期の氷河作用と堆積段丘．地理学評論，**73A**, 124-136.

Kapitsa, A. P., Ridley, J. K., Robin, G. de Q., Siegert, M. J. and Zotikov, I. A. (1996): A large deep freshwater lake beneath the ice of central East Antarctica. *Nature*, **381**, 684-686.

Kargel, J. S., Abrams, M. J., Bishop, M. P., Bush, A., Hamilton, G., Jiskoot, H., Kääb, A., Kieffer, H. H., Lee, E. M., Paul, F., Rau, F., Raup, B., Shroder, J. F., Soltesz, D., Stainforth, D., Stearns, L. and Wessels, R. (2005): Multispectral imaging contributions to global land ice measurements from space. *Remote Sensing of Environment*, **99**, 187-219.

Kargel, J. S. and Strom, R. G. (1992): Ancient glaciation on Mars. *Geology*, **20**, 3-7.

Kaser, G. and Osmaston, H. (2002): *Tropical Glaciers*, Cambridge University Press.

片岡龍峰（2010）：宇宙線と雲形成—フォーブッシュ現象で雲は減るか？—．地学雑誌，**119**, 519-526.

川井直人（1976）：地磁気と気候．日本地質学会・日本古生物学会（編）：『陸の古生態—古生態学論集Ⅰ—』共立全書210, 共立出版, 108-133.

川上紳一（2003）：『全地球凍結』集英社新書．

川喜田二郎（1960）：『鳥葬の国』光文社［再録 講談社学術文庫, 1992］．

河村賢二（2009）：氷床コアから探る第四紀後期の地球システム変動．第四紀研究，**48**, 109-129.

川崎 健（2009）：『イワシと気候変動—漁業の未来を考える』岩波新書．

Kennet, J. P. (1980): Palaeoceanographic and biogeographic evolution of the southern ocean during the Cenozoic, and Cenozoic microfossil datums. *Palaeogeography, Palaeoclimatology, Palaeoceanography*, **31**, 123-152.

木村克己（1998）：アウトオブシーケンススラスト．地球科学，**52**, 334-335.

カーワン, L. P.（加納一郎 訳）(1971)：『白い道—極地探検の歴史』社会思想社［Kirwan, L. P. (1959): *The White Road*］．

King, E. C., Hindmarsh, R. C. A. and Stokes, C. R. (2009): Formation of mega-scale glacial lineations observed beneath a West Antarctic ice stream. *Nature Geoscience*, **2**, 585-594.

Kirkby, J. (2007): Cosmic rays and climate. *Surveys in Geophysics*, **28**, 333-375.

木崎甲子郎（1964）：構造氷河学の方法．地質学雑誌，**70**, 214-225.

Kleman, J. (1990): On the use of glacial striae for reconstruction of palaeo-ice sheet flow patterns-with application to the Scandinavian ice sheet. *Geografiska Annaler*, **72A**, 217-236.

Kleman, J. and Stroeven, A. P. (1997): Preglacial surface remnants and Quaternary glacial regimes in northwestern Sweden. *Geomorphology*, **19**, 35-54.

Knight, P. G. (1999): *Glaciers*, Stanley Thornes.

Knight, P. G. (ed.)(2006): *Glacier Science and Environmental Change*, Blackwell.

小疇 尚（1981）：ネパールヒマラヤ・クンブ地方の地形に関する予察的研究．明治大学人文科学研究所紀要，**20**, 1-18.

小疇 尚（1985）：山麓氷河の地形—ボリビアアンデス, レアル山脈南西麓．貝塚爽平ほか（編）『写真と図でみる地形学』東京大学出版会, 124-125.

小疇 尚（2002）：山とはどのようなものか．科学，**72**, 1216-1219.

小疇 尚・杉原重夫・清水文健・宇都宮二郎・岩田修二・岡沢修一（1974）：白馬岳の地形学的研究．駿台史学，No. 35, 1-86.

小林国夫（1955）：『日本アルプスの自然』築地書館．

Kobayashi, K. (1958): Quaternary glaciation of the Japanese Alps. *Journal of the Faculty of Liberal Arts and Science, Shinshu University*, No. 8, Part II, 13-67.

小林国夫・阪口 豊（1982）：『氷河時代』岩波書店．

小林 詢・永峰隆夫（2009）：北アメリカの高山と地図．地図情報，**29**(3), 21-27.

Kodama, H. and Mae, S. (1976): The flow of glacier in the Khumbu region. *Seppyo*, **38** special issue, 33-36.

国立極地研究所（編）(1985)：『南極の科学 9 資料編』古今書院．

小森次郎（2010）：雪氷圏における災害とこれからの問題．遠藤邦彦・山川修治・藁谷哲也（編著）『極圏・雪氷圏と地球環境』二宮書店，128-144.

小森長生（2001）：『火星の驚異：赤い惑星の謎にせまる』平凡社新書．

Koppes, M. N. and Hallet, B. (2006): Erosion rates during rapid deglaciation in Icy Bay, Alaska. *Journal of Geophysical Research*, **111**, F02023.

Koppes, M. N. and Montgomery, D. R. (2009): The relative efficacy of fluvial and glacial erosion over modern to orogenic timescales. *Nature Geoscience*, **2**, 644-647.

幸島司郎（1987）：氷河に生きる小さな虫たち．科学朝日，**47**(2)（1987年2月），57-61.

幸島司郎（1994）：氷河生態系．日本生態学会誌，**44**，93-98.

Krinsley, D. H. and Doorkamp, J. C. (1973): *Atlas of Quartz Sand Surface Textures*, Cambridge University Press.

Kuhle, M. (1986): The upper limit of glaciation in the Himalayas. *GeoJournal*, **13**, 331-346.

Kuhle, M. (1987): Subtropical mountain- and highland-glaciation as ice age triggers and the waning of the glacial periods in the Pleistocene. *GeoJournal*, **14**, 393-421.

Kuhle, M. (1989): Ice marginal ramps: an indicator of semi-arid piedmont glaciations. *GeoJournal*, **18**, 223-238.

Kuhle, M. and Herterich, K. (1989): On the ice age glaciation of the Tibetan highlands and its transformation into a 3-D model. *GeoJournal*, **19**, 201-206.

熊澤峰夫・伊藤孝士・吉田茂生（編）(2002)：『全地球史解読』東京大学出版会．

Lai Zuming and Huang Maohuang (1989): A numerical classification of glaciers in China by means of glaciological indices at the equilibrium line. *Snow Cover and Glacier Variations* (Proceedings of the Baltimore Symposium, Maryland, May 1989), IAHS Publ., no. 183, 103-111.

Lambeck, K., Yokoyama, Y., Jhonston, P. and Purcell, A. (2000): Global ice volumes at the Last Glacial Maxima and early Lateglacial. *Earth and Planetary Science Letters*, **181**, 513-527.

Landvik, J. Y., Brook, E. J., Gualtieri, L., Raisbeck, G., Salvigsen, O. and Yiou, F. (2003): Northwest Svalbard during the last glaciation: icefree areas existed. *Geology*, **31**, 905-908.

Lawson, D. E. (1979): A comparison of the pebble orientations in ice and deposits of Matanuska Glacier, Alaska. *Journal of Geology*, **87**, 629-645.

Leopold, L. B., Wolman, M. G. and Miller, L. P. (1964): *Fluvial Processes in Geomorphology*, Freeman, San Francisco.

Lewis, W. V. (ed.) (1960): *Norwegian Cirque Glaciers*, Royal Geographical Society Research Series 4.

李 斌・李 新・陳 賢章（1999）：中国冰川編目軟件設計．冰川凍土，**21**，77-80.

李 四光（1975）：『中国第四紀冰川』科学出版社．

Lisiecki, L. E. and Raymo, M. (2005): A Pliocene-Pleistocene stack of 57 globally distributed bebthic $\delta^{18}O$ records. *Paleoceanography*, **20**, PA1003, doi:10.1029/2004PA001017.

Liu Chaohai and Sharma, C. K. (eds.) (1988): *Report on First Expedition to Glaciers and Glacier Lakes in the Pumqu (Arun) and Poiqu (Bhote-Sun Kosi) River Basins, Xizang (Tibet), China*, Science Press, Beijin.

Llibourty, L. (1954): The origin of penitentes. *Journal of Glaciology*, **2**, 331-338.

Llibourty, L. (1956): *Nieves y Glaciares de Chile*, Ediciones de la Universidad de Chile, Santiago de Chile.

MacAyeal, D. R. (1993): Binge/purge oscillations of the Laurentide Ice-sheet as a cause of the North-Atlantics Heinrich events. *Palaeoceanography*, **8**, 775-784.

町田 貞・井口正男・貝塚爽平・佐藤 正・榧根 勇・小野有五（編）(1981)：『地形学辞典』二宮書店．

町田 洋（2007）：コラム 第四紀とは？ 日本第四紀学会・町田 洋・岩田修二・小野 昭（編）『地球史が語る近未来の環境』東京大学出版会，26-27.

町田 洋・大場忠道・小野 昭・山崎晴雄・河村善也・百原 新（編著）(2003)：『第四紀学』朝倉書店．

MacGregor, K. R., Anderson, R. S., Anderson, S. P. and Waddington, E. D. (2000): Numerical simulations of glacial-valley longitudinal profile evolution. *Geology*, **28**, 1031-1034.

前 晋爾（1982）：氷床の動力学．国立極地研究所（編）『南極の科学 4 氷と雪』国立極地研究所，117-160.

前 晋爾（1985）：氷床変動（白瀬氷河流域）への考察．第8回極域気水圏シンポジウム講演要旨，38.

前野英生・浦塚清峰・神山孝吉・古川晶雄・渡邊興亜（1997）：アイスレーダによる白瀬氷河流域の氷床基盤と内部構造の観測．雪氷，**59**，331-339.

前野紀一（2004）：『新版 氷の科学』北海道大学図書刊行会．

前野紀一・福田正巳（編）(1986-2000)：『基礎雪氷学講座』全6巻，古今書院．

Maizels, J. K. (1979): Proglacial aggradation and changes in braided channel patterns during a period of glacier advance: an Alpine example. *Geografiska Annaler*, **61A**, 87-101.

Martini, I. P., Brookfield, M. E. and Sadura, S. (2001): *Principles of Glacial Geomorphology and Geology*, Prentice Hall.

Martinson, D. G., Pisias, N. G., Hays, J. D., Imbrie, J., Moore, T. C. Jr. and Shackleton, N. J. (1987): Age dating and the orbital theory of the ice ages: development of a high-resolution 0 to 300,000 years chronostratigraphy. *Quaternary Research*, **27**, 1-29.

Mascarelli, A. L. (2009): Quaternary geologists win time-scale vote. *Nature*, **459**, 624.

増田耕一・阿部彩子（1996）：第四紀の気候変動．住 明正ほか（編）『岩波講座地球惑星科学 11 気候変動論』岩波書店，103-156.

松田時彦（1972）：ユンガイ市を消した大土石流〔ペルー・チリ地震地質調査団の記録9〕．地理，**17**(6)，45-49.

松倉公憲（2008）：『地形変化の科学―風化と侵食―』朝倉書店．

松岡憲知（1982）：東ネパール・ヤルン氷河の氷食岩面上にみられる微起伏について．雪氷，**44**，217-221.

松岡憲知（1984）：ネパール・ヒマラヤの氷河周辺における岩盤の凍結破砕作用について．雪氷，**46**，19-25.

松岡憲知（1998）：岩石氷河―氷河説と周氷河説―．地学雑誌，**107**，1-24.

Matsuoka, N., Thomachot, C. E., Oguchi, C. T., Hatta, T., Abe, M. and Matsuzaki, H. (2006): Quaternary bedrock erosion and landscape evolution in the Sør Rondane

Mountains, East Antarctica: Reevaluating rates and processes. *Geomorphology*, **81**, 408-420.

Matthes, F. E. (1930): Geologic history of the Yosemite Valley. *USGS Professional Paper*, **160**, 1-137. [pp. 54-103 の部分再録：Embleton, C. (ed.): *Geographical Readings: Glaciers and Glacial Erosion*, MacMillan, 91-118].

McCall, J. G. (1960): The flow characteristics of a cirque glacier and their effect on glacier structure and cirque formation. in Lewis, W. V. (ed.): *Norwegian Cirque Glaciers*, Royal Geographical Society, Research Series, **4**, 39-62.

McCarroll, D., Matthews, J. A. and Shakesby, R. A. (1989): "Striations" produced by catastrophic subglacial drainage of a glacier-dammed lake, Mjolkedalsbreen, southern Norway. *Journal of Glaciology*, **35**, 193-196.

McKelvey, B. C., Webb, P. N., Harwood, D. M. and Mabin, M. C. G. (1991): The Dominion Range Sirius Group: a record of the late Pliocene-early Pleistocene Beardmore Glacier. in Thomson, M. R. A., Crame, J. A. and Thomson, J. W. (eds.): *Geological Evolution of Antarctica*, Cambridge University Press, Cambridge, 675-682.

Meier, M. F. (1984): Contribution of small glaciers to global sea level. *Science*, **226**, 1418-1421.

Meier, M. F. (2007): Glacier. Encyclopaedia Britannica Online［日本語版（岩田修二 訳）は2009年にオンライン公開：ブリタニカ国際大百科事典 大項目辞典 氷河：http://japan.eb.com/mb/article-131450］.

Meier, M. F. and Post, A. S. (1969): What are glacier surges? *Canadian Journal of Earth Science*, **6**, 807-817.

Meierding, T. C. (1982): Late Pleistocene glacial equilibrium line altitudes in the Colorado Front Range: A comparison of methods. *Quaternary Research*, **18**, 289-310.

Menzies, J. (1995): Glaciers and Ice Sheets. in Menzies, J. (ed.): *Modern Glacial Environments: Processes, Dynamics, and Sediments*, Butterworth Heinemann, Oxford, 101-138.

Menzies, J. (ed.) (1996): *Past Glacial Environments: Sediments, Forms, and Techniques*, Butterworth Heinemann, Oxford.

Mercer, J. H. (1972): Chilean glacial chronology 20,000 to 11,000 carbon-14 years ago: some global comparisons. *Science*, **176**, 1118-1120.

Mercer, J. H. (1976): Glacial history of southernmost South America. *Quaternary Research*, **6**, 125-166.

Miall, A. D. (1977): A review of the braided river depositional environment. *Earth Science Review*, **13**, 1-62.

箕作省吾（1846）：『坤輿図識補編』国立国会図書館蔵：夢霞桜蔵版，補巻1.

宮原ひろ子（2010）：過去1200年間における太陽活動および宇宙線変動と気候変動の関わり．地学雑誌, **119**, 510-518.

水野一晴・中村俊夫（1999）：ケニヤ山，Tyndall氷河における環境変遷と植生の遷移—Tyndall氷河より1997年に発見されたヒョウの遺体の意義—．地学雑誌, **108**, 18-30.

Möller, P. (2006): Rogen moraine: an example of glacial reshaping of pre-existing landforms. *Quaternary Science Reviews*, **25**, 362-389.

森林成生（1974）：ネパール・ヒマラヤの氷河について—その特性と最近の変動—．雪氷, **36**, 11-21.

森脇喜一・船木 實・平川一臣・時枝克安・阿部 博・東 正剛・宮脇博巳（1989）：セールロンダーネ山地地学・生物調査隊報告1988-89（JARE-30）．南極資料, **33**, 293-319.

Moriwaki, K., Iwata, S., Matsuoka, N., Hasegawa, H. and Hirakawa, K. (1994): Weathering stages as a relative age of till in the central Sør-Rondane. *Proceedings of the NIPR Symposium on Antarctica Geosciences*, No. 7, 156-161.

諸橋轍次（1956）：『大漢和辞典』巻2．大修館，東京．

Müller, F. (1980): Present and late Pleistocene equilibrium line altitudes in the Mt Everest region: an application of the glacier inventory. *IASH publication*, No. 126, 75-94.

Murray, J. B., Muller, J. P., Neukum, G., Werner, S. C., van Gasselt, S., Hauber, E., Markiewicz, W. J., Head III, J. W., Foing, B. H., Paga, D., Mitchell, K. L., Portyankina, G. and The HRSC Co-Investigator Team (2005): Evidence from the Mars Express High Resolution Stereo Camera for a frozen sea close to Mars' equator. *Nature*, **434**, 352-356.

長沼 毅（2004）：『生命の星・エウロパ』（NHKブックス992），日本放送出版協会．

Nakada, M. and Lambeck, K. (1988): The melting history of the late Pleistocene Antarctica ice sheet. *Nature*, **333**, 36-40.

Nakada, M. and Lambeck, K. (1989): Late Pleistocene and Holocene sea-level change in the Australian region and mantle rheology. *Geophysical Journal International*, **96**, 497-517.

中島暢太郎（編著）（1969）：『氷河について：ヒマラヤ地域氷河調査のための指針』京都大学防災研究所．

中尾正義（1977）：伸張気泡に着目した氷河構造と流動の研究．低温科学物理篇, **35**, 179-219.

中尾正義（編）（2007）：『ヒマラヤと地球温暖化—消えゆく氷河』昭和堂．

Nakawo, M., Iwata, S., Watanabe, O. and Yoshida, M. (1986): Processes which distribute supraglacial debris on the Khumbu Glacier, Nepal Himalaya. *Annals of Glaciology*, **8**, 129-131.

Nakawo, M., Yabuki, H. and Sakai, A. (1999): Characteristic of Khumbu Glacier, Nepal Himalaya: recent change in the debris-covered area. *Annals of Glaciology*, **28**, 118-122.

中谷宇吉郎（1966）：『極北の氷の下の町』暮しの手帖社［再録 渡辺興亜（編）（2002）：『中谷宇吉郎紀行集 アラスカの氷河』岩波文庫］．

奈良間千之・藤田耕史（2008）：クルグスタン，テスケイ・アラトー山脈における氷河流出の観測報告（2004-2008）．オアシス地域研究会報, **7**(1), 38-46.

成瀬廉二（1972）：氷河調査の初歩—自ら自然探求を欲する人に．『探検と冒険』6，朝日新聞社，366-375.

成瀬廉二（1997）：氷河の流動．藤井理行・小野有五（編）『基礎雪氷学講座4 氷河』古今書院, 33-81.

成瀬廉二（1980）：南極氷床の不安定性．月刊地球, **2**(3), 237-243.

成瀬廉二（2005）：氷河の氷はなぜ青い．日本雪氷学会（編）：『雪と氷の事典』朝倉書店, p. 287.

National Institute of Polar Research (1997): *Antarctica: East Queen Maud Land Enderby Land Glaciological Folio*, National Institute of Polar Research, Sheet, 1-8.

根本順吉（1973）：『氷河期へ向かう地球』風濤社．

Nesje, A. and Whillans, I. M. (1994): Erosion of Sognefjord, Norway. *Geomorphology*, **9**, 33-45.

Newton別冊（2004）：『最新探査機がとらえた火星と土星』ニュートンプレス．

日本雪氷学会（1990）：『雪氷辞典』古今書院．

日本雪氷学会（編）（2005）：『雪と氷の事典』朝倉書店．

西川 敦（1987）：モンスーン循環とヒマラヤ．月刊地球,

9, 662-667.
Nishio, F., Ohmae, H. and Ishikawa, M. (1988): Bedrock and ice surface profiles in the Shirase Glacier basin determined by the ground-based radio-echo sounding. *Bulletin of Glacier Research*, **6**, 33-39.
新妻信明 (1990)：グリーンサハラの砂漠化とモンスーン．月刊海洋，**22**，225-262.
野上道男 (1968)：Cordillera Real (Bolivia) の氷河．地学雑誌，**77**，125-140.
野上道男 (1970)：雪線の定義とその決定法．第四紀研究，**9**，7-16.
野上道男 (1972)：アンデス山脈における現在および氷期の雪線高度の分布からみた氷期の気候．第四紀研究，**11**，71-80.
野上道男 (1975)：アンデスのさまよえる湖2．地理，**20** (11)，106-117.
野上道男 (1988)：氷河．『世界大百科事典』24巻，平凡社，p.106.
野上道男 (1990)：山岳氷河地形．佐藤 久・町田 洋（編）：『総観地理学講座6 地形学』朝倉書店，76-87.
Nye, J. F. (1952): The mechanic of glacier flow. *Journal of Glaciology*, **2**, 82-93.
Nye, J. F. (1959): The motion of ice sheets and glaciers. *Journal of Glaciology*, **3**, 493-507.
Nye, J. F. (2000): A flow model for the polar caps of Mars. *Journal of Glaciology*, **46**, 438-444.
大場忠道 (1988)：最終氷期から後氷期にかけての海洋環境．地球化学，**22**，13-19.
大場忠道 (2010)：第四紀の始まりの世界的な気候寒冷化とは何か？—酸素同位体変動から—．第四紀研究，**49**，275-281.
Oerlemens, J. and Van der Veen, C. J. (1984): *Ice Sheet and Climate*, D. Reidel Pub. Co.
Oeschger, R, H. and Langway, C. C. (1989): *The Environmental Record in Glaciers and Ice Sheets*, John Wiley, Chichester.
大林組プロジェクトチーム・樋口敬二 (1983)：人工氷河建設構想．季刊大林，15号，1-14.
大前宏和 (1989)：南極氷床の電波観測について．雪氷，**51**，195-199.
Ohmura, A. (2006): Changes in mountain glaciers and ice caps during the 20th century. *Annals of Glaciology*, **43**, 361-368.
大村 纂 (2010a)：スイスの氷河地図．地図中心，455号 (2010年8月)，19-23.
大村 纂 (2010b)：観測時代の氷河・氷床の質量収支と気候変化について．地学雑誌，**119**，466-481.
Ohmura, A., Bauder, A., Müller, H. and Kappenberger, G. (2007): Long-term change of mass balance and the role of radiation. *Annals of Glaciology*, **46**, 367-374.
Ohmura, A., Kasser, P. and Funk, M. (1992): Climate at the equilibrium line of glaciers. *Journal of Glaciology*, **38**, 397-409.
岡山俊雄 (1956)：氷河地形．『新地理学講座3 自然地理I』朝倉書店，95-115.
奥村晃史 (2009)：第四紀の地位と新定義．第四紀通信，**16**(5)（2009年9月）．
奥野 充 (2002)：南九州に分布する最近約3万年間のテフラの年代学的研究．第四紀研究，**41**，225-236.
小野 昭 (2002)：中部ヨーロッパの最終氷期と人類の適応．地学雑誌，**111**，840-848.
小野有五 (1982)：氷河の裏側の世界．地理月報，292号

(1982年3月)，13-16.
Ono, Y. (1985): Recent fluctuations of the Yala (Dakpatsen) Glacier, Langtang Himal, reconstructed from annual moraine ridges. *Zeitschrift für Gletscherkunde und Glazialgeologie*, **21**, 251-258.
小野有五 (1985)：最終氷期の地形環境と気候．月刊地球，**7**，344-348.
小野有五 (1988)：最終氷期における東アジアの雪線高度と古気候．第四紀研究，**26**，271-280.
小野有五・平川一臣 (1975)：ヴュルム氷期における日高山脈周辺の地形形成環境．地理学評論，**48**，1-26.
Østrem, G. (1966): The height of the glacial limit in southern British Columbia and Alberta. *Geografiska Annaler*, **48A**, 126-138.
Østrem, G. and Ziegler, T. (1969): *Atlas over Breer i Sor-Norge*, Norges Vassdrags- og Elektrisitetsvesen, Oslo.
Owen, L. A. and Derbyshire, E. (1993): Quaternary and Holocene intermontane basin sedimentation in the Karakoram Mountains. in Shroder, J. Jr. (ed.): *Himalaya to the Sea: Geology, Geomorphology and the Quaternary*, Routledge, 108-131.
Owen, L. A., Derbyshire, E. and Fort, M. (1998): The Quaternary glacial history of the Himalaya. in Owen, L. A. (ed.): *Mountain Glaciation, Quaternary Proceedings*, **6**, Wiley, Chichester, 91-120.
パパラルド，R. T.・ヘッド，J. W.・グリーリー，R. (2000)：エウロパの隠された海．日経サイエンス，2000年2月号［再録 (2004)：別冊日経サイエンス，144号，90-101］．
Paterson, W. S. B. (1981): *The Physics of Glaciers* (2nd Ed.), Pergamon Press.
Paterson, W. S. B. (1999): *The Physics of Glaciers* (3rd Ed.), Bullerworth Heinemann.
Paul, F., Barry, R. G., Cogley, J. G., Frey, H., Haeberli, W., Ohmura, A., Ommanney, C. S. L., Raup, B., Rivera, A. and Zemp, M. (2009): Recommendations for the compilation of glacier inventory data from digital sources. *Annals of Glaciology*, **50**(53), 119-126.
Peltier, W. R. (1994): Ice age paleotopography. *Science*, **265**, 195-201.
Peterson, J. A. and Robinson, G. (1969): Trend surface mapping of cirque floor levels. *Nature*, **222**, 75-76.
Petit, J. R., Jouzel, J., Raynaud, D., Barkov, N. I., Barnola, J.-M., Basile, I., Bender, M., Chappellaz, J., Davis, M., Delaygue, G., Delmotte, M., Kotlyakov, V. M., Legrand, M., Lipenkov, V. Y., Lorius, C., PÉpin, L., Ritz, C., Saltzman, E. and Stievenard, M. (1999): Climate and atmospheric history of the past 420,000 years from the Vostok ice core, Antarctica. *Nature*, **399**, 429-436.
Porter, S. C. (1975): Glaciation limit in New Zealand's Southern Alps. *Arctic and Alpine Research*, **7**, 33-37.
Porter, S. C. (1989): Some geological implications of average Quaternary glacial conditions. *Quaternary Research*, **32**, 245-261.
Porter, S. C. (1989): Late Holocene fluctuations of the fiord glacier system in Icy Bay, Alaska, U. S. A. *Arctic and Alpine Research*, **21**, 364-379.
Porter, S. C. and Denton, G. H. (1967): Chronology of Neoglaciation in the North American Cordillera. *American Journal of Science*, **265**, 177-210.
Post, A. (1960): The exceptional advance of the Muldrow, Black Rapids and Susitna glaciers. *Journal of Geophysical Research*, **65**, 3703-3712.

Post, A. (1972): Periodic surge origin of folded medial moraines on Bering piedmont glacier, Alaska. *Journal of Glaciology*, 11, 219-226.

Post, A. and Lachapelle, E. R. (1971): *Glacier Ice*, University of Washington Press, Seattle [改訂版：2000, 145pp].

Prell, W. L., Imbrie, J., Martinson, D. G., Morley, J. J., Pisias, N. G., Shackleton, N. J. and Streeter, H. F. (1986): Graphic correlation of oxygen isotope stratigraphy: Application to the Late Quaternary. *Paleoceanography*, 1, 137-162.

Prentice, M. L., Denton, G. H., Lowell, T. V., Conway, H. C. and Heusser, L. E. (1986): Pre-late Quaternary glaciation of the Beardmore Glacier region, Antarctica. *Antarctic Journal of the United States*, 21, 95-98.

Price, R. J. (1973): *Glacial and Fluvial Landforms*, Oliver and Boyd, Edinburgh.

Putnum, A. E., Denton, G. H., Schaefer, J. M., Barrell, D. J. A., Andersen, B. G., Finkel, R. C., Schwartz, R., Doughty, A. M., Kaplan, M. R. and Schlüchter, C. (2010): Glacier advance in southern middle-latitudes during the Antarctic Cold Reversal. *Nature Geoscience*, 3, 300-304.

Quinn, M. J. and Goldthwait, R. P. (1985): Glacial geology of Ross County, Ohio. *Report of Investigations* No. 127, Geological Survey Ohio, Columbus, 42pp.

Rae, B. R. and Whalley, W. B. (1994): Subglacial observations from Oksfjordjokelen, north Norway. *Earth Surface Processes and Landforms*, 19, 659-673.

Ravelo, A. C. (2010): Warmth and glaciation. *Nature Geoscience*, 3, 672-674.

Raymo, M. E. (1997): The timing of major climate terminations. *Paleoceanography*, 12, 577-585.

Richards, B. W. M. (2000): Luminescence dating of Quaternary sediments in the Himalaya and High Asia: a practical guide to its use and limitations for constraining the timing of glaciation. *Quaternary International*, 65/66, 49-61.

Richards, B. W. M., Benn, D. I., Owen, L. A., Rhodes, E. J. and Spencer, J. Q. (2000): Timing of late Quaternary glaciations south of Mount Everest in the Khumbu Himal, Nepal. *Geological Society of America Bulletin*, 112, 1621-1632.

Richards, M. A. (1988): Seismic evidence for a weak basal layer during the 1982 surge of Variegated Glacier, Alaska, U. S. A. *Journal of Glaciology*, 34, 111-120.

Ridley, J., Cudlip, W., McIntyre, N. and Rapley, C. (1989): The topography and surface characteristics of the Larsen Ice Shelf, Antarctica, using satellite altimetry. *Journal of Glaciology*, 35, 299-310.

Robin, G. Q. and Swithinbank, C. (1987): Fifty years of progress in understanding ice sheets. *Journal of Glaciology*, 33 Special Issue, 33-47.

Rohling, E., Grant, K., Hemleben, C., Kucera, M., Roberts, A. P., Schmeltzer, I., Siccha, M., Sidall, M. and Trommer, G. (2008): New constructions on the timing of sea level fluctuations during early to middle marine isotope stage 3. *Paleoceanography*, 23, doi: 10.1029/2008PA001617.

Röthlisberger, F. (1986) *10000 Jahre Gletschergeschichte der Erde*, Verlag Sauerlander, Aarau.

Röthlisberger, F., Haas, P., Holzhauser, H., Keller, W., Bircher, W. and Renner, F. (1980): Holocene climatic fluctuations--Radiocarbon dating of fossil soils (fAh) and woods from moraines and glaciers in the Alps. *Geographica Helvetica*, 35 (5) special issue, 21-52.

Roy, M., Clark, P. U., Raisbeck, G. M. and Yiou, F. (2004): Geochemical constraints on the regolith hypothesis for the middle Pleistocene transition. *Earth and Planetary Science Letters*, 227, 281-296.

Ruddiman, W. F. (2001): *Earth's Climate: Past and Future*, Freeman, New York, 465pp.

Ruddiman, W. F. (2003): The anthropogenic greenhouse era began thousands of years ago. *Climatic Change*, 61, 261-293.

ラディマン, W. F.（編集部 訳）(2005)：農耕文明が温暖化を招いた？日経サイエンス, 35(6), 28-36 [Ruddiman, W. F. (2005): How did humans first alter global climate? *Scientific American*, 2005 March, 46-53].

ラッディマン, W. F.・クッツバッハ, J. E.（吉野正敏 訳）(1991)：大高原が地球を冷やした. 日経サイエンス, 21(5), 23-31 [Ruddiman, W. F. and Kutzbach, J. E. (1991): Plateau Uplift and Climate Change. *Scientific American*, 264, 66-74].

Rudoy, A. (1998): Mountain ice-dammed lakes of southern Siberia and their influence on the development and regime of the intracontinental runoff systems of North Asia in the Late Pleistocene. in Benito, G., Baker, V. R. and Gregory, K. J. (eds.): *Palaeohydrology and Environmental Change*, John Wiley & Sons, 215-234.

Sakaguchi, Y. (1988): Quaternary glaciation, its appearance and disappearance. *Bulletin of the Department of Geography, University of Tokyo*, 20, 29-41.

坂井亜規子 (2001)：岩屑に覆われた氷河の融解過程. 雪氷, 63, 191-200.

Sakai, A., Nakawo, M. and Fujita, K. (1998): Melt rate of ice cliffs on the Lirung Glacier, Nepal Himalayas, 1996. *Bulletin of Glacier Research*, 16, 57-66.

Sara, W. A. (1970): *Glaciers of Westland National Park, New Zealand*, Department of Scientific and Industrial Research.

Sarnthein, M., Bartoli, G., Prange, M., Schmittner, A., Svhneider, B., Welnelt, M., Andersen, N. and Garbe-Schönberg, D. (2009): Mid-Pleistocene shifts in ocean overturning circulation and onset of Quaternary-style climate. *Climate of the Past*, 5, 269-283.

佐藤時幸 (2010)：パナマ地峡の成立と世界的な寒冷化—第四紀の新しい定義と関連して—. 第四紀研究, 49, 283-292.

澤柿教伸 (1998)：新刊紹介：Glaciers & Glaciation. 雪氷, 60, 413-416.

Sawagaki, T., Aoki, T., Hasegawa, H., Iwasaki, S., Iwata, S. and Hirakawa, K. (2004): Late Quaternary glaciations in Japan. in Ehlers, J. and Gibbard, P. L. (eds.): *Quaternary Glaciations--Extent and Chronology*, Part III, Elsevier, 217-225.

澤柿教伸・福井幸太郎・岩田修二 (2005)：地球の地形から火星を読み解く—巨大洪水地形と氷河地形—. 雪氷, 67, 163-178.

Sawagaki, T. and Hirakawa, K. (1997): Erosion of bedrock by subglacial meltwater, Soya Coast, East Antarctica. *Geografiska Annaler*, 79A, 223-238.

澤柿教伸・平川一臣 (1998)：ドラムリンの成因と氷床底環境—氷底堆積物の変形か氷床底水流か—. 地学雑誌, 107, 469-492.

Sawagaki, T. and Hirakawa, K. (2002): Hydrostatic investigations on subglacial meltwater: implications for the formation of streamlined bedforms and subglacial lakes,

East Antarctica. *Polar Geoscience*, **15**, 123-147.
ソーヤ，キャシー（伊藤和子 訳）(2001)：火星 誰も想像しなかった新事実．ナショナルジオグラフィック日本版，**7**(2), 68-89.
Schulz, M. (2002): On the 1470-year pacing of Dansgaard-Oeschger warm events. *Paleoceanography*, **17**(2), doi: 10.1029/2000PA000571.
Schweizer, J. and Iken, A. (1992): The role of bed separation and friction in sliding over an undeformable bed. *Journal of Glaciology*, **38**, 77-92.
関根 清 (1975)：圏谷内の岩屑丘の調査法とそれからみた日本アルプスの氷河作用の特徴について．式 正英（編）：『日本の氷期の諸問題』古今書院，44-56.
Seko, K., Yabuki, H., Nakawo, M., Sakai, A., Kadota, T. and Yamada, Y. (1998): Changing surface features of Khumbu Glacier, Nepal Himalaya revealed by SPOT images. *Bulletin of Glacier Research*, **16**, 33-41.
Selby, M. J. (1985): *Earth's Changing Surface*, Clarendon Press, Oxford.
Selters, A. (1999): *Glacier Travel and Crevasse Rescue*, 2nd Edition, The Mountaineers, Seattle.
Sesiano, J. (1982): Le glacier des Bossons: la forte crue de 1981-1982 et une estimation de sa vitesse sur 30 ans. *Revue de Geographie Alpine*, **70**, 431-438.
Shackleton, N. J. (1987): Oxygen isotopes, ice volume and sea level. *Quaternary Science Reviews*, **6**, 183-190.
Shackleton, N. J. (2000): The 100,000-year ice-age cycle identified and found to lag temperature, carbon dioxide, and orbital eccentricity. *Science*, **289**, 1897-1902.
Shackleton, N. J. and Opdyke, N. D. (1973): Oxygen isotopes and palaeomagnetic stratigraphy of equatorial Pacific core V28-238: Oxygen isotope temperatures and ice volumes on a 105 and 106 year scale. *Quaternary Research*, **3**, 39-55.
Sharp, M. (1988): Surging glacier: behaviour and mechanisms. *Progress in Physical Geography*, **12**, 349-370.
Sharp, R. P. (1949): Studies of superglacial debris in valley glaciers. *American Journal of Science*, **247**, 289-315.
Sharp, R. P. (1988): *Living Ice: Understanding Glaciers and Glaciation*, Cambridge University Press, Cambridge.
Shaviv, N. J. (2003): The spiral structure of the Milky Way, cosmic rays, and ice age epochs on Earth. *New Astronomy*, **8**, 39-77.
Shaw, J. (2002): The meltwater hypothesis for subglacial bedforms. *Quaternary International*, **90**, 5-22.
Shaw, J. (2006): A glimpse at meltwater effects associated with continental ice sheets. in Knight, P. G. (ed.): *Glacier Science and Environmental Change*, Blackwell, 25-32.
Shepherd, A. and Wingham, D. (2007): Recent Sea-Level Contributions of the Antarctic and Greenland Ice Sheets. *Science*, **315**, 1529-1532.
施 雅風・謝 自楚 (1964)：中国現代冰川的基本特征．地理学報，**30**(3), 183-208.
式 正英 (1974)：中央日本の山地における洪積世氷期の堆積段丘．第四紀研究，**12**, 203-210.
シプトン，E.（大賀二郎・倉知 敬 訳）(1972)：『未踏の山河』茗渓堂［Shipton, E. (1969): *That Untravelled World*, Hodder and Stoughton］.
Shiraiwa, T. and Yamada, T. (1991): Glacial inventory of the Langtang Valley, Nepal Himalayas. *Low Temperature Science*, Ser. A, **50**, 47-72.
Siegert, M. J. (2001): *Ice Sheets and Late Quaternary Environmental Change*, Wiley.
Siddall, M., Rohling, E. J., Almogi-Labin, A., Hemleben, C., Meischner, D., Schmelzer, I. and Smeed, D. A. (2003): Sea-level fluctuation during the last glacial cycle. *Nature*, **423**, 853-858.
Simpson, J. A. and Weiner, E. S. (1989): *The Oxford English Dictionary* (2nd ed.), Clarendon Press, Oxford.
シンガー・エイヴァリー（山形浩生・守岡 桜 訳）(2008)：『地球温暖化は止まらない』東洋経済新報社［Singer, S. F. and Avery, D. T. (2007): *Unstoppable Global Warming: Every 1,500 Years*, Rowman & Littlefield Pub.］.
Small, R. J. (1983): Lateral moraines of glacier de Tsjiore Nouve: form, development, and implications. *Journal of Glaciology*, **29**, 250-259.
Smiraglia, C. (1995): *Il ghiacciaio del Forni in Valfurva: Sentinero Glaciologico del Centenario*, LYASIS, Sondrio.
Smith, D. E., Zuber, M. T. and Neumann, G. A. (2001): Seasonal variations of snow depth on Mars. *Science*, **294**, 2141-2146.
シュピンドラー，コンラート（畔上 司 訳）(1994)：『5000年前の男 解明された冷凍ミイラの謎』文藝春秋［Spindler, K. (1993): *Der Mann im Eis*, University of Innsbruck］.
スタイン，オーレル（澤崎順之助 訳）(1966；再刊1984)：『中央アジア踏査記』白水社［Stein, Aurel (1933): *On Ancient Central-Asian Tracks*］.
Steiner, J. and Grillmair, E. (1973): Possible galactic causes for periodic and episodic glaciations. *Geological Society of America Bulletin*, **84**, 1003-1018.
Strahler, A. N. (1975): *Physical Geography* (4th ed.), Wiley.
Sugden, D. E. (1974): Landscapes of glacial erosion in Greenland and their relationship to ice, topographic and bedrock conditions. In Brown, E. H. and Water, R. S. (eds.): *Progress in Geomorphology*, Institute of British Geographers, Special Pub., no. 7, 177-195.
Sugden, D. E. (1978): Glacial erosion by the Laurentide Ice Sheet. *Journal of Glaciology*, **20**, 367-391.
Sugden, D. E. (1982): *Arctic and Antarctic: A Modern Geographical Synthesis*, Basil Blackwell, Oxford.
Sugden, D. E. and Clapperton, C. M. (1980): West Antarctic ice sheet fluctuations in the Antarctic Peninsula area. *Nature*, **286**, 378-381.
Sugden, D. E. and John, B. S. (1976): *Glaciers and Landscape: A Geomorphological Approach*, E. Arnold.
Summerfield, M. (1991): *Global Geomorphology*, Longman, Harlow.
鈴木郁夫 (1991)：『地形学図説』新潟大学教育学部地理科.
鈴木隆介 (1984)：「地形営力」および"Geomorphic Processes"の多様な用語法．地形，**5**, 29-45.
鈴木隆介 (1997-2004)：『建設技術者のための地形図読図入門』1-4巻，古今書院.
Svenska Sällskapet för Antropologi och Geografi (1954): *Atlas of Sweden*, Ab Kartografiska Institutet, Stockholm.
Svensmark, H. (2007): Cosmoclimatology: A new theory emerges. *Astronomy and Geophysics*, **48**, 1.18-1.24.
スベンスマルク・コールダー（桜井邦明 監修・青山 洋 訳）(2010)『不機嫌な太陽―気候変動のもうひとつのシナリオ』恒星社厚生閣［Svensmark, H. and Calder, N. (2007): *The Chilling Stars: A Cosmic View of Climatic Change*, Totem Books］.
Swan, L. W. (1967): Alpine and Aeolian regions of the world. in Wright, H. E. jr. and Osburn, W. H. (eds.): *Arctic and Alpine Environments*, Indiana University

Press, 29-54.
Swift, D. A. (2006): Haut Glacier d'Arolla, Switzerland: hydrological controls on basal sediment evacuation and glacial erosion. in Knight, P. G. (ed.): *Glacier Science and Environmental Change*, Blackwell, 23-25.
多田隆治 (1991): 新生代における表層環境変化. 地学雑誌, 100, 937-950.
多田隆治 (1998): 数百年～数千年スケールの急激な気候変動—Dansgaard-Oeschger Cycle に対する地球システムの応答—. 地学雑誌, 107, 218-233.
平 朝彦 (1989): ヒマラヤの成長がモンスーンをおこした: 深海底が明らかにした山脈の成長と気候変化. ニュートン, 9(9), 46-55.
平 朝彦 (1991): 温室地球の環境—白亜紀の世界. 科学, 61, 657-662.
田近英一 (2000): 全球凍結とはどのようなものか. 科学, 70, 397-405.
田近英一 (2004): スノーボールアース—凍りついた地球. 東京大学地球惑星システム科学講座 (編):『進化する地球惑星システム』東京大学出版会, 72-92.
竹中修平・藪田卓哉・福井弘道 (2010): ネパールクンブ地方イムジャ氷河湖堆のデッドアイス—二次元比抵抗探査による分布の推定—. 雪氷, 72, 3-12.
竹内 望 (2001): ヒマラヤの氷河の雪氷生物. 雪氷, 63, 181-189.
Tanaka, H. (1972): On preferred orientation of glacier and experimentally deformed ice. 地質学雑誌, 78, 659-675.
Taylor, K. C., Mayewski, P. A., Alley, R. B., Brook, E. J., Gow, A. J., Grootes, P. M., Meese, D. A., Saltzman, E. S., Severinghaus, J. P., Twickler, M. S., White, J. W. C., Whitlow, S. and Zielinski, G. A. (1997): The Holocene-Younger Dryas transition recorded at Summit, Greenland. *Science*, 278, 825-827.
Thompson, L. G., Davis, M. E., Mosley-Thompson, E., Lin, P.-N., Henderson, K. A. and Mashiotta, T. A. (2005): Tropical ice core records: evidence for asynchronous glaciation on Milankovitch timescales. *Journal of Quaternary Science*, 20, 723-733.
Thornbury, W. D. (1954): *Principles of Geomorphology*, John Wiley, New York.
Toh, H. and Shibuya, K. (1992): Thinning rates of ice sheet on Mizuho Plateau, East Antarctica, determined by GPS differential positioning. in Yoshida, Y., Kaminuma, K. and Shiraishi, K. (eds.): *Recent Progress in Antarctic Earth Science*, Terra Scientific Publication, Tokyo, 579-583.
藤 浩明・渋谷和夫 (1993): ディファレンシャル GPS 測位から求めたみずほ高原西部の氷床変動. 月刊地球, 15, 440-444.
Truffer, M., Harrison, W. D. and Echelmeyer, K. A. (2000): Glacier motion dominated by processes deep in underlying till. *Journal of Glaciology*, 46, 213-221.
土屋 巌 (1999):『日本の万年雪—月山・鳥海山の雪氷現象 1971～1998 に関連して』古今書院.
辻村太郎 (1932-33):『新考地形学』I, II, 古今書院.
塚本すみ子 (2002): 新しい年代測定法によるヒマラヤの第四紀後期の氷河編年. 地学雑誌, 111, 868-882.
Tufnell, L. (1984): *Glacier Hazards*, Longman, London.
チンダル, ジョン (矢島祐利 訳) (1934):『増補新版アルプス紀行』岩波書店 (1987 年 6 刷) [Tyndall, John (1871): *Hours of Exercise in the Alps*].
ティンダル, ジョン (三宅泰雄 訳) (1953):『水のすがた—雲・河・氷・氷河—』創元社 [Tyndall, J. (1872): *The Forms of Water in Clouds and Rivers, Ice and Glaciers*].
Tzedakis, P. C., Raynaud, D., McManus, J. F., Berger, A., Brovkin, V. and Kiefer, T. (2009): Interglacial diversity. *Nature Geoscience*, 2, 751-755.
UNESCO/IASH (1970): *Perennial Ice and Snow Masses: A Guide for Complication and Assemblage of Data for a World Inventory*, Technical Papers in Hydrology, 1, UNESCO, Paris.
UNESCO/IASH/WMO (1970): *Seasonal Snow Cover*, Technical Papers in Hydrology, 2, UNESCO.
歌代 勤・清水大吉郎・高橋正夫 (1978):『地学の語源をさぐる』東京書籍.
Velicogna, I. and Wahr, J. (2006): Acceleration of Greenland ice mass loss in spring 2004. *Nature*, 443, 329-331.
Virkkala, K. (1952): On the bed structure of till in eastern Finland. *Geological Survey of Finland Bulletin*, 157, 97-109.
Vivian, R. and Bocquet, G. (1973): Subglacial cavitation phenomena under the Glacier d'Argentiere, Mont Blanc, France. *Journal of Glaciology*, 12, 439-451.
Vuichard, D. and Zimmermann, M. (1986): The Langmoche flash-flood, Khumbu Himal, Nepal. *Mountain Research and Development*, 6, 90-94.
Vuichard, D. and Zimmermann, M. (1987): The 1985 catastrophic drainage of a moraine-dammed lake, Khumbu Himal, Nepal: cause and consequences. *Mountain Research and Development*, 7, 91-110.
Waddington, E. D. (1986): Wave ogives. *Journal of Glaciology*, 32, 325-334.
若浜五郎 (1970): アラスカの氷河の消長および氷河サージについて. 渡辺 光 (編):『気候変化の水収支に及ぼす影響—研究業績報告 No. 2—』, 93-110.
若浜五郎 (1978):『氷河の科学』NHK ブックス, 日本放送出版協会.
Wahrhaftig, C. and Cox, A. (1959): Rock glaciers in the Alaska Range. *Geological Society of America Bulletin*, 70, 383-436.
ウォーカー, G. (川上紳一 監修, 渡会圭子 訳) (2004):『スノーボール・アース:生命大進化をもたらした全地球凍結』早川書房 [Walker, G. (2003): *Snowball Earth*, Three River Press, New York].
Walker, M., Johnsen, S., Rasmussen, S. O., Popp, T., Steffensen, J-P., Gibbard, P., Hoek, W., Lowe, J., Andrew, J., Bjorck, S., Cwynar, L. C., Hughen, K., Kershaw, P., Kromer, B., Litt, T., Lowe, D.J., Nakagawa, T., Newnham, R. and Schwander, J. (2009): Formal definition and dating of the GSSP (Global Stratotype Section and Point) for the base of the Holocene using the Greenland NGRIP ice core, and selected auxiliary records. *Journal of Quaternary Science*, 24, 3-17.
Walton, K. (1983): *Portrait of Antarctica*, Jorge Philip, London.
渡辺興亜・遠藤八十一・石田隆雄 (1967): ヒマラヤの氷河について I. 低温科学物理篇, 25, 198-217.
Watanabe, O., Iwata, S. and Fushimi, H. (1986): Topographic characteristics in the ablation area of the Khumbu Glacier, Nepal Himalaya. *Annals of Glaciology*, 8, 177-180.
渡辺悌二 (1990): 氷河・周氷河堆積物を主対象とした相対年代法. 第四紀研究, 29, 49-77.
渡辺悌二 (1994): 1994 年 12 月 14 日に発生したニュージーランド, クック山の崩壊. 地学雑誌, 103, 77-83.
渡辺悌二 (2004): 山岳観光開発と温暖化—スイス・アル

プスとネパール・ヒマラヤの例．梅棹忠夫・山本紀夫（編）：『山の世界』岩波書店，269-278．
Watanabe, T. and Rothacher, D. (1996): The 1994 Lugge Tsho glacil lake outburst flood, Bhutan Himalaya. *Mountain Research and Development*, 16, 77-81.
Webb, P. N. (1990): Review: The Cenozoic history of Antarctica and its global impact. Antarctic *Science*, 2, 3-21.
Webb, P. N., McKelvey, B. C., Harwood, D. M., Mabin, M. C. G. and Mercer, J. H. (1987): Sirius Formation of the Beardomore Glacier region. *Antarctic Journal of United States*, 22(5), 8-13.
Whalley, W. B. and Azizi, F. (2003): Rock glaciers and protalus landforms: Analogous forms and ice sources on Earth and Mars. *Journal of Geophysical Research*, 108 (E4), 8032, doi: 10. 1029/2002 JE001864.
Wheeler, D. (1984): Using parabolas to describe the cross-sections of glaciated valleys. *Earth Surface Processes and Landforms*, 9, 391-394.
Whillans, I. M. (1992): Glaciology and Global Positioning System at Upstream B and from CASERTZ. *Antarctic Journal of the United States*, 27(5), 45-46 (CASERTZ: corridor aerogeophysics of the southeastern Ross transect zone).
Whillans, I. M., Chen, Y. H., Van der Veen, C. J. and Hughes, T. J. (1989): Force budget: III. Application to three-dimensional flow of Byrd Glacier, Antarctica. *Journal of Glaciology*, 35, 68-80.
Whiteman, C. A. (1995): Processes of Terrestrial Deposition. in Menzies, J. (ed.): *Modern Glacial Environments: Processes, Dynamics and Sediments*, Butterworth Heinemann, Oxford, 293-308.
ウィンパー，エドワード（新島義昭 訳）（1980）：『完訳アルプス登攀記』森林書房（山と渓谷社発売）[Whymper, E., edited and enlarged by Tyndal, H. E. (1936): *Scrambles Amongst the Alps*, ver. 6].
Williams, R. S. and Ferrigno, J. G. (1988-2010): *Satellite Image Atlas of Glaciers of the World, United States Geological Survey Professional Paper*, 1386-B, -H, -G, -E, -F.
Wilson, R. C. L., Drury, S. A. and Chapman, J. L. (2000): *The Great Ice Age: Climate Change and Life*, Routledge, London.
Wimbledon, W. A. (ed.) (1989): *Geological Conservation Review--Quaternary of Wales*, Nature Conservancy Council, 237pp.
Wolmarans, L. G. (1982): Subglacial morphology of the Ahlmannryggen and Borgmassivet, Western Dronning Maud Land. in Craddock, C. (ed.): *Antarctic Geoscience*, The University of Wisconsin Press, 963-968.
World Glacier Monitoring Service (1989): *World Glacial Inventory: Status 1988*, IASH/UNDP/UNESCO/World Glacier Monitoring Service, University of Zurich.
World Glacier Monitoring Service (1998): *Into the second century of worldwide glacier monitoring: prospects and strategies*, UNESCO Publ., Paris.
World Glacier Monitoring Service (2007): *World Mass Balance Bulletin*, no. 9 (2004-2005), ICSU/IUGG/UNEP/UNESCO/WMO.
Wright, T. L. and Pierson, T. C. (1992): Hazard-zone maps and volcanic risk, in living with volcanoes: *The U.S. Geological Survey's Volcano Hazards Program: U.S. Geological Survey Circular* 1073, 57p. http://vulcan.wr.usgs.gov/Vhp/C1073/hazard_maps_risk.html
Yamada, T. (1987): Glaciological characteristics revealed by 37.6-m deep core drilled at the accumulation area of San Rafael Glacier, the Northern Patagonia Icefield. *Bulletin of Glacier Research*, 4, 59-67.
山田知充（1992）：ネパールヒマラヤの氷河湖決壊洪水．河川，553号，126-137．
Yamada, T. (1998): *Glacier lake and its Outburst Flood in the Nepal Himalayas*, Monograph No. 1, Data Center for Glacier Research, Japanese Society of Snow and Ice.
矢内桂三（1987）：南極隕石の集積機構．国立極地研究所（編）：『南極の地学6 南極隕石』古今書院，79-88．
安成哲三・藤井理行（1983）：『ヒマラヤの気候と氷河』東京堂出版．
谷津栄寿（1981）：地形プロセス．町田 貞ほか（編）：『地形学辞典』二宮書店，393-394．
横山秀司（2000）：ティロールの山から——氷河が泣いている．地理，45(6)，75-81．
横山祐典（2002）：最終氷期のグローバルな氷床量変化と人類の移動．地学雑誌，116，883-899．
横山祐典（2007）：地球温暖化と海面上昇——氷床変動・海水準上昇・地殻変動．日本第四紀学会・町田 洋・岩田修二・小野 昭（編）：『地球史が語る近未来の環境』東京大学出版会，33-54．
Yokoyama, Y., Lambeck, K., De Deckker, P., Johnston, P. and Field, L.K. (2000): Timing of the Last Glacial Maximum from observed sea-level minima. *Nature*, 406, 713-716, and Correction, *Nature*, 412, 99.
吉田 勝（1986）：南極とゴンドワナランド．国立極地研究所（編）：『南極の科学5 地学』古今書院，111-125．
吉田栄夫・藤原健蔵（1963）：やまと山脈の地形．南極資料，18号，1-26．
Zachos, J., Pagani, M., Sloan, L., Thomas, E. and Billups, K. (2001): Trends, rhythms, and aberrations in global climate 65 Ma to present. *Science*, 292, 686-693.
Zumbühl, H. J. (1980): *Die Schwankungen der Grindelwaldgletscher in den historischen Bild-und Schriftequellen des 12. bis 19. Jahrhunderts*, Birkhäusen Verlag, Basel, 279pp.
Zwally, H. J., Bindschadler, R. A. and Brenner, A. C. (1983): Surface elevation contours of Greenland and Antarctic ice sheets. *Journal of Geophysical Research*, 88, 1589-1596.
ズウィングル，アーラ（2006）：アルプスが解けていく．ナショナルジオグラフィック日本版，12(2)，60-79．

エピグラフ*の文献

アルファベット順.

Agassiz, L. (Carozzi, A. V. 訳) (1967): *Studies on Glaciers*, Hafner, New York [*Etudes sur les glaciers*, Neuchatel (privately published, 346pp.) 1840 の英訳]．訳文は小泉格（インブリー，J.・インブリー，K. P. (1982)：『氷河時代の謎を解く』岩波現代選書 [Imbrey, J. and Imbrey, K. P. (1979): *Ice Ages: Solving the Mystery*, Enslow Pub. の訳書]）中での引用による．

アレイ，R. B. (山崎 淳 訳) (2004)：『氷に刻まれた地球 11 万年の記憶』ソニーマガジンズ [Alley, R. B. (2000): *The Two-Mile Time Machine*, Princeton University Press].

Bardarson, H. R. (1980): *Ice and Fire* (Third edition), Hjalmar R. Bardarson, Reykjavik, 171p.

ベルトラム，コーリン (加納一郎 訳) (1942)：『北極圏と南極圏』朋文堂 [Bertram, Colin (1939): *Arctic and Antarctic: The Technique of Polar Travel*].

Boulton, G. S. (1986): A paradigm shift in glaciology? *Nature*, 322, 18.

ダーウィン，チャールズ (島地威雄 訳) (1960)：『ビーグル号航海記・中』岩波書店 [Darwin, C. (1906): *Darwin's Naturalist's Voyage in the Beagle* の訳].

ゲーテ (永野藤夫訳) (1980)：地質学のために．『ゲーテ全集 14 巻』潮出版．

Guyton, B. (1998): *Glaciers of California*, University of California Press.

ハイム，A.・ガンサー，A. (尾崎賢治 訳) (1968)：『神々の御座』ヒマラヤ名著全集 6, あかね書房．

北海道大学山岳部（朝比奈英三作詞）：「山の四季」．北大山の会歌集編集委員会（編）(1993)：『歌集 山の四季』北大山の会歌集編集委員会に所収．

Hooker, J. D. (1891): *Himalayan Journals; Note of a Naturalist in Bengal, the Sikkim and Nepal Himalayas, the Khasia Mountains*, Ward Lock 版．(初版は 2 巻本, John Murray, 1854 刊).

今西錦司 (1956)：『カラコルム―探検の記録』文芸春秋新社 [再録 (1974)：『今西錦司全集 第 3 巻』講談社].

中谷宇吉郎 (1988)：比較科学論．樋口敬二編『中谷宇吉郎随筆集』岩波文庫，276-292.

岡山たづ子 (1974)：『一直心：歌集』新星書房，東京．

スコット，R. F. (中田 修 訳) (1986)：『スコット 南極探検日誌』ドルフィンプレス [Huxley, L. (arranged) (1913): *Scott's Last Expedition*, vol. 1 の訳].

スタイン，オーレル (澤崎順之助 訳) (1966)：『中央アジア踏査記』白水社 [Stein, Aurel (1933): *On Ancient Central-Asian Tracks* の訳].

田中 薫 (1943)：『氷河の山旅』朋文堂．

ティンダル，ジョン (三宅泰雄 訳) (1953)：『水のすがた―雲・河・氷・氷河』創元社．初版：チンダル，ジョン (三宅泰雄 訳) (1949)：『水のすがた 雲・川・氷・氷河』創藝社 [Tyndall, J. (1872): *The Forms of Water in Clouds and Rivers, Ice and Glaciers* の訳].

---

*巻頭，章のはじめなどに置かれる名句や引用文．

索引

ア
アイスエプロン　79, 84, 86
アイスキャップ　84
アイスコアモレーン　106
アイスストリームB　133
アイスドーム　77, 79, 88, 285
アイスピナクル　43
アイスフォール　55, 69
アイスランド　53, 167, 283
アイスレーダー　17, 19, 48
アイソスタシー　232, 285, 287
アイソスタティックな隆起量　281
アウトウォッシュ　204, 211, 227
　　──平原　228
アオラキ　86, 96, 284
アガシー，ルイ　5, 201, 262, 278
アガシー湖　251, 252
アカタマ高地　23
亜間氷期　280
朝顔型クレバス　68
厚い氷床　306
圧擦　121
圧縮流　60
圧密　36
圧力融解　44, 60, 73
アトランティック期　266, 274
亜氷期　280
新たな氷期　355, 358
アルジェンティエール氷河　119
アルプス　299
　　──－アラスカ型モレーン　218, 219
　　──の4氷期　262, 299, 301
アルベド　41, 99, 304
アールマン　3
アレッチ氷河　340
アレート　163
アレレード期　283
アンキルス湖　252
安息角　211
アンデス山脈　23
アンモナイト　123

イ
五百沢智也　187, 352
イギリス氷床　17, 286
池　109, 111
一次堆積　31
一次ティル　201
1収支年　28
溢流氷河　42, 56, 79, 87, 89, 178
イヌイト氷床　286, 289, 290
移牧　341
今村学郎　187
イムジャ谷　168, 169
イムジャ氷河湖　211
イリノイ氷期　290
入れ子構造　76, 265
岩屑（いわくず）　94
　　──運搬　95, 129
　　──隔壁　97, 98
　　──氷　98, 116
　　──すべり相　207
　　──生産　120
　　──なだれ　211, 213
　　──の遮蔽効果　99, 106
　　──の通り道　97
　　──の取り込み　95, 128
　　──排出プロセス　95, 201
　　──排出量　201
岩屑被覆谷氷河　212, 218, 220
岩屑被覆氷河　106, 107, 110-114, 211, 213, 215, 224, 336
　　──融解湖　240
岩屑氷舌　79, 90
岩山としっぽ　154
インウォッシュ　227
隕石　96, 99
　　──氷原　41
印パ戦争　360
インブリー，ジョン　293

ウ
ウァシュトロームタール　176, 177
ウィスコンシン氷期　280, 289-291
ウインドリバー山脈　163
上アローラ氷河　49
ヴェルホヤンスク山脈　85
ウシュコスキー火山　87
薄い氷床　306
宇宙性生成放射性核種法　261, 312
宇宙線仮説　333
ウプサラ氷河　70, 78, 89, 358
ウルプト氷河　101, 104, 127, 130, 215, 342
ウルムチ河源流2号氷河　67
上積氷　37, 48
　　──帯　38
運搬媒体　11

エ
エアロゾル　271
英国雪氷学会　3
エイヤフィヤトラ氷河　50
エウロパ　332, 336
液体の海　337
エクアドルアンデス　272
エシュガー，ハンス　314
エスカー　192, 198, 229, 230, 237, 352
エッツイ　360
エッツ谷　341, 359
越年雪渓　7, 79, 91
越年雪　36
エディアカラ動物群　332
エネルギー資源　340
エミリアーニ，チョザーレ　293, 301
エーム間氷期　293
エリー湖　290
エルズミア島　78
遠距離対比　247
円弧パターン　69
円錐氷体　79, 91
塩分に富んだ海水　297
縁辺モレーン　106, 107, 192, 202, 205, 222, 258

オ
凹型氷食斜面　157
横断型谷氷河　77, 79, 82
横断型のリッジ　195
横断クレバス　68
オーエン　218
大型谷氷河　32
おおきれっと　159
大村纂　14, 257
オーギブ　69
オコトクス迷子石　147, 352, 353
押し出し作用　205, 207, 233
押し出しモレーン　208
オージャイブ　69
オース　198
オーストリア兵　360
温室効果ガス　308
温室効果説　308
温室地球　318
温暖氷河　44, 127, 156
温暖氷床　323
温度成層　242

カ
海水準　14
海水の体積膨張　268
階段状構造　66, 335
階段状縦断形　92
階段状の断面　269
回転運動　60, 162
解氷後作用　188, 254
解氷後の荷重除去　175, 177, 181
海面上昇　268, 343
海面変化　269, 282
海面流入氷河　175, 186, 238

海洋型氷河　50
海洋酸素同位体ステージ（MIS）　280, 281, 293
海洋大循環　308
海洋底コア　263, 301
海洋氷床　64, 285, 287, 307, 326
化学的侵食　126
懸り圏谷　159
夏季涵養型氷河　29, 223
攪乱・変形の構造　197
カザフ牧民　342
火山活動　274
火山地帯　48
火山泥流　346, 347
火山灰編年法　260
火山噴火　48
カスカウルシュ氷河　105
カズベク山　346, 348
火星　255, 334
　──の気候変化史　336
　──の氷床　93
化石燃料　356
化石氷河　21
化石氷体　106
風による削剥　42
河川状湖沼　240, 242
下層流　233
硬い氷河基底　116
家畜　342
滑動　137
活動度　53
活動末端　32
かつら　187
カデルイドリス　163, 164
カナダ楯状地　178, 180, 351
カナダ北極圏　21
カービング　28, 42, 88
花粉分析　265
カラコラム山脈　351
カラコラムハイウェイ　340
涸沢期　189, 292
涸沢圏谷　160
カラ氷床　286
カール　157
　──氷河　79, 83
カルー氷床　328, 329
河原　229
眼球構造　134
観光　342, 354
完新世　265, 276, 358
　──高温期　265, 266
　──の気候　277
　──の氷河編年　276
岩石ドラムリン　153, 154
岩石氷河　4, 79, 91, 112, 115, 188, 336
　──クリープ　113
岩石変位　148
岩石盆地　153
乾雪帯　38
岩屑（がんせつ）→岩屑（いわくず）
　を見よ
岩屑流　211, 345, 346

──相　207
岩相区分　11
乾燥地域　227, 340
岩相符号　138, 139
寒帯前線　297
貫通型氷食谷　165, 167
貫通谷　165, 353
カンテガ　84
間氷期　355, 357, 358
岩粉　101, 123
陥没　111
涵養　28, 256
　──域　13, 28
　──域比（AAR）　24, 33
寒冷氷河　44, 127
キ
気温　256
　──上昇　356
気球　75
気候条件　21
気候的空間　22
気候的氷河分類　50
気候変化の原因　334
気候変動　256, 257
気候メーター　256
北大西洋深層水（NADW）　295, 297
北大西洋の扉　296
北半球高緯度　275
北半球氷床　326
北半球・南半球シーソー現象　297
基底地形　55
基底物質の変形　58
基盤岩　116
基盤地形　17, 18
気泡　294, 355
　──線構造　65
ギャジョ谷　169, 170
ギャジョ氷河　65
キャップカーボネート　330
キャビテーション　125
キャンシャール氷河　84
キャンプセンチュリー　45
級化層理　243
急峻な山岳地形　94, 106, 182
旧ソ連の氷期　75
ギュンツ氷期　299
狭義氷河地形　3
凝結熱　44
峡谷　156
強制末端　92, 93
極冠　93, 335
極相期の氷床　285
極地氷河　44
巨大空洞　199
巨大洪水　154, 199, 251
　──堆積地形　192
巨大単結晶　37
銀河系成因説　333
菌類　48
ク
クイーンエリザベス島　178, 180
空中写真測量　74

鎖湖（くさりこ）　166, 241
鯨の背　153-155
クック山　96
掘削　319
グラウンドモレーン　196
クラスツ　139
クラスレート氷　11, 38
クラスレート＝ハイドレート　38
クリオコナイトホール　99, 102
クリープ　58, 72
グリム湖　49, 51, 83
グリンデルヴァルト氷河　118, 278
グリーンランド　6, 37, 284
　──氷床　6, 17, 39, 75, 78, 270, 278, 286, 314
グルキン氷河　218, 220
グレイシャーベイ　240, 340
クレーター氷河　79, 84, 87
クレバス　58, 67, 340, 358, 359
　──充填リッジ　198
　──の深さ　68
クンブヒマール　311, 313
クンブ氷河　31, 35, 107-111, 113, 115
ケ
ケアンゴーム　163, 183
経済的損失　343
形成作用　8
形成メカニズム　207
形態形成作用　108, 110
形態的機能区分　31, 32
形態分類　79
ケイム　192, 196, 197
決壊洪水　349
結晶基底面　72
結晶中転位　72
結晶粒　37
ケトル　229, 230
ケニヤ山　7
ケルビン卿　53
圏谷　3, 153, 157, 161
　──形成プロセス　161
　──山　158
　──地形系　177, 182
　──底　24, 160
　──の発達　163
　──の分布　159
　──氷河　79, 83, 85, 113, 161
　──壁　158
　──類似地形　162
圏谷峰　158
懸垂氷河　83
顕生代　327
原生代　327
顕熱　40
研磨面　123
コ
コア氷と気泡の空気との年代差　294
広域氷河平衡線　23
交易　341
交換度　53
広義の氷河地形　2
工業用水　340

高原型氷床　286
高山病　340
更新世中期変換（MPT）　303-305, 323
更新世の氷期　265
降水量　256
高精度重力計　259
構造氷河学　64
後退モレーン　196, 281, 290
交通の障害　354
交通路　341, 353
光波測距儀　54
航路　354
凍った川　5
氷地殻　337
氷に接触した堆積　127
国際雪氷学会　3
国際分類基準　75, 92
谷柵　93, 170, 175
谷頭圏谷　159
湖水の物理特性　242
古生代　327, 330
ゴチ期　283
国境問題　354
古ドリアス期　283
小林国夫　187
ゴミ処分場　353
孤立氷河　76, 77, 79
コルヴァッチ展望台　341
コルカ゠カルマドン氷河／岩屑なだれ　346
コルディエラ氷床　17, 286, 289, 290
コルディエラレアル　204
コルプナ火山　170
混濁水柱　233
混濁流　233, 242
ゴンドワナ大陸　179, 319
ゴンドワナ氷床　328
コンマ氷河　66, 269

サ
再移動ティル　144
災害　63, 345, 349
最古ドリアス期　283
歳差運動　316
最終間氷期　277, 293
最終氷期　14, 280
　——極相期（LGM）　279, 281, 285, 287, 297
　——最大拡大期　14, 16
　——終了　298
最新氷期　279
再生氷河　36, 93
最大規模の氷床　324
再堆積ティル　201
斎藤常正　302
サウスカスケード氷河　69
サグデン, デービッド　178
削剥　11
　——速度　185
サザンアルプス　25
サージ　56, 62
　——氷河　62
擦痕　123, 124, 148, 153, 328

サバイツォ　350
サブアトランティック期　266, 274
サブボレアル期　266, 274
差別的運動　58
差別的融解　205
ざらめ雪　36
サルパウセルカモレーン　235, 237, 281, 283
砂礫　196
　——互層　236
山岳型氷食谷　165
三角測量　53
山岳氷河　5, 17, 77, 79, 81, 285
　——地形複合　153, 178, 185
　——による侵食地形系　181
　——の縮小　268
　——変動　271, 292
山岳氷食谷　153
山岳氷帽　84
産業革命　355
30氷河の年間正味質量収支　268
酸素同位体のカーブ　301
酸素同位体比　293, 294
山頂現象　161
山頂氷原　84
山頂氷帽　79, 84, 113
山頂法　24
サンドゥル　228
山腹氷河　77, 79, 83
　——地形系　182
山脈型氷床　286
サンラファエル氷河　15
山麓氷舌　79, 88, 90

シ
シアチェン氷河　360
ジェット水流　233
ジェームスロス島　113, 114
ジェームソンランド　178
シオ氷舌　290
敷居　158, 161
始新世　321
地すべり　353
始生代　327
自然末端　92, 93
実質収支　28
湿潤帯　38
質量収支　28-30, 256
自転軸の傾き　315
絞り出しモレーン　208
シムシャル谷　214
斜交層理　206
シャックルトン, ニコラス　293
蛇腹状パターン　63
斜面形成プロセス　161
斜面氷河　79, 83, 86
褶曲　61, 134
集団移動　11
周南極海流　320, 322
周氷河　179
　——岩屑斜面　169
　——作用　181
終末モレーン　291

10万年周期　306
10 m 雪温　45
集落や耕地　343, 353
重力移動　11
重力による堆積　131, 142, 196
縮小過程　246, 282
樹枝状の河谷　179
ジュノー氷原　78
狩猟民　341, 360
シュルンド線　158, 161, 162
準平原　179
昇華凝結　35, 36, 40
昇華蒸発　36, 39, 41, 99, 131
　——によるティル　143
衝撃跡　121
焼結　36, 37, 52
条溝　153
条痕　123
衝上　101
　——断層　67, 99, 104, 209, 218
　——断層モレーン　209, 211
上昇水柱　233
小氷河　7
小氷期　107, 109, 248, 262, 266, 272, 273
小氷体　7, 79, 91
消耗　28, 39, 256
　——域　13, 28, 39
　——帯　39
植物遺体　260
ショー, ジョン　199
白瀬氷河　64, 78, 81, 82
シリウス層群　323
シルキャン氷河　165
シルト・粘土含有率　150
白馬岳（しろうまだけ）大雪渓　148, 168
新旧亜氷期　292
人工地震探査　16
人工氷河　351, 352
侵食　11, 117, 120
　——速度　185
新生代の寒冷化　321
新生代氷河時代　265, 318
伸長気泡　65
伸長流　60
浸透帯　38
新ドリアス期　265, 266, 278, 280, 283, 296
森林の増加　274
森林伐採　355
人類による氷河の減少　350

ス
水圧ジャッキ効果　122
水温躍層　242
水蒸気量　22
スイス　351
　——アルプスの氷河末端変動　273
水素同位体比　294
水中扇状地　236
水中氷河堆積物　233
水底アウトウォッシュ堆積物　236

索引　**381**

水田耕作　355
水流　109, 125
　　──堆積物　137
　　──の地形　229
水力発電　18, 340, 353
水路網　46
スカンジナビア氷床　17, 175, 246, 281, 286
スキー場　353
スクラッチ　125
スシトナ氷河　63, 99
スタイン, オーレル　106
ステーク法　258
ステーシー氷帽　19, 78
ストスリー形状　125, 153, 193
ストー氷河　17, 19, 54, 55
ストランドフラット　175
砂時計型岩屑被覆氷河　255
スノーモビル　359
スノーレイク　82
墨流し　63
擦り傷　123

セ
生活用水　340
脆性破壊　58, 72
成層構造　243
生態系の変化　342
セオドライト　53
世界自然遺産　340
世界氷河台帳　16, 19
石英砂　123, 151
石材資源　352
積雪のグライド　148
赤道高山　15
　　──氷河　272
雪渓　4
切載山稜　159, 163
切載峰　163
雪上車　359
雪線　23, 26
　　──高度　160
接地線　42, 235, 285
　　──扇状地　236-238
雪泥　46
雪氷学　3
雪氷生物　4, 41, 99
雪氷相区分帯　38
節理　67
ゼブ氷河　196, 197, 212
セラック　69
セールロンダーネ山地　43, 82, 99, 100, 105, 180, 184, 324, 325, 359
セワード氷河　37, 90
先カンブリア時代　330
全球的海面低下量　287
全球凍結　329, 331
1970-1980 年代の氷河の拡大　270
戦場　360
線状侵食地形複合　153
扇状地　176, 177, 210, 228
漸新世　321
鮮新世／更新世境界　323

1000-1500 年周期　263, 276
全層循環　242
洗濯板モレーン　235
選択的線状侵食　183
　　──地形系　177, 178, 185
選択的融解作用　205
線的侵食　163
斬頭谷　229
セントエライアス山地　78, 90, 105
セントラルパーク　1, 9, 339
潜熱　40, 73
1000 年周期の気候変動　314
尖峰　153, 163
前面モレーン　202, 213, 214

ソ
相観（的）地形型　7, 157
層相柱状図　206
相対年代測定法　260
層理　64
藻類　26, 41, 99
側縁クレバス　68
速度分布　55, 57
ソグネフィヨルド　172, 173, 175
側方モレーン　109, 202, 213
　　──の内側斜面　211, 212
　　──の断面　216
ソシュール　187, 201
塑性変形　59, 72, 113
　　──流動モデル　78

タ
ダイアミクタイト　138
ダイアミクト　138, 139
　　──質ドロップストーン　234
ダイアミクトン　137, 138, 145
第一次世界大戦　360
大干ばつ　274
大気の成分　294
大規模洪水　250
大規模崩壊　96, 97
堆積　117
　　──地形系　222
　　──地形集合　220
　　──プロセス　129
代替指標　280
台地　178
　　──状山地　167
大氷河時代　262
太陽活動　274
太陽放射量　318
第四紀の開始　303
大陸棚　232
大陸氷床　77
　　──底堆積域　218
台湾　186
ダーウィン　43
ダクタイル　72, 129, 130, 133
タクプ氷河　66
ダスト　96, 335
楯状地　351
ダートコーン　100, 102
棚氷　4, 79, 88
ダニモレーン　281

谷底平野　228
谷氷河　13, 77, 79, 82
　　──＋周氷河台地地形系　181
　　──地形系　177
ダービシャー　218
ダム　340
タムセルク　84
多流域氷河　76
単一流域氷河　76
段丘礫層　299
炭酸塩岩　330
ダンスガー＝エシュガー振動（D-O 振動）　263, 265, 295-297, 314
ダンスガール, ウイリ　294, 314
弾性変形　71
断層　58, 61, 67
　　──境肌　149
炭素同位体年代測定　276

チ
地域の隔絶性　354
地衣編年法　260
地殻の昇降　287
地殻変動　61
地球温暖化　268, 354
地球環境評価　18
地球軌道要素　315, 357
地球史　327
地球大気の組成　318
地球の南北断面　23
地形　2
　　──学　2
　　──学図　9, 230
　　──型　8, 152, 176
　　──系　9, 177
　　──形成作用　8
　　──集合　9, 176
　　──条件　21
　　──図　74
　　──的強制末端　42, 86, 92, 93
　　──の規模　8
　　──の逆転　196
　　──の四つの側面　7
　　──発達　179, 184
　　──複合　177
地磁気　305
地軸の傾きの変化説　334
地質学　11
地上写真測量　74
地中氷　336
地熱　48
チベット型氷河群　51, 52, 225
チベット高原　52, 223, 311, 325
　　──氷床説　305
チャングリ氷河　47, 118
中緯度地域の山岳氷河　314
中緯度氷床の周辺部　222
柱状図　138
中新世　322, 324
中世温暖期　266, 274
中生代　318
沖積錐　210
チュクン氷河　86

チョウノスケソウ　283
チョモランマ　54
チョンセ氷河　37
沈水　175
チンダル，ジョン　53
　　ツ
ツォーロルパ氷河湖　211
突き上げ作用　205, 207, 209, 211
突き上げモレーン　212, 214
ツバル　343
劒岳の雪渓　351
　　テ
泥質ドロップストーン　234
定常的な氷河末端　258
停滞氷　29, 32
底部氷　116, 117, 120, 126
　　──・氷河底変形層のスタック　195
底部ティルの粒径　144
底面すべり　58-61, 117, 118, 120, 123
底面凍結氷河　45, 122
底面融解氷河　45, 127
ティライト　327, 328, 330
泥流　206
ティル　98, 137, 140
　　──原　192, 196
　　──シート　196, 225
　　──の定義　140, 141
　　──の認定法　150
ティンダル，ジョン　253
デコルマ　61
デナリ断層　97
テーラー谷　157
天狗原　153
電子顕微鏡　123, 151
　　ト
トア　179, 183
ド＝イェール　246
　　──モレーン　235, 237
同位体組成　294
冬季涵養型氷河　29
凍結　127
　　──層　116
　　──破砕　106, 121, 162
　　──付加　128
等水圧面　47
淘汰された砂礫　199
透明氷　127, 130
透明縞　66
土砂生産量　186
土砂の充填　199
土石流　137, 209, 346
　　──扇状地　209
　　──相　209
　　──堆積物　151, 203
　　──の作用　207, 209
凸型氷食斜面　154
トッタベツ亜氷期　190, 292
トッタベツ川　135
ドナウ氷期　300
ドーム C　80, 307
ドーム状氷河　225

トムソン，ウィリアム　53
トムソン，ジェームス　53
ドライアイス　335
ドライバレー　157
トラカルディン氷河　211
ドラムリン　192, 193, 221
　　──原　194
トルキスタン型氷河　82, 84, 93, 106
ドレープ構造　143, 144
ドロップストーン　234
ドンケマディ氷河　117
鈍頂山稜　154
トンネル　118, 119, 127, 132, 162, 199
　　──谷　153, 157, 175, 177
　　ナ
ナイ　161
ナイフリッジ　163
内部流動　58
内陸型氷河　50
長池型モレーンダム湖　250, 350
投げ下ろし作用　205-207, 233
投げ下ろしモレーン　208, 209, 211
なだれ　28, 31, 35, 91
　　──強制末端　92, 93
七ッ沼カール　188, 190
ナミビア　331
南極　284
　　──横断山脈　323
　　──収束線（帯）　298, 320, 322
　　──大陸の形成　320
　　──の温暖化　298
　　──半島　89, 325
　　──氷床　17, 78, 80, 81, 270, 322
ナンキョクブナ　323
ナンセン　6
南北海洋循環　298
　　ニ
二酸化炭素　355
二次元氷床モデル　78
西崑崙山脈　37, 205
二次堆積　31
西ドロンニングモードランド　18
西南極氷床　286
偽の氷河擦痕　148
日独岩　153
日射量の減少　307
日射量引き金説　308
日射量変化曲線　316
ニッチ氷河　79, 83
日本アルプス　187
日本雪氷学会　4
　　──氷河情報センター　18
日本の氷河地形編年　309
ニューギニア　272
　　ヌ
ヌナタク　18, 41, 42, 69, 154
ヌプツェ　35, 54
　　ネ
ネオグラシエーション　262, 266, 274, 275
熱塩循環　283
熱的侵食　46

熱的な消耗　39
ネバドデルルイス　346
ネパール型氷河群　51, 52, 224
ネパールヒマラヤ氷河調査隊（GEN）　20
ネベ　36
年間質量収支振幅　30
粘性流動　71, 72
年層　65
年ねんモレーン　133, 208, 235
年輪編年法　260
　　ノ
ノアの洪水　138, 252, 262
農業　277
　　──用水　340
農牧業　351
　　ハ
ハイアロクラスタイト　51
バイクゼル氷期　280, 289
排水　226
ハインリッヒイベント　248, 281, 283, 295, 298, 315
破壊・分離　120, 121
バクテリア　41, 48, 99
ハザードマップ　346, 347
バージェス動物群　332
波状オージャイブ　71
パス氷河　206
パタゴニア　181, 183
　　──北氷原　37, 78
　　──南氷原　78, 89
破断　58, 72
バツラ氷河　206
バード基地　45, 48
ハドソン湾　295
バトナ氷原（氷河）　48, 51, 78, 82, 83
バード氷河　56
パドル　46
パナマ地峡　326
パミール山地　23
ハムナ氷瀑　129
パラグレーシャル　254
ハラミヨイベント　304
バリアアイス　88
バリゲーティド氷河　62
ハルダンゲルフィヨルド　174, 176
バルト氷河湖　252
バルトロ氷河　78, 360
バルハン型ドラムリン　193
バレートレイン　228
バレンツ氷床　286
バングラデシュ　343
バーンズ氷帽　78
反地球温暖化論者　264
晩氷期　282
ハンモックモレーン　147, 192, 197, 214
　　──原　196
　　ヒ
ビアドモア氷河　56, 323
ビアフォ氷河　82
ビオンセ氷河　343, 344

東アフリカ　272
東南極氷床　286
東ヒマラヤ　349
光ルミネッセンス（OSL）（年代測定）法　261, 312
引きずり構造　136
引き剥がされるメカニズム　121
樋口敬二　337, 352
微弱氷食／非氷食地形系　177-179, 185
ビスケットボード地形　163, 182
ヒスパー氷河　78, 82
飛雪　28, 31, 35
非対称リッジ　209
日高山脈　187
ビッグホーン国立森林公園　166
ビーバー氷期　300
非氷河地形複合　178
非氷河流域　226
非氷食山地斜面　180
非氷食台地地形系　179
ヒプシサーマル　266
ヒマラヤ　10, 186
　　――型モレーン地形集合　218
　　――山脈　23, 223, 311
　　――襲　31, 86
ビュルム氷期　280, 299
氷縁位置　281
氷縁ティル　201
氷河遺体　359
氷河岩屑　94, 95
氷河縁扇状地　231, 232
氷河縁辺　201
　　――堆積地形　192
　　――堆積地形集合　210, 218, 221
　　――モレーン　202, 207
氷河学　3, 13
氷河活動度　29
氷河から受ける不利益　342
氷河からの恩恵　339
氷河から離れた湖　240
氷河下流堆積地形　230
氷河カルスト　107
氷河観光　340
氷河岩石学　11
氷河起源土石流扇状地　218
氷河基底　57, 116
　　――変形　59
氷河規模　77
氷河渠　163
氷核モレーン　205
氷河群　50, 51
氷河形成下限　22
氷河形成上限　22
氷河形態　2, 74
　　――分類　75
氷河湖　231, 240, 242, 340
　　――決壊　349
　　――決壊洪水（GLOF）　224, 247, 251, 253
　　――の拡大速度　249
氷河氷　36, 37

　　――が出現する深さ　37
　　――の形成　35, 36
氷河災害　63, 343
氷河サージ　62, 295, 343
氷河擦痕　1, 329, 330
氷河作用　2
　　――以前の地形　185
　　――限界　24, 25
氷河山地地形系　182
氷河時代　265, 278, 279, 318, 327
『氷河時代のアルプス』　299
氷河質量収支観測　257, 268
氷河条溝　156
氷河侵食　11
　　――速度　185, 186
　　――地形　152
　　――地形形成作用　185
　　――前の地形　185
氷河水文学　226
氷河水流　192, 229
　　――堆積物　137
氷河数　14
氷河性海成堆積物　231
氷河性岩石氷河　91, 112, 114, 211
氷河性湖成堆積物　231
氷河性重力成堆積物　137
氷河説　278
氷河接触堆積物　140, 196, 199
氷河接触地形　191
氷河前進　343
氷河前面　343
　　――位置　239
　　――湖　240
氷河堆積地形　191
　　――系　210, 219
　　――複合　210, 219
氷河堆積物　94, 98, 116, 135, 137
　　――の用語　149
氷河台帳　16, 17, 20, 75, 340
氷河卓　100, 103
氷河ダム湖　248
氷河地形　2
　　――学　2
　　――の認定　8
氷河底
　　――岩屑　94, 117
　　――岩屑氷　116, 127
　　――岩屑層　101
　　――運搬帯　97, 117
　　――クリープ　59
　　――絞り出しプロセス　144
　　――堆積地形　191, 192
　　――堆積物の変形　58, 194
　　――ティル　141, 208, 215
　　――トンネル　47
　　――の空隙　132
　　――プロセスの観測　118
　　――変形層　61, 97, 116, 123, 132-134, 136, 142, 150, 191
　　――変形層説　199
　　――変形層連続帯　117
　　――変形ティル　208, 221

　　――融出　131
　　――融出ティル　143, 144, 221
　　――流路　156
氷河テクトナイト　135
氷河内部岩屑　94, 96
氷河内部のトンネル　47
氷河内流路　46
氷河なだれ　35, 93, 344, 349
氷河による堰止め湖　240
氷河の
　　――厚さ　16, 59
　　――歩き方　358
　　――色　26
　　――運動　53
　　――国際分類基準　75, 92
　　――個性　257
　　――消耗　39
　　――前進・拡大　272
　　――タイプ分け　21
　　――断面形態　92
　　――地域的特性　50
　　――定義　4
　　――部分の形態　79
　　――分布　14, 21
　　――面積　15, 78
　　――由来　5
氷河表面
　　――岩屑　94, 98-100, 106, 211
　　――中央モレーン　97, 98
　　――低下作用　99, 205, 207
　　――低下モレーン　205
　　――低下量　109
　　――のふくらみ　62
　　――モレーン　98, 104-106, 205
　　――融出　99, 201
　　――融出ティル　98, 145, 146, 215
氷河分帯　38
氷河分流　175
氷河平衡線　13, 26, 28
　　――高度（ELA）　33
　　――での気候環境　34
氷河変形相　209
氷河変動　256
　　――曲線　266
　　――の調査方法　258
　　――の7大発見　262
氷河歩行　340
氷河末端位置　24, 256, 257
氷河末端変動　259, 270
氷河融解　343
氷河流域　226
氷河流動　28, 53, 55, 124
　　――による引きずり力　121
　　――の摩擦熱　48
氷河量　14, 15, 294
氷河類型の地域区分　52
氷河類似形　79, 91
氷河論争　138
氷河を意味する語　5
氷期　265, 279
　　――以前の水路網　178
　　――-間氷期サイクル　301, 304,

306
　　──・間氷期の周期　304
　　──－間氷期変動　263
　　──の極相期　298
　　──の原因論　337
氷原　77, 79, 82, 218
　　──型氷食谷　165, 167
　　──状氷河　224, 225
氷縞　243
　　──粘土　244, 245
　　──粘土編年　246, 247, 262
　　──の形成過程　245
　　──幅変動グラフ　247
氷山　138
　　──岩屑（IRD）　233, 319, 330
　　──岩屑マウンド　235, 236
　　──ティル　235
　　──の漂流　321
　　──分離　28, 42
氷床　77, 79, 285, 306
　　──縁辺の堆積地形集合　218
　　──環境　185
　　──気候　185
　　──原因論　304
　　──コア　264, 277, 294
　　──サージ　298
　　──山岳氷河地形複合　178, 182
　　──山地地形複合　153
　　──成長のメカニズム　307
　　──堆積地形複合　221
　　──地形複合　178
　　──底水流　176
　　──底の堆積地形系　221, 222
　　──の大きさ　287
　　──の後退　281
　　──の体積変化　282
　　──の断面図　78
　　──の変動　292
　　──の流動モデル　287
　　──発達史　319
　　──氷原山岳地形系　182
　　──氷食谷　153
　　──表面高度　288
　　──表面高度測定衛星　270
　　──崩壊説　308
　　──量　301
　　──量対応海水準　287, 288
氷食　11
　　──溝　125, 156
　　──作用　11
　　──斜面　153, 154, 158
　　──準平原　178
　　──地形形成モデル　185
　　──礫　125
氷食谷　163, 165, 183, 353
　　──湖　171, 172
　　──侵食地形系　179
　　──地形形成作用　166
　　──の横断面形　168
　　──の肩　169, 171
　　──の縦断面形　170, 171
氷成一次堆積物　137, 140

漂石　140, 145
表層水の沈降水域　296
氷体内部の水　45
氷体の温度　44
氷体の変形　58
氷底湖　48, 51
氷塔　69
氷瀑　69
氷壁　111
氷帽　84
表面海流の沈み込み　297, 298
表面流動速度　53, 55
氷流　42, 56, 79, 87, 88, 178
氷礫岩　328
漂礫土　140
氷礫粘土　140

フ

ファラデー　53
フィニモレーン　281
フィヨルド　153, 172, 233, 353
　　──クルーズ　354
　　──堆積地形系　239
　　──の横断面形　173
　　──の縦断面形　173
　　──氷河　238, 239
フィルン　36
　　──限界　23
　　──線　27, 38
フィンガーレーク　178, 354
風陰効果　23
風化作用　326
風化層　299
風化帯区分　259
風食　42
　　──溝　42
フェドチェンコ氷河　78, 82, 84
フォーブスバンド　71
フォーリエーション　66
フォルニ氷河　187, 360
付加体　209
深掘り　171
吹きだまり型氷河　36
吹きだまり効果　161
複合温度氷河　37, 44
複合衝上断層　210
複合的なモレーンリッジ　215
複合流域型谷氷河　82
復氷　60, 118, 127
富士山相模川泥流　347
ブダン　129, 134, 195
ブーツアックスビレイ　358
フッカー氷河　212
プッシュモレーン　208
プトラナ氷床　286
部分接続流域型　76
不毛な土壌　351
プライス　230
フラクタル構造　265
プラッキング　120
ブラックラピッズ氷河　97
フラット－ランプ構造　210
フランクフルト期　289

フランツジョセフ氷河　267
ブランデンブルグ期　289
ブリットル　133
ブリュックナー　299
ブリューヌ正磁極期　303
ブルージック　358
フルーティング　192, 193
フルート構造　133
ブレイザメルクル氷河　119, 132, 133, 231
プレートテクトニクス原因説　333
ブレニ氷期　283, 285
プレボレアル期　266, 280, 283
フローティル　103, 137
プロテーラスランパート　188
ブロモ氷河　43
分析的地形　8

ヘ

平均氷河被覆　309
平面の配置　32
ベチュン氷河　213
ペニテンテ　43
蛇丘（へびおか）　198
ペリトモレノ氷河　340, 350
ペリュック　187
ベーリング期　283
ベルクシュルント　68, 97, 120
ベルニナアルプス　341
ペンク，アルブレヒト　299
変形　71
　　──基底層　57, 116
ベンソン，カール　38
変動帯　10

ホ

ボア氷河　344
崩壊のメカニズム　308
放射温度計　22
放射状クレバス　68
放射性炭素　262
　　──年代法　260
放射熱　40
放物線　168
ボウルダークレイ　351
北米大陸氷床群　281
ボストーク
　　──基地　37, 48, 80, 307
　　──湖　48, 50, 332
捕捉域　31, 106
ボソン氷河　229
北極海　326
北極氷床　326
ポットホール　125
ポメラニアン期　289
掘り下げ　162
ボールトン　116
ボレアル期　266
ポロシリ亜氷期　190, 292
ホーン　153, 163
ホングヒマラヤ　114
ボンドサイクル　264, 265, 281, 295, 298, 314

索引　**385**

マ

迷子石 129, 145, 146, 177, 291, 352, 353
埋没土壌 276
マウントクック 86
摩擦による引き剥がし 129, 131
——ティル 142
摩擦の大きさ 120
マスムーブメント 11, 137
マセス 182
マタヌスカ氷河 143
磨耗 120, 123, 156
まや 157
マラスピナ氷河 63, 78, 90
丸池型モレーンダム湖 250, 349
マルドロー氷河 62
万年雪 4, 36

ミ

三日月型 195
——のへこみ 121
水資源 18, 106, 340
水の経路 46
水の状態図 73
水の存在量 15
水の通路 47
水のポケット 100, 102
みずほ基地 37
ミズーラ湖 199, 250, 251
溝状かさぶた地形 199, 251
箕作省吾 5
密度成層 242
南半球 275
——への熱輸送 298
ミューラー，フィリッツ 38
ミランコビッチサイクル 302, 315
ミルフォードサウンド 173
ミンデル氷期 299

ム

ムーラン 47
ムルテル岩石氷河 112

メ

メガドラムリン 194
メキシコ湾流 283
メタン 284, 355
メルエレン湖 253
メールドグラース 5, 344
面的削剥地形系 153
面的剥磨 12, 155
——＋線状侵食組み合わせ地形系 185
——台地地形系 179
——地形系 177, 178, 185
メンデンホール氷河 37

モ

網状流路 228, 229
モート 42, 43, 67
物陰空隙充填物 193
モルジブ 343
モレーン 158, 188, 201, 204
——構築過程 211
——性浅瀬 235, 236, 239
——ダム湖 249, 349, 350

——地形集合 210
——リッジ 100, 211, 273
モンスーン 10, 223, 271, 314, 325

ヤ

ヤコブスヘブンイスブレ 56
瘠せ尾根 153
やまと山脈 36, 41, 99
ヤルツァンポ河 146

ユ

融解 73
——温度 73
——溝 42
——水の枯渇 342
——速度実験 101
——熱 73
——氷縁 285
——抑制 205
有機物 260
有効氷河形成範囲 22, 26
融点 73
雪の変態 36, 37
U字谷 163, 169
ユーラシア大陸の洪水 252
ユンガイの氷河なだれ 345

ヨ

溶岩台地 167
羊群岩 187
羊状岩 187
溶食 156
羊背岩 187
横尾期 189, 292
ヨステダール氷河 78
ヨセミテ 168, 182, 184, 354, 355
ヨックルラウプ 49, 248, 349
4万年周期 304

ラ

ライエル 5
ラウターブルンネル谷 168
落石 96, 206
ラ／サルパウセルカモレーン 281, 283
ラップの門 353, 354
ラディマンの予測 357
ラハール 346, 347
裸氷域 41
裸氷型谷氷河 218
裸氷帯 99
裸氷氷河融解池 240
裸氷氷舌 79, 90
ラフストレン氷河 215
ラルセン棚氷 89
ラング氷河 102, 230
ラングホブデ 146, 154, 155
ラントクルフト 67, 120
ランバート氷河（氷流） 56, 78, 80, 87

リ

陸上氷河量 293, 303
陸上氷床 286
離心率 315
リス氷期 299
リズマイト 243
流域氷河 76, 77

隆起 175, 177, 181, 184, 232, 282, 325
流出 226
——変動 226, 227
——量 49, 340
流水 201
——堆積作用 207, 209
——堆積物 203, 211, 215
——による運搬・堆積 201
——の侵食 125
流線形地形 153
流線形の山 153, 155
流量 340
——曲線 226
流路 111

ル

ルイス 3
ルゲ湖 350
ルーゲンモレーン 192, 195
ルナナ地方 249

レ

礫 139
歴史記録 259
レーザー高度計 74, 259
レス 96, 205
漣痕 206
連続流域型 76, 79

ロ

老虎溝12号氷河 40
ロス棚氷 56, 88, 133
ローツェヌプ氷河 216
肋骨モレーン 195
ロッジメント 131
——ティル 135, 136, 142, 150
ロッシュムトネ 1, 153, 154, 170, 179, 186
——平原 154, 178, 181
露天掘り 351
露頭の記載 140
ローレンタイド氷床 17, 282, 286, 288, 306

ワ

ワスカラン峰 345
望峰（ワンファン）モレーン 214, 217

アルファベット

AAR 24, 33
Atlantic Cold Reversal（ACR） 275, 283, 284
ATテフラ 310
BTZ 117
C型氷河 90
CO_2 変化 277
D型氷河 90, 106
D_A 層 133, 135
D_B 層 133, 135
D-O 振動→ダンスガー＝オシュガー振動を見よ
$\delta^{13}C$ 331
$\delta^{18}O$ 293, 294
δD 294
ELA 33
EPICA 356

flyggberg 153
GEN 20
glacialの意味 279
GLIMS 19, 258
GLOF 247, 251, 349
GPS 53
GRACE衛星 270
GRIPコア 294, 295
headwall gap 162
ice-contact環境 127
ice marginal ramp 177, 231, 232
ICESat衛星 74
IHD 18, 75, 92

IRD →氷山岩屑を見よ
LGM →最終氷期極相期を見よ
LR04スタック 302, 303, 309
MIS 280, 293
 ——2 293
 ——2-3の氷河拡大 311
 ——4 293
 ——4-5a前後の氷河の前進 310
 ——11 278, 356
 ——19 358
MPT 303-305, 323
N-水路 156, 176
NADW 295, 297

NSIDC 19
OSL 215, 261
P-フォーム 125, 153, 156
proxy 280
R-水路 157
S-フォーム 125, 153, 156
SEASAT衛星 74
SPECMAP 293, 303
TCN年代測定法 262
termination 298
Tiger Ice Cap 21
V28-238コア 302

著者略歴

岩田修二（いわた・しゅうじ）

1946 年　神戸市に生まれる
1971 年　明治大学文学部史学地理学科卒業
1976 年　東京都立大学大学院理学研究科博士課程退学　理学博士
東京都立大学理学部助手，三重大学人文学部助教授・教授，東京都立大学理学部教授を経て
現　在　立教大学観光学部教授，東京都立大学名誉教授
専門分野　地形学・地球環境変遷学・自然地理学・地誌学
主要著書　『山とつきあう』（1997 年，岩波書店）
　　　　　『世界の山やま』（共編著，1995 年，古今書院）
　　　　　『地球史が語る近未来の環境』（共編著，2007 年，東京大学出版会）

氷河地形学

2011 年 3 月 23 日　初　版

［検印廃止］

著　者　岩田修二
発行所　財団法人　東京大学出版会
代表者　長谷川寿一
　　　　113-8654　東京都文京区本郷 7-3-1　東大構内
　　　　電話 03-3811-8814　FAX 03-3812-6958
　　　　振替 00160-6-59964
印刷所　株式会社平文社
製本所　牧製本印刷株式会社

Ⓒ 2011 Shuji Iwata
ISBN 978-4-13-060756-8　Printed in Japan

Ⓡ〈日本複写権センター委託出版物〉
本書の全部または一部を無断で複写複製（コピー）することは，著作権法上での例外を除き，禁じられています．本書からの複写を希望される場合は，日本複写権センター（03-3401-2382）にご連絡ください．

日本第四紀学会・町田 洋・岩田修二・小野 昭 編
地球史が語る近未来の環境　　　　　　　　　　　　　　　4/6判 274頁　2400円

太田陽子・小池一之・鎮西清高・野上道男・町田 洋・松田時彦
日本列島の地形学　　　　　　　　　　　　　　　　　　B5判 216頁　4500円

貝塚爽平・太田陽子・小疇 尚・小池一之・野上道男・町田 洋・米倉伸之 編
写真と図でみる地形学　　　　　　　　　　　　　　　　AB判 250頁　4800円

日本で初めて全国を網羅した地形誌
日本の地形 [全7巻]

[全巻編集委員] 貝塚爽平・太田陽子・小疇 尚・小池一之・鎮西清高・野上道男・町田 洋・
　　　　　　　松田時彦・米倉伸之／B5判

1	総説	米倉伸之・貝塚爽平・野上道男・鎮西清高 編	374頁	5800円
2	北海道	小疇 尚・野上道男・小野有五・平川一臣 編	388頁	6800円
3	東北	小池一之・田村俊和・鎮西清高・宮城豊彦 編	384頁	6800円
4	関東・伊豆小笠原	貝塚爽平・小池一之・遠藤邦彦・山崎晴雄・鈴木毅彦 編	374頁	6000円
5	中部	町田 洋・松田時彦・海津正倫・小泉武栄 編	392頁	6800円
6	近畿・中国・四国	太田陽子・成瀬敏郎・田中眞吾・岡田篤正 編	384頁	6800円
7	九州・南西諸島	町田 洋・太田陽子・河名俊男・森脇 広・長岡信治 編	376頁	6200円

　　　　　　　ここに表示された価格は本体価格です．ご購入の
　　　　　　　際には消費税が加算されますのでご諒承ください．